普通高等教育电子科学与技术类特色专业系列规划教材

光电子技术及其应用

石顺祥　刘继芳　编著
张贵忠　主审

科学出版社
北　京

内 容 简 介

本书系统、全面地介绍了光电子技术及其相关应用。第 1 章介绍光的基本属性，强调光的相干性，为全书讨论的内容奠定基础；第 2～4 章介绍激光产生的基本理论与典型激光器，激光应用中的基本技术，激光在大气、水下和光纤中的传输特性；第 5～7 章介绍光电子技术应用中常用的无源器件，光电探测技术及器件，以及光电子技术在精密测量、光信息处理、激光通信、激光雷达与制导、光纤传感、激光加工等领域中的应用。

本书可作为光电子技术相关专业的本科生教材，以及电子信息类非光电子技术专业的选修课教材，也可作为从事光电子技术及应用的工程技术人员的参考书。

图书在版编目(CIP)数据

光电子技术及其应用/石顺祥，刘继芳编著.—北京：科学出版社，2010.1
(普通高等教育电子科学与技术类特色专业系列规划教材)
ISBN 978-7-03-026567-8

Ⅰ.①光…　Ⅱ.①石…②刘…　Ⅲ.①光电子技术-高等学校-教材
Ⅳ.①TN2

中国版本图书馆 CIP 数据核字(2010)第 016261 号

责任编辑：匡　敏　张　濮　潘继敏 / 责任校对：郑金红
责任印制：徐晓晨 / 封面设计：耕者设计工作室

科学出版社出版
北京东黄城根北街 16 号
邮政编码：100717
http://www.sciencep.com
北京建宏印刷有限公司 印刷
科学出版社发行　各地新华书店经销
*
2010 年 2 月第　一　版　开本：787×1092　1/16
2019 年 5 月第四次印刷　印张：18 1/2
字数：485 000
定价：69.00元
(如有印装质量问题，我社负责调换)

丛 书 序

材料、能源和信息是21世纪的三大支柱产业，电子科学与技术是电子工程和电子信息技术发展的基础学科。目前，许多发达国家，如美国、德国、日本、英国、法国等，都竞相将电子科学与技术相关领域纳入了国家发展计划。我国对微电子技术和光电子技术等方向的研究也给予了高度重视，在多项国家级战略性科技计划中，如"863计划"、"973计划"、国家科技攻关计划、国家重大科技专项等，都有大量立项。在近几年发布的国务院《2006－2020年国家信息化发展战略》、《国家中长期科学和技术发展规划纲要(2006－2020年)》中，对我国的集成电路(特别是中央处理器芯片)、新一代信息功能材料及器件、高清晰度大屏幕平板显示、激光技术等关键领域都提出了明确目标。

电子科学与技术主要研究制造电子、光电子的各种材料及元器件，以及集成电路、集成电子系统和光电子系统，并研究开发相应的设计和制造技术。它涵盖的学科范围很广，是多学科交叉的综合性学科。现在，教育部本科专业目录中，电子科学与技术专业涵盖了微电子技术、光电子技术、物理电子技术、电子材料与元器件及电磁场与微波等专业方向。随着学科的交叉发展和产业的整合，各专业方向已彼此渗透交融。如何拓宽专业方向？如何体现专业特色？是当前我国高校电子科学与技术专业在办学方面所迫切需要探讨的问题。教育部电子科学与技术专业教学指导分委员会起草的《普通高等学校电子科学与技术本科指导性专业规范》，对本专业的核心知识领域和知识单元的覆盖范围作了规定，旨在引导高等学校电子科学与技术专业在办学方向与人才培养方面探索新的模式，不断提高教学质量，增强高校教学的创新能力，更好地培养知识、能力、素质全面协调发展的，适合我国电子科学与技术各领域不同层次发展需求的有用人才。

教育部为了推进"质量工程"，自2007年10月开始，先后三批遴选了国家级特色专业建设点。目前，有三十余个院系被批准为电子科学与技术国家级特色专业建设点。在教材建设方面，2008年10月，教育部高教司在《关于加强"质量工程"本科特色专业建设的指导性意见》中指示："教材建设要反映教学内容改革的成果，积极推进教材、教学参考资料和教学课件三位一体的立体化教材建设，选用高质量教材，编写新教材。"为了适应新形势下对电子科学与技术领域人才培养的需求，本届电子科学与技术教学指导分委员会经过广泛深入调研，依托电子科学与技术专业国家级、省级特色专业建设点，与科学出版社共同组织出版本套《普通高等教育电子科学与技术类特色专业系列规划教材》，旨在贯彻专业规范和教学基本要求，总结和推广各特色专业建设点的教学经验和教学成果，以提高我国电子科学与技术专业本科教学的整体水平。

本套丛书在组织编写中，重点考虑了以下几方面的特色：

1. **体现专业特色，贯彻专业规范和教学基本要求。**依托"国家级、省级特色专业建设点"，汇总优秀教学成果，将特色专业建设的内容、国内外科研教学的成果、电子科学与技术方向的专业规范与教学基本要求结合起来，教材内容安排围绕专业规范，体现核心知识单元与知识点。

2. 按照分类指导原则，满足多层面的需求。针对同一类课程，根据不同的教学层次(普通院校、重点院校或研究型大学、应用型大学)和学时要求(多学时、少学时)，涵盖不同范围的拓展知识单元，编写适合不同层次需求的教材。注重与先修课程、后续课程的有机衔接，每本教材在重视系统性和完整性的基础上，尽量减少内容重复。

3. 传承精品，吐故纳新。本套丛书吸纳了科学出版社 2004 年出版的《高等院校电子科学与技术专业系列教材》中受到高校师生欢迎的精品教材。在保证前一版教材准确诠释基本概念、基本理论的基础上，新一版教材更新内容，注重反映本学科领域的最新成果和发展方向，真正使教材能够达到培养“厚基础、宽口径、会设计、可操作、能发展”人才的目的。

4. 拓宽专业基础，面向工程应用，加强实践环节。适当拓宽专业基础知识的范围，以增强学生的适应性；面向工程应用，突出工科特色，反映新技术、新工艺；注重实践环节的设置，以促进学生的实际动手能力和创新能力的培养。

5. 注重立体化建设。本套丛书除了主教材外，还将逐步配套学习辅导书、教师参考书和多媒体课件等，为任课教师提供丰富的配套教学资源，方便教师教学，同时帮助学生复习与自学，使教材更加易教易学。

本套丛书的编写汇聚了全国高校的优势资源，突出了多层次与适应性、综合性与多样性、前沿性与先进性、理论与实践的结合。在教材的组织和出版过程中得到了相关高校教务处及学院的帮助，在此表示衷心的感谢。

根据电子科学与技术专业发展战略的要求，我们将对本套丛书不断更新，以保持教材的先进性和适用性。热忱欢迎全国同行以及关注电子科学与技术领域教育及发展前景的广大有识之士对我们的工作提出宝贵意见和建议！

吕志伟

教育部高等学校电子科学与技术专业
教学指导分委员会主任
哈尔滨工业大学教授

前言

21 世纪，人们进入了一个崭新的时代——信息时代。信息时代的鲜明特征是支撑这个时代的重要基础产业(如能源、交通、材料、信息等)将得到高度发展，能充分满足社会发展和人民生活多方面的需求。

与信息产业相应的信息科学的基础是电子学与电子技术、光子学与光子技术。电子学与电子技术是 20 世纪发展起来的科学技术，现已处于高度发展的水平，广泛地应用于社会各个领域，并且已渗透到日常生活之中，目前正由微电子学与技术向纳米电子学与技术、分子电子学与技术发展。光子学与光子技术可以认为是从 1960 年激光器诞生才开始出现的一门新型科学与技术，目前正处于成长与发展时期。光子学的概念是在 1970 年由荷兰科学家 Poldervaart 首先提出来的，我国著名科学家龚祖同、钱学森在 70 年代就已指出，“光子学是一门与电子学平行的科学”。作为光子学与光子技术发展的一个阶段，目前的光电子学与光电子技术正迅速地发展。

一般认为，光电子学与光电子技术是光学与电子学的结合。光电子学与光电子技术在理论上主要研究光与物质的相互作用特性，在应用上主要研究光的产生、传输、控制、探测及各种应用。需要指出的是，光电子学与光电子技术作为高新科学技术的产生和发展始于激光器的诞生；光电子学与光电子技术是伴随微电子学与微电子技术、材料学等诸多学科的发展而发展起来的；光电子学与光电子技术的快速发展和遍及各个领域的广泛应用，使其不断地向其他学科领域渗透，同时也推动着其他学科的发展。

鉴于目前我国光电子学与光电子技术的发展及地位，除了从事光电子技术专业的学生需要深入系统地学习和研究外，许多将来从事诸如微电子技术、材料、电子科学与技术等相关专业工作的非光电子(激光)技术专业的学生，也需要对基本概念和基本知识有了解。因此，需要有一本专门针对非光电子(激光)技术专业学生系统学习光电子(激光)技术的教科书。本书就是为此目的编写的。

作者长期在西安电子科技大学从事光电子技术专业教学工作，为西安电子科技大学非光电子技术专业学生讲授“光电子技术”课程，并于 1994 年和 2000 年分别作为“八五”、“九五”全国电子信息类专业部级规划教材，编著出版了两本《光电子技术及其应用》。在此基础上，作者编写了本书。全书共分 7 章，较全面、系统地介绍有关激光产生的基本理论基础，典型的激光器件，光电子技术应用中的基本激光技术和光学元器件，光在光纤、大气和水下传输，光电探测技术和器件，以及有关光电子技术在精密测量、光学全息及光信息处理、光纤通信、激光雷达与制导、光纤传感、激光加工等诸多领域内的应用。根据非光电子技术专业本科生的专业基础知识，本书的编写着重于基本概念和物理模型，尽量避免繁杂的数学推导。为扩大学生的知识面，有利于学科交叉，本书取材广泛，并尽可能反映光电子技术的最新进展。此外，在每一章后还备有一些思考题和参考文献，以帮助读者自学和进一步研究。

本书由西安电子科技大学石顺祥和刘继芳编写，其中，石顺祥编写第1、2、3、6章，刘继芳编写第4、5、7章，石顺祥统编全稿。在编写过程中，得到了西安电子科技大学激光教研室老师的热情帮助，特别是西安电子科技大学安毓英教授和西北大学张纪岳教授审阅了本书全稿，天津大学张贵忠教授对本书进行了评审，他们都提出了宝贵意见，在此表示诚挚的感谢。

由于编写水平有限，书中难免存在一些疏漏，殷切期望广大读者批评指正。

作 者

2009年12月

目录

第 1 章 光的基本属性

我们生活在一个充满着光明的世界里，光是我们最熟悉的现象之一，没有光就没有人类。那么，光是什么？光的本质是什么？光的基本属性是什么？这是一个非常基本的问题，只有了解了光的本质，认识了光的基本属性，才能更深刻地理解光电子学、光电子技术。

人们对于光的本质、基本属性的认识过程，也就是光科学发展的历史过程。回顾整个光学发展的历史进程，人们一直围绕着光的粒子性和波动性进行着激烈地争论。

早在 17 世纪，西方对于光的本质的认识就形成了两种对立的学说：一种是以牛顿(Newton)为首的微粒说，他们认为光是直线传播的微粒流；另一种是以惠更斯(Huygens)为首的波动说，他们认为光是在弹性介质中传播的波动。在当时的生产水平条件下，这两种学说都可以解释一定的光学现象，但又显示不出哪种理论更优越。由于牛顿在科学界的威望极高，加之微粒说能较自然地说明光的直进现象，微粒说一时占了上风，致使波动说观点被忽视，甚至被遗忘近百年。

到了 19 世纪，人们进行了有关光的干涉、衍射和偏振等现象的实验，这些现象都是光的波动性的基本特征，与微粒说格格不入。直到 19 世纪中期，麦克斯韦(Maxwell)电磁理论的提出和发展，才确认光是一种电磁波，否定了惠更斯的机械波动说。19 世纪末，迈克耳孙(Michelson)干涉实验进一步摒弃了有关“以太”的假设。

20 世纪初，爱因斯坦(Einstein)量子理论的提出，开创了人们对光属性的深层次认知。由光的干涉、衍射等现象所证实的光的波动性，以及由黑体辐射、光电效应及康普顿效应所证实的光的粒子性，都客观地反映了光的特性，光实际上具有波粒二重性。这两种看起来完全不同的属性的统一，实际上是一切微观粒子的共同特性，这个观点使人们对光的本质有了更深刻的认识。并且，正是在这个理论的推动下，1960 年激光问世，一度沉寂的光学又焕发了青春，开始了一个新的发展时期。

应当指出的是，人们对光的本性的认识还远远没有完结，对光的本性、传播规律及光与物质相互作用的研究，仍然是一个不断探索、不断深入的研究课题。

1.1 光的波粒二重性

1905 年，爱因斯坦在普朗克量子假说的基础上，提出关于光的本性的光子假说。理论和实验都已证明，光子和所有微观粒子一样，具有波粒二重性。

1. 光子的粒子性

根据爱因斯坦理论，光在发射、吸收及空间传播时均具有粒子性，一束光是以光速运动的光子流，每一个光子的能量是

$$\varepsilon = h\nu = \hbar\omega \tag{1.1-1}$$

式中，h 是普朗克常量，$\hbar=\dfrac{h}{2\pi}$，ν 是光的频率，ω 是光的圆频率。光的能量密度或光强 I(单位时间内垂直通过单位面积的光能)决定于单位时间内通过的光子数 N，其表示式为

$$I = Nh\nu \tag{1.1-2}$$

光子除了具有能量外，还具有质量 m 和动量 $\boldsymbol{p}$。根据狭义相对论，光子的动量大小为

$$p = mv = \frac{m_0 v}{\sqrt{1-\frac{v^2}{c^2}}} \tag{1.1-3}$$

式中，m_0 为光子的静止质量，v 为光子的速度，c 为真空中的光速。由相对论的能量和动量关系

$$\varepsilon^2 = p^2c^2 + m_0^2c^4 \tag{1.1-4}$$

因为光子的静止质量为零，故光子的动量大小为

$$p = \frac{\varepsilon}{c} = \frac{h\nu}{c} \tag{1.1-5}$$

由于光子具有动量，所以光作用于物体上时，将产生光压力。假设单位体积内的光子流能量为 W，利用动量原理可以求得垂直于物体单位面积上的光子流作用力为

$$P_{光压} = (1+R)W \tag{1.1-6}$$

式中，R 为物体表面反射率。考虑到

$$W = nh\nu = \frac{I}{c} \tag{1.1-7}$$

式中，n 为单位体积内的光子数，则光压 $P_{光压}$ 可表示为

$$P_{光压} = (1+R)\frac{I}{c}$$

因为光的传播速度非常大，所以对于各种实际上可以得到的光能流而言，光压都很小。例如，晴天直射的日光被完全吸收时，它所产生的光压为 0.4mg/cm^2，所以觉察到它是十分困难的。

2. 光子的波动性

描述光子波动特征的物理量是频率 ν 和波长 λ。光子具有波动特性表现为它在空间运动轨迹的不确定性，即在考察每个光子的运动时，光子没有确定的轨迹，但是在考察光子束的全部光子的运动时，光子的运动就表现出与经典电磁波动理论计算结果一致的规律性。

利用统计的观点，可以将光子的波动性与粒子性统一起来：一方面，光子具有集中的能量、质量和动量，也就是具有微粒性；另一方面，它们在空间各处出现，各有一定的概率，由这个概率可以计算出它们的空间分布，而这种空间分布与波动的概念一致。这就是光子的波粒二重性。事实上，这种二重性（二象性）是所有微观粒子所共有的特性。

描述光子的粒子性物理量 ε 和 p 与波动性物理量 ν 和 λ 之间，存在如下关系：

$$\varepsilon = h\nu, \quad p = \frac{h}{\lambda} \tag{1.1-8}$$

1.2 光的电磁理论

光的电磁理论认为，光是一种电磁波。由于目前光电子技术中所遇到的绝大部分问题，都可以将光视为电磁波，采用麦克斯韦电磁理论处理，所以，若无特殊说明，本书内容的讨论均按该理论体系进行。

1.2.1 光电磁波

麦克斯韦电磁理论指出，光是一种光频电磁波，它具有电磁波的一切特性，并且这些特性

都可以从电磁场的基本方程，即麦克斯韦方程组推导出来。

1. 光波的基本形式

求解麦克斯韦方程组，可以得到光波的几种特殊形式：平面波、球面波和柱面波。

平面波波动的复数表示式为

$$\begin{aligned}\boldsymbol{E}(\boldsymbol{r},t) &= \boldsymbol{E}_0 \mathrm{e}^{-\mathrm{i}(\omega t-\boldsymbol{k}\cdot\boldsymbol{r})}\\ \boldsymbol{H}(\boldsymbol{r},t) &= \boldsymbol{H}_0 \mathrm{e}^{-\mathrm{i}(\omega t-\boldsymbol{k}\cdot\boldsymbol{r})}\end{aligned} \tag{1.2-1}$$

式中，$\boldsymbol{E}_0$ 和 $\boldsymbol{H}_0$ 分别为光波的电场强度和磁场强度复振幅，$\boldsymbol{k}$ 为光波的波矢量，其大小（称为波数）为 $k=2\pi/\lambda$，方向为光波的传播方向。可以证明，平面波具有横波特性，其电场矢量和磁场矢量的振动方向垂直于光波的传播方向，且 $\boldsymbol{E}(\boldsymbol{r},t)$ 和 $\boldsymbol{H}(\boldsymbol{r},t)$ 的相位相同、振动方向互相垂直。由于通常的光与物质相互作用均由电场强度引起（电效应），所以，光波可以只采用电场描述。

如果光波是由点源发出的，则该光波是球面波，它的表示式为

$$\boldsymbol{E}(\boldsymbol{r},t) = \frac{\boldsymbol{E}_1}{r}\mathrm{e}^{-\mathrm{i}(\omega t-kr)} \tag{1.2-2}$$

式中，$\boldsymbol{E}_1$ 是距点源单位距离处的电场强度。

如果光波是由一无限长的线光源发出的，它的波阵面具有柱面形式，其表示式为

$$\boldsymbol{E}(\boldsymbol{r},t) = \frac{\boldsymbol{E}_1}{\sqrt{r}}\mathrm{e}^{-\mathrm{i}(\omega t-kr)} \tag{1.2-3}$$

2. 光的波动性

光的波动性主要表现在它具有干涉、衍射及偏振等特性。

当频率相同、振动方向相同、相位相同或具有固定相位关系的光波相遇时，在重叠的区域内将产生稳定的强弱分布，这就是干涉现象。光的干涉现象在日常生活中会经常遇到，例如，肥皂泡和水面上的油膜所呈现的美丽色彩；将两玻璃片擦干净后贴在一起并压紧，会出现不规则的彩色条纹，这都是光波干涉的结果。

光的衍射也是光的波动性的标志之一，它有两个主要特点：①光波经过障碍物后，其传播方向会发生变化，会在某种程度上绕到其几何阴影区域中去；②在几何阴影区附近，光波的强度会有起伏。但在日常生活中所见者，多为光的直线传播和反射、折射等现象，而极少发现光绕到障碍物后面去的衍射现象。这是因为只有当障碍物的尺寸与波长相近时，衍射现象才较显著。例如，对于空气中的无线电波，其波长为 $10\sim10^3$m，可闻声波的波长为 $10^{-2}\sim10$m，其衍射现象极为常见；而对于可见光区的光波波长仅为 $0.4\sim0.7\mu$m，故其衍射现象少见。

在上面光波的表示式中，电磁波均采用矢量表示，它给出了光波电磁场的振动方向。如果光束中的电场振动方向漫无规则，则该光为自然光或非偏振光；如果电场矢量具有一定的规则，则称为偏振光。若光波电场矢量沿一直线方向反复振动，则称为线偏振光，或平面偏振光。线偏振光的振动方向与传播方向构成的平面称为振动面。由于线偏振光的电场矢量总是沿着一个方向，因此可将波动表示式写成标量形式

$$E(\boldsymbol{r},t) = E_0 \mathrm{e}^{-\mathrm{i}(\omega t-\boldsymbol{k}\cdot\boldsymbol{r})} \tag{1.2-4}$$

若光波电场矢量端点随时间变化所描绘的轨迹是一个椭圆，则称为椭圆偏振光。在特殊情况下，电场矢量端点轨迹是一个圆，称为圆偏振光。

与一切振动一样，光振动也可以分解为两个互相垂直的光振动。反之，两个方向互相垂直的光振动也可以合成得到任意取向的光振动。

1.2.2 电磁波谱

自从19世纪人们证实了光是一种电磁波后又经过了大量的实验，进一步证实了X射线（伦琴射线）、γ射线等也都是电磁波。因此，电磁波的频率（或波长）范围分布很宽。

如果按电磁波频率（或波长）的次序排列成如图1.2-1所示的谱，则称其为电磁波谱。通常所说的光学区域（或光学频谱）包括紫外线、可见光和红外线。由于光的频率极高，为$10^{12}\sim10^{16}$Hz，数字很大，使用起来很不方便，所以通常采用波长表征：光谱区域的波长范围为10^{-7}cm～1mm。可见光是人眼可以看到的各种颜色的光波，波长范围为0.4～0.76μm。相应的各色光的波长范围为：红色，0.76～0.63μm；橙色，0.63～0.60μm；黄色，0.60～0.57μm；绿色，0.57～0.50μm；青色，0.50～0.45μm：蓝色，0.45～0.43μm；紫色，0.43～0.40μm。紫外线和红外线不能引起视觉。红外线波段的波长范围为0.76μm～1mm（相应的频率范围是$4\times10^{14}\sim3\times10^{11}$Hz）。在红外技术领域中，由于不同波长的红外线在地球大气层中的传播特性不同，通常它可以分为如下几个波段：0.76～3μm为近红外波段；3～6μm为中红外波段；6～15μm为远红外波段；15～1000μm为极远红外波段。有时根据红外辐射产生的机理不同，也可将红外线划分为：近红外波段，0.76～2.4μm（相应于原子能级间跃迁）；中红外波段，2.5～25μm（相应于分子振动-转动能级间的跃迁）；远红外波段，25μm以上（相应于分子转动能级间的跃迁）。

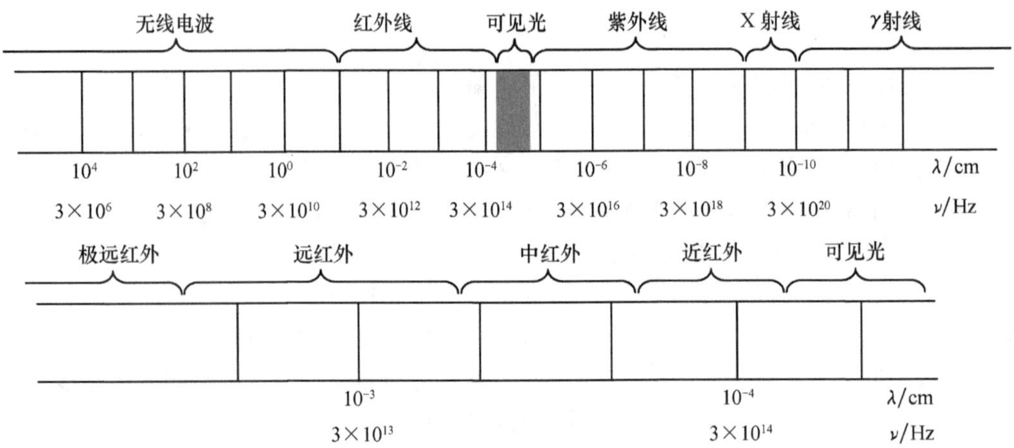

图1.2-1 电磁波谱

在上述电磁波谱中的所有电磁波，虽其波长范围不同，产生方法及其与物质间的相互作用各不相同，但其本质相同，都遵守同样的反射、折射、干涉、衍射和偏振规律，在真空中的传播速度都为$c=2.9979\times10^8$m/s。如果将电磁波在真空中的传播速度与介质中的传播速度相比，可以得到介质的绝对折射率为

$$n=\frac{c}{v}=\sqrt{\varepsilon_r\mu_r} \tag{1.2-5}$$

式中，ε_r和μ_r分别为介质的相对介电常量和相对磁导率。在自然界中，除了铁磁物质外，大多数物质的磁性都很弱小，$\mu_r\approx1$，因此式(1.2-5)可写为

$$n = \sqrt{\varepsilon_r} \tag{1.2-6}$$

这个关系称为麦克斯韦关系。对于一般物质来说，ε_r 或 n 都是频率的函数，具体关系形式取决于物质的结构。

1.2.3　光的能量及其量度单位

1. 光的能量

光的电磁理论证明，伴随着光波的传播，光的能量也不断地向空间传播。单位时间通过垂直于传播方向的单位面积的电磁能量称为辐射强度矢量或玻印亭矢量 $\boldsymbol{S}$，并且有

$$\boldsymbol{S} = \boldsymbol{E} \times \boldsymbol{H} \tag{1.2-7}$$

它描述了光的电磁能量的传播特性。由于光的频率为 10^{14} Hz 的量级，所以 S 值变化极快，人眼和其他任何接收器都不可能接收到它的瞬时值，只能接收它的平均值。对于平面光波来说，在一个周期内的平均值为

$$\overline{S} = \frac{1}{T}\int_0^T S\mathrm{d}t = \frac{1}{2}\sqrt{\frac{\varepsilon}{\mu}}E^2 \tag{1.2-8}$$

式中，ε 和 μ 分别为介质的介电常量和磁导率。在实际应用中，通常把辐射强度的平均值 $\overline{S}$ 称为光强度，即单位时间通过垂直光的传播方向单位面积的能量，以 I 表示。

在光的量子理论中，光传播的能量就是由许多单个光子组成的光子流的能量。设频率为 ν 的光束的强度为 I，光束的光子密度为 n，则

$$I = nh\nu c \tag{1.2-9}$$

2. 光能量的量度单位

由于历史上的原因，人们先对电磁辐射中的可见光进行了比较充分的研究，引进了光通量、光强、亮度、照度等光度学量，用以描述不同情况下人眼对光的敏感程度。但是，由于这些光度学量是以人眼对可见光刺激所产生的视觉为基础的，所以它受到了主观视觉的限制，不是客观的物理学描述方法。在光电子技术及其应用中，经常要遇到的是包括可见光在内的各种波段电磁辐射量的计算和测量，显然不能再采用光度学量，必须采用不受人们主观视觉限制、建立在物理测量基础上的辐射度量学量。光度学量可视为辐射度量学量的特例。下面分别介绍。

1）基本辐射量

（1）辐射功率 P

辐射功率又称为辐射通量，它是发射、传输或接收辐射能量的时间变化率，单位是 W，定义为

$$P = \frac{\partial Q}{\partial t} \tag{1.2-10}$$

式中，Q 是辐射能量。由于辐射能量通常是波长、面积、立体角等许多因素的函数，所以辐射功率用辐射能量对时间的偏微商定义。类似地，对其他辐射量也用偏微商定义。

（2）辐（射）出（射）度 M

辐出度又称为辐射通量密度，它是描述面源辐射特性的量，其数值是源的单位面积向半球空间发射的辐射功率，其定义为

$$M = \frac{\partial P}{\partial A} \tag{1.2-11}$$

式中，A 是辐射源面积。辐出度的单位是 W/m^2。由于源面积发射不一定均匀，所以面上各点附近单位面积发射的功率也不一样，故 M 通常是源上位置的函数。

（3）辐射强度 I_Ω

辐射强度是为了描述点源辐射的功率在空间不同方向上的分布情况而引入的量。所谓点源，顾名思义，是源尺寸很小的辐射源。实际上，确定点源首要的不是辐射源真实物理尺寸的大小，而是它相对观察者（或探测器）所张的角。例如，距地球遥远的星星，其物理尺寸可能很大，但相对地面上的观察者所张的角度来说，它完全可以看成是一个点。一般来说，只要观测距离比源本身的最大尺寸大 10 倍以上，并且观测装置是不带光学系统的简单探测器，就可以将辐射源视为点源。如果观察装置采用光学系统，则判别标准由探测器的尺寸和辐射源在探测器表面上的成像尺寸决定，若像比探测器小，则可将辐射源视为点源。

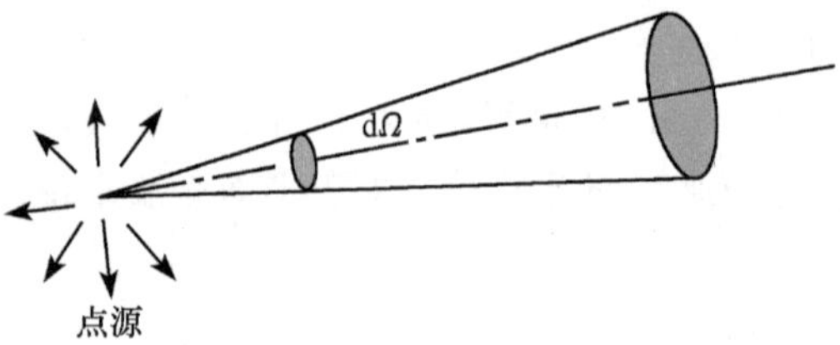

图 1.2-2 辐射强度的定义

辐射强度是点源在单位立体角内发射的辐射功率，因此它是辐射功率在某个方向上角密度的量度，如图 1.2-2 所示，它的定义为

$$I_\Omega = \frac{\partial P}{\partial \Omega} \tag{1.2-12}$$

式中，Ω 是点源所张的立体角。辐射强度的单位是 W/sr。

（4）辐射亮度

辐射亮度是为描述扩展源辐射功率在空间和源表面上的分布情况而引入的量。辐射亮度又称为面辐射强度或辐射率。

所谓扩展源是指尺寸很大的辐射源。实际上同一个辐射源既可以看成是点源，又可以看成是扩展源。例如，喷气式飞机的尾喷口，在 1km 以上的距离观测时，可以看成是一个点源，而在 3m 距离观察时，表现为一扩展源。当采用光学系统观测时，光辐射源的像比探测器大或者说辐射源充满光学系统的视场，则该辐射源称为扩展源。

扩展源在某个方向上的辐射亮度是它在该方向上的单位表观面积向单位立体角内发射的辐射功率。如图 1.2-3 所示，如果在扩展源表面上某点附近的一个小面积元 dA 向半球空间（2π sr）发射的辐射功率为 dP，当我们考虑该面积元向与面积元法线夹角为 θ 的方向上发射辐射时，则由于在 θ 方向上看到面积元 dA 的表观面积为 $dA\cos\theta$，所以 dA 向 θ 方向 $d\Omega$ 立体角内发射的辐射功率可以看成是由源的表观面积元 $dA\cos\theta$ 发出的辐射功率，表示为

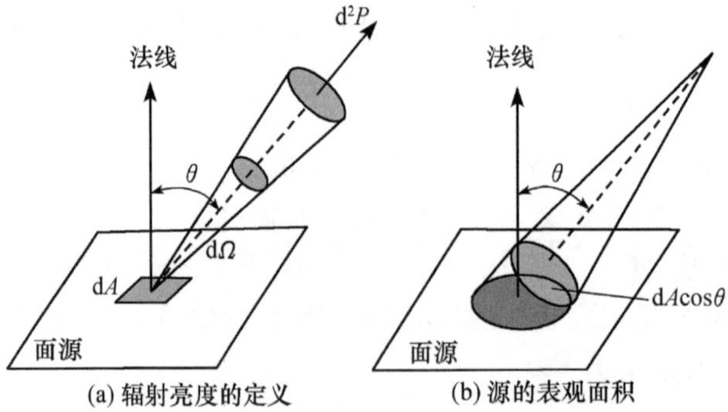

图 1.2-3 辐射亮度的定义与源的表观面积

$$L = \frac{\partial^2 P}{\partial A \partial \Omega \cos\theta} \tag{1.2-13}$$

辐射亮度的单位是 $W/(m^2 \cdot sr)$。一般来说，辐射亮度与球面上的位置及观测的方向 θ 有关。

以上讨论的各个辐射量都是描述辐射源发射特性的量。为了描述受照表面接收辐射功率的分布情况，引入辐射照度这个量。

(5) 辐照度

假设辐射源投射到被照表面某点附近小面积 dA 上的辐射功率为 dP，则被照表面该点的辐照度为

$$E = \frac{\partial P}{\partial A} \tag{1.2-14}$$

其意义表示投射被照面上单位面积上的辐射功率，单位为 W/m^2。虽然它与辐出度的单位相同，但两者的物理意义不同。辐出度是离开辐射源表面的辐射功率密度，它包括源向整个半球空间发射的辐射功率。而辐照度则是入射到被照表面上的辐射功率密度，它可以包括一个或几个源投射来的辐射功率。E 除与被照面上的位置有关外，还与辐射源的特性及被照表面与源的相对位置有关。

上面所给出的几个基本辐射量只考虑了辐射功率的空间分布特性。实际上任何一个辐射源发出的辐射或投射到一个表面上的辐射功率，都有一定的频率分布特征(即光谱特征)，故对于所讨论过的辐射量均可定义相对应的光谱辐射量。

此外，在光电子技术及其应用中，还常遇到单色辐射量、某波长间隔辐射量和全辐射量。这里仅以辐射功率为例进行说明，其他量的情况完全类似。

由光谱辐射功率 P_λ 的意义可知，在波长为 λ 到 $\lambda + d\lambda$ 的波长间隔内的辐射功率为

$$dP = P_\lambda d\lambda \tag{1.2-15}$$

若 $d\lambda$ 足够小，式中 dP 可称为波长为 λ 的单色辐射功率，用 dP_λ 表示。在一个有限波长范围 $\lambda_1 \sim \lambda_2 = \lambda_1 + \Delta\lambda$ 内的辐射功率，称为该波长间隔 $\Delta\lambda$ 的辐射功率，用 $P(\Delta\lambda)$表示，其定义为

$$P(\Delta\lambda) = P(\lambda_1 \sim \lambda_2) = \int_{\lambda_1}^{\lambda_2} P_\lambda d\lambda \tag{1.2-16}$$

如果 $\lambda_1 = 0, \lambda_2 \to \infty$，则

$$P = \int_0^\infty P_\lambda d\lambda \tag{1.2-17}$$

称为全辐射功率。

2) 基本光度学量

如前所述，光度学涉及的是电磁辐射中能引起视觉响应的可见光域的辐射场。所以，光度学量是辐射度量学量的特例，在研究方法上和概念上基本相同，并且光度学量与辐射度量学量是一一对应的。但是应当指出，辐射度量学度量的是电磁辐射场的能量，而光度学度量的是可见光场产生的视觉响应。下面，先介绍基本光度学量及其单位，然后说明它们与辐射度量学量之间的关系。

(1) 基本光度学量

历史上，人们曾用烛光作为光强度的单位，并把它作为光度学的基本单位，即其他光度学量的单位都由它定义出来。在科学技术发展的过程中，曾对烛光采取过不同的规定。

1977 年国际计量委员会决定选择光通量的单位作为光度标准。光通量相应于辐射度量学中的辐射通量(功率),单位是流明(lm),定义波长为 555nm 的单色辐射功率为 0.0015W 的光通量为 1lm。当然,流明的定义不仅适用于白昼,也适用于黑夜的任何情况下的眼睛视觉。

光通量用 P_v 表示。由它出发,按与辐射度量学同样的定义方法,可以定义出光度学中的其他量:光出射度 M_v、光强度 $I_{\Omega v}$、光亮度 L_v 及光照度 E_v。

光出射度 M_v 定义为

$$M_v = \frac{\partial P_v}{\partial A} \text{lm/m}^2(\text{lx}) \tag{1.2-18}$$

1lm/m² 又称为 1lx(勒克斯)。

光强度 $I_{\Omega v}$ 定义为

$$I_{\Omega v} = \frac{\partial P_v}{\partial \Omega} \text{lm/sr(cd)} \tag{1.2-19}$$

1lm/sr 又称为 1cd(坎德拉)。

光亮度 L_v 定义为

$$L_v = \frac{\partial^2 P_v}{\partial A \partial \Omega \cos\theta} \text{lm/(m}^2 \cdot \text{sr)(nt)} \tag{1.2-20}$$

1lm/(m² · sr)又称为 1nt(尼特)。

光照度 E_v 定义为

$$E_v = \frac{\partial P_v}{\partial A} \text{lm/m}^2(\text{lx}) \tag{1.2-21}$$

在这里,选用的符号与辐射量相同,只是加了一个脚标 v。

为了对流明和坎德拉的大小有一定的感性认识,在表 1.2-1 中列出几种常见光源的亮度;在表 1.2-2 中列出几种情况下的照度水平。

表 1.2-1 几种常见光源的亮度

辐射源	亮度/(cd/cm²)	辐射源	亮度/(cd/cm²)
太阳表面	2×10^5	40W 白炽灯	0.5
碳弧灯	1×10^4	白色发光漆	3×10^{-6}
60W 除去光泽的白炽灯	9	He-Ne 激光器(10mW,d=1mm)	7×10^7
阴极射线管	5		

表 1.2-2 几种情况下的照度水平

辐射源	照度/(lm/m²)	辐射源	照度/(lm/m²)
He-Ne 激光器(10mW,d=1mm)10m 处	5×10^5	全月(天顶位置)	0.27
太阳(处于天顶位置)	1.2×10^5	无月的阴暗天空	1×10^{-4}
晴朗天空	1×10^4	距 60W 白炽灯 1m 处	1×10^2
阴天	1×10^3		

为了对比方便,特将基本辐射度量学量与光度学量列成对照表 1.2-3。

表 1.2-3　基本辐射度量学量与光度学量对照表

辐射量	符号	定　义	单　位	光度量	符号	定　义	单　位
辐射能(量)	Q		J	光能(量)	Q_v		lm·s
辐射通量(功率)	P	$\frac{\partial Q}{\partial t}$	W	光通量	P_v	$\frac{\partial Q_v}{\partial t}$	lm
辐出度	M	$\frac{\partial P}{\partial A}$	W/m^2	光出射度	M_v	$\frac{\partial P_v}{\partial A}$	lm/m^2
辐射强度	I_Ω	$\frac{\partial P}{\partial \Omega}$	W/sr	光强度	$I_{\Omega v}$	$\frac{\partial P_v}{\partial \Omega}$	lm/sr
辐射亮度	L	$\frac{\partial^2 P}{\partial A\partial \Omega}$	$W/(m^2 \cdot sr)$	光亮度	L_v	$\frac{\partial^2 P_v}{\partial A\partial \Omega}$	$lm/(m^2 \cdot sr)$
辐照度	E	$\frac{\partial P}{\partial A}$	W/m^2	光照度	E_v	$\frac{\partial P_v}{\partial A}$	lm/m^2

(2) 光度学量与辐射度量学量的关系

由于光度学量是可见光产生的视觉响应,所以应该了解人的视觉。

实验证明,辐射功率相同但波长不同的光所引起的视觉响应是不相同的。在可见光谱中,人眼对光谱中部(黄绿色)最敏感。对于可见光区以外的其他波长的辐射,人眼不能察觉。

由于人眼的光谱响应特性,所以对不同波长的单色光要产生相同的视觉响应,就必须有不同的辐射功率。在引起相同的视觉响应条件下,若在波长 λ 附近所需要的光谱辐射功率为 dP_λ,则定义

$$V_\lambda = \frac{dP_{555}}{dP_\lambda} \tag{1.2-22}$$

为波长 λ 的视见函数(相对光谱视见函数)。式(1.2-22)中,dP_{555} 是对 $\lambda=555nm$ 所需要的光谱辐射功率。显然,人眼对波长为 555nm 光的视见函数值为 1,其他波长的视见函数值都小于 1,不可见区的视见函数值都等于零。视见函数值大的波长,表示人眼对这种波长辐射的视觉灵敏度高,亦即视觉响应强。图 1.2-4 给出了 V_λ 与 λ 的关系曲线。表 1.2-4 具体地给出了可见光谱区各波长辐射的视见函数值。

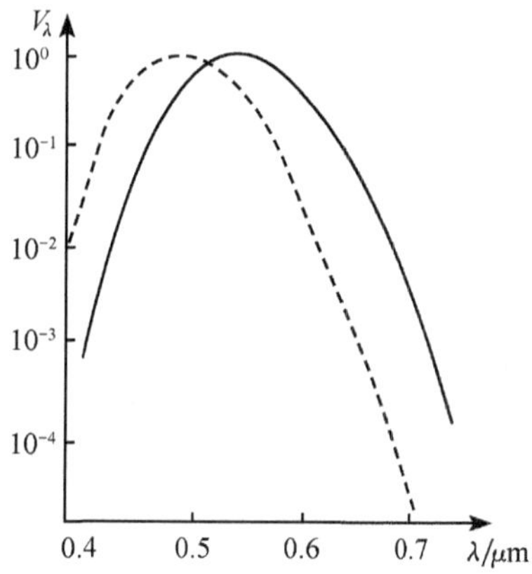

图 1.2-4　V_λ 与 λ 的关系曲线

表 1.2-4　可见光谱区 V_λ 的值

λ/nm	V_λ	λ/nm	V_λ
400	0.0004	510	0.5030
410	0.0012	520	0.7100
420	0.0040	530	0.8620
430	0.0116	540	0.9540
440	0.0230	550	0.9950
450	0.0380	555	1.0000
460	0.0600	560	0.9950
470	0.0910	570	0.9520
480	0.1390	580	0.8700
490	0.2080	590	0.7570
500	0.3230	600	0.6310

续表

λ/nm	V_λ	λ/nm	V_λ
610	0.5030	690	0.0082
620	0.3810	700	0.0041
630	0.2650	710	0.0021
640	0.1750	720	0.00105
650	0.1070	730	0.00052
660	0.0610	740	0.00025
670	0.0320	750	0.00012
680	0.0170	760	0.00006

由于描述可见光产生视觉响应强弱能力的物理量是光通量 P_v，所以在波长 λ 附近，辐射功率为 dP_λ 的可见光所对应的光通量为

$$dP_v = 673V_\lambda dP_\lambda \tag{1.2-23}$$

式中，常数 673 来自前面定义的波长为 555nm 的单色光，其光功率为 0.0015W 时相当于 1lm 的光通量，则光功率为 1W 时相当于 673lm 的光通量。例如，波长为 632.8nm、输出功率为 1mW 的 He-Ne 激光器，其光通量为

$$P_v = 673V_{632.8} \times 10^{-3} \approx 16\text{lm}$$

当光源辐射各种波长的光波时，总光通量为

$$P_v = 673\int_0^\infty V_\lambda dP_\lambda = 673\int_0^\infty V_\lambda P_\lambda d\lambda \tag{1.2-24}$$

由于人眼视觉神经的生理结构，人眼视觉有白昼视觉和黄昏视觉之分，相应的视见函数分别称为明光视觉函数(图 1.2-4 中的实线)和弱光视觉函数(图 1.2-4 中的虚线)。白昼视觉是指人眼在明亮环境(大于 3cd/m^2 的亮度)中，对不同波长可见光的视觉；黄昏视觉是指人眼在黑暗环境(小于 3×10^{-5}cd/m^2 的亮度)中，对不同波长可见光的视觉。黄昏视觉 $V_\lambda \sim \lambda$ 曲线的最大值相对白昼视觉向短波长方向移动了 45nm，这就是所谓的普尔钦效应。

1.3 光的相干性

光的相干性是光波的基本属性。在光电子技术及其应用中，研究光的相干性问题是一个非常重要的基本问题，它直接影响到激光器的诞生及光电子技术的产生和发展。正确理解光的相干性，对于从事光电子技术人员至关重要。

1.3.1 基本概念

一提到光的相干性问题，有些比较熟悉无线电波知识的读者就认为这是光电子技术中特有的新问题，其实这是一种误解。相干性问题，在无线电波段中同样存在，只是由于无线电波段电磁波的频率比较低，它们的相干性非常好，因此没有就该问题进行专门讨论的必要，习惯成了自然。而对于光波来说，虽然它也是电磁波，但其频率高($10^{12}\sim10^{16}$Hz)，在一般情况下，它的相干性很差，因此在那些与相干性有关的应用中，必须认真地讨论这个问题。

所谓光的相干性就是指在不同的空间点、不同时刻光波场的某些特性(如光波场的相位)之间的相关性,它们之间的相关性好,即说该光的相干性好。基于光波场是时间、空间的函数,光的相干性有时间相干性和空间相干性之分。时间相干性是指在同一空间点上,两个不同时刻光波场之间的相关性,或者说是指沿着光波的传播方向,离光源不同距离上的两点在同一时刻光波场之间的相关性,它们之间的相关性好,就说该光的时间相干性好;空间相干性是指在同一时刻、垂直于光传播方向上的两个不同空间点光波场之间的相关性,如果两个光波场相关,就可以由一个空间点的光电场确定另一空间点的光电场。

为了考察光波的时间相干性,原理上,可以在光路上的不同两点通过两个分束镜取出部分光,考察其时间相关特性:如果这两处的光波场相关,则可以由一点的光电场(振幅、相位)确定另一点的光电场(振幅、相位),或者说,可以由空间一点某时刻的光电场确定另一时刻的光电场。在实验上,时间相干性可以采用图 1.3-1(a)所示的装置,通过放在光路中的两倾斜分束镜所取出的部分光进行干涉,根据干涉现象的好与否确定其相干性的好与否。当两镜间距离改变时,干涉条纹将会发生变化。随着两镜间距离的增大,干涉现象将逐渐变差。当两镜间距离增大到某一长度 L_C 时,干涉现象消失,此时两光不相关。通常,将这个长度 L_C 称为相干长度,用以表征该光沿传播方向上的最大相关范围。因为光的传播速度 c 为常数,相应于这个长度 L_C 有一个传播时间 $t_C=L_C/c$,所以可称 t_C 为相干时间,光波在该相干时间内是时间相干的。L_C 越大,光的时间相干性越好。

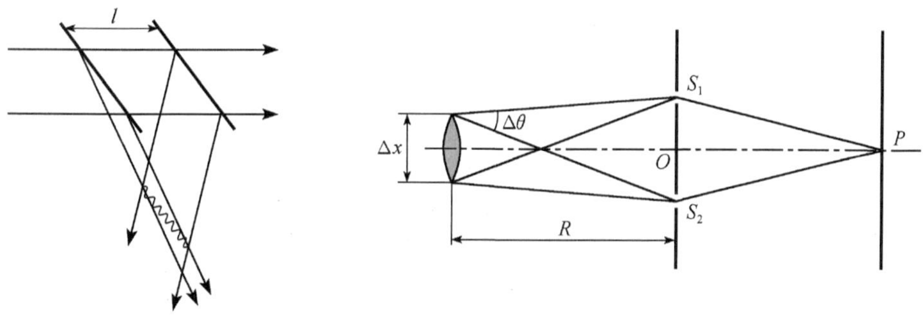

(a) 双光束干涉测量时间相干性　　(b) 双缝干涉测量空间相干性

图 1.3-1

考察光的空间相干特性可以利用图 1.3-1(b)所示的双孔干涉实验进行。如果实验用的光源是一个理想点光源,则在观察屏上总会看到清晰的干涉条纹。如果光源有一定的大小 Δx,则其干涉效应将变差。当固定光源到双孔的距离为 R 时,改变双孔 S_1 和 S_2 的间隔,通过双孔光的干涉效应将随之变化;随着孔间距离的增大,干涉条纹逐渐变得模糊。实验表明,在双孔屏上有一个以 O 点为对称中心的区域面积 A_C,若 S_1 和 S_2 在 A_C 内,就能在观察屏上看到干涉条纹;只要 S_1 和 S_2 在 A_C 之外,就观察不到干涉现象。通常,将这一面积 A_C 称为该光的相干面积,用以表征该光源在双孔屏上产生光的最大相关空间范围。A_C 越大,则该光的空间相干性越好。通过分析,该光在双孔屏处光场具有明显相干性的条件是

$$\Delta x \Delta\theta \leqslant \lambda \tag{1.3-1}$$

式中,$\Delta\theta$ 是两孔间距对光源的张角。式(1.3-1)表明,光源越小,则具有空间相干性的张角 $\Delta\theta$ 越大。

1.3.2 普通光源的相干性

1. 光源的辐射

一讲到光的相干性，很自然会提出一个问题：为什么同样是电磁波，无线电波段电磁波的相干性非常好，而光频电磁波非常差呢？这个问题可以通过辐射与物质相互作用的量子理论说明。

1）辐射与物质相互作用

根据爱因斯坦量子理论，原子、分子或离子与辐射的相互作用包含自发辐射、受激辐射和受激吸收三个过程。为说明问题简单起见，假定参与相互作用的原子只有两个能级，即能级 2 和能级 1，它们分别具有能量 E_2 和 E_1。

（1）自发辐射过程

在没有外界电磁辐射作用的情况下，处于高能级 E_2 上的一个原子可以自发地向低能级 E_1 跃迁，同时发射一个能量为 $E_2-E_1=h\nu$ 的光子，如图 1.3-2(a)所示。这种过程称为自发辐射跃迁过程，所发射的光子称为自发辐射光子。自发辐射跃迁过程只与原子本身性质有关，与外界辐射无关。该过程可用自发跃迁概率 A_{21} 描述，A_{21} 也称为爱因斯坦 A 系数。可以证明，A_{21} 的倒数 $\tau_{21}=1/A_{21}$ 在数值上是大量原子在能级 E_2 上的平均停留时间，或称为原子在能级 E_2 上的平均寿命。对于气态孤立原子，能级寿命 τ_{21} 约为 10^{-8}s 量级。

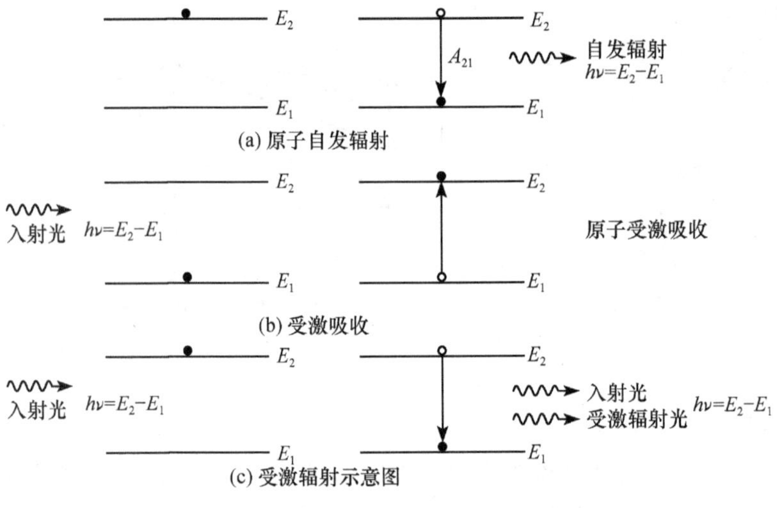

图 1.3-2

（2）受激辐射过程

受激辐射过程是存在外界光辐射时发生的原子系统与辐射的相互作用：处于高能级 E_2 上的原子在能量为 $h\nu=E_2-E_1$ 光子的作用下，受激地从能级 E_2 向能级 E_1 跃迁，并发射一个能量也为 $h\nu$ 的光子，图 1.3-2(c)示出了这种跃迁过程。由受激辐射跃迁发射的辐射称为受激辐射，受激辐射光子与激励光子同频率、同振动方向、同传播方向、同相位。受激辐射跃迁过程用受激辐射跃迁概率 W_{21} 描述，它与自发辐射跃迁过程有着本质的区别，它不仅与原子性质有关，而且与辐射场能量密度 $u(\nu)$ 有关，可表示为

$$W_{21} = B_{21} u(\nu) \tag{1.3-2}$$

式中，比例系数 B_{21} 为受激辐射跃迁爱因斯坦系数或爱因斯坦 B 系数，它只与原子的性质有关。

受激辐射跃迁这一概念是爱因斯坦在 1917 年首先提出来的，直到 40 年后的 20 世纪 50 年代才被应用，并促使激光的问世和量子电子学的发展。

(3) 受激吸收过程

受激吸收跃迁是受激辐射跃迁的逆过程，如图 1.3-2(b)所示。与受激辐射跃迁过程类似，有

$$W_{12} = B_{12} u(\nu) \tag{1.3-3}$$

式中，W_{12} 为受激吸收跃迁概率，B_{12} 为受激吸收跃迁爱因斯坦系数。

理论上，可以导出爱因斯坦三系数 A_{21}、B_{21} 和 B_{12} 之间有如下关系：

$$g_1 B_{12} = g_2 B_{21} \tag{1.3-4}$$

$$\frac{A_{21}}{B_{21}} = \frac{8\pi h \nu^3}{c^3} \tag{1.3-5}$$

式中，g_1 和 g_2 分别为能级 E_1 和 E_2 的简并度。对于非简并情况，$g=1$。当 $g_1=g_2$ 时，有

$$B_{12} = B_{21} \tag{1.3-6}$$

2) 自发辐射与受激辐射的相干性

如前所述，自发辐射跃迁过程和受激辐射跃迁过程是两个完全不同的物理过程，它们所产生辐射的相干性有着极为重要的差别。

对于自发辐射来说，它是原子在不受外界辐射场的影响下产生的，由于单个原子的自发辐射相位是随机的，因此大量原子产生的自发辐射光是不相干的。

与自发辐射不同，受激辐射是在外界辐射场作用下产生的。由量子电动力学证明，受激辐射光子与激励光子具有相同的频率、相位、波矢和偏振状态，或者说，受激辐射光子与入射光子属于同一光子态。这样，大量原子在同一辐射场激励下所产生的受激辐射都属于同一光子态。因而，受激辐射光是相干的。

2. 普通光源的相干性

1) 电磁辐射源的相干性

从本质上讲，任何波段电磁辐射的产生机制都是一样的，都是辐射与物质相互作用的结果。在热平衡状态下，辐射源都可产生自发辐射和受激辐射。根据黑体辐射普朗克(Planck)公式，可以导出自发辐射与受激辐射比例为

$$\frac{A_{21}}{W_{21}} = e^{\frac{h\nu}{KT}} - 1 = R \tag{1.3-7}$$

式中，h 为普朗克(Planck)常量，K 为玻尔兹曼(Boltzmann)常量，T 为绝对温度。

由式(1.3-7)可见，在室温下，微波($\nu \sim 10^{10}$ Hz)电磁波的 $R \sim 0.001$，绿色光频($\nu \sim 5 \times 10^{14}$ Hz)电磁波的 $R \sim 10^{35}$，紫色光频($\nu \sim 7.5 \times 10^{14}$ Hz)电磁波的 $R \sim 10^{52}$。可见，无线电波段的电磁波总是以受激辐射为主，总是相干的；而光频电磁波则是以自发辐射为主，是不相干的。电磁辐射由低频到高频的变化，使其相干性由量变到了质变。

结论是：无线电波段的电磁辐射源产生的电磁辐射总是相干的；处于热平衡状态下工作的普通光源所产生的光辐射总是不相干的。

2）普通光源相干性的量度

通常，我们所用到的光源都是热平衡状态下工作的热光源。对于这种普通光源，光是由大量处于高激发态的原子（分子或离子）自发地跃迁到低能态上发射出来的。其发射过程并非无限延续，而是间断地发射极短的光波列（小于 10^{-8}s）。各个原子被激发几次，它就自发地发射几个间断波列。这些波列一般相隔很远（与每一个波列的持续时间相比），并且在时间上是随机的。因此，实际光源所发出的光波是一系列波列的组合，各个波列之间没有恒定的相位关系，它们是不相干的，不可能产生干涉现象。但对于一个波列，其内光波场是相关的，所以波列长度 τ_C 实际就是光的相干时间 t_C。

根据傅里叶变换关系，一个长度有限的波列相当于在频带宽度 $\Delta\nu$ 内的一系列正弦波的叠加，波列的持续时间 τ_C 与 $\Delta\nu$ 之间有如下的关系：

$$\tau_C \Delta\nu = 1 \tag{1.3-8}$$

该关系表明，光源发出光波的频带越窄，单色性越好，则相干时间越长，时间相干性越好。由于普通光源产生光的频带很宽，单色性很差，所以时间相干性也很差。只有对光源采取滤光措施，提高其单色性，才可能改善输出光的时间相干性。

对于普通光源，除了从一个原子不同时刻发出的光波列间没有固定的相位关系外，处在激发态的各个原子之间彼此也是独立的，所以不同原子所发出的光波之间，也没有固定的相位关系。由此断定，从一个原子发出的光与任意一个其他原子发出的光之间也是不相干的。正因为此，在图 1.3-1(b)中所示的双孔干涉实验中，由于光源有一定的大小，所以不同位置处原子发出的光是不相干的，导致干涉效应很差。进一步分析表明，某光源发出的光的相干面积 A_C 与光源尺寸、光源距双孔距离有关，并且光源尺寸越小，相干面积 A_C 越大。因此，可以在普通光源前放置一个光阑，缩小有效光源的尺寸，以改善其空间相干性。光阑尺寸越小，空间相干性越好。

进一步考察式(1.3-1)，可以将其写成

$$(\Delta x)^2 \leqslant \left(\frac{\lambda}{\Delta\theta}\right)^2 \tag{1.3-9}$$

该式的意义是：如果要求传播方向限于立体角 $(\Delta\theta)^2$ 之内的光波是相干的，光源的面积 $(\Delta x)^2$ 必须小于 $(\lambda/\Delta\theta)^2$。因此，$(\lambda/\Delta\theta)^2$ 就是光源的相干面积。如果把光源的相干面积作为底面，以相干长度 L_C 为高，限定一个空间 ΔV_C，可定义为相干体积，即

$$\Delta V_C = ct_C \cdot (\Delta x)^2 = \frac{c}{\Delta\nu}\left(\frac{\lambda}{\Delta\theta}\right)^2 \tag{1.3-10}$$

因此，光的相干性可以用相干体积 ΔV_C 量度。

从光子的观点考察光的相干性，因在相干体积内的光子具有相同的状态，即处于同一光子态，所以，属于同一光子态的光子是相干的。

综上所述，由于普通光源处于激发态的原子自发地、随机地发光，所以发射光的振幅、相位随着时间随机起伏，其时间、空间相干性都很差。通常，将这类光源称为非相干光源（Chaotic 光源），所产生的光称为非相干光（Chaotic 光）。尽管可以利用针孔限制光源的有效尺寸或用滤光器限制其波长范围，可以获得较好的相干性，但是所得到的光强非常弱。因此，用此法获

得相干光的代价非常高，实用性低。

1.3.3　激光器的相干性

1960 年，梅曼(Theodore H. Maiman)研制出第一台红宝石激光器。这种激光器光源的本质特点是突破了热平衡状态下发光的机制，其受激原子的发光是以受激辐射为主的，因此所产生的激光如同无线电波段电磁波一样，是相干光，其时间、空间相干性非常好，可以直接用于干涉实验。正因为此，伴随着激光器、激光技术的发展，光电子技术诞生并迅猛发展起来。目前，激光器已成为光电子技术应用中最基本的相干光源。

为了对激光器的相干特性有更加直观的认识，下面给出几组数据。

1. 表征时间相干性的单色性 $\Delta\nu/\nu$

如前所述，光的单色性越好，其时间相干性越好。在普通光源中，单色性最好的光源是 Kr^{86} 灯的 0.6057μm 谱线，其单色性 $\Delta\nu/\nu=7.6\times10^{-7}$；而经过稳频措施的 He-Ne 激光器单色性 $\Delta\nu/\nu$ 可达 $10^{-13}\sim10^{-10}$ 量级，实验上曾观察到带宽 $\Delta\nu$ 为 2Hz 的 He-Ne 激光谱线。光源的单色性决定了它的相干长度 L_C，据前讨论应有

$$L_C=\frac{c}{\Delta\nu}=\left(\frac{\nu}{\Delta\nu}\right)\lambda \tag{1.3-11}$$

由该式估算，Kr^{86} 灯的 L_C 约为 1m，而稳频激光的 L_C 为 1～1000km。这就意味着，用 Kr^{86} 灯进行精密干涉测长，最大量程不超过 1m，而用单色性好的 He-Ne 激光精密干涉测长，量程可扩展到 1～1000km。

2. 表征空间相干性的方向性

光的空间相干性与其方向性(用光束发散角 $\Delta\theta$ 表征)密切相关，例如，一束理想的平面光波是完全空间相干的，它的光束发散角 $\Delta\theta$ 等于零。普通光源的方向性很差，只有当它的光束发散角 $\Delta\theta<\lambda/\Delta x$ 时，才具有明显的空间相干性。而激光器的光束发散角可达到 10^{-3} rad，He-Ne 激光器的光束发散角甚至可达 3×10^{-4} rad。

思考题 1

1-1　什么是光电子技术？光电子技术备受重视的原因是什么？

1-2　什么是光的波粒二重性？试用光的量子理论和光的电磁理论正确理解光的本质。

1-3　光度量学量与辐射度量学量之间的关系与差别是什么？

1-4　波长 λ 辐射的视见函数是怎样定义的？在整个电磁波谱范围内，视见函数不等于零的区域是哪个区域？如果已知某个波长辐射的视见函数值 V_λ，则辐射功率为 dP_λ 所对应的光通量 dP_v 与 V_λ、dP_λ 之间有什么关系？

1-5　什么是光的相干性？光的空间相干性、时间相干性性能的好差程度分别用什么量衡量？它们的意义是什么？

1-6　自发辐射与受激辐射的根本差别是什么？为什么同样是电磁波，光波相干性比无线电波段的相干性差？

参考文献

玻恩 M,沃耳夫 E. 1988. 光学原理. 杨葭荪 等译. 北京:科学出版社
玻恩 M,沃耳夫 E. 2005. 光学原理. 第 7 版. 杨葭荪 等译. 北京:电子工业出版社
李景镇 等. 1986. 光学手册. 西安:陕西科学技术出版社
石顺祥,过巳吉. 2000. 光电子技术及其应用. 成都:电子科技大学出版社
石顺祥,刘继芳,孙艳玲. 2006. 光的电磁理论. 西安:西安电子科技大学出版社
周炳琨 等. 2000. 激光原理. 第 4 版. 北京:国防工业出版社

第2章 激光器

激光是1964年钱学森教授首先倡议对LASER一词的意译名。LASER是Light Amplification by Stimulated Emission of Radiation字头的缩写，意思是“光的受激发射放大”。LASER可视具体情况译为激光或激光器。激光器是以发射高亮度光波为特征的相干光源，是一种光频振荡器，或理解为“激光振荡器”。

在这里，回顾一下对激光器的诞生和发展有重要贡献的几位科学家是很有意义的。

导致激光器发明的理论基础可以追溯到20世纪初，爱因斯坦(Albert Einstein)在量子理论的基础上提出了光与物质相互作用过程中的崭新概念，揭示了光受激辐射放大的可能性；50年代初，美国的汤斯(Charles H. Townes)、苏联的巴索夫(Nikolai G. Basov)和普洛霍洛夫(Aleksander M. Prokhorov)提出了利用受激辐射放大电磁波的新概念，并发明了氨分子微波量子振荡器(MASER)，诞生了量子电子学的新学科；在人们进军光波量子振荡器(即激光器)的过程中，1958年，汤斯和肖洛(Arthur L. Schawlow)提出了利用开腔实现激光器的新思路，布隆伯根(Nicolaas Bloembergen)提出了光泵原子数反转分布的新构想；1960年，美国休斯公司实验室的年轻科学家梅曼演示了世界上第一台红宝石激光器，次年，中国科学家也研制出了红宝石激光器；1997年，朱棣文(Steven Chu)、菲利普(William D. Phillips)和塔罗季(Claude Cohen-Tannoudji)由于利用激光冷却和钳制原子的研究成果而共获诺贝尔奖。特别要指出的是，前面提到的50年代后的9位科学家中，除梅曼外的8位都因对激光技术的创造性贡献而先后获得诺贝尔奖。

本章将从基本的物理概念出发，主要讨论激光器的组成、激光产生的机理，激光器高斯光束的变换规律、激光的基本特性，为从事光电子技术应用奠定基础。

2.1 激光器的组成

任何一种电子振荡器的结构都如图2.1-1所示，由能源、放大器和反馈回路三部分构成。考察激光振荡器结构，也是由这三部分组成的，相比之下，只是构形发生了质的变化。

典型的固体激光器的原理结构如图2.1-2所示，图中，激光棒(激光工作物质)和泵浦灯分别安装在一个椭圆柱体聚光腔的两条焦线上。这种固体激光器的电源、泵浦灯及聚光腔可归结为振荡器的能源部分；受泵浦灯照射的激光棒(增益介质)与放大器相对应，它是激光器的核心；由反射镜 M_1 和 M_2 构成的光学谐振腔起着反馈回路的作用。

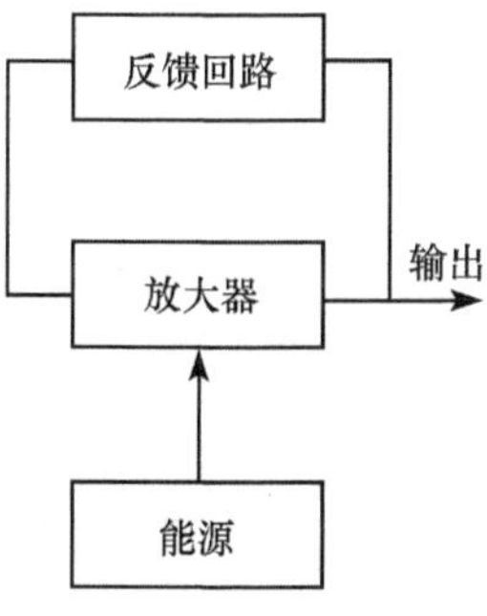

图2.1-1　振荡器的一般模型

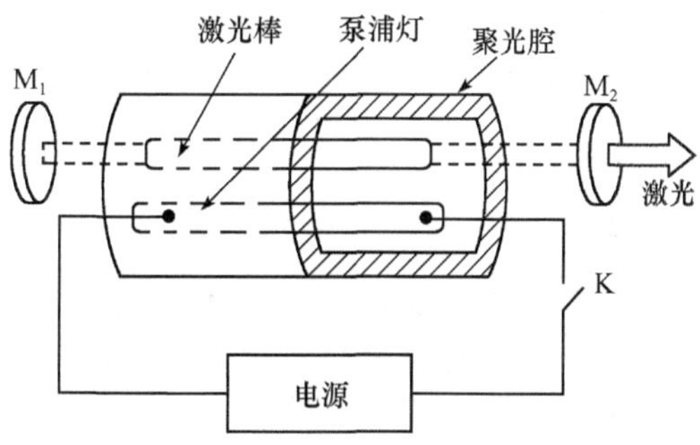

图2.1-2　典型固体激光器

从本质上说，激光器与电子振荡器的组成完全一样，因此，激光可视为电磁波从电子学波段向光频波段的开拓。也就是说，激光的诞生，实际上是把电子技术应用的波段延伸到了光频波段。从此，在光频波段也能像电子学波段一样，人为地产生等幅正弦振荡的相干光波。因而电子学中的振荡、放大、调制、解调、外差等技术在光频波段有了对应技术，开创了光电子学的新领域。

2.2 激光器工作原理

与电子振荡器的工作原理相似，激光器工作时必须满足光振荡的振幅条件和相位条件。为此，激光器中的激光工作物质应能提供光放大；光学谐振腔应能提供光反馈和频率选择。所以，本节主要讨论激光工作物质的增益特性、光的受激放大与振荡、光学谐振腔的反馈特性和模式特性，并进一步讨论激光器的工作特性。

2.2.1 激光工作物质的增益特性

由于激光工作物质的光谱加宽特性决定了不同激光工作物质的增益特性，所以这一节先介绍激光工作物质的光谱加宽特性，进而讨论激光工作物质的增益特性。

1. 光谱加宽特性

1）光谱线加宽

2.1 节已指出，原子由能级 E_2 跃迁到能级 E_1 时，将辐射频率为 $\nu=(E_2-E_1)/h$ 的单色光谱线。事实上，这个光谱线有一定频率宽度，这就是所谓的光谱线加宽。

根据量子力学的测不准关系，能量 E 和时间 t 这一对物理量不可能同时具有确定值，如果它们的不确定范围为 ΔE 和 Δt，则有

$$\Delta E\Delta t \geqslant \hbar \tag{2.2-1}$$

式中，$\hbar=h/2\pi$。如果把原子处在能级 E_2 上的寿命 τ_{21} 理解为原子在 E_2 上停留时间的不确定值，则原子能级 E_2 的不确定值为

$$\Delta E_2=\frac{\hbar}{\tau_{21}}\neq 0$$

由此可见，能级 E_2 有一个不确定值 ΔE_2，即能级 E_2 有一定的宽度。自然，由高能级 E_2 跃迁到低能级 E_1 上时，原子发射的光谱线有一定的宽度。所以，光谱线加宽实际是原子系统能级加宽的反映，光谱线加宽的特性，取决于物质本身的固有性质。

2）光谱线加宽的物理机制

引起光谱线加宽的物理机制有多种，这里主要介绍自然加宽、碰撞加宽和多普勒加宽。

（1）自然加宽

自然加宽是由原子热运动的固有特性，即由原子处在某个状态上的有限寿命决定的光谱加宽。相应的原子自发辐射的光谱线分布如图 2.2-1 所示。

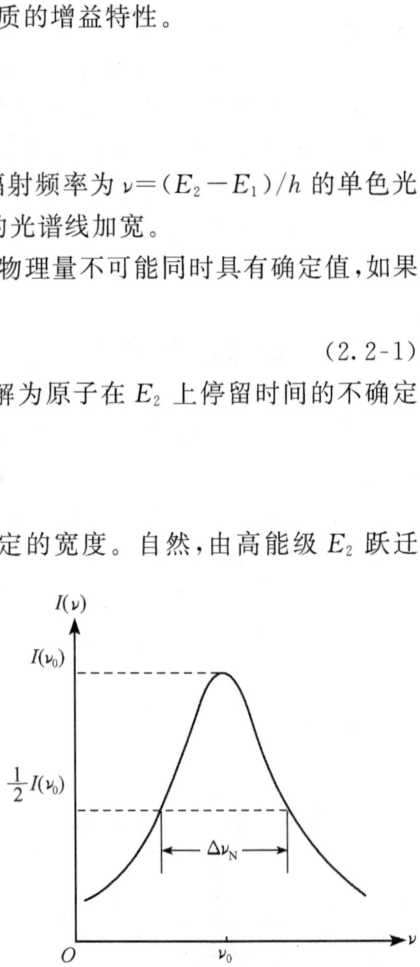

图 2.2-1 自发辐射的光谱线加宽

由辐射理论可以导出，一个孤立原子自发辐射的

谱线加宽形状分布是洛伦兹(Lorentz)线型函数

$$g_N(\nu,\nu_0)=\frac{\Delta\nu_N}{2\pi}\frac{1}{(\nu-\nu_0)^2+\left(\frac{\Delta\nu_N}{2}\right)^2} \tag{2.2-2}$$

式中,ν_0 是原子二能级系统的中心频率,$\Delta\nu_N=1/(2\pi\tau_{21})$是光谱线宽度。

(2) 碰撞加宽

在气体介质中,气体分子的热运动会产生无规则的碰撞作用,这将导致处在上能级分子的寿命在 τ_{21} 的基础上进一步缩短。设此时上能级的分子寿命为 τ_H,则有

$$\frac{1}{\tau_H}=\frac{1}{\tau_{21}}+\frac{1}{\tau_c} \tag{2.2-3}$$

式中,τ_c 为分子两次碰撞的平均时间,或称为碰撞寿命。由分子间碰撞引起的光谱线加宽,称为碰撞加宽。由于气体分子的碰撞频度与气体压力有关,气压越大,分子间的碰撞越频繁,谱线变得越宽,故碰撞加宽又称为压力加宽。

碰撞加宽的谱线线型分布也具有洛伦兹函数形式,有

$$g_c(\nu,\nu_0)=\frac{\Delta\nu_c}{2\pi}\frac{1}{(\nu-\nu_0)^2+\left(\frac{\Delta\nu_c}{2}\right)^2} \tag{2.2-4}$$

式中,$\Delta\nu_c=1/(2\pi\tau_c)$为碰撞加宽的光谱线宽度。

在固体工作物质中,类似的加宽机制是原子-晶格的热弛豫过程产生的无辐射跃迁。

(3) 多普勒(Doppler)加宽

在气体介质中,气体分子热运动所引起的多普勒效应也将引起光谱线加宽。光学多普勒效应是指当分子相对观察者静止时,观察者所接收到的光频率为 ν_0,分子在观察者观察的方向上有相对运动时,观察者所接收到的光频率 ν 不等于 ν_0:分子向观察者运动时,$\nu>\nu_0$;分子离开观察者运动时,$\nu<\nu_0$。这样,由于气体分子的无规则热运动,相对观察者探测器来说,分子运动的速度大小不同,且方向各异,导致观察者所接收到的光谱线变宽。

可以证明,多普勒加宽的谱线线型分布具有高斯(Gauss)函数形式

$$g_D(\nu,\nu_0)=\frac{2}{\Delta\nu_D}\left(\frac{\ln 2}{\pi}\right)^2\exp\left[-\frac{4\ln 2(\nu-\nu_0)^2}{(\Delta\nu_D)^2}\right] \tag{2.2-5}$$

式中,$\Delta\nu_D$ 为多普勒加宽的谱线宽度,且有

$$\Delta\nu_D=\frac{2\nu_0}{c}\left(\frac{2KT}{M}\ln 2\right)^{1/2} \tag{2.2-6}$$

M 为分子量。

在固体介质中,不存在多普勒加宽,相类似的加宽机制是晶格缺陷的影响。

3) 均匀加宽和非均匀加宽

尽管光谱线加宽的物理机制有很多,但归纳起来有两大类:均匀加宽和非均匀加宽。

(1) 均匀加宽

上面讨论的自然加宽和碰撞加宽等机制有一个共同的特点,这就是引起加宽的物理因素对每个原子都是等同的,或者说每个原子所处的环境都相同,所以,大量原子中每个原子的平均寿命都相同,因而每个发光原子都以相同中心频率的整个线型发射,不能把线型函数上的某一特定频率和某些特定的原子联系起来,或者说,每一发光原子对光谱线内任一频率都有贡献。因此,这类加宽称为均匀加宽。

在气体介质中，均匀加宽来源于自然加宽和碰撞加宽，均匀加宽的线型分布是洛伦兹线型函数，用 g_H 表示

$$g_H(\nu,\nu_0)=\frac{\Delta\nu_H}{2\pi}\frac{1}{(\nu-\nu_0)^2-\left(\frac{\Delta\nu_H}{2}\right)^2} \tag{2.2-7}$$

式中

$$\Delta\nu_H=\Delta\nu_N+\Delta\nu_c$$

在固体介质中，情况复杂一些，其自然加宽和无辐射跃迁造成的谱线加宽很小，晶格振动加宽是主要的均匀加宽因素。

(2) 非均匀加宽

上面讨论的气体介质的多普勒加宽和固体介质中的晶格缺陷加宽，其特点是，原子体系中每个原子只对谱线中与它的表观中心频率相应的部分有贡献，因而可以辨别谱线上的某一频率范围是由哪一部分原子发射的。因此，这类加宽称为非均匀加宽。

(3) 综合加宽

在一般情况下，不管是气体介质还是固体介质的光谱线加宽，既可能存在均匀加宽，也可能存在非均匀加宽，称之为综合加宽。只是一定的实际工作条件下，往往是一种加宽因素为主，另一种加宽因素相对可以不计。

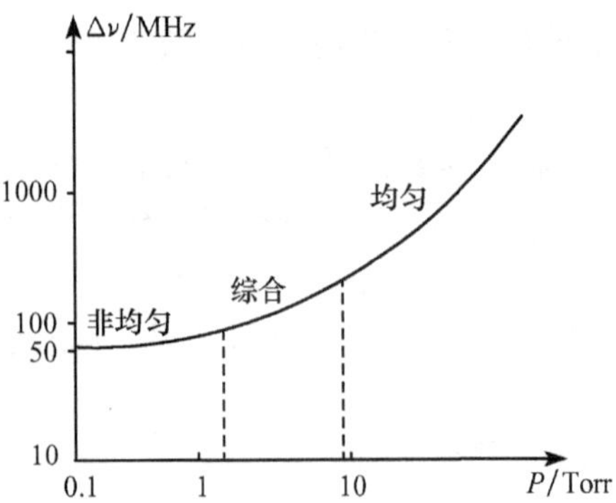

图 2.2-2 CO_2 气体分子 $\Delta\nu$ 随气压的变化

图 2.2-2 是 CO_2 气体分子光谱线的线宽 $\Delta\nu$ 随气压变化的示意图，它给出了多普勒加宽、综合加宽和均匀加宽的变化情况。对于 CO_2 激光器，CO_2 的分子量 $M=44$，$\lambda_0=10.6\mu m$，当 $T=300K$ 时，$\Delta\nu_D=53MHz$；当 $P=8Torr$ 时，$\Delta\nu_D \ll \Delta\nu_H$，这时均匀加宽就变得是主要的了。对于 He-Ne 激光器，He-Ne 混合气体中 Ne 是发光原子，Ne 的分子量 $M=20$，$\lambda_0=0.6328\mu m$，$T=400K$ 时，$\Delta\nu_D=1520MHz$；当 $P=2Torr$（典型情况）时，$\Delta\nu_H=192MHz$，所以这是以多普勒加宽为主的综合加宽情况。对于另外一种常用的 Ar^+ 离子激光器，因为它的工作温度较高（500～1500K），而气压一般只有几托，其 $\Delta\nu_D\approx 6000MHz$，因而它主要是多普勒非均匀加宽。

对于红宝石激光器，在低温时主要是晶格缺陷引起的非均匀加宽，它与温度无关；而在常温下，它的加宽主要是晶格热振动引起的均匀加宽，并且随着温度的升高而加大。对于 Nd^{3+}：YAG 晶体，由于其晶体质量比红宝石好，因而非均匀加宽可以忽略，在整个温度范围内其都以均匀加宽为主。

2. 激光工作物质的增益

在热平衡状态下，物质中原子数按能态的分布规律为玻尔兹曼分布律，即有

$$\frac{N_2}{g_2}=\frac{N_1}{g_1}e^{-\frac{h\nu}{KT}} \tag{2.2-8}$$

式中，N_1 和 N_2 分别为能级 E_1 和 E_2 上的原子数。在光频区，$h\nu \gg KT$，所以有

$$\frac{N_2}{g_2} \ll \frac{N_1}{g_1} \tag{2.2-9}$$

这表明，在热平衡状态下，上能态的粒子数总是少于下能态的粒子数，光通过介质时，总是受激吸收超过受激发射，光束被衰减，介质对光表现为吸收，或称介质具有负增益。自然，如前所述，此时介质中发射的光是以自发辐射为主，是非相干光。

为了使介质具有增益，即为了使吸收介质变成增益介质，按式(2.2-8)，必须有

$$\frac{N_2}{g_2} > \frac{N_1}{g_1}$$

在这种情况下，介质处于原子集居数反转分布状态，光通过介质时，受激发射过程超过受激吸收过程，受激发射占优势，光被放大。介质的这种状态是非热平衡状态。进一步考察式(2.2-8)可见，只要把 T 变成 $-T$，即可满足式(2.2-9)关系，因此，有时也形象地称非热平衡状态为负温度状态。又因原子集居数处于反转分布状态的介质具有增益，常称该介质处于激活状态。

若有频率为 ν、强度为 I_0 的单色光进入增益介质，则在光束的传播过程中，光强将不断增强。通常，采用增益系数 G 来描述光强经过单位距离后的增长率。假设在 z 处的光强为 $I(z)$，$z+\mathrm{d}z$ 处的光强为 $I(z)+\mathrm{d}I(z)$，则定义增益系数为

$$G(\nu) = \frac{\mathrm{d}I(\nu,z)}{I(\nu,z)\mathrm{d}z} \tag{2.2-10}$$

由此可得

$$I(\nu,z) = I(\nu,0)\mathrm{e}^{G(z)z} \tag{2.2-11}$$

从物理概念上很容易理解，能态原子集居数反转粒子数 ΔN 越大，增益系数 $G(\nu)$ 也越大；进一步，考虑到光谱线加宽，根据线型函数 $g(\nu,\nu_0)$ 的物理意义，增益系数 $G(\nu)$ 应与线型函数 $g(\nu,\nu_0)$ 成正比，所以它们应有如下关系：

$$G(\nu,\nu_0) \propto \Delta N g(\nu,\nu_0) \tag{2.2-12}$$

严格推导有

$$G(\nu,\nu_0) = \frac{h\nu}{c}B_{21}\left(N_2 - \frac{g_2}{g_1}N_1\right)g(\nu,\nu_0) \tag{2.2-13}$$

3. 激光工作物质的增益饱和

当一频率为 ν_A 的光束通过激活介质时，光强 $I(\nu_A)$ 将被放大。因为光强的放大是以消耗反转粒子数为代价的，所以随着光强的放大，反转粒子数 ΔN 将减少，增益系数 $G(\nu,\nu_0)$ 也将变小，这一现象称为增益饱和效应。由此可见，增益系数除与频率有关外，还与光强 $I(\nu_A)$ 有关，故可写为 $G[\nu,\nu_0,I(\nu_A)]$。

1) 均匀加宽的增益饱和效应

对均匀加宽的情况来说，增益系数为

$$G_H[\nu,\nu_0,I(\nu_A)] \propto \Delta N g_H(\nu,\nu_0) \tag{2.2-14}$$

根据均匀加宽的特点，特定频率 ν_A 的光对介质所有反转粒子具有相同的受激作用，随着 $I(\nu_A)$ 的增大，ΔN 减小，$G_H[\nu,\nu_0,I(\nu_A)]$ 也减小。这样，对均匀加宽介质来说，其增益饱和效应的表现形式是整个增益曲线均匀下降。也就是说，一个特定频率的光信号使得整个线型内所有频率的增益都下降，如图 2.2-3 所示。图中，$I(\nu_A)=0$ 的增益曲线称为小信号增益曲线，相应的增益系数称为小信

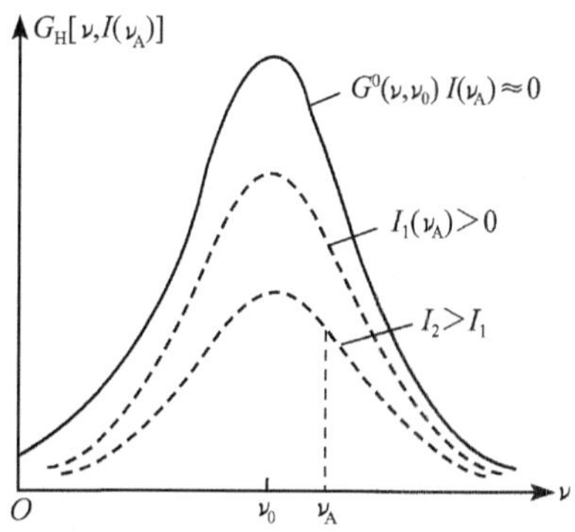

图 2.2-3　均匀加宽的增益饱和

号增益系数，用 $G^0(\nu,\nu_0)$ 表示。

2) 非均匀加宽的增益饱和效应

非均匀加宽与均匀加宽的情况相比，其增益饱和特性要复杂一些。以多普勒加宽为例，因速度不同的原子群有不同的中心频率，而具有相同中心频率的一群原子又有一个小的均匀加宽效应存在，因此整个非均匀加宽线型函数可视为许多均匀加宽线型函数所组成。或者说，非均匀加宽线型函数是众多的均匀加宽线型函数的包迹函数，如图 2.2-4 所示。

当频率为 ν_A、强度为 $I(\nu_A)$ 的单色光入射到非均匀加宽的增益介质上时，这将使得中心频率为 ν_A 的那一群反转粒子发生饱和，而对于中心频率远离 ν_A 的反转粒子不发生作用。饱和后的那群反转粒子对总的非均匀加宽增益曲线 ν_A 处的增益贡献减小，所以在 ν_A 处出现一个增益凹陷，好像是在图 2.2-5 所示的增益曲线上烧了一个孔一样。因此，常将非均匀加宽增益介质中的增益饱和效应称为增益曲线的烧孔效应。

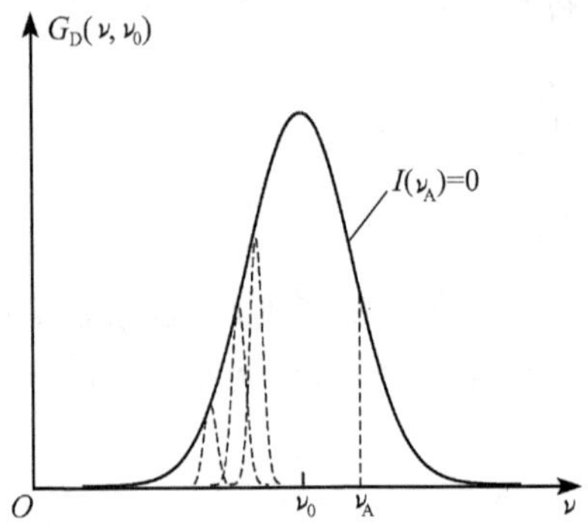

图 2.2-4 非均匀加宽线型的形成

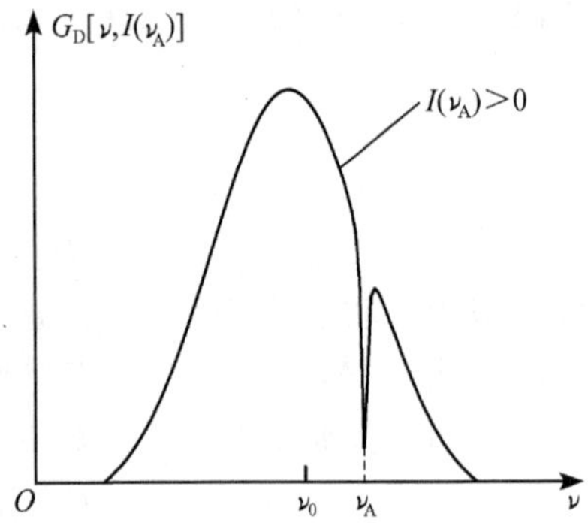

图 2.2-5 非均匀加宽的增益饱和

2.2.2 光的受激放大与振荡

1. 激光工作物质的能级模型

作为激光工作物质的原子或分子系统，可以是固态（包括晶体和半导体）、液态（包括染料）或气态，它们在能源的激励下处于激活状态，其两个激光能级之间实现了集居数分布反转。尽管实际上任何物质的能级结构都很复杂，与激光作用相关的能级也较多，但总可以用图 2.2-6 所示的三能级模型或图 2.2-7 所示的四能级模型描述它们是如何实现集居数分布反转的。

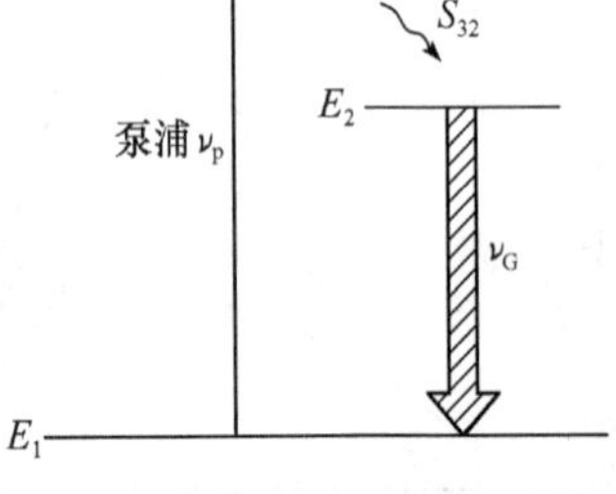

图 2.2-6 粒子系统的三能级模型

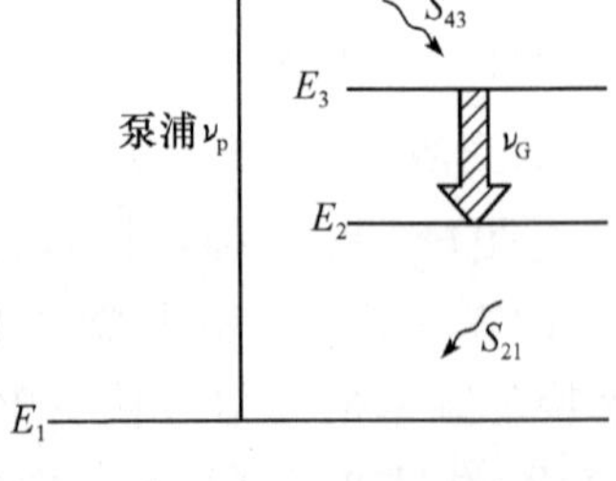

图 2.2-7 粒子系统的四能级模型

掺 Cr^{3+} 的 Al_2O_3 红宝石晶体是典型的三能级模型系统。图 2.2-6 中的 E_1、E_2 和 E_3 是 Cr^{3+} 离子在 Al_2O_3 晶体中的能级结构示意，其中 E_1 是基态能级，E_2 是具有较长寿命的亚稳态能级，E_3 是含有大量能级的激发态能带。在热平衡状态下，处在基态 E_1 上的集居数 N_1 比处在亚稳态 E_2 上的集居数 N_2 大很多，即 $N_1 \gg N_2$（实际上 $N_2 \approx 0$）。当氙灯发光激励红宝石棒时，大量基态 Cr^{3+} 离子受激吸收跃迁到激发态能带 E_3 上，它们在 E_3 上的寿命极短（约为 10^{-7}s），将很快地通过非辐射弛豫过程（用 S_{32} 表示）跃迁到寿命较长（约为 10^{-3} s）的亚稳态 E_2 上，并在此寿命时间内暂时使 N_2 偏离热平衡的玻尔兹曼分布，这个过程称为氙灯的抽运（泵浦）过程。显然，当氙灯光强还不足以引起 E_2 和 E_1 能态集居数反转时，处于 E_2 上的 Cr^{3+} 离子可以自发跃迁回到基态 E_1，发出 0.6943μm 的自发辐射荧光。这种情况和普通光源没有原则区别。只有当氙灯光强强到一定程度时，有可能暂时使 $N_2 > N_1$，达到集居数反转状态，才有可能在 0.6943μm 波长上得到受激放大。

四能级模型系统的典型代表是 Nd:YAG（钇铝石榴石）晶体，它与三能级模型系统的主要区别在于，产生激光的能级是 E_3 和 E_2，它们都是激发态。在这里，泵浦作用使大量基态（E_1）Nd^{3+} 离子受激吸收跃迁到能带 E_4 上，因其在 E_4 上的寿命极短，将很快地通过非辐射弛豫过程（用 S_{43} 表示）跃迁到寿命较长的亚稳态 E_3 上。又因为 Nd^{3+} 离子在能级 E_2 上的寿命非常短，进入该能态的粒子将很快非辐射跃迁（用 S_{21} 表示）到基态 E_1，所以可视为 $N_2 \approx 0$。这样，很容易在泵浦作用下，在能态 E_3 和 E_2 之间实现集居数分布反转。

就实现能态集居数反转分布而言，三能级系统比四能级系统困难。然而世界上实现的第一台激光器却是三能级系统的红宝石激光器。

由以上所述可知，要实现能态集居数分布的反转是有条件的：其内部条件是，工作物质要具有丰富的泵浦吸收带（即三能级系统的 E_3 和四能级系统的 E_4）、寿命较长的亚稳态（作为激光的上能级），其外部条件是要求泵浦光足够强（即泵浦速率大于激光上能级的自发跃迁速率）。

2. 光的受激放大与振荡

实际上，实现能态集居数分布反转对于激光（光的受激振荡）的产生而言，仅仅是必要条件。为了产生激光，还必须如图 2.2-8 所示，将激活介质（实现能态集居数分布反转的工作物质）置于由两个反射镜（可以是平面镜或球面镜）组成的谐振腔内，谐振腔的作用是提供反馈。这样，在开始腔内存在的自发辐射场中，总有一部分是沿着轴向、其频率与 E_2 和 E_1（对三能级系统）或 E_3 和 E_2（对四能级系统）之间的跃迁频率接近，在它们的感应下，激活介质将在轴向产生光的受激发射，从而获得光的受激放大；被受激放大的光由谐振腔镜反射后，又继续在腔内沿轴向获得受激放大。

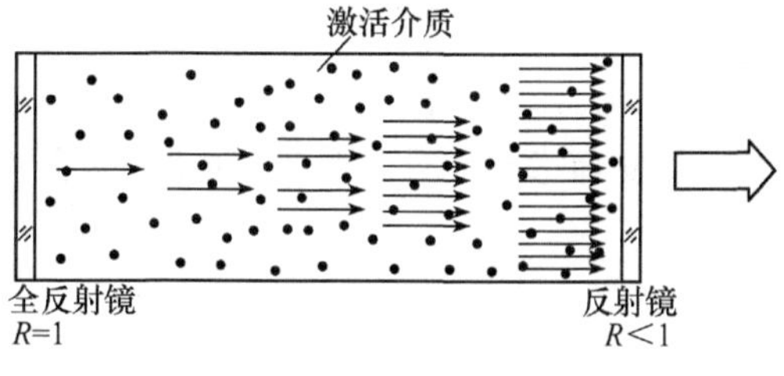

图 2.2-8 光的受激放大示意图

当然，开始时腔内也还存在着非轴向的自发辐射，它们在激活介质中虽然也能产生受激放大，但很快就会逸出腔外。

由于光在谐振腔内传输时总是会有各种各样的损耗，如衍射、散射、吸收、逃逸以及输出等损耗，只有当损耗和增益达到平衡时，才能形成稳定的激光振荡，并给出稳定的激光输出。

假设包括各种损耗在内的损耗系数为 α，它定义为光通过单位距离后光强衰减的百分数，则在含有激活介质的激光谐振腔内，同时考虑到增益 G 和损耗 α，就有

$$\frac{\mathrm{d}I}{I\mathrm{d}z}=G-\alpha \tag{2.2-15}$$

进一步，考虑到增益饱和效应，因增益系数 G 与光强有关，所以当腔内光强增加到一定程度，使得 $G(I)=\alpha$ 时，腔内光强不再变化，便有稳定的激光输出。因此，产生激光振荡的条件是

$$G(I)=\alpha \tag{2.2-16}$$

2.2.3 光学谐振腔及模式特性

上面讨论了光的受激放大条件，并指出激光振荡器与电子振荡器一样，不需要外来的光信号引入，它是从光噪声——自发辐射光起振的，两个反射镜组成的谐振腔起着正反馈的作用。本节将进一步讨论光学谐振腔的结构类型和控制振荡光束的特性。

1. 光学谐振腔

光学谐振腔的结构形式很多，其结构类型可以按不同的方法分类，如端反馈腔与分布反馈腔、球面腔与非球面腔、高损耗腔与低损耗腔、驻波腔与行波腔、直线腔与环行腔、两镜腔与多镜腔、简单腔与复合腔等。其中最简单、最常用的是由两个球面镜（平面镜是其特殊情况）构成的共轴球面光学谐振腔。共轴球面光学谐振腔是由曲率半径为 R_1 和 R_2 的两个球面镜构成的腔，其腔长为 L，两镜面曲率中心的连线构成了系统的光轴。

1）共轴球面腔的稳定性条件

理论上，可以导出傍轴光线在腔内往返无限次而不从侧面逸出及傍轴光线在腔内经历有限次往返后就横向逸出腔外的判别条件，即所谓共轴球面腔的稳定性条件。

引入谐振腔的 g 参数，它定义为

$$g_1=1-\frac{L}{R_1},\quad g_2=1-\frac{L}{R_2} \tag{2.2-17}$$

式中，当凹面镜向着腔内时，R 取正值；当凸面镜向着腔内时，R 取负值。共轴球面腔的稳定性条件是

$$0<g_1g_2<1 \tag{2.2-18}$$

或

$$0<\left(1-\frac{L}{R_1}\right)\left(1-\frac{L}{R_2}\right)<1 \tag{2.2-19}$$

该条件说明，凡满足关系式(2.2-18)或式(2.2-19)的腔对傍轴光线没有几何偏折损耗，即傍轴光线能在腔内往返无限次而不从侧面逸出腔外。相反，如果满足条件

$$g_1g_2>1 \tag{2.2-20}$$

或

$$g_1g_2<0 \tag{2.2-21}$$

时，傍轴光线在腔内经历有限次往返后必将逸出腔外，也就是说，满足条件式(2.2-20)或式

(2.2-21)的腔,从几何上看必定是高损耗的。

2) 共轴球面腔的分类

依照几何损耗的高低,可以将共轴球面腔分成三类。

(1) 稳定腔

满足式(2.2-18)条件的共轴球面腔为稳定腔。其特点是,任意傍轴光线在腔内往返无限次不横向逸出腔外,即在腔内传播的傍轴光线的几何损耗为零。

(2) 非稳腔

所有满足式(2.2-20)或式(2.2-21)条件的共轴球面腔都称为非稳腔。非稳腔的特点是,傍轴光线在腔内经有限次往返后必从侧面逸出腔外,因而具有较高的几何损耗。

(3) 临界腔

所有满足条件

$$g_1 g_2 = 0 \tag{2.2-22}$$

或

$$g_1 g_2 = 1 \tag{2.2-23}$$

的共轴球面腔都称为临界腔。临界腔属于一种极限情况,它们在谐振腔的理论研究和实际应用中均具有重要意义。下面介绍几种有代表性的临界腔,其结构形式如图 2.2-9 所示。

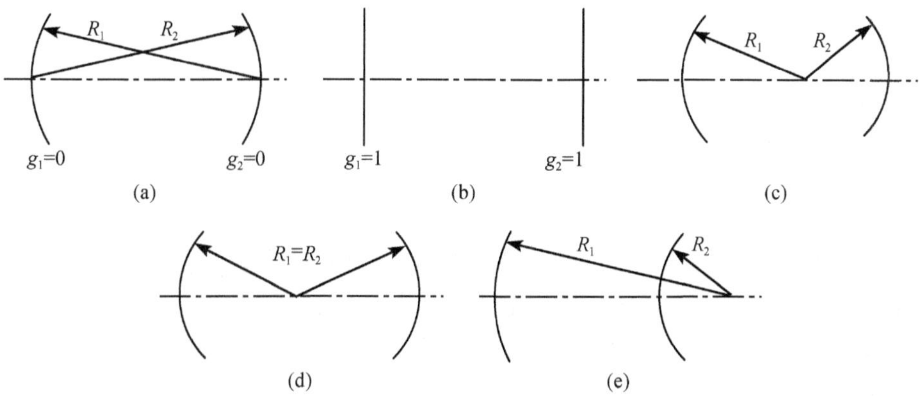

图 2.2-9 临界腔的几个实例

① 对称共焦腔(图 2.2-9(a))。满足条件 $R_1=R_2=L$ 的谐振腔称为对称共焦腔。这种腔的中心是两个镜面的公共焦点。对称共焦腔满足 $g_1=0, g_2=0, g_1g_2=0$。

② 平行平面腔(图 2.2-9(b))。这种腔的 $R_1=R_2=\infty, g_1=g_2=1$。

③ 共心腔(图 2.2-9(c)~(e))。满足关系 $R_1+R_2=L$ 的共轴球面谐振腔称为共心腔。这种腔的两个镜面的曲率中心互相重合。其中,实共心腔的 R_1 和 R_2 都是正值,且 $R_1+R_2=L$;虚共心腔的 R_1 和 R_2 符号相反,且 $R_1+R_2=L$。

④ 半共心腔。满足条件 $R_1=\infty, R_2=L, g_1=1, g_2=0$ 的谐振腔称为半共心腔。

3) 稳区图

如果用 $g_1=1-L/R_1$ 和 $g_2=1-L/R_2$ 作为 g_1-g_2 坐标系的坐标轴,则任何一个球面腔(给定 R_1、R_2 和 L)在 g_1-g_2 的平面上唯一地对应一个点,但是 g_1-g_2 平面上的任意一个点并不单值地代表一个具体尺寸的共轴球面腔。由坐标轴 $g_1=0, g_2=0$ 和双曲线 $g_1g_2=1$ 的两支围成的区域为 $0<g_1g_2<1$ 的区域,属于腔的稳定工作区,其余的区域是非稳区。在 g_1-g_2 平

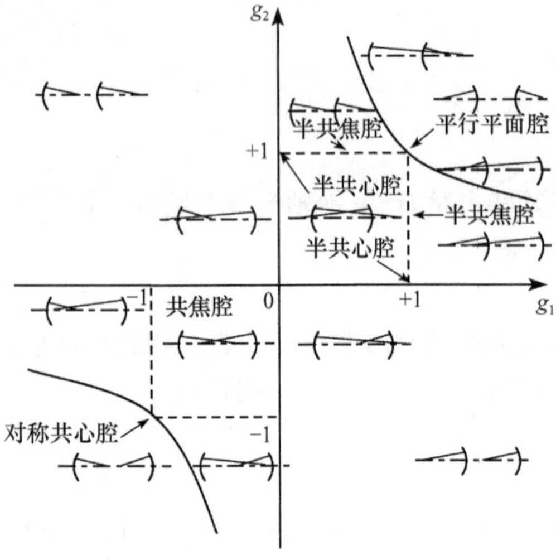

图 2.2-10 稳区图

面上所作出的稳定区和非稳区的图就是稳区图，如图 2.2-10 所示。如果某一球面腔在图面上的对应点处在稳定区内，则该球面腔是稳定腔；如果处在非稳区内，则是该球面腔非稳腔；如果处在稳定区的边界（$g_1=0, g_2=0$ 或 $g_1g_2=1$）上，则该球面腔是临界腔。

应当指出，不能把这里讲的稳定腔和非稳腔误解为腔的工作状态的稳定与非稳定。前面已经说明，这里讲的腔的稳定性，只是指傍轴光线能否在腔内往返无限次而不横向逸出腔外，也就是指腔内傍轴光线几何损耗高低的问题。稳定腔是指腔的几何损耗低，因而对增益不太高的工作物质来说，用这种几何损耗低的稳定腔作为光学谐振腔，就比较容易起振。但对损耗高的非稳腔来说，如果工作物质的增益比较高，也同样可以起振，而且也同样能很稳定地工作。因此，严格讲，采用"低损耗（指几何损耗）腔"和"高损耗腔"这样的名称也许更确切些。

2. 谐振腔模式场分布

光学谐振腔除了提供光的正反馈外，另一个重要作用是控制振荡光束的特性。这是涉及谐振腔内和两个镜面上电磁场分布的问题，也就是涉及谐振腔的模式问题。

1）谐振腔模式

光的电磁理论指出，任何被约束在有限空间的电磁场都只能存在于一系列的本征状态中，通常将光学谐振腔中的电磁场本征态称为腔的模式。每一种谐振腔模式都有一定的空间分布，习惯上，称谐振腔中场的轴向分布和横向分布为纵模和横模。

（1）谐振腔纵模

通常所讨论的如图 2.2-11(a)所示的光学谐振腔，实际上就是一个 F-P（法布里-珀罗）干涉仪，它是由两块具有一定反射率的间距为 L 的平行板构成。F-P 干涉仪类似于电子学的滤波器，对入射光束具有频率选择性，其透过率 $T=I_t/I_o$ 有图 2.2-11(b)所示的规律。由图可见，只有满足关系

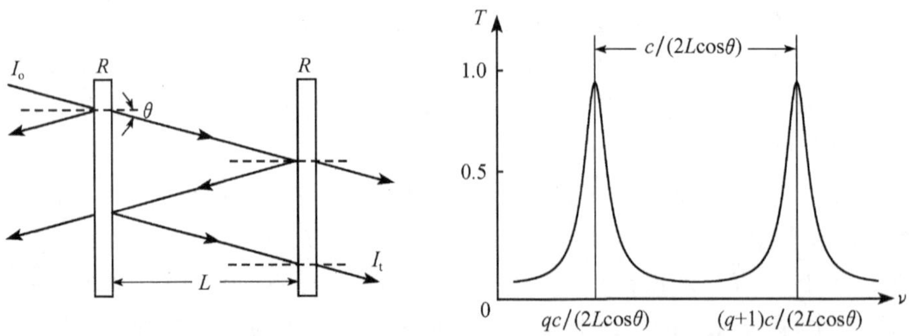

(a) F-P干涉仪　(b) F-P干涉仪的滤波特性

图 2.2-11

$$\nu_q = q\frac{c}{2L\cos\theta} \tag{2.2-24}$$

的频率的 F-P 干涉仪才具有最大的透过率，式中 q 是正整数。这表明，F-P 干涉仪只对频率满足式(2.2-24)的光波能够提供正反馈，使之达到谐振。通常，将该 ν_q 称为 F-P 干涉仪的谐振频率。干涉仪谐振时，其长度 L 是光波半波长的整数倍，这正是干涉仪内沿轴向形成驻波的特征。所以，可把 F-P 干涉仪中满足式(2.2-24)的平面驻波场称为干涉仪的纵模结构。不同的 q 值对应于不同的纵模，q 值表示 F-P 干涉仪中形成驻波的波腹数(或波节数减 1)。当 $\theta=0$ 时，相邻纵模的频率间隔为

$$\Delta\nu_q = \nu_{q+1} - \nu_q = \frac{c}{2L} \tag{2.2-25}$$

由于所讨论光学谐振腔是一个 F-P 干涉仪，所以这里得到的 F-P 干涉仪中的纵模概念，也就是光学谐振腔中的纵模概念。也就是说，光学谐振腔存在着一系列纵模，纵模的频率 ν_q 以及相邻纵模的间隔 $\Delta\nu_q$ 分别由式(2.2-24)和式(2.2-25)给出。

(2) 谐振腔横模

如果在垂直于 He-Ne 气体激光器发出的激光束的近场平面内观察激光结构，可以观察到如图 2.2-12 所示的一些光斑花样，它们也是在激光器两个镜面上的光斑花样。实际上，一种光斑花样相当于镜面上(或激光束的任一等相位面上)的一种稳态场分布的形式，而一种稳态场分布形式相当于一种横模。

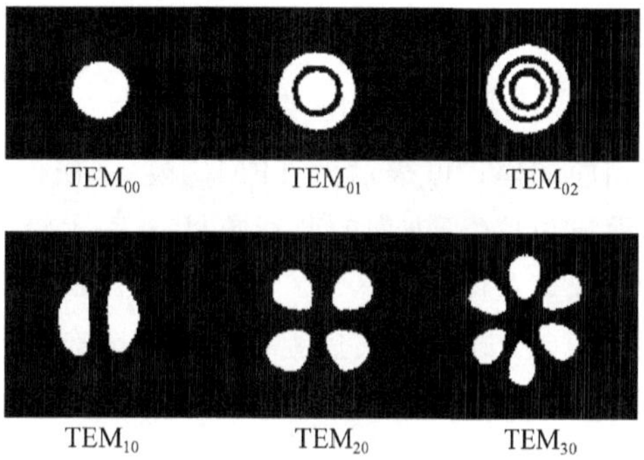

图 2.2-12 轴对称横向模及其标记

从概念上讲，谐振腔镜面上稳态场分布的形式可以认为是光在两个镜面间往返传播的结果。从数学上讲，要得到镜面上稳态场分布的情况，可归结为求解电磁波动方程。综合以上腔中场的纵模和横模概念，可以用符号 TEM_{mnq} 表示谐振腔中的场分布特征。符号 TEM 表示腔中的场是横电磁波(实际上是准横电磁波)，符号 q 表示轴向驻波节点数目(严格讲为波节点数减 1)，一个 q 值代表一个轴向模；符号 m、n 表示横向驻波波节的数目，它由腔镜面上的场分布来确定。不同的 m、n 值，表示不同的横模，有不同的模式花样。通常也用符号 TEM_{mn} 表示不同的横模，例如，$m=n=0$ 的模，即 TEM_{00q} 或 TEM_{00} 模表示最低阶横模，亦即基模。

2) 圆形镜共焦腔模式场的空间分布

谐振腔内及其镜面上场的分布可以通过求解波动方程得到，这是一个比较复杂的问题。由于实际上只能对特殊结构形式的共焦腔得到解析表达式，并可利用这个解析式研究低损耗共轴球面腔的特性，所以，下面给出经常用到的圆形镜共焦腔模式的场分布解析表达式，并进行简单分析。

假定圆形镜共焦腔的腔镜尺寸为 a，两镜间距为 L，菲涅耳数 $N=\frac{a}{L\lambda}\to\infty$，则腔中模式场的空间分布 $E_{mn}(r,\varphi,z)$ 由拉盖尔(Laguerre)-高斯函数描述：

$$E_{mn}(r,\varphi,z) = E_0\frac{w_0}{w(z)}\left(\frac{\sqrt{2}r}{w(z)}\right)^m L_n^m\left(2\frac{r^2}{w^2(z)}\right)\exp\left(-\frac{r^2}{w^2(z)}\right)e^{im\varphi}e^{i\phi(r,\varphi,z)} \tag{2.2-26}$$

式中，$L_n^m(\xi)$ 为缔合拉盖尔多项式，$\exp\left(-\frac{r^2}{w^2(z)}\right)$ 为高斯函数，其中，$w(z)=w_0\sqrt{1+\left(\frac{z}{f}\right)^2}$，

$w_0=\sqrt{\dfrac{L\lambda}{2\pi}}$，$f=\dfrac{L}{2}=\dfrac{\pi w_0^2}{\lambda}$，$\phi(r,\varphi,z)=k\left(f(1+\xi)+\dfrac{\xi}{1+\xi^2}\dfrac{r^2}{2f}\right)-(m+2n+1)\left(\dfrac{\pi}{2}-\psi\right)$，其中，$\psi=\arctan\left(\dfrac{1-\xi}{1+\xi}\right)$，$\xi=\dfrac{z}{f}$。

(1) 圆形镜共焦腔镜面上的场分布

由式(2.2-26)，圆形镜共焦腔镜面上的场分布为

$$E_{mn}(r,\varphi)=C_{mn}\left(\frac{\sqrt{2}r}{w_{0s}}\right)^m L_n^m\left(2\frac{r^2}{w_{0s}^2}\right)\exp\left(-\frac{r^2}{w_{0s}^2}\right)\exp(im\varphi) \tag{2.2-27}$$

式中，C_{mn} 为归一化常数，$W_{0s}=\sqrt{L\lambda/\pi}$。该场分布给出了圆形镜共焦腔的横模 TEM_{mn} 场分布，其中，最低阶的几个横模场分布为

$$\left.\begin{aligned}E_{00}(r,\varphi)&=C_{00}\exp\left(-\frac{r^2}{w_{0s}^2}\right)\\E_{10}(r,\varphi)&=C_{10}\frac{\sqrt{2}r}{w_{0s}}\exp\left(-\frac{r^2}{w_{0s}^2}\right)\exp(i\varphi)\\E_{01}(r,\varphi)&=C_{01}\left(1-2\frac{r^2}{w_{0s}^2}\right)\exp\left(-\frac{r^2}{w_{0s}^2}\right)\end{aligned}\right\} \tag{2.2-28}$$

相应的模式可表示为 TEM_{00q} 模(基横模)、TEM_{10q} 模和 TEM_{01q} 模。在这里，m 表示 TEM_{mnq} 模沿方位角(φ)方向的节线数目，n 表示沿径向(r 方向)的节线数目。图 2.2-12 是几个低阶横模的强度花样。

(2) 圆形镜共焦腔中的空间分布

由式(2.2-26)，圆形镜共焦腔中横截面上模式场的振幅分布为

$$E_0\frac{w_0}{w(z)}\left(\frac{\sqrt{2}r}{w(z)}\right)^m L_n^m\left(2\frac{r^2}{w^2(z)}\right)\exp\left(-\frac{r^2}{w^2(z)}\right)$$

其轴向相位分布由相位函数 $\phi(r,\varphi,z)$ 描述。

① 光斑尺寸

在式(2.2-26)中，高斯函数因子 $\exp\left(-\dfrac{r^2}{w^2(z)}\right)$ 决定了场分布的外形轮廓。对于基横模 TEM_{00q}，有

$$E_{00}(r,\varphi)\propto\exp\left(-\frac{r^2}{w^2(z)}\right) \tag{2.2-29}$$

可见，距离轴中心 $r=w(z)$ 处，场振幅减小到中心处振幅的 1/e。通常称半径为 $r=w(z)$ 的圆为基模的光斑大小：在 $z=f=L/2$ 处，$w(z)=w_{0s}=\sqrt{L\lambda/\pi}$，即 w_{0s} 为共焦腔基横模在镜面上的光斑尺寸或光斑半径；在 $z=0$ 处，$w(z=0)=w_0=w_{0s}/\sqrt{2}$，即 w_0 为共焦腔中心的光斑半径。光斑半径 $w(z)$ 随着纵向坐标 z 按双曲线函数规律变化

$$\frac{w^2(z)}{w_0^2}-\frac{z^2}{f^2}=1 \tag{2.2-30}$$

如图 2.2-13 所示。通常，将这种横向按高斯函数形式分布的光束称为高斯光束，将该光束的 $z=0$ 处称为高斯光束的束腰，而将 $w(z=0)=w_0$ 称为束腰半径。

对于高阶横模的光斑尺寸，随着 m、n 的增大，模的光斑也将增大，但光斑随 n 的增大要比随 m 的增大来得快。高阶模的光斑半径也可定义为场振幅减小到最外面一个极大值的 1/e 的点与镜面中心的距离。按此法定义所得到的几个高阶横模镜面上的光斑半径如表 2.2-1 所示。

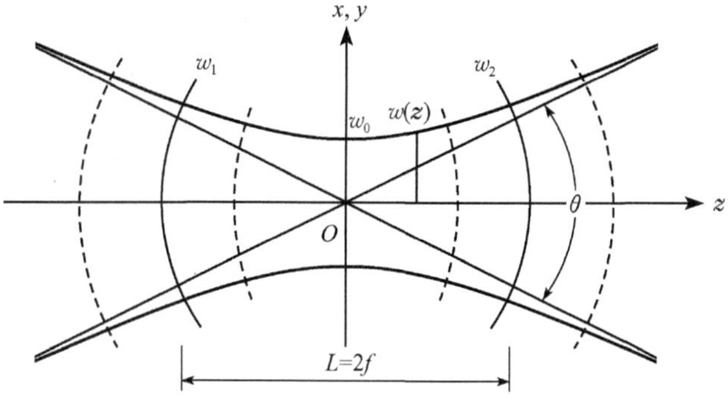

图 2.2-13 共焦腔基模高斯光束示意图

表 2.2-1 圆形镜面共焦腔高阶模的光斑半径

横模阶次	TEM_{00}	TEM_{10}	TEM_{20}	TEM_{01}	TEM_{11}	TEM_{21}
w_{mns}	w_{0s}	$1.5w_{0s}$	$1.77w_{0s}$	$1.92w_{0s}$	$2.12w_{0s}$	$2.38w_{0s}$

② 等相位面

由式(2.2-26)可以证明,相位函数 $\phi(r,\varphi,z)$ 与腔的轴线相交于 z 点的等相位面是一个顶点位于 z 处的抛物面。在腔的轴线附近,抛物面与球面区别很小,因此共焦腔中场的等相位面可以近似看成是球面,球面的曲率半径为

$$R(z)=\left|z+\frac{f^2}{z}\right| \tag{2.2-31}$$

这表明,$R(z)$ 随坐标 z 变化,而且等相位面都是凹面向着腔中心($z=0$)的球面,如图 2.2-14 所示。图中 C_1 和 C_2 是两个等相位面,它们与腔轴的交点在 z_1 和 z_2 处,相应的曲率半径分别为 $R_1=|z_1+f^2/z_1|$ 和 $R_2=|z_2+f^2/z_2|$。

应当指出,如果共焦腔镜面之一有适当的透射率,则式(2.2-26)不仅适用于腔内空间中的场,也适用于输出到腔外的场,而且腔外场的等相位面的曲率半径也由式(2.2-31)确定。例如,图 2.2-14 中的 C_3,其曲率半径为 $R_3=|z_3+f^2/z_3|$。

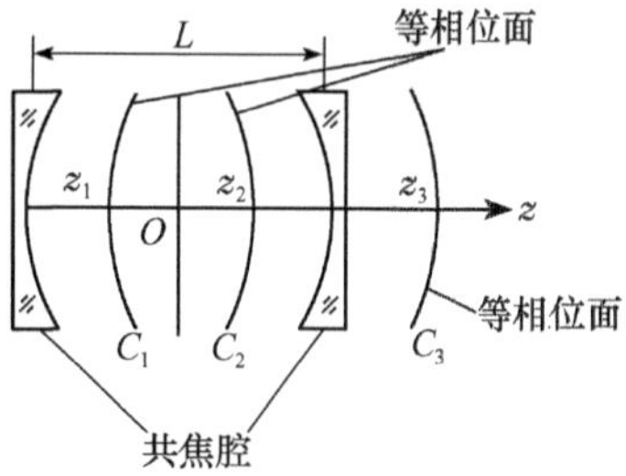

图 2.2-14 圆形镜共焦腔中场的等相位面示意图

进一步,由关系式(2.2-31)可见,当 $z=\pm f=\pm\frac{L}{2}$ 时,$R=2f=L$,这表明共焦腔反射镜面本身就是场的两个等相位面。当 $z=0$ 时,$R\to\infty$;当 $z\to\infty$ 时,$R\to\infty$。可见,通过共焦腔中心的等相位面是与腔轴垂直的平面,距腔的中心无限远处的等相位面也是平面。

(3) 一般稳定球面腔与共焦腔的等价性

下面,根据共焦腔振荡模等相位面的分布规律,进一步说明任何一个共焦腔与无穷多个稳定球面腔等价,任何一个稳定球面腔唯一地等价于一个共焦腔。

如上所述,共焦腔模式的等相位面是球面,共焦腔模式场中与腔的轴线相交点 z 处的等相位面的曲率半径由式(2.2-31)给出,因此,如果在共焦腔模式场的任意两个等相位面上放置具有相应曲率半径的球面反射镜,则共焦腔模式场是不会受扰动的,所构成的新球面谐振腔的振荡模与原共焦腔的振荡模是相同的。图 2.2-14 中 C_1 和 C_3 所构成的共轴球面腔或 C_1 和 C_2

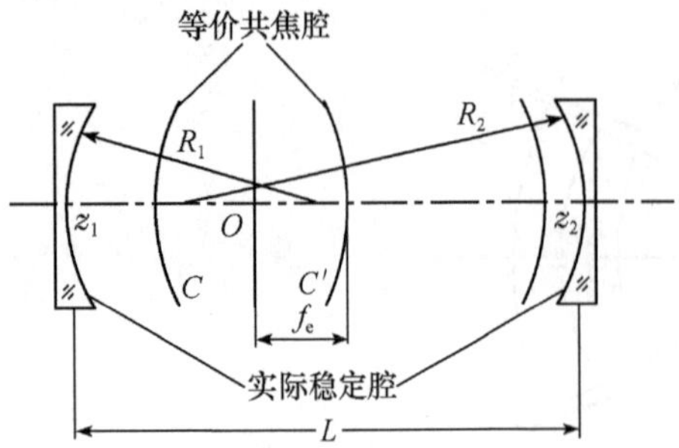

图 2.2-15 稳定球面腔和它的等价共焦腔

所构成的共轴球面腔的腔模都与图中的共焦腔等价。由于任一共焦腔有无穷多个等相位面，因而可以用这种方法构成无穷多个等价球面腔，而且这些球面腔都是稳定腔。相反，如果给定的一个球面腔满足稳定性条件，则必定可以找到一个，而且也只能找到一个共焦腔，其空间场的某两个等相位面与给定球面腔的两个反射镜面相重合，因而这两个腔的模式完全相同。

如图 2.2-15 所示，图中稳定双凹球面腔的两个镜子的曲率半径分别为 R_1 和 R_2，腔长为 L，根据上述论证，它一定等价于一个共焦腔。假定该等价共焦腔为图中所示的 CC'，则从理论上可以确定出它的中心位置 O 和焦距 f_e，并且是唯一的。下面给出具体结果。

用来确定等价共焦腔中心位置 O 的关系为

$$\left.\begin{aligned} z_1 &= \frac{L(R_2-L)}{(L-R_1)+(L-R_2)} \\ z_2 &= \frac{-L(R_1-L)}{(L-R_1)+(L-R_2)} \end{aligned}\right\} \tag{2.2-32}$$

它们分别是双凹腔的两个镜子离 O 点的位置坐标，显然 $z_1<0, z_2>0$；等价共焦腔的焦距为

$$f_e^2 = \frac{L(R_1-L)(R_2-L)(R_1+R_2-L)}{[(L-R_1)+(L-R_2)]^2} \tag{2.2-33}$$

这样，可以利用共焦腔基模光斑半径 $w(z)$ 的定义关系来确定一般稳定球面腔(R_1, R_2, L)的基模光斑半径在腔内的分布情况，给出镜面 1 和镜面 2 上的光斑半径 w_{s1} 和 w_{s2} 为

$$\left.\begin{aligned} w_{s1} &= \sqrt{\frac{L\lambda}{\pi}}\left[\frac{g_2}{g_1(1-g_1g_2)}\right]^{1/4} \\ w_{s2} &= \sqrt{\frac{L\lambda}{\pi}}\left[\frac{g_1}{g_2(1-g_1g_2)}\right]^{1/4} \end{aligned}\right\} \tag{2.2-34}$$

式中，g_1、g_2 为腔的 g 参数。由式(2.2-34)可以看出，该式仅适用于稳定腔。因为如果 $g_1g_2>1$ 或 $g_1g_2<0$，则 w_{s1} 和 w_{s2} 将变成复数，这显然没有物理意义。

最后指出，对于平行平面腔的极端情况，只要将球面镜半径 $R_1=\infty$ 和 $R_2=\infty$ 代入式(2.2-32)～式(2.2-34)，得

$$\left.\begin{aligned} &z_1 = -\frac{L}{2}, \quad z_2 = \frac{L}{2} \\ &f_e \to \infty \\ &w_0 \to \infty, \quad w_{0s} \to \infty \\ &R(z) \to \infty \end{aligned}\right\} \tag{2.2-35}$$

可见，对平行平面腔，光斑半径趋于无穷大，等相位面变成平面，发散角$\left(\theta_{1/2}=\lim\limits_{z\to\infty}\frac{2w(z)}{z}\right)$减小到接近于平行光。事实上，$w_{0s}\to\infty$ 是没有物理意义的，而 $\theta_{1/2}\to 0$ 也是不可能的，因此，从定量方面看，式(2.2-35)的结论不可能提供关于平行平面腔模性质的确切知识。

2.2.4 激光器的工作特性

上面,讨论了激光器中激光工作物质的增益特性、光学谐振腔的反馈及模式特性、光的受激放大与振荡特性。在激光器振荡时,由于腔镜之一具有适当的透过率,所以可由此腔镜输出激光。本节将进一步讨论激光器的工作特性。

1. 激光器的阈值条件

如前所述,当激光工作物质的某对激光能级之间处于集居数分布反转状态时,频率处在工作物质谱线宽度内的微弱光会因受激放大而获得增益,使光强不断增大。但是,因为谐振腔中同时存在着各种损耗(散射、吸收、衍射、输出等),如果腔内总损耗系数为 α,小信号增益系数为 $G^0(\nu)$,则腔内能否产生振荡,取决于增益和损耗的相对大小,以及它们是否满足振荡阈值条件

$$G_{\text{th}} = \alpha \tag{2.2-36}$$

式中,G_{th} 为阈值增益系数。当满足

$$G^0(\nu) > G_{\text{th}} \tag{2.2-37}$$

时,激光器将产生振荡。

激光器中,同一横模、不同纵模具有相同的 α,因而具有相同的阈值 G_{th};不同横模具有不同的衍射损耗,因而有不同的阈值,且高阶横模的阈值比基模的阈值大。

设与阈值增益相对应的阈值反转集居数密度为 Δn_{th},很容易证明,在阈值条件下,对于三能级系统,激光上能级 E_2 上的阈值集居数密度为

$$n_{2\text{th}} = \frac{\Delta n_{\text{th}} + n}{2} \tag{2.2-38}$$

式中,n 为总粒子数密度。因为 $\Delta n_{\text{th}} \ll n$,所以 $n_{2\text{th}} \approx n/2$;对于四能级系统,激光上能级 E_3 上的阈值集居数密度为

$$n_{3\text{th}} \approx \Delta n \tag{2.2-39}$$

这里已考虑了激光下能级 E_2 上的集居数 $n_2 \approx 0$。

为了使工作物质处于能级集居数分布反转状态,需要外界提供能量。使激光器维持在阈值状态所需要的最小泵浦功率,就是阈值泵浦功率 P_{th},或相应的最小泵浦能量,即阈值泵浦能量 E_{th}。因激光器有连续激光器和脉冲激光器之分,故其阈值表示式有差别。

1) 脉冲激光器的阈值

脉冲激光器的泵浦方式是脉冲工作的。如果激励脉冲的宽度 t_0 比自发辐射的时间常数(即能级寿命)τ 短很多,即 $t_0 \ll \tau$,则为短脉冲激光器。对于三能级系统,在这种情况下的阈值泵浦能量 E_{pth} 为

$$E_{\text{pth}} = \frac{h\nu_{13} nV}{2\eta_1} \tag{2.2-40}$$

式中,V 为增益介质的体积,η_1 为激发到能级 E_3 上的粒子数与它们能跃迁到 E_2 能级上的粒子数之比(因为由 E_1 激发到 E_3 上的粒子数中一部分通过自发辐射跃迁回到基态 E_1,一部分通过非辐射跃迁到达能级 E_2,所以 $\eta_1 < 1$,η_1 称为由能级 E_3 向能级 E_2 非辐射跃迁的量子效率),ν_{13} 为泵浦光频率,n 为总粒子数密度。

式(2.2-40)可以这样理解:如果 $\eta_1 = 1$,则在单位体积中,每吸收一个频率为 ν_{13} 的光子,就

可使 E_2 能级上增加一个粒子，因为在光泵浦脉冲很短时，自发辐射可以忽略不计，因此，为使 $n_{2th}\approx n/2$，必须吸收 $n/2$ 个光子。实际上，$\eta_1\neq 1$，所以有式(2.2-40)形式。

同样分析，对于四能级系统有

$$E_{pth}=\frac{h\nu_{14}\Delta n_{th}V}{\eta_1} \tag{2.2-41}$$

2）连续激光器的阈值

对于三能级系统，可以求得阈值泵浦功率为

$$P_{th}=\frac{h\nu_{13}nV}{2\eta_F\tau} \tag{2.2-42}$$

式中，η_F 为工作物质的总量子效率，优质红宝石的 η_F 可达 0.7，一般红宝石为 0.5。式(2.2-42)可以这样理解：当能级 E_2 上的粒子数密度稳定在阈值 $n/2$ 时，单位时间内在单位体积中有 $n/(2\eta_2\tau)$ 个粒子自 E_2 能级跃迁到 E_1 能级（η_2 是能级 E_2 向 E_1 跃迁的荧光效率），因此，为了使 n_2 稳定在阈值 $n_{2th}=n/2$，则单位时间内在单位体积中必须有 $n/(2\eta_2\tau)$ 个粒子自能级 E_3 跃迁到能级 E_2。考虑到上述的量子效率 η_1，则在单位时间内单位体积中必须有 $n/(2\eta_1\eta_2\tau)$ 个粒子吸收光泵浦能量，从能级 E_1 跃迁到能级 E_3，所以有式(2.2-41)的形式，式中 $\eta_F=\eta_1\eta_2$。

同样分析，对于四能级系统有

$$P_{th}=\frac{h\nu_{14}\Delta n_{th}V}{\eta_F\tau} \tag{2.2-43}$$

式中，$\tau=1/A_{32}$，A_{32} 为由能级 E_3 到能级 E_2 的自发跃迁概率。钕玻璃和掺钕钇铝石榴石(Nd^{3+}:YAG)都是四能级系统的工作物质，它们的 η_F 分别为 0.4 和接近于 1。

应当指出：①上面所得到的光泵浦阈值功率或能量的表示式(2.2-40)～式(2.2-43)，都是指工作物质吸收的有效光能量。实际上它只是光泵输入电能的一部分，也就是说，光泵的输入电能阈值 ε_{pth} 要比 E_{pth} 大。②三能级系统所需要的阈值能量比四能级大得多。这是因为四能级系统的激光下能级在基态之上，$n_2\approx 0$，所以只需把 Δn_{th} 个粒子激发到 E_3 能级上就可以使增益克服腔的损耗，产生激光。而在三能级系统中，激光下能级就是基态，因此，至少需将 $(n+\Delta n_{th})/2$ 个粒子激发到 E_2 能级上才能使增益克服腔的损耗，产生激光。因为 $n\gg\Delta n_{th}$，所以三能级系统的阈值能量或阈值功率要比四能级系统大得多。由于连续工作时所需要的阈值功率太大，三能级系统激光器一般只能以脉冲方式工作。

2. 激光器的输出功率(能量)

由上述阈值的概念可知，在阈值状态下的激光器是没有激光输出的。只有当光泵输入超过阈值时，激光器才有输出。对于三能级系统或四能级系统的连续激光器，其输出功率均可表示为

$$P_{out}=\eta_S(P_{in}-P_{th}) \tag{2.2-44}$$

对于脉冲激光器，其输出能量均可表示为

$$E_{out}=\eta_S(E_{in}-E_{th}) \tag{2.2-45}$$

这两个式子都表示，激光输出是光泵输入超过阈值的部分乘上一个比例系数 η_S，η_S 称为斜率效率。对一定的激光器，η_S 为一常数，当激光器的器件变化时，η_S 会变化。在实际工作中，还经常采用称为总体效率 η_t 的参量，它定义为激光输出与光泵输入之比，即

$$\eta_t=\frac{P_{out}}{P_{in}}=\eta_S\left(1-\frac{P_{th}}{P_{in}}\right) \tag{2.2-46}$$

$$\eta_t = \frac{E_{out}}{E_{in}} = \eta_S\left(1 - \frac{E_{th}}{E_{in}}\right) \tag{2.2-47}$$

显然，η_t 随光泵输入而变，光泵输入增加时，激光输出的总体效率就提高。当 $E_{in} \gg E_{th}$ 时，$\eta_t = \eta_S$，总体效率 η_t 达到最大值。

对于一个激光器，当改变其输出镜的反射率 R 时，激光输出和阈值输入功率都要改变。实验和理论都表明，阈值输入功率 P_{th} 与输出镜反射率 R 的关系为

$$-\ln R = 2KP_{th} - L \tag{2.2-48}$$

式中，K 为反映激光器各种转换效率的泵浦系数。可见，$-\ln R$ 和 P_{th} 的关系曲线是一斜截直线，直线的斜率为 $2K$，将直线外推到 $P_{th}=0$，即可求得截距参量 L。

在实际应用中，经常因希望获得激光器最大的输出功率而需要确定输出镜的反射率，这时的反射率称为最佳耦合反射率 R_{opt}，且有

$$R_{opt} \approx 1 - \frac{(2KP_{in}L)^{1/2} - L}{1 + L} \tag{2.2-49}$$

可见，当增加泵浦灯的输入功率时，输出镜反射率的最佳值将减小。工作方式不同，最佳输出镜反射率的差别也很大。

3. 激光器工作模式

前面，讨论了无源共轴球面谐振腔空腔中的场模式特性，当谐振腔中存在着激活介质，即谐振腔为有源腔时，输出激光的模式仍由 TEM_{mnq} 表示，m、n 和 q 的意义如前所述。

1）纵模特性

对于圆形镜面稳定球面腔的模式 TEM_{mnq}，可以导出其振荡频率 ν_{mnq} 的表示式为

$$\nu_{mnq} = \frac{c}{2\eta L}\left[q + \frac{1}{\pi}(m + 2n + 1)\arccos(\sqrt{g_1 g_2})\right] \tag{2.2-50}$$

式中，η 为腔中介质的折射率。对于一个实际的谐振腔来说，q 是一个很大的数，而 m 和 n 远小于 q，因此，基横模 TEM_{00q} 的振荡频率 ν_{00q} 可表示为

$$\nu_{00q} = \frac{c}{2\eta L}q \tag{2.2-51}$$

当谐振腔内存在增益介质并满足产生激光振荡的条件时，不难理解，只有频率处于增益曲线范围内的有限个纵模，才有可能在腔中存在。如果进一步考虑激光工作物质的增益饱和效应，就能最终确定激光器输出的激光模式。因为增益饱和效应有均匀加宽与非均匀加宽之分，它们对激光器工作的影响是不相同的，故下面分别讨论均匀加宽激光器和非均匀加宽激光器的振荡特性。

（1）均匀加宽激光器的振荡特性

均匀加宽激光器的振荡特性如图 2.2-16 所示。图中平行于频率轴的直线表示损耗线 α，在损耗线以上的均匀加宽增益曲线的线宽 $\Delta\nu_c$ 中，包含了 5 个可以起振的纵模模式。这是因为在这个频率范围内增益大于损耗，即 $G>\alpha$，谐振腔中相邻两个纵模间隔为 $\Delta\nu = c/(2\eta L)$，所以有 $\Delta\nu_c/\Delta\nu \approx 5$。

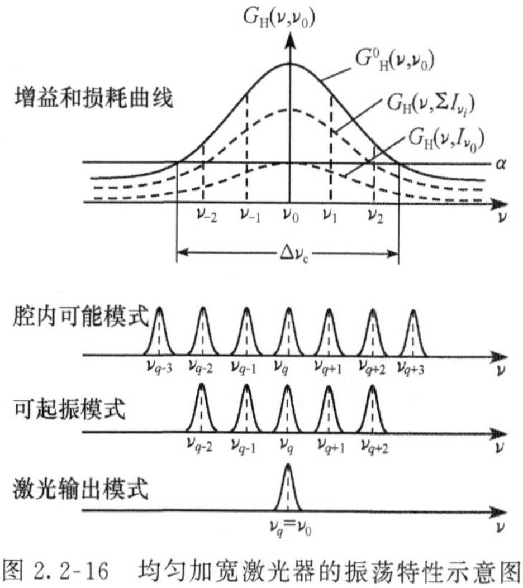

图 2.2-16 均匀加宽激光器的振荡特性示意图

但是，这 5 个纵模起振后，将产生增益饱和效应，使整个增益曲线下降，从而使得偏离中心频率 ν_0 较远的模式失去增益，最后，只有离 ν_0 最近的模式达到稳定振荡条件(增益等于损耗)。因此，理想的均匀加宽激光器最终可实现单纵模运转。

(2) 非均匀加宽激光器的振荡特性

图 2.2-17 是非均匀加宽激光振荡特性示意图。由图明显可见，当 5 个可以起振的纵模起振后，由于非均匀加宽增益饱和效应，产生增益曲线上的烧孔效应，所以这 5 个纵模都可以稳定振荡。由此可知，非均匀加宽激光器总是多模工作，总的激光输出功率等于各模功率之和。如果要求非均匀加宽激光器单纵模运转，方法之一是缩短腔长 L，使得 $\Delta\nu_q=c/2\eta L>\Delta\nu_c$ 即可。

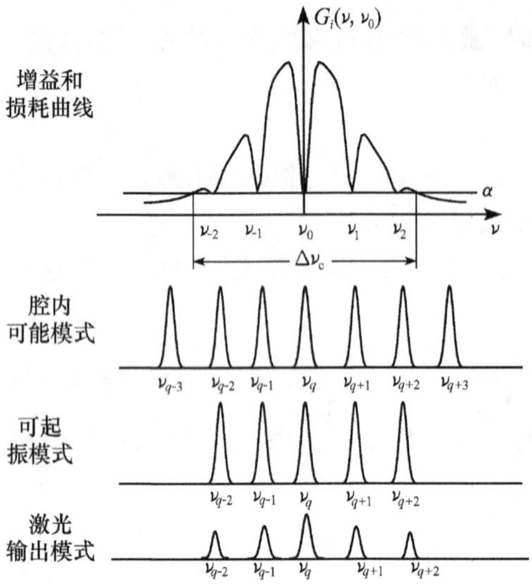

图 2.2-17 非均匀加宽激光振荡特性示意图

最后还要指出，实际上，均匀加宽激光器也总是多纵模工作。其原因是，激光腔内形成的激光驻波场在波腹处虽然大量消耗反转粒子，但在波节处保留相当可观的反转粒子，仍允许其他模式振荡。与非均匀加宽增益曲线烧孔效应相对应，称这种现象为增益曲线的空间烧孔效应。由于空间烧孔效应的存在，也将导致均匀加宽激光器多纵模运转。

2) 横模特性

一般情况下，激光器都工作于多横模振荡模式 TEM_{mnq} 状态。对于共轴稳定球面谐振腔激光器，输出激光束的等相位面是一球面，在等相位面上的模式花样由拉盖尔-高斯函数(对于圆形镜面)描述。

考察图 2.1-12 可见，不同的 m、n 值代表不同的横模，有不同的场图样分布。不同横模在腔内扩展的空间范围是不同的，称某一模式在腔内所扩展的空间范围为该模式的模体积 V_{mn}。模体积大，则对该模式振荡有贡献的反转粒子数就多，因而，也就可能获得大的激光功率；模体积小，则对该模式振荡有贡献的反转粒子数就少，激光功率也就小。激光基模场分布主要集中在腔的轴线附近，而高阶模场分布的范围较宽，模的阶次越高，扩展的空间范围越宽。所以，高阶模的模体积 V_{mn} 比基模的模体积 V_{00} 大得多，通常用

$$V_{00}=\frac{1}{2}L\pi w_{0s}^2=\frac{1}{2}L^2\lambda \tag{2.2-52}$$

来估计共焦腔基模的模体积，式中 L 为谐振腔腔长。

例如，腔长为 1m、放电管直径为 $2a=2\text{cm}$ 的共焦腔二氧化碳激光器($\lambda=10.6\mu\text{m}$)，激活介质的体积 $V=\pi a^2L=314\text{cm}^3$，而基模体积按式(2.2-52)有 $V_{00}=L\pi w_{0s}^2/2=5.3\text{cm}^3$，因此，$V_{00}/V\approx1.7\%$。所以，共焦腔基模体积比整个激活介质的体积小得多，这对获得高功率的基模输出是很不利的。

因而在激光振荡及腔体设计中，模体积的概念是很重要的。

4. 激光束的发散角

式(2.2-30)表明，共焦腔的基模高斯光束是依双曲线规律从腔中心向外扩展的。通常，定

义双曲线的两根渐近线之间的夹角 θ 为基模高斯光束的远场发散角，即

$$\theta = \lim_{z\to\infty} \frac{2w(z)}{z} \tag{2.2-53}$$

式中，$2w(z)$ 为坐标 z 处的光斑直径。

如果把前面给出的光斑半径 $w(z)$ 的定义式代入式(2.2-53)，可以得到定义在基模振幅的 1/e 处(也即基模强度的 $1/e^2$ 处)的远场发散角 θ_{1/e^2} 为

$$\theta_{1/e^2} = \lim_{z\to\infty} \frac{2\sqrt{\dfrac{L\lambda}{2\pi}\left(1+\dfrac{z^2}{f^2}\right)}}{z} = 2\sqrt{\frac{\lambda}{f\pi}} \tag{2.2-54}$$

习惯上，更常采用的远场发散角是定义在基模峰值强度的 1/2 处(半功率点处)的远场发散角 $\theta_{1/2}$，它与 θ_{1/e^2} 的关系为

$$\theta_{1/2} = \sqrt{\frac{\ln 2}{2}}\theta_{1/e^2} = 0.5889\theta_{1/e^2} = 0.939\sqrt{\frac{\lambda}{L}} = 0.664\sqrt{\frac{\lambda}{f}} \tag{2.2-55}$$

计算表明，包含在发散角 θ_{1/e^2} 内的功率占高斯基模光束总功率的 86.5%，而包含在发散角 $\theta_{1/2}$ 范围内的功率仅占总功率的 50%左右。

下面，通过实例给出共焦腔基模激光束发散角的数量级概念：一个 $L=30\text{cm}$ 的共焦腔 He-Ne 激光器，$\lambda=0.6328\mu\text{m}$，按照式(2.2-55)，有 $\theta_{1/2}\approx 1.4\times 10^{-3}\text{rad}$；一个 $L=1\text{m}$ 的共焦腔 CO_2 激光器，$\lambda=10.6\mu\text{m}$，有 $\theta_{1/2}\approx 3.2\times 10^{-3}\text{rad}$。可见，共焦腔基模光束的理论发散角具有毫弧度的数量级。所以，当共焦腔激光器以单横模 TEM_{00} 工作时，激光束具有很好的方向性。如果激光器工作于多横模，则因为高阶横模的发散角随模的阶次增高而增大，激光束的方向性将变差。固体激光器通常都工作于多模振荡，并且由于工作物质内部的局部应力或热形变引起的光学不均匀性、反转粒子数分布不均匀及镜面加工质量、调整误差等因素，都会造成光束发散角的增大，所以实际的固体激光器的光束发散角甚至可达到十几毫弧度量级。

5. 激光线宽

由前面讨论的非均匀加宽激光器的烧孔效应和均匀加宽激光器的空间烧孔效应可知，实际上激光器都是多纵模振荡。多纵模振荡激光器的输出在频谱上的特点是，激光不是严格的单色光，而是一系列比较窄的振荡谱线的组合。由式(2.2-50)所给出的圆形镜面稳定球面腔的振荡模式频率表示式，给定一组 m、n 值，可以有一系列 q 值所对应的纵横，相邻两个纵模的频率差为

$$\Delta\nu_q = \nu_{mnq+1} - \nu_{mnq} = \frac{c}{2\eta L} \tag{2.2-56}$$

一个激光器所产生的纵模数目与工作物质的荧光线宽、谐振腔的尺寸、激光器阈值和光泵输出水平有关。固体激光器的增益线宽一般都较宽，所包含的能满足阈值条件的纵模数目非常多。红宝石激光器和 Nd^{3+}:YAG 激光器输出的激光线宽通常为 0.3～0.5Å(0.3×10^{-4}～$0.5\times 10^{-4}\mu\text{m}$)。钕玻璃激光器比红宝石和 Nd^{3+}:YAG 激光器具有更宽的增益曲线，产生振荡的纵模会更多，激光谱线更宽，通常比红宝石的激光谱线宽度高两个数量级以上。对于气体激光器，例如，He-Ne 激光器，它是以多普勒加宽为主的综合加宽激光器，在工作温度 400K 时，多普勒线宽 $\Delta\nu_D=1520\text{MHz}$，如果激光器腔长 $L=20\text{cm}$，按式(2.2-56)，相邻两个纵模的频率间隔 $\Delta\nu_q=7.5\times 10^8\text{Hz}$，则在 $\Delta\nu_D$ 宽度内可有两个纵模振荡。

从激光器的输出来讲，多模激光器的输出能量大，这是它的优点；但从上面的讨论可知，多

模激光器的激光谱线宽，导致单色性差，光的相干性差，这对于诸如激光全息等许多实际应用来说又十分不利。然而，正是由于多模激光器中的工作模式很多，可以通过锁模技术（在第3章中介绍）获得更窄的脉冲激光。在某些激光应用中，往往要求激光器单纵模输出，这就需要采用选模技术，选模也是激光的基本技术，将在第3章中介绍。

6. 激光脉冲宽度

在许多光电子技术应用中，要求固体激光器工作于脉冲状态。而大量实验表明，一般固体脉冲激光器所输出的激光脉冲，不是一个光滑脉冲，而是一群宽度只有微秒量级的短脉冲序列，即尖峰序列，如图2.2-18所示。激励越强，短脉冲之间的时间间隔越小，通常把这种现象称作弛豫振荡效应或尖峰振荡效应。图2.2-18(a)是光泵能量低于阈值时在示波器上看到的荧光波形；图2.2-18(b)是光泵能量高于阈值时的激光波形。

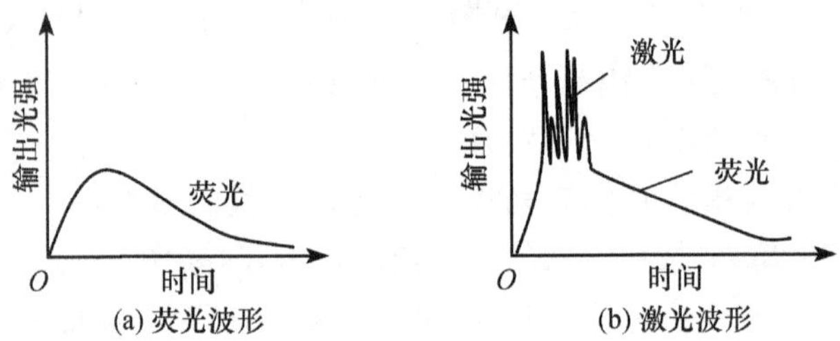

图2.2-18

一般的固体激光器输出脉冲的峰值功率是比较低的，约为几十千瓦量级，增大输入能量，只能使尖峰脉冲的数目增多，而不能有效地提高峰值功率水平。为了得到高的峰值功率和窄的单个脉冲，人们发明了调Q技术，所得到的脉冲称为巨脉冲，峰值功率可达到兆瓦量级，脉冲宽度为几十纳秒。为了获得峰值功率更高、更窄的激光脉冲，则需要利用锁模技术，锁模激光器所产生的激光脉冲宽度可达10^{-13}s，甚至更短。调Q技术和锁模技术也将在第3章中介绍。

2.2.5 激光特性

从以上讨论可以清楚地看到，作为光源，激光器与普通光源有十分不同的特性，主要表现为激光的单色性好、相干性好、方向性好和亮度高，这些统称为激光的四性。实际上，这四性本质上可归结为一性，就是激光的相干性好。而激光的这一特性完全源于受激辐射和光学谐振腔的作用。

1. 激光的空间相干性和方向性

激光束的空间相干性和它的方向性（用光束发散角$\theta_{1/2}$或θ_{1/e^2}描述）密切相关。由式(1.3-1)可以看出，对于普通光源，只有当光束发散角$\Delta\theta<\lambda/\Delta x$时，光束才具有明显的相干性。例如，一束理想的平面光波是完全空间相干的，它的发散角$\Delta\theta$等于零。

对于激光器光源而言，也有类似的关系。如果激光只是TEM_{00q}单模结构，因为同一模式的光波场与同一光子态相等效，所以同一模式的光波场是空间相干的。从方向性来讲，TEM_{00q}单模结构又具有最好的方向性。如果激光是多横模结构，由于不同模式的光波场是不相干的，所以激光的空间相干程度减小；另外，多横模结构中包含高阶模，由于高阶模的发散角大而使光束方向性变差。由此表明，激光的方向性越好，其空间相干程度也就越高。

从物理概念上很容易理解为什么激光具有高度空间相干性。以 TEM_{00q} 单横模激光器为例，由于工作物质内所有激发态原子都是在同一个 TEM_{00q} 模光波场激励下受激辐射的，而根据受激辐射的特点，受激辐射光与激励光波场同相位、同频率、同偏振和同传输方向，也就是说，所有原子的受激辐射都在 TEM_{00q} 模内，因而由激光器发出的 TEM_{00q} 模激光束接近于完全空间相干光，并具有很小的光束发散角。

由此可见，为提高激光器的空间相干性，应使激光器工作在 TEM_{00q} 单横模。此外，合理选择光学谐振腔的类型以及增加波长(见式(2.2-55))，也有利于提高激光束的方向性。但是，还会有许多实际因素，如工作物质的不均匀性、光学腔的加工和调整误差等又都使激光束方向性变差。

实际上，激光所能达到的最小光束发散角还要受到衍射效应的限制，它不可能小于激光通过输出孔径时的衍射角 θ_d。θ_d 称为衍射极限角，它按下面关系确定：设光波输出孔径为 $2a$，衍射极限角为

$$\theta_d \approx \frac{\lambda}{2a} \tag{2.2-57}$$

例如，对于波长为 0.6328μm 的 He-Ne 气体激光器，取 $2a=3$mm，则 $\theta_d \approx 2\times10^{-4}$rad。

不同激光器的方向性差别很大，它与工作物质的类型、均匀性、光腔类型、腔长、激励方式以及激光器的工作状态有关。气体激光器由于工作物质具有良好的均匀性，并且腔长一般都较长，所以有最好的方向性，可达到 $\theta \approx 10^{-3}$rad，He-Ne 激光器的 θ 甚至可达 3×10^{-4}rad，这个值已十分接近其衍射极限 θ_d。固体激光器的方向性较差，一般在 10^{-2}rad 量级，其主要是由于固体材料的光学不均匀性以及一般固体激光器使用的腔长较短和激励的非均匀性等因素造成。半导体激光器的方向性最差，一般在 $5\times10^{-2}\sim10\times10^{-2}$rad 量级。

2. 时间相干性和单色性

式(1.3-8)表明，光的相干时间 t_C 与光的单色性 $\Delta\nu$ 存在着简单的关系，即单色性越好，相干时间越长。如果激光器如图 2.2-19 所示在多个纵模上振荡，则激光由多个相距 $\Delta\nu_q$(即相邻纵模的频率差)的不同频率的光所组成，其单色性较差。而对于单基横模 TEM_{00} 激光器，其单色性主要取决于它的纵模结构和模式的频带宽度。

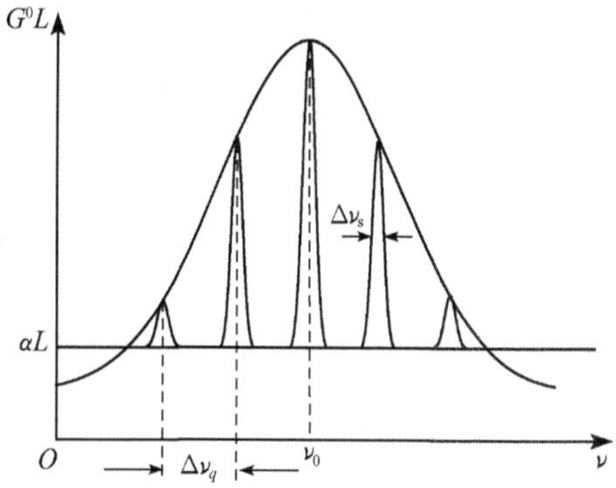

图 2.2-19 激光器的多纵模振荡

在图 2.2-19 中，$\Delta\nu_s$ 为有源腔的模式带宽，它不同于无源腔的模式带宽 $\Delta\nu_G$。理论上可以导出

$$\Delta\nu_G = \frac{c\delta}{2\pi L} \tag{2.2-58}$$

式中，δ 为光腔的损耗；

$$\Delta\nu_s = 2\pi h\nu_0 \frac{(\Delta\nu_G)^2}{P_0} \frac{n_2}{n_2 - n_1} \tag{2.2-59}$$

式中，P_0 为单模输出功率，n_2 和 n_1 分别为激光上、下能级的粒子数密度，ν_0 为激光中心频率。例如，对于 $P_0=1$mW 的 He-Ne 激光器，取 $\delta=0.015$，$L=1$m，可以得到 $\Delta\nu_s \approx 5\times10^{-4}$Hz，其单色性极高。但是，式(2.2-59)只是单纵模激光器输出激光线宽的理论极限，实际上总有一系

列不稳定因素(如温度、振动、气流、激励等)使得光学谐振腔的激光模式频率 ν_{00q} 不稳定,即使采用最严格的稳频措施,这种频率的不稳定性也大大超过式(2.2-59)所给出的线宽极限。因此,实际的单纵模激光器的单色性主要由其频率稳定性决定。

单模稳频气体激光器的单色性最好,一般可以达到 $10^3 \sim 10^6$ Hz,在采用最严格稳频措施的条件下,曾在 He-Ne 激光器中观察到 2Hz 的带宽;固体激光器的单色性较差,主要是因为工作物质的增益曲线很宽,很难保证单纵模工作;半导体激光器的单色性最差。

由上述可见,能使激光器单纵模稳定工作的选模技术和稳频技术,对提高激光的单色性,即提高激光的时间相干性十分重要,这些基本激光技术将在第 3 章介绍。一个经过稳频的 TEM_{00q} 单纵模激光器所发出的激光接近于理想的单色平面波,即完全相干光。

实际上,利用激光高单色性特点,不但可以极大地提高各种光学干涉测量方法的量程和精度,而且提供了建立以激光频率(或波长)为新的时间、频率和长度标准的可能性。在激光出现以前,单色性最好的光源是 Kr^{86} 灯的 0.6057μm 谱线,$\Delta\lambda = 0.47 \times 10^{-6}\mu m$(0.0047Å),其单色性为 $\Delta\lambda/\lambda = \Delta\nu/\nu = 7.6 \times 10^{-7}$;而经过稳频措施的激光单色性 $\Delta\lambda/\lambda$ 可达 $10^{-10} \sim 10^{-13}$ 量级。光源的单色性决定了它的相干长度 L_C,即

$$L_C = \frac{c}{\Delta\nu} = \frac{\nu}{\Delta\nu}\lambda = \frac{\lambda}{\Delta\lambda}\lambda \tag{2.2-60}$$

按式(2.2-60)估算,Kr^{86} 灯的 L_C 约为 1m 量级,而稳频激光的 L_C 可达 1~1000km。因此,由相干长度的物理意义,这种激光沿着光束传播方向,在小于或等于 L_C 距离内的任意两点间的光场都是相干的。因此,用 Kr^{86} 灯进行精密干涉测长,最大量程不会超过 1m,而用单色性好的激光进行精密干涉测长,其量程可扩展到 1~1000km。

利用激光的高单色性和可调谐特点,结合光外差和光电拍频等新方法,可以建立起全新的超高分辨率光谱分析技术,从而可以对物质的结构进行更精细的研究,且有可能对各种物理、化学和生物学过程进行深入研究和控制。

3. 激光的高亮度

黑体是一种热辐射源,一个空腔辐射体就是一个比较理想的绝对黑体。按照电磁理论,空腔内存在着一系列独立的具有特定波矢 $\boldsymbol{k}$ 的平面单色驻波,这种能够存在于腔内的驻波场称为电磁波的模式或光波模式。

按照量子电动力学的概念,光波模式与光子状态等效,也就是说,一种光波模式对应于一个光子状态,因此属于同一状态的光子或属于同一模式的光波是相干的。不同状态的光子或不同模式的光波是不相干的。定义处于同一光子态的光子数为光子简并度,用 $\bar{n}$ 表示。

根据黑体辐射的普朗克公式,可以得到在温度 T 的热平衡条件下,黑体辐射平均分配到每个模式的能量为

$$E = \frac{h\nu}{e^{\frac{h\nu}{KT}} - 1} \tag{2.2-61}$$

因此,黑体辐射源的光子简并度为

$$\bar{n} = \frac{1}{e^{\frac{h\nu}{KT}} - 1} \tag{2.2-62}$$

对于 0.6μm 的可见光,在 $T = 300$K 的情况下,可算出 $\bar{n} \approx 10^{-35}$,即在一个光波模式(光子态)内的光子数仅有 10^{-35} 个,所以黑体是完全非相干光源。

对激光光源来说，如果激光器的单模输出功率为 P，则每秒内在此模中产生的光子数为 $P/(h\nu)$。若光子在腔内的寿命为 $\tau_R \approx 1/\Delta\nu_S$，$\Delta\nu_S$ 为式(2.2-59)所表示的激光线宽，则激光腔内处于单模内的光子数，也即光子简并度为

$$\bar{n} = \frac{P}{h\nu}\tau_R = \frac{P}{h\nu\Delta\nu_S} \tag{2.2-63}$$

现以 He-Ne 激光器为例，假定单模输出功率 $P=1\text{mW}$，$\Delta\nu_S$ 取 $10^6\,\text{Hz}$，则相应的 $\bar{n}=3\times10^9$，远远大于 10^{-35}。这表明，普通光源在光波段的光子简并度极小，而激光器却可以轻易地产生很高的单模输出功率或光子简并度。

利用上述激光的所有特性，即高功率、高单色性和高方向性，可获得很高的光功率密度。例如，将一个千兆瓦级($10^9\,\text{W}$)的调 Q 激光脉冲聚焦到直径为 $5\mu\text{m}$ 的光斑上，所获得的功率密度将是 $10^{15}\,\text{W/cm}^2$，这是普通光源根本无法做到的。特别是，锁模激光器的亮度可高达 $10^{14}\sim10^{17}\,\text{W/(cm}^2\cdot\text{sr)}$，这比起太阳的亮度高达几千亿倍以上。

激光的高亮度(或高强度)特性，不但意味着可将激光能量传送到极远的距离，而且意味着激光能量在时间上和空间上高度集中，这种高度集中的程度和它所产生的效果，在一定的意义上来说，可与核武器的爆炸效果相比。不难想象，强激光可用来作为激光武器(如热武器和致盲武器)，除了用于破坏目的之外，强激光可在空间极小范围、极短时间内倾注极大的能量，产生几千万度的高温等离子体，从而有可能对热核聚变反应进行激光点火。应用大功率激光进行激光打孔、切割、焊接以及激光热处理等，更是获得了广泛的应用。

2.3 高斯光束的传输

如前所述，稳定共轴球面腔激光器所发出的激光是以高斯光束的形式在空间传输的。有关高斯光束在空间的传输，以及高斯光束通过光学系统的变换，是激光应用中很重要的问题。在这里，仅介绍最简单和最基本的规律。

2.3.1 基模高斯光束

由式(2.2-26)，基模高斯光束可表示为

$$u_{00}(r,\varphi,z) = \frac{C}{w(z)}\exp\left(-\frac{r^2}{w^2(z)}\right)\exp\left\{\mathrm{i}\left[k\left(z+\frac{r^2}{2R}\right)+\phi_{00}(z)\right]\right\} \tag{2.3-1}$$

式中，C 为常数因子。基模高斯光束及其参数如图 2.3-1 所示。

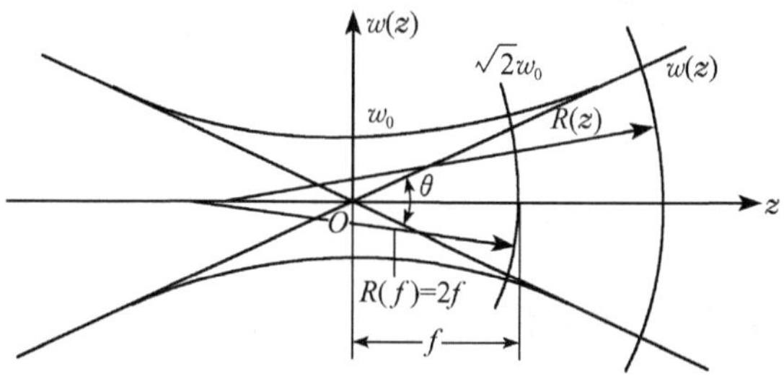

图 2.3-1 基模高斯光束及其参数

由式(2.3-1)、图 2.3-1 和 2.2.3 节的讨论可以看出，如果束腰光斑的大小和位置给定了，就可以确定与束腰相距为 z 处的光斑半径 $w(z)$、等相位面的曲率半径 $R(z)$及光束的发散角 θ

等，也就是说，就可以确定整个高斯光束的结构。因此可以说，能够利用参数 w_0（或 f）及束腰位置来表征特定的高斯光束。

利用前面给出的由 w_0 和 z 确定 $w(z)$ 和 $R(z)$ 的定义式，可以导出由 $w(z)$ 和 $R(z)$ 表示 w_0 和 z 的关系式，即

$$\left.\begin{aligned} w_0 &= w(z)\left[1+\left(\frac{\pi w^2(z)}{\lambda R(z)}\right)^2\right]^{-1/2} \\ z &= R(z)\left[1+\left(\frac{\lambda R(z)}{\pi w^2(z)}\right)^2\right]^{-1} \end{aligned}\right\} \tag{2.3-2}$$

可见，如果已知某给定位置坐标 z 处的光斑半径 $w(z)$ 及等相位面曲率半径 $R(z)$，就可以由它们确定高斯光束束腰光斑的大小和位置。因此也可以利用给定位置 z 处的 $w(z)$ 和 $R(z)$ 这两个参数来表征特定的高斯光束。

现在，把式(2.3-1)所给出的基模高斯光束形式改写为

$$u_{00}(r,\varphi,z) = \frac{C}{w(z)}\exp\left\{ik\frac{r^2}{2}\left[\frac{1}{R(z)}+\mathrm{i}\frac{\lambda}{\pi w^2(z)}\right]\right\}\exp\{\mathrm{i}[kz+\phi_{00}(z)]\} \tag{2.3-3}$$

如果定义一个新参数 $q(z)$ 为

$$\frac{1}{q(z)} = \frac{1}{R(z)}+\mathrm{i}\frac{\lambda}{\pi w^2(z)} \tag{2.3-4}$$

这个新参数 $q(z)$ 称为高斯光束的复数曲率半径，它把描述高斯光束基本特征的两个参数 $w(z)$ 和 $R(z)$ 统一在一个式子中，所以它是表征高斯光束的又一个重要参数。显然，只要知道高斯光束在某位置 z 处的 q 参数值，就能由它求出该位置处 $w(z)$ 和 $R(z)$ 的数值

$$\left.\begin{aligned} \frac{1}{R(z)} &= \mathrm{Re}\left\{\frac{1}{q(z)}\right\} \\ \frac{1}{w(z)} &= \frac{\pi}{\lambda}\mathrm{Im}\left\{\frac{1}{q(z)}\right\} \end{aligned}\right\} \tag{2.3-5}$$

如果在 $z=0$ 处的 q 参数值用 $q_0=q(0)$ 表示，则按式(2.3-4)有

$$\frac{1}{q_0} = \frac{1}{q(0)} = \frac{1}{R(0)}+\mathrm{i}\frac{\lambda}{\pi w^2(0)} \tag{2.3-6}$$

考虑到 $R(0)\to\infty$，$w(0)=w_0$，可得

$$q_0 = -\mathrm{i}\frac{\pi w_0^2}{\lambda} = -\mathrm{i}f \tag{2.3-7}$$

式(2.3-7)将 q_0 与 w_0 及 f 联系了起来。

以上讨论表明，上述三组参数：w_0（或 f）及束腰位置；$w(z)$ 及 $R(z)$；$q(z)$ 都可以用来确定基模高斯光束的具体结构。因此，人们可以根据实际问题的需要，灵活地选用最合适的参数来表征高斯光束。例如，本章讨论的高斯光束的传输规律，特别是高斯光束通过光学系统的传输规律，采用 q 参数将更为方便。

2.3.2 高斯光束的传输规律

1. 高斯光束在自由空间的传播规律

将 $w(z)$ 和 $R(z)$ 的定义式代入高斯光束 q 参数式(2.3-4)，可得

$$\frac{1}{q(z)} = \frac{1}{z+\frac{f^2}{z}}+\mathrm{i}\frac{1}{f+\frac{z^2}{f}} = \frac{1}{q_0+z}$$

即

$$q(z) = q_0 + z \tag{2.3-8}$$

这表明，高斯光束在自由空间传播时，只要知道腰斑处的 q 参数 q_0，则任何位置 z 处的 q 参数 $q(z)$ 就可以按式(2.3-8)的简单变换得到。进一步，如果已知任意位置 z_1 处的 q 参数 $q(z_1)$，则任意位置 z_2 处的 q 参数 $q(z_2)$ 也可由式(2.3-8)求得

$$q(z_2) = q(z_1) + (z_2 - z_1) \tag{2.3-9}$$

式(2.3-8)或式(2.3-9)就是高斯光束 q 参数在自由空间的变换关系，$q(z_2)$ 的实部确定了 z_2 处的曲率半径 $R(z_2)$，$q(z_2)$ 的虚部确定了 z_2 处的光斑半径 $w(z_2)$。

2. 高斯光束通过薄透镜的变换

在给出薄透镜对高斯光束的变换之前，先回忆一下几何光学中薄透镜的成像规律。当物体通过薄透镜成像时，在傍轴近似下，按几何光学定律，物像应满足如下关系：

$$\frac{1}{u} + \frac{1}{v} = \frac{1}{F} \tag{2.3-10}$$

式中，u 为物距，v 为像距，F 为薄透镜的焦距，如图 2.3-2 所示。

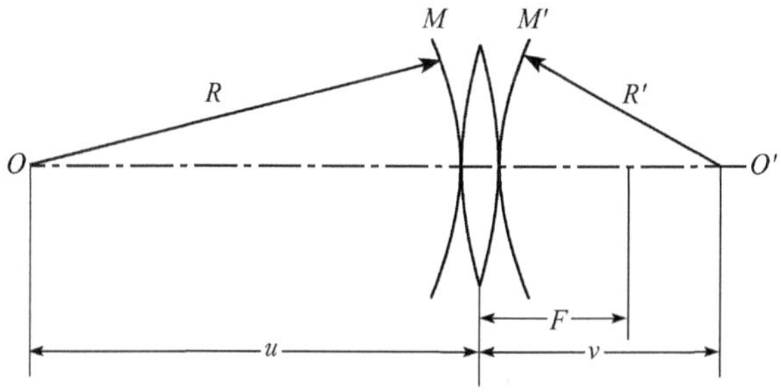

图 2.3-2 薄透镜成像关系

图 2.3-2 明显地示出了薄透镜的成像过程。这个成像过程实际上就是对普通球面波的变换过程，即由物点 O 发出的球面波通过薄透镜后，变换成会聚于像点 O' 的球面波。这里，可将式(2.3-10)改写为

$$\frac{1}{R} - \frac{1}{R'} = \frac{1}{F} \tag{2.3-11}$$

式中，沿传播方向发散的球面波的曲率半径取正($R=u$)，会聚球面波的曲率半径取负($R=-v$)。

现在给出薄透镜对高斯光束的变换。如图 2.3-3 所示，假设一腰斑半径为 w_0 的高斯光束投射到焦距为 F 的薄透镜上，束腰与透镜的距离为 l，高斯光束的传输轴线与透镜的轴线一致，M 表示高斯光束入射到透镜表面上的波面，则因为高斯光束的等相位面为一球面，所以根据上述薄透镜对球面波变换的规律，可得从薄透镜出射的光波也是球面波，其波面为 M'，M 与 M' 的曲率半径 R 与 R' 之间的关系由式(2.3-11)确定。进一步，由于透镜很薄，所以紧靠透镜两边的波面 M 及 M' 上的光斑大小及光强分布都应该一样。如果入射到透镜上的高斯光束的光斑大小为 w，出射光束的光斑大小为 w'，则应有

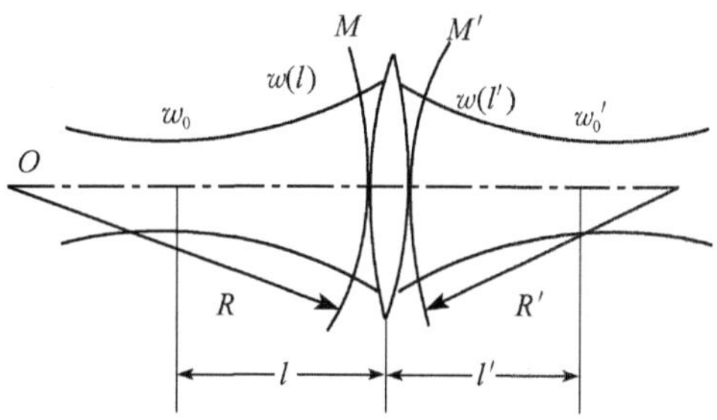

图 2.3-3 薄透镜对高斯光束的变换

$$w = w' \tag{2.3-12}$$

这样，高斯光束经薄透镜变换后，出射的球面波面 M' 上仍具有高斯型强度分布。于是，在透镜像方继续传输的光束仍是高斯光束。

综合式(2.3-11)和式(2.3-12)，应有

$$\left(\frac{1}{R}+\mathrm{i}\frac{\lambda}{\pi w^2}\right)-\left(\frac{1}{R'}+\mathrm{i}\frac{\lambda}{\pi w'^2}\right)=\frac{1}{F}$$

即有

$$\frac{1}{q}-\frac{1}{q'}=\frac{1}{F} \tag{2.3-13}$$

式中，q 和 q' 是入射和出射高斯光束的 q 参数。式(2.3-13)表明，薄透镜对高斯光束复数曲率半径与球面波曲率半径有着相同的变换规律。

现在要讨论的问题是：当透镜的焦距 F 给定时，如何由物方高斯光束的束腰半径 w_0 及束腰到透镜的距离 l，求出像方高斯光束的束腰半径 w_0' 及束腰到透镜的距离 l'。

根据 w_0、l 与 F 求 w_0' 和 l' 的基本思路如下。

按前面给出的 $w(z)$ 与 $R(z)$ 基本定义式，有

$$\left.\begin{aligned} w(l) &= w_0\left[1+\left(\frac{\lambda l}{\pi w_0^2}\right)^2\right]^{1/2} \\ R(l) &= l\left[1+\left(\frac{\pi w_0^2}{\lambda l}\right)^2\right] \end{aligned}\right\} \tag{2.3-14}$$

这里已利用了 $f=\pi w_0^2/\lambda$；经薄透镜变换后，利用式(2.3-13)，可得

$$\left.\begin{aligned} w' &= w(l) \\ \frac{1}{R'} &= \frac{1}{R}-\frac{1}{F} \end{aligned}\right\} \tag{2.3-15}$$

在求出 w' 与 R' 后，再按式(2.3-2)，便给出由 w' 与 R' 确定 w_0' 和 l' 的关系式

$$\left.\begin{aligned} w'^2_0 &= w'^2\left[1+\left(\frac{\pi w'^2}{\lambda R'}\right)^2\right]^{-1} \\ l &= R'\left[1+\left(\frac{\lambda R'}{\pi w'^2}\right)^2\right]^{-1} \end{aligned}\right\} \tag{2.3-16}$$

这样，便可利用式(2.3-14)～式(2.3-16)，由已知的 w_0、l 与 F 求出 w_0' 和 l'。这种求解方法的思路比较清晰，但是所得的关系不够简洁，处理实际问题不太方便。可以利用另外方法得到更为简洁的形式，其结果为

$$\left.\begin{aligned} \frac{1}{w'^2_0} &= \frac{1}{w_0^2}\left(1-\frac{l}{F}\right)^2+\frac{1}{F^2}\left(\frac{\pi w_0^2}{\lambda}\right)^2 \\ l' &= F+\frac{(l-F)F^2}{(l-F)^2+\left(\frac{\pi w_0^2}{\lambda}\right)^2} \end{aligned}\right\} \tag{2.3-17}$$

式(2.3-17)完全确定了物方高斯光束与像方高斯光束的转换关系，可以很方便地用来解决各种实际问题。

【例 2-1】 高斯光束的聚焦

利用适当的光学系统将高斯光束聚焦是实际应用中的一个重要问题。可以利用式(2.3-17)给出的像方高斯光束束腰半径 w_0' 随物方高斯光束参数 w_0、l 与 F 的变化规律，说明在什么条件下才能有效地将高斯光束聚焦。

(1) F 一定，w_0' 随 l 的变化情况

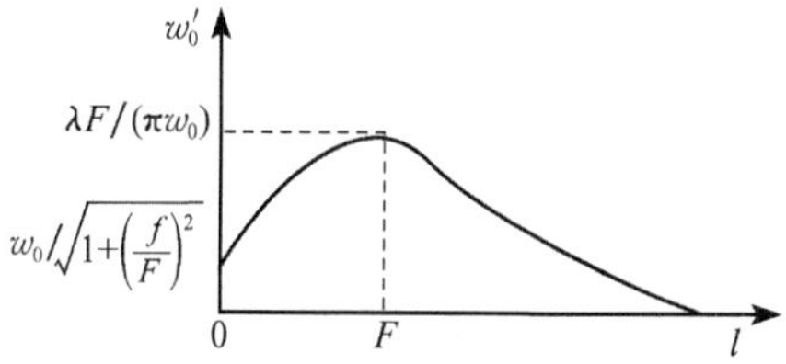

图 2.3-4 F 一定，w_0' 随 l 的变化

按式(2.3-17)，F 一定时，w_0' 随 l 的变化规律可绘成图 2.3-4 所示的曲线。该图表明，当 $l=0$ 时，$w_0'=w_0/\sqrt{1+(f/F)^2}$；当 $l=F$ 时，w_0' 达到最大值 $(w_0')_{max}=\lambda F/(\pi w_0)$，且有 $l'=F$，仅当 $f=(\pi w_0^2/\lambda)>F$ 时，才有 $w_0'/w_0<1$，即透镜有聚焦作用。

对于 $l=0$ 时高斯光束的聚焦，如图 2.3-5(a)所示，其像方束腰位置在透镜前焦点以内。当 $l\gg F$，同时满足 $l\gg f$ 时，有

$$w_0'\approx\frac{F}{l}w_0 \tag{2.3-18}$$

这时，l 越大，F 越小，聚焦效果越好，聚焦示意图如图 2.3-5(b)所示。

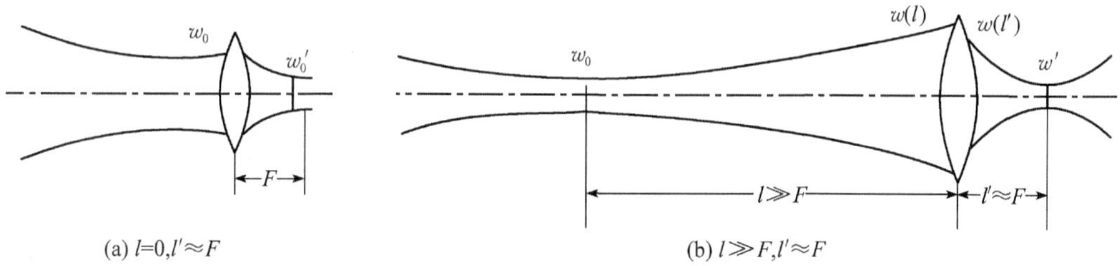

图 2.3-5 高斯光束的聚焦

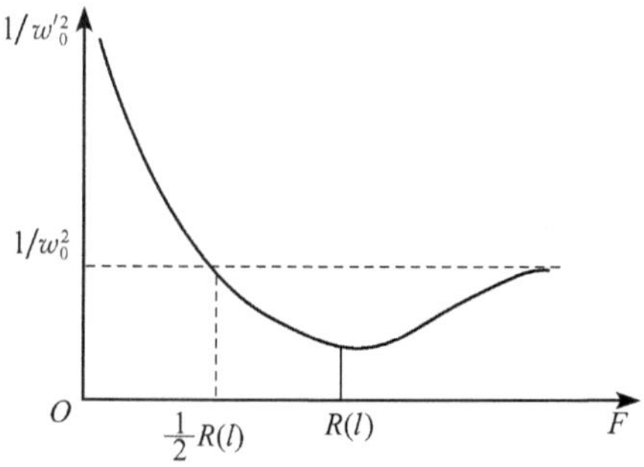

图 2.3-6 l 一定，w_0' 随 F 的变化情况

(2) l 一定，w_0' 随 F 的变化情况

按式(2.3-17)，l 一定时，w_0' 随 F 的变化规律如图 2.3-6 所示。由图可见，这时只有当透镜焦距 $F<R(l)/2$ 时，才有 $w_0'<w_0$，即对高斯光束起聚焦作用，F 越小，聚焦效果越好。

综合上述讨论，为使高斯光束获得良好的聚焦，通常采用的方法是：采用短焦距透镜；使 $l\gg F$，即使物方高斯光束束腰远离透镜焦点；使 $l=0$，并设法满足条件 $f\gg F$。

应当指出，激光束可以聚焦到很小的光斑尺寸。例如，对于图 2.3-5(b)所示的情况，$w_0/l\approx\theta/2$(θ 为激光束的发散角)，当利用焦距 $F=2w_0$ 的透镜聚焦单横模激光束时，焦斑直径 $2w_0'$ 为

$$2w_0'=F\theta=2w_0\cdot 2\frac{\lambda}{\pi w_0}=\frac{4\lambda}{\pi}$$

即聚焦后的焦斑直径可达到波长的量级。因此，聚焦激光束在激光打孔、精密加工、精密测量、激光核聚变、高密度信息存储、激光唱片等方面可获得重要应用。

【例 2-2】 高斯光束的准直

高斯光束的准直，就是利用光学系统压缩高斯光束的发散角，这在激光的实际应用中经常遇到。由式(2.2-54)，束腰半径为 w_0 的高斯光束发散角(略去下标 $1/e^2$)为

$$\theta=2\frac{\lambda}{\pi w_0} \tag{2.3-19}$$

这里已利用了 $f=\pi w_0^2/\lambda$。利用单个薄透镜(焦距 F)对高斯光束变换后，其发散角变为

$$\theta' = \frac{2\lambda}{\pi w_0'} = \frac{2\lambda}{\pi}\sqrt{\frac{1}{w_0^2}\left(1-\frac{l}{F}\right)^2+\frac{1}{F^2}\left(\frac{\pi w_0}{\lambda}\right)^2} \tag{2.3-20}$$

这里已利用了式(2.3-17)。由该式明显可见，不管 F、l 取什么值，都不可能使 $\theta=0$。这表明，不可能利用单个薄透镜使高斯光束转换成平面波。但为使 $\theta'<\theta$，要求 $w_0'>w_0$，而且当 w_0' 达到极大值时，θ' 便达到极小值。由式(2.3-17)看出，对给定 w_0 和 F，当 $l=F$ 时，w_0' 达到极大值，有

$$w_0' = \frac{\lambda}{\pi w_0}F \tag{2.3-21}$$

$$\theta' = \frac{2\lambda}{\pi w_0'} = 2\,\frac{w_0}{F} \tag{2.3-22}$$

并有

$$\frac{\theta'}{\theta} = \frac{\pi w_0^2}{F\lambda} = \frac{f}{F} \tag{2.3-23}$$

由此可见，当透镜的焦距 F 一定时，若入射高斯光束的束腰处在透镜的后焦面上($l=F$)，则 θ' 达到极小，并且 F 越大，θ' 越小。另外，由式(2.3-23)还可看出，在 $l=F$ 的条件下，θ' 还与 w_0 有关，w_0 越小，准直性越高，即像方高斯光束的方向性越好。因此，如果第一步先把拟准直的高斯光束用一个短焦距透镜聚焦，以获得极小的腰斑，然后，再用一个长焦距的透镜提高其方向性。一个短焦距透镜和一个长焦距透镜的组合，实际上是一个望远镜，只不过是倒装使用而已，如图 2.3-7 所示。

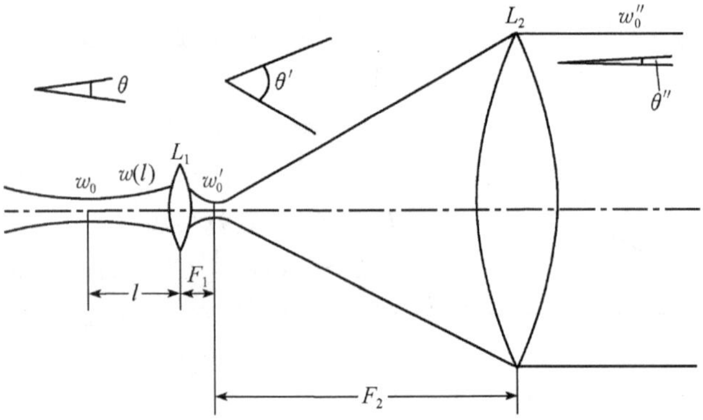

图 2.3-7　利用望远镜准直高斯光束

图 2.3-7 中，符号 θ 表示入射高斯光束的发散角，θ' 表示经过透镜 L_1(副镜)后高斯光束的发散角，θ'' 表示经过透镜 L_2(主镜)后出射的高斯光束的发散角。定义 θ 与 θ'' 之比值为望远镜对高斯光束的准直倍率(或称为几何压缩比)

$$M' = \frac{\theta}{\theta''} \tag{2.3-24}$$

在 $F_1 \ll l$ 的条件下，可导出 M' 的具体表示式为

$$M' = M\sqrt{1+\left(\frac{l}{f}\right)^2} = M\sqrt{1+\left(\frac{\lambda l}{\pi w_0^2}\right)^2} \tag{2.3-25}$$

式中，$M=F_2/F_1$ 为望远镜的主镜与副镜的焦距比。

应当指出，虽然式(2.3-25)是在 $l \gg F_1$ 的条件下导出的，但它对 $l=0$(且 $f \gg F_1$)的情况也适合，这时有

$$M' = M = \frac{F_2}{F_1} \tag{2.3-26}$$

实际的准直望远镜可以做成透射式、反射式或折反式，其基本工作原理一样。

2.3.3 高斯模的匹配

在激光的实际应用中，常涉及一束高斯光束要注入另一个光学谐振腔或光波导等光学系统中去，因为每个光学系统有自己的本征振荡模，因此，当它被外界激励时，除激发基模外，还常激发出一系列高阶模。所谓高斯模匹配，就是指注入光学系统的是基模高斯光束，而激发出的也只是该光学系统的一个相应单模，使注入模的能量全部转变为这个激发模的能量。

现在讨论将一个稳定腔所产生的高斯模与另一稳定腔的高斯模相匹配的问题。假设两个稳定腔的参数分别为(R_1, R_2, L)和(R_1', R_2', L')，它们具有公共轴线OO'，各自能产生的高斯光束分别用Ⅰ和Ⅱ表示。光束Ⅰ的束腰半径为w_0，光束Ⅱ的腰斑半径为w_0'。若如图 2.3-8 所示，在两个谐振腔之间插入一个透镜，使得光束Ⅰ通过该透镜注入第二个谐振腔中只激励光束Ⅱ，也就是说，使光束Ⅰ与光束Ⅱ匹配，则应如何放置透镜（如何确定l和l'）？透镜焦距F应为多大？

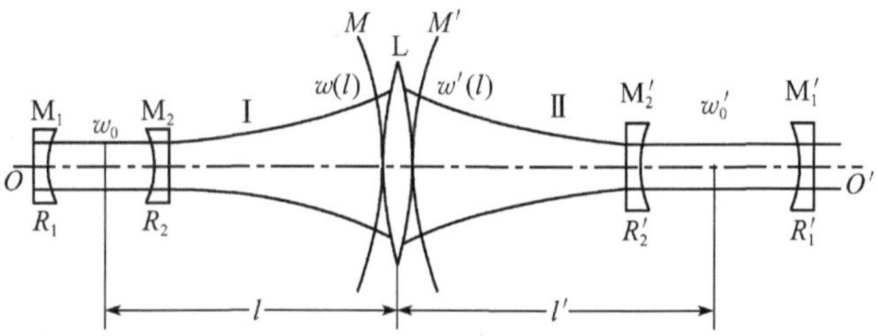

图 2.3-8 高斯模的匹配

这个问题实际上是已知光束Ⅰ和光束Ⅱ的束腰半径w_0和w_0'，确定系统参数F、l和l'的问题。

由变换规律的基本关系式(2.3-17)，推导可得如下关系：

$$\left.\begin{aligned} l - F &= \pm \frac{w_0}{w_0'}\sqrt{F^2 - f_0^2} \\ l' - F &= \pm \frac{w_0'}{w_0}\sqrt{F^2 - f_0^2} \end{aligned}\right\} \tag{2.3-27}$$

式中

$$f_0 = \frac{\pi w_0 w_0'}{\lambda} \tag{2.3-28}$$

当w_0、w_0'给定时，式(2.3-27)中有三个未知量l、l'及F，因而其中一个量可以独立选择。例如，给定F值，可由式(2.3-27)计算出l和l'。当然给定F值时，必须满足

$$F > f_0$$

或者固定两个腔之间的相对位置，即$l' + l = l_0$一定，这样，连同式(2.3-27)共有三个关系式，可用来确定系统高斯模匹配所需要的三个未知数。

2.3.4 利用 q 参数讨论高斯光束的传输问题——*ABCD* 定则

前面，分别给出了高斯光束在自由空间传播和通过薄透镜变换的基本规律式(2.3-9)和

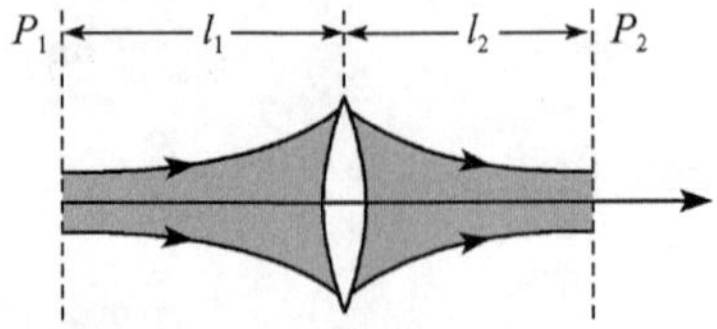

图 2.3-9　高斯光束的传输

式(2.3-13)。现在讨论图 2.3-9 所示的高斯光束的传输问题，一束高斯光束从平面 P_1 传到平面 P_2，中间通过一个焦距为 F 的透镜。若从 P_1 平面到透镜的距离为 l_1，从透镜到 P_2 平面的距离为 l_2，求解 P_2 平面处高斯光束的 q 参数 q_2 与 P_1 平面处高斯光束的 q 参数 q_1 之间的关系。

这里，高斯光束由 P_1 传到 P_2 包括：①由 P_1 到透镜的自由空间传播，相应的传播规律按照式(2.3-9)为

$$q = q_1 + l_1 \tag{2.3-29}$$

式中，q 是高斯光束在输入透镜处的 q 参数；②高斯光束通过透镜的变换，相应的变换规律按式(2.3-13)为

$$\frac{1}{q} = \frac{1}{q'} + \frac{1}{F} \tag{2.3-30}$$

式中，q'是高斯光束在透镜输出处的 q 参数；③由透镜到 P_2 的自由空间传播，相应的传播关系为

$$q_2 = q' + l_2 \tag{2.3-31}$$

组合式(2.3-29)～式(2.3-31)，最后给出

$$q_2 = \frac{\left(1 - \frac{l_2}{F}\right)q_1 + \left(l_1 + l_2 - \frac{l_1 l_2}{F}\right)}{\left(-\frac{1}{F}\right)q_1 + \left(1 - \frac{l_1}{F}\right)} \tag{2.3-32}$$

如果将式(2.3-32)写成一般形式

$$q_2 = \frac{Aq_1 + B}{Cq_1 + D} \tag{2.3-33}$$

这个式子就称为高斯光束变换的 $ABCD$ 定则，将式中 A、B、C 和 D 写成矩阵形式，可用符号 $\boldsymbol{T}$ 表示，即

$$\boldsymbol{T} = \begin{bmatrix} A & B \\ C & D \end{bmatrix} \tag{2.3-34}$$

它用来描述某一光学系统对高斯光束的变换规律。例如，对距离为 l 的一般自由空间，比较式(2.3-9)和式(2.3-33)，有 $A=1, B=l, C=0, D=1$，所以变换矩阵为

$$\boldsymbol{T} = \begin{bmatrix} 1 & l \\ 0 & 1 \end{bmatrix} \tag{2.3-35}$$

类似地，一个透镜(焦距为 F)的变换矩阵为

$$\boldsymbol{T} = \begin{bmatrix} 1 & 0 \\ -\frac{1}{F} & 1 \end{bmatrix} \tag{2.3-36}$$

对于上述由式(2.3-32)确定的光学系统，其变换矩阵为

$$\boldsymbol{T} = \begin{bmatrix} 1 - \frac{l_2}{F} & l_1 + l_2 - \frac{l_1 l_2}{F} \\ -\frac{1}{F} & 1 - \frac{l_1}{F} \end{bmatrix} \tag{2.3-37}$$

事实上，式(2.3-37)可由下列三个变换矩阵相乘而得，即

$$\begin{bmatrix} 1 & l_2 \\ 0 & 1 \end{bmatrix} \begin{bmatrix} 1 & 0 \\ -\frac{1}{F} & 1 \end{bmatrix} \begin{bmatrix} 1 & l_1 \\ 0 & 1 \end{bmatrix} = \text{式(2.3-37)}$$

上式左边矩阵表示自由空间 l_1 将 q_1 变换为 q，第二个矩阵表示透镜将 q 变换为 q'，第三个矩阵表示自由空间 l_2 将 q' 变换为 q_2。因此，变换矩阵

$$\begin{bmatrix}1 & l_2\\0 & 1\end{bmatrix}\begin{bmatrix}1 & 0\\-\dfrac{1}{F} & 1\end{bmatrix}\begin{bmatrix}1 & l_1\\0 & 1\end{bmatrix}$$

便表示由参数 q_1，经自由空间 l_1-透镜 F-自由空间 l_2 光学系统，变换到参数 q_2 的总的变换矩阵。

由此可见，如果高斯光束经过一个光学系统，其总的变换包含若干个分变换，则总的变换矩阵 $\boldsymbol{T}$ 由各个分变换矩阵 $\boldsymbol{T}_1,\boldsymbol{T}_2,\cdots$ 相乘而得，相乘矩阵的次序应按变换相反的次序进行。

下面给出若干光学元件或结构的 $ABCD$ 矩阵。

（1）直线空间

$$\begin{bmatrix}A & B\\C & D\end{bmatrix}=\begin{bmatrix}1 & L\\0 & 1\end{bmatrix}$$

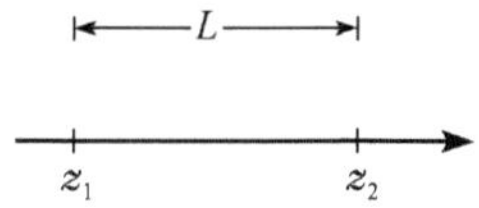

（2）薄透镜。焦距 F（$F>0$ 时，光线会聚；$F<0$ 时，光线发散）

$$\begin{bmatrix}A & B\\C & D\end{bmatrix}=\begin{bmatrix}1 & 0\\-\dfrac{1}{F} & 1\end{bmatrix}$$

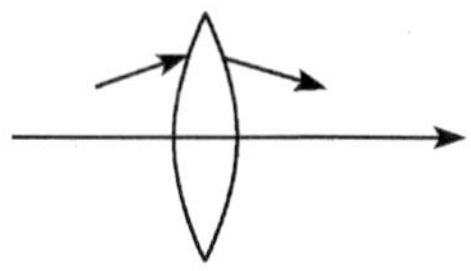

（3）折射率为 n_1、n_2 的界面

$$\begin{bmatrix}A & B\\C & D\end{bmatrix}=\begin{bmatrix}1 & 0\\0 & \dfrac{n_1}{n_2}\end{bmatrix} \tag{2.3-38}$$

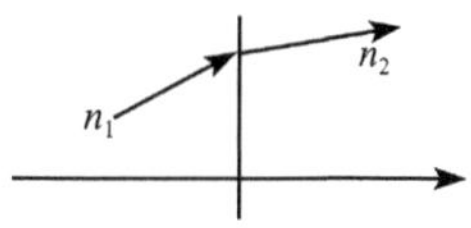

（4）曲率半径为 R 的球介质面

$$\begin{bmatrix}A & B\\C & D\end{bmatrix}=\begin{bmatrix}1 & 0\\\dfrac{1}{R}\dfrac{n_2-n_1}{n_2} & \dfrac{n_1}{n_2}\end{bmatrix} \tag{2.3-39}$$

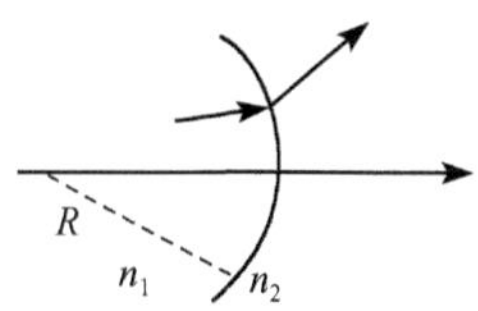

（5）曲率半径为 R 的球反射面

$$\begin{bmatrix}A & B\\C & D\end{bmatrix}=\begin{bmatrix}1 & 0\\-\dfrac{2}{R} & 1\end{bmatrix} \tag{2.3-40}$$

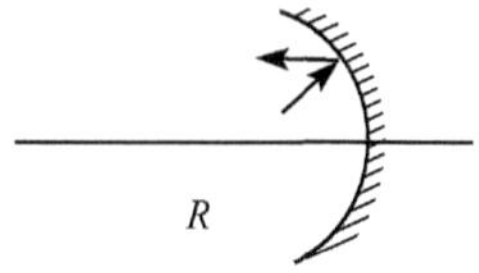

【例 2-3】 已知入射高斯光束束腰半径为 w_0，束腰与透镜 L 的距离为 l，透镜焦距为 F，求通过透镜后在与透镜相距 l' 处的高斯光束参数 w' 及 R'。

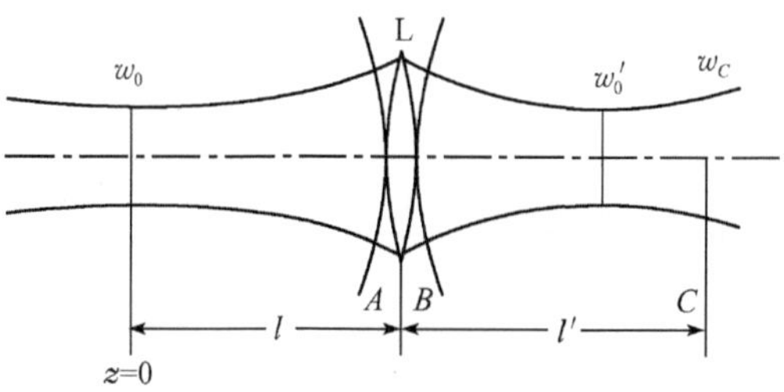

图 2.3-10 高斯光束的传输

这类问题用 q 参数处理比较方便。如图 2.3-10 所示，在 $z=0$ 处，$q(0)=q_0=-\mathrm{i}\pi w_0^2/\lambda$；在 A 处，$q_A=q_0+l$；在 B 处（紧挨透镜的右方），$(1/q_A)-(1/q_B)=1/F$；在 C 处，$q_C=q_B+l'$。

可以计算得到

$$q_B=\frac{q_AF}{F-q_A}=\frac{\left(l-\mathrm{i}\,\frac{\pi w_0^2}{\lambda}\right)F\left[(F-l)-\mathrm{i}\,\frac{\pi w_0^2}{\lambda}\right]}{(F-l)^2+\left(\frac{\pi w_0^2}{\lambda}\right)^2} \tag{2.3-41}$$

$$q_C=l'+F\,\frac{l(F-l)-\left(\frac{\pi w_0^2}{\lambda}\right)^2}{(F-l)^2+\left(\frac{\pi w_0^2}{\lambda}\right)^2}-\mathrm{i}\,\frac{F^2\left(\frac{\pi w_0^2}{\lambda}\right)}{(F-l)^2+\left(\frac{\pi w_0^2}{\lambda}\right)^2} \tag{2.3-42}$$

由式(2.3-5)关系，即可求出 C 点处高斯光束的曲率半径 R' 及束腰半径 w'。

如果注意到在像方束腰处的曲率半径为∞，因而当 C 点处于像方束腰处时，由式(2.3-42)，q_C 为纯虚数。于是，根据 $\mathrm{Re}(1/q_C)=0$ 可得

$$l'=F+\frac{(l-F)F^2}{(l-F)^2+\left(\frac{\pi w_0^2}{\lambda}\right)^2} \tag{2.3-43}$$

按式(2.3-5)关系可得

$$\frac{1}{w_0'^2}=\frac{\pi}{\lambda}\,\frac{(F-l)^2+\left(\frac{\pi w_0^2}{\lambda}\right)^2}{F^2\left(\frac{\pi w_0^2}{\lambda}\right)}=\frac{1}{w_0^2}\left(1-\frac{l}{F}\right)^2+\frac{1}{F^2}\left(\frac{\pi w_0^2}{\lambda}\right)^2 \tag{2.3-44}$$

实际上，式(2.3-43)和式(2.3-44)就是前面给出的式(2.3-17)。

【例 2-4】 高斯模匹配

现在利用 q 参数讨论高斯模匹配的问题。根据图 2.3-8，已知 w_0 和 w_0'，求系统参数 F、l 和 l'。

假设在物方束腰平面处的 q 参数为 q_1，像方束腰平面处的 q 参数为 q_2，则有

$$\left.\begin{aligned} q_1&=-\mathrm{i}\,\frac{\pi w_0^2}{\lambda}=-\mathrm{i}f\\ q_2&=-\mathrm{i}\,\frac{\pi w_0'^2}{\lambda}=-\mathrm{i}f' \end{aligned}\right\} \tag{2.3-45}$$

根据 $ABCD$ 定则，有

$$q_2=\frac{Aq_1+B}{Cq_1+D}$$

若将式(2.3-45)代入上式，并把实部和虚部分开，便得到

$$\left.\begin{aligned} Cff'+B&=0\\ Af-Df'&=0 \end{aligned}\right\} \tag{2.3-46}$$

式中，A、B、C、D 可由式(2.3-32)得到，于是，式(2.3-46)可改写为

$$\left.\begin{aligned} -\frac{ff'}{F}+l_1+l_2-\frac{l_1l_2}{F}&=0\\ \left(1-\frac{l_2}{F}\right)f-\left(1-\frac{l_1}{F}\right)f'&=0 \end{aligned}\right\} \tag{2.3-47}$$

由此便可求得

$$\left.\begin{aligned} l_1&=F\pm\frac{w_0}{w_0'}\sqrt{F^2-f_0^2}\\ l_2&=F\pm\frac{w_0'}{w_0}\sqrt{F^2-f_0^2} \end{aligned}\right\} \tag{2.3-48}$$

式中，$f_0=\pi w_0 w_0'/\lambda$。实际上，式(2.3-48)就是式(2.3-27)，只是 l_1 和 l_2 分别用 l 和 l' 表示而已。

2.4 典型激光器

自从 1960 年研制出第一台红宝石激光器以来，人们已经发现了上万条激光谱线，相继研制出了许多种激光器。这里只介绍几种常用的典型激光器，并着重介绍它们的工作原理和基本特性。

2.4.1 激光器的分类

如前所述，一台激光器通常由三部分组成：激光工作物质、谐振腔和泵浦源。激光器的分类方式有：①按工作物质分，有固体激光器、气体激光器、染料激光器、半导体激光器等；②按谐振腔特性分，有稳定谐振腔激光器和非稳腔激光器；按谐振腔结构分，有外腔式激光器、内腔式激光器和半内(外)腔式激光器；③按激光器的运转方式分，有连续激光器和脉冲激光器；脉冲激光器又分为单脉冲式调 Q 激光器、重复频率式调 Q 激光器、锁模激光器等；④按激光器的输出波长分，有红外激光器、可见光激光器、紫外激光器等。

为了对各种激光器的特性有一个总体的了解，表 2.4-1 列出了按工作物质分类的各种激光器的特点。图 2.4-1 给出了各类激光器的波长覆盖范围。

表 2.4-1 各种激光器的特点

种 类	优 点	缺 点	泵浦方式
气体激光器	有从紫外到红外很宽范围的各种波长，能稳定地连续工作，光束质量好，可作高能激光器	同样的输出功率，外形比其他激光器的体积要大	放电、电子束、等离子体、光、热、核、化学
固体激光器	输出能量大，峰值功率高，同样输出的情况下，体积比气体激光器小些，机械强度高	器件不能做得太大，除 YAG 激光器外，室温下连续工作有困难	光、核
半导体激光器	小型，高效率，可以直接由电能转换为光能	相干性差，波长一般在长波段(如红外)	电注入、电子束、雪崩光泵
染料激光器	波长连续可调	相干性差、染料溶液易老化	光

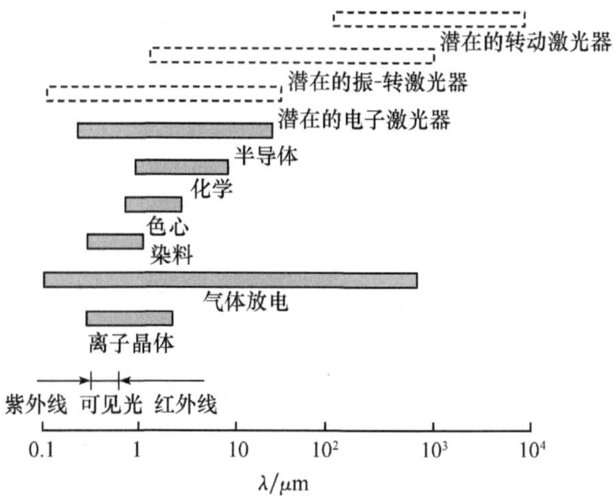

图 2.4-1 各类激光器的波长覆盖范围

2.4.2 固体激光器

固体激光器是以掺杂离子的绝缘晶体或玻璃作为工作物质的激光器。

在激光发展史上，固体激光器是最早实现激光工作的，发展十分迅速。目前已经实现激光振荡的固体工作物质有百余种，激光谱线有数千条，但是最常采用的固体工作物质仍然是红宝石、钕玻璃和掺钕钇铝石榴石三种。

与其他种类的激光器相比，固体激光器的特点是：输出能量大（可达数万焦耳），峰值功率高（连续功率可达数千瓦，脉冲峰值功率可达吉瓦（10^9）、几十太瓦（10^{12}）），结构紧凑，牢固耐用。因此，它在工业、国防、医疗、科研等方面得到了广泛的应用，例如，打孔、焊接、划片、微调、激光测距、雷达、制导、激光视网膜凝结、全息照相、激光存储、大容量通信等。随着激光器性能的不断提高，固体激光器的应用范围还在继续扩大。

1. 固体激光器的基本结构

目前，固体激光器基本上都是由固体激光工作物质、泵浦系统和谐振腔三部分构成，如图 2.4-2 所示。

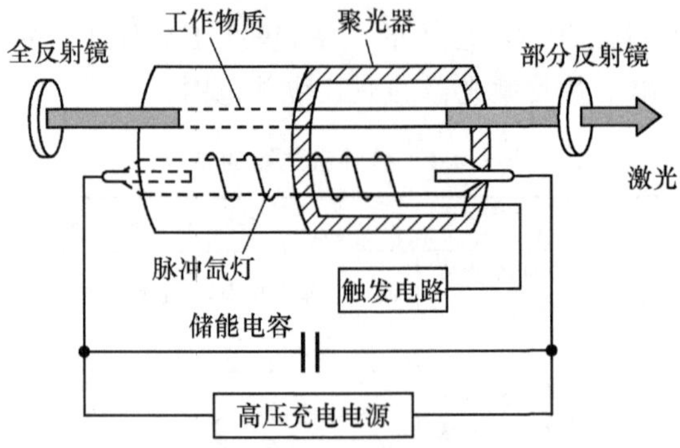

图 2.4-2 固体激光器的基本结构

1）固体激光器的工作物质

固体激光器的工作物质是固体激光器的核心，影响激光器工作的主要是其物理和光谱性质（吸收带、荧光谱线、热导率等）。下面着重介绍有代表性的红宝石和钇铝石榴石晶体的物理、光谱特性。

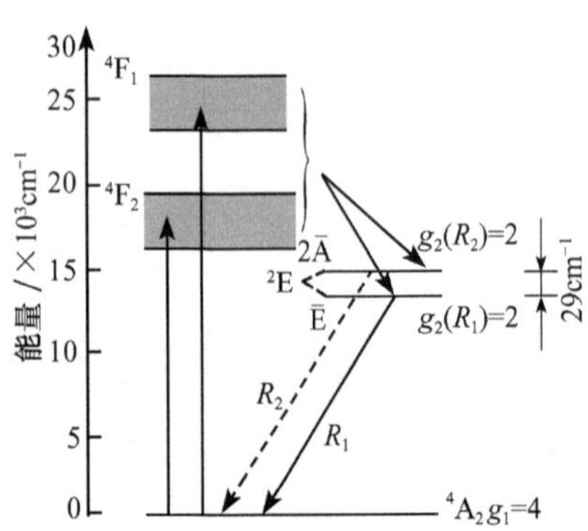

图 2.4-3 红宝石中 Cr^{3+} 的能级结构

(1) 红宝石（Cr^{3+}：Al_2O_3）

红宝石是在 Al_2O_3 中掺入少量的 Cr_2O_3 生长成的晶体。激活铬离子（Cr^{3+}）与激光产生有关的能级结构如图 2.4-3 所示，它属于三能级系统。相应于图 2.2-6 的简化模型，其激发态 E_3 为 $^4F_1$ 和 $^4F_2$ 能带，激光上、下能级 E_2 和 E_1 分别为 ^2E 和 $^4A_2$。它的荧光谱线有两条：R_1 线和 R_2 线，在室温下对应的中心波长分别为 0.6943μm 和 0.6929μm。由于 R_1 线的辐射强度比 R_2 线大，在振荡过程中总是占优势，所以通常红宝石激光器产生的激光谱线均为 R_1 线（$\lambda=0.6943\mu m$）。

红宝石中Cr^{3+}的吸收光谱曲线如图 2.4-4 所示。图中有两个强吸收带：峰值位于 0.41μm 处的紫外带（U 带）和峰值位于 0.55μm 处的黄绿带（Y 带）。由于红宝石晶体的各向异性，它的吸收特性与光的偏振状态有关，所以对于光电场 ***E*** 的振动方向与晶体光轴 *C* 垂直和平行的两种分量，吸收曲线略有差别。

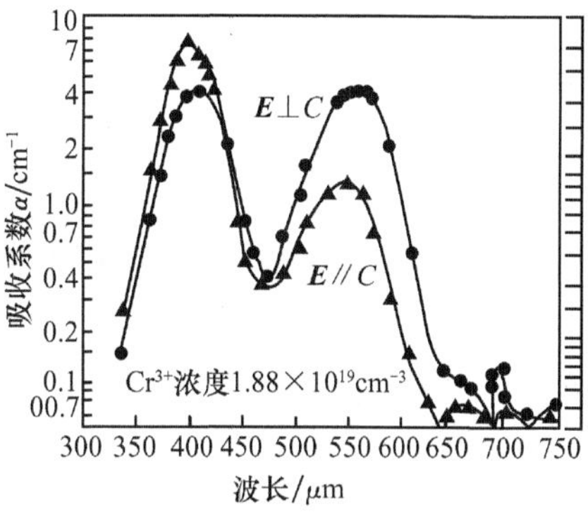

图 2.4-4 红宝石中Cr^{3+}的吸收光谱曲线

红宝石激光器的优点是机械强度高，容易生长大尺寸晶体，容易获得大能量的单模输出，输出的红颜色激光，不但可见，而且适于高灵敏度探测。红宝石激光器的突出缺点是阈值高，温度效应非常严重。随着温度的升高，激光波长将向长波长方向移动，荧光谱线变宽，荧光量子效率下降，导致阈值升高，严重时会引起"温度淬灭"。因此，在室温情况下，红宝石激光器不适于连续和高重复率工作，但在低温下可能连续运转。

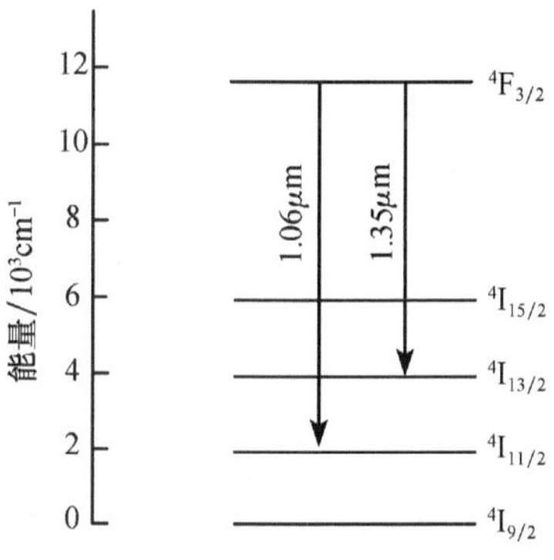

图 2.4-5 Nd^{3+}:YAG 的能级结构

（2）掺钕钇铝石榴石（Nd^{3+}:YAG）

Nd^{3+}:YAG 是将一定比例的 Al_2O_3、Y_2O_3 和 Nd_2O_3 在单晶炉中进行熔化，并结晶而成的，呈淡紫色。它的激活粒子是钕离子（Nd^{3+}），与激光产生有关的能级结构如图 2.4-5 所示，它属于四能级系统。相应于图 2.2-7 的简化模型，其激光上能级 E_3 为 $^4F_{3/2}$，激光下能级 E_2 为 $^4I_{13/2}$、$^4I_{11/2}$，荧光谱线波长为 1.35μm、1.06μm，$^4I_{9/2}$ 相应于基态 E_1。由于 1.06μm 比 1.35μm 波长的荧光强约 4 倍，所以在激光振荡中，将只产生 1.06μm 的激光。

Nd^{3+}:YAG 中 Nd^{3+} 的吸收光谱如图 2.4-6 所示，在紫外、可见光和红外区内有几个强吸收带。

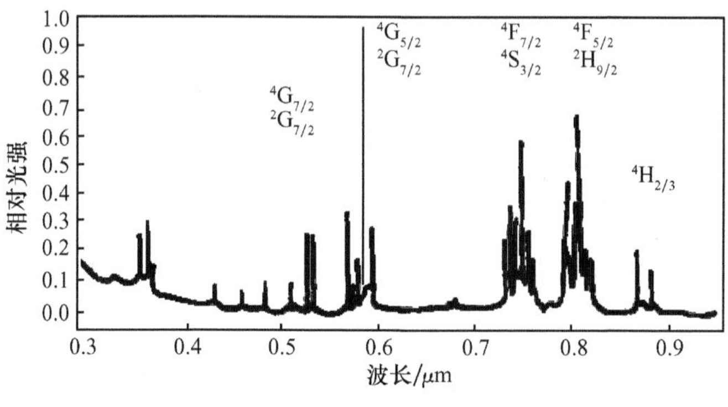

图 2.4-6 Nd^{3+}:YAG 的吸收光谱

Nd^{3+}:YAG 激光器的突出优点是阈值低和具有优良的热学性质，这就使得它适于连续和高重复率的工作。Nd^{3+}:YAG 是目前能在室温下连续工作的唯一实用固体工作物质，在中小功率脉冲器件中，特别是在高重复率的脉冲器件中，目前应用 Nd^{3+}:YAG 的量，远远超过其他固体工作物质。可以说，Nd^{3+}:YAG 从出现至今，大量使用，长盛不衰。

(3) 其他常用的固体工作物质

① 钕玻璃

钕玻璃是在玻璃基质中掺入一定比例的 Nd_2O_3 制成的。它的激活粒子是钕离子(Nd^{3+}),其能级结构、光谱特性与 Nd^{3+}:YAG 大致相同,激光振荡谱线也是 1.06μm。

钕玻璃因其荧光寿命长,易于积累粒子数,又因容易制成大尺寸、光学均匀性好的材料,而在大能量、大功率激光器中有着广泛的应用。特别是由于它有很宽的荧光线宽,极适于制作锁模激光器件,而在超短光脉冲激光器件中,它获得了重要的应用。

钕玻璃的最大缺点是热导率太低,热膨胀系数太大,不适于做连续和高重复率工作的激光器件。

② 掺钕铝酸钇(Nd^{3+}:YAP)

Nd^{3+}:YAP 的物化、机械等性能可与 Nd^{3+}:YAG 相媲美。它的激光谱线波长是 1.0795μm 和 1.0645μm。

Nd^{3+}:YAP 的主要优点是能掺入较高的钕或其他稀土离子,具有较高的储能能力和转换效率,并且晶体的生长速度快。其缺点是破坏阈值低,热畸变较严重。

③ 氟化钇锂(YLF)

这种晶体的主要特点是适于多种稀土离子掺杂和敏化,能在室温下实现从可见蓝光到中红外光多种波长的激光跃迁。例如,掺入激活离子铽(Tb^{3+})(12.5%),并以钆(Gd)(12.5%)敏化,便能产生 0.5445μm 的蓝色激光(利于水下传输),效率约为 0.03%;掺入激活离子钬(Ho^{3+})(0.34%~1.7%),并以铒(Er^{3+})(50%)和铥(Tm^{3+})(6.7%)为敏化离子时,能产生 2.0654μm 的中红外激光(处于大气传输窗口),效率可达 1%~4%。

YLF 的主要缺点是机械性能和热性能较差,晶体生长的工艺难度较大。

④ 五磷酸钕(NdPP)

五磷酸钕是适应固体激光器小型化的需要而发展起来的一种高掺杂浓度的激光晶体。其特点是 Nd^{3+} 既是基质的一部分,又是激活离子,最佳掺钕浓度比 Nd^{3+}:YAG 高出 30 倍,且浓度淬灭的影响很小,具有高效、低阈值等优点。一种国产的五磷酸钕染料调 Q 手持式激光器,五磷酸钕晶体尺寸为 2.5mm×2.5mm×2.5mm,激光头重量只有 46g,输出脉冲峰值功率达 3MW。

2) 固体激光器的泵浦系统

由于固体激光器的工作物质是绝缘晶体,所以一般都采用光泵浦激励。目前采用的泵浦光源有两类,一类是闪光灯泵浦系统,一类是激光泵浦系统。

(1) 闪光灯泵浦系统

① 泵浦光源

自第一台红宝石激光器采用闪光灯泵浦以来,至今固体激光器仍广泛采用这种泵浦方式。闪光灯多为工作于弧光状态的惰性气体放电灯,其主要结构形式如图 2.4-7 所示。

泵浦光源应具备两个基本条件,一应有很高的发光效率,二其辐射光的光谱特性应与激光工作物质的吸收光谱相匹配。图 2.4-8 是氪灯在低电流密度放电时的辐射光谱特性,可以看出,它的特征谱线与 YAG 的主要泵浦吸收带相近。因此,连续和小能量(小于 10J)脉冲 YAG 激光器多采用氪灯泵浦,其效率较高。图 2.4-9 是脉冲氙灯在两种电流密度激励下的光谱输出,可见,在高放电电流密度的情况下,辐射为连续谱,且光谱分量向短波长移动,有利于红宝石的吸收。故对于红宝石激光器,以及大中功率钕玻璃、YAG 脉冲激光器,多采用高效脉冲氙灯泵浦。

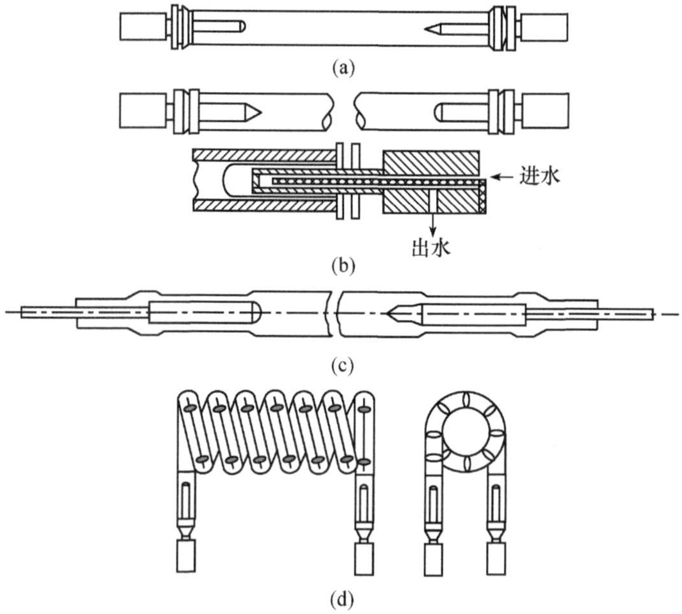

图 2.4-7 几种泵浦灯结构

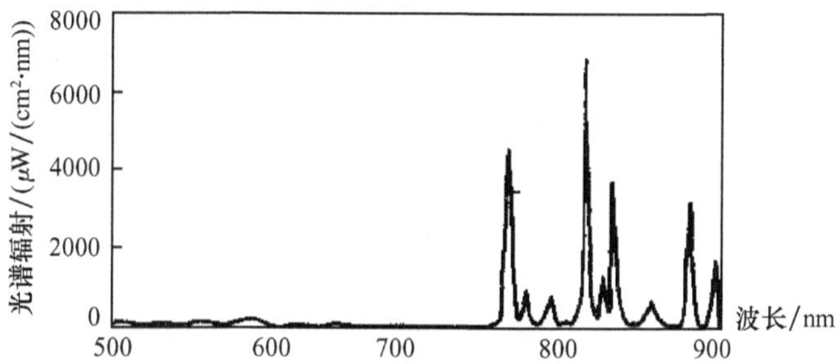

图 2.4-8 氪弧灯的发射光谱

② 聚光腔

由于常用的泵浦灯在空间的辐射都是全方位的,而固体工作物质一般都加工成圆柱棒形状,所以为了将泵浦灯发出的光能够完全聚到工作物质上,必须采用某种聚光装置。聚光腔就是为将泵浦光能量最大限度地传输到激光工作物质上而设计的器件。

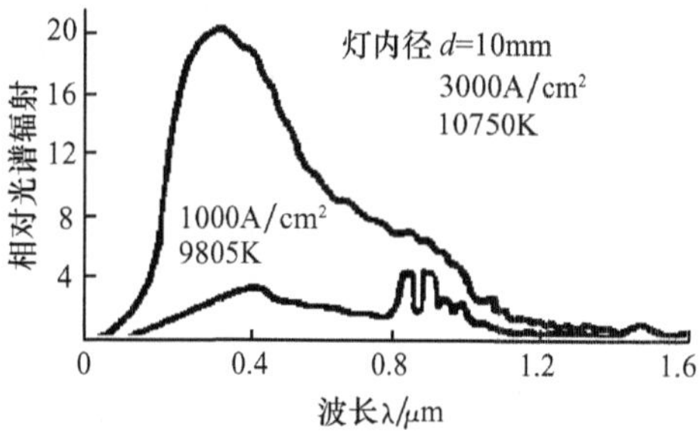

图 2.4-9 脉冲氙灯的发射光谱

图 2.4-10 示出的椭圆柱聚光腔是小型固体激光器中最经常采用的聚光腔,它的内表面被抛光成镜面,其横截面是一个椭圆。按几何光学成像原理,从椭圆的一个焦点发出的所有光线,经椭圆反射后,都将聚到另一个焦点上。所以,如果将直管灯和激光棒分别置于椭圆柱聚光腔的两条焦线上,即可得到较好的聚光效果。

图 2.4-11 是双泵椭圆柱聚光腔的横截面图,它是由两个局部椭圆柱腔组合而成的,激光棒放在公共焦线上,两支泵浦灯分别放在两个椭圆柱的另一条焦线上。这种结构可以提高激

光棒光照的均匀性和激光器输出能量，但其加工复杂，聚光效率低，只有在要求大能量和均匀光照时才采用。

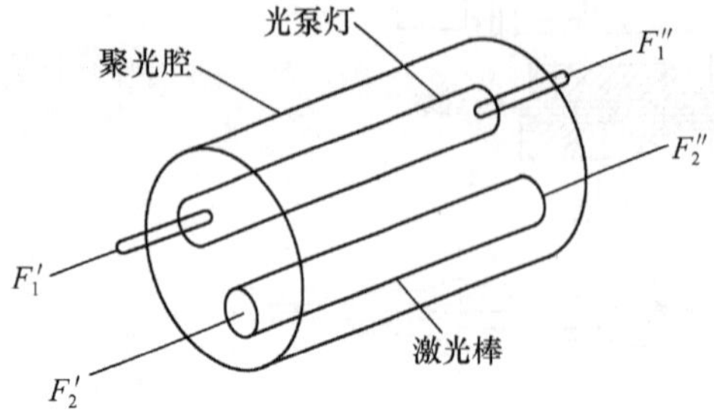

图 2.4-10　椭圆柱聚光腔

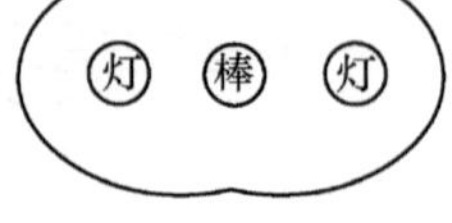

图 2.4-11　双泵椭圆柱聚光腔

③ 冷却和滤光

在闪光灯泵浦系统中，由于工作物质的泵浦能级 E_3 与激光上能级 E_2 间的能量差常以无辐射跃迁的形式转移给基质材料；由于激光器受激辐射中的一部分能量会被工作物质再吸收而变成热能；由于泵浦光谱中仅有很少的一部分与工作物质吸收带匹配，其光能为有用泵浦，其余大部分光谱能量（尤其是紫外和红外波段光能）被基质材料吸收转化为热量，导致器件的温度升高，在激光棒内产生了不均匀的温度（梯度）分布。这些无功热损耗产生的热效应，对于固体激光器，特别是连续和高重复率固体激光器来说，是一个严重的问题，它将直接影响工作物质的特性，导致激光器性能变差，甚至会产生“温度淬灭”。所以，在这种系统设计中，解决热效应问题是极其重要的问题，通常都采用图 2.4-12 和图 2.4-13 所示的冷却系统。显然，冷却装置增加了激光器结构的复杂性。

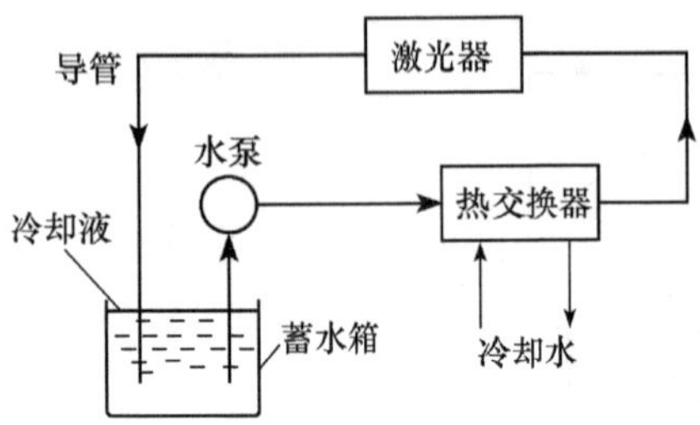

图 2.4-12　冷却系统示意图

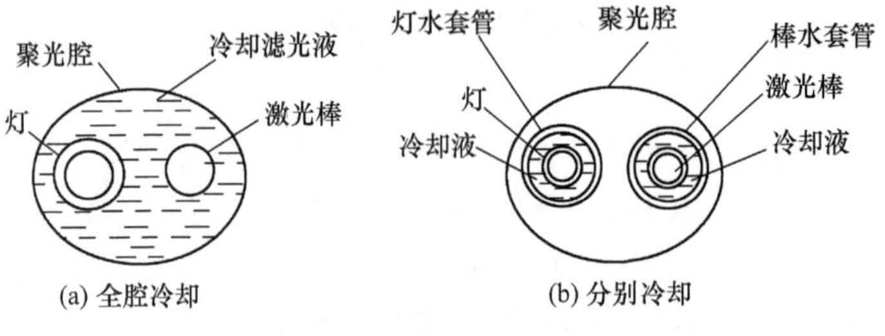

图 2.4-13　两种冷却方式

在闪光灯泵浦系统中，由于泵浦光谱与工作物质吸收带不匹配导致的热效应，其危害性最大的是紫外辐射，它将在工作物质中形成色心，使其性能劣化。因此，必须设法滤去泵浦光中的紫外光谱。最简单的方法是在冷却液中加入适当比例的滤光材料（例如，加入重铬酸钾或亚硝酸钠），但因滤光液易污染器件，目前已不多使用。经常采用的方法是在全腔冷却方式中，在泵浦灯和工作物质之间插入滤光玻璃片；在分别冷却方式中，在泵浦灯外面套上一截紫外石英玻璃管，在激光棒外面套上一截紫外光学玻璃管。

(2) 激光泵浦系统

上述闪光灯泵浦系统的最主要问题是泵浦光谱与激光工作物质的吸收光谱不匹配，导致了效率低，结构复杂。

随着激光技术的发展，人们正致力于研究各种激光泵浦系统，选择与固体激光工作物质吸收光谱匹配的激光器作为泵浦光源，从而可以极大地提高激光器的效率，减小热效应，大大简化激光器结构，缩小激光器体积。采用这种泵浦方式的典型激光器是后面将要讨论的激光二极管泵浦的固体激光器。

2. 固体激光器的输出特性

考虑到固体激光器的应用特点，只介绍它的脉冲特性和转换效率。

1）固体激光器的激光脉冲特性

一般的脉冲式固体激光器输出的激光脉冲形状如图 2.4-14 所示。它是一连串不规则振荡的短脉冲(或称为尖峰)，其包络规律与泵浦光强时间特性有关。一般地说，各个短脉冲的持续时间为 0.1～1μs，各短脉冲之间的间隔为 5～10μs，泵浦光越强，短脉冲数目越多，但其包络峰值并不太增加。

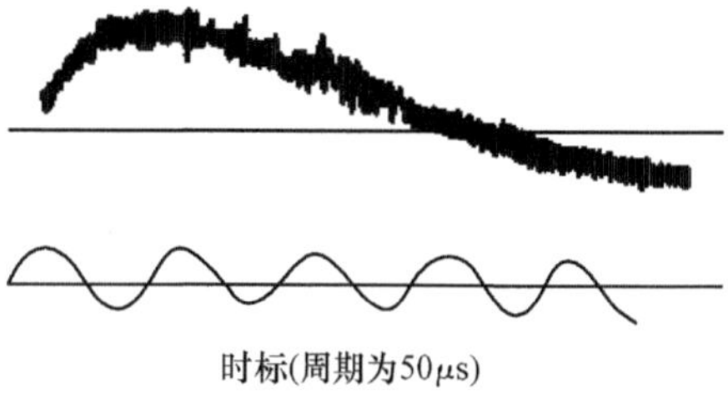

图 2.4-14　激光脉冲的尖峰结构

上述尖峰结构的激光脉冲，脉冲宽，峰值功率低，对于诸如测距、雷达、制导、激光核聚变等应用来说，是不满足要求的。为了提高峰值功率，输出光滑的单脉冲，人们利用调 Q 技术产生了激光巨脉冲，其脉宽为纳秒量级，峰值功率可达千兆瓦。进一步，人们又利用锁模技术产生了超短光脉冲，其脉宽已达飞秒量级，峰值功率达兆兆瓦量级。有关调 Q 技术和锁模技术的细节，将在第 3 章中讨论。

2）固体激光器的转换效率

当固体激光器采用闪光灯泵浦工作时，其转换效率是很低的。为了说明这个问题，结合固体激光器的工作过程，将激光器的能量转换以图 2.4-15 的框图表示。图中，η_L 为泵浦灯的电光转换效率，它与泵浦灯性能有关，一般约为 50%；η_C 为聚光腔的聚光效率，约为 80%；η_{ab} 为激活离子

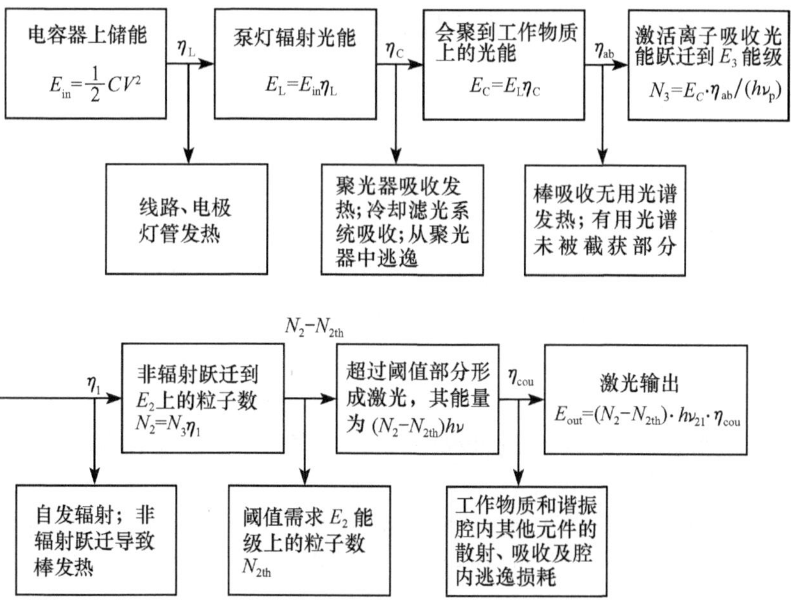

图 2.4-15　固体激光器能量转换框图

的吸收效率，约为 20%；ν_p 和 ν_{21} 分别为激活离子吸收的光频率和激光频率；η_1 为激活离子由激发态 E_3 向激光上能级 E_2 跃迁的量子效率，对于红宝石，η_1 约为 0.7，对于 Nd^{3+}：YAG，η_1 约为 1；η_{cou} 为输出耦合效率，它主要取决于输出反射镜的反射率。一般来说，连续 YAG 激光器的输出镜反射率为 80%～95%，脉冲 YAG 激光器的输出镜反射率为 20%～40%，红宝石激光器的输出镜反射率为 40%～60%。由图 2.4-15 可见，固体激光器的转换环节很多，因此转换效率很低。

在实际工作中，固体激光器的转换效率常用总体效率 η_t 衡量。总体效率定义为激光输出与泵浦灯的电输入之比。对于连续激光器和脉冲激光器分别为

$$\eta_t = \frac{P_{out}}{P_{in}} = \left(1 - \frac{P_{th}}{P_{in}}\right)\frac{\nu_{21}}{\nu_p}\eta_L \eta_C \eta_{ab} \eta_1 \eta_{cou} \tag{2.4-1}$$

和

$$\eta_t = \frac{E_{out}}{E_{in}} = \left(1 - \frac{E_{th}}{E_{in}}\right)\frac{\nu_{21}}{\nu_p}\eta_L \eta_C \eta_{ab} \eta_1 \eta_{cou} \tag{2.4-2}$$

通常，红宝石激光器的总体效率为 0.2%～0.8%；钕玻璃激光器的总体效率为 0.5%～2%；Nd^{3+}：YAG 的总体效率激光器为 1%～2%，在最好的情况下，可接近 3%。

3. 几种新型固体激光器

自 1960 年以来，人们研究固体激光器已有近 50 年的历史。20 世纪 80 年代后，固体激光器的发展比较快，出现了几种带有方向性的新型固体激光器，这就是半导体激光器泵浦的固体激光器、可调谐固体激光器和高功率固体激光器。

1) 半导体激光器泵浦的固体激光器(DPL)

如前所述，通常的闪光灯泵浦的固体激光器，因泵浦光谱很宽，能被激活离子泵浦带吸收的有效部分不足 20%，也就是说，有 80%～90%的能量被浪费掉了，这除了使得激光器的转换效率很低外，还会产生危害性极大的热效应。

早在 20 世纪 60 年代初，人们就已想到了可以利用半导体激光泵浦固体激光器，以解决光谱匹配的问题。但由于当时半导体激光器输出功率低，并且需要在液氮温度下工作，应用受到限制，所以这种激光器的研制工作进展不快。到了 80 年代，由于半导体激光器的制作工艺和应用技术迅速发展，半导体激光器泵浦固体激光器的研究进展很快，已进入实用阶段。

(1) DPL 激光器的优点

与闪光灯泵浦固体激光器相比，DPL 激光器的主要优点是有以下几点。

① 能量转换效率高。由于半导体激光器的电光转换效率可达 30%以上，半导体激光器的光谱线较窄，并且可以通过改变激活区成分和结构，或改变其工作温度使中心波长和固体工作物质吸收峰准确地重合(图 2.4-16)，所以 DPL 激光器的转换效率很高。尤其是用半导体激光进行端面泵浦时，泵浦光与固体激光在空间上可以很好地匹配，使得泵浦光的利用率进一步提高。DPL 激光器的总体效率可以比闪光灯泵浦固体激光器提高一个数量级。

② 与半导体激光器相比，DPL 激光器的激光谱线可窄几个数量级，它的激光发散角很小，有很高的时空相干性，并且很容易获得较高的输出功率。这正是在许多应用场合中采用 DPL 激光器的原因。

③ 频率稳定性好。由于 DPL 激光器工作时产生的无功热量少，所以工作物质的温度稳定。又因它可制成全固化器件，所以可消除振动的影响。

④ 寿命长，结构简单，使用方便。

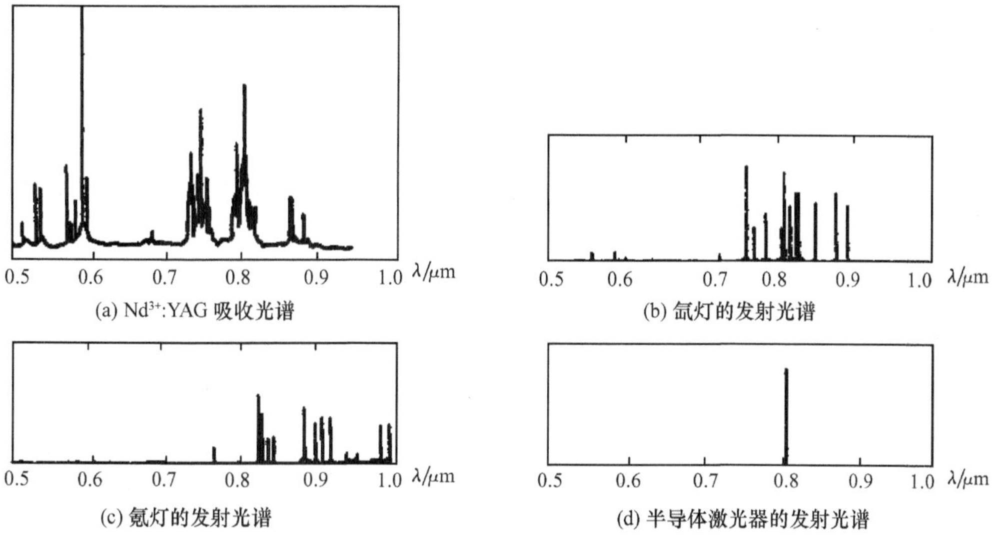

图 2.4-16 泵浦光谱匹配的比较

(2) DPL 激光器的结构

目前,用于 DPL 激光器的固体材料主要有掺钕、钬、铒、铥等离子的 YAG、YAP、YLF、玻璃等,可以将 DPL 激光器做成圆柱形和板条状。DPL 激光器的结构有如图 2.4-17 所示的直接端面耦合泵浦、多路工作端面泵浦和侧泵浦等方式。端面泵浦方式的耦合效率高,其光/光转换效率可达 50%以上;易实现基模运转,光束质量好。利用半导体激光器阵列侧泵浦固体工作物质,虽然效率降低,但在脉冲或连续运转时,都能获得较高的输出功率,目前市场上商品化的高功率 DPL,属此类型泵浦方式的功率高达 6000W。

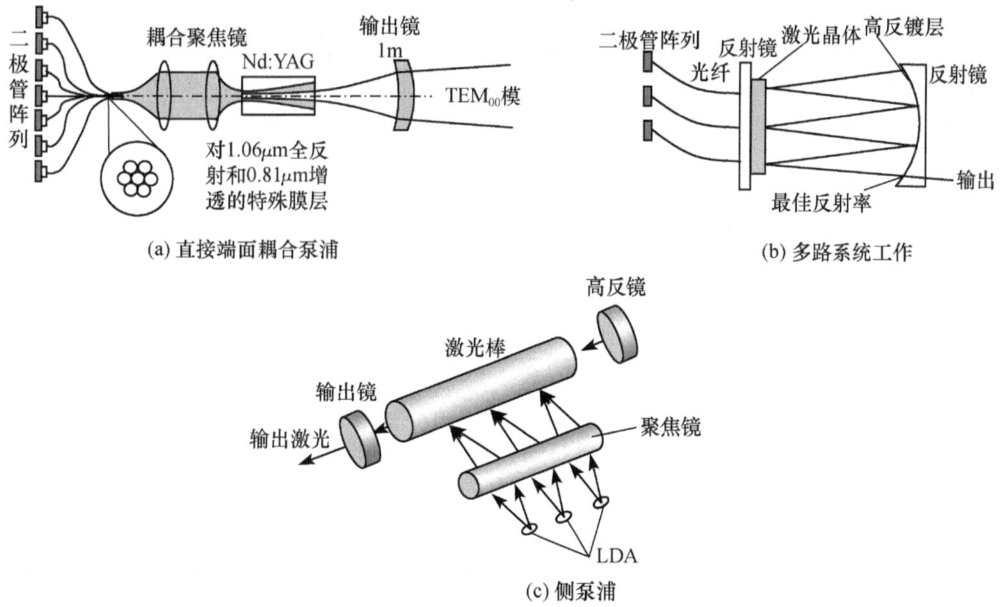

图 2.4-17 DPL 激光器的结构

(3) DPL 激光器的应用

DPL 激光器从 20 世纪 80 年代初投入开发,到 80 年代中期已逐渐产品化,并成为当前激光技术研究的热门课题。由于 DPL 综合了 LD 重量轻、体积小和固体激光器高储能、可定标到高功率等优点，使得在一个结构紧凑、全固化的激光器件上实现高功率、高效率、高光束质量和高稳定工作成为可能。它以获得大功率、甚至超大功率固体激光为目的，发展迅速。

高功率 DPL 激光器的一种潜在应用是惯性约束聚变(ICF)固体激光驱动器。按照对聚变能电厂高功率固体激光驱动器的概念设计，其主要技术指标为输出能量约 10MJ，波长不大于 0.5μm，脉宽纳秒量级，重复频率 10Hz，总效率 10%，以及应有满足聚变物理要求的光束质量。

此外，DPL 激光器在激光测距、激光雷达等方面有着重要的应用前景。

2) 可调谐固体激光器

固体激光器实现可调谐，是激光技术的重大进展。近几年来，可调谐固体激光器又有显著的发展。

(1) 色心激光器

色心激光器也称为 F 心激光器。色心是碱金属卤化物晶体及碱土氟化物晶体中的离子位置结合一个电子形成的，通常采用 γ 射线着色、电子束着色、光致电离着色和加热附加着色，色心激光器中的激活粒子就是这种色心。

F_2^-:LiF 色心激光器是研究比较成熟的色心激光器。它的工作物质是用平均能量 1.25MeV 的^{60}Co 发出的 γ 射线照射 LiF 晶体得到的。在室温下，F_2^- 心的荧光光谱峰值位于 1.15μm，覆盖范围为 1.06～1.32μm，半宽度为 180nm。色心激光器的一种结构如图 2.4-18 所示，YAP 调 Q 激光器产生的 1.06μm 泵浦光与色心激光器共振腔的光轴成 2°角，通过双色反射镜输入。这种激光器的阈值低，容易单模运转，光束质量好，可以连续工作或脉冲工作，其输出波长可以在 1.12～1.19μm 范围内调谐，调谐宽度达 700nm。该纵向泵浦结构，采用 12mm×13mm×35mm 的色心晶体得到了 300mW 的输出功率，总能量转换效率为 1.7%。

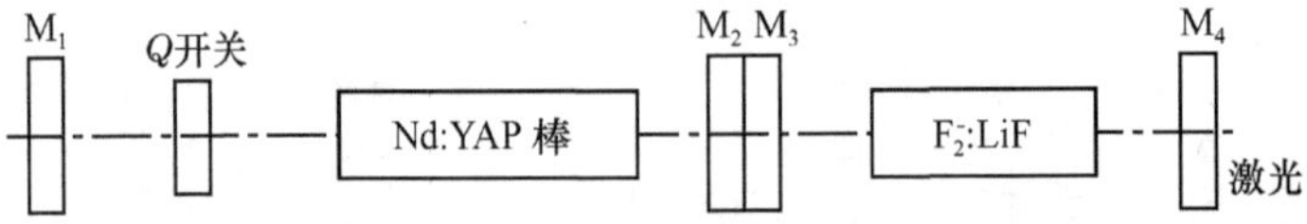

图 2.4-18 F_2^-:LiF 色心激光器

目前研制的色心激光器的振荡波长调谐范围达 0.36～3.99μm。任何一种色心激光器的调谐宽度都很宽，为 200～300nm，这是其他可调谐激光器(如半导体激光器)难以达到的，染料激光器的调谐宽度仅为 50～100nm。因此，色心激光器在分子光谱学、化学动力学、污染检测、光纤通信、半导体物理等领域内，有重要的应用价值。目前，已经有工作于室温的实用化商品。

(2) 掺过渡族金属离子晶体的可调谐激光器

色心激光器在使用过程中，仍感不太稳定。相比之下，利用掺过渡族金属离子晶体制作的可调谐激光器性能更加优越。在掺过渡族金属离子晶体的可调谐激光器中，掺钛蓝宝石(Ti:Al_2O_3)激光器是性能最好、研究进展最突出的激光器。

Ti:Al_2O_3 单晶呈红色，其物化性质与红宝石相似，稳定性好，热导率约为 Nd^{3+}:YAG 的 3 倍。在常温下，它的吸收光谱如图 2.4-19 所示，吸收峰在 500nm 附近，有近 200nm 的吸收带宽，适于多种泵浦源泵浦。它的荧光光谱中心波长约为 800nm，光谱带很宽，达 650～1180nm。受激辐射截面面积约为 $3.8\times10^{-19}cm^2$，与 Nd^{3+}:YAG 量级相当。

由于 Ti:Al_2O_3 的能级跃迁寿命较短(3.8μs)，为了获得足够高的泵浦速率，一般都采用

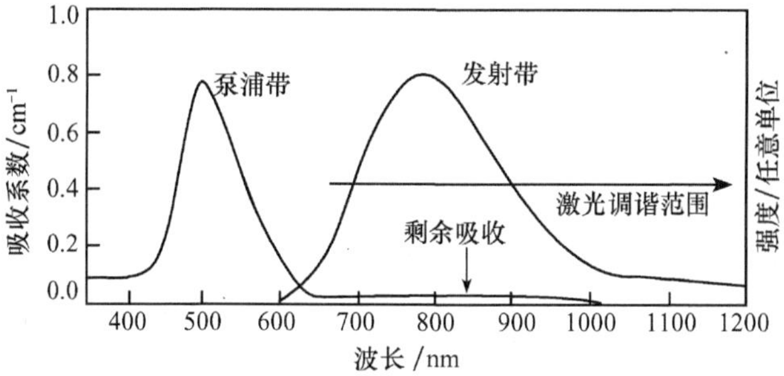

图 2.4-19 Ti:Al_2O_3 的吸收、荧光光谱

相干泵浦。可用作泵浦光源的激光器有氩离子激光器、铜蒸气激光器或半导体激光器泵浦的倍频 Nd^{3+}:YAG 或 Nd^{3+}:YLF 激光器。闪光灯泵浦的钛宝石激光器也获得成功。特别是，由于它具有很宽的荧光谱，由它构成的锁模激光器可获得极窄的脉宽，自锁模钛宝石激光器产生的光脉冲已窄至 11fs。

Ti:Al_2O_3 激光器可以组成全固化的可调谐激光系统，结构紧凑，输出能量(或功率)较高，可望代替染料激光器。它在军事上可用于高灵敏度激光雷达、光电对抗、战地化学毒剂检测、激光探潜等，在民用上可进行大气探测和遥感研究，并可用于原子、分子和凝聚态介质光谱学、半导体材料和喇曼光谱学的研究，以及在医学、生物学上研究细胞与激光的相互作用等。

3) 高功率固体激光器

高功率固体激光器主要是指输出平均功率在几百瓦以上的各种连续、准连续及脉冲固体激光器，它一直是军事应用和激光加工应用所追求的目标。与 CO_2 激光加工相比，YAG 激光波长短约 10 倍，因而光束与被加工物质相互作用的效率可提高很多；1.06μm 的激光便于用光纤传输，会给加工应用带来很大的方便；YAG 激光器的结构紧凑、体积小且噪声较小。正是由于这些优点，高功率固体激光器一直吸引着人们的注意。

高功率固体激光器的研制有许多关键技术，其中最重要的是克服固体工作物质中的热效应。从 20 世纪 70 年代起开始研制的板条形固体激光器，就是为克服工作物质中的热分布及其引起的一系列折射率分布应力双折射等固有矛盾而提出的一种结构方案，近几年来，已有了重大的发展。

板条形固体激光器是把工作物质做成图 2.4-20 所示的形状，在板条的上下表面进行面泵浦并冷却，因而热流沿着 x 方向，温度从片中心到上下表面按抛物线规律降低。由于光线在板条内是曲折前进的，当光由一端到另一端时，经受同样的折射率变化，所以波前没有畸变，从而克服了热致双折射和热透镜效应。板条形固体激光器可用于各种固体工作物质，也可有多种不同的板条光路方案。例如，一种钕玻璃板条激光器，长 230mm，宽 65mm，厚 5mm，可获激光脉冲输出能量为 22J，脉宽 34ns，峰值功率达到 650MW。

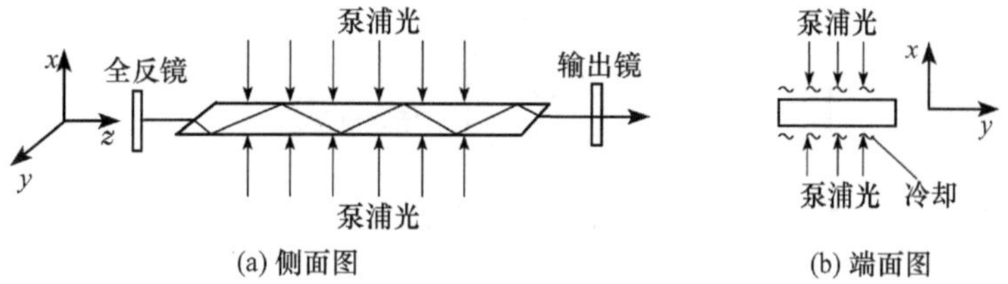

图 2.4-20 面泵浦板条形固体激光器

2.4.3 气体激光器

气体激光器是以气体或蒸气作为工作物质的激光器。由于气体激光器是利用气体原子、分子或离子的分离能级进行工作，所以它的跃迁谱线及相应的激光波长范围较宽，目前已观测到的激光谱线不下万余条，遍及紫外到远红外整个光谱区。与其他种类的激光器相比，气体激光器的突出优点是输出光束的质量好。因此，在工农业生产、国防和科学研究中，气体激光器都有广泛的应用。

1. 氦-氖(He-Ne)激光器

He-Ne 激光器是在 1960 年末研制成功的第一种气体激光器。由于它具有结构简单、使用方便、光束质量好、工作可靠和制造容易等优点，至今它仍然是应用最广泛的一种气体激光器。

1）He-Ne 激光器的结构

根据激光器放电管和谐振腔反射镜放置的方式不同，He-Ne 激光器分为内腔式、外腔式和半内腔式三种，图 2.4-21 示出了一种常用的内腔式 He-Ne 激光器结构。

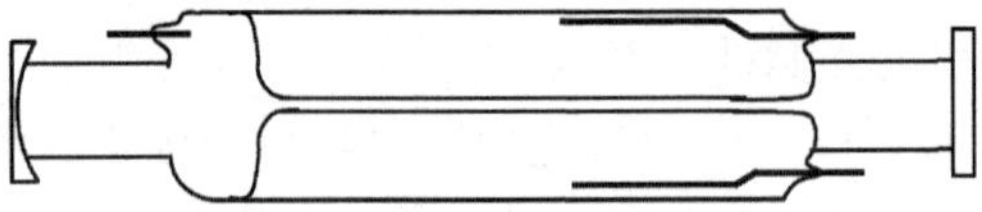

图 2.4-21 内腔式 He-Ne 激光器结构

2）He-Ne 激光器的激发机理

He-Ne 激光器的激光工作物质是 Ne 原子。在 He-Ne 激光器放电管中充有一定比例的 He 气，主要起着提高 Ne 原子泵浦速率的辅助作用。

图 2.4-22 给出了与产生激光有关的 He、Ne 原子的部分能级图，Ne 原子的激光上能级是 3s 和 2s，激光下能级是 3p 和 2p。由图 2.4-22 可见，He 原子的激发能级 2^1s_0 和 2^3s_1 分别与 Ne 原子的 3s 和 2s 能级十分接近，因此，当 He-Ne 管内的气体放电时，He 原子与高速电子碰撞，被激发到 2^1s_0 和 2^3s_1 上，进而，这些激发态 He 原子通过共振能量转移过程，将处在基态

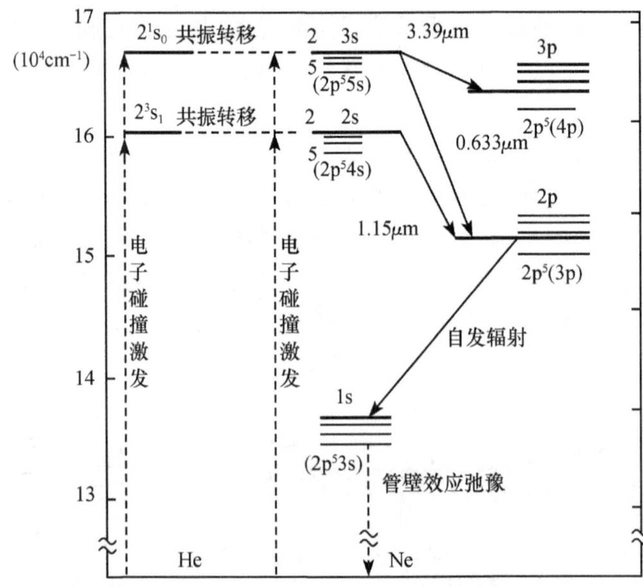

图 2.4-22 He、Ne 原子部分能级图

上的 Ne 原子激发到 3s 和 2s 能级上。当被激发到 3s 和 2s 能级上的 Ne 原子数足够多时，会在 3s、2s 能级与 3p、2p 能级间产生粒子数反转，通过受激辐射过程即可能产生 He-Ne 激光。由该过程跃迁到 3p、2p 能级上的 Ne 原子，很容易通过自发辐射跃迁到 1s 能级上，再通过与管壁碰撞，将能量交给管壁，回到基态。

由上述激发过程可见，He-Ne 激光器是典型的四能级系统，其激光谱线主要有三条，它们分别与下列跃迁相对应：

$$3s \longrightarrow 2p \qquad 0.6328\mu m$$
$$2s \longrightarrow 2p \qquad 1.15\mu m$$
$$3s \longrightarrow 3p \qquad 3.39\mu m$$

现在的商用 He-Ne 激光器谱线主要是 0.6328μm 红光，目前已有黄光(0.594μm)、绿光(0.543μm)和橙光(0.606μm、0.612μm)He-Ne 激光器商品出售。

3) He-Ne 激光器的输出特性

针对 He-Ne 激光器的应用，这里主要介绍它的输出功率特性和模式特性。

(1) 输出功率

He-Ne 激光器通常是毫瓦量级的功率器件，它的输出功率主要取决于放电毛细管的长度。例如，毛细管长为 10cm 时，0.6328μm 的单模输出功率约为 0.5mW；毛细管长为 25～30cm 时，单模输出为 2～4mW；毛细管长为 150～200cm 时，输出功率约为 50mW。

He-Ne 激光器是连续运转的激光器，不仅谐振腔和放电毛细管的结构影响输出功率，而且充气气压和激励状态也通过增益系数和饱和参量影响输出功率。下面只从使用的角度考虑，讨论放电电流和谱线竞争的影响。

① 最佳放电电流

He-Ne 激光器的放电电流对输出功率影响很大，图 2.4-23 是实验测得的输出功率与放电电流的关系曲线。可以看出，对于每种充气总压强都有一个使输出功率最大的放电电流，它与气体混合比及总压强有关。在最佳充气条件下，使输出功率最大的放电电流称为最佳放电电流。由图 2.4-23 可见，在最佳放电电流附近，放电电流变化引起的输出功率变化不大。因此，在实际使用时，对最佳放电电流的要求并不十分严格，这有利于工作状态的调整。

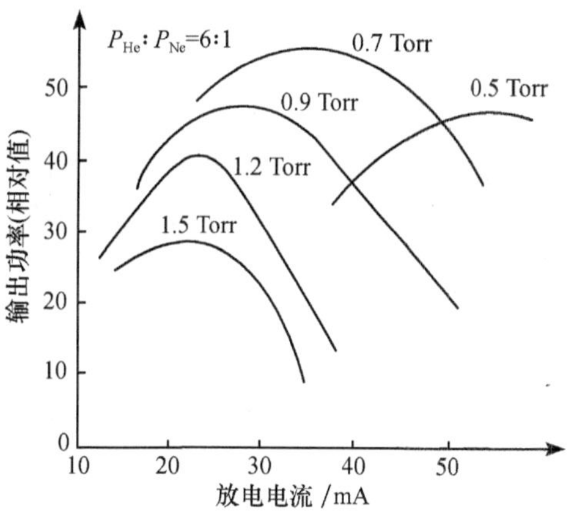

图 2.4-23　输出功率与放电电流的关系

② 谱线竞争

在同一个激光器中.可能有多条激光谱线，而有些谱线可能对应同一个激光上能级，因此在它们之间存在着对公有能级上粒子数的竞争，其中一条谱线产生振荡以后，因用于其他谱线的反转粒子数减少，而使它们的增益和输出功率降低，甚至完全被抑制。这就是谱线的竞争效应。

在 He-Ne 激光器中，谱线竞争最严重的是 3.39μm 谱线与 0.6328μm 谱线。因为它们有共同的激光上能级 3s，所以 3.39μm 激光振荡的存在，会降低 0.6328μm 谱线的增益和输出功率。特别是 3.39μm 波长的增益系数比 0.6328μm 大得多，尽管激光器的反射镜对 0.6328μm 波长有很高的反射率，而对 3.39μm 波长的反射率很低，甚至有的布儒斯特(Brewster)窗片对 3.39μm 波长还有很强的吸收,但仍不足以消除腔内 3.39μm 的振荡。为此,在 0.6328μm 的 He-Ne 激光器中,必须采取措施抑制 3.39μm 的振荡,例如,棱镜色散法、腔内吸收法和外加非均匀磁场法等。

(2) 模式和发散角

① 振荡模式

He-Ne 激光器通常采用平-凹腔,它的一些横模强度分布照片如图 2.2-12 所示。在实际应用中,大都要求激光器工作于基模(TEM_{00})状态,为此,可采用选模技术将高阶模抑制掉。

② 光束发散角

在激光准直、导向等应用中,通常要求 He-Ne 激光具有很好的方向性。由高斯光束特性的理论分析已知,光束方向性由其远场发散角表征,而远场发散角表示式为

$$\theta(\infty) = \frac{2\lambda}{\pi w_0} \tag{2.4-3}$$

$\theta(\infty)$越小,光束的方向性越好,表明光束能量在方向上越集中。

(3) 频率特性

He-Ne 激光器是一种以多普勒加宽为主的综合性谱线加宽。在一般条件下,它的振荡谱线带宽 $\Delta\nu \approx 1500\text{Hz}$,会包含多个频率间隔为 $c/2L$ 的纵模振荡。例如,$L=1\text{m}$ 时,将可能有 10 个纵模同时振荡。此时,相应的波长范围为 $\Delta\lambda=\lambda^2\Delta\nu/c\approx 2\times 10^{-6}\ \mu\text{m}$,其相干长度为 $L_C=c/\Delta\nu=\lambda^2/\Delta\lambda\approx 20\text{cm}$。显然,在全息照相和干涉测长等应用中,这样短相干长度的多模 He-Ne 激光,只适用于小件物体。若要求更大的相干长度,激光器必须工作于单纵模状态。这可以通过缩短腔长来实现,例如,若使腔长 $L=10\text{cm}$,就会只有单纵模振荡。但这样一来,输出功率又会变得很小。为了既单纵模工作,又保证足够的输出功率,可以采用各种选纵模技术,有关选纵模技术的细节,将在第 3 章讨论。

应当指出的是,在全息照相、计量等应用中,仅保证 He-Ne 激光器单频工作还是不够的,因为在实际工作中,外界环境的变化,将会使腔长、介质折射率等参量发生变化,这直接会导致激光振荡频率发生变化,这种频率的不稳定性,对精密测量来说是不允许的。为此,人们研究出了各种稳频技术,使激光器工作于稳定频率的状态。有关稳频技术的细节也将在第 3 章讨论。

2. 二氧化碳(CO_2)激光器

CO_2 激光器是以 CO_2 气体分子作为工作物质的气体激光器,它的激光波长为 10.6μm 和 9.6μm。

自 1964 年第一台 CO_2 激光器研制成功以来,流动型、横向激励型、高气压型、波导型、气动型等各种 CO_2 激光器相继出现,发展极其迅速。CO_2 激光器受到人们重视的主要原因是它具有很多优点,例如,它既能连续工作,又能脉冲工作,输出大,效率高。它的能量转换效率高达 20%~25%,连续输出功率可达万瓦量级,脉冲输出能量可达万焦耳,脉冲宽度可压缩到纳秒。特别是,CO_2 激光波长正好处于大气窗口,并且对人体的危害比可见光和 1.06μm 红外光要小得多。因此,它被广泛用于材料加工、通信、雷达、诱发化学反应、外科手术等方面,还可用于激光引发热核反应、激光分离同位素以及激光武器等。

1) 普通 CO_2 激光器

(1) 结构

普通的封离式 CO_2 激光器包括腔片架、放电管、电极和电源等几部分。图 2.4-24 是其一

种典型的结构示意图。

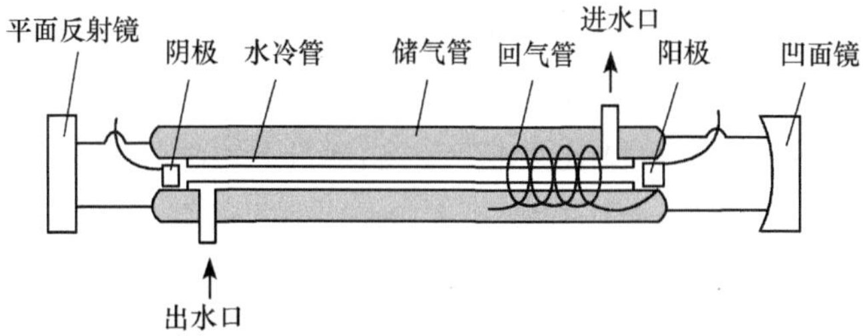

图 2.4-24 封离式 CO_2 激光器结构示意图

CO_2 激光器谐振腔的全反射镜为凹面镜，输出反射镜一般为平面镜，采用能透过 10.6μm 激光的红外材料制成，例如，碱金属卤化物盐（KCl、NaCl、KBr 等）或半导体材料（Ge、Si、GaAs 等）。

CO_2 激光器的放电管多采用硬质玻璃制成，小型激光器的放电管孔径一般是 4～8mm，输出功率大的放电管孔径通常在 10mm 以上。激光器中设置的回气管可以将放电管的阴极和阳极空间连通，保证气体分布均匀，压强平衡。

（2）CO_2 激光器的激发过程

CO_2 激光器的激光工作物质是 CO_2 气体分子，与产生激光有关的 CO_2 分子能级如图 2.4-25 所示。由图可见，相应于 10.6μm 波长的能级跃迁是 $00^0 1 \rightarrow 10^0 0$，相应于 9.6μm 波长的能级跃迁是 $00^0 1 \rightarrow 02^0 0$。

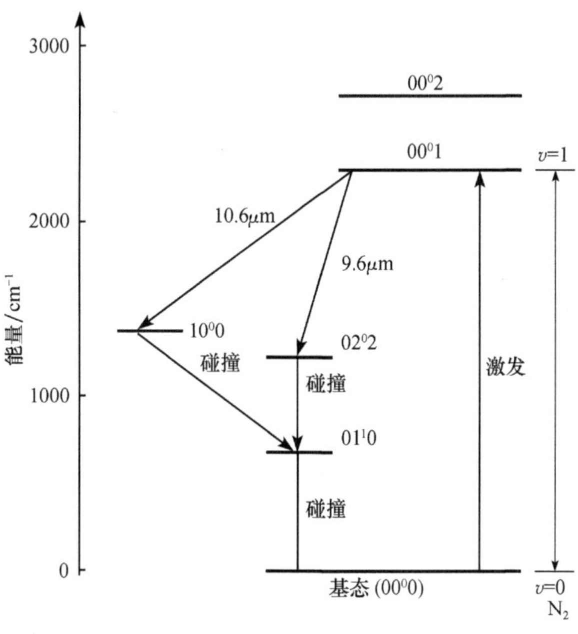

图 2.4-25 CO_2 分子能级跃迁图

CO_2 激光器的工作气体除 CO_2 气体外，还有适量的辅助气体 N_2 和 He 等。充入 He 气的作用有如下两个：一可加速 CO_2 分子在 $01^1 0$ 能级的热弛豫速率，有利于激光下能级上的粒子数抽空；二可利用 He 气导热系数大的特点，实现有效地传热。充入 N_2 的作用是提高 CO_2 分子的泵浦速率，为激光器高效运转提供可靠的保证。

当 CO_2 激光器进行气体放电时，一部分高速电子直接碰撞 CO_2 分子，使其由基态跃迁到激发态(00^01)上，另一部分高速电子与 N_2 分子碰撞，使其由基态($v=0$)激发到高能态($v=1$)上，由于 N_2 分子的激发态($v=1$)与 CO_2 分子的 00^01 能级非常接近，很容易通过共振能量转移过程将基态 CO_2 分子激励到 00^01 能级上。于是，通过上述两种过程，有效地实现了 CO_2 分子在 00^01 能级上的粒子数积累，一旦实现 00^01 与 10^00、02^00 之间的粒子数反转，即可能通过受激辐射产生 10.6μm 和 9.6μm 两种波长的激光。

由 CO_2 分子能级跃迁图可见，10.6μm 和 9.6μm 两条谱线有共同的激光上能级 00^01，因此在它们之间将产生强烈的谱线竞争。由于相应于 10.6μm 波长的跃迁概率比 9.6μm 大，所以通常 CO_2 激光器的输出激光波长为 10.6μm。

(3) 工作特性

普通 CO_2 激光器在工作时，影响输出功率的主要因素是它的放电特性和温度效应。

① 放电特性

相应于 CO_2 激光器的输出功率，有一个最佳放电电流。实验证明，随着管径增加，最佳放电电流也增加。例如，管径为 20～30mm 时，最佳放电电流为 30～50mA；管径为 50～90mm 时，最佳放电电流为 120～150mA。实验还表明，在维持正常放电的情况下，对于长度和气压固定的激光器，有一个最佳管压降，例如，1m 长的放电管，充气压为 10Torr 时，最佳放电管压降为 10～20kV。

② 温度效应

前面已经指出，CO_2 激光器的转换效率是很高的，但最高也不会超过 40%，这就是说，将有 60%以上的能量转换为气体的热能，使温度升高。而气体温度的升高，将引起激光上能级的消激发、激光下能级的热激发，这都会使反转粒子数减少。并且，气体温度的升高，将使谱线加宽，导致增益系数下降。特别是，气体温度的升高，还将引起 CO_2 分子的分解，降低放电管内的 CO_2 分子浓度。这些因素都会使激光器的输出下降，甚至产生“温度淬灭”。因此，冷却问题是 CO_2 激光器正常运转的重要技术问题。

2) 波导 CO_2 激光器

波导 CO_2 激光器是为适应 CO_2 激光器小型化的需要而发展起来的。自 1972 年研制成功以来，因其具有很宽的可调谐范围，在激光雷达、光通信、大气探测、激光微加工等领域内获得了广泛的应用。

(1) 波导 CO_2 激光器的结构

波导 CO_2 激光器的基本结构与普通 CO_2 激光器的基本结构类似，主要不同点是放电管采用波导(内表面很光，孔径很小的空心导波管)。因此，腔内光场不再是 TEM 模，而是横电模(TE 模)、横磁模(TM 模)。

波导 CO_2 激光器的波导材料可以是玻璃、氧化铍(BeO)、金属铝等。其中 BeO 的光损耗最小，用它制成的波导 CO_2 激光器的结构如图 2.4-26 所示。

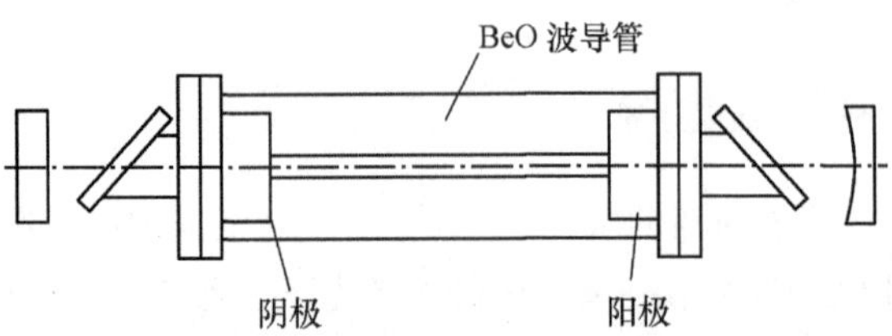

图 2.4-26 BeO 波导 CO_2 激光器

(2) 波导 CO_2 激光器的特点

波导 CO_2 激光器的主要特点是：①放电管内径小，一般为 1～2mm；②工作气压高。普通 CO_2 激光器的放电管内径在 10mm 以上，工作气压为 20Torr 左右，而对于放电管内径为 1.5mm 左右的波导 CO_2 激光器，工作气压在 300Torr 左右；③频率可调谐范围宽。由于波导激光器的气压高，其谱线增益带宽主要取决于压力加宽。当工作气压为 300Torr 时，谱线宽度可达 1500MHz，这比普通 CO_2 激光器的 50MHz 提高了约 30 倍。因此，用它作调谐激光器时，其可调谐范围大大增加；④单位体积的输出功率高，可达 $10W/cm^3$，为普通 CO_2 激光器的 25 倍，有利于器件紧凑和小型化。

3）TEA CO_2 激光器

TEA CO_2 激光器是脉冲运转的 CO_2 激光器，全称为横向激励大气压 CO_2 激光器。这种激光器的出现，是脉冲气体激光器中的一项重大突破，它使得器件输出的脉冲峰值功率高达几千兆瓦，脉冲宽度为几十纳秒，能量转换效率为 10%～20%，并将在核聚变、激光化学、非线性光学研究、激光测距、激光雷达等领域内获得重要的应用。

在这里，只简单介绍典型的小型 TEA CO_2 激光器的工作特性。

（1）高峰值功率的获得

为了获得高峰值功率，TEA CO_2 激光器均在高气压下脉冲状态工作。在普通的 CO_2 激光器中，工作气压是 10Torr 量级，提高充气压虽然可以增加激活粒子数目，但由于气压升高将伴随产生温度升高和弛豫时间缩短，反而会使输出功率下降。而 TEA CO_2 激光器是以脉冲方式工作，在低重复率时，温度升高不严重，并且可以通过控制放电脉冲宽度，使其短于弛豫时间，从而消除了气压升高引起输出功率下降的问题。因此，当该激光器在高气压（一个大气压）下工作时，因 CO_2 分子数目增多，大大地提高了输出功率。

图 2.4-27 横向放电激励方式

对于普通的纵向激励 CO_2 激光器，在正常放电的情况下，放电管内电场与工作气压之比近似为常数。随着工作气压的升高，相应的电场也增加，激光器的气体放电电压必然非常高。为了避免电压过高带来的麻烦，人们采用了图 2.4-27 所示的横向放电激励方式，可以大大减小两极间的距离，降低端压。但随之而来的问题是由于极间距离短，放电面积大，不容易保证整个面积都能均匀辉光放电，而一旦局部区域出现弧光放电现象，就会影响器件的正常工作。为获得大面积均匀放电，就必须要合理地设计放电电极，并采用预电离放电技术。

（2）激励方式

TEA CO_2 激光器的泵浦激励方式有多种：电子束直接泵浦、电子束维持放电泵浦和雪崩放电泵浦。用得最多、使用最方便的是雪崩放电泵浦，即快速放电泵浦。

快速放电泵浦是指在放电区等离子阻抗比较高，放电比较均匀的短时间内，向等离子体提供足够的泵浦功率。实现快速放电的电路有各种各样，这里仅介绍一种布鲁姆莱（Blumlein）电路。

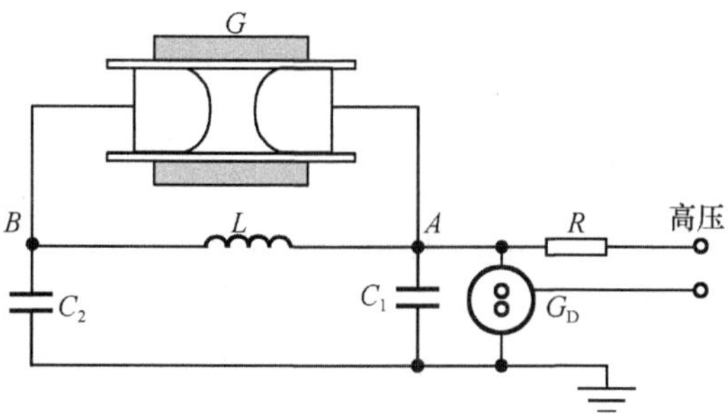

图 2.4-28 布鲁姆莱电路结构

布鲁姆莱电路结构如图 2.4-28 所示。其工作过程是：直流高压电源通过限流电阻 R 和直流短路电感 L 对放电电容 C_1 和储能电容 C_2 充电，使得 A、B 两点同电位。当火花隙开关 G_D 在触发信号作用下瞬时导通时，C_1 通过 G_D 放电，并产生阻尼放电振荡。在该瞬间，L 相当于开路，A 点电位迅速下降，而 B 点电位基本不变，这相当于放电管 G 两端施加了一个脉冲电压。当该电压超过气体脉冲击穿电压时，G 内气体被击穿放电，并产生脉冲放电电流。这样，就完成了直流电源向等离子体输送能量的全过程。在该过程中，脉冲电路特性决定了放电特性，而脉冲上升速率则取决于 G_D、C_1、C_2、G 的分布电感、回路引线电感及其他电参量。

3. 氩离子(Ar^+)激光器

离子激光器是以气态离子的不同激发态之间的激发跃迁进行工作的气体激光器。Ar^+ 激光器是最常见的离子激光器。

Ar^+ 激光器的激光谱线很丰富，主要分布在蓝绿光区，其中，以 0.4880μm 蓝光和 0.5145μm 绿光两条谱线最强。Ar^+ 激光器既可以连续工作，又可以脉冲状态运转，连续功率一般为几瓦到几十瓦，高者可达一百多瓦，是目前在可见光区连续输出功率最高的激光器。它已广泛应用于激光电视、全息照相、信息处理、光谱分析及医疗和工业加工等许多领域。

1) Ar^+ 激光器的结构

Ar^+ 激光器一般由放电管、谐振腔、轴向磁场和回气管等几部分组成，其结构如图 2.4-29 所示。

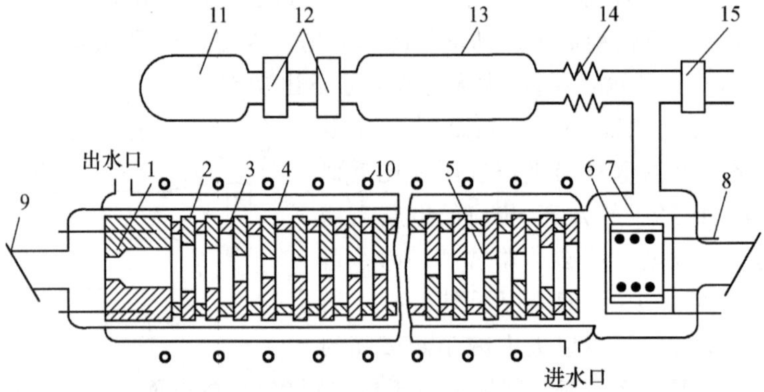

图 2.4-29 分段泵浦结构的 Ar^+ 激光器

1-石墨阳极；2-石墨片；3-石英环；4-水冷套；5-放电毛细管；6-阴极；7-保热屏；8-加热灯丝；9-布氏窗；10-磁场；11-储气瓶；12-电磁真空充气阀；13-镇气瓶；14-波纹管；15-气压检测器

Ar^+ 激光器最关键的部件是放电毛细管。由于激光器的工作电流密度高达数百 A/cm^2，放电管壁温度往往在 1000℃以上，所以放电毛细管必须采用耐高温、导热性能好、气体消除速率低的材料制作，如石英管、氧化铍陶瓷管、分段石墨管等。其中，氧化铍陶瓷是性能较理想的材料，但它有剧毒，因此影响了它的应用。目前广泛采用的是高纯致密石墨。由于石墨是良导体，所以为了维持放电，石墨放电管必须采用图 2.4-29 所示的分段结构。整个结构置于有水冷套的石英管内，两端分别有提供电子发射的阴极和收集电子的石墨阳极。为了能提供大的发射电流，通常采用间热式钡钨阴极。

为了使 Ar^+ 激光器稳定工作，激光器中应置有回气管。这是因为在大电流密度、低气压放电中，存在严重的气体泵浦效应，即放电管内的气体会被从一端抽运到另一端，造成两端气压不均匀，严重时还会造成激光淬灭现象。在放电管外设置回气管后，依靠气体的扩散作用，可减小管内气压差。在图 2.4-29 的 Ar^+ 激光器结构中，回气管是通过石墨片边缘缺口构成的通道实现的。

为了提高 Ar^+ 激光器的输出功率和寿命，一般都要加一个强度为几百到 1000Gs（1Gs＝10^{-4}T）的轴向磁场，该磁场是由套在放电管外面的螺旋管产生的。实验证明，轴向磁场的加入，可以将输出功率提高 1～2 倍。

2）Ar^+ 激光器的激发机理

Ar^+ 激光器的激活粒子是 Ar^+，因为 Ar^+ 是由 Ar 原子电离产生的，所以 Ar^+ 激光器的激发过程一般是两步过程：首先通过气体放电，将 Ar 原子电离；然后，再通过放电激励将 Ar^+ 激发到激光上能级。此外，在低气压脉冲放电时，还有直接将 Ar 原子激发到 Ar^+ 激发态的一步过程和级联过程。

Ar^+ 激光器与激光辐射有关的能级结构如图 2.4-30 所示，激光上能级为 $3p^44p$，激光下能级为 $3p^44s$。两步激发过程是：气体放电后，放电管中的高速电子与中性 Ar 原子碰撞，从 Ar 原子中打出一个电子，使之电离，形成处在基态 $3p^5$ 上的 Ar^+，该基态 Ar^+ 再与高速电子碰撞，被激发到高能态；当激光上、下能级间产生粒子数反转时，即可能产生 Ar^+ 激光。由于 $3p^44p$ 和 $3p^44s$ 能级上有许多不同的电子态，所以 Ar^+ 激光输出有丰富的谱线，常见的谱线波长有 0.4545μm、0.4579μm、0.4658μm、0.4727μm、0.4765μm、0.4880μm、0.4965μm、0.5145μm 和 0.5287μm。其中，最强的谱线波长是 0.4880μm 和 0.5145μm。

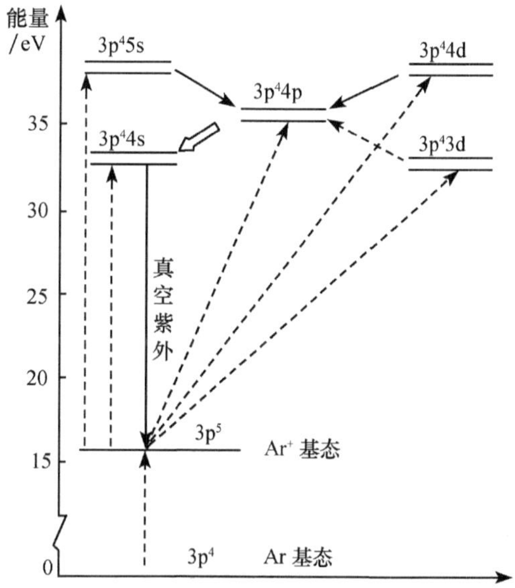

图 2.4-30 Ar^+ 能级和跃迁

3）Ar^+ 激光器的工作特性

（1）多谱线工作

Ar^+ 激光器可以产生多条激光谱线，对应每条谱线都有一个阈值电流。表 2.4-2 列出了在放电管长为 77cm，内径为 4mm，气压为 0.26Torr，磁场强度为 680Gs 情况下的实验数据。可以看出，在各种不同的谱线中，波长为 0.4880μm 和 0.5145μm 两条谱线的阈值电流最低。因此，一般情况下，在一个连续 Ar^+ 激光器中，这两条谱线最先起振，或者在同时振荡的这若干条谱线中，0.4880μm 和 0.5145μm 的激光功率最强。

表 2.4-2 Ar^+ 激光器主要谱线的阈值电流

波长/μm	0.4880	0.5145	0.4765	0.4965	0.5017	0.4727
阈值电流强度/A	4.5	7	8	9	12	14

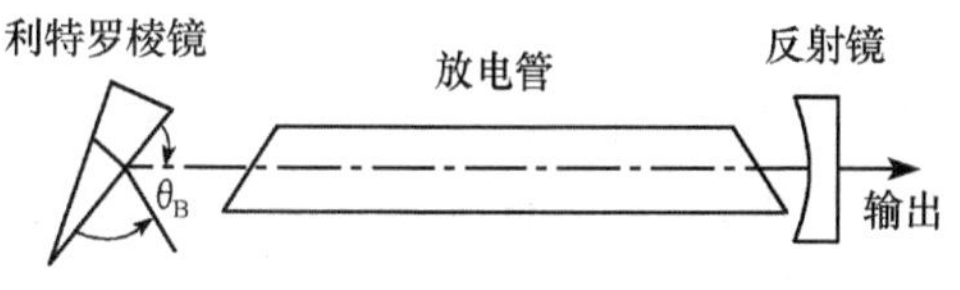

图 2.4-31 利特罗 Ar^+ 激光器

应当指出，在实际应用中常需要 Ar^+ 激光器工作于某一条谱线上，为此，在 Ar^+ 激光器中必须有一个选频装置。图 2.4-31 给出了一种实用的、可以单谱线工作的 Ar^+ 激光器结构。这个激光器的全反射镜是一个利特罗（Littrow）棱镜，利特罗棱镜实际上是一个后侧直角面镀有介质膜的半个等腰三角形。由于棱镜的色散特性，不同波长的光在棱镜中传播的方向不同，所以通过旋转利特罗棱镜，改变它与光轴所成的角度，即可

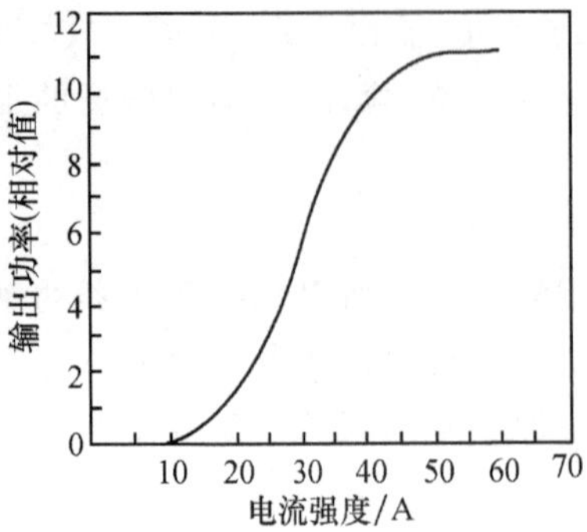

图 2.4-32 输出功率与放电电流的关系

选择不同的波长实现振荡。

(2) 输出功率与放电电流的关系

由于 Ar^+ 激光器特殊的激发机制，其输出功率随放电电流的变化规律与其他激光器有所不同，图 2.4-32 示出了它们的关系曲线。由该曲线可见，当放电电流较小时，输出功率与放电电流约成四次方关系，这相应于连续 Ar^+ 激光器中的两步激发和级联跃迁的激发过程。随着放电电流的增大，输出功率逐渐变为与放电电流成平方关系。这是因为，随着电流密度的增大，气体的温度升高，激光谱线变宽，因而其增益随电流增长的速率变慢。

4. 氮分子(N_2)激光器

N_2 分子激光器是一种结构较为特殊的脉冲激光器，发射的是紫外激光。它的主要特点是峰值功率高(可达几十兆瓦)，脉冲宽度窄(一般为 6～10ns，最短可达 0.4ns)，重复率高(一般为几十到几百赫，最高达 13kHz)。N_2 分子激光器在医疗、农业育种、检测大气污染、物质的荧光分析、原子和分子激发寿命测量、喇曼光谱和光化学等方面有着广泛的用途，尤其是可以作为可调谐染料激光器的泵浦源，更具有独特的优点。

1) N_2 分子激光器的激发特点

N_2 分子与激光辐射有关的能级结构如图 2.4-33 所示，与 0.3371μm 紫外激光相应的电子跃迁能级是 $C^3\Pi u$-$B^3\Pi g$。由于 N_2 分子激光上能级 C 态的辐射寿命极短(约 40ns)，而激光下能级 B 态的寿命较长(约 10μs)，所以，只有前沿很陡，持续时间很短(小于激光上能级寿命)的高压短脉冲激励，才不致使处在上能级的粒子因自发辐射跑掉，实现上、下能级间的粒子数反转。因此，N_2 分子激光器只能工作在脉冲状态，并且，输出的激光脉冲一定很窄。

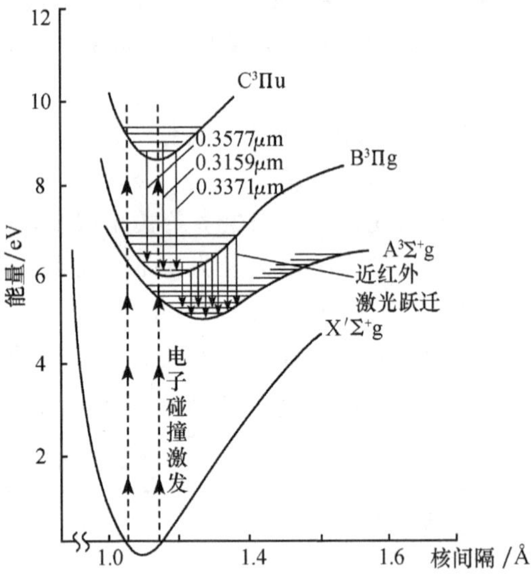

图 2.4-33 N_2 分子能级跃迁图

2) N_2 分子激光器的结构

由于上述 N_2 分子的能级结构特点，N_2 分子激光器的放电装置必须保证快速放电。图 2.4-34 示出了一种行波激励的结构简图，这种结构是由放电管和脉冲放电电路组成的。放电管的侧壁用玻璃或有机玻璃制成，横截面可以是圆形，也可以是图示的矩形。放电电路由储能电容器 A、脉冲形成线 B、电感和火花隙组成。为了缩短放电时间，平行平板电容器 A 和脉冲形成线 B 的两个金属平板直接与放电管电极相连。当上、下板之间充满高电压时，两电极间无压降。一旦火花隙放电，就使左半边传输线电压迅速下降至零，形成后沿很陡的脉冲电压。与此同时，由于两电极并联的电感阻抗很大，激光器两电极间形成脉冲高压，并通过放电管放电。显然，因放电管各处离放电火花隙的距离不同，形成高压放电的时间不同。改变脉冲形成线的几何形状，即可控制放电管各处的高压放电时间。

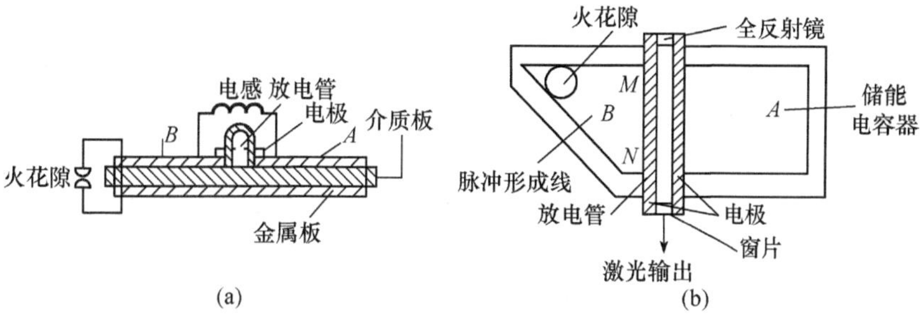

图 2.4-34 行波激励的 N_2 分子激光器结构

应当指出的是，对于 N_2 分子激光器，由于激光上、下能级间粒子数反转的时间很短，所以在实际上放电管两端可以不加反射镜。从放电管一端(M)发出的自发辐射光，其中有一部分将沿放电管向另一端(N)传播。只要通过合适地选择几何配置，使放电管由 M 到 N 依次进行放电的时间与由 M 处产生的自发辐射光沿轴向传到该处的时间相匹配，就可以使这自发辐射光不断地被受激放大，从另一端出射时，就可以产生足够强的相干光。因此，N_2 分子激光器与其他激光器不同，它不是在谐振腔内来回传播受激放大，而是在行波传播过程中自发辐射光被受激放大。

5. 准分子激光器

准分子激光器是一种特殊的脉冲激光器。由于它工作在紫外波段，具有高脉冲能量、窄脉宽、高效率、可调谐等优点，受到了人们的极大重视。它曾是美国星球大战计划的候选者，并且在激光加工、激光化学、生物工程中获得了重要的应用。

1) 准分子的结构特点

准分子激光器的工作气体是准分子气体。准分子是一种特殊的物质形式，它的激发态是一种稳定的复合分子，而基态则是原子或分子团的不稳定缔合物，即处在基态的分子，将在极短的时间(10^{-13}s)内离解为原子或分子团。相对来说，激发态分子较稳定，但其寿命也不过是 10^{-8}s 量级。正因为它与一般的分子不同，所以人们称其为准分子。这样的一种准分子气体，是一种理想的高效激光介质。

由激光器的工作过程知道，作为一种高效激光介质应满足下述条件：应具有高的激光上能级形成效率，激光上能级的淬灭不应太快，激光介质对激光波长处光的吸收应较小，激光下能级应能尽快抽空。对于准分子来说，束缚的激发态为激光上能级，寿命为 10^{-8}s，基态为激光下能级，寿命为 10^{-13}s，因此很容易形成粒子数反转；由于激光下能级寿命极短，可视为空的，即使在超短光脉冲运转时，也保持了四能级系统的特性；由于由激发态跃迁到基态无辐射损耗，所以有很高的量子效率；由于下能级分子能够迅速离解，所以拉长脉宽和重复率工作，原则上没有困难；准分子荧光谱为连续谱或连续的分立谱，适于制成宽带可调谐器件。由此可见，准分子气体是一种理想的激光工作物质。

2) 准分子激光器的工作原理

准分子激光器的种类很多，在这里只简单介绍氟化氙(XeF)稀有气体卤化物准分子激光器。

(1) 能级结构

XeF 的能级结构如图 2.4-35 所示。$X^2\Sigma^+_{1/2}$ 是弱束缚的基态，$B^2\Sigma^+_{1/2}$、$C^2\Pi_{3/2}$、$D^2\Pi_{1/2}$ 等是强束

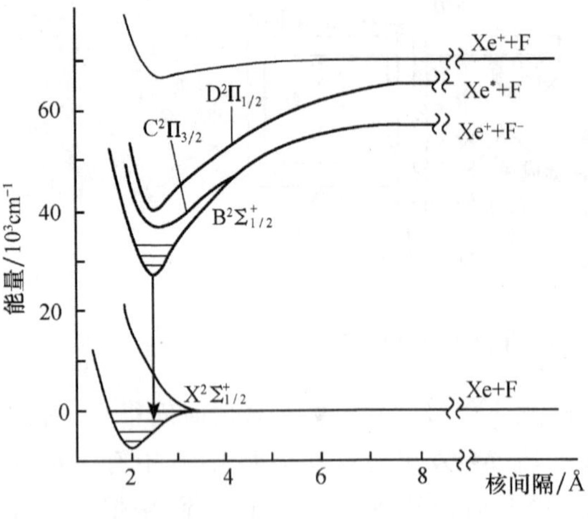

图 2.4-35 XeF 准分子能级结构

缚的激发态。从 $B^2\Sigma_{1/2}^+$ 到 $X^2\Sigma_{1/2}^+$ 的振动能级之间跃迁获得的激光谱线波长，已观察到的有 0.3487μm、0.3511μm、0.3512μm、0.35136μm、0.35149μm、0.35326μm、0.35337μm、0.35349μm 和 0.35362μm 等。

（2）动力学过程

XeF 准分子激光器的工作气体是 Xe、NF_3 和 He 的混合气体。在快速放电时，电子与 Xe 原子碰撞，产生激发态 Xe 原子 Xe^*，然后 Xe^* 与 NF_3 碰撞反应，形成激发态的准分子 XeF，并通过与缓冲气体 He 碰撞，弛豫到较低的振动能级上，很容易形成较大的粒子数反转，产生受激辐射。

3）准分子激光器的激励

由于准分子的寿命很短，所以准分子激光器的激励必须保证大体积均匀放电和快速泵浦。通常采取快放电激励方式，与氮分子激光器类似。

2.4.4 染料激光器

1966 年，人们第一次利用巨脉冲红宝石激光器泵浦氯化铝酞菁（CAP）和花青类染料，获得了受激辐射。此后，染料激光器便得到了迅速的发展。

染料激光器受到人们重视的主要原因是：①输出激光波长可调谐，某些染料激光波长可调宽度达上百纳米；②激光脉冲宽度可以很窄，目前，由染料激光器产生的超短光脉冲宽度可压缩至飞秒（10^{-15}s）量级；③染料激光器的输出功率大，可与固体激光器比拟，但价格便宜，同样的输出功率，它的价格只是固体激光器的价格的千分之一；④染料激光器工作物质具有均匀性好等优良的光学质量。因此，染料激光器在光化学、光生物学、光谱学、化学动力学、同位素分离、全息照相和光通信中，获得了日益广泛的应用。

1. 染料激光器的激发机理

1）染料分子能级

染料激光器的工作物质是有机染料溶液。每个染料分子都由许多原子组成，其能级结构十分复杂。由于染料分子的运动包括电子运动、组成染料分子的原子间的相对振动和整个染料分子的转动，所以在染料分子的能级中，对应每个电子能级都有一组振动-转动能级，并且由于分子碰撞和静电扰动，振动-转动能级被加宽。因此，染料分子能级是如图 2.4-36 所示的准连续态能级结构。在电子能级中，有单态（S_0，S_1，S_2，…）和三重态（T_1，T_2，…）两类，三重态较相应的单态能级略低。S_0 是基态，其他能级均为激发态。

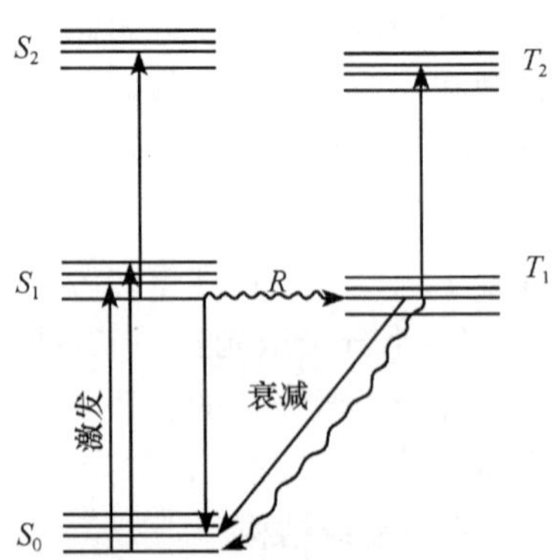

图 2.4-36 染料分子能级图

2）染料分子的光辐射过程

如图 2.4-36 所示，在泵浦光的照射下，大部分染料分子

从基态 S_0 激发到激发态 S_1，S_2，…上，其中 S_1 态有稍长一些的寿命，因此，其他激发态的分子很快地跃迁到 S_1 态上，并很快地跃迁到它的最低振动能级上；这些分子跃迁到 S_0 态上较高的振动能级时，就发出荧光，同时很快地弛豫到最低的振动能级上。如果分子在 S_1 和 S_0 之间产生了粒子数反转，就可能产生激光。

可见：①染料分子是一种四能级系统，由于 S_0 的较高振动能级在室温时粒子数几乎为零，所以很容易实现粒子数反转，使得激光器阈值很低；②由于染料分子从 S_1 的较高振动能级跃迁到最低振动能级时，要放出部分能量，所以发射的荧光波长较吸收的泵浦光波长，向长波长方向移动，如图 2.4-37 所示；③由于染料分子能级的准连续宽带结构，其荧光谱范围也是准连续宽带结构，这就使得染料激光器有可能在大范围内可调谐并获得几十飞秒宽度的超短光脉冲。

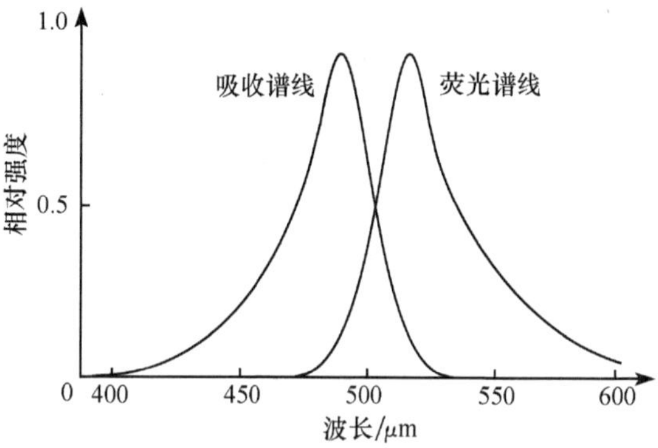

图 2.4-37　染料分子的吸收、荧光光谱

3）染料分子的三重态“陷阱”

染料分子的荧光辐射相应于 $S_1 \to S_0$ 的跃迁。由于三重态 T_1 的存在，S_1 中的分子很容易无辐射跃迁到 T_1 上，又因 T_1 与 S_0 之间为禁戒跃迁(寿命为 $10^{-4}\sim10^{-3}$s)，所以 T_1 态对激发分子来说，相当是一个“陷阱”：一则减少了 S_1 对 S_0 的反转粒子数，二则积累在 T_1 中的大量分子又会吸收光能，由 T_1 跃迁到 T_2，更严重的是 T_1—T_2 的吸收带与 S_1—S_0 的荧光带有某些重叠，因此，三重态“陷阱”将降低 S_1—S_0 的荧光效率，甚至导致荧光猝灭，必须设法消除。例如，可在染料中加入三重态猝灭剂，缩短 T_1 的寿命，或者采用短脉冲泵浦，使三重态的“陷阱”来不及起作用。

2. 染料激光器的泵浦

根据上述染料分子光辐射的特殊性，染料激光器应采用光泵浦。染料激光器按照运转方式区分，有脉冲泵浦激光器和连续泵浦激光器；按照泵浦光源区分，有闪光灯泵浦激光器和激光泵浦激光器。图 2.4-38 和图 2.4-39 分别示出了闪光灯泵浦染料激光器和激光泵浦的三腔镜染料激光器结构。

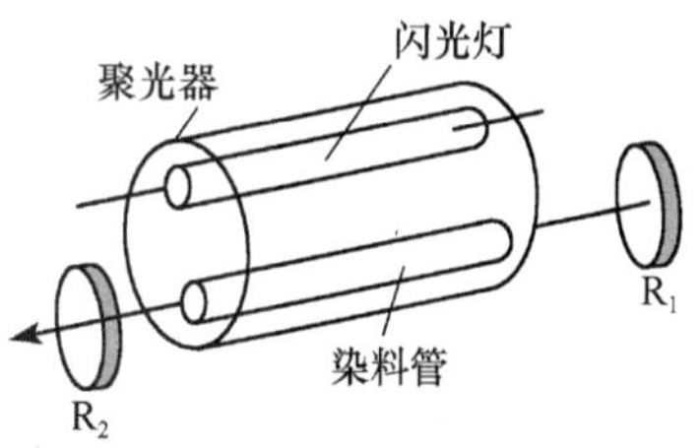

图 2.4-38　闪光灯泵浦染料激光器结构

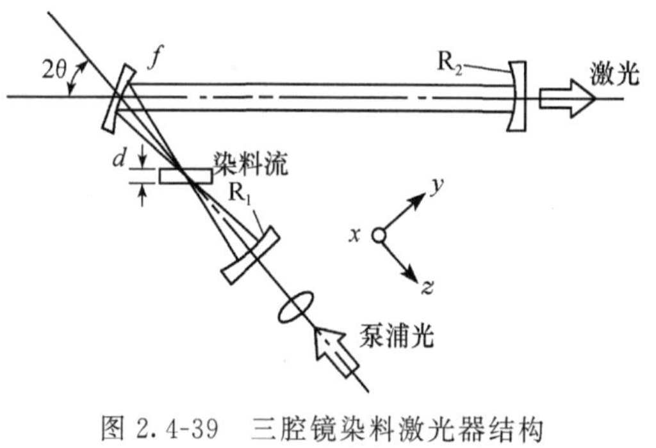

图 2.4-39　三腔镜染料激光器结构

3. 染料激光器的调谐

染料激光器与其他激光器相比的突出特点是激光波长可调谐。为了实现精确的调谐和获得较窄的线宽，需要有一个带有波长选择装置的谐振腔。经常采用的波长选择装置有光栅、棱

镜、F-P 标准具、双折射滤光片、分布反馈装置、电控调谐元件等。

图 2.4-40 是一种光栅-反射镜调谐腔染料激光器结构。放在腔中的光栅 G_1 具有扩束和色散作用。对于 G_1，同一级次不同波长的一级衍射光相对反射镜 R_2 来说，有不同的入射角。当旋转 R_2 使某一波长光的入射角为零时，该波长光便能低损耗地返回谐振腔，形成振荡。因此，旋转 R_2 便起到了调谐作用。

图 2.4-41 是一种折叠式纵向泵浦染料激光器原理图，腔内放置的棱镜是一种色散元件。利用棱镜的色散特性，将泵浦光耦合到腔内，并与染料流形成同轴泵浦形式。旋转平面反射镜 M_1，可使某一波长光返回谐振腔，形成振荡。因此，可以通过旋转 M_1 实现调谐作用。为了获得更窄的带宽或实现精细调谐，也可在长支路的平行光束中插入一个或多个 F-P 标准具。

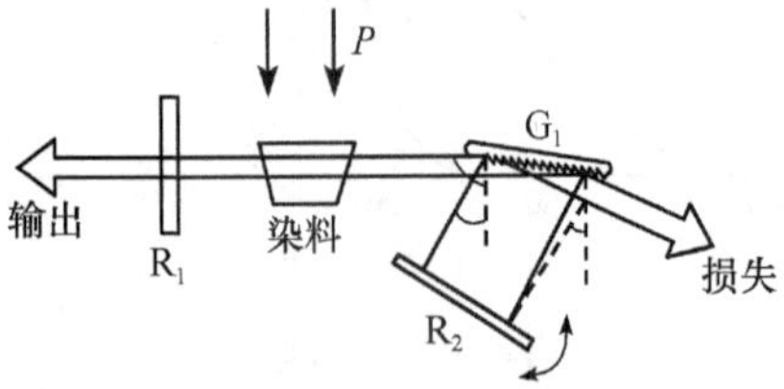

图 2.4-40　光栅-反射镜调谐腔

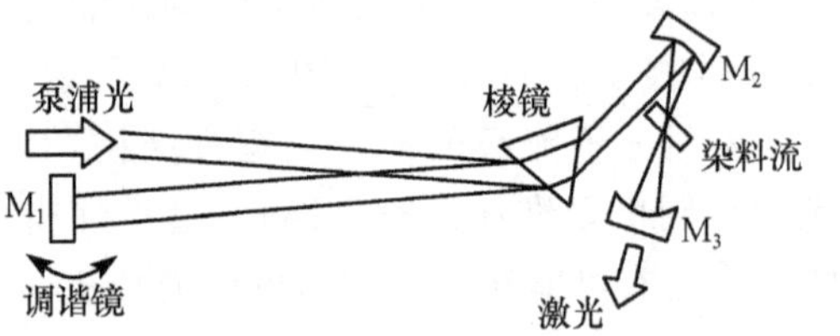

图 2.4-41　棱镜调谐腔

图 2.4-42 是目前利用双折射滤光片进行调谐的典型染料激光器装置。这是一种单纵模环行腔染料激光器，工作物质是以喷流方式循环工作的染料喷膜，泵浦光源是 Ar^+ 激光器；谐振腔是 8 字形环行腔，可实现单向行波振荡，消除了空间烧孔效应，提高了振荡效率。双折射滤光片是调谐元件，标准具用以压缩线宽。这个激光器的环行腔长 $L=1.5\text{m}$，激活介质为若丹明 6G，染料喷膜厚 $20\mu\text{m}$，输出镜 M_4 的透过率 $T=6\%$，用 4WAr^+ 激光泵浦时，可获得 500mW 的单频输出，谱宽仅为 2MHz。

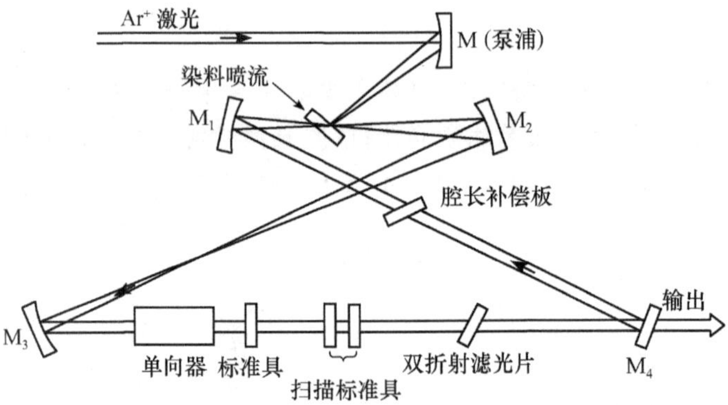

图 2.4-42　双折射滤光片调谐染料激光器

4. 超短脉冲染料激光器

如前所述，染料工作物质的能带很宽，这就使得它成为锁模激光器所要求的良好的激活介质。20 世纪 70 年代，人们利用同步泵浦锁模染料激光器获得了皮秒量级的光脉冲；80 年代，人们又利用碰撞锁模染料激光器及腔外脉冲压缩技术，将光脉冲宽度压缩到 6fs。

5. 固体染料激光器的研究

为了克服染料溶液使用寿命短、结构复杂、运转可靠性差、激光频率不易稳定、染料溶液往往对人体有害等问题，近年来人们正致力于研究兼有固体激光器及液体染料激光器优点的固体染料激光器。这种激光器的工作物质是在适当的固体基质(如硅胶、玻璃、有机聚合物等)中掺入合适的激光染料，它可望在科研和生物医学方面起重要作用。

现在，国外已推出商业固体染料激光器。一种以浸渍有机染料的聚合物作增益材料的激光器，在 570nm 波长工作 40 万次脉冲后，输出功率无显著下降，实现了稳定输出，并且在用 8MW/cm^2 强度的倍频 YAG 激光泵浦下，在 550～670nm 的波长范围内可调谐，峰值光学转换效率为 43%，线宽小于 2nm，波长分辨率小于 1nm。

2.4.5 半导体激光器

半导体激光器是以半导体材料作为激光工作物质的激光器。它具有超小型、高效率、结构简单、价格便宜以及可以高速工作等一系列优点，自 1962 年问世以来，发展极为迅速。它是光纤通信的基本光源，在激光电视唱片、光盘、全息照相、数码显示、激光准直、测距、引信及医疗等许多方面都获得了广泛的应用，而且在光信息处理、光存储、光计算等新领域内，也将发挥重要的作用。

1. 半导体激光器的工作原理

1）半导体激光器的基本结构

半导体激光器与其他激光器没有原则区别，只是因工作物质不同，有其自身的特点。图 2.4-43 示出了 GaAs 激光器的外形及管芯结构，外壳上有一个输出激光的小窗口。激光器的激活区是 PN 结，PN 结的两个端面是晶体的解理面，可以直接作为平行反射镜构成谐振腔，激光可以从一端解理面输出，也可由两端输出。

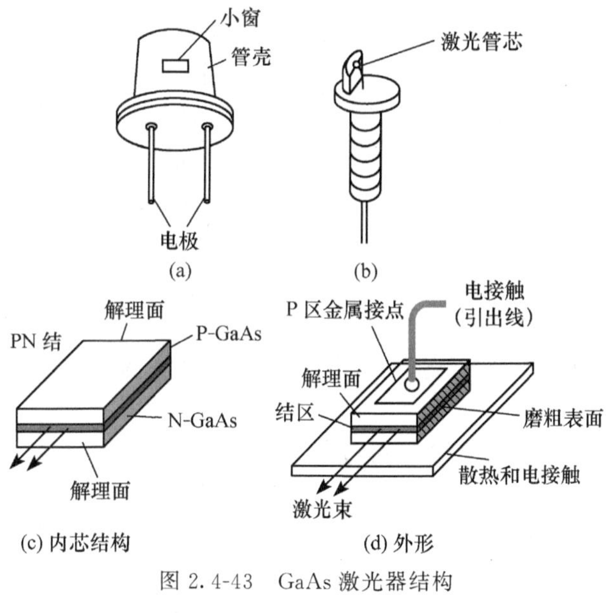

图 2.4-43 GaAs 激光器结构

2）激光产生的机理

半导体材料是一种单晶体，其能带结构由价带、禁带和导带组成。与其他激光工作物质相似，半导体材料中也有受激吸收、受激辐射和自发辐射过程。在电流或光的激励下，半导体价带上的电子获得能量，跃迁到导带上，在价带中形成了一个空穴，这相当于受激吸收过程；导带中的电子可以自发或受激地跃迁到价带上，与价带中的空穴复合，同时把约等于 E_g(禁带宽度)的能量以光子形式辐射出来，这相当于自发辐射过程和受激辐射过程。显然，当半导体材料中实现了粒子数反转，使得受激辐射过程为主，就可以实现光放大。如果加上谐振腔，并使光增益大于光损耗，就可以产生激光。

问题是，怎样才能在半导体中实现粒子数反转呢？

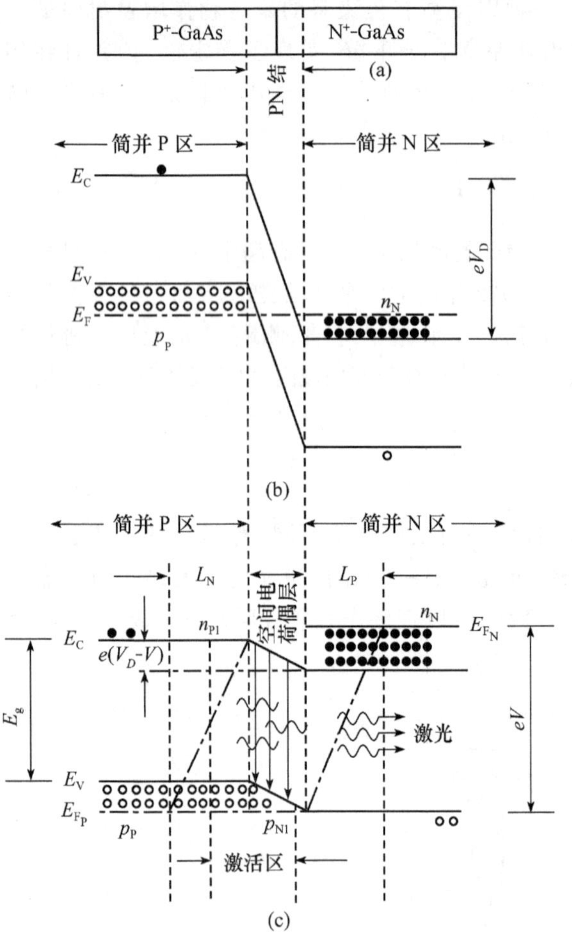

图 2.4-44 GaAs 的 PN 结能级

首先应当明确，半导体激光器的核心是 PN 结（图 2.4-44(a)），它与一般的半导体 PN 结的主要差别是：半导体激光器的 PN 结是高掺杂的，即 P 型半导体中的空穴极多，N 型半导体中的电子极多，因此，半导体激光器 PN 结中的自建场很强，结两边产生的电位差 V_D（势垒）很大。

当无外加电场时，PN 结的能级结构如图 2.4-44(b)所示，P 区的能级比 N 区高 eV_D，并且导带底能级 $(E_C)_N$ 比价带顶能级 $(E_V)_P$ 还要低。由于能级越低，电子占据的可能性越大，所以，N 区导带中 $(E_C)_N$ 与费米能级 E_F 间的电子数比 P 区价带中 $(E_V)_P$ 与费米能级 E_F 间的电子数多。

当外加正向电压时，势垒降低。在电压较高，电流足够大时，P 区空穴和 N 区电子大量注入结区，并如图 2.4-44(c)所示，在 PN 结的空间电荷层附近，导带与价带之间形成电子数反转分布区域，称为激活区（或有源区）。因为电子的扩散长度比空穴大，所以激活区偏向 P 区一边。在激活区内，由于电子数反转，起始于自发辐射的受激辐射大于受激吸收，产生了光放大。进一步，由于 PN 结的两解理面可以构成谐振腔，所以光强不断增强，可能形成激光。

由上述分析可见，只有外加足够强的正电压，注入足够大的电流，才能产生激光。否则，只能产生荧光。

图 2.4-45 是半导体激光器的输出光功率 P 与注入电流 I 的关系曲线，曲线的转折点对应于阈值电流。该阈值是自发辐射和激光产生的分界点，也即是从发光二极管状态到激光二极管工作的过渡点。一旦激光开始，曲线斜率就变陡。一般来说，发光二极管产生的光功率峰值最多是几十毫瓦，而激光二极管产生的光功率峰值可达几十瓦。

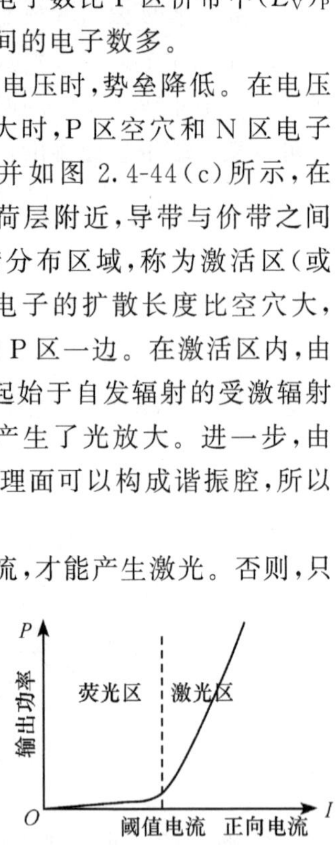

图 2.4-45 P-I 关系曲线

2. GaAs 激光器的工作特性

1）伏安特性

GaAs 激光器的伏安特性与普通半导体二极管相同，也具有单向导电性，如图 2.4-46 所示。激光器系正向运用，其电阻主要取决于半导体材料的体电阻和接触电阻，阻值虽然不大，但因工作电流大，不能忽视它的影响。

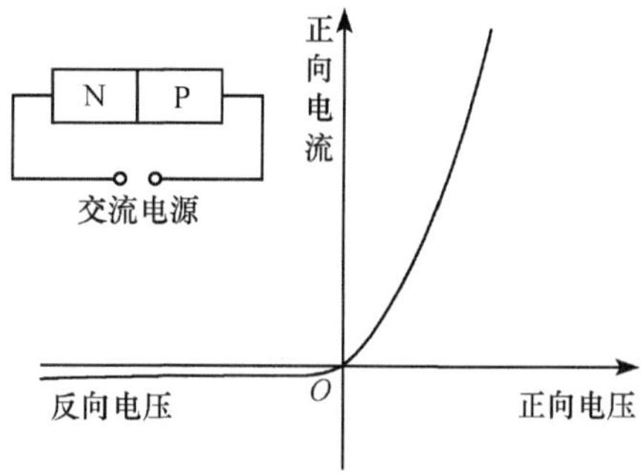

图 2.4-46 GaAs 的伏安特性

2）阈值电流

使半导体激光器的增益等于损耗，开始产生激光输出的注入电流密度称为阈值电流密度。已经证明：①半导体的掺杂浓度越大，阈值越小。②谐振腔的损耗越小，阈值越小。若在谐振腔的一端镀上银膜增大对红外光的反射率，可使阈值进一步降低。③在一定范围内，腔长越长，阈值越低。图 2.4-47 是实验测得的同质结 GaAs 激光器的阈值激光器电流密度 J_{th} 与腔长 L 和反射率 R 的关系曲线。此外，温度对阈值电流的影响很大，图 2.4-48 是实验测得的温度变化时的阈值电流密度。可见，在 100K 以下，阈值与温度的关系较小；在 100K 以上，阈值随 T 的三次方增加。因此，半导体激光器宜在低温或室温下工作。

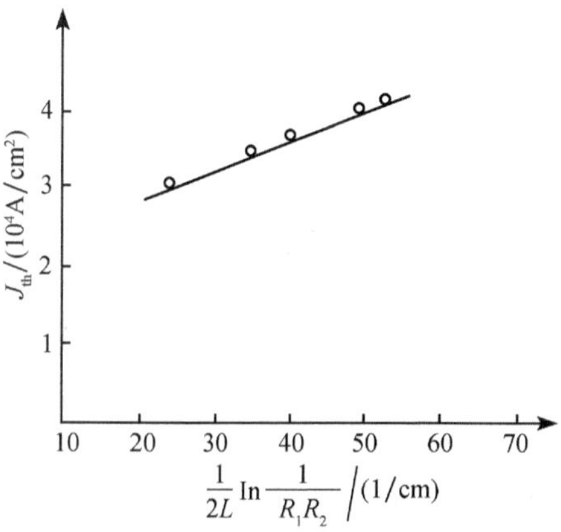

图 2.4-47 J_{th} 与 L、R 的实验曲线

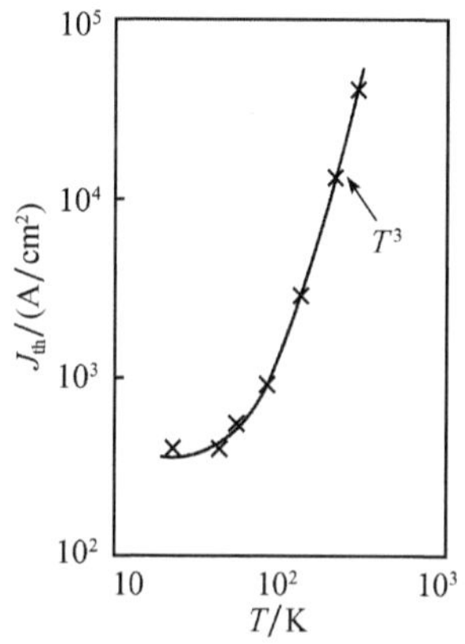

图 2.4-48 J_{th} 与 T 的实验曲线

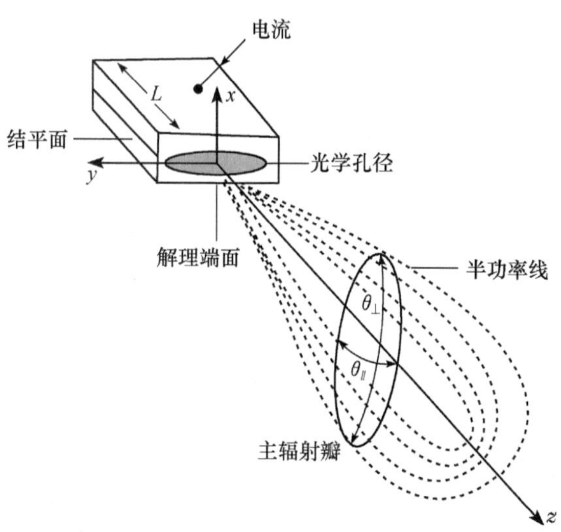

图 2.4-49 激光束的空间分布

3）方向性

由于半导体激光器的谐振腔短小，激光方向性较差，特别是在结的垂直平面内，发散角很大，可达 20°～30°，而在结的水平面内，发散角约为几度。图 2.4-49 给出了半导体激光束的空间分布示意图。

4）光谱特性

图 2.4-50 是 GaAs 激光器的发射光谱。其中图 2.4-50(a)是低于阈值时的荧光光谱，谱宽一般为几十纳米；图 2.4-50(b)是注入电流达到或大于阈值时的激光光谱，谱宽约零点几纳米。半导体激光的谱宽尽管比荧光窄得多，但因其特殊的电子结构，受激复合辐射发生在导带和价带之间，所以比气

体和固体激光器要宽得多，而且在室温下更宽，达几纳米。可见，半导体激光器的单色性较差。随着新器件的出现，已有所改善，如分布反馈式激光器的线宽，只有 0.1nm 左右。

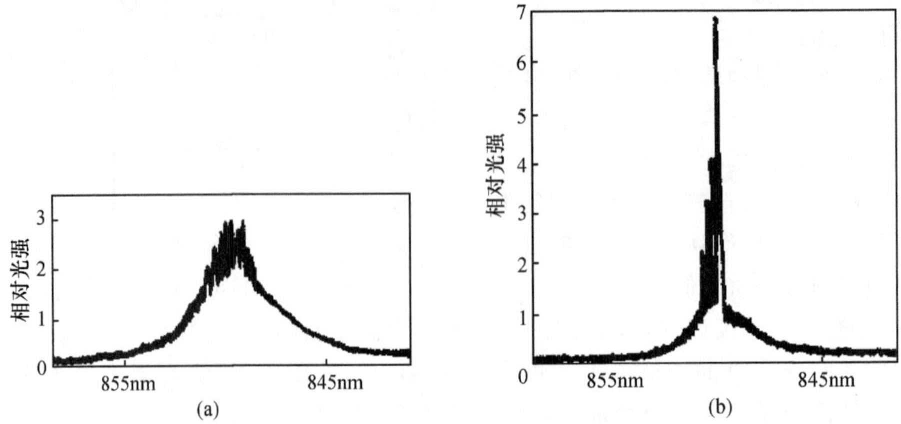

图 2.4-50 GaAs 激光器的发射光谱

半导体激光器的工作波长随结构的不同而不同。例如，对于双异质结激光器，可以通过改变 AlGaAs 材料中的 Al 含量，产生 0.75～0.92μm 波长范围的激光，目前广泛采用的波长是 0.85μm。近几年来，因光纤制造技术的发展，在 1.0～1.8μm 范围内，尤其是在 1.3～1.55μm 范围内的光纤传输损耗极低，因此，由于光纤通信的推动，人们致力于研究长波长激光器，例如，砷镓铟（$In_xGa_{1-x}As$）激光器（0.87～1.7μm）、锑砷镓（$GaAs_{1-x}Sb_x$）激光器（0.4～1.4μm）和磷砷镓铟（$In_xGa_{1-x}As_{1-y}P_y$）激光器（0.92～1.7μm）。其中，四元化合物 InGaAsP 用得比较多，所选用的 x、y 关系，一般为 $y \approx 2.16(1-x)$。

5）转换效率

注入式半导体激光器是一种把电功率直接转换为光功率的器件，转换效率极高。

（1）外微分量子效率

外微分量子效率 η_D 定义为

$$\eta_D = \frac{(P - P_{th})/h\nu}{(i - i_{th})/e} \tag{2.4-4}$$

式中，P 为输出光功率，P_{th} 为阈值发射光功率，$h\nu$ 为发射光子能量，i 为正向电流，i_{th} 为正向阈值电流，e 为电子电荷。由于 $P \gg P_{th}$，所以式(2.4-4)可改写为

$$\eta_D \approx \frac{P/h\nu}{(i - i_{th})/e} = \frac{P}{(i - i_{th})V} \tag{2.4-5}$$

式中，V 为正向偏压。由式(2.4-5)可见，η_D 实际上对应于输出功率与正向电流的关系曲线中阈值以上的线性范围内的斜率。

（2）功率效率

功率效率 η_P 定义为激光器的输出功率与输入电功率之比，即

$$\eta_P = \frac{P}{iV + i^2 R_S} \tag{2.4-6}$$

式中，V 为 PN 结上的电压降，R_S 为激光器串联电阻（包括材料电阻和接触电阻）。由于激光器的工作电流较大，电阻功耗很大，所以在室温下的功率效率只有百分之几。

表 2.4-3 列出了同质结 GaAs 激光器的特性参数，以供参考。

表 2.4-3 典型 GaAs 激光器特性

工作温度	77K	300K	单 位
阈值电流	1	50	A
串联电阻	0.1	0.1	Ω
外微分量子效率	30	15	%
工作电流	20	100	A
输出功率(峰值)	9	11	W
输入功率(峰值)	70	1150	W
功率效率	13	1	%

3. 典型的半导体激光器

自 1962 年至今,半导体激光器的发展非常迅速,新结构、新器件不断出现。在这里只介绍几种常用的半导体激光器。

1) 同质结半导体激光器

如果 P 型半导体和 N 型半导体材料都是 GaAs,所形成的 PN 结称为同质结(HOS),如图 2.4-51(a)所示。

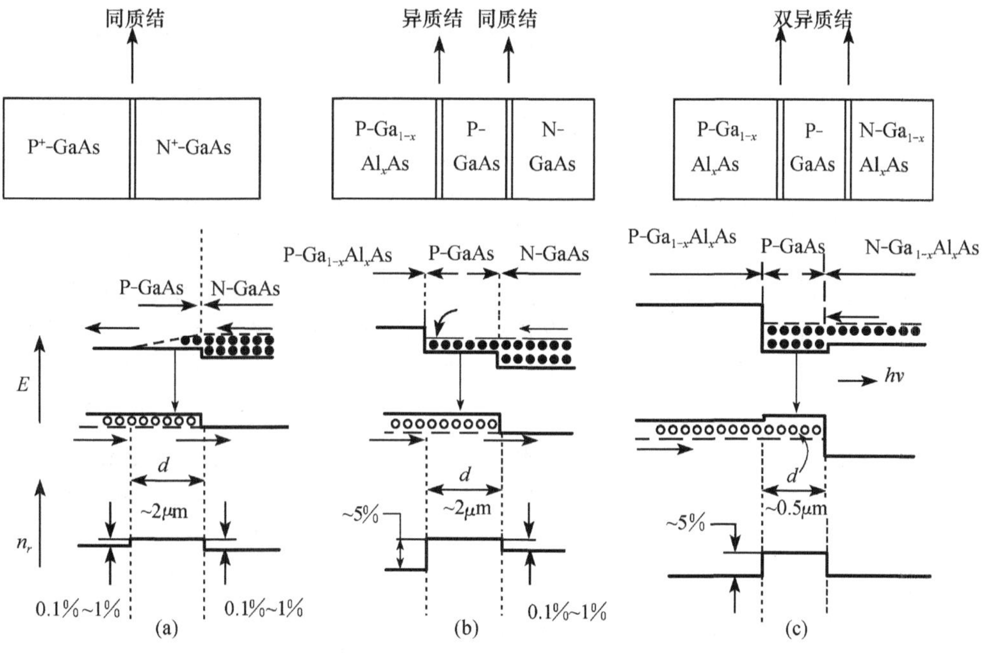

图 2.4-51 正偏压下同质结、异质结能级、折射率结构示意图

同质结半导体激光器加上正向偏压时,其能级结构如图 2.4-51(a)所示。电子向 PN 结注入,并在偏向 P 区一侧的激活区内复合辐射,激活区的厚度 $d\approx 2\mu m$。当正向偏压较大时,考虑到空穴注入,激活区变宽。同时,由图可见,激活区的折射率略高于 P 区和 N 区,“光波导效应”不明显,光波在激活区内传输时,有严重的衍射损失。所以同质结半导体激光器的阈值电流密度很高,达 $3\times10^4\sim5\times10^4 A/cm^2$。这样高的电流密度,将使器件发热。故同质结半导体激光器在室温下只能在低重复率(几千赫到几万赫)下脉冲工作。

2）异质结半导体激光器

为了克服同质结半导体激光器的缺点，提高功率和效率，降低阈值电流，研制出了异质结半导体激光器。由不同材料的P型半导体和N型半导体构成的PN结称为异质结。

(1) 单异质结半导体激光器(SHL)

单异质结是由P-GaAs与P-GaAlAs形成的，单异质结结构如图2.4-51(b)所示。

单异质结激光器施加正向偏压时，电子由N区注入P-GaAs，由于异质结高势垒的限制，激活区厚度$d\approx 2\mu m$，同时，因P-GaAlAs折射率小，“光波导效应”显著，将光波传输限制在激活区内。这两个因素使得单异质结激光器的阈值电流密度较同质结降低了1～2个数量级，约为$8000A/cm^2$。

(2) 双异质结半导体激光器(DHL)

双异质结半导体激光器指的是在激活区两侧，有两个异质结，如图2.4-51(c)所示。

双异质结激光器施加正向偏压后，激活区内注入的电子和空穴，由于两侧高势垒的限制，深度剧增，激活区厚度变窄，$d\approx 0.5\mu m$。同时，由于激活区两侧折射率差都很大，“光波导效应”非常显著，光波传输损耗大大减小。所以，双异质结激光器的阈值电流密度更低，可降到$10^2\sim 10^3 A/cm^2$。当采用GaAs和GaAlAs量子阱材料制作这种激光器时，阈值电流密度下降到几安每平方厘米。目前，这种激光器已成为极其重要的、实用化的相干光源。

3）可见光半导体激光器

在以往的可见光激光应用中，基本上都是He-Ne激光器等气体激光器的一统天下。由于与气体激光器相比较，半导体激光器具有体积小、工作电压低、能直接高速调制、便于集成等诸多优点，人们便很自然地想到研制实用化的可见光半导体激光器，以取代气体激光器。

实际上，从1962年第一支GaAs红外激光器问世以来，直到80年代，伴随着分子束外延(MBE)和有机金属化学气相沉积(MOCVD)技术的发展，可见光半导体激光器才得以发展、实用化。

80年代初，全球十几家大电子公司都开发出700～780nm波段的红光半导体激光器。其中最重要的是780nm的GaAlAs半导体激光器，它已广泛地用于光存储，包括声频数字光盘(CD)、视频光盘、读出器等。其中CD唱机占到光存储器件的90%。可以说，半导体激光器在所有新唱机中取代了He-Ne激光器。780nm半导体激光器的另一个重要应用是激光打印机，由于包括个人和家用的大量需求，它极大地开拓了这种半导体激光器的应用市场。

在1988年，国外开发了650～690nm波段的红光半导体激光器，其中670nm的InGaAgP红光半导体激光器已有功率超过30mW的商品出售。更值得一提的是633nm的半导体激光器，由于它的工作波长接近He-Ne激光器，在条形码扫描、检测、光存储、激光打印等应用中，更有取代He-Ne激光器的趋势，并因此导致世界He-Ne激光器近几年的产量，以20%左右的速度下降。

特别要指出的是，由于蓝、绿激光波长较之红光更短，对提高信息存储量和感光能力将更为有利。在光信息存储技术中，若采用蓝光，可使现有的CD存储密度提高4倍以上。同时，蓝、绿激光在水下通信、工业、交通等领域内，有着十分重要的应用价值。正因为此，近几年来，人们致力于蓝、绿光半导体激光器的研究。随着半导体外延技术的突破性发展，1991年，美国3M公司研制了CdZnSe/ZnSe QW蓝、绿光半导体激光器，在77K下，辐射波长为459nm，脉冲输出功率大于100mW，在室温下，实现了525nm的脉冲运转；1995年12月，日本日亚公司制出了第一支Ⅲ-Ⅴ族GaN半导体激光器，在室温下，脉冲注入电流1.7A时，产生417nm波长的蓝光输出，功率为 215mW；其后，又研制出在 −40℃ 下连续输出 400nm 波长光的 GaN 基蓝光半导体激光器，工作长达 5h；在 1996 年，日本索尼公司利用宽带隙的Ⅱ-Ⅵ族化合物 ZnSe 制出了蓝光半导体激光器，在室温下，寿命达到 100h。当前，蓝、绿光半导体激光器需要解决的主要问题是提高寿命和输出功率。可以预言，蓝、绿光半导体激光器的实用化、商品化指日可待。

4）分布反馈式半导体激光器（DFB）

分布反馈式半导体激光器是伴随光纤通信和集成光学的发展而研制成功的。

对于普通的 F-P 腔半导体激光器，光反馈是通过两个解理面的反射实现的，纵模的选择是由增益谱决定的，由于增益谱宽通常比纵模间隔宽得多，所以难于单纵模工作。而在光纤通信中，除希望半导体激光器单纵模工作外，还希望在高速调制下仍能保持其纵模固定，即应当是动态单模激光器，这更难于实现。而 DFB 激光器能够满足这种要求，其最大特点是易于获得单纵模输出，并可在高速调制下，保持单纵模工作，容易与光缆、光纤调制器耦合。

DFB 激光器的结构如图 2.4-52 所示。在激光作用时，光反馈不是由激光器端面反射镜提供，而是在整个腔上，依靠刻蚀在激光器有源层（激活区）或其相邻波导层上的周期光栅所形成的扰动，通过布拉格（Bragg）衍射提供分布反馈的。这种反馈作用使得激活区内的前向波与后向波发生相干耦合，所满足的布拉格条件是

$$\Lambda = m\frac{\lambda}{2n_{\mathrm{r}}} \tag{2.4-7}$$

式中，Λ 为光栅周期，λ 为光波长，n_{r} 是激活介质的折射率，m 是光栅衍射级次。于是，若采用一级光栅衍射（$m=1$），只有波长满足 $\lambda=2n_{\mathrm{r}}\Lambda$ 的光，才能获得分布反馈。DFB 激光器的阈值电流密度为 $10^3\,\mathrm{A/cm^2}$ 量级，光谱线宽为零点几埃，温度波长变化约为 1Å/℃，是 F-P 腔的 1/5～1/3。

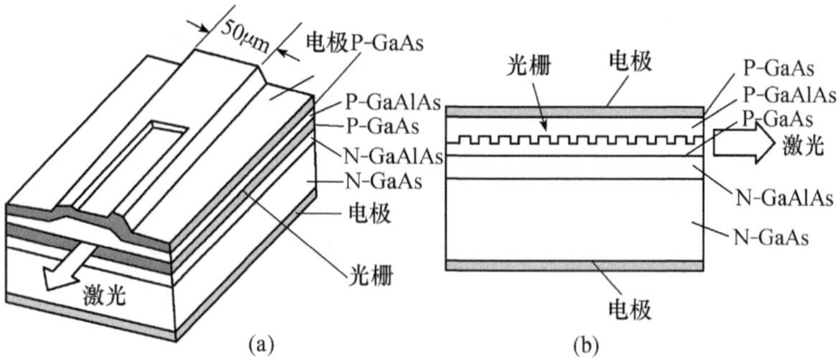

图 2.4-52 DFB GaAs/GaAlAs 双异质结激光器示意

早期 DFB 激光器的研究工作，主要针对有源层为 GaAs 材料进行的。随着光纤通信系统的发展，研究开发了有源层为 InGaAsP 材料、发射波长为 1.55μm 和 1.3μm 的 DFB 激光器。目前，这种 DFB 激光器已成为许多长距离、高比特率光纤通信系统极好的实际光源。

5）量子阱半导体激光器

量子阱半导体激光器是伴随着分子束外延、有机金属化学气相沉积及化学束外延（CBE）、原子层外延（ALE）等技术的发展，研究成功并迅速发展起来的新型半导体激光器。

量子阱半导体激光器与普通半导体激光器的主要区别在于它的激活区不是一层激活材料

（如前面提到的 P-GaAs），而是由量子阱材料构成的。量子阱是由两个带隙不同的超薄层化合物半导体交替生长的周期结构，如图 2.4-53 所示。其中，图 2.4-53(a)是由两种组分材料的许多薄层交替堆叠而成的结构，称为多量子阱（MQW）；图 2.4-53(b)是由两种组分薄层构成的，称为单量子阱（SQW）。这种量子阱材料的能带在实际空间中呈现如图 2.4-54 所示的不连续分布。图中，t_a 表示量子阱宽度，t_b 表示势垒区宽度，E_C 和 E_V 分别表示导带和价带能量，E_{ga} 和 E_{gb} 分别表示窄带材料和宽带材料的带隙宽度，ΔE_C 和 ΔE_V 分别表示两种组分材料之间导带和价带能量跃迁。由于量子阱结构中的超薄层厚度可达原子层厚度，仅为几纳米到十几纳米，这使其呈现出量子尺寸效应，导致其吸收、发射和载流子输运特性与常规半导体材料有很大的差别。正是由于这种量子效应特性，使得量子阱半导体激光器具有极低的阈值电流（可小于 1mA）、高的特征温度（大于 400K）、极好的动态单模特性、高饱和输出功率等优点。

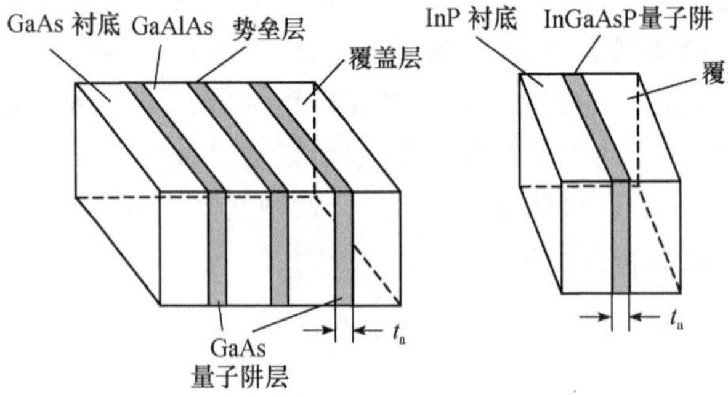

图 2.4-53　量子阱结构示意

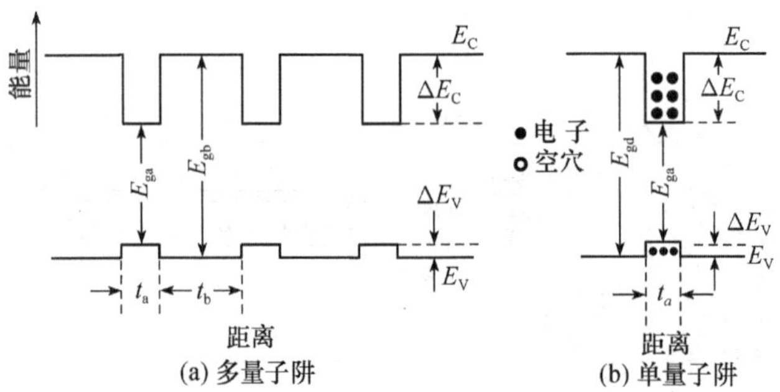

图 2.4-54　量子阱能级结构示意

在量子阱半导体激光器的研究中，采用 GaAlAs 材料研究得较多，也较成熟。与普通 GaAs/GaAlAs DH 器件相比，GaAlAs QW 激光器有较低的阈值电流、较高的外微分量子效率，且阈值电流受温度影响较小。目前，有两类高性能的 GaAs/GaAlAs QW 激光器，一类是具有梯度折射率隔离限制异质结构 SQW 激光器，另一类是掩埋式 MQW 激光器。采用 InGaAlP 材料的量子阱半导体激光器，是长距离、大容量光纤通信系统的重要光源。一种利用改进的液相外延 LPE 技术制作的波长为 1.3μm 的 InGaAlP/InP MQW 激光器，量子阱厚度为 20nm，势垒层厚度为 40～60nm，其室温阈值电流为 15mA，特征温度为 130K，阈值电流和外微分量子效率随温度变化不明显，特别是在室温附近变化更小。对于波长为 1.55μm 的量子阱半导体激光器，更是光纤通信中非常感兴趣的器件。一种利用改进的液相外延工艺制成的波长为1.55μm的InGaAsP/InP MQW注入式激光器，由4个InGaAsP量子阱和3个InP势垒层构成，InP作覆盖层，其脊形波导结构的MQW激光器的室温阈值电流为60mA，随温度变化很小。

除了上述晶格匹配的长、短波长量子阱激光器外，人们还利用量子阱材料制作出可见光半导体激光器、中间波段半导体激光器、大功率半导体激光器、面发光半导体激光器和应变层超晶格量子结构激光器等新型量子阱激光器。特别是利用量子阱结构，借助于量子阱激光器的低阈值、高特征温度的特点，研制出了高功率激光输出的半导体锁相激光阵列，其室温下连续输出功率超过百瓦，脉冲输出高达百瓦、千瓦级。这些量子阱半导体激光器的研制成功，使得半导体激光器成为光纤通信、光传感、光盘、激光打印机及光计算技术的重要光源，也将成为未来能量光电子技术的重要器件，涉及材料加工、光泵系统等领域的重要应用。

思考题2

2-1 试述激光器的基本组成部分、各部分基本作用和工作原理。

2-2 什么是光谱加宽效应、均匀加宽、非均匀加宽？

2-3 物质的负温度状态是怎样的一种状态？

2-4 什么是增益饱和现象？均匀加宽增益饱和与非均匀加宽增益饱和的基本特征是什么？

2-5 为什么说三能级系统实现能态集居数分布反转要比四能级系统困难？

2-6 工作物质能实现能态集居数分布反转的条件是什么？为什么对于产生激光来说，上述条件仅是必要条件，还不是充分条件？

2-7 光学谐振腔有稳定腔和非稳腔之分，非稳腔的含义是什么？在实际上能否应用？

2-8 给定一个光学谐振腔的几何尺寸R_1、R_2和L，如何判别它属于哪一类型腔：稳定腔、非稳腔或临界腔？

2-9 试由圆形镜共焦腔中场的解析表达式，描绘出腔中场的等相位面和等相位面上的场图规律。

2-10 试述激光器中光学谐振腔的反馈和选模作用，如何描述这两种作用？

2-11 一个给定R_1、R_2和L并满足$0<g_1g_2<1$的稳定共轴球面谐振腔，试从概念上说明如何确定该谐振腔的模式特性和规律？

2-12 考虑到光学谐振腔中存在增益介质及增益饱和效应，激光器产生光振荡的基本特性和规律怎样？

2-13 任意一个对称稳定球面腔($R_1=R_2>L/2$)的等价共焦球面腔的中心位置在哪里，它的等效焦距$f_e=$?如果是一个平凹稳定腔又如何？

2-14 试描述圆形镜共焦腔TEM_{02}模和TEM_{20}模在镜面上的强度分布？

2-15 试说明激光器的模式概念，什么是横模、纵模？

2-16 什么是激光器的阈值条件？什么是阈值泵浦能量、阈值泵浦功率？

2-17 为什么三能级系统激光器所需的阈值能量比四能级系统激光器大得多？

2-18 圆形镜共焦腔激光器产生TEM_{10}模与TEM_{01}模的阈值条件是否一样？为什么？

2-19 结合激光器的输出特性，说明激光的特性。

2-20 试比较激光器和普通光源的相干性，进一步理解相干光源和非相干光源的差别。

2-21 为什么说利用高斯光束的参数w_0(或f)及束腰位置，或利用参数$w(z)$和$R(z)$，或利用高斯光束的q参数就能确定整个高斯光束的结构？

2-22 当高斯光束通过薄透镜时，在什么条件下$w_0'>w_0$，在什么条件下$w_0'<w_0$？

2-23 当高斯光束通过薄透镜时，在什么条件下$\theta'<\theta$，在什么条件下$\theta'>\theta$？

2-24 某高斯光束束腰大小$w_0=1.14$mm，$\lambda=10.6\mu$m，求与束腰相距30cm、10m、1000m远处的光斑大小w及波前曲率半径R。

2-25 求题 2-24 所给的高斯光束的发散角 θ_{1/e^2}。计算说明，在什么条件下可以将高斯光束近似地看作中心在束腰处的球面波？（即在什么条件下可以利用公式 $R(z)\approx z$ 和 $w(z)\approx\theta_{1/e^2}R(z)$ 计算高斯光束的波前曲率半径和光斑大小？）

2-26 两支 He-Ne 激光器结构及相对位置如题 2-26 图所示。在什么位置插入一个焦距为多大的透镜，才能实现两个腔之间的模匹配？

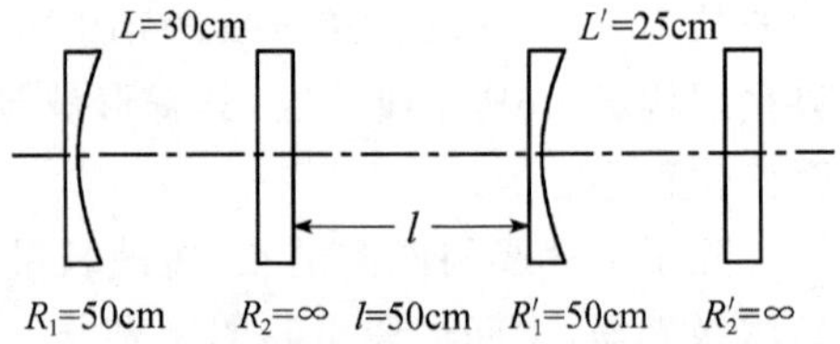

题 2-26 图

2-27 试比较几种主要激光器的性能：激活粒子、中心波长、工作能级系统、泵浦方式和运转过程。

2-28 比较 YAG、红宝石和钕玻璃三种工作物质的特性。说明为什么 YAG 可以连续工作，而在室温下，红宝石、钕玻璃激光器只能工作于脉冲状态？

2-29 固体激光器的转换效率为什么低？与此相比，DPL 激光器有什么特点？

2-30 与气体、液体激光器相比，固体激光器的输出能量、功率为什么很大？

2-31 说明气体激光器的激励特点，并说明为什么 He-Ne 激光器采取辉光放电，Ar^+ 激光器采取弧光放电？

2-32 在 He-Ne、CO_2 激光器中，充以 He、Ne 气的作用是什么？

2-33 气体激光器的光束质量为什么好？

2-34 什么是谱线竞争？He-Ne、CO_2 和 Ar^+ 激光器中的主要竞争谱线有哪些？怎样保证单谱线工作？

2-35 氮分子激光器为什么采用短脉冲激励？它是否可以连续运转？为什么氮分子激光器可以无谐振腔工作，而 He-Ne、CO_2 等激光器不能？

2-36 试说明小型 $TEACO_2$ 激光器、氮分子激光器和准分子激光器的激励系统特点。

2-37 与其他激光器相比，染料激光器的激光工作过程有什么特点？三重态对染料激光器的工作有什么影响？

2-38 染料激光器的调谐作用机理是什么？激光器是怎样实现调谐的？

2-39 半导体激光器的结构与普通半导体二极管有什么异同？它的激光过程与其他激光器有什么特点？

2-40 激光二极管 LD 和发光二极管 LED 的工作特性有什么异同？

2-41 与气体激光器相比，半导体激光器的激光输出空间分布为什么较差？使用时应采取什么措施？

2-42 简述 DFB 半导体激光器、量子阱激光器的工作机理和特性。

参考文献

蔡伯荣 等. 1995. 半导体激光器. 北京：电子工业出版社

陈根祥. 2000. 光波技术基础. 北京：中国铁道出版社

江剑平 等. 2000. 半导体激光器. 北京：电子工业出版社

李适民 等. 2005. 激光器件原理与设计. 第 2 版. 北京：国防工业出版社

刘敬海，徐荣甫. 2004. 激光器件与技术. 北京：北京理工大学出版社

舍费尔 F P. 1987. 染料激光器. 陈昌民 等译. 北京：科学出版社

沈柯. 1986. 激光原理教程. 北京：北京工业学院出版社

石顺祥，过已吉. 2000. 光电子技术及其应用. 成都：电子科技大学出版社

唐天同. 2005. 集成光学. 北京：科学出版社

维德延 J T. 1987. 激光电子学. 陈尔绍 等译. 北京：电子工业出版社

周炳琨 等. 2000. 激光原理. 第 4 版. 北京：国防工业出版社

Davis C C. 1998. Laser and Electro-Optics. 北京：世界图书出版社北京公司

Yariv A. 1983. 光电子学导论. 第 2 版. 李宗琦译. 北京：科学出版社

Yariv A. 2004. 现代通信光电子学. 第 5 版. 陈鹤鸣 等译. 北京：电子工业出版社

第 3 章

激光基本技术

激光技术是伴随着激光器件、特别是各类激光器的应用发展起来的。最基本的技术包括激光调制技术、激光偏转技术、激光短脉冲技术、激光选模技术、激光稳频技术和激光倍频技术等。

激光技术可以从不同的方面(功率、能量、脉宽、模式、线宽等)改善与提高激光性能,把激光器件与具体的激光应用衔接起来,在推动光电子技术的发展中,起着非常重要的作用。例如,没有调 Q 技术,固体脉冲激光器就不能用于激光测距;没有锁模技术,激光器就不能进行高分辨率的光谱研究;稳频和选模技术是激光得以作为时间、长度基准,实现全息照相、精密计量检测的关键;激光调制技术则是激光用于信息传递的基础。现在有许多技术已经用到各类激光器件中,使得激光器件与技术不可分离。

3.1 几种物理效应

在光电子技术应用中,无论采用什么样的激光技术,都要涉及光在介质中的传播问题,而光在介质中的传播问题实际上是光与物质相互作用的问题。既关心光在介质中的一般传播规律,更关心对于光传播规律的控制,而实现光传输特性的控制,都要涉及一些物理效应。所以,为了便于理解激光技术的原理,首先简单介绍激光技术中最重要的几种物理效应。

1. 光在晶体中的传播规律——自然双折射

晶体的结构具有各向异性,因此,其光学性质也具有各向异性,使得光在晶体中的传播规律与各向同性介质有异。

图 3.1-1 示出了一束光入射到方解石晶体上的传输情况。晶体的出射光通常分成两束,它们的传播方向不同、振动方向正交,其中一束光遵从通常的折射定律,称为寻常光(o 光),另一束光不遵从通常的折射定律,称为非常光(e 光),这就是晶体的双折射现象。晶体的双折射现象是晶体光学各向异性的必然结果。

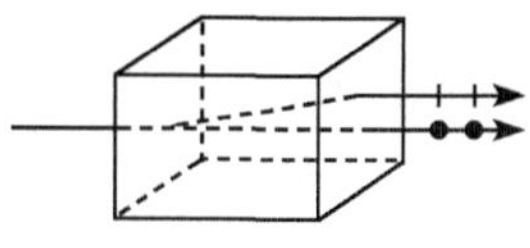

图 3.1-1 晶体的双折射现象

由光的电磁理论,任一平面波的能流方向 $\boldsymbol{s}$ 与其光电场 $\boldsymbol{E}$ 的振动方向垂直;波矢方向 $\boldsymbol{k}$ 与其电位移 $\boldsymbol{D}$ 的振动方向垂直。当光在晶体中传播时,对应一个波矢方向 $\boldsymbol{k}$,可以独立地存在两个本征传播模式,它们的振动方向相互垂直,传播速度(因而折射率)不同,相应的能流方向 $\boldsymbol{s}$ 也不相同,这些量之间的关系如图 3.1-2 所示,这就是晶体的双折射特性。当光沿着某一特定方向传播时,两个本征模的传播速度相同,不存在双折射特性,这个特定方向称为晶体的光轴。有些晶体(如方解石、石英、KDP、$LiNbO_3$ 等)只有一个光轴,称为单轴晶体,而另外一些晶体(如 TGS、酒石酸钾钠、KTP、BNN 等)有两个光轴,称为双轴晶体。

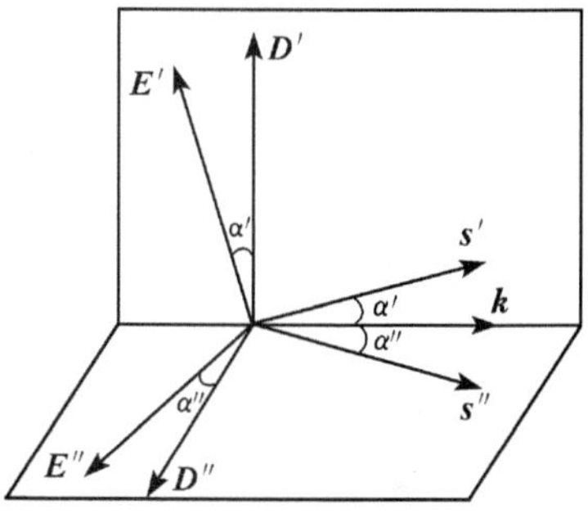

图 3.1-2 两个本征传播模式

对于单轴晶体，有两个主折射率 n_o 和 n_e，相应的两个本征模分别称为 o 光和 e 光：o 光的折射率为 n_o，与传播方向无关；e 光的折射率为 $n_e(\theta)$，与光的传播方向 θ(光的波矢方向与光轴的夹角)有关，且由下式确定：

$$\frac{1}{n_e^2(\theta)}=\frac{\cos^2\theta}{n_o^2}+\frac{\sin^2\theta}{n_e^2} \tag{3.1-1}$$

相应于同一波矢方向 $\boldsymbol{k}$ 的 o 光和 e 光的能流(光线)方向不相同，o 光的光线方向 $\boldsymbol{s}_o$ 与波矢方向 $\boldsymbol{k}$ 相同，而 e 光的光线方向 $\boldsymbol{s}_e$ 与波矢方向 $\boldsymbol{k}$ 不同，其分离角 α 满足

$$\tan\alpha=\frac{1}{2}\sin 2\theta\left(\frac{1}{n_o^2}-\frac{1}{n_e^2}\right)\left(\frac{\cos^2\theta}{n_o^2}+\frac{\sin^2\theta}{n_e^2}\right)^{-1} \tag{3.1-2}$$

于是，沿某一方向 $\boldsymbol{k}$ 射入晶体的光，在晶体内将产生能流方向分离的两束光线(o 光和 e 光)，这就是实验中所观察到的双折射现象。进一步，由式(3.1-2)可见，当 $\theta=0°$(光沿着光轴方向传播)时，$\alpha=0°$，即 o 光和 e 光不产生分离，不产生双折射现象；当 $\theta=90°$(光沿垂直光轴的方向传播)时，$\alpha=0°$，o 光和 e 光也不产生分离，但两束光的折射率(因而传播速度)不同：一个为 n_o，一个为 n_e，所以当该两束光传过 l 距离后，其间将产生相位差为

$$\Delta\varphi=\frac{2\pi}{\lambda_o}l-\frac{2\pi}{\lambda_e}l=\frac{2\pi}{\lambda}(n_o-n_e)l \tag{3.1-3}$$

式中，λ_o、λ_e、λ 分别是 o 光波长、e 光波长、光在真空中传播的波长。

上述双折射现象是晶体的固有光学特性，称为自然双折射。

2. 电光效应

1893 年泡克耳斯(Pockels)发现，在某些晶体(如 $LiNbO_3$、KDP、ADP 等)上外加电场后，将改变光在该晶体中传播的双折射特性。例如，图 3.1-3 中的 KDP 晶体，未加电场时的光轴方向为 z 轴方向。一束沿 x 方向振动的线偏振光垂直入射，沿着光轴方向通过晶体，折射率为 n_o，不产生双折射，出射光仍为沿 x 方向振动的线偏振光。如果其他条件不变，在该晶体上沿纵向加几千伏的高电压，当光仍沿 z 方向传播时，将出现双折射现象。显然，这种双折射现象是由于外加电场引起的，所以称为感应双折射。这种由外加电场引起晶体光学性质发生变化的效应，称为电光效应。

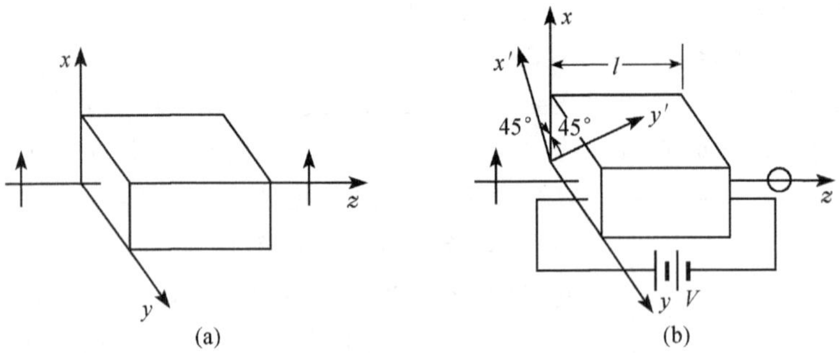

图 3.1-3　KDP 晶体的纵向电光效应

在图 3.1-3(b)所示的晶体中，沿 x 方向振动的线偏振光将因感应双折射分解为沿感应主轴 x' 和 y' 方向振动的两个本征模，它们的折射率不同，分别为 $n_{x'}$ 和 $n_{y'}$，也就是说，由于晶体外加电场引起的感应双折射，x' 和 y' 振动光的折射率分别由 n_o 变为

$$\left.\begin{aligned} n_{x'} &= n_o - \frac{1}{2}n_o^3\gamma_{63}E_z \\ n_{y'} &= n_o + \frac{1}{2}n_o^3\gamma_{63}E_z \end{aligned}\right\} \tag{3.1-4}$$

式中，γ_{63} 为 KDP 晶体的电光系数，E_z 为沿 z 方向外加的电场强度。由式(3.1-4)可以求得该两光通过长为 l 的晶体后，将产生感应相位差为

$$\Delta\varphi = \frac{2\pi}{\lambda}(n_{y'} - n_{x'})l = \frac{2\pi}{\lambda}n_o^3\gamma_{63}V \tag{3.1-5}$$

可见，由感应双折射引起的两偏振光的相位差与外加电压 V 成正比。

进一步，由于晶体内分解的沿 x'、y' 方向振动的两偏振光的频率相同，振幅也相同，所以在它们通过晶体后，其合光将视 $\Delta\varphi$ 的不同而不同，可能是线偏振光、椭圆偏振光或圆偏振光。图 3.1-4 绘出了在 $\Delta\varphi=0$、$\pi/2$、π 等七种情况下，输出光为沿 x 方向振动的线偏振光、椭圆偏振光、圆偏振光及沿 y 方向振动的线偏振光的情形。

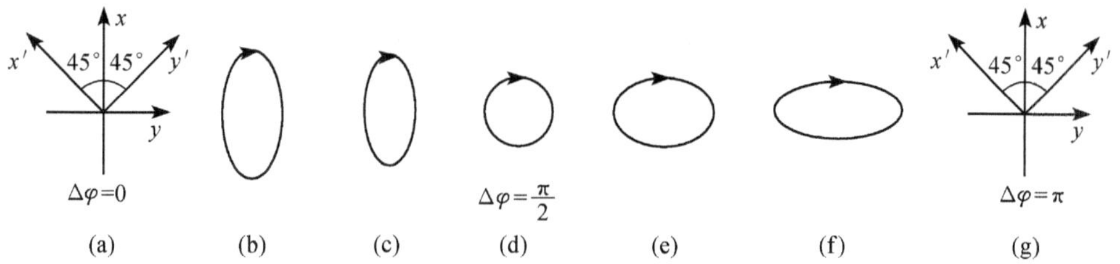

图 3.1-4　$\Delta\varphi$ 变化时的输出光偏振

在电光效应中，经常使用半波电压 $V_{\lambda/2}$ 表征晶体电光效应的优劣，$V_{\lambda/2}$ 是使两正交本征模通过晶体后产生 π 相位差所需要的外加电压值，即

$$V_{\lambda/2} = \frac{\lambda}{2n_o^3\gamma_{63}} \tag{3.1-6}$$

一般晶体的 $V_{\lambda/2}$ 均较高，例如，KDP 晶体在 $\lambda=0.5461\mu m$ 时，测得 $V_{\lambda/2}$ 高达 7.6kV。

上面讨论的电光效应，因其相位差 $\Delta\varphi$ 与外加电压 V 成正比，而通常称为线性电光效应或泡克耳斯效应。此外，还有一些晶体(具有对称中心)和液体(如硝基苯等)，在外电场 E 作用下的感应折射率差与其平方成正比，这种电光效应称为二次电光效应或克尔(Kerr)效应。例如，一束任意的线偏振光通过外加电压的硝基苯溶液时，将分解为两束正交的线偏振光，该两束光的折射率差 Δn 与外加电场强度 E 的平方成正比，即

$$\Delta n = K\lambda E^2 \tag{3.1-7}$$

式中，λ 是光在真空中的波长，K 是表征介质电光效应的克尔系数。于是，这两束线偏振光通过介质后，其间将产生相位差。

应当指出，克尔介质的半波电压比泡克耳斯介质的半波电压高得多。例如，对于宽约 1cm、长为 4～8cm 的硝基苯克尔盒，半波电压约为 30kV，比泡克耳斯晶体的半波电压高出 5～10 倍。因此，目前均采用泡克耳斯效应。

3. 声光效应

超声波是一种纵向机械应力波(弹性波)，它在声光介质中传播时，会导致介质密度呈疏密交替变化，由于弹光效应，将引起介质折射率变化。因此，可以把超声波作用下的介质视为折

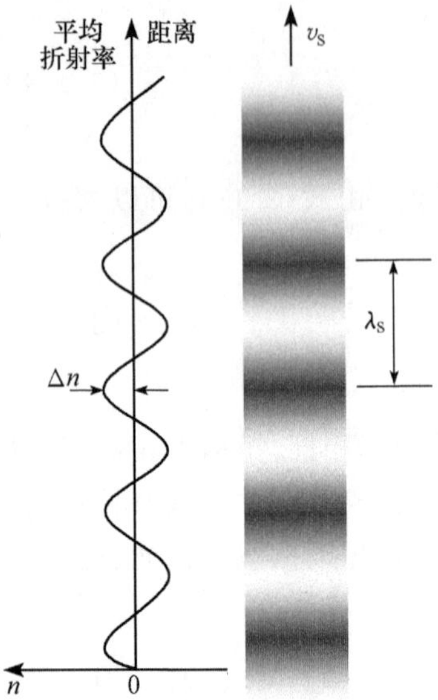

图 3.1-5 超声行波

射率相位光栅，光栅的条纹间隔等于超声波长 λ_S，当光通过该介质时，会产生衍射光，衍射光的强度、频率和方向等特性都随着超声波场变化。这种因超声波场作用引起介质光学性质发生变化的效应，称为声光效应。

假设超声波在介质中以行波形式传播，则在介质中形成的超声光栅也将以声波的波速 v_S 前进。某瞬时与超声行波相应的介质密度和介质折射率分布如图 3.1-5 所示，其折射率分布可以用下式表示：

$$\Delta n(z,t) = \Delta n \sin(\omega_S t - k_S z) \tag{3.1-8}$$

式中，ω_S 为超声波角频率，$k_S = 2\pi/\lambda_S$ 为超声波波效，振幅 Δn 取决于声光介质特性及超声波场的强弱。

按照超声波频率的高低和声光相互作用长度的不同，可以将声光作用产生的衍射分为两类：拉曼-奈斯（Raman-Nath）衍射和布拉格（Bragg）衍射。

1）拉曼-奈斯衍射

当超声波频率 ω_S 较低，声光作用区的长度 L 较短，满足

$$L \ll \frac{\lambda_S^2}{\lambda} \tag{3.1-9}$$

并且光波垂直于声波传播方向入射时，会产生拉曼-奈斯衍射，如图 3.1-6 所示。由于在这种情况下，超声光栅与普通的平面光栅类似，所以平行光通过超声光栅时，将产生对称分布的多级衍射，各级衍射光的衍射极值方向 θ_m 满足

$$\lambda_S \sin\theta_m = m\lambda \quad (m = 0, \pm 1, \pm 2, \cdots) \tag{3.1-10}$$

相应第 m 级衍射光的极值光强为

$$I_m = I_i J_m^2(V) \tag{3.1-11}$$

式中，I_i 为入射光强，$V = 2\pi \Delta n L/\lambda$ 表示光通过声光介质时，由于折射率变化引起的附加相移，$J_m(V)$ 为第 m 阶贝塞尔函数。相应各级衍射光的频率为 $\omega_m = \omega + m\omega_S$。

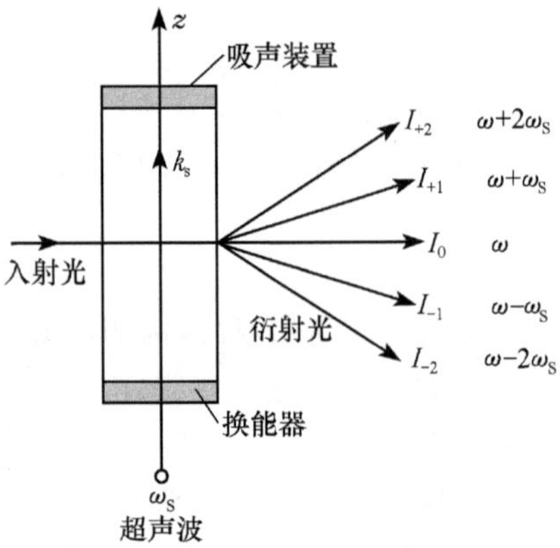

图 3.1-6 拉曼-奈斯声光衍射

2）布拉格衍射

当超声波频率较高，声光作用区的长度较长，满足

$$L \gg \frac{\lambda_S^2}{\lambda} \tag{3.1-12}$$

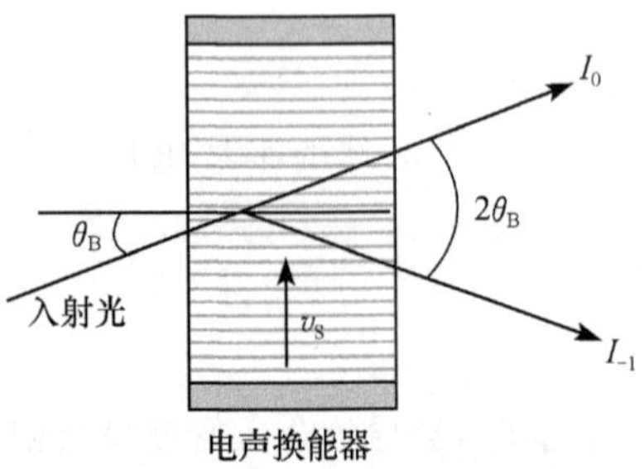

图 3.1-7 布拉格声光衍射

并且光线与超声波波面有一定角度斜入射时，会产生布拉格衍射，如图 3.1-7 所示。在这种情况下，必须要考虑介质厚度的影响，其超声光栅应视为体光栅。这时的衍射光是不对称分布的，只有零级和 +1 级（或 −1 级）衍射光（视入射光的方向而定）。如果恰当地选择参数，并且超声波足够强，可以使入射光的能量几乎全部转移到零

级或 1 级的衍射极值方向上。因此，激光能量可以获得充分利用。所以，利用布拉格衍射制造的声光器件，效率较高。

根据理论分析，产生布拉格衍射的条件是入射光必须满足布拉格条件

$$2\lambda_S \sin\theta_B = \lambda \tag{3.1-13}$$

式中，θ_B 是布拉格入射角。布拉格衍射的零级和 1 级衍射光间的夹角为 $2\theta_B$，其衍射光强分别为

$$\left.\begin{aligned} I_0 &= I_i \cos^2\left(\frac{V}{2}\right) \\ I_1 &= I_i \sin^2\left(\frac{V}{2}\right) \end{aligned}\right\} \tag{3.1-14}$$

相应的 ±1 级衍射光的频率为 $\omega \pm \omega_S$。

由以上讨论可见，不管是拉曼-奈斯衍射还是布拉格衍射，改变超声波频率均可改变衍射光的极值方向和衍射光频率；改变超声波的强度，可以改变折射率光栅的幅度 Δn，从而可以改变衍射光的极值光强。因此，可以通过改变超声波场，控制衍射光强、频率和方向，从而达到光调制的目的。

4. *磁光效应（法拉第（Faraday）效应）*

磁光效应是指磁场作用于某些介质后，其光学性质发生变化的效应。

由物理学可知，一束波长为 λ 的线偏振光，若其振动平面为 AA，则可如图 3.1-8(a) 所示，视线偏振光为对称于 AA 平面的左旋圆偏振光和右旋圆偏振光的合成。假若该光射入某旋光物质（如氯酸钠、石英、硝酸钠等），会因旋光物质对左、右旋圆偏振光的折射率不同（分别是 $n_左$ 与 $n_右$），而使其通过长度 d 后，产生相位差 $\Delta\varphi$，且

$$\Delta\varphi = \frac{2\pi}{\lambda}(n_左 - n_右)d \tag{3.1-15}$$

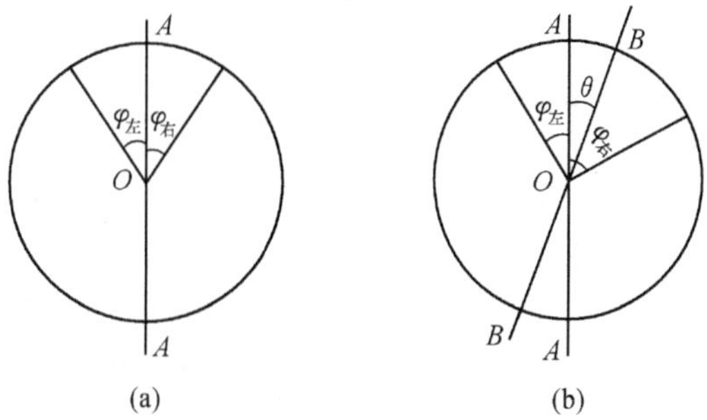

图 3.1-8　线偏振光通过旋光物质偏振面的转动

于是，由图 3.1-8(b) 可以看出，通过旋光物质的出射光，偏振面相对 AA 面有一转角 θ，且

$$\theta = \frac{\Delta\varphi}{2} = \frac{\pi d}{\lambda}(n_左 - n_右) \tag{3.1-16}$$

这就是旋光效应。

磁光效应是通过外加磁场作用使介质呈现旋光性的效应。

由原子物理学中的反常塞曼（Zeeman）效应，在磁场的作用下，物质的吸收谱线将发生分裂，分裂出来的两条谱线相对原谱线位置对称分布，位移量 $\Delta\omega$ 正比于磁场强度 H，并且这两条谱线对应的是旋向相反的圆偏振光。与此相应，磁光介质在磁场作用下的色散曲线也如图 3.1-9 所示产生移动，曲线Ⅰ是左旋圆偏振光的色散曲线，曲线Ⅱ是右旋圆偏振光的色散曲线，图中的实线为无磁场作用时的色散曲线，频率为 ω 的左、右旋圆偏振光的折射率分别为 $n_左$、$n_右$。于是，一束线偏振光分解的两束左、右旋圆偏振光，在磁光介质中传过距离 d 后，将产生相位差 $\Delta\varphi$，并引起输出光的偏振面相对原偏振面方向产生一个偏转 θ，由于 $n_左 - n_右$ 近似与谱线分裂的位移量 $\Delta\omega$ 成正比，又由于 $\Delta\omega$ 与外加磁场 H 成正比，故有 $n_左 - n_右 = \alpha H$，式中，α

为比例系数。因而，相应的偏转角为

$$\theta = \frac{\pi}{\lambda}\alpha Hd = V_d Hd \tag{3.1-17}$$

式中的 $V_d = \pi\alpha/\lambda$，它对于一定的波长是一个比例常数，称为韦尔代(Verdet)常数。例如，对于钠D线($\lambda=0.5893\mu m$)，在室温下测量 1Gs(1Gs$=10^{-4}$T)磁场强度作用下的某些介质的 V_d 值是：石英为 3.72×10^{-6} rad/(cm·Gs)；重火石玻璃为 25.60×10^{-6} rad/(cm·Gs)；ZnS 为 65.20×10^{-6} rad/(cm·Gs)。这个关系式就是通常所说的法拉第效应的表达式。

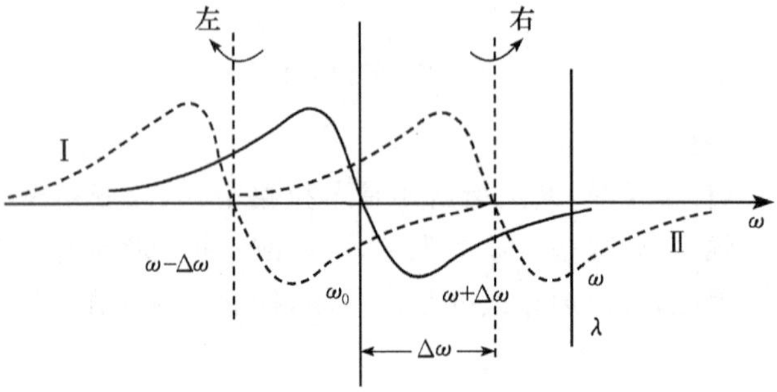

图 3.1-9 磁光介质的色散曲线

3.2 激光调制及激光调制器

1. 激光调制的基本概念

由于激光具有良好的相干性，所以与无线电通信技术中利用无线电波作为传递语言、图像信息的载波相似，激光也可以用来作为传递信息的载波。由于激光频率较之无线电波频率高得多，所以用激光传递信息的容量大。由于激光光束的发散角小，方向性好，所以用激光传递信息具有保密性好，抗干扰性能强等优点。激光作为传递信息的有效工具，首先需要解决的问题是如何将信息加载到激光辐射上去。将欲传递的信息加载到激光辐射上的过程，称为激光调制；能完成这一任务的装置称为光调制器；将已调制的激光辐射还原出所加载信息的过程，称为激光解调。尽管由于激光频率远高于无线电波频率，导致调制器件结构发生了质的变化，但有关调制的概念仍然相同。

按照激光载波调制形式分类，有模拟式调制、脉冲调制和脉冲编码调制(数字调制)。

1) 模拟式调制

模拟式调制是指对连续载波的调制，通常有调幅、调频、调相及强度调制等形式。若激光瞬时电场表示式为

$$E_0(t) = A_0\cos(\omega_0 t) \tag{3.2-1}$$

瞬时光强度定义为电场的平方，表示式为

$$I_0(t) = A_0^2\cos^2(\omega_0 t) \tag{3.2-2}$$

调制信号是正弦信号，表示式为

$$a(t) = A_M\cos(\omega_m t) \tag{3.2-3}$$

则调幅激光振荡表示式为

$$E_A(t) = A_0[1 + M\cos(\omega_m t)]\cos(\omega_0 t) \tag{3.2-4}$$

调频激光振荡表示式为

$$E_F(t)=A_0\cos[\omega_0 t+M_F\sin(\omega_m t)] \tag{3.2-5}$$

调相激光振荡表示式为

$$E_P(t)=A_0\cos[\omega_0 t+M_P\sin(\omega_m t)] \tag{3.2-6}$$

强度调制光强表示式为

$$I(t)=\frac{A_0^2}{2}[1+M_I\cos(\omega_m t)]\cos^2(\omega_0 t) \tag{3.2-7}$$

上面表示式中的 M、M_F、M_P、M_I 分别为调幅系数、调频系数、调相系数、强度调制系数。由于光接收器（光电探测器）都是直接响应所接收到的光信息的强度变化，所以激光调制多采用强度调制，如图 3.2-1 所示。由于强度调制器和幅度调制器在结构上没有什么区别，所以有时也将强度调制称为幅度调制。

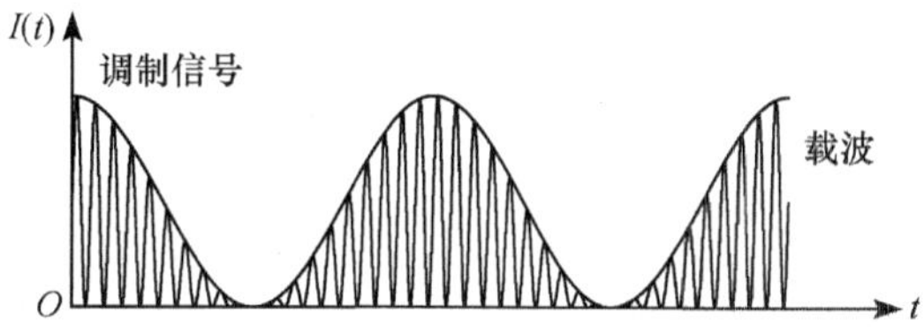

图 3.2-1　强度调制

2）脉冲调制

激光脉冲调制是利用周期性脉冲作为载波，进行调制的技术。有如图 3.2-2 所示的脉冲调幅（PAM）、脉冲调宽（PWM）、脉冲调频（PEM）和脉冲调位（PPM），以及脉冲强度调制（PIM）。

3）脉冲编码调制（PCM）

脉冲编码调制是把模拟信号先变换成脉冲序列，进而再变成二进制编码数字脉冲来传递信息的。图 3.2-3 示出了脉冲编码调制的三个过程：抽样、量化和编码。由于这种调制形式有更宽的带宽和强抗干扰能力，所以目前在光纤通信中得到了广泛的应用。

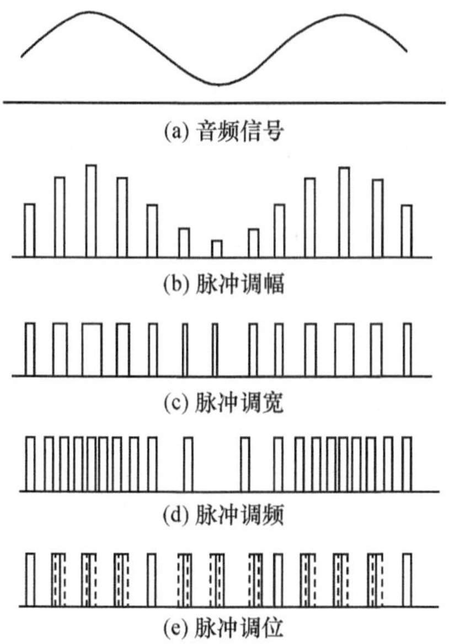

图 3.2-2　脉冲调制

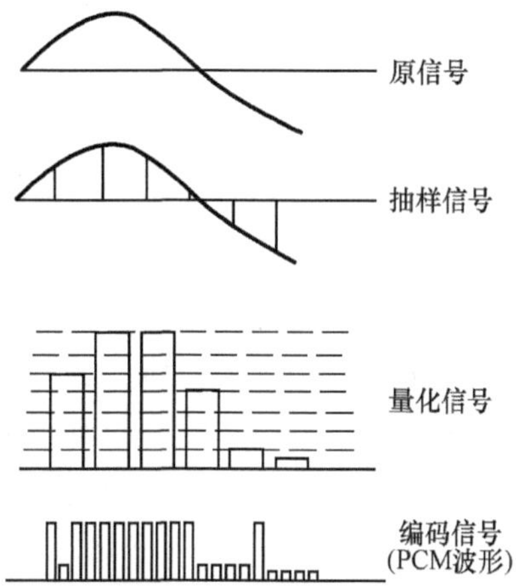

图 3.2-3　脉冲编码调制

激光调制方式根据调制器与激光器的关系，可以分为内调制和外调制两类。内调制是指加载调制信号是在激光振荡的过程中进行的，以调制信号规律控制改变激光振荡的参数，从而使激光输出特性受到调制；外调制是在激光形成后加载调制信号，其方法是在激光腔外的光路上放置调制器，加上调制信号后，调制器的某些物理特性发生变化，当激光通过时，即可达到调制的目的。所以，外调制并不改变激光器的参数，只是改变已输出的激光参数。

2. 典型的调制方法

根据实际需要的不同，经常采用的调制方法有机械调制、电光调制、声光调制、磁光调制及电源调制等。

1）机械调制

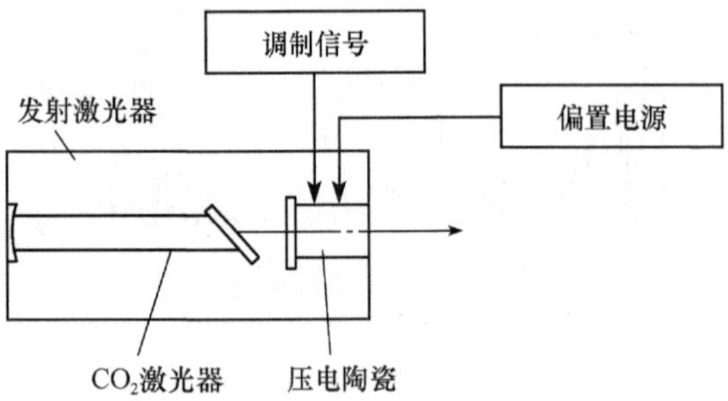

图 3.2-4　机械调制 CO_2 激光器的结构示意

机械调制是一种较为简单的调制方式。图 3.2-4 示出了一种作为发射源的机械调制 CO_2 激光器的结构示意图。作为输出反射镜的锗片贴在压电陶瓷上，压电陶瓷加有调制信号，其长度 l 随调制信号电压 V_m 变化：$\Delta l \propto V_m$。由于 CO_2 激光频率 ν 随腔长 L 变化，其变化量为

$$\Delta\nu = \frac{c}{2L^2}q\Delta L \qquad (3.2\text{-}8)$$

又因为 $\Delta L \propto \Delta l$，所以 $\Delta\nu \propto V_m$，从而实现了输出光频率 ν 随信号电压 V_m 线性变化的激光调频。

实验证明，用压电陶瓷实现调制，有结构简单、材料来源广、调制特性好等优点。常用的锆酸铅(PZT)陶瓷的截止频率为 450kHz，在 PZT 上贴一块 3mm 厚的锗片作负载，当 PZT 所加电压改变 1V 时，可使激光频率变化 6kHz；当激光最大频率偏移为 150kHz 时，调制电压峰值约为 25V。

2）电光调制

电光调制是利用某些晶体材料的电光效应进行工作的。调制晶体(如 KDP 晶体)按照相对于光轴的一些特殊方向切割成一定形状(长方体或圆柱体)，电场沿晶体主轴 x、y、z 中的某一个方向加到晶体上。经常采用的工作方式有两种：一种是电场方向与通光方向一致，都沿着 z 轴(光轴)方向，称为纵向运用；另一种是通光方向与电场方向垂直，称为横向运用。

下面以纵向运用为例，介绍两种电光调制器的工作原理：电光强度调制器和电光相位调制器。

(1) 电光强度调制器

图 3.2-5 是一种典型的 KDP 晶体纵向运用激光强度调制器原理结构，起偏器的偏振方向平行于 KDP 晶体的 x 轴，检偏器的偏振方向平行于 y 轴。入射的激光经起偏器后，成为振动方向平行于 x 轴的线偏振光，它在晶体感应主轴 x' 和 y' 方向上分量的幅度和相位均相等。假设在晶体表面($z=0$)上的光场表示式为

$$\left.\begin{aligned} E_{x'}(0) &= A_0 e^{-i\omega t} \\ E_{y'}(0) &= A_0 e^{-i\omega t} \end{aligned}\right\} \qquad (3.2\text{-}9)$$

入射光强度为

$$I_i = EE^* = 2A_0^2 \qquad (3.2\text{-}10)$$

当光通过长度为 L 的电光晶体后，x' 和 y' 两分量之间就产生了相位延迟差 $\Delta\varphi$(电光延迟)，输出场为

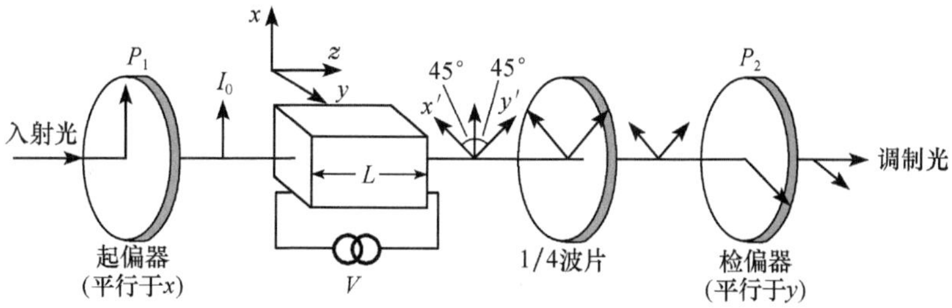

图 3.2-5　KDP 晶体激光强度调制器

$$\left.\begin{aligned} E_{x'}(L) &= A_0 e^{-i\omega t} \\ E_{y'}(L) &= A_0 e^{-i(\omega t-\Delta\varphi)} \end{aligned}\right\} \tag{3.2-11}$$

则由检偏器出射的光是这两个分量在 y 轴上的投影之和，即为

$$E_y(L) = \frac{A_0}{\sqrt{2}}(e^{i\Delta\varphi} - 1)e^{-i\omega t} \tag{3.2-12}$$

相应的输出光强为

$$I_t = E_y E_y^* = 2A_0^2 \sin^2 \frac{\Delta\varphi}{2} \tag{3.2-13}$$

因此，光强透过率为

$$T = \frac{I_t}{I_i} = \sin^2 \frac{\Delta\varphi}{2} \tag{3.2-14}$$

或表示为

$$T = \sin^2\left(\frac{\pi}{2}\frac{V}{V_{\lambda/2}}\right) = \sin^2\left(\frac{\pi n_o^3 \gamma_{63}}{\lambda}V\right) \tag{3.2-15}$$

可见，激光调制器的光强透过率 T 随外加电压 V 变化。将 T 与 V 的关系绘成曲线，如图 3.2-6 所示，该曲线即为这种光强度调制器的特性曲线。显然，改变加到晶体上的调制电压，即可改变光强透过率，从而起到光强度调制的作用。

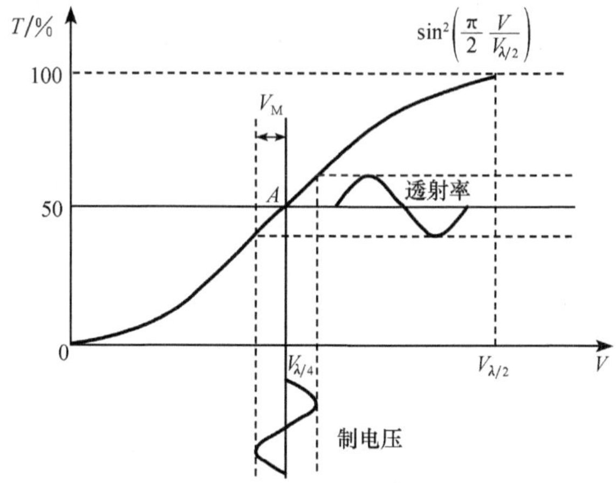

图 3.2-6　光强度调制器的特性曲线

作为一个调制器件，最重要的特性应当是保证其信息不失真，即调制器应处于线性工作状态。可是分析一下图 3.2-6 所示曲线可见，它呈现非线性。假设调制电压为 $V=V_M\sin(\omega_m t)$，

则

$$T = \sin^2\left[\frac{\pi V_M}{2V_{\lambda/2}}\sin(\omega_m t)\right] \tag{3.2-16}$$

显然，如果工作点在原点，调制器的输出必将信息失真。为了避免失真，可选择 A 为工作点，使调制器工作在线性区。在调制信号比较小的情况下，T-V 关系基本上呈线性，相应 A 点的电压 $V_A = V_{\lambda/4}$。为了使调制器的工作点在 A 点，可以采用两种方法：第一，在调制器上除了加调制信号电压外，再加上一个直流偏压 $V_{\lambda/4}$（四分之一波长电压），它相应于产生 $\pi/2$ 的相位差因此也可以写成 $V_{\pi/2}$。这种方法虽然可以保证调制器在线性区工作，但增加了电路的复杂性，并且因为调制器的温度变化，会使晶体的 $V_{\lambda/4}$ 值随之变化，因而造成工作点的漂移。在实际工作中，经常采用第二种方法，即如图 3.2-5 所示，在光路中插入一个四分之一波片。这样一来，激光通过晶体和四分之一波片后，两个正交偏振分量间的总相位差为

$$\Delta\varphi = \frac{\pi}{2} + \frac{\pi V}{V_{\lambda/2}}$$

调制器的光强透过率为

$$T = \sin^2\left(\frac{\pi}{4} + \frac{\pi V}{2V_{\lambda/2}}\right) = \frac{1}{2}\left\{1 + \sin\left[\frac{\pi V_M}{V_{\lambda/2}}\sin(\omega_m t)\right]\right\} \tag{3.2-17}$$

如果调制信号较小，满足 $V_M \ll V_{\lambda/4}$，则近似有

$$T \approx \frac{1}{2} + \frac{\pi V_M}{2V_{\lambda/2}}\sin(\omega_m t) \tag{3.2-18}$$

可见，在这种情况下，透过率与调制信号呈现线性关系。

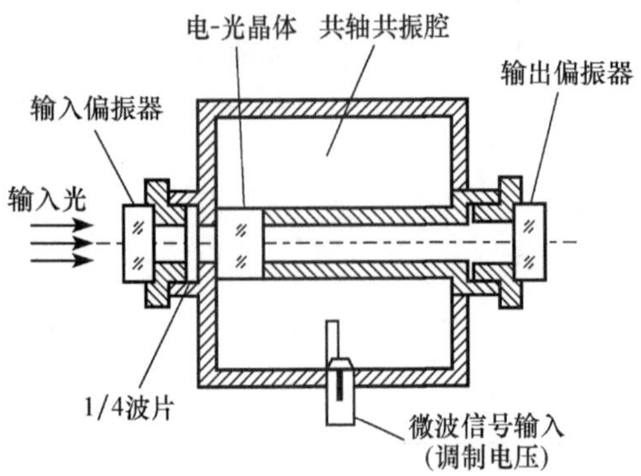

图 3.2-7 一种电光强度调制器

图 3.2-7 给出了一个实用的用微波信号激励电光晶体的强度调制器结构简图。电光晶体置于工作在微波频率上的空腔内，它对同轴腔呈现容性负载。

作为一个调制器件，另外一个重要的特性是应有高的调制频率和足够宽的调制带宽。图 3.2-8 所示的行波电光调制器结构，由于射频调制场与光波一起在晶体中传播，克服了光波通过晶体时渡越时间对调制频率的限制，可以满足高调制频率、宽调制带宽的要求，其带宽可达数千兆赫。

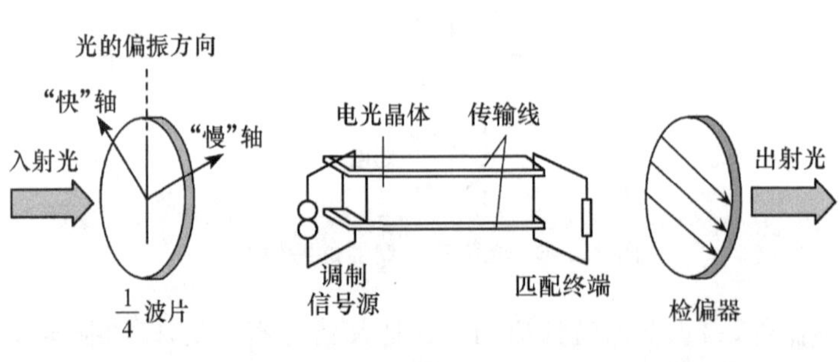

图 3.2-8 行波电光调制器结构

(2) 电光相位调制器

图 3.2-9 是电光相位调制器的原理图。它是由起偏器和 KDP 电光晶体组成的。起偏器的偏振方向平行于晶体的感应主轴 x',外加电场沿着 z 轴方向。激光通过晶体后,偏振状态不改变,外电场引起的相位变化为

$$\Delta\varphi = \frac{2\pi}{\lambda}\Delta n_{x'} l = \frac{\pi n_o^3 \gamma_{63}}{\lambda} E_z l \tag{3.2-19}$$

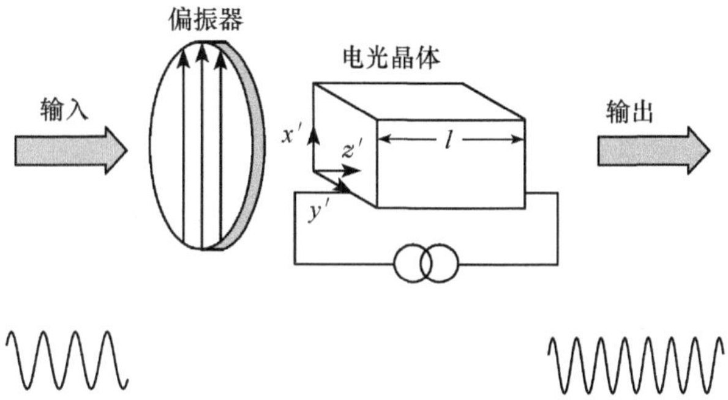

图 3.2-9　电光相位调制器原理图

如果外加电场 $E_z = A_M \sin(\omega_m t)$,$z=0$ 处的入射光场为 $E_i = A_0 \cos(\omega t)$,则激光通过晶体后,相位调制的输出光场为

$$E_t = A_0 \cos\left[\omega t - \frac{2\pi}{\lambda}\left(n_o - \frac{1}{2} n_o^3 \gamma_{63} A_M \sin \omega_m t\right) l\right] \tag{3.2-20}$$

略去常数相位因子项,输出光场可表示为

$$E_t = A_0 \cos(\omega t + M_P \sin \omega_m t) \tag{3.2-21}$$

式中,$M_P = \frac{\pi}{\lambda} n_o^3 \gamma_{63} A_M l$ 为相位调制系数。

3) 声光调制

声光调制是利用某些材料的声光效应进行调制工作的,其原理结构如图 3.2-10(a)所示,图 3.2-10(b)是一种器件结构示意。声光调制器通常由四部分组成,即驱动电源、电声换能器、声光介质和吸声器。

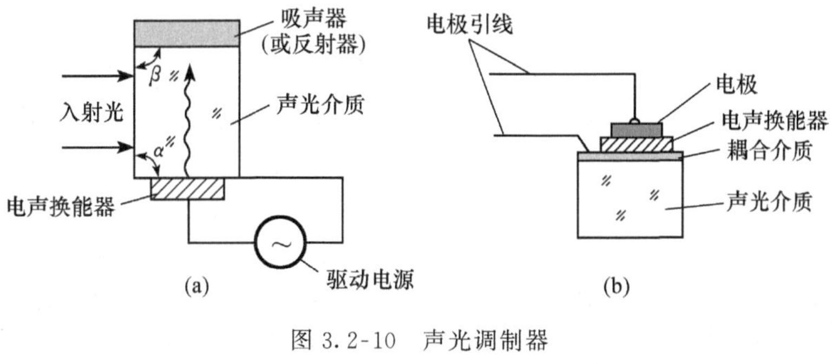

图 3.2-10　声光调制器

声光介质是声光相互作用的场所。对于拉曼-奈斯衍射情况,入射光垂直于通光表面,即 $\alpha=90°$;对于布拉格声光衍射来说,通常使超声波面(平行于换能器表面)与通光表面之间构成

一个$(90°-\theta_B)$角，这样既可以满足布喇格条件，又保证了光束垂直通光表面入射；电声换能器又称为超声波发生器，它是利用某些压电晶体（如石英、$LiNbO_3$ 等）或压电半导体（如 CdS、ZnO 等）的反压电效应，在外电场作用下形成机械振动而产生超声波的，它起着将调制电信号转换成声信号的作用；吸声器放在超声源的对面，用以吸收通过介质的声波，保证器件工作于行波状态，如果要使超声场工作在驻波状态，则需将吸收器换成声反射器；驱动电源为高频振荡电源，其电参数受调制信号的控制。

无论是拉曼-奈斯型声光调制器，还是布拉格型声光调制器，均采取两种工作方式，一种是将零级衍射光作为输出，另一种是将一级衍射光作为输出，不需要的其他级次衍射光用光阑挡去。调制信号的变化，改变了声光介质中的超声波场，使其折射率分布发生变化，从而使衍射光的方向、光强和频率发生变化，达到调制之目的。

作为一个例子，分析图 3.1-7 所示的布拉格型声光调制器的工作。

由声光效应理论，布拉格型衍射的一级光强满足如下关系：

$$\frac{I_1}{I_i}=\sin^2\left(\frac{V}{2}\right) \tag{3.2-22}$$

与电光强度调制器比较可以看出，它们有相同的函数关系和相同的调制特性曲线。当调制信号较小时，式(3.2-22)可近似表示成

$$\frac{I_1}{I_i}\approx\left(\frac{V}{2}\right)^2 \tag{3.2-23}$$

式中，$V=2\pi\Delta nL/\lambda$ 是光通过声光介质时产生的附加相移。根据声光效应的理论分析，式(3.2-23)可进一步表示为

$$\frac{I_1}{I_i}\approx\frac{\pi^2 LM_2}{2\lambda H}P_S \tag{3.2-24}$$

式中，L 是光通过超声声柱的长度，H 是矩形超声声柱的宽度，M_2 是声光介质的品质因数，表征该调制器的调制效率，P_S 是超声功率。可见，一级衍射光强与声功率 P_S 成正比，而 P_S 又正比于调制电源的功率 P_E，设 $P_S=\eta P_E$，η 为电声功率的转换效率，则有

$$I_1=I_i\frac{\pi^2 LM_2}{2\lambda H}P_S=I_iKP_E \tag{3.2-25}$$

若 P_E 按调制信号规律变化，一级衍射光强也将随调制信号的规律变化。

通常，评价声光调制器材料的优劣采用两个品质因数：M_1 和 M_2。M_2 是表征材料调制效率的品质因数，M_2 越大，调制效率越高；M_1 是表征材料的布拉格带宽的品质因数。由布拉格条件 $\theta_B\approx\lambda/(2\lambda_S)$ 可知，光波和声波的波长变化时，都将引起布拉格角 θ_B 变化，导致衍射效率变化。通常定义一级衍射光强下降到中心频率衍射光强的一半时，所对应的声频率变化 Δf_S 为布拉格带宽。M_1 与布拉格带宽 Δf_S 成正比，M_1 值越大，由该材料制成的调制器的调制带宽越宽。

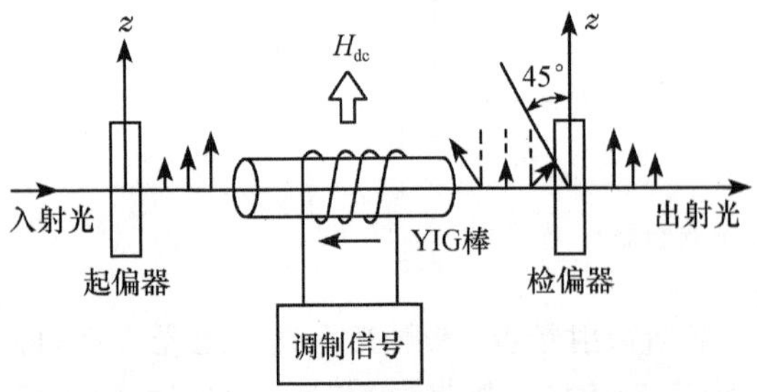

图 3.2-11 磁光调制器的原理示意图

4）磁光调制

磁光调制是基于法拉第效应进行工作的。图 3.2-11 是一种磁光调制器的原理示意图，磁光介质（YIG 棒）置于激光传输光路中，环绕在磁光介质上的线圈通一与调制信号成正比的电流，为获线性调制，磁光介质上加一垂直于光传播方向的恒定磁场 H_{dc}。根据

法拉第效应，通过磁光介质的光的偏振面旋转角正比于调制信号。如果在磁光介质两端放置起偏器和检偏器，即可将按调制信号变化的偏振面的旋转，转化为输出光的强度调制。

5）电源调制

直接将调制信号加载到激光电源上，使激光器发射的激光参数随调制信号变化的调制方法，称为电源调制或直接调制，激光内调制广泛采用这种调制方法。

图 3.2-12 示出了一种 CO_2 激光通信机所采用的电源调制原理图。音响调制信号通过变压器直接耦合到激光电源的负极，通过控制 CO_2 激光管的放电电流，即可达到调制输出光强的目的。

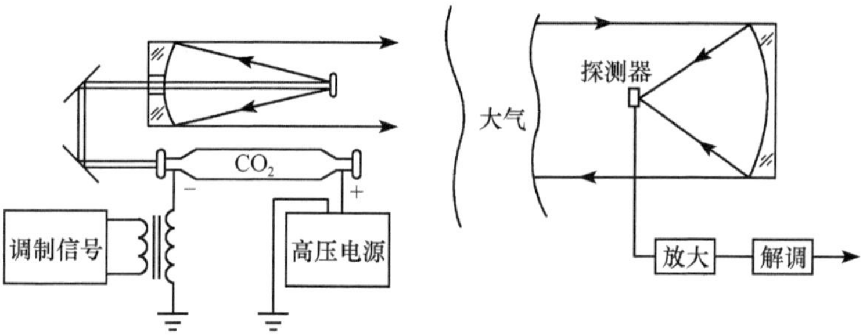

图 3.2-12 电源调制示例

在实际应用中，大量采用电源调制的是注入式半导体激光器及发光二极管。图 3.2-13 是半导体激光器调制原理示意图，图 3.2-13(a)是调制电路原理图，图 3.2-13(b)是输出功率与调制电流的关系曲线。显然，为了获得线性调制，应选择工作点处于特性曲线的线性区域。因此，在实际工作中，在加调制信号的同时，还应加一适当大小的偏置电流。

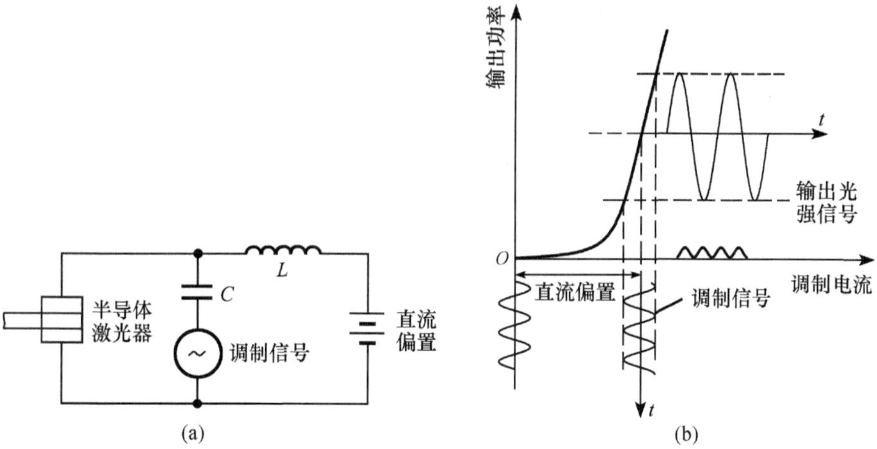

图 3.2-13 半导体激光器电源调制

调制带宽是半导体激光器的重要特性参量，决定半导体激光器调制带宽的主要因素是半导体激光器本身的激射作用及它的高频等效电路参数。图 3.2-14 是激光二极管的高频等效电路，R_j、C_j 分别为 PN 结的结电阻和结电容，L_S 为引线电感，C_P 为封装电容。如果 C_j 降至 5pF，引线电感降至 1nH，它的 3dB 调制带宽约为 1GHz。如果进

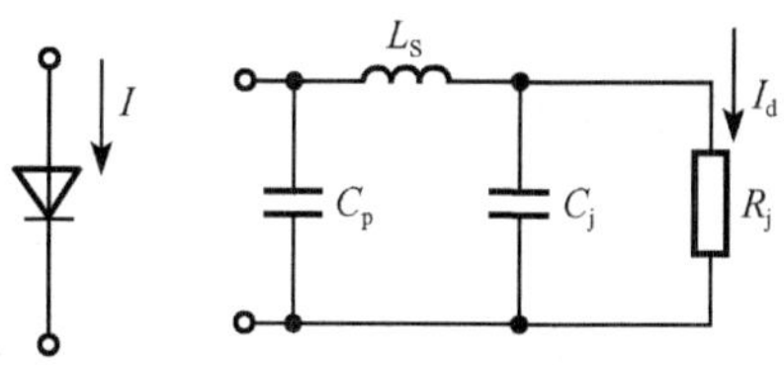

图 3.2-14 激光二极管的等效电路

一步降低 C_j 为 1～2pF，L_S 降低为 0.1～0.2nH，其调制带宽可提高到 10GHz 以上。

图 3.2-15 是一种半导体激光通信机的原理图。其发射机端先将欲传送的语音信号送至脉冲调制器，产生调位脉冲电信号，并经过放大，激励半导体激光器，所产生的调制激光通过发射天线，传送至接收机端。接收天线将收到的调制光会聚到光电二极管上，变换为相应的电信号，经过一系列电信息处理后，即可还原出原始的语音信号。

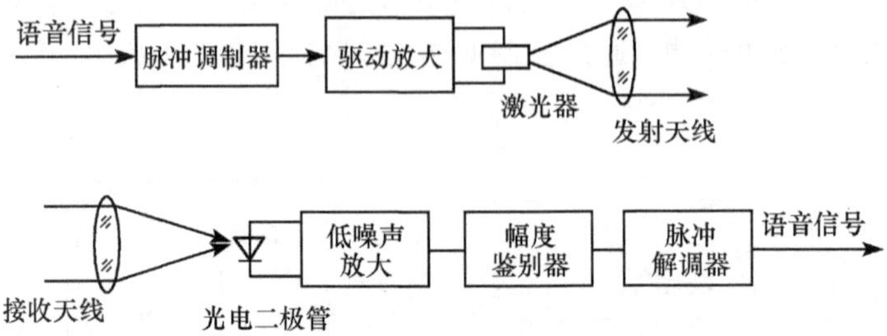

图 3.2-15 半导体激光通信机原理图

3.3 激光偏转技术

使激光束相对于原始位置做一定规律的偏转扫描，是激光应用中的重要技术之一。例如，在激光大屏幕显示、激光图像传真、激光雷达的搜索和跟踪、激光印刷技术及大容量光存储器的寻址检索等应用中，都需要激光偏转技术。

根据使用目的的不同，可将激光偏转技术分为两类：一类是模拟式偏转，激光偏转角连续变化；另一类是数字式偏转，即在选定空间中的某些特定位置上，使光束离散（不连续）地偏转。前者多用于各种显示，后者则主要用于光存储。

1. 偏转器的技术指标

设计或评价一个光偏转器的主要指标是：偏转角 θ、扫描速度、偏转效率和偏转分辨率。其中，偏转效率定义为偏转光强与入射光强之比，即

$$\eta = \frac{I_d}{I_i} \tag{3.3-1}$$

它反映了光偏转器的光能损失；偏转分辨率表示光束偏转的最大可分辨的点数，定义为

$$N = \frac{\theta}{\theta_{dv}} \tag{3.3-2}$$

式中，θ_{dv} 是光束的发散角。因为 $\theta_{dv}=K\lambda/D$（D 是光束直径，K 是与光束截面形状和强度分布有关的常数），所以偏转分辨率可表示为

$$N = \frac{\theta D}{K\lambda} \tag{3.3-3}$$

目前常用的偏转方法有机械偏转法、电光偏转法和声光偏转法三种。下面简单介绍它们的偏转原理。

2. 机械偏转

机械偏转是利用反射镜或棱镜等光学元件的旋转或振动，改变反射光或折射光的方向，从而获得光束偏转的方法。

图 3.3-1 所示的旋转多面反射镜鼓是一种典型的机械偏转方法，若反射镜鼓上有 n 块相同的反射镜，则当镜鼓旋转时，每块反射镜依次将入射光束在光屏上扫描一次。转镜偏转扫描的优点是：扫描角度大，通常可大于 30°；可分辨像素多，通常在 1000～10000；光学损失小等。

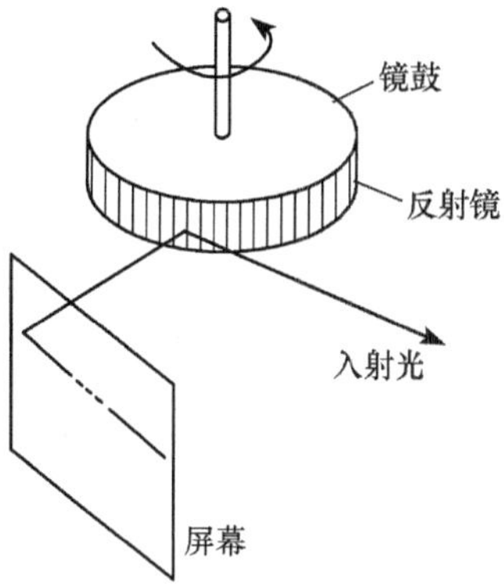

图 3.3-1　旋转多面反射镜鼓

这里特别要提及的是，20 世纪 80 年代以来，在微系统科学领域内，微电子机械系统（MEMS）技术、微光学技术和微光电子机械系统（MOEMS）技术先后问世，并迅速地发展起来，许多过去曾以为由于体光学的限制而不能实现的光学器件，利用这些新技术可以轻而易举地设计并制作出来。微光学机械光束偏转器、微电子机械光扫描器相继被开发出来，例如，基于双压电晶体微制动器的微电子机械光学扫描器，由两个制作在硅悬臂梁上的主要部件——制动器和反射镜组成，是一种小于 1W 的低功率器件，其扫描角度可大于 20°，扫描频率为 100～2000Hz，扫描器可全波段工作，为片上信号处理和控制提供了电子学和光学单片集成的潜力。这种扫描器重量轻、体积小，且扫描性能极好。相对于以往的扫描器来说，这种光扫描器是一种带有革命性的新器件。

当然，这种机械偏转法由于存在机械转动的惯性限制，扫描速度较低。

3. 电光偏转

电光偏转是利用晶体的电光效应实现偏转的方法。其偏转方式有扫描偏转和数字式偏转两种。

1）扫描偏转

（1）光楔偏光原理

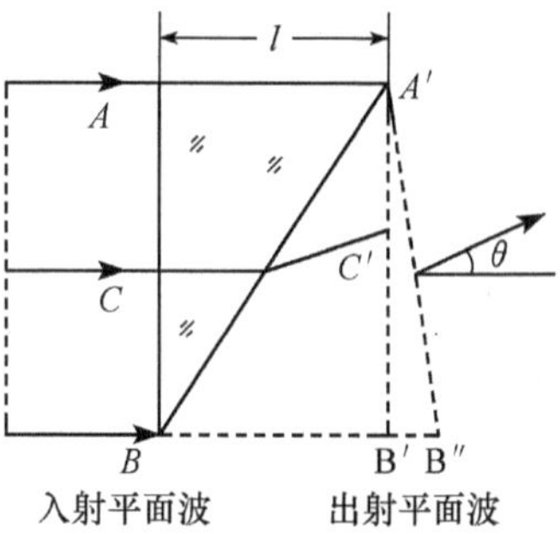

图 3.3-2　光楔偏光

由应用光学知，如图 3.3-2 所示的一块光楔，可以将入射光线偏折。若入射平面波的波阵面与光楔表面 AB 平行，并设想有一“空气楔”$A'BB'$ 与光楔 $AA'B$ 组成一个长方体棱镜，则由于玻璃的折射率 $n>1$，AB 面上各点的光振动传到 $A'B'$ 面时，将有不同的光程：从 A 到 A'，整个路程完全在玻璃中，其光程为 nl；从 B 到 B'，整个路程完全在空气中，其光程为 l；A 和 B 之间的其他光振动，都只通过一段玻璃，例如从 C 到 C'，在玻璃中所走过的路程为 l'，整个光程近似为 $nl'+(l-l')=l+(n-1)l'$。从下到上，光程线性增加。当 A 点的光振动传到 A' 时，B 点的光振动到了 B'' 点。故由图 3.3-2 清楚可见，光波的传播方向发生了偏转，波面法线的偏转角度为

$$\theta=\arctan\left(\frac{\Delta nl}{d}\right) \tag{3.3-4}$$

式中，Δn 为玻璃介质的折射率与空气折射率之差，$\Delta n=n-1$；d 为玻璃宽度（AB）。当 θ 很小时，

$$\theta\approx\frac{\Delta nl}{d} \tag{3.3-5}$$

(2) 电光扫描偏转

图 3.3-3 是一种根据上述光楔偏光原理，利用晶体的电光效应制成的双棱镜 KDP 电光偏转器。这种偏转器是用两块晶体棱镜代替图 3.3-2 中的玻璃和“空气楔”棱镜，它们的光轴（z 轴）反向，外加电场沿图示 z 轴方向，棱镜各边分别沿着感应主轴 x'、y' 和 z 轴。入射光沿 y' 轴方向传播，偏振方向沿着 x' 轴。按照晶体的电光效应，完全在上面棱镜内传播的光线 A 的折射率为 $n_A=n_o-n_o^3\gamma_{63}E_z/2$；完全在下面棱镜内传播的光线 B 所对应的折射率为 n_B，因为电场符号相对于光轴反号，所以为 $n_B=n_o+n_o^3\gamma_{63}E_z/2$，于是，上下折射率之差为 $\Delta n=n_A-n_B=-n_o^3\gamma_{63}E_z$，根据式(3.3-5)，光束穿过偏转器之后的偏转角为

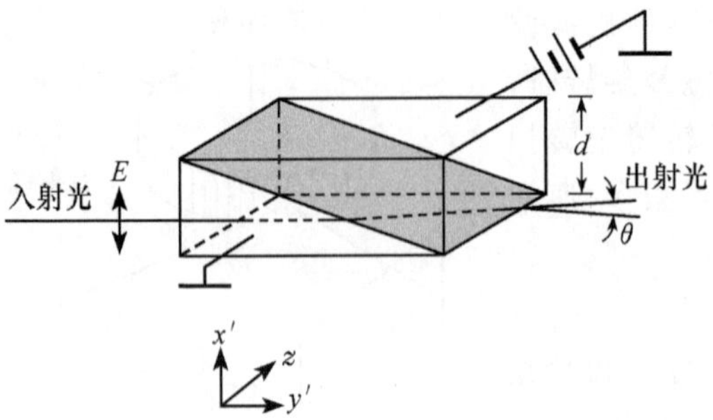

图 3.3-3 双棱镜 KDP 电光偏转器

$$\theta=\frac{l}{d}n_o^3\gamma_{63}E_z=\frac{l}{dh}n_o^3\gamma_{63}V \tag{3.3-6}$$

式中，h 为 z 方向上的晶体宽度。由式(3.3-6)可见，当外加电压变化时，偏转角将成比例地随着变化，从而可以利用外加电压控制光线的前进方向。

但是，一个电光偏转器所能获得的偏转角 θ 很小。例如，$l=d=h=1\text{cm}$，$V=1000\text{V}$ 时，$\theta=3.5\times10^{-6}\text{rad}$。所以，用单个偏转器进行光束扫描偏转，很难满足实际应用的要求。

为了增加偏转角，且外加电压又不致太高，常将若干个 KDP 棱镜串接成图 3.3-4 所示的多级棱镜结构，其中的棱镜 2,3,…,12 均为等腰直角棱镜，可以把每个棱镜看成由两个光楔拼合而成。通过外加电压，使 13 个棱镜的折射率交替为 $n_o-n_o^3\gamma_{63}E_z/2$ 和 $n_o+n_o^3\gamma_{63}E_z/2$，则光束的总偏转角为 12 个等效双楔形棱镜偏转器偏转角的总和，即

$$\theta_{总}=12\theta=\frac{Ln_o^3\gamma_{63}}{dh}V \tag{3.3-7}$$

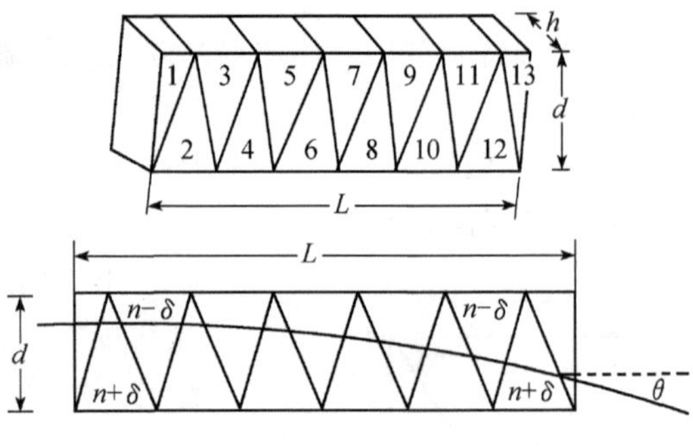

图 3.3-4 多级棱镜偏转器

这种多级棱镜偏转器本质上是单个双棱镜 KDP 电光偏转器的串联工作，其工作电压高，特别是由于光束宽度和棱镜尺寸的限制，光楔的个数不能太多。由 5～12 个偏转器组成的多级棱镜偏转器的 $\theta_{总}$ 约为几分。除非特殊要求，因此这种多级棱镜的实用性不大。

近几年来，人们研究了一种新型的光波导阵列电光扫描器（激光电光相控阵器件）。这种器件的结构示意如图 3.3-5 所示，利用 MOCVD 技术生长的 P-I-N 型 GaAs 光波导阵列是其核心部件，每一个光波导都由芯层和包层（兼起电极层作用）组成，均可视为光波导相控阵中的一个相移单元。激光束在该器件中传输时，通过控制系统在不同电极层上设置的电位，改变各光波导芯层内的电场，进而通过晶体的电光效应，改变各光波导芯层的折射率，控制各波导输出光的相移按一定

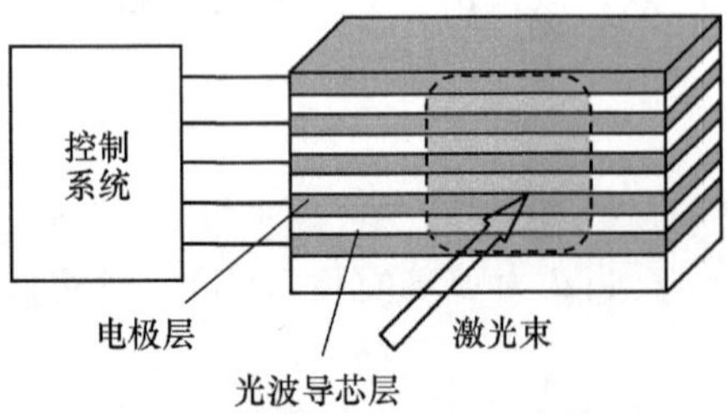

图 3.3-5 光波导阵列电光扫描器

规律分布，根据式(3.3-5)，输出光波波阵面将发生偏转。这种新型器件的特点是：体积小；扫描范围大，可达 45°；扫描速度快，可达 1kHz～10MHz，仅受电路限制；驱动电压低，可在几伏驱动电压下工作。这些优点使得它在激光雷达、激光扫描器、激光波前控制、光计算等诸多领域内有广泛的应用前景。

2）数字式偏转

现代光存储器实际上都采用了二进制的数字偏转器。图 3.3-6 是一种典型的由 KDP 电光晶体和双折射晶体组合而成的数字式偏转器，其中双折射晶体可以将线偏振入射光分解成两束平行出射、振动方向正交的分离光束，其分离度为 d，α 为晶体中这两个光束的离散角，θ 为入射光波法线方向相对光轴的夹角。

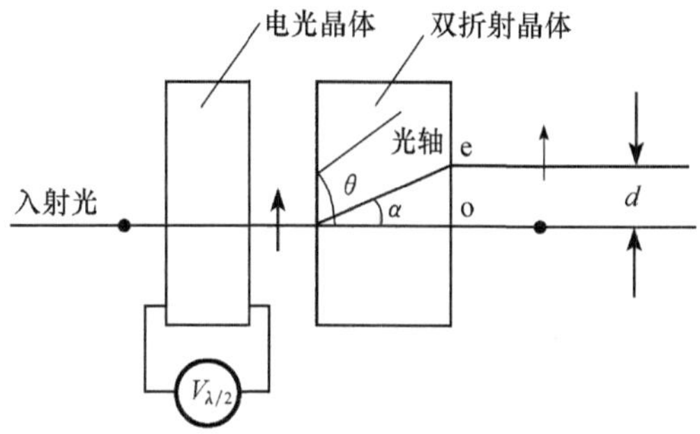

图 3.3-6　数字式偏转器原理

这种数字式偏转器的工作过程如下：线偏振光(垂直纸面振动)通过未加电压的电光晶体时，偏振状态保持不变；其后通过双折射晶体，并调整晶体的方位，可保持其传播方向、振动方向不变。当电光晶体加上半波电压 $V_{\lambda/2}$ 时，线偏振光通过它后，偏振面旋转 90°，变成平行于纸面振动；该光在双折射晶体内传播时，由于晶体的双折射特性，其方向将与表面法线成 α 角，到达晶体输出面时，偏移距离为 d，然后以平行于入射光的方向射出。对于方解石双折射晶体，当 $\theta\approx 51°$ 时，在可见光和近红外波段，离散角为 $\alpha\approx 6°$。

上述偏转器的输出光随着电光晶体加与不加半波电压，分别占据两个地址。如果将 N 个这种数字偏转器组合起来，就构成了 N 级数字偏转器，可以产生 2^N 个偏转点地址。图 3.3-7 是一个三级数字式偏转器的结构示意图。它可以使一束入射光产生 8 个偏转点。图中的 A_1、A_2、A_3 为电光晶体，B_1、B_2、B_3 为双折射棱镜，右边所示数字 1 和 0，分别表示某电光晶体加了半波电压与未加半波电压。相应于 3 个电光晶体的 8 种加电压组合方式，有 8 个偏转点地址。

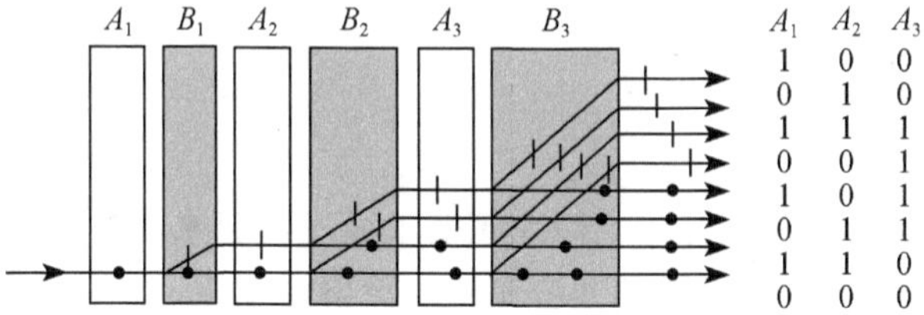

图 3.3-7　三级数字式偏转器

如果要求可控位置分布在二维方向上，只要将两组彼此垂直的 N 级偏转器组合起来就可以实现。这种结构可以得到 $2^N\times 2^N$ 个二维可控位置。

4．声光偏转

声光效应除了能对光束进行调制外，还可以控制光束的偏转。声光偏转器的结构与声光调制器类似，不同之处只是偏转器利用改变超声频率的方法，使工作于布拉格条件的光束偏转。根据声光效应分析，当声光介质的长度 L 较大，超声波波长 λ_S 较小，光束以布拉格角 θ_B 入射时，所产生的衍射光极值角(相对入射光的偏转角)为

$$\alpha = 2\theta_B = \frac{\lambda}{v_S} f_S \tag{3.3-8}$$

式中，v_S 为超声波速，f_S 为超声频率。可见，改变超声频率 f_S，就可以相应地改变偏转角。如果超声频率改变 Δf_S，相应的偏转角变化为

$$\Delta\alpha = \frac{\lambda}{v_S} \Delta f_S \tag{3.3-9}$$

如图 3.3-8 所示。

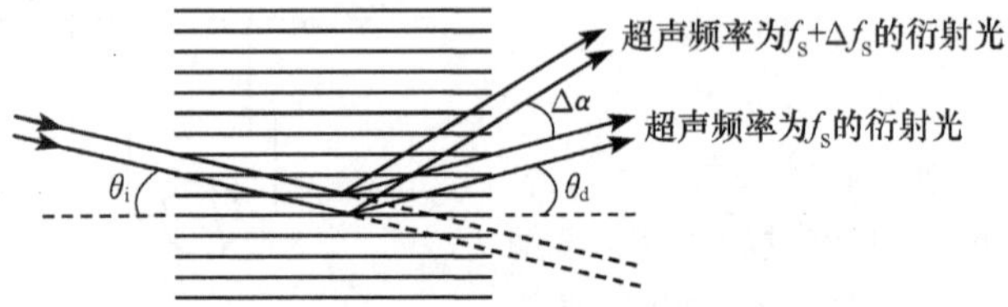

图 3.3-8 衍射光的偏转

图 3.3-9 是一个应用于声光光学存储器的一维声光偏转器。He-Ne 激光经扩束望远镜 T_1 扩束后，入射到柱面透镜 L_1 上，该透镜可以保证射到声光介质上的光束孔径满足要求。声光偏转器由信号控制，使 He-Ne 光点做一维扫描。第二个柱面透镜 L_2 使扫描光束重新变换为圆形光束，经物镜 L_3 聚焦，在光屏上显示出受控 He-Ne 光点扫描轨迹。

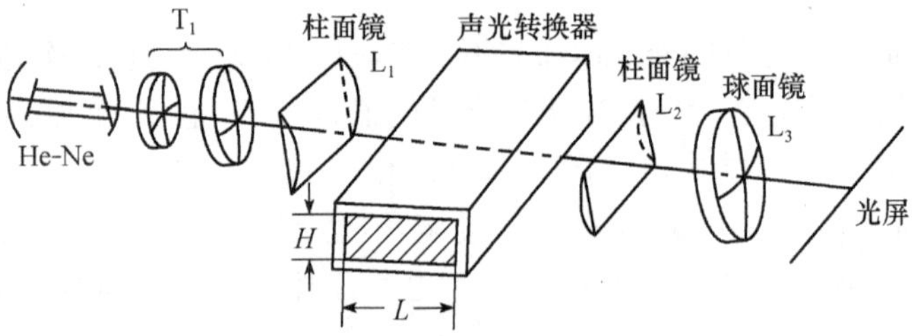

图 3.3-9 一维声光偏转器的应用示例

3.4 激光脉冲技术

激光脉冲技术是适应脉冲激光的实际应用要求而发展起来的激光技术。为了说明这种技术的重要性，首先回顾一下一般固体脉冲激光器的输出特性。

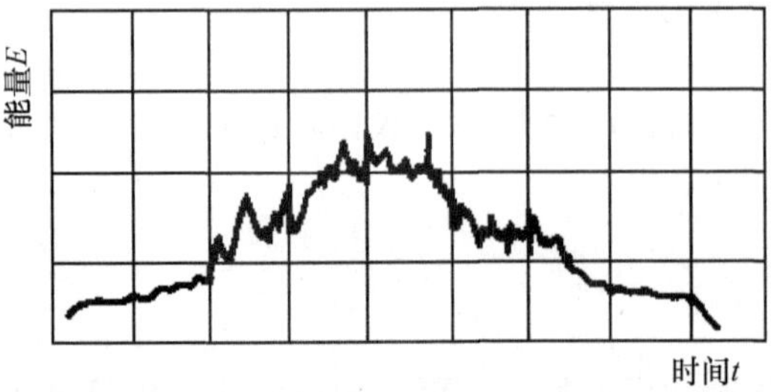

图 3.4-1 尖峰脉冲序列

如前所述，一般固体脉冲激光器输出的脉冲激光都不是单一的光滑脉冲，而是如图 3.4-1 所示的一群宽度只有几微秒量级、间隔是几微秒到几十微秒、强度随机不等的小尖峰脉冲序列，有时称为尖峰序列。增强激励，将减小短脉冲间隔，增多尖峰数量，但包络峰值增加不多。这种激光脉冲，一则持续时间长、峰值功率低(只有几十千瓦量级)，二则波

形呈现多尖峰状，显然不能满足诸如激光雷达、激光测距、激光制导、高速照相以及激光核聚变等许多方面应用的要求。在这些领域中的应用，都要求光脉冲宽度窄、峰值功率高，而且脉冲波形应当光滑。正是在这种要求的推动下，激光脉冲技术得以迅速发展，而激光脉冲技术的发展，又推动了脉冲激光在许多重要的新领域内的应用，并且进一步推动建立和发展了许多新的学科。

一般所说的激光脉冲技术，包括调 Q 技术和锁模技术。调 Q 技术可以产生脉宽为 $10^{-7}\sim10^{-9}$ s 量级、峰值功率为兆瓦量级的巨脉冲；锁模技术可产生出 $10^{-12}\sim10^{-13}$ s 量级的超短光脉冲，若进一步采用脉冲压缩技术，可将脉冲宽度减小到 10^{-15} s 量级，故也称为超短光脉冲技术。

3.4.1　调 Q 技术

调 Q 技术的概念是在 1961 年提出来的，1962 年就制成了第一台调 Q 激光器。调 Q 技术的出现和应用，是激光发展史上的一个重要突破。它能把激光能量压缩在几个纳秒的时间间隔内，使得光源的单色亮度提高了几个数量级。当用这种调 Q 激光与物质相互作用时，会产生出一系列具有重大意义的新现象、新技术和新方法。例如，正是调 Q 激光器的出现，导致了物理学中非线性光学这一新学科的诞生，使得古老的光学焕发了青春；正是调 Q 激光器的出现，推动了激光测距、激光雷达、高速照相及激光加工等应用的迅猛发展。

1. 调 Q 技术的概念

1）调 Q 技术的基本思想

固体脉冲激光器的工作过程是：在脉冲泵浦光激励下，介质的激光上、下能级之间产生了粒子数反转，如果反转粒子数超过了激光器的阈值反转粒子数，就将产生激光输出。而调 Q 技术的基本思想是：当激光上能级积累的反转粒子数不多时，人为地控制激光器的阈值，使其很高，从而抑制了激光振荡的产生；在这种情况下，由于光泵的激励，激光上能级将不断地积累粒子数；当反转粒子数达到最大数量时，突然降低激光器的阈值，由于此时的反转粒子数大大超过激光器的阈值反转粒子数，在腔内将雪崩一样地、以极快的速度建立起极强的激光振荡，在极短的时间内大量抽空激光上能级的粒子，同时输出一个极强的尖锐脉冲，这种脉冲通常称为激光巨脉冲，或调 Q 脉冲。

上面的叙述表明，调 Q 技术的实质是人为地控制激光器的阈值，那么为什么称为调 Q 技术呢？

由激光原理知道，激光器的阈值反转粒子数 ΔN_{th} 满足下面的关系：

$$\Delta N_{\mathrm{th}}=\omega\frac{p\tau_{21}}{Q}\qquad(3.4\text{-}1)$$

式中，ω 是激光的角频率，p 是模式密度，τ_{21} 是激光上下能级间的自发辐射寿命，Q 是激光器的品质因数。对一定的激光器，$\Delta N_{\mathrm{th}}\propto1/Q$，所以控制阈值反转粒子数，也就是控制激光器的 Q 值，故称为调 Q，或形象地称为 Q 开关、Q 突变。

2）调 Q 方法

由激光原理知道，激光器的 Q 值表示式为

$$Q=2\pi\frac{nL}{\alpha\lambda}\qquad(3.4\text{-}2)$$

式中，nL 是激光器的光程，α 是光在腔内的单程能量损耗率，λ 是光波长。可见，调节 Q 值可以通过调节腔内的损耗实现。

谐振腔的损耗率一般可表示为

$$\alpha = \alpha_r + \alpha_a + \alpha_d + \alpha_s + \alpha_t \tag{3.4-3}$$

式中，等号右边各项分别为反射损耗、吸收损耗、衍射损耗、散射损耗和透射损耗。用不同的方法，控制不同类型的损耗，就形成了不同的调 Q 技术：控制反射损耗 α_r 的有机械转镜调 Q 技术、电光调 Q 技术；控制吸收损耗 α_a 的有可饱和吸收染料调 Q 技术、色心调 Q 技术；控制衍射损耗 α_d 的有声光调 Q 技术；控制透射损耗 α_t 的有脉冲透射式调 Q 技术、破坏全内反射调 Q 技术等。

下面，简单介绍常用的电光调 Q、声光调 Q 和可饱和吸收染料调 Q 技术的工作原理。

2. 电光调 Q

电光调 Q 是利用晶体的电光效应实现调 Q 的，即通过谐振腔内的电光晶体在外加电场的作用下，使入射偏振光的振动方向发生变化，人为地在腔内引入可控的等效反射损耗。电光调 Q 实际上是一种特殊形式的电光调制。

1）脉冲反射式(PRM)电光调 Q 激光器

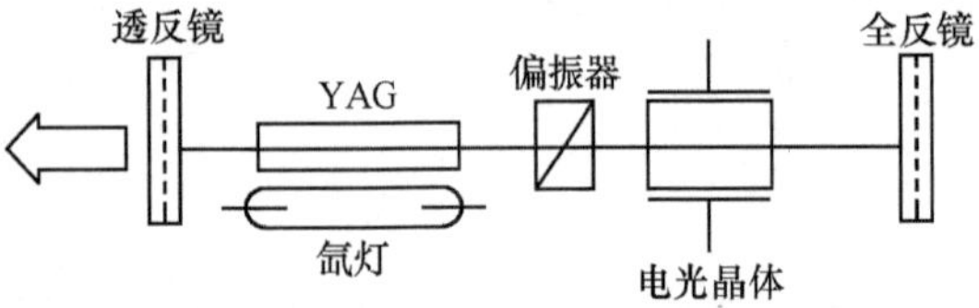

图 3.4-2　电光调 Q 激光器

图 3.4-2 是一种典型的电光调 Q 激光器原理图，其工作过程如下：YAG 在氙灯的激励下，产生无规则偏振的自然光，它通过偏振器后，变成（如 x 方向的）线偏振光，若 KDP 电光晶体未加半波电压，则该光沿轴线（光轴）方向通过晶体时，其偏振状态不发生变化，经全反镜反射后，将再次无变化地通过偏振器和电光晶体，此时激光器处于 Q 开关“打开”的高 Q 状态；如果 KDP 电光晶体上施加 $\lambda/4$ 电压，由于电光效应，沿 x 方向的线偏振光经全反镜反射、两次经过电光晶体后，可以变成 y 方向的线偏振光，它不能通过偏振器，激光器处于 Q 开关“关闭”的低 Q 状态，此状态将阻断激光振荡的形成。于是，如图 3.4-3 所示，如果氙灯刚开始点燃时，在电光晶体上加上 $\lambda/4$ 电压，使 Q 开关“关闭”，阻断激光振荡的形成，则在氙灯不断激励下（图 3.4-3 中的 $W_P(t)$），YAG 上能级反转粒子数不断积累（图 3.4-3 中的 $\Delta N(t)$），当反转粒子数达到最大时，瞬时退掉加在电光晶体上的电压，Q 开关“打开”，因此时阈值反转粒子数 ΔN_{th} 很小，$\Delta N(t) \gg \Delta N_{th}$，即可雪崩式地产生一个激光巨脉冲（图 3.4-3 中的 $\Phi(t)$）。

由上述工作过程可见，这种电光调 Q 激光器的关键技术问题有两个：一个是应精确保证晶体加上 $\lambda/4$ 电压时，Q 开关处于“关闭”状态；另一个是应精确控制退掉晶体上所加电压的时间。这些问题都可以通过适当地设计器件和控制线路得以解决。

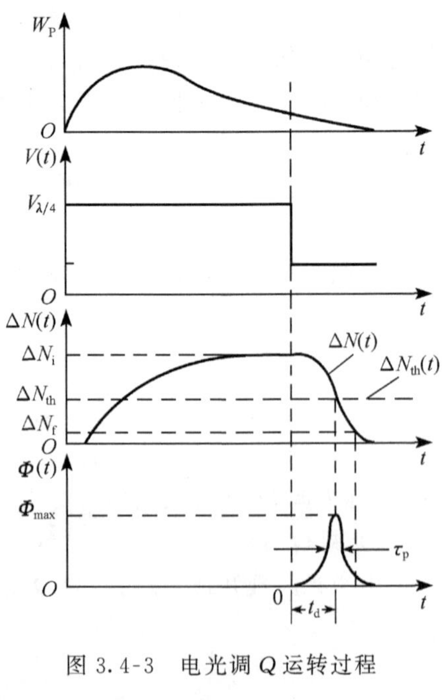

图 3.4-3　电光调 Q 运转过程

目前常采用的电光调 Q 激光器是图 3.4-4 所示的单块双 $45°Q$ 开关电光调 Q 激光器(图 3.4-4(a))或单块单 $45°Q$ 开关电光调 Q 激光器(图 3.4-4(b))。这类激光器的特点是把电光晶体 $LiNbO_3$ 和 KDP 制成双 45°或单 45°的特殊形式,使其兼有起偏器、电光晶体和检偏器的作用,是一种结构简单、比较理想的电光调 Q 激光器。

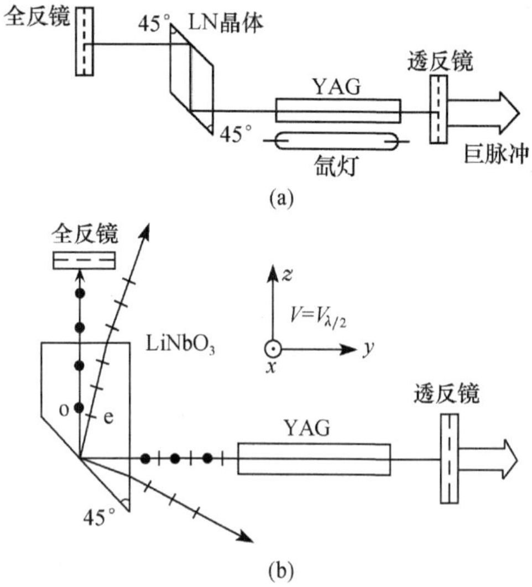

图 3.4-4　45° Q 开关电光调 Q 激光器

上面讨论的电光调 Q 激光器的结构形式虽然不同,但它们都是利用全反射镜和输出反射镜构成谐振腔,由输出反射镜形成激光振荡同时有部分输出,通常称为脉冲反射式(PRM)电光调 Q 激光器。这种激光器的激光振荡在 Q 开关“打开”后才开始建立,在腔内往返一次不可能将全部反转粒子耗尽,需要有一个主要取决于光子在腔内往返次数 N 的时间过程,即需要经过 $2NL/c$ 的时间,才能将腔内激光能量全部输出。因此,这种激光器输出的脉冲宽度,通常为几个纳秒,峰值功率为几十兆瓦。

2) 脉冲透射式(PTM)电光调 Q 激光器

与 PRM 电光调 Q 激光器的结构不同,还有另外一类电光调 Q 激光器,它们是将 PRM 激光器中的输出反射镜换成全反射镜,改变激光输出的路径,通过设置一个特定的光学系统,使 Q 开关打开时已在腔内形成了的最大激光振荡,瞬时全部透射输出。这种激光器称为脉冲透射式(PTM)调 Q 激光器,或称为腔倒空激光器。

图 3.4-5 是一种 PTM 调 Q 激光器的原理图,M_1、M_2 是谐振腔的两个全反射镜,P 是偏振棱镜,PC 是电光晶体(如 KDP 晶体),其两个电极上分别加有电压 V_1 和 V_2,其中,$V_1=V_{\lambda/4}$,V_2 为图 3.4-6 所示的方波。当未加方波时,开关“关闭”,谐振腔处于低 Q 值状态,此时,由于氙灯的激励,YAG 激光上能级反转粒子数积累;当反转粒子数达到最大值时,将方波电压 V_2 加上,则晶体的外加电压为零,开关“打开”,谐振腔处于高 Q 值状态,腔内迅速建立起激光振荡(但无输出);随着腔内的受激放大,光子数密度达到最大值时,方波电压 V_2 瞬时由 $V_{\lambda/4}$ 变为零,晶体上的外加电压变为 $V_{\lambda/4}$,则腔内的激光场往返两次经过电光晶体,振动面旋转 90°,并由偏振棱镜 P 的侧面反射输出腔外。

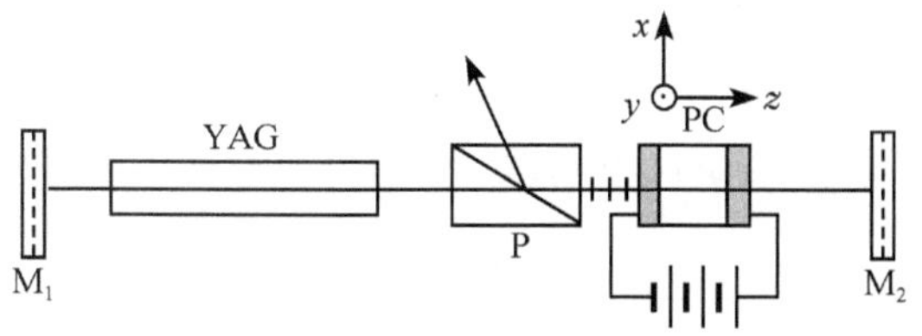

图 3.4-5　PTM 调 Q 激光器

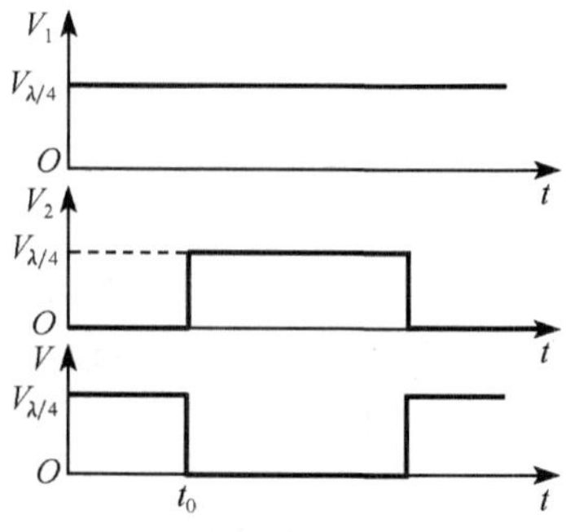

图 3.4-6　Q 开关的工作程序

由于在 PTM 调 Q 激光器中，只有腔内激光功率密度达到最大值时，Q 开关才被打开，并耦合出全部能量，故光子逸出谐振腔所需要的最长时间为 $2L/c$，也即能量是在 $2L/c$ 时间内释放完的，所以可获得比 PRM 调 Q 激光器更窄的激光脉冲，脉冲宽度可达 1～2ns。当然，欲得到这样理想的结果，必须在脉冲形成的瞬间，准确地接通谐振腔，并且电脉冲的后沿也要求极为精确。

3. 声光调 Q

声光调 Q 是利用声光效应产生 Q 开关的技术。当声光介质中通过超声波时，由于超声光栅的作用，使光束衍射，偏出腔外，激光器损耗很大，Q 值极低，不能形成激光振荡。在这种情况下，工作物质在光泵浦的激励下，激光上能级的反转粒子数不断积累。当反转粒子数达到最大时，突然撤除超声场，衍射效应消失，光路畅通，Q 值猛增，迅速形成激光振荡，并且由输出镜输出激光巨脉冲。

图 3.4-7 是声光调 Q 激光器的示意图。它是在连续 YAG 激光器内插入一个声光 Q 开关器件构成的。声光 Q 开关器件与一般声光调制器结构相似，也是由驱动电源、电-声换能器、声光介质和声吸收器组成的。因为声光 Q 开关所需要的激励电压较低(小于 2kV)，所以很容易实现对连续激光器的调 Q，在 1～30kHz 的高频脉冲调制电压驱动下，获得脉冲宽度为几十纳秒的高重复率巨脉冲。图 3.4-8 示出了连续激光器高重复率调 Q 过程。

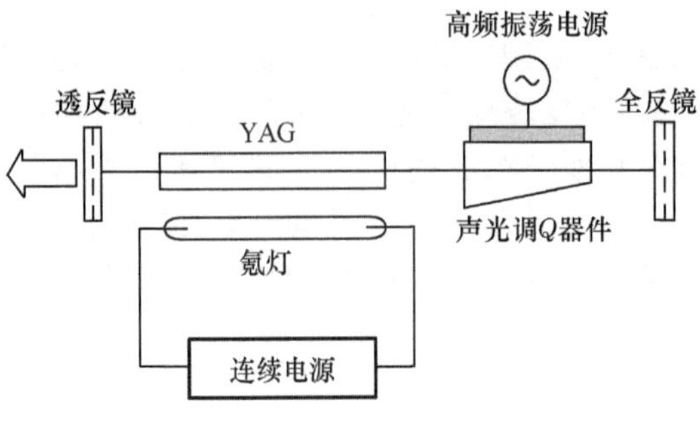

图 3.4-7 声光调 Q 激光器

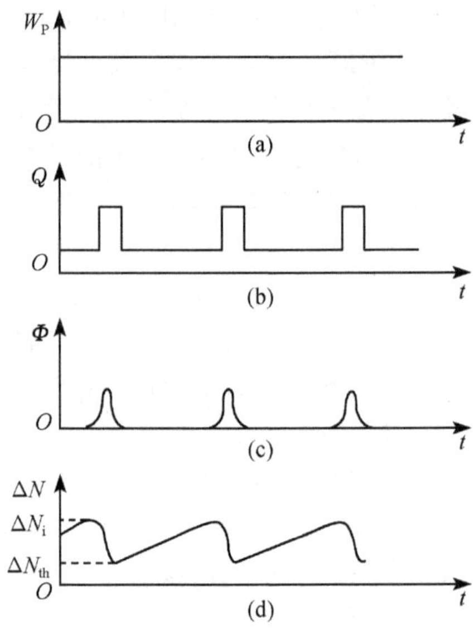

图 3.4-8 连续激光器高重复率调 Q 过程

由于声光 Q 开关需要开断较高的连续激光功率，所以声光 Q 开关器件多采用衍射效率较高的布拉格衍射方式。另外，声光器件中的超声波可以以行波形式传播，也可以以驻波形式形成超声波场，尽管在同样的衍射效率下，驻波工作方式对超声功率要求低一些，但由于驻波超声场在声光介质中不易迅速消除，因而开关时间较长，甚至使声光器件失去开关作用。故声光调 Q 器件均采用行波方式工作。

4. 可饱和吸收染料调 Q

可饱和吸收染料调 Q 是利用有机染料的可饱和吸收特性实现 Q 开关的。有机染料的可

饱和吸收特性是指它对光的吸收呈现非线性:对弱光吸收强,对强光吸收弱。其吸收系数与光强的关系为

$$\alpha=\frac{\alpha_0}{1+I/I_S} \tag{3.4-4}$$

式中,α 是光强为 I 时的吸收系数,α_0 是光强趋于零时的吸收系数,I_S 为染料介质的饱和参量,它是吸收系数减小到 $\alpha_0/2$ 时的光强。由式(3.4-4)可见,当光强很强,$I\gg I_S$ 时,$\alpha\to 0$,吸收趋于饱和,染料对该光呈现透明状态,经常称这种状态为"漂白"。有机染料的吸收率和透过率与光强的关系如图 3.4-9 所示。

图 3.4-10 是染料调 Q 激光器的示意图。它是在谐振腔内插入一个染料盒构成的,盒的两端为光学平面窗片。在光泵开始激励工作物质时,只发射一些荧光,染料对其吸收很强,透过率很低,不可能形成振荡;随着光泵的继续激励,腔内工作物质辐射的荧光变强,相应染料的吸收减弱。当光强比 I_S 大很多时,吸收趋于饱和,吸收系数 α 趋于零,染料的透过率 T 趋于最大值,染料被"漂白";这时,腔内 Q 值猛增,产生激光振荡,并形成巨脉冲输出;巨脉冲输出后,由于腔内已耗尽了工作物质的反转粒子数,腔内光子数剧烈下降,与此同时,染料的吸收剧增,谐振腔处于"关闭"状态。此即可饱和吸收染料 Q 开关的一个动作周期。

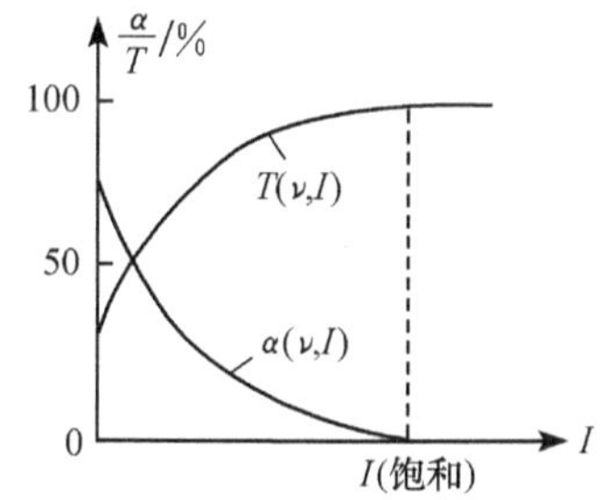

图 3.4-9 染料的可饱和吸收特性

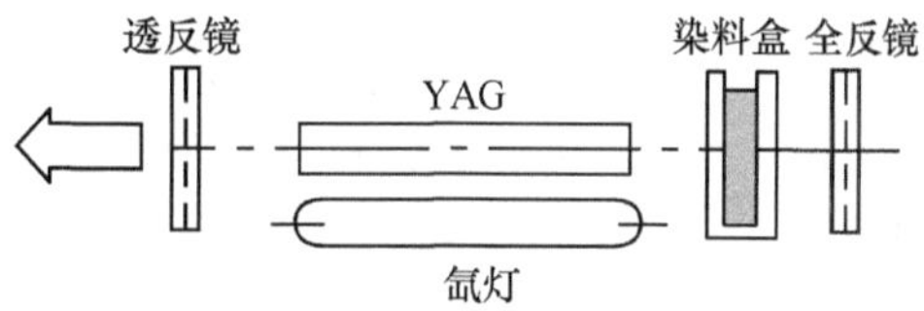

图 3.4-10 染料调 Q 激光器

由上所述,可饱和吸收染料调 Q 激光器是一个被动 Q 开关,它无须外加电源等同步装置,完全是靠自身吸收的可饱和特性实现 Q 开关的。所以,它结构简单,使用方便,可获得峰值功率千兆瓦、脉宽几十纳秒的巨脉冲。其主要缺点是输出不稳定,染料本身的特性会随时直接影响调 Q 性能。一般说来,用于 Q 开关的可饱和吸收染料必须满足两个要求:①所选用染料的吸收波长必须和激光工作物质的跃迁谱线基本一致,不同工作物质选用不同的染料。例如,红宝石激光器可采用隐花青、金属氯化物酞菁、锆酞菁及叶绿素 A、D 等染料,用丙酮、甲醇、氯苯等作溶剂;钕玻璃、YAG 激光器可采用五甲川、十一甲川、蓝色素、BDN 等染科,用丙酮、氯苯、甲苯等作溶剂;②要有适中的饱和强度值。I_S 值的大小主要与染料的种类和浓度有关,因此,染料的浓度是影响调 Q 性能的重要因素。此外,激光器的输入能量、染料盒的厚度和容积,均对调 Q 激光器的输出特性有很大的影响。

最后指出,除了利用有机染料的可饱和吸收特性进行调 Q 外,目前还广泛采用色心晶体的可饱和吸收特性进行调 Q,它的调 Q 运转过程,与染料调 Q 相似。

3.4.2 锁模技术

上面指出,调 Q 技术可以将激光脉冲宽度压缩到纳秒量级。将峰值功率提高达千兆瓦。为了进一步压缩脉冲宽度,提高峰值功率,在 1964 年后,又发展起一门新的脉冲压缩技术——

锁模技术，或称为超短光脉冲技术。这种技术的发展过程先后经历了主动锁模、被动锁模、同步泵浦锁模、碰撞锁模（CPM）以及 90 年代出现的相加脉冲锁模（APM）、克尔透镜锁模（KLM）等阶段。在 60 年代，获得的锁模脉冲宽度为皮秒（10^{-12}s）量级；70 年代，达到亚皮秒（10^{-13}s）量级；80 年代出现了一次飞跃，在 1987 年，美国科学家利用碰撞锁模技术，结合腔外光脉冲压缩技术，获得了 6fs（1fs=10^{-15}s）的光脉冲；在 1997 年又有报道，已获得小于 5fs 的超短光脉冲，这是迄今为止人们获得的最短光脉冲。这种超短光脉冲把瞬间即逝的世界展现到了人们面前，使其成为人们认识世界越来越不可少的工具，在受控核聚变、等离子体物理学、遥测技术、化学及物理动力学、生物学、高速摄影、光通信、光雷达、光谱学、全息照相及非线性光学等许多领域内都起着越来越重要的作用，特别是对研究超高速现象，探索微观世界的规律更具有显著的意义。

下面，简单介绍利用激光模式的锁定获得超短光脉冲的原理、典型的锁模技术以及超短光脉冲宽度的测量问题。

1. 锁模原理

为了加深理解锁模技术产生超短光脉冲的原理，首先回顾一下自由运转多模激光器的输出特性。

1）自由运转多模激光器的输出特性

由前面的讨论已知，自由运转激光器通常包含多个纵模，纵模频率为

$$\omega_q = q\frac{\pi c}{L} \tag{3.4-5}$$

式中，q 为正整数，ω_q 为第 q 个纵模的圆频率，L 为谐振腔长。假设每个纵模的电场表示式为

$$E_q(t) = E_{0q}\cos(\omega_q t + \varphi_q) \tag{3.4-6}$$

则自由运转多模激光器的输出为

$$E(t) = \sum_q E_q(t) \tag{3.4-7}$$

实际上，由于自由运转多模激光器各个振荡模式的振幅和相位是彼此独立的、随机的，所以总光场是各个模式光场的非相干叠加。输出总光强是各个振荡模式光强之和，即

$$I(t) = \sum_q I_q \tag{3.4-8}$$

2）锁模激光器的输出特性

锁模激光器与自由运转多模激光器不同，它是采取某种措施使各自独立起振的模式在时间上同步，即使其相位有确定的关系，例如，使 $\varphi_{q+1}-\varphi_q$ 的值为常数，因此，总光场是各个模式光场的相干叠加。

假设起振的纵模有 $2N+1$ 个，各振荡模式的振幅均为 E_0，相邻纵模间的相位差均为 $\Delta\varphi_0$，处在介质增益曲线中心的模序数 $q=0$，圆频率为 ω_0，初相位为零，则由各光场相干叠加得到的总光场为

$$\begin{aligned} E(t) &= \sum_{q=-N}^{N} E_0\cos[(\omega_0 + q\Delta\omega_q)t + q\Delta\varphi_0] \\ &= E_0\frac{\sin\left[\frac{2N+1}{2}(\Delta\omega_q t + \Delta\varphi_0)\right]}{\sin\left[\frac{1}{2}(\Delta\omega_q t + \Delta\varphi_0)\right]}\cos(\omega_0 t) \end{aligned} \tag{3.4-9}$$

总光强为

$$I(t)=I_0\frac{\sin^2\left[\frac{2N+1}{2}(\Delta\omega_q t+\Delta\varphi_0)\right]}{\sin^2\left[\frac{1}{2}(\Delta\omega_q t+\Delta\varphi_0)\right]} \tag{3.4-10}$$

式中，I_0 是单个模的光强。这种锁模激光器输出光的特点是：

① 锁模激光器的输出是间隔为 $T=2L/c$ 的规则序列脉冲；

② 该序列脉冲中的每个脉冲宽度为 $\tau_P=\frac{1}{2N+1}\frac{1}{\Delta\nu_q}\approx\frac{1}{\Delta\nu_{osc}}$，近似等于振荡线宽 $\Delta\nu_{osc}$ 的倒数，在极限情况下，$\tau_{Pmin}=\frac{1}{\Delta\nu_g}$，式中 $\Delta\nu_g$ 是激光器的净增益线宽；

③ 输出脉冲的峰值光强为单个模式光强的 $(2N+1)^2$ 倍，即为 $I_0(2N+1)^2$，它较之自由运转多模激光器的光强 $I_0(2N+1)$ 提高了 $2N+1$ 倍。

图 3.4-11 绘出了七个纵模振荡的激光器，在锁相情况下的激光输出时间特性。可见，锁模激光器起振的纵模数目越多，所产生的激光脉冲越窄，峰值功率越高。因此，相应于增益线宽的激光工作物质，是获得窄锁模脉冲的基础。例如，钕玻璃的振荡线宽为 20～30nm，利用钕玻璃制成的锁模激光器可以得到 10^{-12}～10^{-13}s 量级的窄脉冲。

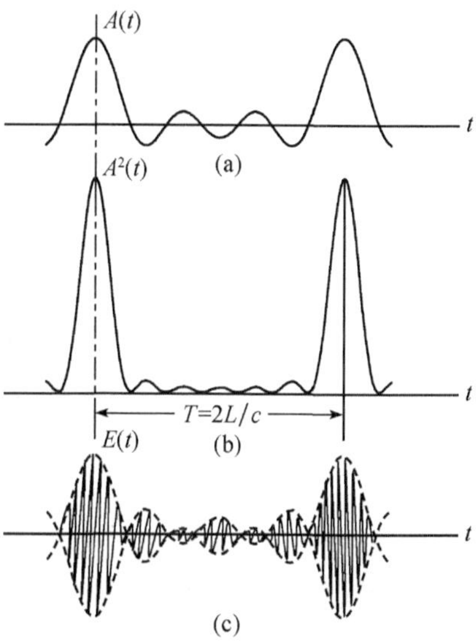

图 3.4-11　锁模激光器的输出特性

从上面的讨论可以看出，锁模激光器的基本点是各振荡模式的相位关系确定，即相位锁定。因此，锁模技术也就是使模式相位锁定的技术。在锁模技术的发展过程中，创造了诸如主动锁模、被动锁模、同步泵浦锁模、对撞锁模（CPM）、半导体皮秒技术等许多锁模技术。下面，仅介绍几种典型的技术。

2. 典型的锁模技术

1）主动锁模技术

主动锁模属内调制锁模，它是通过在腔内插入一个调制器实现模式锁定的。只要调制器的调制频率精确等于该激光器的纵模间隔，就可以得到脉冲重复频率为 $c/(2L)$ 的锁模脉冲序列。

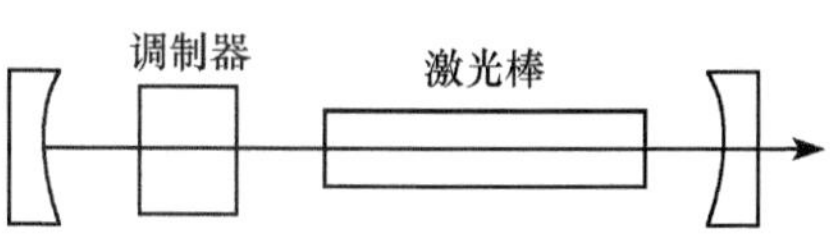

图 3.4-12　主动式锁模激光器

图 3.4-12 是一种（振幅）损耗内调制锁模激光器的原理图。调制器被放在腔的一端，可以是电光调制器，也可以是声光调制器，调制器的调制频率等于 $c/(2L)$。

从时域上可以这样理解锁模脉冲的形成：因为（振幅）损耗调制的频率为 $c/(2L)$，相应的周期恰好是光子在腔内往返一周的时间。于是，腔内各个纵模中的某些光子，如果是在调制器损耗为零时通过，则在腔内往返一周后，所受到的损耗仍然为零；而其他时刻通过的光子，因每次通过调制器时的损耗总不为零，而受到抑制，不能起振。所以，腔内传输的光是以脉冲形式出现的，脉冲的重复频率与调制频率相同，并且等于纵模间隔。脉冲在腔内每往返一次，便由输出反射镜输出部分能量,其情况如图 3.4-13 所示。

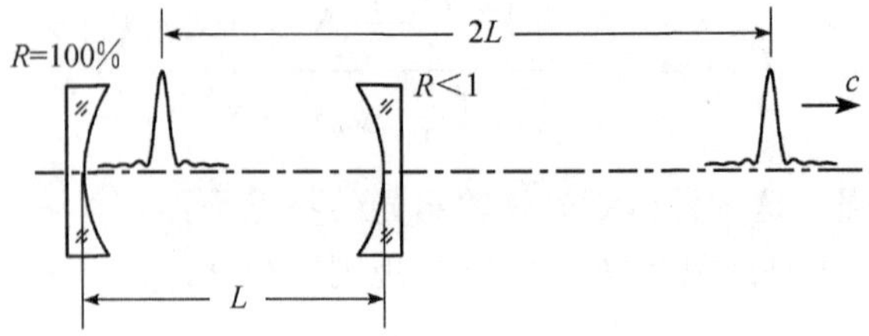

图 3.4-13 锁模脉冲的传输关系

主动式锁模脉冲序列的产生,也可以从频率域模式耦合的角度理解,即通过(振幅)损耗调制器对传输波的调制作用,强迫各纵模同步起振,达到锁模的目的。假设开始在腔内传输的是处在增益曲线中心附近的纵模 ω_0,其电场表示式为

$$E(t) = A_0 \sin(\omega_0 t) \tag{3.4-11}$$

经过振幅调制器后的电场表示式为

$$E(t) = A_0 (1 + M\sin\omega_m t) \sin(\omega_0 t) \tag{3.4-12}$$

为保证无失真调制,取 $M \ll 1$,则调制电场可表示为

$$E(t) = A_0 \sin\omega_0 t + \frac{M}{2} A_0 \cos(\omega_0 + \omega_m) t + \frac{M}{2} A_0 \cos(\omega_0 - \omega_m) t \tag{3.4-13}$$

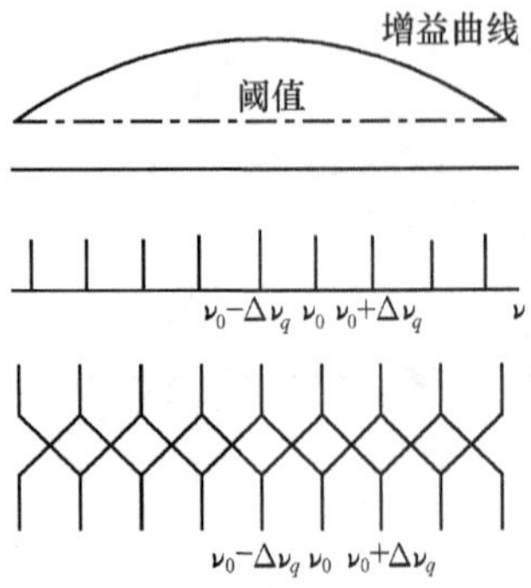

图 3.4-14 损耗调制时的纵模耦合

因此,由于调制器的作用,腔内传输的不仅是原有的频率 ω_0,还包括频率为 $\omega_0 \pm \omega_m$ 的两个边带,这两个边带频率与中心频率 ω_0 的间隔为 $\omega_m = \pi c/L$,恰好等于激光器的纵模间隔 $\Delta\omega_q$。这就是说,激光器一旦在增益曲线中的一个纵模频率 ω_0 上形成振荡,由调制器所产生的两个边带,即相邻的两个纵模也将起振。由于边带与中心频率 ω_0 的振荡同相位,所以使得新激发起来的纵模与 ω_0 振荡也同相位。显然,这两个纵横振荡通过调制器的作用,还将继续激发起新的相邻两个边带(纵模)($\omega_0 \pm 2\omega_m$),……。这样继续下去,可将多模激光器的所有纵模都激发成有相同相位的纵模振荡,其情况如图 3.4-14 所示。被耦合激发的这些纵模相干叠加,即形成如图 3.4-11 所示的锁模序列。

2) 被动锁模技术

若如图 3.4-15 所示,在自由运转激光器内插入很薄的(1~2mm)可饱和吸收染料,只要激光器与染料参数选择得合适,就可以得到脉宽为皮秒量级,间隔为光在腔内往返一周时间的超短光脉冲序列。

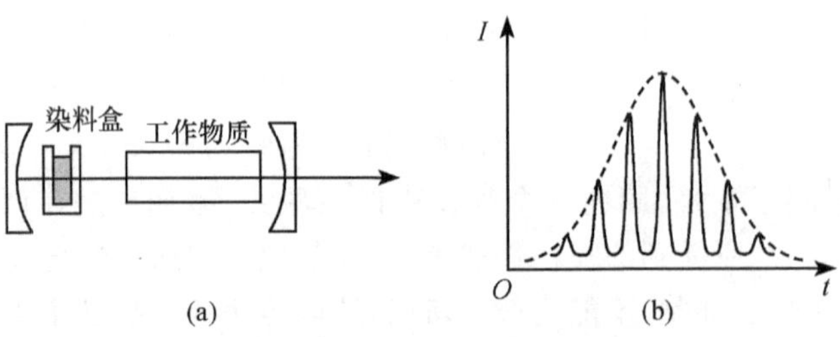

图 3.4-15 被动锁模激光器及输出

从时域上看，被动锁模激光器的工作原理可如下理解：在激光器内未产生锁模时，腔内光子分布基本上是均匀的，但还有一些小的起伏，起伏峰值为 M_1，如图 3.4-16(a) 所示；该光通过染料时，由于染料的可饱和吸收特性，弱光透过率小，下降得多，强光透过率大，下降得少，当其通过工作物质时，将被放大，于是，在染料的可饱和吸收和工作物质放大的共同作用下，光子分布的起伏加大，峰值由 M_1 增大到 M_2；这个光经过腔的反馈，再通过饱和吸收和放大作用，起伏又增大到 M_3；……。最后结果是，脉冲的前后沿不断地被削掉，尖峰被有效地放大，脉冲变窄。

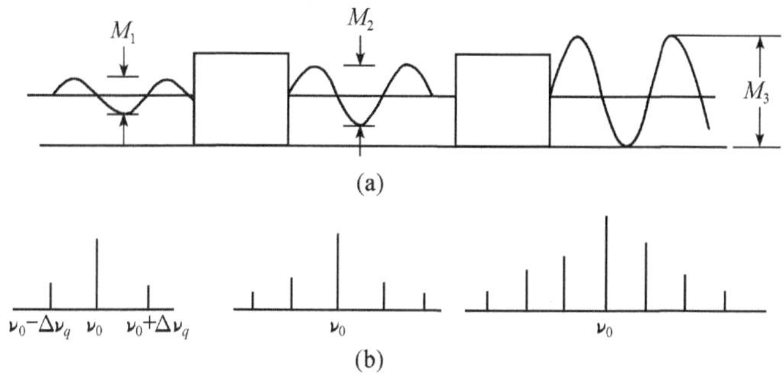

图 3.4-16　强度起伏变化及频谱

这个过程也可以从频域角度理解：如图 3.4-16(b) 所示，当光子分布起伏较小时，其频率分量仅包含 ν_0 和两个比较弱的边频 $(\nu_0 \pm \Delta\nu_q)$；经过染料的饱和吸收和工作物质的放大作用，边带信号强度比 ν_0 增加得快，并耦合激发起新的边频 $(\nu_0 \pm 2\Delta\nu_q)$ 信号；再经过染料的饱和吸收和工作物质的放大，边频信号进一步增大，并又激发起新的边频；如此进行下去，直到激发起增益曲线下所有可能起振的谱线。由于这些谱线是同步振荡，所以如前所述，其组合总场为周期 $T=\dfrac{1}{\Delta\nu_q}=\dfrac{2L}{c}$ 的序列脉冲。

进一步，如果将被动锁模激光器与前面讲的被动调 Q 激光器进行比较，就会发现它们在结构形式上完全一样。于是，同样是可饱和吸收染料，为什么一个起调 Q 作用，一个能实现锁模呢？这个问题的关键是相应于两种情况所使用的染料特性不同，即其弛豫时间 τ_b（染料由吸收饱和到恢复高吸收状态的时间）不同。为了理解这一点，并进一步认识调 Q 脉冲与锁模脉冲的差别，下面进行简单的讨论。

由激光产生的过程可知，在氙灯泵浦工作物质的起始阶段，由于腔内损耗很大，工作物质以自发辐射为主，这些自发辐射是一些如图 3.4-17 所示的随机起伏噪声。在这些噪声中，其最大的尖峰脉冲通过染料时，可能使染料吸收饱和。如果染料的弛豫时间 τ_b 很大，且满足 $\tau_b \gg \tau_P$，这里的 τ_P 即是前面提到的锁模脉宽 $(\tau_P=1/\Delta\nu_{osc})$，则一旦最大尖峰脉冲将染料饱和，犹如“开关”被完全打开，不仅最大尖峰畅通无阻，而且尾随其后的小起伏辐射，也能无损耗地在腔内传输，在工作物质的放大作用下，这些脉冲由弱变强，由此形成了图 3.4-18(a) 所示的调 Q 脉冲包络。显然，由于参与振荡的各纵模相位的随机性，使得该调 Q 脉冲包络的精细结构具有涨落特征。但是，如果可饱和吸收染料的弛豫时间 τ_b 很短，且满足

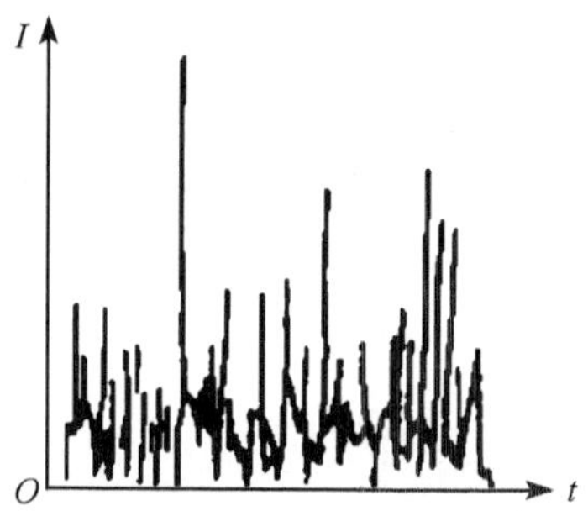

图 3.4-17　腔内初始辐射

$\tau_b \ll \tau_P$，则在最大尖峰脉冲通过染料的瞬间，染料“开关”被打开（吸收饱和），谐振腔的损耗变得很小，而一旦该尖峰脉冲通过了染料，“开关”即刻关闭，腔损耗又恢复到极大值状态，跟随其后的小脉冲将通不过去（吸收很大）。直到最大尖峰在腔内往返一周，经工作物质放大后又来到染料，“开关”才重新被打开。这样，谐振腔的损耗犹如受到周期性脉冲调制，调制周期即为光在腔内往返一周的时间 $T=2L/c$，根据前述损耗调制的锁模分析，所产生的激光输出即为图 3.4-18(b)所示的周期序列脉冲。这个序列脉冲的包络与调 Q 脉冲形状类似。

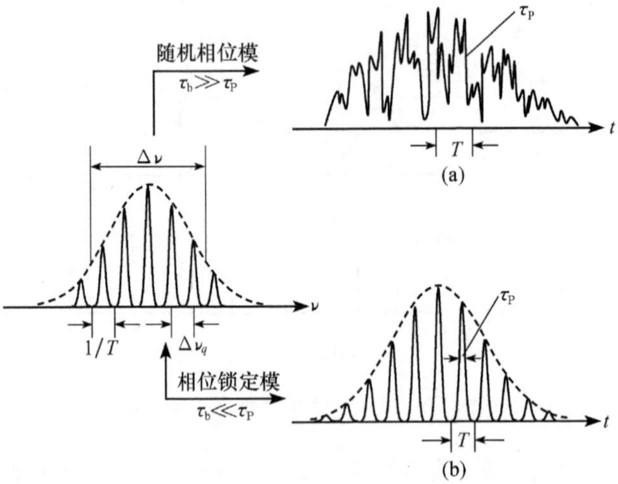

图 3.4-18　调 Q 脉冲与锁模脉冲比较

3）对撞锁模技术

对撞锁模是 20 世纪 80 年代发展起来的锁模技术，它使锁模脉冲进入了飞秒（10^{-15} s）领域，这是迄今在实验室中利用其他手段所不能获得的最短时标。

对撞锁模激光器的结构如图 3.4-19 所示，沿环行腔两相反方向传播的行波在可饱和吸收染料处对撞。由于腔结构的对称性，不仅能保证两反向传播光脉冲每环行一周都能在可饱和吸收染料处对撞，而且两脉冲通过工作物质时有相同的增益，从而能使两等光强的光脉冲在可饱和吸收染料处相碰。

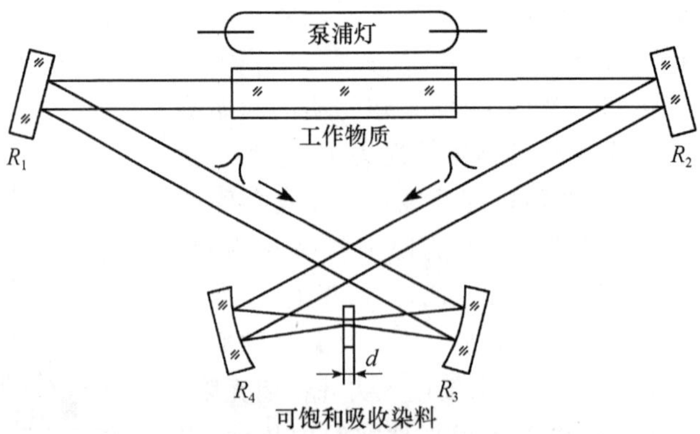

图 3.4-19　对撞锁模激光器示意图

对撞锁模的主要机制是在可饱和吸收染料内形成的空间“光栅”：两反向传播的同步、等光强相干脉冲，在可饱和吸收染料处形成驻波，由于驻波的空间光强分布，染料的饱和吸收介质折射率形成了空间周期性分布，它等效于一个折射率"光栅"，或称为粒子数分布"光栅"。在形成光栅的过程中，由于染料吸收较大，两脉冲能量的前沿因吸收而被压缩。光栅建立起来以后，脉冲后沿通过染料时会因后向散射损耗而被压缩，这样两个压缩因素，使得脉冲宽度压缩过程加快。理论分析表明，较一般被动锁模方法，其压缩速度约快 5 倍，可以得到比被动锁模窄3～4 倍的锁模脉冲。

图 3.4-20 是一种典型的 CPM 激光器示例，工作物质是若丹明 6G 染料，可饱和吸收体是 DODCI 染料。由连续 Ar^+ 激光泵浦的染料激光，通过碰撞锁模，可以得到单脉冲半功率点宽度为 $\tau_P=0.12ps$，峰值功率为 1kW。

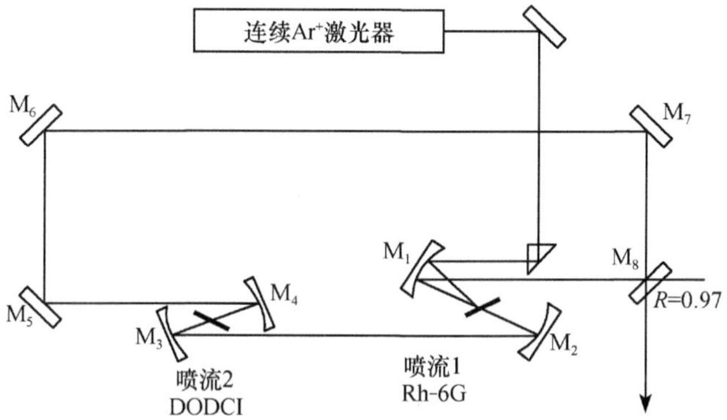

图 3.4-20　CPM 激光器示例

4）掺钛蓝宝石锁模激光器

第 2 章曾提到，掺钛蓝宝石（$Ti^{3+}:Al_2O_3$，简称为 Ti:S）激光器是一种新型固体可调谐激光器，由于具有调谐范围宽、运转效率高、可靠性强及可以多种运转方式（连续、脉冲及锁模）等优良特性，已成为固体激光器的发展方向之一。

由掺钛蓝宝石产生超短光脉冲（ps 或 fs）的激光器，是 Ti:S 激光器及超短光脉冲激光器中最有前途的器件。实现方法有同步泵浦、注入种子、染料被动锁模、声光主动锁模、辅助腔锁模及自锁模等，脉宽已窄达 17fs。这里只介绍自锁模 Ti:S 激光器。

自 1991 年首次报道自锁模 Ti:S 激光器后，它已成了引人注目的热门研究课题。有关自锁模的原理，普遍认为是增益介质中的克尔自聚焦效应，因而也称为克尔透镜锁模（KLM）。自锁模激光器的结构形式几乎与普通激光器没有区别，因其依赖于介质的非共振克尔效应，所以可在相当大的波长范围内实现，不需要任何主、被动锁模器件，即可获得飞秒量级的超短光脉冲。

图 3.4-21 是一种自锁模 Ti:S 激光器的结构示意图。Ti:S 晶体长 20mm，端面切成布儒斯特角，置于四镜折叠腔的中心，腔长为 1.5～2.0m，平面输出镜 M_0 在 850～1000nm 波长范围内的透过率为 3.5%，反射镜 M_1、M_2 的曲率半径为 10cm，泵浦光源是全谱线的 Ar^+ 激光器。在腔内没有色散补偿元件和波长调谐元件的情况下，锁模脉冲宽度一般为 15ps 左右，腔内加入厚度为 1.6mm 的双折射滤光片，脉冲宽度可窄至 2ps。在锁模情况下，波长可在 845～950nm 范围内调谐。当在腔内以布儒斯特角插入两块高色散的棱镜 P_1、P_2（间距 35mm），补偿群速弥散效应，在不含双折射滤光片时，得到 60fs 的脉冲宽度，泵浦功率为 8W 时，平均输出功率为 450mW。利用光纤-棱镜脉冲压缩器，可将脉冲宽度进一步压缩到 45fs，有文献报道，最窄可输出脉冲宽度为 17fs 的光。

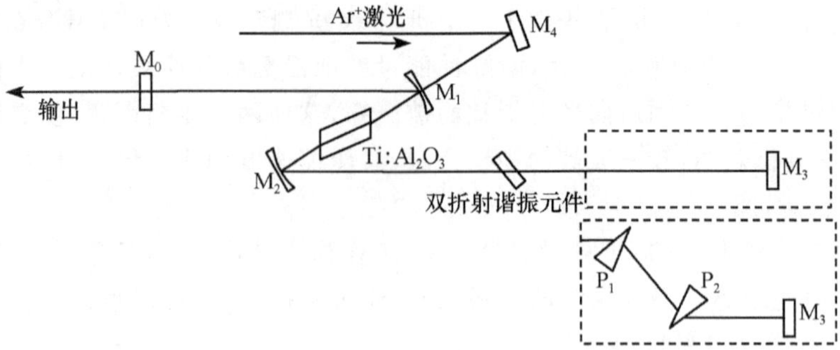

图 3.4-21 自锁模 Ti:S 激光器结构示意

3. 单个脉冲的选取

上面的讨论指出，锁模脉冲是一种序列脉冲。实际上，作为超短光脉冲的应用来说，经常需要的是单个脉冲。所以，从序列脉冲中选取单个脉冲，是超短光脉冲技术中的重要问题。

从序列脉冲中选取单个脉冲有多种方法，图 3.4-22 是一种较为典型的腔外选单脉冲装置原理图。该装置中，选单脉冲的光学器件实际上是由两个正交偏振的起偏器、检偏器和电光晶体构成的电光开关。开始时，电光晶体未加电压，电光开关呈现"关闭"状态。当锁模激光器产生锁模光脉冲序列时，由全反射镜 R_1 漏出的光脉冲被光电管转换为电脉冲，同时触发闸流管，产生一个幅值为 $V_{\lambda/2}$ 高压电脉冲，该脉冲加到电光晶体上，使得电光开关"导通"。如果控制高压电脉冲宽度略小于锁模光脉冲序列的周期 $2L/c$，即可保证由电光开关输出一个光脉冲。

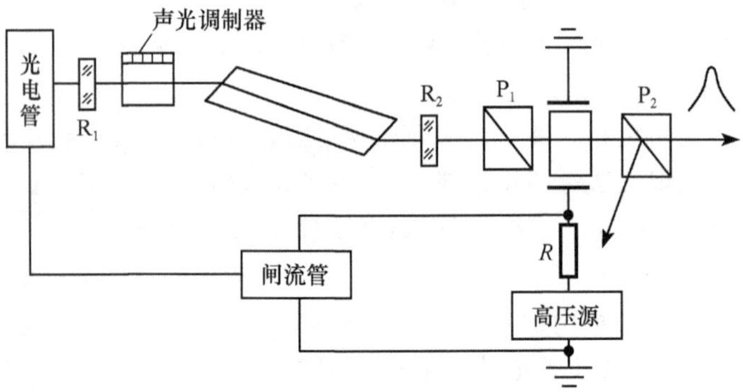

图 3.4-22 腔外选单脉冲装置

4. 超短光脉冲的测量

随着超短光脉冲产生技术的发展，光脉冲宽度达到了 10^{-12}～10^{-15} s 量级，此时，常规的测量光脉冲的方法已经不再适用了。于是，精确可靠，并且能简便地测量超短光脉冲宽度的技术，便成了超短光脉冲器件研究和应用的关键。

目前，测量超短光脉冲宽度的方法主要有两类：直接测量法和相关测量法。直接测量方法或者是用快速光电探测器加上快速响应示波器直接观测波形，或者是利用条纹相机测量脉宽。前者的时间分辨率目前最好，能达到 10^{-11} s 量级，后者最好为 10^{-12} s 量级，这对于 10^{-13} s 量级，甚至更短的光脉冲测量来说，远远不够。相关测量法通常有二次谐波法和双光子荧光法，这里只介绍双光子荧光法的测量原理。

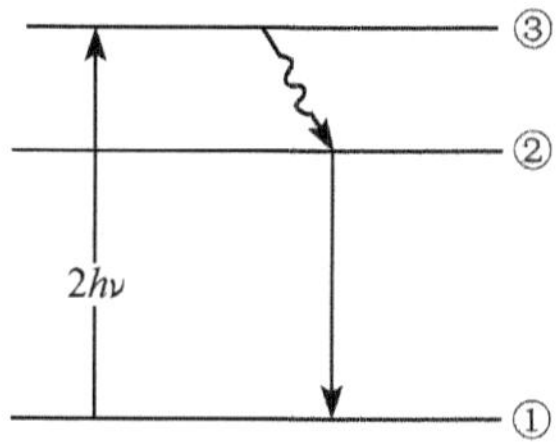

图 3.4-23 双光子吸收能级

双光子荧光法测量脉宽是基于某些荧光物质双光子吸收、发射荧光的特性实现的。例如，若丹明 6G 丙酮溶液，它的能级模型如图 3.4-23 所示。其最低激发态③与基态①的能量差相当于光脉冲基频（$\lambda=1.06\mu m$）的两倍，故该染料分子吸收双光子后，由①激发到③，然后通过无辐射跃迁到达能级②，当由②跃迁回①时，发出波长 $\lambda=0.55\mu m$ 的荧光。

双光子荧光法的测量装置如图 3.4-24 所示。分光镜将入射光脉冲分为两路，若使这两个光脉冲在双光子吸收染料盒中相遇，则在染料溶液两脉冲通路中将发出均匀的弱荧光，而在两脉冲完全重叠处荧光最强。如果用高感度胶卷拍摄荧光亮度的空间分布，然后置于显微密度计上，即可根据底片上光密度的空间分布求出脉冲宽度。图 3.4-25 给出了光波形 $I(t)\sim t$ 及相应的双光子荧光图 $F(\tau)\sim z$。这里的 $F(\tau)$ 反映了两个脉冲重叠的情况：当 $\tau=0$ 时，两脉冲峰值重合；当 τ 很大时，两脉冲远离。脉冲宽度 τ_P 可由测量数据根据下式求出：

$$\tau_P = \frac{an\Delta z}{c} \tag{3.4-14}$$

式中，n 为染料溶液的折射率，Δz 为双光子荧光图中消除了背景光的脉冲波形半高度处的脉宽，a 为脉冲的波形系数：对于方波脉冲，$a=1/2$；对于洛伦兹形脉冲，$a=1$；对于高斯形脉冲，$a=\sqrt{2}$。

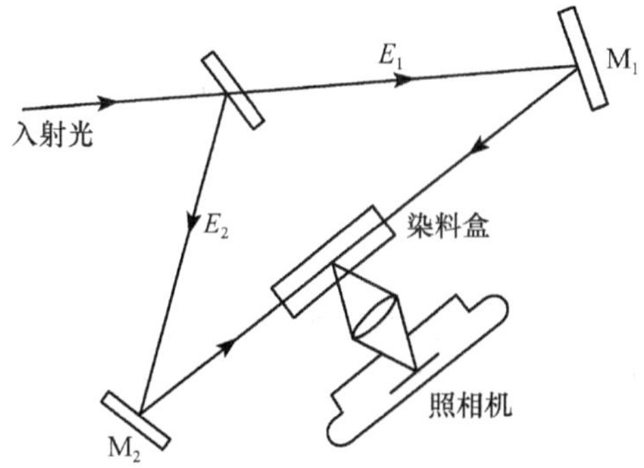

图 3.4-24 双光子荧光法的测量装置

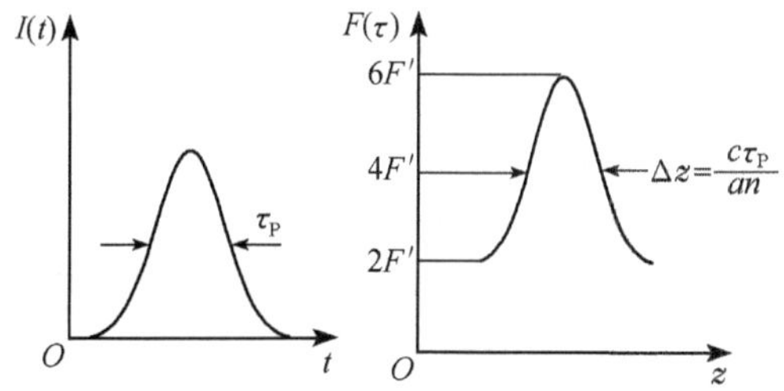

图 3.4-25 光脉冲与双光子荧光图

双光子荧光法测量光脉冲宽度，属于强度相关测量。其主要缺点是测量烦琐，胶片感光度存在的非线性会给测量带来误差，分辨能力低，以及在测量原理上存在着背景光、拍摄的荧光波形与原脉冲波形不是一一对应等。

3.5 激光选模技术

随着激光在各个领域内的广泛应用，对激光束质量提出了越来越高的要求。所谓激光束质量高，通常是指其有良好的方向性和极好的单色性。从激光束模式的角度来说，高质量的激光束应该只包含单横模和单纵横。但是，实际激光器的输出光束，往往包含多个模式，这对于诸如激光检测、激光定标等许多实际应用来说，极为不利，不能充分发挥激光的功率高、方向性好、单色性好和相干性好的优点。为此，自激光器问世以来，人们就采取种种附加手段压缩激光振荡模式，发展了许多模式选择技术。这些选模技术可以分为两大类：一类主要是针对压缩振荡激光束的发散角，从而改善其方向性的横模选择技术；另一类是用于限制振荡激光频谱数目的纵模选择技术。

3.5.1 横模选择技术

1. 选横模的意义和物理基础

在激光打孔、焊接、切割及划片等精密加工应用中，要求激光束有极好的聚焦性能，希望激光束经透镜聚焦后，具有尽可能小的光斑。而由光学理论已知，光束的聚焦光斑直径 $d=f\theta$，因为透镜焦距 f 不可能做得很短，故为获得尽可能小的光斑直径 d，应尽量减小光束发散角 θ。又如在激光测距、通信、雷达及制导等应用中，其作用距离 R 与激光发散角 θ 的平方根成反比，即 $R\propto 1/\sqrt{\theta}$，θ 越小，作用距离越远。因此，在这样一些应用中，为了减小激光束的发散角，都希望激光器抑制掉高阶横模，工作在发散角最小的基横模 TEM_{00} 状态。另外，基横模工作也是单频激光器所必须的要求，因为只有在单横模的基础上选单纵模，才能获得激光的单频振荡。所以，选横模是实际应用的需求。

由激光原理，激光器振荡的条件是其增益 G 必须大于损耗 α，即 $G>\alpha$，该条件也可表示为

$$G>\alpha_i+\alpha_m+\alpha_d \tag{3.5-1}$$

式中，α_i 为增益介质的损耗，α_m 为腔镜上的损耗，α_d 为谐振腔的衍射损耗。选横模的实质是只让基横模 TEM_{00} 振荡，而所有其他高阶模均不满足振荡条件，从而达到"滤去"高阶模的目的。由于激光器的增益 G、损耗 α_i 和 α_m 对不同横模都可以看成是常量，因而只有改变随横模变化的 α_d 才能达到选横模的目的。另外，由振荡条件可以看出，在损耗中，只有衍射损耗 α_d 是主要贡献时，才能通过改变衍射损耗 α_d 进行选横模，否则没有多大意义。这些就是选横模的物理基础。

由此可见，选横模有两个基本原则：①必须尽量地增大高阶模与基横模的衍射损耗比（即差异）。因为在高阶模中，TEM_{10} 模的衍射损耗最小，所以可只考虑 TEM_{10} 模，即应该尽量增大比值 α_{10}/α_{00}。②必须尽量减小激活介质的内部损耗 α_i 及镜面损耗 α_m，相对地增大衍射损耗 α_d 在总损耗中所占的比重。

2. 选横模的方法

除了合理地设计谐振腔参数，使其单横模工作外，目前经常采用的选横模方法有光阑法、非稳腔选横模法等。

1）光阑法选横模

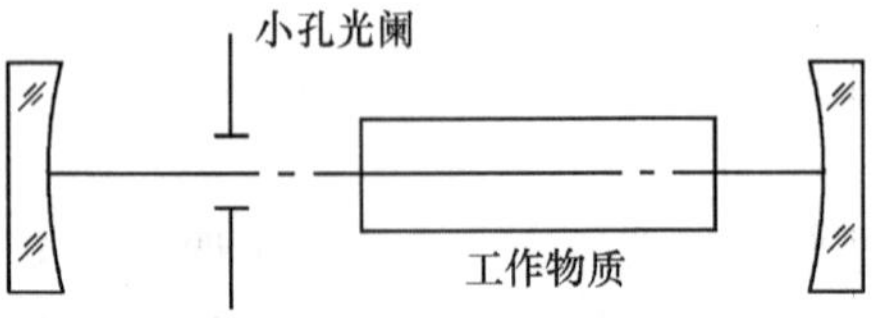

图 3.5-1 小孔选横模激光器

在众多的选横模方法中，光阑法最简单，应用也最普遍。图 3.5-1 是小孔光阑选横模的原理结构图，其基本依据是不同横模的光束半径不同，基横模的光束半径最小，其他高阶模的光束半径依次变大。在气体激光器中，可以直接利用毛细管作光阑，通过适当地减小毛细管的直径，限制激活介质的横截面积，抑制高阶横模振荡。在固体激光器中，因为激活介质的直径不能做得太细，不可能通过工作物质的直径抑制高阶模，但可以在腔内放置小孔光阑选横模，其孔径大小恰好能阻止高阶模，只让基横模顺利通过。

由激光原理，谐振腔内基模有效光束半径 $w(z)$ 是随腔轴位置 z 变化的，在对称谐振腔 $(R_1=R_2)$ 中，$w(z)$ 的表示式为

$$w(z)=w_0\left[1+\frac{z^2}{(\pi w_0^2/\lambda)^2}\right]^{1/2} \tag{3.5-2}$$

为保证基横模工作，小孔光阑的半径应与有效光束半径大致相等。若以 r_0 表示光阑半径，并令 $r_0=w(z)$，就可由式(3.5-2)求出 r_0 的大小。此外，光阑在腔内的位置不同，r_0 的大小也不同。

上述光阑选横模的方法用得比较普遍。但是，由于光阑比较小，限制了有效的基模体积大小，不能充分利用激活介质。为此，可以如图 3.5-2 所示，在腔内加透镜(或将激光棒一端面加工成凸面)，以增大基模体积。但这样一来，又因为腔内有会聚光束，使得光阑处的功率密度很高，容易烧坏光阑，所以制作光阑要采用高熔点金属或蓝宝石一类的材料。故这种结构不适于大功率、大能量激光器选用。

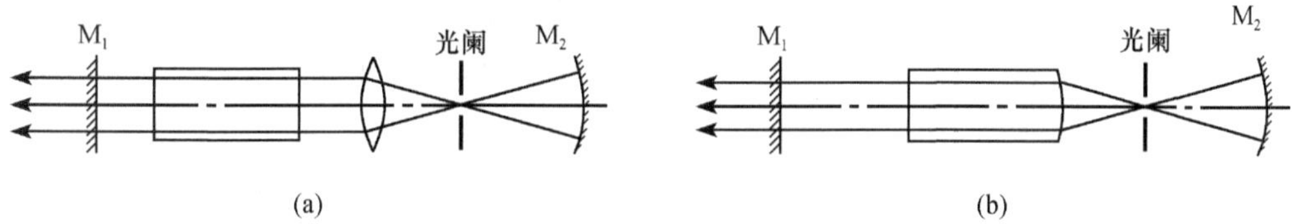

图 3.5-2　聚焦光阑法选横模

2) 非稳腔选横模

目前，特别是高功率、高能量激光器利用非稳腔选横模的趋势，非常明显。非稳腔是高损耗腔，利用几何光学的近似理论分析，可以得到如图 3.5-3 所示的几个较低次横模在腔镜面上的场(振幅)分布：除基模 u_0 的振幅在腔镜面上均匀分布($u_0=1$)外，其他高阶模的振幅分布($u_1=x$，$u_2=x^2$，$u_3=x^3$)均为镜面边缘比中心大，即能量相对集中在边缘。因而，横模阶数越高，衍射损耗越大。

应当指出，与稳定腔的相邻横模间损耗差相比，非稳定腔要大得多。如图 3.5-4 所示，稳定腔的基模"0"与相邻高阶模"1"、"2"的损耗相差不大，当"0"起振时，"1"、"2"也容易受激起振，形成多模输出。但对于非稳定腔，由于相邻横模间的损耗相差很大，易于做到只让基模"0"起振，而将高阶模抑制掉，即使腔的增益很高，也不会使高阶模振荡。又由于非稳定腔的模体积大，有利于大功率、大能量的激光器工作。因此，容易获得基模工作、大功率(能量)输出，构成了非稳腔激光器的突出优点。

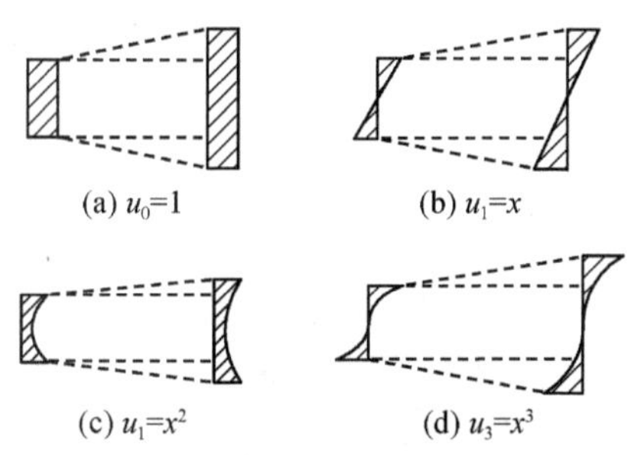

图 3.5-3　非稳定腔较低次横模振幅分布

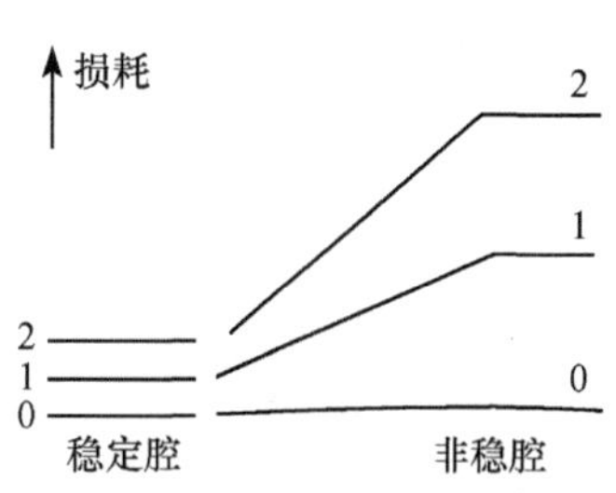

图 3.5-4　稳定腔与非稳定腔损耗比

实际工作中，经常采用的非稳定腔如图 3.5-5 所示：双凸型、平凸型和虚共焦望远镜型。

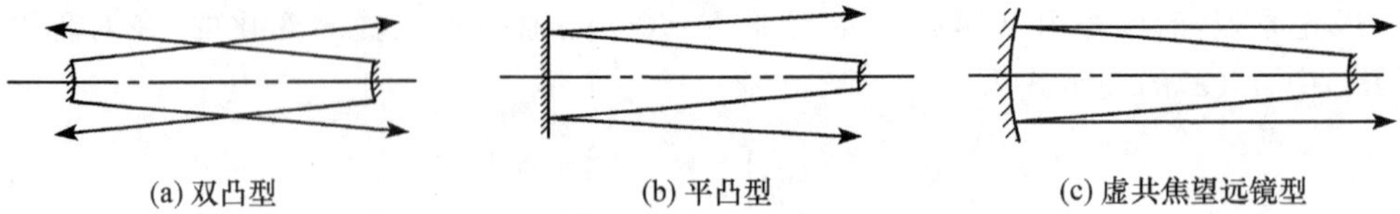

图 3.5-5 非稳定腔类型

3.5.2 纵模选择技术

1. 选纵模的意义和基本思想

纵模是指沿谐振腔的纵向(轴向)场分布,它主要决定了激光器光振荡的频率。为了获得单色性好的激光输出,激光器应当单频振荡,工作于单纵模状态。对于诸如光外差接收、全息照相、精密干涉测量等实际应用,这种高单色性以及高频率稳定性,是至关重要的。纵模选择技术就是保证激光器单频工作的基本技术。

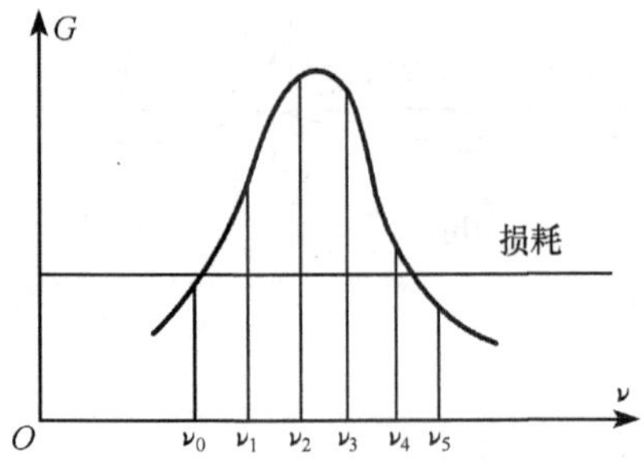

图 3.5-6 激光器的多纵模振荡

由激光原理可知,如果在激光器的增益曲线阈值以上范围内包含多个纵模,则激光器将会多纵模运转。例如,在图 3.5-6 所示的情况中,将有四个纵模可能振荡。显然,使激光器单纵模工作的基本思想就是,使增益曲线阈值以上的区域内,只包含一个纵模。为此,一种方法是设计谐振腔,增大其纵模间隔 $\Delta\nu_q$,使得增益曲线阈值以上区域只有一个纵模可供振荡;另一种方法是使增益曲线变窄,使其阈值以上区域,只含一个纵模。后者因输出功率受到限制,而较少采用。

2. 纵模选择方法

1) 色散腔法粗选频率

由激光器原理可知,一般的激光器都可能有多条工作谱线,例如,He-Ne 激光器通常有 0.6328μm、1.15μm 及 3.39μm 三条谱线。为了选择特定的谱线振荡,例如,选取 0.6328μm 谱线工作,可以采用窄带介质膜反射镜。但是介质膜的带宽一般只能做到 0.01μm 左右,再窄就有困难了,而色散腔法可以做到 0.0001～0.001μm 的窄带。此法不仅可以限制个别的谱线振荡,还可以在某些荧光线宽较宽的介质中选择较窄区域单独振荡,使谱线变窄一些。

图 3.5-7 是利用色散棱镜实现粗选频率的装置,通过调整光路,可以使进入棱镜的入射角 α_1 等于离开棱镜的出射角 α_2,并等于布儒斯特角。由物理光学已知,利用色散棱镜分光,腔内激光波长允许偏离中心波长的间隔(即允许的谱线宽度)为

$$\Delta\lambda = \frac{\sqrt{n(n-\sin^2\alpha_B)}}{2\sin\alpha_B(\mathrm{d}n/\mathrm{d}\lambda)}\theta \tag{3.5-3}$$

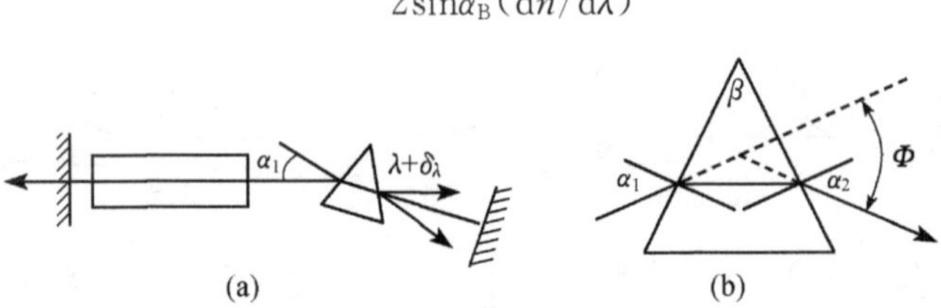

图 3.5-7 棱镜色散腔

式中，θ 是激光腔内光束所允许的发散角，α_B 是布儒斯特角，$dn/d\lambda$ 表示棱镜材料折射率随波长的变化率。若取 $\theta=0.1\text{mrad}$，则对玻璃材料棱镜，在可见光区域，有 $\Delta\lambda\approx0.001\mu\text{m}$。这种棱镜色散对一些激光器进行振荡谱线选择，十分有效。例如，利用这种腔结构可以很容易分开 Ar^+ 激光器中的 0.4880μm 和 0.5145μm 振荡谱线。

但是，色散腔法只能粗略地进行选频，这是因为在单条谱线上的荧光线宽范围内，还可能存在间隔为 $\Delta\nu_q=c/2L$ 的一系列分离振荡频率——纵模，故还应采取进一步的纵模选择技术，从单条荧光谱线中，选出单一的纵模。下面介绍两种精选纵模的方法。

2）短腔法选纵模

由谐振腔理论已知，纵模间隔为 $\Delta\nu_q=c/2L$，显然，减小腔长，可以增大纵模间隔 $\Delta\nu_q$，当 $\Delta\nu_q$ 大到等于增益线宽时，在增益线宽内只含有一个纵模，即可实现单纵模振荡。

短腔选纵模法简单、实用，可以广泛地用于各种激光器，特别适合于小功率气体激光器。

现在考察某 He-Ne 激光器，它的荧光谱线宽度为 $\Delta\nu_g=1500\text{MHz}$。当 $L=1\text{m}$ 时，纵模间隔 $\Delta\nu_q=c/2L=150\text{MHz}$，因此，在激光器内可能有 10 个纵模同时起振，如图 3.5-8(a)所示。若将该激光器的腔长缩短到 10cm，则 $\Delta\nu_q=1500\text{MHz}$，此时如图 3.5-8(b)所示，只可能有一个纵模振荡。

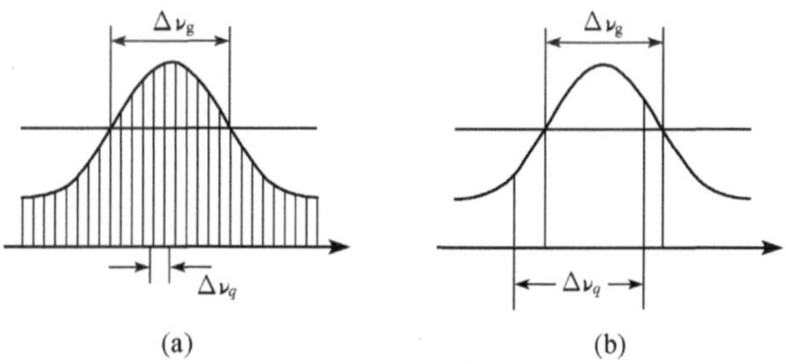

图 3.5-8 短腔法选纵模

又如，CO_2 激光器的谱线宽度为 50MHz，通过短腔法实现单纵模振荡时，腔长应在 3m 以下，这是较容易实现的。对于 Ar^+ 激光器，其谱线宽度为 5500MHz，通过短腔法实现单纵模工作的腔长要求在 3cm 以下，显然是不现实的。而 YAG 激光器的谱线宽度约为 200000MHz，通过短腔法实现单纵模振荡的腔长要短于 0.4mm，这显然不可能。由此可见，短腔法选纵模，只适于荧光谱线较窄的激光器，例如，He-Ne 激光器、CO_2 激光器等，不适于 Ar^+、YAG、红宝石等宽荧光谱线的激光器。此外，由于腔长缩短了，激光输出功率受到了限制，因此，在需要大功率单纵模输出的场合，此法不适用。

3）法布里-珀罗(F-P)标准具选纵模

图 3.5-9 是 F-P 选纵模装置的示意图，其主要特点是在谐振腔内放置了一个 F-P。F-P 选纵模法可以克服短腔法的缺点，获得较大功率输出的单纵模振荡。

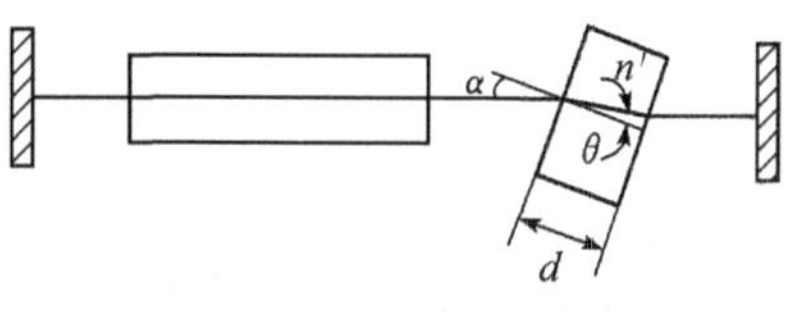

图 3.5-9 F-P 选纵模装置

由物理光学已知，F-P 相当于一个滤光片，它对于不同波长光的透过率分布如图 3.5-10 所示。图中的 R 为 F-P 表面对入射光的反射率，$\Delta\nu_q$ 是相邻透射峰的频率间隔，由下式确定：

$$\Delta\nu_q=\frac{c}{2n'd\cos\theta} \tag{3.5-4}$$

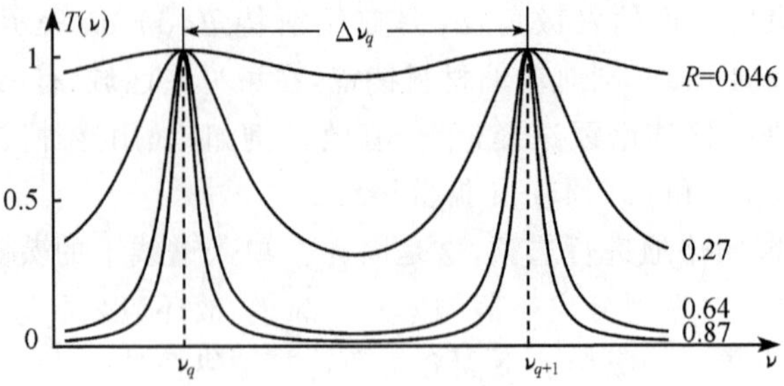

图 3.5-10 F-P 透过率分布

式中，c 是真空中的光速，n' 是 F-P 介质折射率，d 是标准具厚度，θ 是光进入 F-P 的折射角。光垂直入射时

$$\Delta\nu_q = \frac{c}{2n'd} \tag{3.5-5}$$

当将 F-P 插入谐振腔时，激光器的振荡频率既要满足谐振腔的共振条件，又要满足 F-P 有最大透过率的要求。一旦 F-P 的厚度 d 小到使 $\Delta\nu_q$ 等于增益曲线的宽度，就可以实现单纵模运转。其选纵模原理，如图 3.5-11 所示。

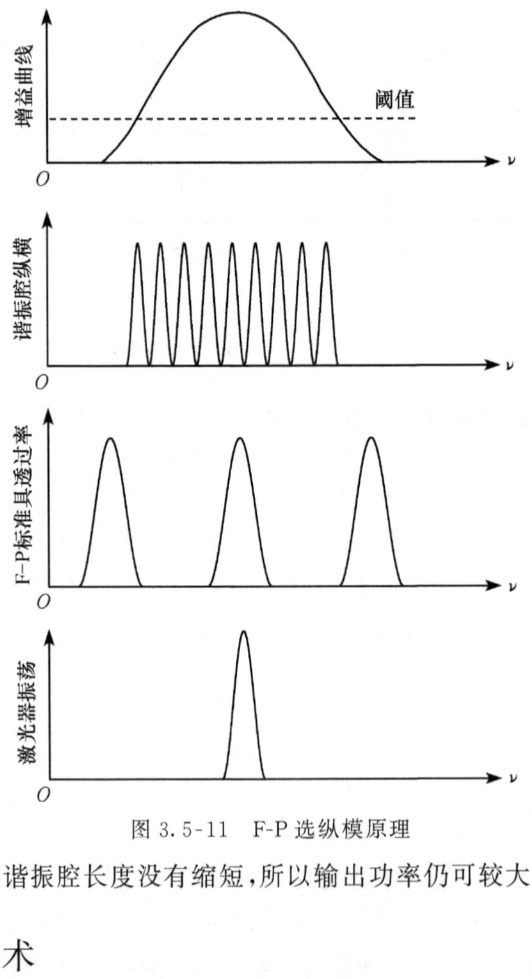

图 3.5-11 F-P 选纵模原理

由于 F-P 选纵横的谐振腔长度没有缩短，所以输出功率仍可较大。

3.6 激光稳频技术

由于激光具有良好的单色性，在精密干涉计量、光频标、光通信、激光陀螺等诸多领城内，获得了广泛的应用。激光单色性的好与否，将直接影响测量精度，为此，3.5节讨论了选模技术，以提高激光单色性。实际上，一个激光器即使获得了单频振荡，由于内部和外部条件的变化，谐振频率仍然会在整个增益线型内移动，从而使得输出频率变化，这种现象称为频率漂移。这种激光器输出频率的漂移，将使激光器输出频率不稳定，也将影响测量精度和可靠性。这一节讨论的激光稳频技术就是为解决这种频率漂移而发展起来的一种激光技术，它的任务是设法控制那些可以控制的因素，使其对振荡频率的干扰减至最小，从而提高激光频率的稳定性。

3.6.1 激光器的频率稳定度和再现度

通常，描述激光器的频率稳定性特性有两个参量：稳定度和再现度。稳定度指的是，激光器在连续工作期间，它的频率改变量 $\Delta\nu'$ 与振荡频率 ν 之比，即 $\Delta\nu'/\nu$。根据对稳定性考察的时间长短不同，稳定度分为长期稳定度和短期稳定度。前者是指1s以上时间（几分钟或几小时）内的稳定性，后者指1s以下的时间稳定性。再现度（或复现度）指的是同样设计和同样方法制成的激光器，在同样条件下使用时，相互之间的频率偏差；或者是在完全不同设计和不同条件下，用相同的能级跃迁所制成的激光器，其振荡频率与原子跃迁中心频率的偏差，如果这种偏差用 $\Delta\nu''$ 表示，则 $\Delta\nu''$ 与振荡频率 ν 之比，即 $\Delta\nu''/\nu$ 称为再现度。

根据实际需要的不同，对稳定度和再现度有不同的要求，一般希望都能在 10^{-8} 以上。目前稳定度较高的激光器可达 $10^{-11}\sim10^{-13}$，再现度不易达到稳定度那样高，一般在 10^{-7} 左右，高的可达 $10^{-10}\sim10^{-11}$。对于精密激光设备来说，再现度是相当重要的指标。

应当指出，因为气体激光器输出的激光单色性比固体激光器的好，所以一般提到激光稳频，都是指气体激光器。下面主要介绍He-Ne激光器稳频的有关问题，很多讨论对其他激光器的稳频也适用。

3.6.2 影响频率稳定的因素

由激光原理知道，激光器的工作频率为

$$\nu = q\frac{c}{2nL} \tag{3.6-1}$$

相应频率的变化，可以表示为

$$\left|\frac{\Delta\nu}{\nu}\right| = \left|\frac{\Delta L}{L}\right| + \left|\frac{\Delta n}{n}\right| \tag{3.6-2}$$

显然，各种能使腔长 L、折射率 n 发生变化的因素，都将引起工作频率的不稳定。

1）引起腔长变化的主要因素

(1) 温度起伏将通过支持反射镜的支架材料的热膨胀，使腔长变化，影响激光器的频率长期稳定度。

(2) 外界的机械振动会引起谐振腔支架的振动，导致腔长变化，引起频率不稳定。例如，一个腔长 $L=150$mm的He-Ne激光器，当振动引起的腔长变化 $\Delta L=1\mu$m时，激光器的频率稳定度为 6.6×10^{-6}。若要达到 1×10^{-8} 的稳定度，必须保证 $\Delta L<1.5$nm（要注意，原子的线度是0.1nm）。

(3) 光学元件的变化，引起腔长变化。例如，由于激光器横向温度梯度发生变化，反射镜角度变化，或者布儒斯特窗位置变化，都会引起腔长变化。

(4) 如果腔体采用殷钢作支承物，则外磁场的存在将引起殷钢的磁致伸缩，从而使腔长变化。

2）引起折射率变化的因素

在外腔式或半外腔式激光器中，有一部分腔体暴露在大气中，当大气条件（气压、温度和湿度）变化时，空气折射率将产生变化，从而导致谐振频率变化。

3.6.3 稳频技术

稳频技术大致分为两类：被动式稳频和主动式稳频。

1. 被动式稳频

被动式稳频技术实质上是尽量将激光器与变化的外界环境隔离开来，减小外界环境对激光器的扰动，保证激光器稳定工作。例如，谐振腔反射镜之间的间隔器采用膨胀系数小的材料制作，可以减少温度起伏通过反射镜架间隔器引起的镜面间距（腔长）的变化；对整个激光器谐振系统进行恒温控制及采取限振、密封隔声、稳定电流等措施，都可以减小外界环境变化对激光器的影响。

被动式稳频方法的结构简单、使用方便，但是这种稳频技术的稳定度只能达到 10^{-7}，要提高到 10^{-8} 以上，非常困难。

2. 主动式稳频

主动式稳频技术的实质是在外界环境变化的情况下，仍保持谐振腔的光程腔长稳定不变。其主要思想是，选取一个稳定的参考标准频率，当外界条件变化影响到激光器，使其频率偏离这个特定的标准频率时，设法进行鉴别，同时产生出一个反映这个偏差的误差信号，该误差信号不但能指明偏离标准频率值的大小，而且还能指明是偏大还是偏小，然后将误差信号转变成执行信号，反馈给激光器的伺服机构，通过控制系统自动调节腔长，使激光工作频率稳定地在这特定的标准频率上运转。

主动式稳频方法有很多种类，例如，兰姆（Lamb）凹陷稳频法、塞曼效应稳频法、无源腔稳频法、双通道稳频法、饱和吸收稳频法等。主动稳频很容易实现稳定度在 10^{-8} 以上，目前已报道的频率稳定度最高达 10^{-14}。并且，随着激光技术的发展，正朝着激光谱线极限（例如，He-Ne 激光器的谱线极限是 2×10^{-17}）迈进。

下面，只介绍兰姆凹陷稳频技术和饱和吸收稳频技术。

1）兰姆凹陷稳频技术

由激光原理，He-Ne 激光器的增益曲线是以非均匀加宽为主。由于增益饱和效应，其输出功率 P 随着频率 ν 变化，变化形式如图 3.6-1 所示。基本形状呈钟形，但在中心频率 ν_0 处有一个凹陷，这就是兰姆凹陷。由于凹陷的宽度远比谱线宽度窄（约是谱线宽度的百分之一），所以在 ν_0 附近频率 ν 的微小改变，都将引起输出功率的显著变化。如果将谱线中心频率 ν_0 选作参考标准频率，则可以通过对输出光强的监测，实时地确定工作频率相对 ν_0 的偏离，利用灵敏的腔长自动补偿伺服系统，即可使激光频率稳定在 ν_0 上，这就是兰姆凹陷稳频技术的基本思想。

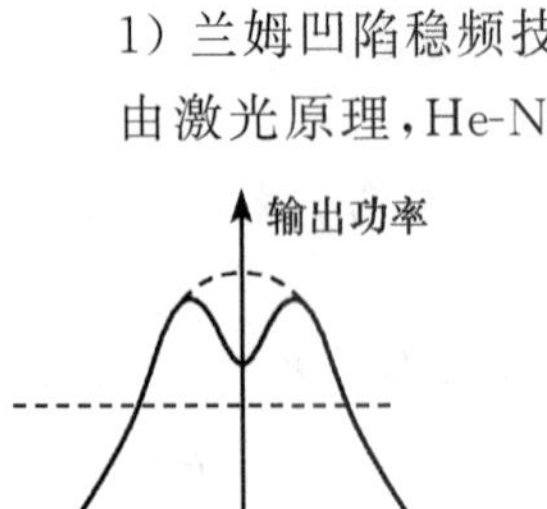

图 3.6-1 兰姆凹陷

兰姆凹陷稳频装置如图 3.6-2 所示，由稳频激光管和稳频伺服系统组成。激光管采用热膨胀系数很小的石英管制成，谐振腔的两个反射镜安置在殷钢架上，其中一个贴在压电陶瓷环上。光电接收器一般采用硅光电二极管，它将光信号转变为相应的电信号。相敏检波器(PSD)采用环形相敏桥，当输入信号与参考信号同相输入时，输出一个负的直流电压；当它们反相输入时，输出一个正的直流电压；当输入信号为零、只有参考信号输入时，无输出电压。因此，相敏检波器输出电压的极性与输入误差信号的相位有关，输出电压的大小则反映了输入误差信号的大小。音频振荡器除了向相敏检波器提供一个参考信号外，还向压电陶瓷环提供一个 0～1V 的可调正弦电压，以对腔长进行调制。压电陶瓷环的长度为几厘米，环的内外表面有两个电极，由于电致伸缩效应，在外表面加正电压时，环伸长(从而腔长缩短)，而加负电压时，环变短(腔长变长)。例如，在 PZT-5 型压电陶瓷环上加频率为 1kHz、振幅为 $V_{PP}=1V$ 的正弦调制电压时，它将发生周期性的变化，从而腔长也发生周期性变化。

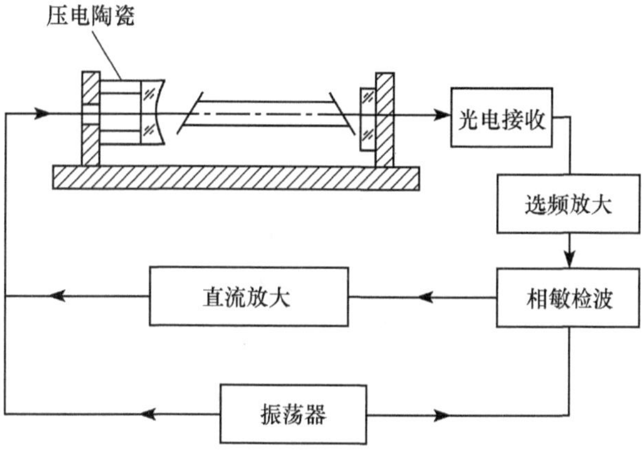

图 3.6-2 兰姆凹陷稳频装置

兰姆凹陷稳频原理如下：在图 3.6-2 的装置中，当压电陶瓷环上加有音频(1kHz)调制电压时，其长度产生周期性的伸缩，因而，激光器的腔长将以同样的频率周期性地变长和缩短。于是，激光的振荡频率将会产生幅度为 $\Delta\nu$ 的周期性变化，激光器的输出功率也将相应地产生幅度为 ΔP 的周期性变化。当 $\Delta\nu$ 一定时，ΔP 的大小及输出功率变化的相位，仅与输出功率调谐曲线(图 3.6-3)相应工作点的位置和斜率有关。例如，相应外界因素的影响，激光器的振荡中心频率分别处在 ν_A、ν_0、ν_B 处，由于相应 ν_A 处的功率调谐曲线的斜率是负值，所得到的输出功率的变化与调制信号同频、反相；

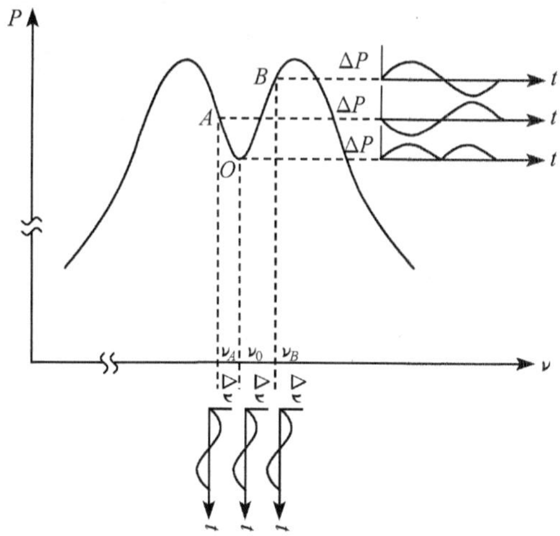

图 3.6-3 兰姆凹陷稳频原理

相应 ν_B 处的功率调谐曲线的斜率是正值，所得到的输出功率的变化与调制信号同频、同相；而相应 ν_0 处的输出功率变化频率是调制信号的两倍。由于输出功率的变化特性中，既包含了激光工作频率偏离标准频率 ν_0 的大小，又包含了激光工作频率偏离标准频率 ν_0 的方向(偏大还是偏小)，所以可将其作为误差信号。当输出功率通过光电接收器变换成电误差信号后，相应 ν_0 工作频率状态的电信号不能通过选频放大器(其放大频率选定为 1kHz)，而相

应 ν_A 和 ν_B 工作频率状态的电信号，可以通过选频放大器，并加到 PSD 上。相应 ν_A、ν_0、ν_B 三种状态的 PSD 输出电压分别为正、零、负的直流误差电压，它们经直流放大后，加到压电陶瓷环上，使环变长、不变和变短，从而使激光器谐振腔腔长相应地缩短、不变和变长。于是，若因某种外界因素使腔长变长，激光器工作频率变小，则通过该装置的上述过程，将使腔长缩短，自动地补偿了外界因素引起的频率变化，直到使激光工作频率稳定在兰姆凹陷中心频率 ν_0 上为止。

应当指出，兰姆凹陷稳频是以原子跃迁中心频率 ν_0 作为参考标准频率的，当 ν_0 本身发生漂移（由压力位移、斯塔克（Stark）效应、放电条件的变化等引起），将直接影响频率的长期稳定度和再现度。所以，利用兰姆凹陷稳频可使 He-Ne 激光器的 0.6328μm 谱线的频率稳定度达到10^{-9}～10^{-10}，但再现度只有 10^{-7}。

为了克服兰姆凹陷等稳频方法中因采用激光工作物质原子谱线本身的中心频率作为参考标准频率所引起的频率再现度不高的缺点，发展了一种利用外界频率作为参考标准频率进行高精度稳频的方法——饱和吸收法稳频。

2）饱和吸收稳频技术

饱和吸收稳频装置如图 3.6-4 所示。这种装置的激光器内除了有激光管外，还放置一个吸收管，管内充有特种气体，它对激光工作频率有强吸收。吸收管内的气压很低，只有 10^{-2}～10^{-1} Torr，并且因吸收管不加电场激活，所以吸收中心频率漂移极小。如果以这个中心频率作为参考标准频率，可以大大提高频率的长期稳定度和再现度。

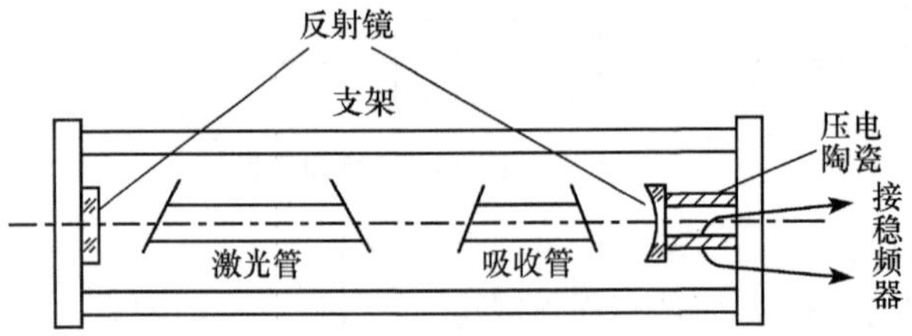

图 3.6-4　饱和吸收稳频装置示意

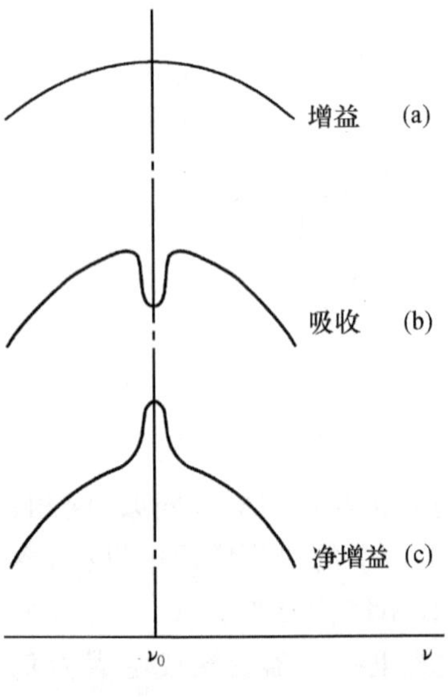

图 3.6-5　增益、吸收曲线

利用饱和吸收稳频方法提高稳定度的原理，可以由图 3.6-5 所示的增益、吸收曲线说明。由激光原理知道，在吸收管内充以低气压吸收气体时，其吸收曲线的中心频率处有一个洛伦兹形的吸收饱和凹陷，如图 3.6-5(b)所示。激光管内工作物质的增益曲线，如图 3.6-5(a)所示。于是，整个激光器的净增益曲线（G-ν），如图 3.6-5(c)所示，在谱线中心 ν_0 处有一个小尖峰。相应地，在激光器输出功率 P-ν 调谐曲线中心 ν_0 处，也将出现一个尖峰。因该尖峰结构与兰姆凹陷相反，所以称为反兰姆凹陷。反兰姆凹陷与兰姆凹陷相比，其宽度窄，位置稳定。因此，利用反兰姆凹陷中心频率（也即饱和吸收谱线的中心频率）ν_0 作为稳频的参考标准频率，可以大大提高长期稳定度和再现度，稳定度可达 10^{-13}～10^{-11}，再现度可达 10^{-11}～10^{-10}。

最后要指出，上述吸收管内气体选择的最基本要求是它的吸收频率必须与激光频率精确一致。这似乎意味着，吸收气体应选择与激光管工作物质相同的气体。实际上，由于激光工作物质的激光下能级寿命一般都较短，所以它们的吸收饱和不明显，反兰姆凹陷也就不明显，因此，应用中都是选择与激光工作物质不同的吸收气体。例如，对于 He-Ne 激光器中的 3.39μm 工作谱线，相应的中心波数为 2947.903cm^{-1}，而甲烷分子 v_3 带的 $P(7)$ 支吸收谱线的波数为 2947.906cm^{-1}，彼此很接近，所以可采用甲烷作吸收介质。

3.7　激光频率变换技术

自 1960 年激光诞生起，至今已近 50 年，激光和激光技术取得了巨大的成就，人们已研制出各种各样的激光器，发现了上万条激光谱线，但是真正商品化实用的激光器却屈指可数。尽管激光器可以认为是无线电振荡器的光频开拓，但激光器的输出往往都是单一频率或窄谱线工作，不能像无线电频率那样连续调谐，许多实际需要的光频率找不到相应的激光源。因此，激光频率变换技术应运而生。

目前能实现激光频率变换的主要技术是光倍频技术、光学和频差频技术、光参量上转换下转换、光参量振荡等技术，这些技术都属于非线性光学范畴内的技术。通过光倍频技术，可以将频率为 ω 的激光，变换为频率为 2ω 的相干光；利用光参量振荡技术，可以通过光参量振荡器将高频激光能量转换为低频的可调谐相干光输出。显然，这些技术可以将相干光波段开拓，在实际应用中有着十分重要的意义。

这里仅简单地介绍光倍频技术和光参量振荡技术。首先指出的是，必须要明确：这些频率变换过程与前面讲过的受激辐射过程有着本质的区别，它们属于非线性光学现象，是相干光的非线性频率转换过程。因此，把它纳入激光技术内容讲解。为了正确理解光倍频技术和光参量振荡技术的原理，下面首先简单介绍一下非线性光学概念。

3.7.1　非线性光学概述

1. 非线性光学

非线性是自然界中存在的一种普遍特性。在无线电领域内，人们早已熟悉许多非线性现象：晶体管就是一种典型的(电流～电压)非线性元件，倍频、混频及参量放大也都是无线电中广泛应用的非线性技术。而光从本质上来讲，也是一种电磁波，所以它也应有类似的非线性性质。

光通过介质的传播过程，就是光与介质相互作用的过程。这个动态过程可以利用极化理论描述：光作用到介质上将产生极化，介质的极化将作为源产生辐射，这个辐射就是在介质中传播的光辐射。如果介质中的极化与光电场成线性关系，满足

$$P = \varepsilon_0 \chi E \tag{3.7-1}$$

式中，ε_0 是真空中的介电常量，χ 是线性电极化率，它是与光场无关的常数，则频率为 ω 的入射光将产生频率仍为 ω 的极化强度，相应的光辐射频率也不变，即在介质中不出现新的光频率成分；如果有不同的光波在介质中传播，则满足独立传播原理和线性叠加原理。这些现象均属于线性光学范畴。当光波强度比较强(与原于内场强 $E_{原子} = 10^{10}\text{V/m}$ 相比，不可忽略)时，就会观察到介质的极化与光电场呈非线性关系，即

$$P = \varepsilon_0 \chi(E) E \tag{3.7-2}$$

式中，$\chi(E)$是与光电场有关的电极化率。当光频远离介质的共振区，或者光场不太强时，上面

的非线性关系式可以用下面级数表示：

$$P = \varepsilon_0(\chi^{(1)}E + \chi^{(2)}E^2 + \chi^{(3)}E^3 + \cdots) \tag{3.7-3}$$

式中，右边第一项、第二项、…分别表征线性响应、二次非线性响应、…；$\chi^{(1)}$、$\chi^{(2)}$、…分别是线性电极化率、二阶非线性电极化率、…。由此可见，入射到介质中频率为 ω 的光场，将产生频率为 $\omega,2\omega,3\omega,\cdots$的极化强度分量，因而在介质中将有频率为 $\omega,2\omega,3\omega,\cdots$的光辐射。此外，在非线性介质中传播的不同光波之间，还会产生耦合现象，独立传播原理和线性叠加原理不再成立。这样一些现象均属于非线性光学范畴所研究的内容。显然，线性光学实际上是非线性光学的一级近似，正是由于这种近似，丢失了许多有趣的重要现象。

虽然人们很早就已预料到非线性光学现象的存在，但在激光出现以前，由于光强度很小，除了克尔效应等个别现象外，几乎没有观察到非线性光学现象。1960 年，激光器的诞生为人们研究非线性光学提供了一种高强度相干光源。1961 年，夫朗肯（Franken）等将红宝石激光器发出的约为 3kW 的 0.6943μm 光脉冲，聚焦到石英晶体上，发现了 0.3471μm 的新谱线，而这条谱线的频率，恰为红宝石激光的两倍。这是人们实现的第一次光倍频过程，也是人们进行的第一个非线性光学实验。尽管这个实验的效率极低，只有 10^{-8}，但它敲开了非线性光学的大门，从此以后，非线性光学蓬勃地发展起来，新的非线性光学现象也相继地被发现。现在，非线性光学正发展成为一门新兴的学科，它使得古老的光学焕发了青春。

2. 非线性光学理论

1）非线性极化

这里讨论的光倍频技术和光参量振荡技术，属于由 $\chi^{(2)}$ 贡献的二阶非线性极化效应。对于光学各向异性晶体材料，其二阶非线性电极化率 $\boldsymbol{\chi}^{(2)}$ 是一个三阶张量，它所描述的二阶非线性极化强度 $\boldsymbol{P}$ 和光电场 $\boldsymbol{E}$ 的分量关系为

$$P_i = \varepsilon_0 \sum_{jk} \chi_{ijk}^{(2)} E_j E_k \qquad (i,j,k = x,y,z) \tag{3.7-4}$$

式中，$\chi_{ijk}^{(2)}$ 对于下脚标 j 和 k 是对称的，即 $\chi_{ijk}^{(2)}=\chi_{ikj}^{(2)}$。在实际工作中常用非线性光学系数 d_{il} 代替 $\chi_{ijk}^{(2)}$。在这种情况下，极化强度 $\boldsymbol{P}$ 和光电场 $\boldsymbol{E}$ 可表示成如下矩阵形式：

$$\begin{bmatrix} P_x \\ P_y \\ P_z \end{bmatrix} = \begin{bmatrix} d_{11} & d_{12} & d_{13} & d_{14} & d_{15} & d_{16} \\ d_{21} & d_{22} & d_{23} & d_{24} & d_{25} & d_{26} \\ d_{31} & d_{32} & d_{33} & d_{34} & d_{35} & d_{36} \end{bmatrix} \begin{bmatrix} E_x^2 \\ E_y^2 \\ E_z^2 \\ 2E_yE_z \\ 2E_zE_x \\ 2E_xE_y \end{bmatrix} \tag{3.7-5}$$

2）非线性介质中光波的耦合方程

光波在非线性介质中传播时，将产生耦合，描述这种耦合的基本理论是光的电磁理论。

（1）非线性波动方程

根据光的电磁理论，非线性波动方程为

$$\nabla^2 \boldsymbol{E} - \mu_0 \varepsilon \frac{\partial^2 \boldsymbol{E}}{\partial t^2} = \mu_0 \frac{\partial^2 \boldsymbol{P}_{\mathrm{NL}}}{\partial t^2} \tag{3.7-6}$$

显然，当不考虑非线性作用时，$\boldsymbol{P}_{\mathrm{NL}}=0$，上述波动方程即变为线性光学中熟知的波动方程

$$\nabla^2 \boldsymbol{E} - \mu_0 \varepsilon \frac{\partial^2 \boldsymbol{E}}{\partial t^2} = 0 \tag{3.7-7}$$

(2) 光波的耦合方程

现在考虑频率为 ω_1、ω_2 和 ω_3 的三个平面光波在二阶非线性介质中的传播、耦合情况。假设三个光波都沿 z 方向传播，满足 $\omega_1+\omega_2=\omega_3$ 的关系，并设它们的振动方向相同，可视为标量，其光场表示式为

$$E_l(z,t) = \frac{1}{2}E_l(z)\mathrm{e}^{-\mathrm{i}(\omega_l t - k_l z)} + \mathrm{c.c.} \quad (l = 1,2,3) \tag{3.7-8}$$

则从非线性波动方程出发，经过运算，可以得到它们在介质中传播时的耦合方程为

$$\frac{\mathrm{d}E_1(z)}{\mathrm{d}z} = \frac{\mathrm{i}\omega_1^2}{k_1 c^2}\mathrm{d}E_2(z)E_3(z)\mathrm{e}^{\mathrm{i}\Delta kz} \tag{3.7-9}$$

$$\frac{\mathrm{d}E_2(z)}{\mathrm{d}z} = \frac{\mathrm{i}\omega_2^2}{k_2 c^2}\mathrm{d}E_1^*(z)E_3(z)\mathrm{e}^{\mathrm{i}\Delta kz} \tag{3.7-10}$$

$$\frac{\mathrm{d}E_3(z)}{\mathrm{d}z} = \frac{\mathrm{i}\omega_3^2}{k_3 c^2}\mathrm{d}E_1(z)E_2(z)\mathrm{e}^{-\mathrm{i}\Delta kz} \tag{3.7-11}$$

这个耦合方程组是处理包括光倍频在内的二阶非线性光学现象的基本方程。该方程组表明，三个光波之间的耦合是通过非线性光学系数 d 实现的。耦合方程中，三个波矢关系

$$\Delta \boldsymbol{k} = \boldsymbol{k}_3 - \boldsymbol{k}_1 - \boldsymbol{k}_2 \tag{3.7-12}$$

表征了三个光波的相位关系，它直接影响三个光波耦合作用的程度，称为相位失配因子。当 $\Delta \boldsymbol{k}=0$ 时，称为三波耦合满足相位匹配。

3.7.2　光倍频——二次谐波产生(SHG)技术

1961 年，夫朗肯首次报道实现了红宝石激光的倍频实验，图 3.7-1 是进行光倍频实验的装置。在这次实验中，获得的倍频效率只有 10^{-8}，但随着相位匹配技术的深入研究及光倍频技术的发展，倍频效率大大提高，理论上可以实现 100%。

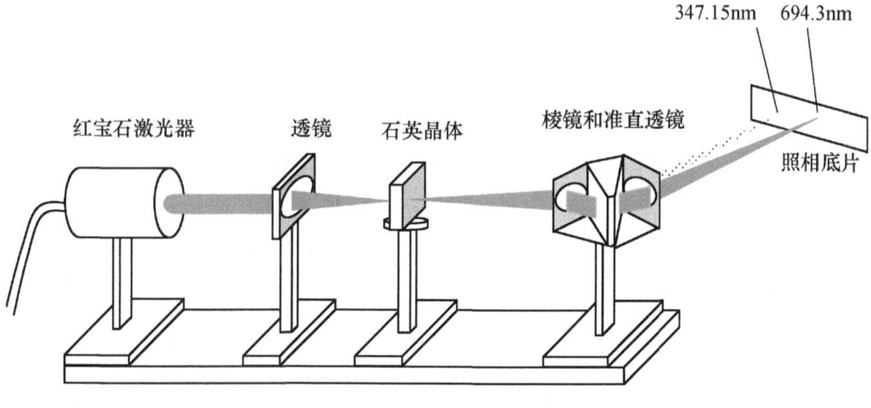

图 3.7-1　光倍频实验装置

1. 倍频转换效率

光倍频过程是两个基频光($\omega_1=\omega_2=\omega$)与一个倍频光(2ω)在非线性介质中相互作用的过

程。如果入射的基频光 $E_\omega(0)$ 因倍频过程所损失的能量很小，可以认为 $E_\omega(z)$ 为常数，不随 z 变化。进一步，假设在晶体输入端（$z=0$）的倍频光为零，即 $E_{2\omega}(0)=0$，则求解上面的耦合方程，可以得到输出端的倍频光场为

$$E_{2\omega}(l)=\frac{\mathrm{i}\omega}{n_{2\omega}c}\mathrm{d}LE_\omega^2(0)\exp\left(-\mathrm{i}\frac{\Delta kL}{2}\right)\frac{\sin(\Delta kl/2)}{\Delta kl/2} \tag{3.7-13}$$

如果入射光束截面为 A，则晶体输出端的倍频光强为

$$I_{2\omega}(l)=\frac{P_{2\omega}}{A}=\frac{8\pi^2l^2d^2}{n_\omega^2n_{2\omega}\lambda_\omega^2c\varepsilon_0}\left(\frac{P_\omega(0)}{A}\right)^2\left[\frac{\sin(\Delta kl/2)}{\Delta kl/2}\right]^2 \tag{3.7-14}$$

定义输出倍频光强度与输入基频光强度之比为倍频光（二次谐波）产生效率 η_{SHG}，有

$$\eta_{\mathrm{SHG}}=\frac{I_{2\omega}(l)}{I_\omega(0)}=\frac{8\pi^2l^2d^2}{n_\omega^2n_{2\omega}\lambda_1^2c\varepsilon_0}\frac{P_\omega(0)}{A}\left[\frac{\sin(\Delta kl/2)}{\Delta kl/2}\right]^2 \tag{3.7-15}$$

由式(3.7-15)可见，影响倍频转换效率的主要因素有：

① 晶体的非线性光学系数 d。要获得高效率，应选非线性光学系数 d 大的晶体；

② 基频光的功率密度 $P_\omega(0)/A$。基频光功率密度越大，倍频效率越高。所以在腔外倍频中常需要聚焦，而如果采用腔内倍频，则更为有利；

③ 相位匹配因子 $F=\dfrac{\sin^2(\Delta kl/2)}{(\Delta kl/2)^2}$。当 $\Delta k=0$ 时，$F=1$，称为相位匹配。在其他条件不变的情况下，相位匹配时的转换效率最大。理论分析表明，满足相位匹配的条件是

$$n_{2\omega}=n_\omega,\quad v_{2\omega}=v_\omega \tag{3.7-16}$$

即在晶体中的基频光和倍频光的折射率相等，或传播速度相等。为了实现这种相位匹配条件，可以对不同的晶体材料，采取不同的加工方式，进行角度相位匹配或温度相位匹配。当 $\Delta k\neq0$ 时，处于相位失配状态，倍频光转换效率将大大降低。在确定 Δk 的情况下，产生的倍频光强度随晶体长度呈周期性变化，当晶体长度 l 满足

$$\Delta kl_{\mathrm{C}}=\pi \tag{3.7-17}$$

时，转换效率为极大，相应的该晶体长度 l_{C} 称为相干长度。对于一般的非线性晶体，相干长度为 10～100μm。

进一步，由上面的倍频转换效率表示式可见，在相位匹配条件下，转换效率与晶体长度 l 的平方成正比。这似乎是说随着晶体的增长，倍频光可以无限制地增加，显然这不可能。实际上，基频光在不断转换为倍频光的同时，它的强度将不断地下降。考虑到这种实际情况，输出的倍频光强为

$$I_{2\omega}(l)=I_\omega(0)\mathrm{th}^2\left(\frac{l}{l_{\mathrm{S}}}\right) \tag{3.7-18}$$

式中，l_{S} 为倍频过程的特征长度，倍频转换效率为

$$\eta_{\mathrm{SHG}}=\mathrm{th}^2\left(\frac{l}{l_{\mathrm{S}}}\right) \tag{3.7-19}$$

图 3.7-2 绘出了 η_{SHG}-l 变化规律。可见，当 $l=l_{\mathrm{S}}$ 时，转换效率达 60%，当 $l=2l_{\mathrm{S}}$ 时，转换效率基本上饱和。所以，l_{S} 大体上指出了光倍频时应采用的晶体长度。

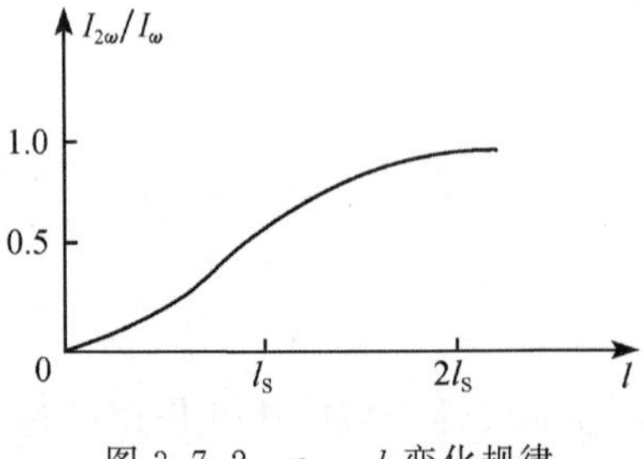

图 3.7-2 η_{SHG}-l 变化规律

2. 光倍频技术

1）腔外光倍频

图 3.7-3 是一种腔外光倍频的装置，基频光(1.06μm)由双 45°铌酸锂晶体调 Q YAG 激光器加上两级放大器 6、7 提供。图中，1、4 镜组成了平凸镜非稳腔，8 是倍频晶体(KDP 晶体)，9 是分光镜，可将输出的倍频光(0.53μm)与基频光分开。为了提高在倍频晶体中的基频光强度，这个装置采用了聚焦选镜 5。

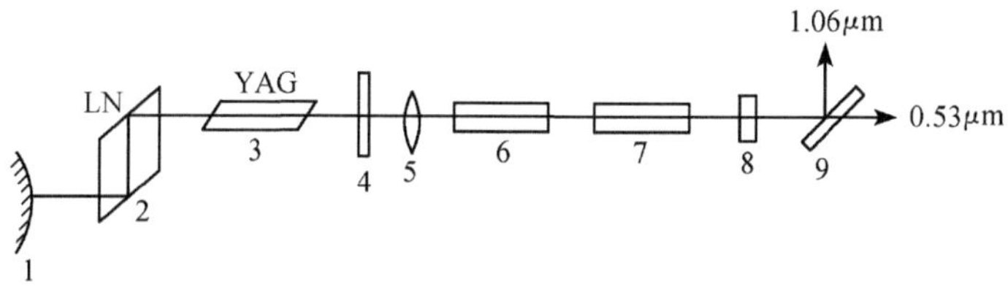

图 3.7-3 外腔式光倍频的装置

2）腔内光倍频

由激光原理知道，如果输出反射镜对基频光的透过率 $T=1-R$，则激光腔内的基频光功率是腔外基频光功率的 $1/(1-R)$倍。而由上述倍频光功率表示式已知，$P_{2\omega}\propto P_{\omega}^{2}$，所以，如果输出镜对基频光的反射率 $R\approx1$，则因腔内基频光功率很强，会使倍频转换效率大大提高。在理想情况下，腔内光倍频转换效率可达 100%。腔内光倍频效率提高的主要限制是晶体的破坏阈值。

图 3.7-4 是一种高效率的 YAG 声光 Q 开关腔内光倍频装置。倍频晶体是钛氧磷酸钾(KTP)，这是一种兼有许多优良性能的新型非线性材料，其非线性系数高、不潮解、破坏阈值高、折射率的频率系数低、易实现最佳相位匹配。与一般的腔内光倍频结构相比，这个装置在腔内放置了一块对基频光(1.06μm)全透、对倍频光(0.53μm)全反的平面镜 M_3，构成了双通倍频器件，YAG 产生的基频光透过 M_3，由倍频晶体单程转换为倍频光，并直接由 M_2 输出腔外，而基频光则被反射回来，路经倍频晶体时，部分光功率又转换为倍频光，该倍频光经 M_3 反射后，再经晶体及 M_2 输出。由于这种装置能将基波往返两次通过倍频晶体时所获得的倍频光一并输出，因此称为双通倍频。又由于倍频光在返程中不再通过工作物质等光学元件，因而减少了损耗。所以，其倍频效率可以大为提高。图 3.7-4 所示的装置中，M_1、M_2、M_3 均为平面镜，腔长为 620mm，YAG 尺寸为 ϕ5mm×98mm，KTP 的尺寸为 4mm×4mm×3.4mm，在泵

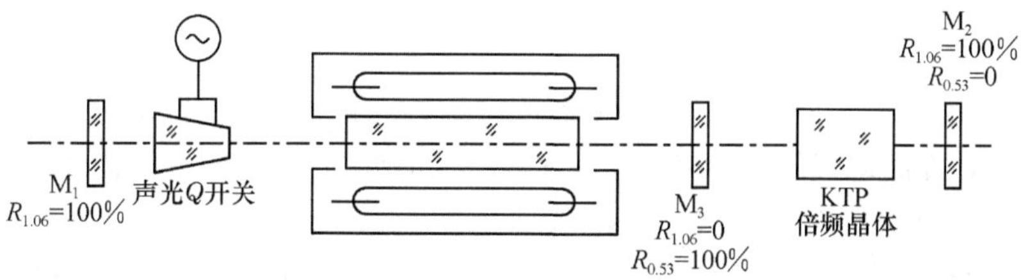

图 3.7-4 高效腔内光倍频激光器

浦功率为 6.0kW 的情况下，普通腔内倍频装置（无 M_3）和双通倍频装置（有 M_3）的非连续平均倍频功率分别为 3.2W 和 4W。对于高功率情况，YAG 尺寸取 ϕ6mm×100mm，KTP 尺寸取 7mm×7mm×7mm 左右，泵浦功率为 6～8kW 的双通倍频（声光 Q 开关）准连续输出时的功率可达10～15W 或更高。

3.7.3 光参量振荡器

1962 年人们就开始了对光参量振荡器的研究，现在光参量振荡器已经实用化，并在大气污染的遥测、光化学及同位素分离和光谱研究中获得了广阔的应用。

1. 光参量放大

光参量振荡器的物理基础是光参量放大，而光参量放大过程实质上是非线性光学差频产生的三波混频过程。在差频过程中，每湮灭一个高频光子，就同时产生两个低频光子，并且这两个低频光波获得了增益，因此可以构成它们的放大器。

今有一束高频率 ω_3 的泵浦光和一束低频率 ω_1 的信号光入射到非线性介质中，就会通过非线性作用产生频率为 $\omega_2=\omega_3-\omega_1$ 的差频光。假设不计泵浦光的抽空效应，$\mathrm{d}E_3(z)/\mathrm{d}z\approx 0$，上述耦合方程就可简化为

$$\frac{\mathrm{d}A_1}{\mathrm{d}z}=\mathrm{i}gA_2^*\,\mathrm{e}^{\mathrm{i}\Delta kz} \tag{3.7-20}$$

$$\frac{\mathrm{d}A_2}{\mathrm{d}z}=\mathrm{i}gA_1^*\,\mathrm{e}^{\mathrm{i}\Delta kz} \tag{3.7-21}$$

式中，$A_l=\sqrt{\dfrac{n_l}{\omega_l}}E_l(l=1,2)$，耦合系数 $g=\sqrt{\dfrac{\omega_1\omega_2}{n_1n_2}}\sqrt{\mu_0\varepsilon_0}\,dE_3(0)$。

若只有一个输入信号 $A_1(0)$，并满足相位匹配条件，求解耦合方程可得

$$A_1(z)=A_1(0)\mathrm{ch}(gz) \tag{3.7-22}$$

$$A_2^*(z)=-\mathrm{i}A_1(0)\mathrm{sh}(gz) \tag{3.7-23}$$

如果差频晶体的长度为 l，则信号光通过晶体后的功率增益为

$$G(l)=\left|\frac{A_1(l)}{A_1(0)}\right|^2=\mathrm{ch}^2(gl) \tag{3.7-24}$$

实际上，对于这种光参量放大，即使在相当高的光泵浦下，其增益系数 g 也并不大，因此将其作为光参量放大器应用，意义不大。真正有意义的应用，是基于这种光参量放大的光参量振荡器。

2. 光参量振荡器

若将非线性晶体置于腔长为 l 的谐振腔中，并用强的高频泵浦光 ω_3 照射，当参量增益超过腔内的损耗时，在腔内可以从噪声中建立起相当强的低频信号光 ω_1 及低频光波 ω_2，这就是光参量振荡器工作的物理基础。光参量振荡器的谐振腔可以同时对信号光 ω_1 和 ω_2 共振，也可以对其中一个频率共振。前者称为双共振光参量振荡器（DRO），后者称为单共振光参量振荡器（SRO）。

1）双共振光参量振荡器

图 3.7-5 示出了一种对信号光 ω_1 和 ω_2 双共振的光参量振荡器的原理结构。图中频率为 ω_3 的激光作为光参量振荡器的泵浦光，R_1、R_2 和 R_3 分别是谐振腔镜对 ω_1、ω_2 和 ω_3 光波的反射率。

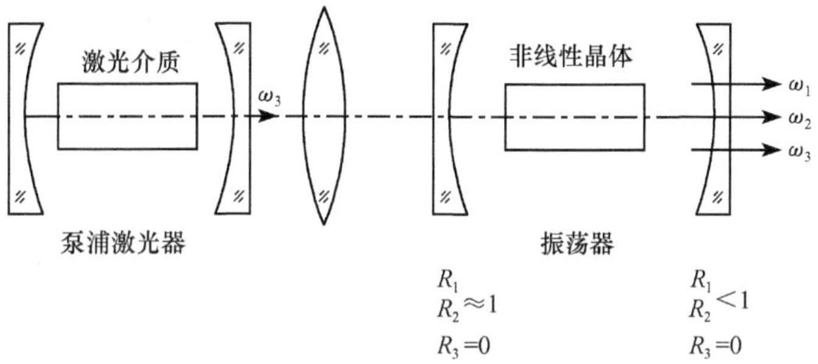

图 3.7-5　双共振光参量振荡器示意图

根据光参量振荡器的理论分析，双共振光参量振荡器的阈值泵浦强度为

$$(I_3)_{\text{th}} = \frac{1}{2}\left(\frac{\varepsilon_0}{\mu_0}\right)^{3/2} \frac{n_1 n_2 n_3}{\omega_1 \omega_2 l^2 (\varepsilon_0 d)^2}(1-R_1)(1-R_2) \tag{3.7-25}$$

式中，n_1，n_2 和 n_3 分别是非线性晶体对 ω_1，ω_2 和 ω_3 的折射率，光参量振荡器所产生的两个振荡频率 ω_1 和 ω_2，必须同时满足频率条件

$$\omega_3 = \omega_1 + \omega_2 \tag{3.7-26}$$

和相位条件

$$\left.\begin{aligned} k_1 l &= \frac{\omega_1 n_1 l}{c} = m\pi - \frac{\varphi_1}{2} \\ k_2 l &= \frac{\omega_2 n_2 l}{c} = n\pi - \frac{\varphi_2}{2} \end{aligned}\right\} \tag{3.7-27}$$

式中，φ_1 和 φ_2 是光波在谐振腔镜面上反射时的相位变化。实际上，相位条件的要求表明 ω_1 和 ω_2 是谐振腔的两个纵模。这些条件对光学谐振腔的稳定性提出了十分苛刻的要求。

2）单共振光参量振荡器

所谓单共振光参量振荡器是指只有一个频率的光波（如信号光 ω_1）能在腔镜处被反射形成振荡，而另一个频率光波（ω_2）不能反射形成振荡的振荡器，它的典型原理装置如图 3.7-6 所示。图示装置是一种非共线相位匹配的单共振光参量振荡器，腔内三个光波的方向各不相同。这样的非共线相位匹配条件要求

$$\boldsymbol{k}_3 = \boldsymbol{k}_1 + \boldsymbol{k}_2 \tag{3.7-28}$$

根据光参量振荡器的理论分析，单共振光参量振荡器的阈值条件可分为振幅条件

$$R_1 \text{ch}(gl) = 1 \tag{3.7-29}$$

和相位条件

$$2k_1 l + \varphi_1 = 2m\pi \tag{3.7-30}$$

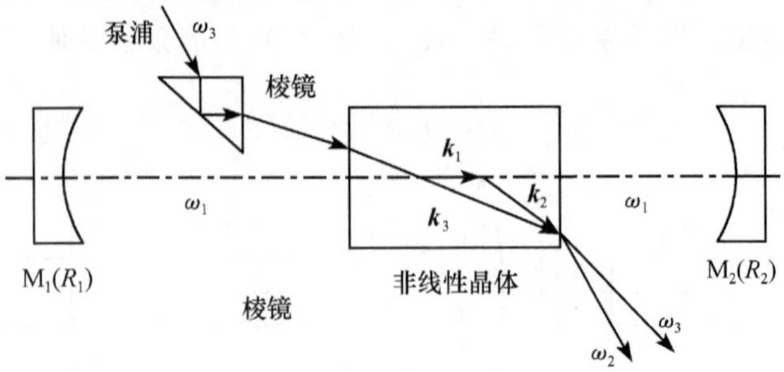

图 3.7-6 单共振光参量振荡器结构

与双共振光参量振荡器比较可见，单共振光参量振荡器振荡的相位条件与双共振光参量振荡器的相位条件相同，只是对 ω_2 光波的相位没有限制。对于 $R_1 \approx 1$ 的情况，单共振光参量振荡器的阈值泵浦相对于双共振光参量振荡器增大了，且有

$$\frac{(g_{\text{th}}l)_{\text{单}}}{(g_{\text{th}}l)_{\text{双}}} = \sqrt{\frac{2}{1-R_2}} \tag{3.7-31}$$

特别是，单共振光参量振荡器的频率稳定性比双共振光参量振荡器的好。

3. 光参量振荡器的频率调谐

光参量振荡器的最大特点是其输出频率可以在一定范围内连续改变，并且不同的非线性介质和不同的泵浦光源，可以得到不同的调谐范围。光参量振荡器可调谐的实质是，泵浦光频率 ω_3 固定时，能够同时满足频率条件

$$\omega_3 = \omega_1 + \omega_2 \tag{3.7-32}$$

和相位匹配条件

$$\boldsymbol{k}_3 = \boldsymbol{k}_1 + \boldsymbol{k}_2 \tag{3.7-33}$$

的振荡频率 ω_1 和 ω_2 可以改变。通常采用的方法是角度调谐和温度调谐。

1）角度调谐

角度调谐是指通过改变晶体光轴与谐振腔轴之间的夹角 θ 实现的调谐。例如，在共线相位匹配情况下，相应于晶体光轴与谐振腔轴夹角为 θ_0 的振荡频率为 ω_{10} 和 ω_{20} 时，其角度调谐为

$$\frac{\Delta\omega_1}{\Delta\theta} = -\frac{\frac{1}{2}\omega_3 n_{3\text{e}}^3(\theta_0)\left[\left(\frac{1}{n_{3\text{o}}}\right)^2 - \left(\frac{1}{n_{3\text{e}}}\right)^2\right]\sin 2\theta_0}{(n_{1\text{o}} - n_{2\text{o}}) + \left[\omega_{10}\left(\frac{\partial n_{1\text{o}}}{\partial\omega}\right) - \omega_{20}\left(\frac{\partial n_{2\text{o}}}{\partial\omega}\right)\right]} \tag{3.7-34}$$

2）温度调谐

角度调谐是指在 90°相位匹配情况下，通过改变温度实现的调谐。若温度为 T 时，振荡频率为 ω_{10} 和 ω_{20}，则温度调谐为

$$\frac{\Delta\omega_1}{\Delta T}=\frac{\omega_3\left[\cos^2\theta\left(\frac{n_{3e}(\theta)}{n_{3o}}\right)^3\frac{\partial n_{3o}}{\partial T}+\sin^2\theta\left(\frac{n_{3e}(\theta)}{n_{3e}}\right)^3\frac{\partial n_{3e}}{\partial T}\right]-\omega_{10}\frac{\partial n_{1o}}{\partial T}-\omega_{20}\frac{\partial n_{2o}}{\partial T}}{n_{1o}-n_{2o}}\tag{3.7-35}$$

式中，n_{lo}、n_{le}($l=1,2,3$)为晶体在频率 ω_l 时的主轴折射率，$n_{3e}(\theta)$为晶体中频率为 ω_3、沿 θ 方向传播 e 光的折射率。

思考题 3

3-1　光在晶体中的传播规律与光在各向同性介质中的传播规律有什么差别？什么是双折射现象？有什么特点？

3-2　什么是电光效应、声光效应和磁光效应？各有什么特点？

3-3　与无线电调制相比，光调制有什么特点？简述 KDP 晶体纵向运用电光强度调制器的工作原理。

3-4　与机械偏转技术相比，电光、声光偏转技术有什么特点？试述电光扫描偏转、数字偏转的工作原理及其应用。

3-5　综述电光调制器、声光调制器在光调制、光偏转、调 Q、锁模等方面的应用。

3-6　调 Q 技术的基本思想是什么？为什么一般的脉冲激光器是尖峰结构的激光脉冲输出，而调 Q 激光器的输出是光滑巨脉冲？

3-7　说明双 45°单块 $LiNbO_3$ 调 Q 激光器的工作原理。

3-8　锁模激光器与自由运转多模激光器激光输出的根本差别是什么？由被动锁模激光器的锁模激光形成过程，说明锁模激光脉冲与调 Q 激光脉冲的差别。

3-9　试由碰撞锁模机理说明它为什么比通常的主、被动锁模激光器产生的脉冲更窄？

3-10　主动锁模方式与被动锁模方式产生锁模激光的过程有什么差别？比较两者的输出特性，并说明电光强度、电光相位调制内锁模的原理。

3-11　综述目前经常采用的短脉冲技术的原理、差别和水平，并讨论它们的应用。

3-12　叙述激光器的模式、纵模、横模等概念。

3-13　选横模的基本思想是什么？一个平-凹激光器，如果采用光阑选横模，应将光阑放在何处？光阑的孔径应当多大？

3-14　He-Ne 激光器的增益线宽为 1500MHz，一个腔长 $L=30$cm 的激光器内会有多少个纵模振荡？

3-15　为什么要进行稳频？稳频技术的基本思想是什么？

3-16　说明兰姆凹陷法稳频和饱和吸收法稳频的基本工作原理，并指出后者稳频性能高于前者的原因。

3-17　什么是非线性光学？与线性光学相比它有什么特点？并讨论非线性光学的应用。

3-18　说明腔内倍频转换效率高于腔外倍频的原因。并说明双通倍频装置的工作原理。

参考文献

蓝信钜 等. 2005. 激光技术. 第 2 版. 北京：科学出版社

刘敬海，徐荣甫. 2004. 激光器件与技术教程. 北京：北京理工大学出版社

石顺祥，陈国夫，赵卫 等. 2003. 非线性光学. 西安：西安电子科技大学出版社

石顺祥，过巳吉. 2000. 光电子技术及其应用. 成都：电子科技大学出版社

石顺祥，刘继芳，孙艳玲. 2006. 光的电磁理论. 西安：西安电子科技大学出版社

石顺祥 等. 2002. 一种新型的激光电光扫描器研究. 光学学报，22(11)：1318-1322

亚里夫 A，叶 P. 1991. 晶体中的光波. 于荣金，金锋译. 北京：科学出版社
亚里夫 A. 2002. 现代通信光电子学. 第 5 版. 北京：电子工业出版社
杨经国 等. 1990. 光电子技术. 成都：四川大学出版社
Hobbs R H, et al. 1988. Laser Electro-Optic Phased Array Devices(LOESPARD). LEOS 1988. 94-95
Shapiro S L. 1977. Ultrashort Light Pulse, Picosecond Techniques and Applications. New York: Springer-Verlag

第4章 激光传输

大气、水和光纤是激光通信、激光探测等应用的信道，由于它们的构成成分和结构不同，激光在其中传输的规律有各自的特点。了解激光在大气、水和光纤中的衰减、散射等传输特性，对于激光的诸多应用十分重要。本章将在讨论光波在介质中传播的一般规律的基础上，分别介绍激光在大气、水和光纤中的传输特性。

4.1 光在介质中的传播

4.1.1 光在介质表面上的反射和折射

由波动光学的理论可知，一束光入射到不同折射率的介质界面上时，将产生反射和折射，如图 4.1-1 所示。光在界面上的反射遵从反射定律，在各向同性介质中，其反射角等于入射角，即

$$\theta_1 = \theta_1' \tag{4.1-1}$$

光在界面上的折射方向遵从折射定律(斯内尔定律)

$$n_1 \sin\theta_1 = n_2 \sin\theta_2 \tag{4.1-2}$$

光在界面上的反射和折射特性与光电场 $\boldsymbol{E}$ 的振动方向有关。为了简单起见，把光电场矢量 $\boldsymbol{E}$ 分解成垂直于入射面的振动分量和平行于入射面的振动分量，分别称为 s 分量和 p 分量，并规定其正方向如图 4.1-2 所示。根据电磁场边界条件中 s 分量和 p 分量正方向的规定，假设界面上入射光、反射光和折射光相位相同，利用反射定律和折射定律，可以得到 s 分量和 p 分量的反射系数和透射系数，这就是著名的菲涅耳公式

$$r_s = \frac{E_{rs}}{E_{is}} = -\frac{\sin(\theta_1 - \theta_2)}{\sin(\theta_2 + \theta_1)} = \frac{n_1\cos\theta_1 - n_2\cos\theta_2}{n_1\cos\theta_1 + n_2\cos\theta_2} = -\frac{\tan\theta_1 - \tan\theta_2}{\tan\theta_1 + \tan\theta_2} \tag{4.1-3a}$$

$$r_p = \frac{E_{rp}}{E_{ip}} = \frac{\tan(\theta_1 - \theta_2)}{\tan(\theta_1 + \theta_2)} = \frac{n_2\cos\theta_1 - n_1\cos\theta_2}{n_2\cos\theta_1 + n_1\cos\theta_2} = \frac{\sin 2\theta_1 - \sin 2\theta_2}{\sin 2\theta_1 + \sin 2\theta_2} \tag{4.1-3b}$$

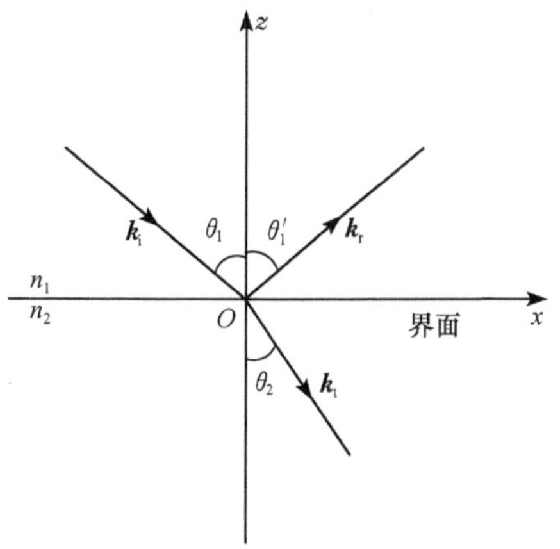

图 4.1-1 平面光波在界面上的反射和折射

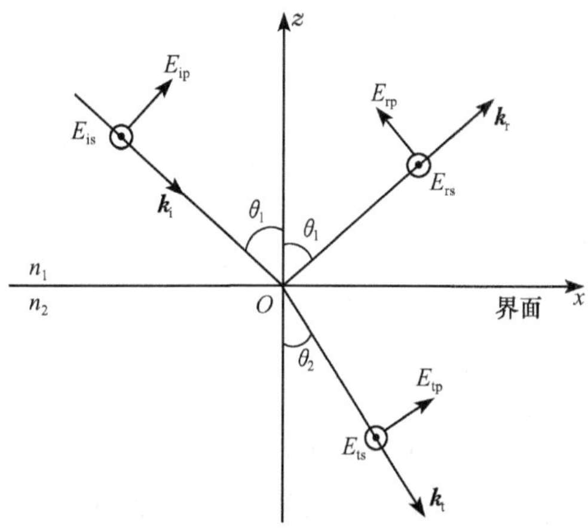

图 4.1-2 s 分量和 p 分量的正方向

$$t_s = \frac{E_{ts}}{E_{is}} = \frac{2\cos\theta_1 \sin\theta_2}{\sin(\theta_1+\theta_2)} = \frac{2n_1\cos\theta_1}{n_1\cos\theta_1 + n_2\cos\theta_2} \tag{4.1-3c}$$

$$t_p = \frac{E_{tp}}{E_{ip}} = \frac{2\cos\theta_1 \sin\theta_2}{\sin(\theta_1+\theta_2)\cos(\theta_1-\theta_2)} = \frac{2n_1\cos\theta_1}{n_2\cos\theta_1 + n_1\cos\theta_2} \tag{4.1-3d}$$

s 分量和 p 分量相应的反射率和透射率分别为

$$R_s = r_s^2 = \frac{\sin^2(\theta_1-\theta_2)}{\sin^2(\theta_1+\theta_2)} \tag{4.1-4a}$$

$$R_p = r_p^2 = \frac{\tan^2(\theta_1-\theta_2)}{\tan^2(\theta_1+\theta_2)} \tag{4.1-4b}$$

$$T_s = \frac{n_2\cos\theta_2}{n_1\cos\theta_1}t_s^2 = \frac{\sin 2\theta_1 \sin 2\theta_2}{\sin^2(\theta_1+\theta_2)} \tag{4.1-4c}$$

$$T_p = \frac{n_2\cos\theta_2}{n_1\cos\theta_1}t_p^2 = \frac{\sin 2\theta_1 \sin 2\theta_2}{\sin^2(\theta_1+\theta_2)\cos^2(\theta_1-\theta_2)} \tag{4.1-4d}$$

若不计损耗，有

$$\left.\begin{aligned} R_s + T_s &= 1 \\ R_p + T_p &= 1 \end{aligned}\right\} \tag{4.1-5}$$

可见，光在界面上的反射、透射特性由三个因素决定：入射光的偏振态、入射角度和界面两侧介质的折射率。图 4.1-3 给出了光学玻璃(n=1.52)和空气界面计算得到的反射率 R 随入射角 θ_1 的变化曲线。

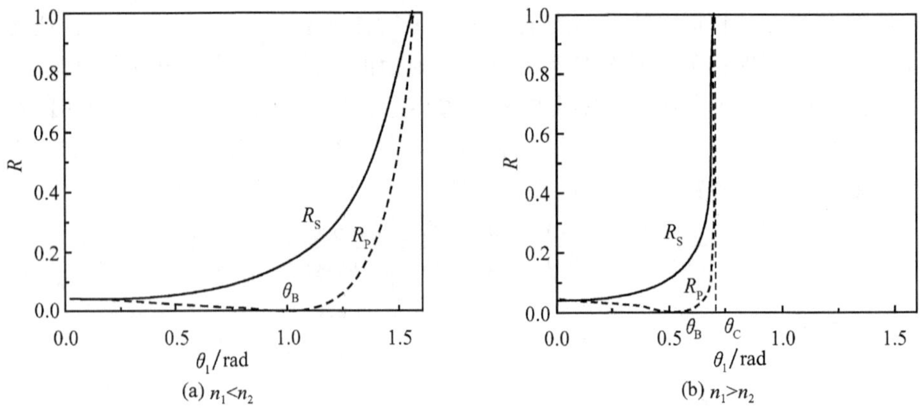

图 4.1-3　R 随入射角 θ_1 的变化关系

由图 4.1-3 中 R 随入射角 θ_1 的变化关系可见。

(1) 光在界面上的反射率与入射光的偏振状态有关：一般情况下，$R_s > R_p$；在小角度($\theta_1 \approx 0°$)和大角度($\theta_1 \approx 90°$，掠入射)情况下，$R_s \approx R_p$；在以特殊角 $\theta_1 = \theta_B$ 入射时，R_s 与 R_p 相差最大，这一角度 θ_B 称为布儒斯特角。布儒斯特角的大小由下式确定：

$$\tan\theta_B = \frac{n_2}{n_1} \tag{4.1-6}$$

当光沿该特定角入射时，在反射光中，没有入射面内的光电场分量。

在光电子技术中，经常利用布儒斯特角入射光的办法，减少反射光能损失。例如，图 4.1-4 所示的外腔式气体激光管，就是按布儒斯特角封装的，称为布儒斯特窗。这就使得平行入射面振动的光电场分量通过布儒斯特窗时，没有反射损耗，容易产生激光振荡，而垂直分量因具有相当大的反射损耗被抑制掉，因而激光输出为图示的线偏振光。

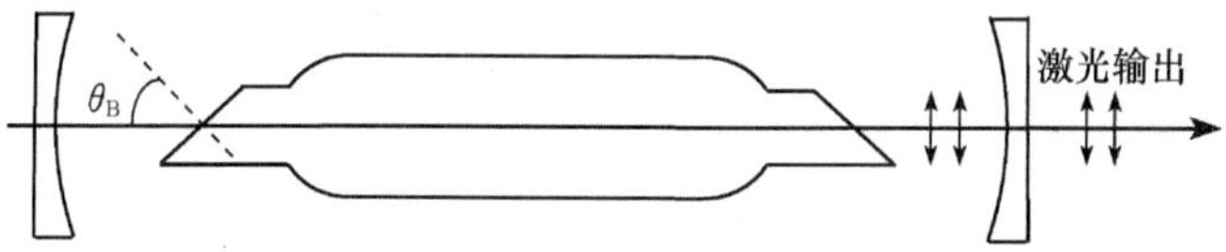

图 4.1-4 外腔式气体激光管与布儒斯特窗

(2) 当光从光疏介质入射到光密介质($n_1<n_2$)时，反射率随入射角 θ_1 变化的趋势是：当 $\theta_1<\theta_B$ 时，反射率 R 数值小，变化缓慢；当 $\theta_1>\theta_B$ 时，反射率 R 急剧增大，直到掠入射($\theta_1\approx 90°$)时，R 趋近于 1。由图 4.1-3(a)可见，光由空气射入玻璃，$\theta_1<\theta_B$ 时，$R<4\%$(对于自然光，$R_n=(R_s+R_p)/2$)，而 θ_1 在 $\theta_B\sim 90°$范围内，R 从 4%急剧增大到 100%。

(3) 当光由光密介质向光疏介质($n_1>n_2$)入射时，例如，由玻璃射入空气时，存在一个特殊角度 θ_C，当 $\theta_1>\theta_C$ 时，$R_s=R_p=1$，发生全反射。该角的大小由下式确定：

$$\sin\theta_C=\frac{n_2}{n_1} \tag{4.1-7}$$

这个特殊角 θ_C 称为临界角。在 $n_1>n_2$ 情况下，反射率 R 随入射角 θ_1 的变化规律与 $n_1<n_2$ 的情况相似，只是在 $\theta_1>\theta_C$ 时，R 才为 100%。

在光电子技术中，上述全反射现象的应用很多，例如，在 4.3 节讨论的光纤就是利用全反射实现导光性能的。

(4) 由波动光学理论可知，当光由光疏介质入射到光密介质(例如，由空气入射到玻璃上)时，反射光电场的相位可能有 π 相位的突变，而在相反方向入射时，一般不发生相位突变，这就是半波损失的概念。

(5) 反射率的大小与界面两侧介质的折射率有关。图 4.1-5 给出了 $n_1=1$、光波正入射情况下，反射率 R 随折射率 n_2 的变化关系。在光电子技术应用中，一定要注意折射率 n 对反射率 R 的影响。例如，当光波正入射时，普通玻璃($n=1.5$)的反射率 $R\approx 4\%$，红宝石($n=1.769$)的反射率 $R\approx 7.7\%$，而对红外透明的锗($n=4$)的反射率 R 高达 36%，一次反射几乎要损失近 40%的光能量。

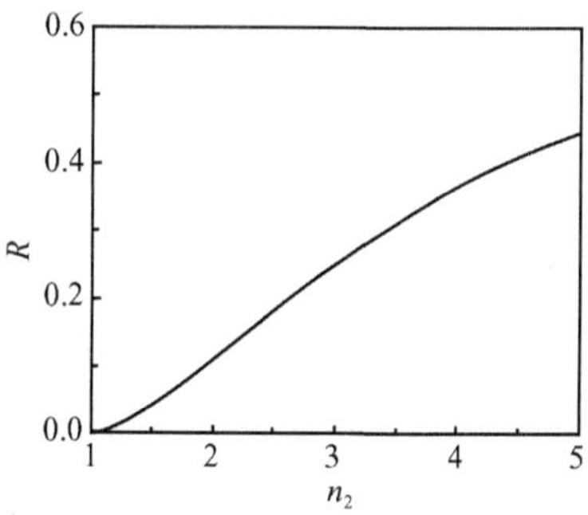

图 4.1-5 当 $n=1$、光波正入射时，反射率 R 随折射率变化关系

4.1.2 光在单层介质膜上的反射

在玻璃基片的光滑表面上镀一层折射率和厚度都均匀的透明介质薄膜，当光束入射其上时，会在薄膜的上下表面产生多次反射，并且在薄膜的两表面上有一系列互相平行的光束出射。

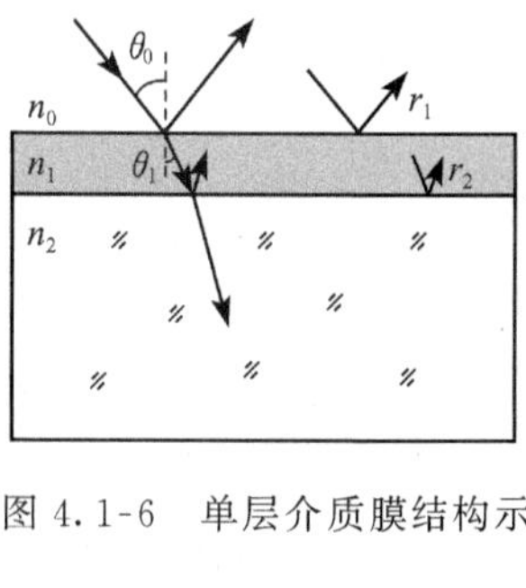

图 4.1-6 单层介质膜结构示意图

设薄膜的厚度为 d，折射率为 n_1，玻璃基底的折射率为 n_2，光波自折射率为 n_0 的介质入射到薄膜上，如图 4.1-6 所示。根据平行板的多光束干涉计算方法，可以得到光束在界面上的反射率为

$$R=\frac{r_1^2+r_2^2+2r_1r_2\cos\varphi}{1+r_1^2r_2^2+2r_1r_2\cos\varphi} \tag{4.1-8}$$

式中，r_1 和 r_2 是薄膜上、下表面的光电场反射系数，φ 是两相邻出射光束间的相位差，且

$$\varphi = \frac{4\pi}{\lambda} n_1 d \cos\theta_{\mathrm{i}} \tag{4.1-9}$$

光束垂直入射到薄膜上时，在薄膜两表面上的反射系数分别为

$$r_1 = \frac{n_0 - n_1}{n_0 + n_1} \tag{4.1-10}$$

和

$$r_2 = \frac{n_1 - n_2}{n_1 + n_2} \tag{4.1-11}$$

把式(4.1-10)和式(4.1-11)代入式(4.1-8)，并应用式(4.1-9)，即可得到图 4.1-7 所示的单层介质膜反射率 R 随介质膜光学厚度 $n_1 d$ 的变化规律(其中假设 $\theta_0=0$，$n_0=1$，$n_2=1.5$)。

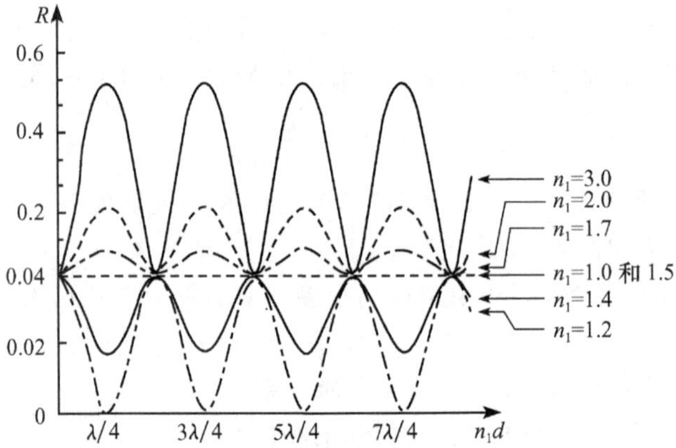

图 4.1-7　反射率随光学薄膜厚度的变化关系

由图 4.1-7，可得如下结论。

(1) 当膜的光学厚度满足 $n_1 d = 2k\dfrac{\lambda}{4}$，其中 $k=1,2,\cdots$，即 $n_1 d$ 等于 $\lambda/4$ 的偶数倍时，不论介质膜的折射率 n_1 为多大，反射率 R 均保持不变。例如，光学厚度 $n_1 d=\lambda/2$ 时，反射率为

$$R = \left(\frac{n_0 - n_2}{n_0 + n_2}\right)^2 \tag{4.1-12}$$

这正是光正入射介质与基底介质构成的界面反射率的大小，与膜层介质无关。这种膜层称为半波长膜。

(2) 当膜的光学厚度满足 $n_1 d = (2k+1)\dfrac{\lambda}{4}$，其中 $k=1,2,\cdots$，即 $n_1 d$ 等于 $\lambda/4$ 的奇数倍时，反射率为

$$R = \left(\frac{n_0 n_2 - n_1^2}{n_0 n_2 + n_1^2}\right)^2 \tag{4.1-13}$$

若设 $n_1 = n_1^2/n_2$，则式(4.1-13)可简化为

$$R = \left(\frac{n_0 - n_1}{n_0 + n_1}\right)^2 \tag{4.1-14}$$

这正是光正入射界面时的反射率关系式。因此，可以把光在单层介质膜上的反射看成是光在折射率为 n_0 的入射介质和折射率为 n_1 的“新基底”界面(等效界面)上的反射，故称 n_1 为等效折射率。由于 n_1 与膜的折射率有关，所以改变膜层材料，就会改变单层介质膜的反射特性。

对于光学厚度为 $\lambda/4$ 的单层膜(通常称为 $\lambda/4$ 膜),其反射率随膜层材料折射率 n_1 的变化关系如图 4.1-8 所示。由图 4.1-8 中曲线可见,当膜层折射率比基底介质的折射率大,即 $n_1>n_2$ 时,R 随 n_1 的增加而单调上升;当 $n_1<n_2$ 时,R 有一极小值,相应的 n_1 可由式(4.1-13)确定,即

$$n_1 = \sqrt{n_0 n_2} \tag{4.1-15}$$

可见,改变膜层材料的折射率 n_1,就可以改变单层介质膜的反射特性:在基底材料表面镀低折射率的 $\lambda/4$ 膜(使 $n_0<n_1<n_2$),可使 R 变小,达到增加透射光强的目的,这种膜称为增透膜;反之,镀高折射率的 $\lambda/4$ 膜(使 $n_0<n_1>n_2$),可使 R 变大,达到增加反射光强的目的,这种膜称为高反膜。

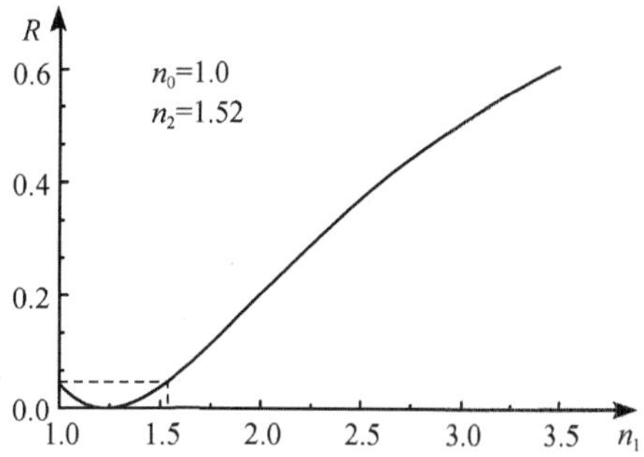

图 4.1-8 反射率 R 随膜层折射率 n_1 的变化曲线

在实际应用中,对于光学玻璃($n_2=1.52$)上镀制的增透膜,膜层常用氟化镁(MgF_2)材料,其折射率为 1.33,这种增透膜的反射率可由不镀膜时的 4.3%减小到 1.2%;对于高反膜,膜层常用材料是硫化锌(ZnS),其折射率为 2.34,在光学玻璃上镀一层硫化锌,可使反射率由不镀膜时的 4.3%提高到 33%。

4.1.3 光在晶体中的传播规律

在光电子技术及其应用的各个领域,经常要用到由晶体材料制成的光学元器件。由于晶体光学特性的各向异性,光在晶体中传播时将产生双折射现象,在晶体界面上会产生双反射现象。有关双折射现象,已在 3.1 节中讨论过了,在这里仅讨论图 4.1-9 所示的双反射现象:一束单色自然光垂直射入晶体,并沿光轴方向传播,此时不产生双折射。但当该光射向 45°晶体界面时,会看到产生出两束同频率的反射光,这就是双反射现象。

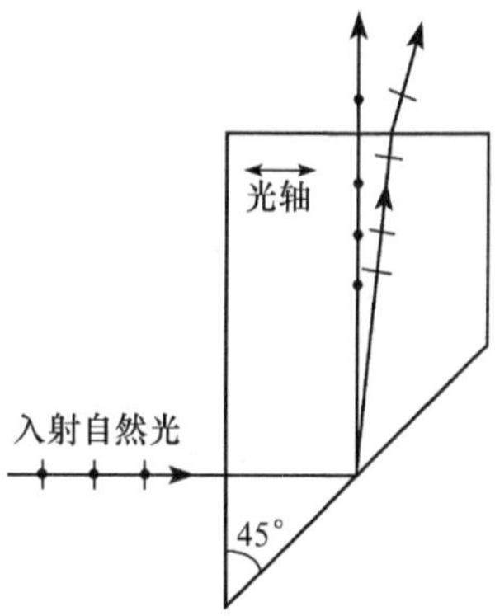

图 4.1-9 晶体的双反射现象

根据光的电磁理论,光在各向异性介质中的反射定律的一般表示式为

$$n_i \sin\theta_i = n_r \sin\theta_r \tag{4.1-16}$$

式中,n_i 和 n_r 分别是入射光和反射光的折射率,θ_i 和 θ_r 分别是入射角和反射角。对于图示的入射光,沿光轴方向传播时,垂直于主平面和平行于主平面的两正交本征模,具有相同的折射率。当它们沿同一方向入射到 45°晶体界面上时,在其反射方向上两正交本征模的折射率不同,因而相应的反射角也不相同,这就导致了反射光的分离。所以,双反射现象是晶体光学各向异性的必然结果。

4.2 激光在大气中的传播

大气激光通信、激光探测等应用是以大气为信道的。由于大气构成成分的复杂性以及受天气等因素的影响;与电子学波段相比,光波在大气中传播时,大气气体分子及气溶胶的吸收和散射会引起光束能量衰减,空气折射率的不均匀性会引起光波振幅和相位的起伏;当激光功率足够大、持续时间极短时,大气非线性效应也会影响激光的特性,这些都将使得激光应用中

的许多优势不能发挥。因此，必须深入研究激光在大气中的传播特性。本节仅简要介绍一些激光大气传输的基本概念。

4.2.1 大气衰减

激光辐射在大气中传播时，由于大气中包含各种气体分子并存在微粒，如尘埃、烟雾等，以及刮风、下雨、下雪等气象变化，都将使部分光辐射能量被吸收而转变为其他形式的能量（如热能等），部分能量被散射而偏离原来的传播方向（即辐射能量空间重新分配）。吸收和散射的总效果将使传输的激光强度衰减。

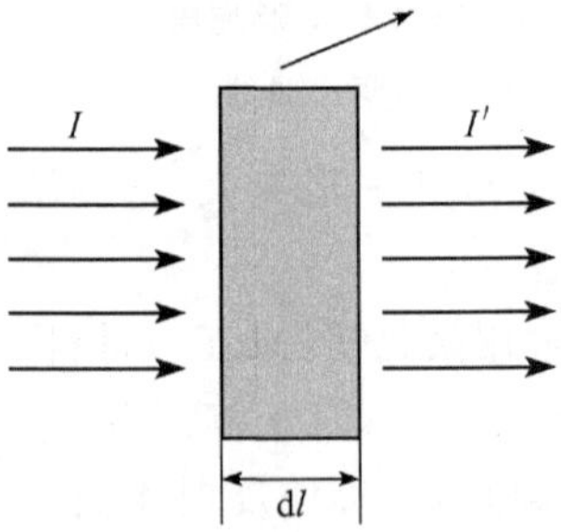

图 4.2-1 激光衰减示意图

如图 4.2-1 所示，一强度为 I 的单色激光束通过厚度为 $\mathrm{d}l$ 的大气薄层，在不考虑非线性效应的条件下，光强衰减量 $\mathrm{d}I$ 正比于 I 及 $\mathrm{d}l$，即 $\mathrm{d}I/I=(I'-I)/I=-\beta\mathrm{d}l$，积分后得

$$T = I/I_0 = \exp\left(-\int_0^L \beta \mathrm{d}l\right) \tag{4.2-1}$$

式(4.2-1)可简化为

$$T = \mathrm{e}^{-\beta L} \tag{4.2-2}$$

式中，T 为传输距离 L 的大气透过率(%)，I_0 和 I 分别为通过距离 L 前、后的激光光强，β 为大气衰减系数(1/km)。此即为描述大气衰减的朗伯定律，表明光强随传输距离呈指数规律衰减。因为衰减系数 β 描述了吸收和散射两种独立物理过程对传播光强的影响，所以 β 可表示为

$$\beta = k_{\mathrm{m}} + \sigma_{\mathrm{m}} + k_{\mathrm{a}} + \sigma_{\mathrm{a}} \tag{4.2-3}$$

式中，k_{m} 和 σ_{m} 分别为分子的吸收和散射系数，k_{a} 和 σ_{a} 分别为大气气溶胶的吸收和散射系数。因此，对于大气衰减的研究可归结为对上述四个基本衰减参数的研究。在光电子技术应用中，衰减系数的单位常用 1/km 或 dB/km 表示。两者之间的换算关系为

$$\beta(\mathrm{dB/km}) = 4.343 \times \beta(1/\mathrm{km}) \tag{4.2-4}$$

1. 大气分子的吸收

激光在大气中传播时，大气分子在光电场的作用下产生极化，并以入射光的频率做受迫振动，需要消耗光电场能量，表现为大气分子的吸收。当入射光的频率等于大气分子固有频率时，将发生共振吸收，大气分子吸收出现极大值。分子的固有吸收频率由分子内部的运动形态决定。极性分子的内部运动一般有分子内电子运动、组成分子的原子振动以及分子绕其质量中心的转动，由此导致的分子共振吸收频率分别与光波的紫外和可见光、近红外和中红外以及远红外区相对应。因此，分子的吸收特性强烈地依赖于光波的频率。

由于不同分子的结构不同，从而表现出完全不同的光谱吸收特性。构成大气的多原子分子除 N_2 分子外，还有 O_2、CO_2、H_2、H_2O 等，多为极性分子，其中 O_2 具有永久磁偶极矩，其余分子均具有永久电偶极矩。大气中的 N_2、O_2 虽然含量最多(约 90%)，但它们在可见光和红外区几乎不表现吸收，对远红外和微波段才呈现出很强的吸收。因此，在可见光和近红外区，一般可以不考虑它的吸收作用。大气中除包含上述分子外，还包含 He、Ar、Xe、O_3、Ne 等，虽然这些分子在可见光和近红外区有可观的吸收谱线，但因它们在大气中的含量甚微，一般也可以不考虑它们的吸收作用，只是在高空处，其余衰减因素都已很弱，才考虑它们和 O_2 的吸收作用。H_2O 和 CO_2 分子，特别是 H_2O 分子在近红外区有宽广的振动-转动及纯振动结构，因此，

是可见光和近红外区最重要的吸收分子，是晴天大气光学衰减的主要因素。H_2O、CO_2 和 O_2 的一些主要吸收谱线的中心波长如表 4.2-1 所示。

表 4.2-1 可见光和近红外区主要吸收谱线

吸收分子	主要吸收谱线中心波长/μm
H_2O	0.72 0.82 0.93 0.94 1.13 1.38 1.46 1.87 2.66 3.15 6.62 11.7 12.6 13.5 14.3
CO_2	1.4 1.6 2.05 4.3 5.2 9.4 10.4
O_2	4.7 9.6

从表 4.2-1 不难看出，对某些特定的波长，大气呈现出极为强烈的吸收，光波几乎无法通过。根据大气的这种选择吸收特性，一般把近红外区分成八个区段，将透过率较高的波段称为大气窗口(图 4.2-2)。在这些窗口之内，大气分子呈现弱吸收。目前常用的激光波长都处于这些窗口之内。

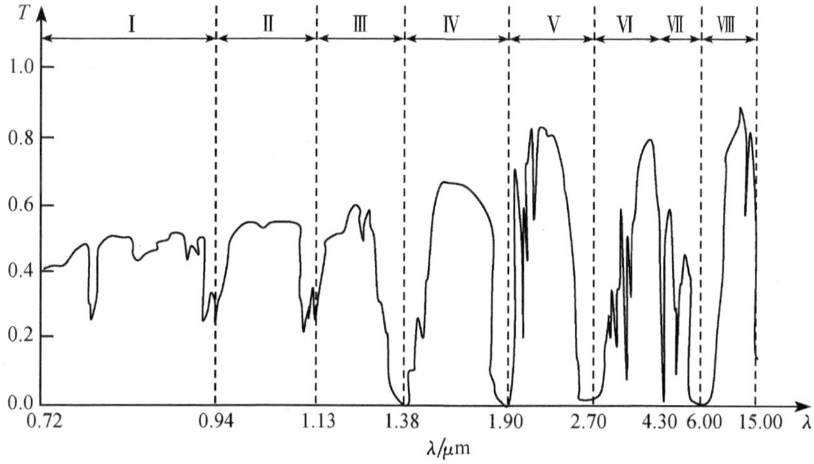

图 4.2-2 大气透过率及大气窗口

2. 大气分子散射

当激光通过大气时，光电场使大气分子产生极化，形成振动的偶极子，从而发出次波。若大气是光学均匀的，这些次波叠加的结果，使激光只在折射方向继续传播，在其他方向上则因次波的干涉而互相抵消，没有激光出现。然而大气中总存在着局部的密度与平均密度统计性的偏离——密度起伏，破坏了大气的光学均匀性，使次波的相干性遭到破坏，因此，一部分辐射光会向其他方向传播，导致光在各个方向上的散射。

因为大气分子的线度很小(约 10^{-8}cm)，所以在可见光和近红外波段的激光，辐射波长总是远大于分子的线度，在这种条件下的散射通常称为瑞利散射。瑞利散射定律指出：散射光的强度与波长的四次方成反比。因而瑞利散射系数也与波长的四次方成反比。瑞利散射系数的经验公式为

$$\sigma_m = 0.827NA^3/\lambda^4 \tag{4.2-5}$$

式中，σ_m 为瑞利散射系数(cm^{-1})；N 为单位体积中的分子数(cm^{-1})；A 为分子的散射截面(cm^2)；λ 为光波长(cm)。可见，瑞利散射系数与分子密度成正比，与波长的四次方成反比。波长越长，散射越弱；波长越短，散射越强烈。故可见光比红外光散射强烈，蓝光又比红光散射强烈。在晴朗天空，其他微粒很少，因此，瑞利散射是主要的，又因为蓝光散射最强烈，故明朗

的天空呈现蓝色。

3. 大气气溶胶的衰减

大气中除了大气分子外，还会有大量的粒度在 0.03μm 到 2000μm 之间的固态和液态微粒，它们是尘埃、烟粒、微水滴、盐粒以及有机微生物等。其中大多数固态微粒不但直接使大气混浊（称为霾），而且也是水蒸气的凝结中心，对于形成云、雾、雨、雪具有很大作用。由于这些微粒在大气中的悬浮呈胶溶状态，所以通常又称为大气气溶胶。

气溶胶对光波的衰减包括气溶胶的散射和吸收。光的散射定理指出，当光波长远大于散射粒子的尺寸时，将产生瑞利散射；当光的波长相当于或小于散射粒子尺寸时，将产生米氏散射。瑞利散射与波长有强烈的依赖关系，而米氏散射则主要依赖于散射粒子的尺寸、密度分布以及折射率特性，与波长的关系远不如瑞利散射强烈。

气溶胶微粒的尺寸分布极其复杂，受天气变化的影响也十分大，不同天气类型的气溶胶粒子的密度及线度的最大值列于表 4.2-2 中。由表中数据可见，对气溶胶来说，瑞利散射作用一般可以不考虑，主要考虑米氏散射。

表 4.2-2　霾、云和降水天气的物理参数

天气类型	N	a_{max}/μm	气溶胶类型
霾 M	$100cm^{-3}$	3	海上或岸边的气溶胶
霾 L	$100cm^{-3}$	2	大陆性气溶胶
霾 H	$100cm^{-3}$	0.6	高空或平流层的气溶胶
雨 M	$100cm^{-3}$	3000	小雨或中雨
雨 L	$1000m^{-3}$	2000	大雨
冰雹 H	$10m^{-3}$	6000	含有大量小颗粒的冰雹
积云 C.1	$100cm^{-3}$	15	积云或层云、雾
云 C.2	$100cm^{-3}$	7	有色环的云
云 C.3	$100cm^{-3}$	3.5	贝母云
云 C.4	$100cm^{-3}$	5.5	太阳周围的双层或三层环的云

1）晴朗、霾、雾大气的衰减

根据单色辐射衰减的朗伯定律，在大气水平均匀条件下，只考虑气溶胶衰减，式(4.2-2)可改写为

$$T_{\lambda} = e^{-\beta_{a\lambda}L} \tag{4.2-6}$$

式中，L 为激光水平传输距离。因为 $\beta_{a\lambda}$ 是波长倒数的函数，所以可写成如下形式：

$$\beta_{a\lambda} = A\lambda^{-q} \tag{4.2-7}$$

两边取对数得 $\ln\beta_{a\lambda} = \ln A - q\ln\lambda$。可见 $-q$ 是 $\ln\beta_{a\lambda} \sim \ln\lambda$ 直线的斜率，q 值可通过实验确定。根据气象学上对能见度的定义可以得到

$$\beta_{a\lambda} = (3.29/V) \times (\lambda/0.55)^{-q} \tag{4.2-8}$$

式中，V 为能见度(km)，λ 为激光波长(μm)，q 为与波长和能见度密切相关的常数。

对于可见光，$\lambda/0.55 \approx 1$，故有

$$\beta_{a\lambda} = 3.91/V(\text{km})$$

对于近红外光

$$q = \begin{cases} 1.6 & (\text{能见度很大时}) \\ 1.3 & (\text{中等能见度}) \\ 0.585V^{1/3} & (\text{当 } V \leqslant 6\text{km}) \end{cases}$$

2）雨和雪的衰减

雾与雨的差别不仅在于降水量不同，而主要是雾粒子和雨滴尺寸有很大差别。研究表明，虽然下雨天大气中水的含量（若为 1g/m^3）一般较浓雾（若为 0.1g/m^3）大 10 倍以上，可雾滴半径（微米量级）仅是雨滴半径（毫米量级）的千分之一左右，因此雨滴间隙要大得多，故能见度较雾高，光波容易通过。加之雨滴的前向散射效应强，这会显著地减小对直射光束的衰减，结果雨的衰减系数比雾小两个数量级以上。

由于雪的物理描述难度较大，又缺乏关于雪的折射率的资料，目前还很难做出定量计算。一些实验研究表明，激光在雪中的衰减与在雨中相似，衰减系数与降雪强度有较好的对应关系。不同波长的激光在雪中的衰减差别不大，但就同样的含水量而言，雪的衰减比雨的大，比雾的小。

4.2.2 大气湍流效应

以上讨论了大气组分通过吸收、散射作用使光波能量产生衰减的问题，没有涉及大气组分的动态特性。实际上大气始终处于一种湍流状态，即大气的折射率随空间和时间做无规则的变化。这种湍流状态将使激光辐射在传播过程中随机地改变其光波参量，使光束质量受到严重影响，出现光束截面内的强度闪烁、光束的弯曲和漂移（亦称为方向抖动）、光束弥散畸变以及空间相干性退化等现象，统称为大气湍流效应。例如，光束闪烁（亦称为大气闪烁）将使激光信号受到随机的寄生调制而呈现出额外的大气湍流噪声，使接收信噪比减小，就使得激光雷达的探测率降低、漏检率增加，使得模拟调制的大气激光通信噪声增大，使得数字激光通信的误码率增加；光束方向抖动则将使得激光偏离接收孔径，降低信号强度；而光束空间相干性退化将使得激光外差探测的效率降低等。因此，激光大气湍流效应的研究越来越受到人们的重视。

1. 大气湍流概述

通常认为大气是一种均匀混合的单一气态流体，其运动形式分为层流和湍流运动。前者是流体质点做有规则的稳定流动，在一个薄层内的流速和流向均为定值，大气在层间运动过程中不发生混合。后者则是一种无规则的漩涡流动，流体质点的运动轨迹十分复杂，既有横向运动，又有纵向运动，空间每一点的运动速度围绕某一平均值随机起伏。

研究表明，在气体或液体的某一容积内，惯性力与此容积边界上所受的黏滞力之比超过某一临界值时，液体或气体的有规则的层流运动就会失去其稳定性而过渡到不规则的湍流运动，这一比值就是表示流体运动状态特征的雷诺数（Re）

$$Re = \rho \Delta v_l / \eta \tag{4.2-9}$$

式中，ρ 为流体密度（kg/m^3），l 为某一特征线度（m），Δv_l 为在 l 量级距离上运动速度的变化量（m/s），η 为流体黏滞系数[kg/(m·s)]。雷诺数 Re 是一个无量纲的数。

当 Re 小于临界值 Re_{cr}（由实验测定）时，流体处于稳定的层流运动，而大于 Re_{cr} 时为湍流运动。由于气体的黏滞系数 η 较小，所以气体的运动多为湍流运动。

大气湍流气团的线尺度 l 有一个上限 L_0 和下限 l_0，即 $L_0 < l < l_0$，L_0 和 l_0 分别称为湍流气团的外尺度和内尺度（图 4.2-3）。在近地面附近，l_0 通常是毫米量级，L_0 则是观察点（如激光传输光路）离开地面高度。

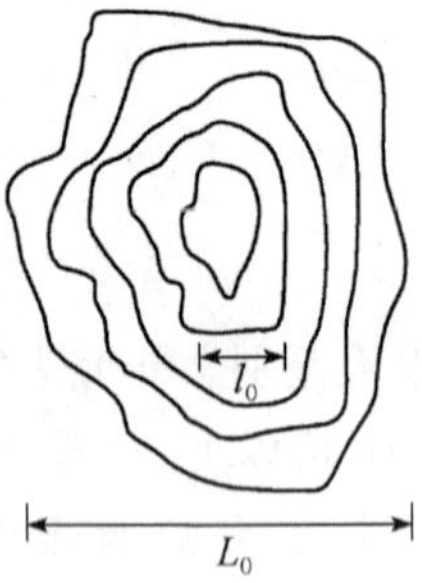

图 4.2-3 大气湍流的微结构

2. 大气湍流效应

大气湍流运动使得大气的运动速度、温度和折射率在时间和空间上随机起伏，其中折射率的起伏直接影响激光的传输特性。激光的大气湍流效应，实际上就是指激光辐射在折射率起伏场中传输时的效应。

大气湍流理论表明，大气速度、温度和折射率的统计特性服从“2/3 次方定律”，即

$$D_i(r)=\overline{(i_1-i_2)^2}=C_n^2r^{2/3} \tag{4.2-10}$$

式中，i 分别代表速度(v)、温度(T)和折射率(n)，D 为相应场的结构函数，r 为考察点之间的距离，C_n 为相应场的结构常数，单位是 $m^{-1/3}$。

大气湍流折射率的统计特性直接影响激光束的传输特性，通常用折射率结构常数 C_n 的数值大小表征湍流强度，即：

弱湍流　　$C_n=8\times10^{-9}\,m^{-1/3}$

中等湍流　$C_n=4\times10^{-8}\,m^{-1/3}$

强湍流　　$C_n=5\times10^{-7}\,m^{-1/3}$

激光束是一种有限扩展的光束。大气湍流对激光束传播的影响，与光束直径 d_B 和湍流尺度 l 之比密切相关。当 $d_B\ll l$ 时，湍流的主要作用是使光束整体随机偏折，在远处接收平面上，光束中心的投射点(即光斑位置)以某个统计平均位置为中心，发生快速的随机性跳动(其频率可由数赫到数十赫)，此现象称为光束漂移，在数值上可以用漂移量或漂移角(漂移量与传输距离之比)来表示。

若将光束视为一体，经过若干分钟会发现，其平均方向明显变化，这种慢漂移亦称为光束弯曲。当 $d_B\approx l$ 时，湍流使光束波前发生随机偏折，致使接收透镜的焦平面上产生像点抖动。当 $d_B\gg l$ 时，光束截面内包含多个湍流漩涡，每个漩涡各自对照射其上的那部分光束独立地散射和衍射，从而造成光束强度在时间和空间上随机起伏，光强忽大忽小，即光束强度闪烁。同时，还产生光束扩展和分裂，即使在湍流很弱而大气又很稳定时，仍可观察到光斑形状及内部花纹结构发生畸变、扭曲等变化。

由于湍流尺度 l 在 l_0 和 L_0 之间连续分布，光束直径在传播过程中又不断变化，故上述湍流效应总是同时发生，使光束的时间和空间相干性明显退化。一些主要研究结果如下。

1) 大气闪烁

大气闪烁的幅度特性由接收平面上某点光强 I 的对数强度方差 σ_I^2 来表征。考虑到 $I=A^2$，则有

$$\sigma_I^2=\overline{[\ln(I/I_0)]^2}=4\,\overline{[\ln(A/A_0)]^2}=4\,\overline{\chi^2} \tag{4.2-11}$$

式中，$\overline{\chi^2}$ 可通过理论计算求得，而 σ_I^2 则可由实际测量得到。在弱湍流且湍流强度均匀的条件下：

$$\sigma_I^2=4\,\overline{\chi^2}=\begin{cases}\left.\begin{array}{ll}1.23C_n^2(2\pi\lambda)^{6/7}L^{11/6} & (l_0\ll\sqrt{\lambda L}\ll L_0)\\ 12.8C_n^2(2\pi\lambda)^{6/7}L^{11/6} & (\sqrt{\lambda L}\gg L_0)\end{array}\right\}\text{对平面波}\\ \left.\begin{array}{ll}0.496C_n^2(2\pi\lambda)^{6/7}L^{11/6} & (l_0\ll\sqrt{\lambda L}\ll L_0)\\ 1.28C_n^2(2\pi\lambda)^{6/7}L^{11/6} & (\sqrt{\lambda L}\gg L_0)\end{array}\right\}\text{对球面波}\end{cases} \tag{4.2-12}$$

式中，λ 为激光波长，L 为水平传输距离，l_0 和 L_0 分别为湍流内、外尺度。由式(4.2-12)可知，

平面波和球面波的闪烁特性除系数值不同外，其他规律相同。不同的系数值表明平面波的闪烁比球面波的大。但总的来说，闪烁大小与湍流强度成正比，与波长的 7/6 次方成反比，与传输距离的 11/6 次方成正比。波长短，闪烁大；波长长，闪烁小。然而，理论和实验都表明，当湍流强度增强到一定程度或传输距离增大到一定限度时，闪烁方差就不再按上述规律继续增大，却略有减小而呈现饱和，故称之为闪烁的饱和效应。

2）光束的弯曲和漂移

光束的弯曲漂移现象亦称为天文折射，主要受制于大气折射率的起伏。弯曲表现为光束统计位置的慢变化，漂移则是光束围绕其平均位置的快速跳动。如忽略湿度影响，光频段的大气折射率 n 可近似表示为

$$n-1=79\times10^{-6}P/T \quad 或\ N=(n-1)\times10^{6}=79P/T \tag{4.2-13}$$

式中，P 为大气压强，T 为大气温度。根据折射定律，在水平传输情况下不难证明，光束曲率为

$$c=\frac{\mathrm{d}N}{\mathrm{d}h}=-\frac{79}{T}\frac{\mathrm{d}P}{\mathrm{d}h}+\frac{79P}{T^{2}}\frac{\mathrm{d}T}{\mathrm{d}h} \tag{4.2-14}$$

式中，$\mathrm{d}N/\mathrm{d}h$ 为大气折射率垂直梯度，并且规定光束向下弯曲时曲率 c 为正。在海平面条件下，$P=101325\mathrm{Pa}$，$\mathrm{d}P/\mathrm{d}h=-12100\mathrm{Pa/km}$，$T=20℃$，代入式(4.2-14)得到 $c=32.2+0.93\mathrm{d}T/\mathrm{d}h(\mu\mathrm{rad/km})$。由此可知，当温度垂直梯度 $\mathrm{d}T/\mathrm{d}h=-35℃/\mathrm{km}$ 时，$c=0$，光束不发生弯曲；当 $|\mathrm{d}T/\mathrm{d}h|>35℃/\mathrm{km}$ 时，c 为正，光束向下弯曲；当 $|\mathrm{d}T/\mathrm{d}h|<35℃/\mathrm{km}$ 时，c 为负，光束向上弯曲。实验发现，一般情况下白天光束向上弯曲；晚上光束向下弯曲。不难证明，在水平距离 L 处光斑位置偏离原始位置的距离

$$l=0.5cL^{2},\quad L\gg l \tag{4.2-15}$$

对于光束漂移，理论分析表明，其漂移角与光束在发射望远镜出口处的束宽 w_0 关系密切，漂移角的均方值 $\sigma_{\mathrm{a}}^{2}=1.75C_{\mathrm{n}}^{2}Lw_0^{-1/3}$。由此可见，光束越细，漂移就越大。采用宽的光束可减小光束漂移。当 $C_{\mathrm{n}}>6.5\times10^{-7}\mathrm{m}^{-1/3}/\mathrm{h}$，$c$ 值约为 $40\mu\mathrm{rad}$，不再按 $\sigma_{\mathrm{a}}^{2}=1.75C_{\mathrm{n}}^{2}Lw_0^{-1/3}$ 规律变化，表明漂移亦有饱和效应。漂移的频谱一般不超过 20Hz，漂移的统计分布服从正态分布。

上述讨论表明，光束弯曲与漂移两者不能混同。在中午前后，光束漂移很剧烈，光斑的平均位置却相对地稳定；反之，在温度梯度的转折点(即光束改变弯曲方向的转折点)前后，光斑平均位置变化很快，但这时光束漂移却很小。

3）空间相位起伏

如果不是用靶面接收，而是在透镜的焦平面上接收，就会发现像点抖动。这可解释为在光束产生漂移的同时，光束在接收面上的到达角也因湍流影响而随机起伏，即与接收孔径相当的那一部分波前相对于接收面的倾斜产生随机起伏。

4.3 激光在水中的传输

在水中传播的各种波中，纵波(声波)的衰减最小，因而声呐技术被广泛采用。而横波(电磁波)的衰减一般都很严重，以致在大气中广为应用的无线电波和微波在水下几乎无法应用。然而光波却是例外，相对无线电波和微波而言，其衰减较小。特别是激光的出现，使得水下有限距离内的测距、准直、照明、摄影以及电视等成为可能。不过由于水下传输的光束特性与大气有不同的特点，这些应用仍受到很大限制。本节仅就激光在水下传输的一些特点做简略的介绍。

4.3.1 激光在水中传输的衰减特性

如果传输距离较短，与在大气中传输一样，单色平行光束在水中传播的衰减规律也近似服从指数规律

$$P = P_0 e^{-\varepsilon l} \tag{4.3-1}$$

式中，P和P_0分别为传输距离等于l和0时的光功率(W)，ε是包括散射和吸收在内的衰减系数。

习惯上，常用衰减长度 L_0 表示水下传播光束衰减的大小，衰减长度定义为 $L_0=1/\varepsilon$(m)。其物理意义是：在一个衰减长度距离上，光束的功率将衰减到初始值的 $1/\varepsilon$，显然衰减系数越大，衰减长度就越小。

衰减系数 ε 不但与水质有关，而且与传播光束的波长有关。表 4.3-1 所示为在水池中对自来水测得的各种光波长的衰减系数值，自来水的衰减包括纯水(蒸馏水)的吸收和微粒散射。图 4.3-1 所示为蒸馏水的光谱吸收特性。不同水质的衰减特性差异非常大，图 4.3-2 所示为不同海域中衰减长度随波长的变化情况。

表 4.3-1 自来水衰减系数

衰减系数 波长/μm	自来水衰减系数 ε/m^{-1}	蒸馏水吸收系数/m^{-1}	微粒散射系数/m^{-1}
0.4900	0.086	0.037	0.049
0.5200	0.099	0.041	0.068
0.5650	0.115	0.060	0.055
0.6000	0.243	0.197	0.046
0.6943	0.545	0.514	0.032

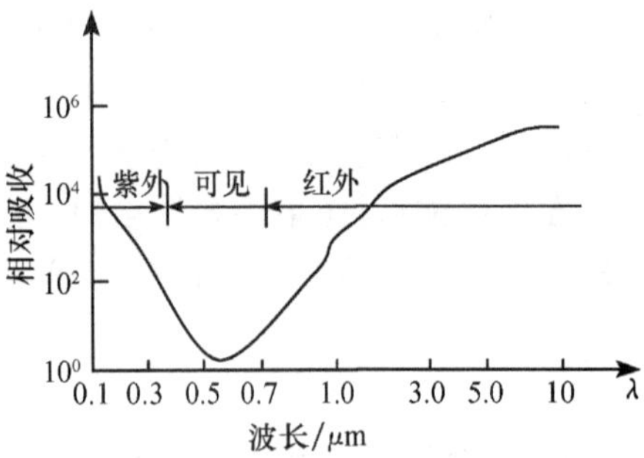

图 4.3-1 蒸馏水的光谱吸收特性

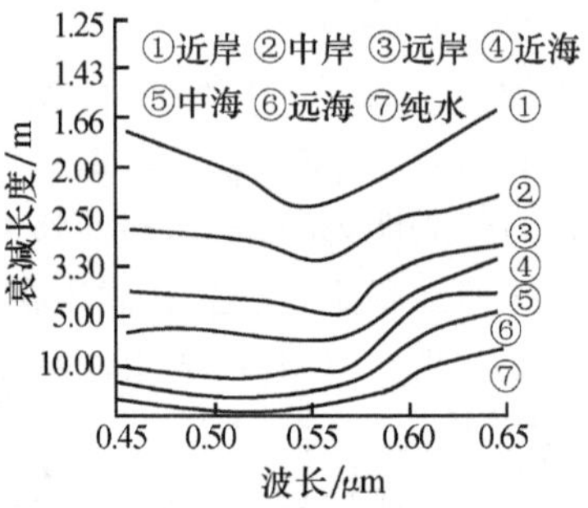

图 4.3-2 不同海域的衰减情况

从上述图表可见，紫外和红外波段的光波在水中的衰减很大，在水下无法使用。在可见光波段，蓝绿光的衰减最小，故常称该波段为“水下窗口”。从表 4.3-1 所示的数据不难求得 0.4900μm 和 0.6943μm 波长光波的衰减长度分别为 11m 和 2m。这说明蓝光比红光在水中的传输性能要好得多。将式(4.3-1)进行简单变换，就可得到光脉冲的作用距离方程为

$$L = -\frac{1}{\varepsilon}\ln\left(\frac{P}{P_0}\right) = \frac{1}{\varepsilon}\ln\left(\frac{P_0}{P}\right) \tag{4.3-2}$$

如果把式(4.3-2)中的 P_0 和 P 分别理解为光发射功率和探测器的最小可探测功率，则 L 就是光脉冲在水下所能传输的最远距离。如果取 $P_0=10^6$ W，$P=10^{-14}$ W，对于 0.4900μm 波长的光波，其作用距离可达 500m，对于波长为 0.6943μm 的光波，其作用距离仅为 80m，可见红光很难在水下应用。此外，水质不同，其衰减特性差异很大。由图 4.3-2 可知，远海区海水清洁，

衰减长度较长；近海岸区海水混浊，衰减长度大为减小。

4.3.2 激光在水中传输的散射效应

1. 前向散射

如果增大测量距离，并适当加大接收器的面积，则测量数据将偏离式(4.3-2)的计算值，所接收的功率将大于按该式所预计的值。其原因在于式(4.3-2)没有考虑前向散射的作用。为讨论方便，这里用照度来表示接收平面上光辐射的大小。

光在传输方向上的散射称为前向散射，而在相反方向的散射称为后向散射。前向散射包含复杂的散射过程，如图 4.3-3 所示。单程散射而偏离光轴的散射辐射会由另外的散射体再次散射。有的辐射多次重复这个过程，其中相当一部分重新进入光轴方向或稍微偏离光轴方向而进入接收平面，称此为多程散射。而初始的平行光束中直接到达接收面的辐射为单程辐射。这样接收面上的总照度 E_e 应为单程照度 E_e^0 和多程照度 E_e^* 之和，即

$$E_e = E_e^0 + E_e^* \tag{4.3-3}$$

式中，$E_e^0=(I_e/L^2)e^{-\varepsilon L}$，$E_e^*=[(I_e k)(4\pi L)]e^{-kL}$。这里的 I_e 为辐射强度，k 为多程衰减系数，L 为传输距离。用 0.530μm 绿光在湖水中测得 $\varepsilon=0.66\text{m}^{-1}$，$k=0.187\text{m}^{-1}$。由此可见，前向散射使光束传输距离明显增大，传输距离越远，前向散射光的贡献就越大。这种效应对水下照明有利，但对水下光束扫描和水下摄影不利，它会使扫描分辨率和目标背景比度下降。

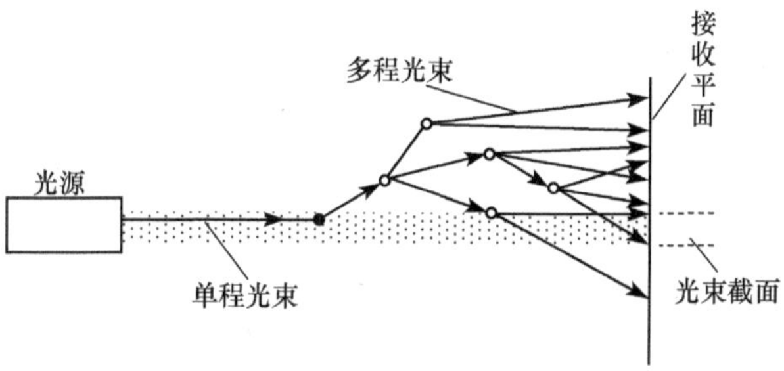

图 4.3-3 前向散射示意图

2. 后向散射

水下传输光束的另一个特点就是后向散射较前向散射强烈得多。如在大雾中行车时，有经验的驾驶员一般是开亮尾灯而关闭前灯，他借助于前车的尾灯可以看清楚前车，但若打开前灯，那么大雾强烈的后向散射光会使他什么也看不见。在水下后向散射更为强烈，而且入射光功率越大，后向散射光就越强。强烈的后向散射光会使接收器产生饱和而接收不到任何有用信息。因此，在水下测距、电视、摄影等应用中，主要是设法克服这种后向散射的影响。措施如下：

(1) 适当地选择滤光片和检偏器，以分辨无规则偏振的后向散射和有规则偏振的目标反射；

(2) 尽可能地分开发射光源和接收器；

(3) 采用如图 4.3-4 所示的距离选通技术。当光源发

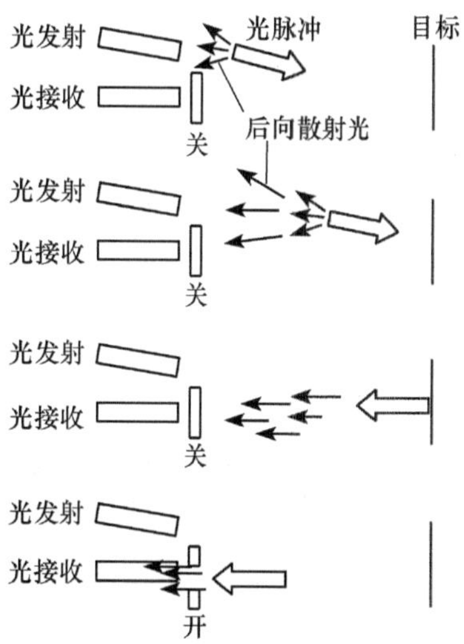

图 4.3-4 光学距离选通示意图

射的光脉冲朝向目标传播时，接收器的快门关闭，这时朝向接收器的连续后向散射光便无法进入接收器。当水下目标反射的光脉冲信号返回到接收器时，接收器的快门突然打开并记录接收到的目标信息。这样就能有效地克服水下后向散射的影响。

4.4 激光在光纤中的传输

1966 年 7 月英籍华人高锟博士从理论上阐述了光纤实现低损耗传输光信息的可能性，到了被誉为光通信元年的 1970 年以后，由于实用化的光纤和半导体激光器的研制成功，光纤系统逐渐发展到了实用化的阶段。

目前，光纤在通信、传感、激光治疗仪、激光加工机等许多方面都获得了广泛的应用，但其最主要的应用领域是光纤通信和光纤传感器。光纤通信具有传输带宽宽、通信容量大、中继距离远、抗干扰能力强、无串音、轻便、材料资源丰富、成本低等优点。而光纤传感器具有灵敏度高、抗干扰能力强、电绝缘性能好、便于与计算机连接，并与光纤传输系统组成遥测网路等优点。随着光纤通信和光纤传感技术的发展。推动了光纤在越来越广泛的领域中的应用，同时，光纤技术自身的研究也获得了飞速的发展。

这一节主要介绍光在光纤中传输的基本原理和光纤的基本结构及特性参数。

4.4.1 光纤结构

光纤是一种能够传输光频电磁波的介质波导。光纤的典型结构如图 4.4-1 所示，它由纤芯、包层和护套三部分组成。纤芯和包层构成了传光的波导结构，护套起着保护作用。波导的性质由纤芯和包层的折射率分布决定，图 4.4-1(b)和(c)是两种典型的纤芯折射率剖面图，工程上定义 Δ 为纤芯和包层间的相对折射率差，即

$$\Delta = \frac{1}{2}\left[1-\left(\frac{n_2}{n_1}\right)^2\right] \tag{4.4-1}$$

当 $\Delta<0.01$ 时，式(4.4-1)简化为

$$\Delta \approx \frac{n_1 - n_2}{n_1} \tag{4.4-2}$$

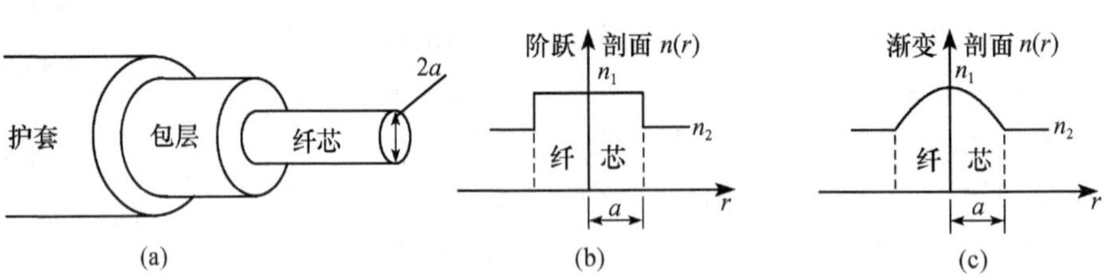

多模光纤	单模光纤
$12.5\mu m<a<100\mu m$ $0.8\mu m<\lambda<1.6\mu m$ $0.01<\Delta<0.03$	$2\mu m<a<5\mu m$ $0.8\mu m<\lambda<1.6\mu m$ $0.003<\Delta<0.01$

(d)

图 4.4-1 典型光纤的结构、折射率分布和尺寸范围

式(4.4-2)称为光纤波导的弱导条件。从理论上讲,光纤的弱导特性是光纤与微波圆波导之间的重要差别之一。实际使用的光纤,特别是单模光纤,其掺杂浓度都很小,使得纤芯和包层只有很小的折射率差。所以弱导的基本含义是指很小的折射率差就能构成良好的光纤波导结构,而且为制造提供了很大的方便。

一般介质波导截面上的折射率分布可以用指数型分布表示为

$$\left.\begin{aligned} n(r) &= n_1\left[1-2\Delta\left(\frac{r}{a}\right)^{\alpha}\right]^{1/2} \quad (0<r\leqslant a) \\ n(r) &= n_1(1-2\Delta)^{1/2} = n_2 \quad (r\geqslant a) \end{aligned}\right\} \tag{4.4-3}$$

式中,a 为纤芯半径,n_1 为光纤轴线上的折射率,n_2 为包层折射率,α 为一常数。当 $\alpha=\infty$ 时,此光纤即为阶跃光纤;当 $\alpha=2$ 时,即为平方律光纤,分别如图 4.4-1(b)和(c)所示。这两种光纤是应用最广泛的光纤波导,也是这里讨论的重点。

图 4.4-1(d)中给出了单模光纤和多模光纤的结构参量。综合光纤纤芯半径 a、相对折射率差 Δ 和工作波长 λ,光纤的结构参量用光纤归一化频率 V 表示,即

$$V = k_0 a(n_1^2 - n_2^2)^{1/2} \tag{4.4-4}$$

式中,$k_0=2\pi/\lambda$ 为光波在自由空间的波数,在弱导条件下

$$V \approx \sqrt{2}k_0 n_1 a\Delta \tag{4.4-5}$$

4.4.2 光在光纤中的传播原理

了解了光纤波导的结构特点,就可以研究光束在光纤波导中的传播特性。分析光束在光纤中传播特性的基本方法有光射线分析法和电磁模式理论,两者之间有很强的互补性。前者直观实用,例如,可方便地得到光纤数值孔径和射线分类概念。但由于其分析方法的近似性,很难说明单模和多模光纤的概念。电磁理论是最严格的分析方法,但较为复杂。在这里主要采用近似分析方法。

与其他波段的电磁波相比,光波的特点是其波长短。在研究光的传播问题时,所涉及的光学元器件及光波导尺寸比波长大得多,所以通常总可以采用短波长近似来处理。这种处理方法就是射线法,相应的理论称为射线理论。这种理论是把光波处理成光射线(简称射线),用光学中的反射和折射来解释波导中光的传播现象,其优点是直观、简单。

射线理论的基础是光线方程

$$\frac{\mathrm{d}}{\mathrm{d}s}\left[n(\boldsymbol{r})\frac{\mathrm{d}\boldsymbol{r}}{\mathrm{d}s}\right] = \nabla n(\boldsymbol{r}) \tag{4.4-6}$$

式中,$\boldsymbol{r}$ 表示空间光线上某点的位置矢量,s 表示该点到光线原点的路径长度,$n(\boldsymbol{r})$ 则为折射率的空间分布。应用式(4.4-6),结合初始条件,原则上就可确定任意已知折射率分布 $n(\boldsymbol{r})$ 介质光线的轨迹。

1. 阶跃光纤中光波的传播

图 4.4-1 所示的阶跃光纤,其纤芯和包层折射率均匀分布,折射率分别为 n_1、n_2,纤芯和包层在纤芯半径 a 处形成反射界面。式(4.4-6)表明,均匀介质中光线轨迹是直线,显然,光纤的传光机理在于光的全反射。光纤可视为圆柱波导,在圆柱波导中,光线的轨迹可以在通过光纤

轴线的主截面内，如图 4.4-2(a)所示，也可以不在通过光纤轴线的主截面内，如图 4.4-2(b)所示。为完整地确定一条光线，必须用两个参量，即光线在界面的入射角 θ 和光线与光纤轴线的夹角 φ。

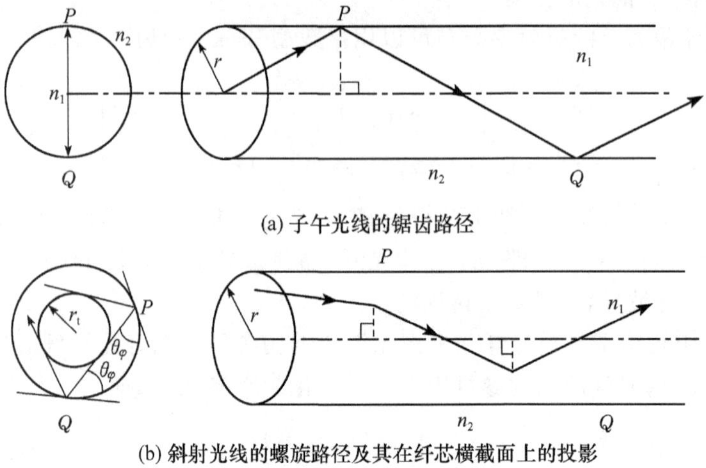

图 4.4-2 阶跃折射率光纤纤芯内的光纤路径

1）子午光线

当入射光线通过光纤轴线，且入射角 θ_1 大于界面临界角 $\theta_0=\arcsin(n_2/n_1)$ 时，光线将在柱体界面上不断地发生全反射，形成曲折回路，而且传导光线的轨迹始终在光纤的主截面内。这种光线称为子午光线，包含子午光线的平面称为子午面。

考虑图 4.4-3 所示的光纤子午面，设光线从折射率为 n_0 的介质通过波导端面中心点 A 入射，进入波导后按子午光线传播。根据折射定律，则有

$$n_0\sin\varphi_0 = n_1\sin\varphi_1 = n_1\cos\theta_1 = n_1\sqrt{1-\sin^2\theta_1} \tag{4.4-7}$$

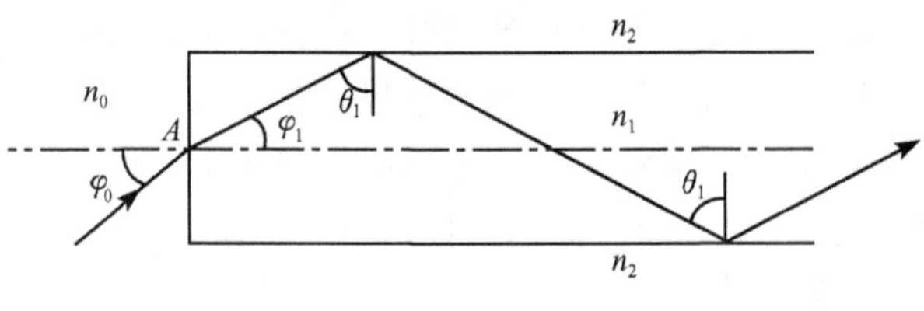

图 4.4-3 阶跃光纤中的子午光线

当产生全反射时，要求 $\theta_1>\theta_0$，因此有

$$\sin\varphi_0 \leqslant \frac{1}{n_0}(n_1^2-n_2^2)^{1/2} \tag{4.4-8}$$

在一般情况下，$n_0=1$（空气），则子午光线对应的最大入射角为

$$\sin\varphi_{0m}^{(m)} = (n_1^2-n_2^2)^{1/2} = \mathrm{NA} \tag{4.4-9}$$

式中，NA 称为光纤的数值孔径，它决定子午光线半孔径角的最大值 $\varphi_{0m}^{(m)}$，即代表光纤的集光本领。在弱导条件下

$$\mathrm{NA} \approx n_1(2\Delta)^{1/2} \tag{4.4-10}$$

例如，$\Delta=0.01$，$n_1=1.5$，则 $\mathrm{NA}\approx\varphi_{0\mathrm{m}}^{(\mathrm{m})}\approx0.21\mathrm{rad}$（约 12°）。可见，光纤的集光能力仅由折射率分布决定。

2）斜射光线

当入射光线不通过光纤轴线时，传导光线将不在一个平面内，而按照图 4.4-4 所示的空间折射传播，这种光线称为斜射光线。如果将其投影到端截面上，就会更清楚地看到传导光线将完全限制在两个共轴圆柱面之间，其中之一是纤芯-包层边界，另一个在纤芯中，其大小由角度 θ_1 和 φ_1 决定（图 4.4-4(a)），称为散焦面。显然，随着入射角 θ_1 的增大，内散焦面向外扩大并趋近为边界面。在极限情况下，光纤端面的光线入射面与圆柱面相切（$\theta_1=90°$），在光纤内传导的光线演变为一条与圆柱表面相切的螺线，两个散焦面重合，如图 4.4-4(b)所示。

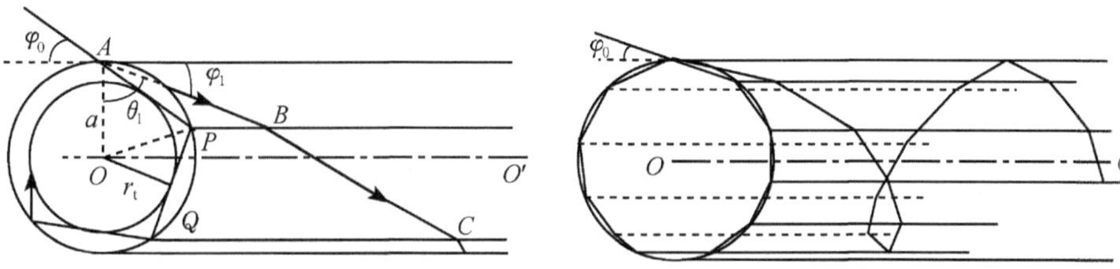

(a)　　(b)

图 4.4-4　阶跃光纤中的斜射光线

现在分析斜射光线满足全反射条件时的最大入射角。根据图 4.4-4(a)，设斜射光线从光纤端面上 A 点入射，然后在 B、C 等点全反射，过 B、C 两点分别作两条直线平行于轴线 OO'，交端面圆周于 P、Q 两点。用 φ_0 表示端面的入射角，用 φ_1 表示折射角（又称为轴线角），$\alpha=\pi/2-\varphi_1$ 表示折射光线与端面的夹角，γ 表示入射面与子午面 AOO' 的夹角，θ_1 表示折射光线在界面的入射角。由于 α 和 γ 各自所在的平面互相垂直，根据立体几何原理

$$\cos\theta_1=\cos\alpha\cos\gamma=\sin\varphi_1\cos\gamma \tag{4.4-11}$$

当满足全反射条件 $\sin\theta_1\geqslant n_2/n_1$ 时，即要求

$$\cos\theta_1=(1-\sin^2\theta_1)^{1/2}\leqslant\frac{1}{n_1}(n_1^2-n_2^2)^{1/2} \tag{4.4-12}$$

由式(4.4-11)得到波导内允许的最大轴线角 $\varphi_{0\mathrm{m}}^{(\mathrm{s})}$ 为

$$\sin\varphi_{0\mathrm{m}}^{(\mathrm{s})}=\frac{(n_1^2-n_2^2)^{1/2}}{n_1\cos\gamma}=\frac{\sin\varphi_{0\mathrm{m}}^{(\mathrm{m})}}{n_1\cos\gamma} \tag{4.4-13}$$

应用折射定律，当 $n_0=n_2=1$（空气）时，最大入射角为

$$\sin\varphi_{0\mathrm{m}}^{(\mathrm{s})}=\frac{\sin\varphi_{0\mathrm{m}}^{(\mathrm{m})}}{\cos\gamma} \tag{4.4-14}$$

式中，$\varphi_{0\mathrm{m}}^{(\mathrm{m})}$ 是传导子午光线的最大入射角。由于 $\cos\gamma<1$，可见，满足条件 $\theta_1>\theta_c$ 时的斜射光线入射角可以取 $\varphi_{0\mathrm{m}}^{(\mathrm{s})}>\varphi_{0\mathrm{m}}^{(\mathrm{m})}$。

由式(4.4-13)和式(4.4-14)可以看出，当 $\gamma=0$ 时，$\varphi_{0\mathrm{m}}^{(\mathrm{s})}$ 取最小值，并且 $\varphi_{0\mathrm{m}}^{(\mathrm{s})}=\varphi_{0\mathrm{m}}^{(\mathrm{m})}$；当 $\cos\gamma=(1/n_1)\sin\varphi_{0\mathrm{m}}^{(\mathrm{m})}$ 时，$\varphi_{0\mathrm{m}}^{(\mathrm{s})}=\pi/2$。也就是说，条件 $\theta_1>\theta_c$ 似乎对 φ_1 并没有任何限制。实际上，在圆柱界面情况下，满足条件 $\theta_1>\theta_c$ 的斜射光是否一定能产生光的全反射而无损耗地传输光功率，还需分析轴线角 φ_1 的影响。对于斜射光线，其纵向传播常数应为

$$\beta = k_0 n_1 \cos\varphi_1 \tag{4.4-15}$$

考虑 $\varphi_1 > \pi/2 - \theta_c$ 的光线，代入式(4.4-15)得

$$\beta < k_0 n_1 \sin\theta_c = k_0 n_2 \tag{4.4-16}$$

而由光的电磁理论，$\beta = k_0 n_2$ 正是圆柱波导导模的截止条件。这就是说，如果斜射光线的 $\varphi_1 > \pi/2 - \theta_c$，即使满足 $\theta_1 > \theta_c$，导模也是截止的。为说明这一点，不妨分析一下斜射线在圆柱界面的反射情况。如图 4.4-5 所示，因为斜射光波在界面的入射面与圆柱界面的交线是椭圆，若平面光波在 A 点入射，且中心光线 1 的入射角 $\theta_1 > \theta_c$，但光线 1、2 和 3 的入射角并不相同，且 $\theta_2 > \theta_1 > \theta_3$。因此，在 A 点右边的光线有可能不满足条件 $\theta_3 > \theta_c$，其偏离全反射条件的程度决定于界面的曲率，亦即决定于轴线角 φ_1。这就说明，在弯曲界面情况下，凡轴线角 φ_1 大到一定程度的光波，即使满足平面边界全反射条件，也只能部分反射，因而不断有光功率向芯区外泄漏。

由以上讨论可见，在圆柱界面上一点 A 处所有可能的入射光线可分为图 4.4-6 所示的三部分。

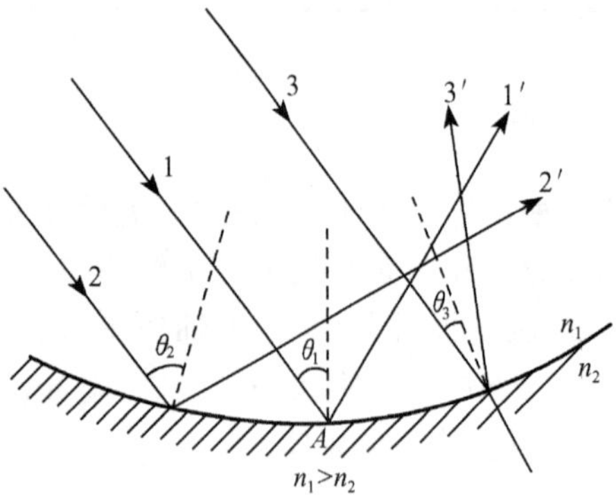

图 4.4-5　光波在圆柱界面的反射

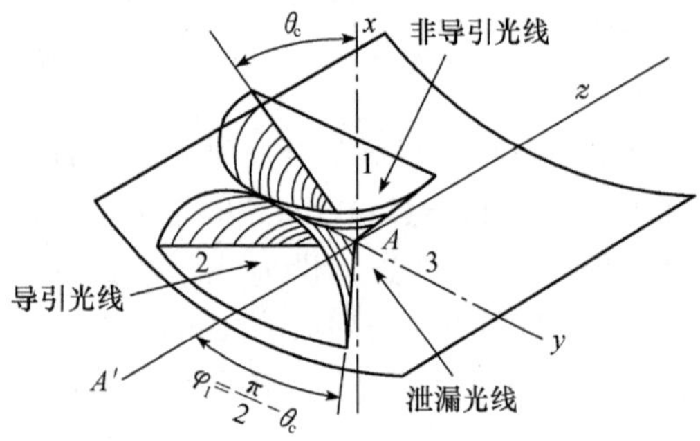

图 4.4-6　阶跃光纤中的导引光线、非导引光线和泄漏光线

(1) 非导引光线(折射光线)。这些光线的 $\theta_1 < \theta_c$，对应于以过 A 点的界面法线为轴线，以 θ_c 为锥角作的半圆锥(1 区)内的光线。显然这部分光线都不满足全反射条件，部分光线折射到包层中去了。

(2) 导引光线。这些光线的 $\theta_1 > \theta_c$，$\varphi_1 < \pi/2 - \theta_c$ ($\beta > k_0 n_2$)，对应于以柱面 A 点切平面与柱面交线 AA' 为轴线，以 $\varphi_1 = \pi/2 - \theta_c$ 为锥角作的半圆锥(2 区)内的光线。这部分光线都将在 A 点全反射，因而光功率将限制在纤芯中无损耗地传播。根据折射定律计算出入射孔径角为

$$\sin\varphi_{0m} = n_1 \sin\varphi_{1m} = n_1 \cos\theta_c = (n_1^2 - n_2^2)^{1/2} = \mathrm{NA} \tag{4.4-17}$$

这个结果和式(4.4-9)相同，说明包括子午光线和斜射光线在内的总入射数值孔径角就是子午光线的数值孔径角。

(3) 泄漏光线(隧道光线)。这些光线的 $\theta_1 > \theta_c$，$\varphi_1 > \pi/2 - \theta_c$ ($\beta < k_0 n_2$)，即处于上述两个半圆锥以外区域中的光线。这部分光线虽然满足条件 $\theta_1 > \theta_c$，但在弯曲界面上并不发生光的全反射，即光功率不能全部限制在纤芯中，部分功率向纤芯外泄漏。

3) 不同光程引发的光脉冲的弥散

从上述讨论已知，阶跃光纤中与光纤轴成不同夹角的导引光线，在轴向经过同样距离时，各自走过的光程是不同的。因此，若有一个光脉冲在入射端激发起各种不同角度的导引光线，

那么由于每根光线经过的光程不同，就会先后到达终端，从而引起光脉冲宽度的加宽，称为光脉冲的弥散。

以子午光线为例，来分析不同光线的延时差。与光轴成 φ 角的光线沿轴的速度为 $v_z=v\cos\varphi=(c/n_1)\cos\varphi$，当 $\varphi=0$ 时，速度最大；$\varphi=\pi/2-\theta_c$ 时，速度最小。因此，光线经过轴向距离 L 所花的最长和最短时间差为

$$\Delta\tau=\frac{Ln_1^2}{cn_2}-\frac{Ln_1}{c}=\frac{Ln_1}{c}\Delta \tag{4.4-18}$$

可见，光脉冲弥散正比于相对折射率差 Δ，Δ 越小，$\Delta\tau$ 就越小。

2. 渐变折射率光纤光波的传播

在阶跃折射率光纤中，与光轴成不同倾角的光线通过同样的轴向距离时，光程是不同的。倾角大的光线光程长，倾角小的光线光程短。人们自然会想到，若使折射率随离轴距离的增加而减小，那么偏离光轴大的光线虽然走过的路程长，但由于途经的折射率小，这就会使大倾角光线的光程能得到某种程度的补偿，从而减小最大迟延差。由此就产生了渐变折射率分布光纤。

下面首先从射线方程出发，求出具有一般轴对称折射率分布的光纤中光线的轨迹，然后讨论平方律分布光纤中的光线轨迹及其最大群延时差。

1）柱坐标系统中的光线方程

由光线方程式(4.4-6)可以证明，在各向同性非均匀介质中，光线总是折向折射率大的方向。对于平方律光纤，离开轴线的光线将不断地向轴线方向弯曲，因此，必然存在一个离轴的转折点，这是此类光纤中光线传播的一个特征。

在柱坐标系中，光线单位矢量 $\boldsymbol{i}$ 可表示为

$$\boldsymbol{i}=\frac{\mathrm{d}\boldsymbol{r}}{\mathrm{d}s}=\frac{\mathrm{d}r}{\mathrm{d}s}\boldsymbol{e}_r+r\frac{\mathrm{d}\varphi}{\mathrm{d}s}\boldsymbol{e}_\varphi+\frac{\mathrm{d}z}{\mathrm{d}s}\boldsymbol{e}_z \tag{4.4-19}$$

将其代入式(4.4-6)，并考虑到芯层折射率只与径向坐标有关，即 $\nabla n=\frac{\mathrm{d}n}{\mathrm{d}r}\boldsymbol{e}_r$，可以得到光线方程在柱坐标系中的三个分量方程为

$$\frac{\mathrm{d}}{\mathrm{d}s}\left(n\frac{\mathrm{d}r}{\mathrm{d}s}\right)-rn\left(\frac{\mathrm{d}\varphi}{\mathrm{d}s}\right)^2=\frac{\partial n}{\partial r} \tag{4.4-20a}$$

$$\frac{\mathrm{d}}{\mathrm{d}s}\left(r^2n\frac{\mathrm{d}\varphi}{\mathrm{d}s}\right)=0 \tag{4.4-20b}$$

$$\frac{\mathrm{d}}{\mathrm{d}s}\left(n\frac{\mathrm{d}z}{\mathrm{d}s}\right)=0 \tag{4.4-20c}$$

因为光线矢量 $\boldsymbol{i}_s$ 相应于波动光学中局部平面波的波矢方向，所以

$$\boldsymbol{k}=nk_0\boldsymbol{i}_s=k_r\boldsymbol{e}_r+k_\varphi\boldsymbol{e}_\varphi+k_z\boldsymbol{e}_z \tag{4.4-21}$$

式中，k_0 是平面波在真空中的波数。比较式(4.4-19)和式(4.4-21)可见

$$k_r=nk_0\frac{\mathrm{d}r}{\mathrm{d}s},\quad k_\varphi=nk_0r\frac{\mathrm{d}\varphi}{\mathrm{d}s},\quad k_z=nk_0\frac{\mathrm{d}z}{\mathrm{d}s} \tag{4.4-22}$$

分别对式(4.4-20b)和式(4.4-20c)积分，并应用式(4.4-22)得

$$nk_0 \frac{\mathrm{d}z}{\mathrm{d}s} = k_z = \beta \tag{4.4-23}$$

$$k_0 n r^2 \frac{\mathrm{d}\varphi}{\mathrm{d}s} = r k_\varphi = \upsilon \tag{4.4-24}$$

这表明渐变折射率分布光纤中，虽然光线与 z 轴夹角 θ 和折射率 $n(r)$ 都在变化，但波矢量的 z 分量保持不变，因此，同一光线沿 z 方向的传播速度为常数：$v_z = \mathrm{d}\omega/\mathrm{d}\beta = (c/n)\cos\theta$，这与阶跃光纤中的光线相同。$\upsilon$ 为方位角模数，$\upsilon=0$ 代表子午光线，$\upsilon\neq 0$ 代表斜射光线。

为了确定渐变折射率分布光纤的光线轨迹，需要求出 $r \sim z$ 及 $\varphi \sim z(\varphi \sim r)$ 的函数关系。若将 $\mathrm{d}/\mathrm{d}s$ 表示为 $\mathrm{d}/\mathrm{d}s = (\mathrm{d}/\mathrm{d}z)(\mathrm{d}z/\mathrm{d}s) = (\beta/nk_0)(\mathrm{d}/\mathrm{d}z)$，应用到式(4.4-24)并积分，得

$$\varphi - \varphi_0 = \frac{\upsilon}{\beta}\int_{z_0}^{z} \frac{\mathrm{d}z}{r^2} \tag{4.4-25}$$

把式(4.4-24)代入式(4.4-20a)，应用 $\mathrm{d}/\mathrm{d}s$ 的上述表示式后，积分一次得

$$\beta^2 \left(\frac{\mathrm{d}r}{\mathrm{d}z}\right)^2 + \frac{\upsilon^2}{r^2} - n^2 k_0^2 = C \tag{4.4-26}$$

由式(4.4-26)可求得

$$z - z_0 = \pm \beta \int_{r_0}^{r} \frac{\mathrm{d}r}{\left(n^2 k_0^2 - \beta^2 - \dfrac{\upsilon^2}{r^2}\right)^{1/2}} \tag{4.4-27}$$

也可将式(4.4-25)表示为

$$\varphi - \varphi_0 = \pm \upsilon \int_{r_0}^{r} \frac{\mathrm{d}r}{r^2\left(n^2 k_0^2 - \beta^2 - \dfrac{\upsilon^2}{r^2}\right)^{1/2}} \tag{4.4-28}$$

于是，只要知道了介质的折射率分布 $n(r)$ 和光线的初始条件，就可以由式(4.4-27)和式(4.4-28)确定光线的轨迹。需要说明的是：式(4.4-27)和式(4.4-28)中正负号的选取与积分方向有关，当 r 增加时，取正号；当 r 减小时，取负号。

与阶跃折射率光纤中的光线一样，渐变折射率光纤中的光线也可分为子午光线和斜射光线两类，如图 4.4-7 所示。

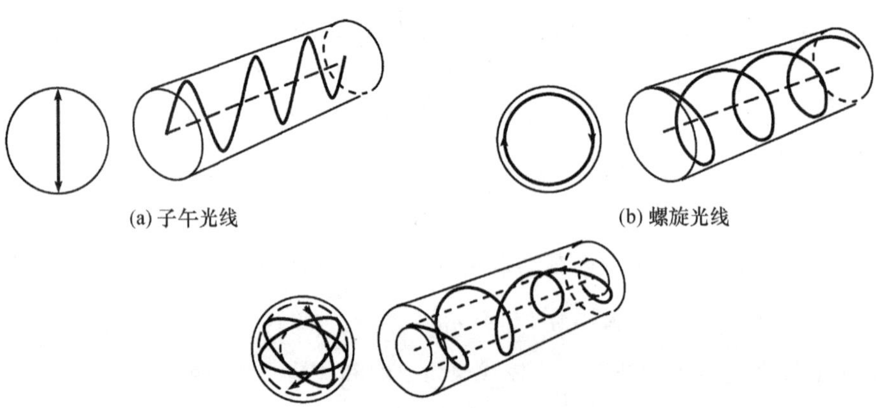

(a) 子午光线　(b) 螺旋光线　(c) 一般斜射光线

图 4.4-7　梯度光纤中的光线轨迹

对于子午光线($\upsilon=0$)，如图4.4-7(a)所示，它在子午面上来回穿越轴线。当光线到达转折点时，$dr/dz=0$，在转折点处

$$n^2(r_t)k_0^2-\beta^2=0 \tag{4.4-29}$$

式中，r_t 为转折点到光纤轴线距离，称为转折半径。子午光线在转折点满足

$$n(r_t)=\frac{\beta}{k_0} \tag{4.4-30}$$

对于斜射光线($\upsilon\neq0$)，转折点半径方程为

$$n^2(r_t)k_0^2-\beta^2-\frac{\upsilon^2}{r_t^2}=0 \tag{4.4-31}$$

这是一个二次方程，所以存在内、外两个转折点半径 r_{t2} 和 r_{t1}，光线的轨迹与半径分别为 r_{t2} 和 r_{t1} 的两个柱面交替相切(图4.4-7(c))。在特殊情况下，如果 $r_{t2}=r_{t1}$，两个柱面重合，这时斜射光线就成为螺旋光线(图4.4-7(b))。

2) 平方律光纤中的光线轨迹

平方律折射率分布光纤的 $n(r)$ 为

$$n^2(r)=n_1^2\left[1-2\Delta\left(\frac{r}{a}\right)^2\right] \tag{4.4-32}$$

将式(4.4-32)代入方程式(4.4-27)，就能得到光线轨迹的解析式

$$z=\frac{\beta}{2\sqrt{A}}\left[\arcsin\left(\frac{2Ar^2-k^2}{\sqrt{k^4-4A\upsilon^2}}\right)-\arcsin\left(\frac{2Ar_0^2-k^2}{\sqrt{k^4-4A\upsilon^2}}\right)\right] \tag{4.4-33}$$

式中，$k^2=n_1^2k_0^2-\beta^2$，$A=2\Delta\left(\frac{n_1k_0}{a}\right)^2$。在计算中，已经假定 $z=0$ 处 $r=r_0$。对于平方律分布介质，光线的转折点半径 r_t 为

$$r_{t1,2}=\left(\frac{k^2\pm\sqrt{k^2-4A\upsilon^2}}{2A}\right)^{1/2} \tag{4.4-34}$$

式中，$r_{t1,2}$ 的下标“1”、“2”分别对应于根号前取“+”和“-”。

若将光线的起始点选在某一内转折点处，即假定 $z=0$，$r_0=r_{t2}$，并令 $\sqrt{A}/\beta=\Omega$，则光线轨迹式(4.4-33)简化为

$$r=[r_{t1}^2\sin^2(\Omega z)+r_{t2}^2\cos^2(\Omega z)]^{1/2} \tag{4.4-35}$$

将式(4.4-32)代入式(4.4-28)，进行积分并令 $\varphi_0=0$，得

$$\varphi=\arctan\left[\frac{r_{t1}^2}{r_{t2}^2}\tan(\Omega z)\right] \tag{4.4-36}$$

式(4.4-36)、式(4.4-37)描写了平方率介质中的光线轨迹。

对于斜射光线($\upsilon\neq0$)，通常有两个转折点半径 r_{t2} 和 r_{t1}。若 $r_{t1}=r_{t2}$，则由式(4.4-35)和式(4.4-36)可得

$$\varphi=\arctan[\tan(\Omega z)]=\Omega z \tag{4.4-37}$$

这是一种特殊的斜射光线，它是半径为常数，以空间角速度 Ω 旋转的螺旋光线。

对于子午光线($\upsilon=0$)，内转折点半径 $r_{t2}=0$，此时，光线轨迹式(4.4-35)可简化为

$$r = r_{t1}\sin(\Omega z) \tag{4.4-38}$$

式(4.4-38)表明，子午光线是正弦振荡型的，其空间周期为

$$\Lambda = \frac{2\pi}{\Omega} \tag{4.4-39}$$

如图 4.4-8(a)所示。由于它具有自聚焦性质，故称为自聚焦光纤。一段 $\Lambda/4$ 长的自聚焦光纤与光学透镜作用相似，可以会聚光线和成像。两者的不同之处在于，一个是靠球面的折射来弯曲光线；一个是靠折射率的梯度变化来弯曲光线。自聚焦透镜的特点是尺寸很小，可获得超短焦距、可弯曲成像等。这些都是一般透镜很难或根本不能做到的。可以证明，自聚焦透镜的焦距(焦点到主平面的距离)为

$$f = \frac{1}{n(0)\Omega\sin(\Omega z)} \tag{4.4-40}$$

f 随 z 的变化如图 4.4-8(b)所示，$z=\Lambda/4$ 时，$f=f_{\min}$。

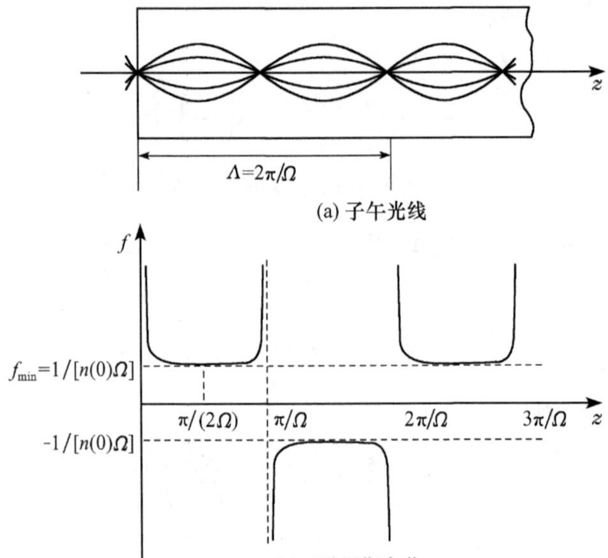

图 4.4-8 自聚焦光纤的透镜特性

3) 平方律光纤中光线的群迟延和最大群延时差

在非均匀介质中，光线的轨迹总是弯曲的。沿光线轨迹经过距离 s 所用的时间为

$$\tau = \frac{1}{c}\int_0^s n\,\mathrm{d}s \tag{4.4-41}$$

式中，c 为真空中的光速，n 为折射率。应用 $\mathrm{d}s=nk_0\mathrm{d}z/\beta$ 和 $\mathrm{d}z=\beta\mathrm{d}r/\sqrt{n^2k_0^2-\upsilon^2/r^2-\beta^2}$，可以求得沿光线轨迹走过距离 s 时，光在轴向前进的距离为

$$L = z - z_0 = \beta\int_{r_0}^{r}\frac{\mathrm{d}r}{\sqrt{n^2(r)k_0^2-\frac{\upsilon^2}{r^2}-\beta^2}} \tag{4.4-42}$$

由此可求出平方律光纤中任意光线沿 z 轴传播单位长度的延时(比群延时)为

$$\bar{\tau} = \frac{n_1^2 k_0^2 + \beta^2}{2ck_0\beta} \tag{4.4-43}$$

式(4.4-43)表明,比群延时只和传播常数β有关,而与角模数υ无关。所以相同的模式有相同的比群延时。

对于传导模,传播常数$n_2k_0<\beta<n_1k_0$,因此,最大的群延时为

$$\Delta\tau = \tau_{\max} - \tau_{\min} = L(\bar{\tau}_{\max} - \bar{\tau}_{\min}) = \frac{n_1 L}{2c}\Delta^2 = \tau_0 \frac{\Delta^2}{2} \tag{4.4-44}$$

式中,$\tau_0=(n_1L)/c$。与式(4.4-18)相比可以看出,平方律分布光纤中的群延时只是阶梯折射率分布光纤的$\Delta/2$。

4.4.3 光纤的传输特性

1. 光纤的衰减

光纤的衰减是光纤的重要指标,它表明光纤对光能的传输损耗,对光纤通信系统的传输距离起着决定性的影响。

衰减系数α定义为单位长度光纤光功率衰减的分贝数,即

$$\alpha = \frac{10}{L}\lg\frac{P_i}{P_o}(\text{dB/km}) \tag{4.4-45}$$

式中,P_i、P_o分别为光纤的输入、输出光功率,L是光纤长度。

光纤衰减有下列两种主要来源:吸收损耗和散射损耗。

1)吸收损耗

吸收损耗是由于光纤材料和其中的有害杂质对光能吸收引起的,它们把光能以热能形式消耗于光纤中。

材料吸收损耗是一种固有损耗,不可避免。只能选择固有损耗较小的材料来做光纤。石英在红外波段内吸收较小,是优良的光纤材料。

有害的杂质吸收主要是由于光纤材料中含有Fe、Co、Ni、Mn、Cu、V、Pt和OH等离子。光纤中只要有ppm(10^{-6})数量级的上述杂质粒子,就会引起很大的损耗。一般采用ppm超纯度的化学原料来制造低损耗光纤。近代光纤采用的超纯原料中基本上没有金属离子,而光纤的吸收损失主要是由于OH离子引起的。光能的吸收是由于分子价键的共振,所以光纤的损耗-波长特性呈峰状。它的基波吸收波长位于2.72μm,二次、三次谐波吸收波长分别位于1.38μm和0.95μm。在1.24μm、1.13μm、0.88μm和2.22μm处是OH离子和光纤材料SiO_2的组合共振吸收峰。采用OH离子含量小于1ppm的材料可制成极低损耗的光纤。由于单模光纤只有一个基模,它的传输光程短于多模光纤的高阶模的平均光程,通常单模光纤的衰减略小于多模光纤。

2)散射损耗

由于光纤制作工艺上的不完善,例如,有微气泡或折射率不均匀以及有内应力,光能在这些地方会发生散射,使光纤损耗增大。

另一种散射损耗的根源是瑞利散射,即光波遇到与波长大小可比拟的带有随机起伏的不均匀质点时发生的散射。瑞利散射损耗与波长四次方成反比。可以采用较长的工作波长以减少瑞利散射损耗。若光纤原料组分多,结构复杂,则瑞利散射损耗严重。

光纤中尚存在布里渊和拉曼散射损耗。它们是强光在光纤中引起的非线性散射损耗,一

般在多模光纤中光能密度较小,这种情况不会发生。但在单模光纤中,由于芯径很小,当光能密度足够强时,就可能发生这两种损耗。

2. 光纤的色散、带宽和脉冲展宽参量间的关系

1) 光纤的色散

光纤的色散会使脉冲信号展宽,限制了光纤的带宽或传输容量。一般说来,单模光纤的脉冲展宽与色散有下列关系:

$$\Delta\tau = d \cdot L \cdot \delta\lambda \tag{4.4-46}$$

式中,d 是总色散,L 是光纤长度,$\delta\lambda$ 是光信号的谱线宽度。多模光纤的色散起因主要是模色散、材料色散和波导色散。其中以模色散占主要成分。它是由于各个传输模的传播系数不同,即由于各传输模经历的光程不同而引起的脉冲展宽。

单模光纤只有一个传输模,所以没有模色散。单模光纤色散的起因有材料色散、波导色散和折射率分布色散。其含义如下。

(1) 材料色散。由于光纤材料的折射率对光频不是常数,使光能在光纤中的传播速度随光频不同而不同。对于谱线较宽的信号,经过传输后,会发生脉冲展宽,这称为材料色散。材料色散是任何一种光纤都具有的性质。图 4.4-9 所示为石英玻璃不同掺杂的材料色散关系,图中色散以 ps/nm/km 为单位,表示光谱宽度 1nm 时,经过 1km 的光纤,产生以皮秒为单位的脉冲展宽。由图 4.4-9 可见,色散可正可负,并且在 1.26μm 附近,色散为零。相应的波长称为零色散波长。

(2) 波导色散。假设一个具有一定谱线宽度的光脉冲,在一个折射率不随光波波长改变的理想单模光纤中传播,仍会发生脉冲展宽。其原因是由于光波波长改变时,传输模的传输常数 β 随之改变,称其为波导色散。波导色散值总为正值,且数值较小。图 4.4-10 给出了芯径 7μm,以 GeO_2 为掺杂剂的石英玻璃单模光纤的色散特性。由图 4.4-10 可见,在 1.3μm 附近,材料色散和波导色散的总贡献为零,这就意味着,在传播 1.3μm 波长的光脉冲时,可以做到几乎不产生脉冲展宽。

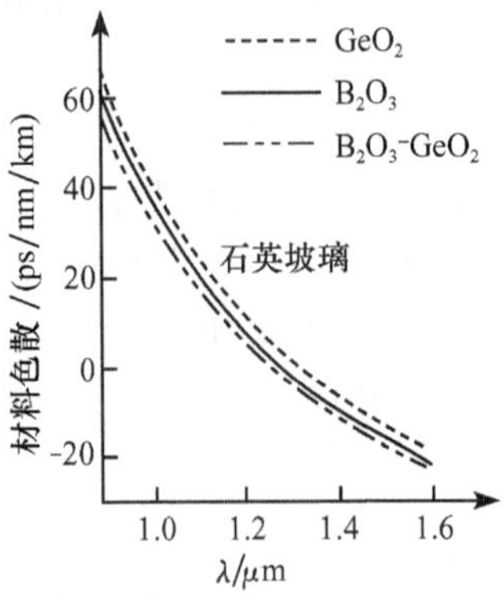

图 4.4-9 不同掺杂的石英玻璃材料色散

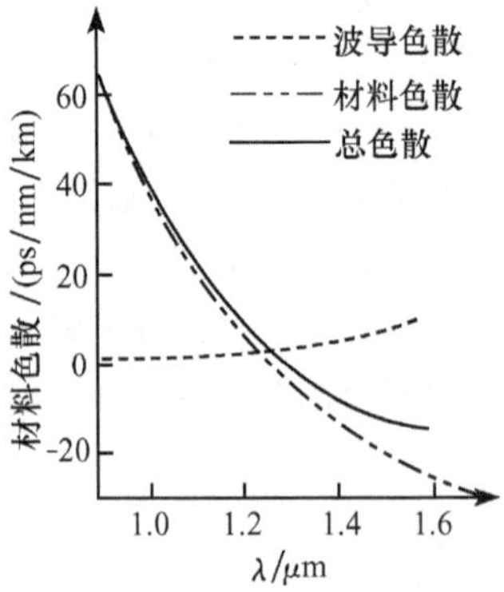

图 4.4-10 纤芯 2%GeO_2 掺杂石英,包层为石英玻璃的光纤的波导色散和总色散

(3) 折射率分布色散。由于 Δ 随光波波长改变引起的色散称为折射率分布色散。一般纤芯和包层材料的折射率随光波波长按近似相同的比率改变,因此,Δ 一般近似不变,所以通常折射率分布散色很小,可以忽略。

2) 光纤的带宽

光脉冲展宽与光纤带宽有一定关系。实验表明光纤的频率响应特性 $H(f)$ 近似为高斯型(图 4.4-11)

$$H(f)=\frac{P(f)}{P(0)}=\exp\left[-\left(\frac{f}{f_c}\right)^2\ln 2\right] \quad (4.4\text{-}47)$$

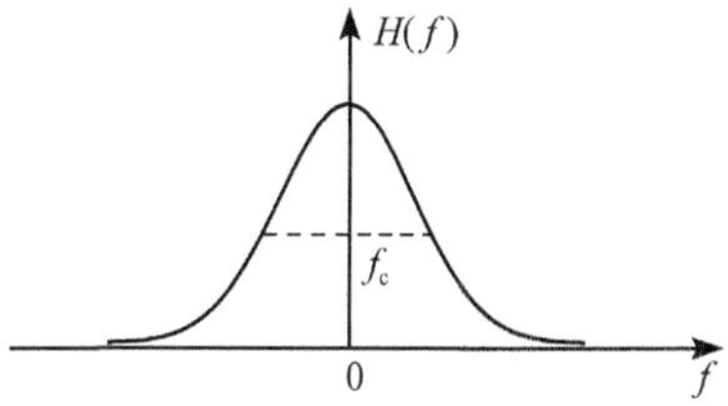

图 4.4-11 光纤的频率响应特性

式中,$P(f)$和 $P(0)$分别是光强调制频率为 f 和 0 时光纤输出的交流功率,f_c 是半功率点频率。显然有

$$10\lg H(f_c)=10\lg\frac{P(f_c)}{P(0)}=-3\text{dB} \quad (4.4\text{-}48)$$

因此,f_c 称为光纤的 3dB 光带宽。

一般光能量多采用光电子器件检测,而检测器输出电流正比于被测光功率。对于式(4.4-48)有

$$20\lg\frac{I(f_c)}{I(0)}=-6\text{dB} \quad (4.4\text{-}49)$$

所以 f_c 又称为 6dB 电带宽。可见 3dB 光带宽和 6dB 电带宽的 f_c 是相等的。

4.4.4 特殊光纤

随着生产和科学技术的发展,光纤的应用越来越广泛,而适于各种特殊应用要求的光纤,也不断地研制出来。

目前,光纤应用的主要领域有两个,一个是光纤通信,另一个是光纤传感器。对应用于光纤通信的光纤,主要考虑的问题是低损耗和低色散,以便能长距离、大容量的传递信息;对应用于光纤传感器的光纤,经常提出偏振保持要求,相应地研制出了保偏光纤。另外,根据不同的需要,还研制出了在特定波段(红外、紫外)使用的、具有特种功能(发光性能、耐辐射性能)的特种光纤。下面进行简单地介绍。

1. 低色散单模光纤

由于单模光纤无模间色散,所以在长距离光纤通信中,均采用单模光纤。如前所述,在单模光纤中仍有模内色散,即材料色散和波导色散,如果适当地选取光纤结构(归一化频率 V 和相对折射率差 Δ),就可以在一定范围内控制总色散为零,大大降低色散影响。基于此,人们研制了不同结构的低色散光纤。

1) W 型光纤

如图 4.4-10 所示,在单模工作的条件下,阶跃光纤的波导色散为正值;在 $\lambda<1.27\mu\text{m}$ 的波长范围内,材料色散也为正值,它们对模内色散的贡献是一种相互加大的关系,不会抵消。而如果采用图 4.4-12 所示的双包层结构,便可实现色散抵消的设想。

这种图示双包层结构的光纤,称为 W 型光纤。其折射率分布为

$$n=\begin{cases}n_1 & 0\leqslant r\leqslant a\\ n_1(1-2\Delta_2)^{1/2}=n_2 & a<r\leqslant(1+h)a\\ n_1(1-2\Delta_1)^{1/2}=n_3 & (1+h)a<r\end{cases} \quad (4.4\text{-}50)$$

式中,Δ_2、Δ_1 分别为纤芯和内包层、外包层间的相对折射率差,h 为内包层厚度与纤芯半径 a 的比值,且有 $n_2<n_3<n_1$,即其折射率存在一个沟的分布。这种结构的波导色散在单模工作区内可以为负值,从而可以实现与材料色散的抵消。

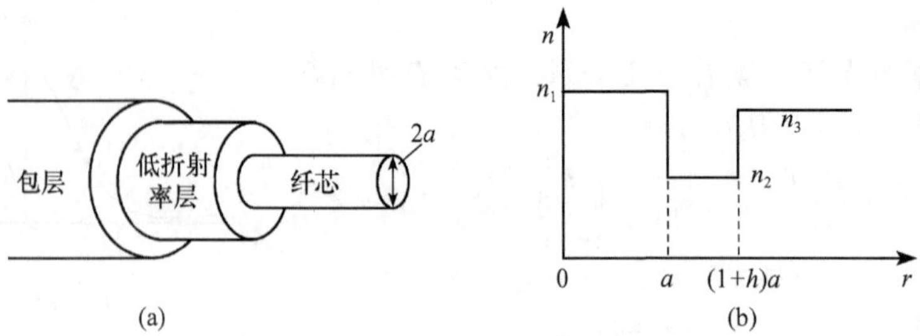

图 4.4-12　W 型光纤结构及折射率分布

根据理论分析，为使波导色散具有较大的负值，中间层折射率 n_2 应尽量低，即应使 $n_2/n_1 \leqslant 0.8$；在不破坏波导光纤假设的前提下，应尽量降低外包层折射率 n_3 的值，使得 $n_3/n_1 < 0.99$。

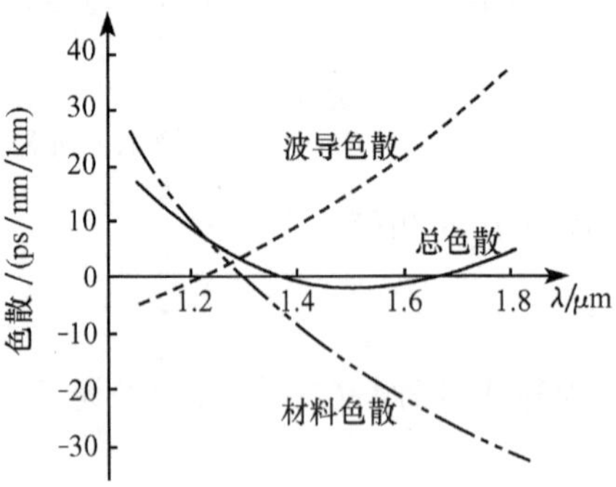

图 4.4-13　Ω 型光纤的色散

图 4.4-13 给出了一种 Ω 型光纤设计的结果。该光纤纤芯材料是 GeO_2-SiO_2，外包层材料是 SiO_2，内包层的掺杂剂是 F（其折射率随波长的变化关系与 SiO_2 相同）。其相对折射率差 $\Delta_1=\Delta_2=0.01$，纤芯直径 $2a=7.2\mu m$，内包层厚度为 $1.0\mu m$。由图 4.4-13 可见，这种光纤在 $\lambda=1.35\sim1.65\mu m$ 的很宽波长范围内，模内色散很小，接近于零（一般小于 1ps/nm/km）。

2）在 1.55μm 波段具有零色散的单模光纤

由光的散射理论可知，瑞利散射与波长的四次方成反比。显然，长波长传输对远距离通信十分有利。随着光纤制造工艺的改进与提高，目前在 1.55μm 波长上的光纤损耗可以很小。所以，如果能将零色散波长也移到 1.55μm 波段上，则更加有利于远距离信息传递。图 4.4-14 示出了零色散波长的长波长化及折射率和芯径的变化规律。显然，为在 1.55μm 波段上实现零色散波长，应缩小纤芯直径为 4～5μm 和加大相对折射率差 Δ（大于 0.5%）。但是，仅仅采取这些方法尚不能得到预期的效果，因为加大 Δ 将使瑞利损耗增加。采用图 4.4-15 所示的三角形折射率分布，可以使色散和损耗都在 1.55μm 处最低。

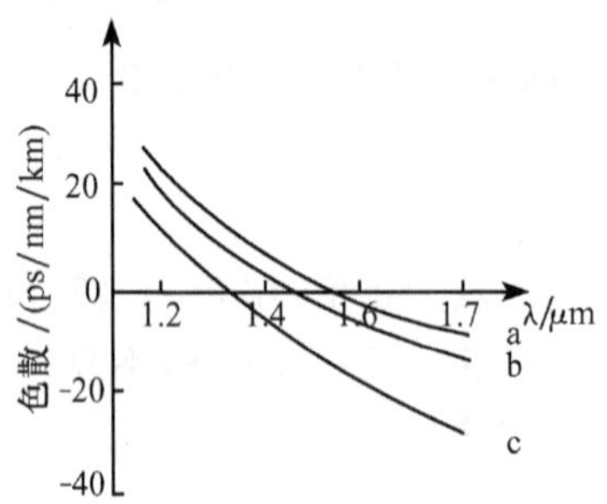

光　纤	相对折射率差/%	芯径/μm	截止波长/μm	零色散波长/μm
a	0.20	10.2	1.04	1.33
b	0.64	5.1	1.03	1.47
c	0.74	4.8	1.05	1.57

图 4.4-14　零色散波长的长波长化

3）在宽波段内具有低色散的单模光纤

前面介绍的在某一波长上实现零色散的光纤结构，固然可以使光纤色散降低，但是在光纤应用中，特别是采用波分复用技术时，往往希望光纤能在一个较宽的波段内色散值都为零。于是，人们也致力研制在宽波段内具有低色散的单模光纤。

图 4.4-13 讨论的 Ω 型光纤设计，通过改变内包层掺杂剂、选择合适的纤芯和内包层相对

折射率差，可以实现 1.35～1.67μm 波段的低损耗、低色散。

图 4.4-16 示出了均匀光纤采用高折射率差的宽波段、低色散计算结果。这个结果是利用有限元方法分析具有任意折射率分布的光纤特性时，在折射率和纤芯直径比取最优值情况下的色散随波长的变化曲线。图 4.4-16 中相应的相对折射率差 $\Delta=2.4\%$，纤芯直径 $2a=3.5\mu m$，纤芯材料是 GeO_2-SiO_2，包层材料是 SiO_2。由图 4.4-16 可见，在 $\lambda=(1.48\sim2.0)\mu m$ 范围内，总色散均在±1ps/nm/km 以下。

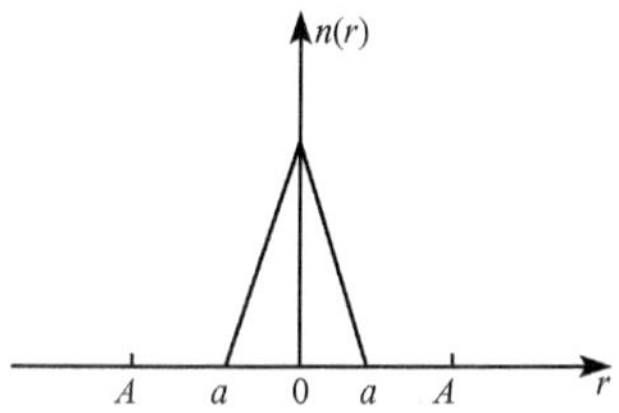

图 4.4-15　三角形折射率分布光纤

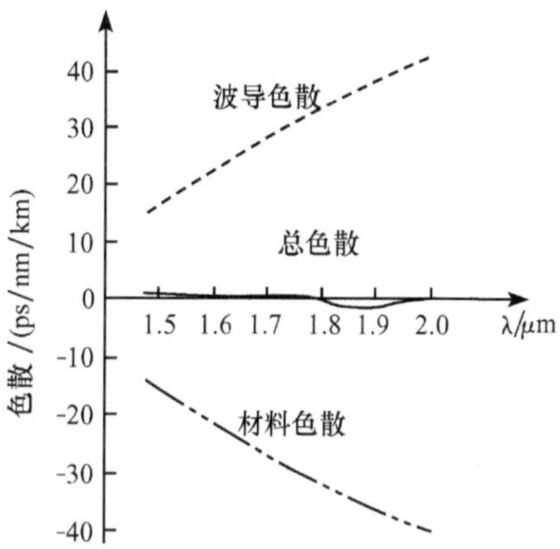

图 4.4-16　高折射率差的均匀光纤色散

2. 保偏光纤

在相干光传输方式的应用中，特别是在光纤传感技术中，保偏振单模光纤具有极其重要的意义。为此，人们研制了多种不同的保偏光纤。

1) 偏振演变

单模光纤因其存在双折射，在它的横截面上有两个特定的、相互正交的双折射轴，即通常所说的快轴和慢轴，假设它们为 x 轴和 y 轴。一个入射的线偏振模(基模)HE_{11}，在单模光纤中将沿着这两个双折射轴的方向分解为两个基模分量 $HE_{11}^{(x)}$ 和 $HE_{11}^{(y)}$。对于理想的各向同性的单模光纤，这两个分量的偏振方向正交，传播常数相等，彼此简并成 HE_{11} 模。但实际上，由于存在双折射，这两个基模分量的折射率 n_x 和 n_y 不相同，导致传播常数 β_x 和 β_y 不相同，有 $\Delta\beta=\beta_x-\beta_y$。从而，当该二基模分量传输一段距离 z 后，产生了相位差 $\Delta\varphi=\Delta\beta z$，引起了合成模的偏振演变：当 $\Delta\varphi=2m\pi(m=0,\pm1,\pm2,\cdots)$ 时，合成模偏振状态不变；当 $\Delta\varphi=(2m+1)\pi$ 时，合成模偏振状态旋转 2θ 角(θ 为入射 HE_{11} 模偏振角)；当 $\Delta\varphi=(4m+1)\pi/2$ 时，合成模变成右旋正椭圆偏振模；当 $\Delta\varphi=(4m-1)\pi/2$ 时，合成模变成左旋正椭圆偏振模；当 $\Delta\varphi$ 为其他任意值时，合成模为一般的右、左旋椭圆偏振模。由此可知，当两个基模分量的相位差从 0 到 2π 之间变化时，合成模的偏振态将按线偏振($\Delta\varphi=0$)→右旋椭圆偏振($0<\Delta\varphi<\pi$)→线偏振($\Delta\varphi=\pi$)→左旋椭圆偏振($\pi<\Delta\varphi<2\pi$)→线偏振($\Delta\varphi=2\pi$)的顺序，周期性重复演变。而在偏振态的一个重复演变周期内，模式传输的距离定义为拍长 Λ，且有

$$\Lambda=\frac{2\pi}{\Delta\beta} \tag{4.4-51}$$

显然，两个基模分量的传播常数差 $\Delta\beta$ 越小，拍长越长。

以上的讨论是认为 $\Delta\beta$ 为常数时的情况。实际上，在光纤的制造、使用过程中，因弯曲、外力以及电磁场等因素的存在，都会通过光纤的内应力、内应变使之产生感应双折射，特别是一

些随机扰动因素的影响，会使 $\Delta\beta$ 成为一个随机变化量，从而使模式偏振发生随机变化。

2）保偏型单模光纤

在实际应用中，为了使光纤具有偏振保持特性，要求光纤的双折射性能尽可能低，而在有些场合下，又要求光纤具有高双折射特性，还有一些情况，则要求光纤在绝对单模条件下工作。因此，已研制多种不同的保偏单模光纤。

（1）低双折射单模光纤

低双折射单模光纤是通过减小双折射来提高光纤保偏性能的。它是通过提高光纤制造工艺、技术水平来减小光纤内部残余应力和光纤芯的椭圆度。可以使拍长提高到百米以上。已有的低双折射单模光纤有两种：理想圆对称光纤和自旋光纤。

① 理想圆对称光纤

理想圆对称光纤是采用热膨胀系数相等的包层和纤芯材料，在制作过程中，严格控制纤芯的椭圆度，并使整个光纤在机械性能方面成为一个整体，从而具有均匀相等的应力、性能优良的低双折射特性。例如，纤芯用 GeO_2-SiO_2 材料，包层用 B_2O_3-SiO_2 材料，它们的热膨胀系数相等，相对折射率差为 0.34%，在 0.63μm 波长上，偏振面旋转仅为几度/米，拍长达百米以上。这种光纤适合于偏振型光纤传感器使用。

② 自旋光纤

自旋光纤是一种新工艺光纤，仍选用热膨胀系数相等的纤芯和包层材料，拉制时坯棒快速旋转，使光纤固有的几何双折射和应力双折射沿长度方向周期变化。这样，虽然每一小段光纤的双折射较高，但整根光纤平均双折射为零，接近于一根均质光纤。例如，以 GeO_2-SiO_2 为纤芯，以 B_2O_3-SiO_2 为包层的坯棒，拉纤时转速为 1000r/min，已得到双折射几乎为零的自旋光纤。

（2）高双折射单模光纤

这种光纤的保偏特性是利用在高双折射情况下，$\Delta\beta=\beta_x-\beta_y$ 很大，拍长 $\Lambda=2\pi/\Delta\beta$ 很小（约为毫米量级）实现的。由于光纤的刚性足以经受毫米量级应变的外界干扰，所以由外界扰动产生的耦合作用也就很小，感应偏振演变很小。即可以在较长的距离内，光纤具有传轴线偏振模的特点。也即是具有很好的保偏特性。

实现高双折射的方法。通常是采用加大纤芯椭圆度和加强光纤内应力，后者是最有效的方法。图 4.4-17 是几种高双折射光纤的结构示意图。

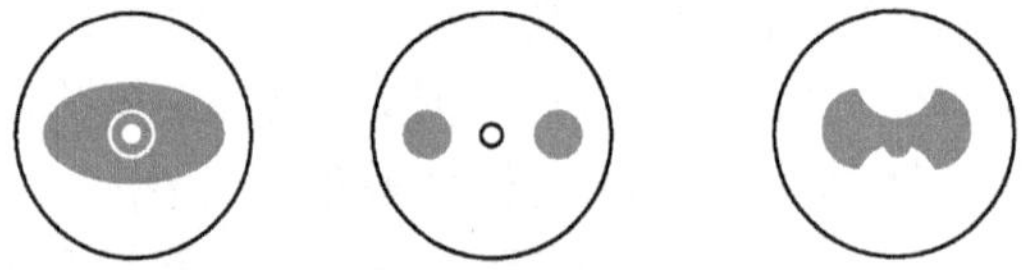

图 4.4-17　高双折射光纤结构

（3）绝对单模光纤

绝对单模光纤保偏的基本思想是将光纤设计成两个基模分量 $HE_{11}^{(x)}$ 和 $HE_{11}^{(y)}$ 的传输损耗不相等，使得其中一个模分量截止，或使两个模间的消光比达几十分贝（如 50dB），从而在光纤中只剩下一个偏振模传输，故称为绝对单模光纤。

为了实现两个基模分量有不同的损耗，应设法使两个基模分量有不同的截止条件（通常的单模光纤的基模没有截止频率）。如图 4.4-18 所示的 W 型光纤折射率分布，就可以使两基模分量的截止频率不同。这种分布是在轴对称的折射率分布中，加上两个折射率“深谷”。

实际的W型绝对单模光纤结构如图4.4-19所示，有“边坑式”和“边通道式”等。

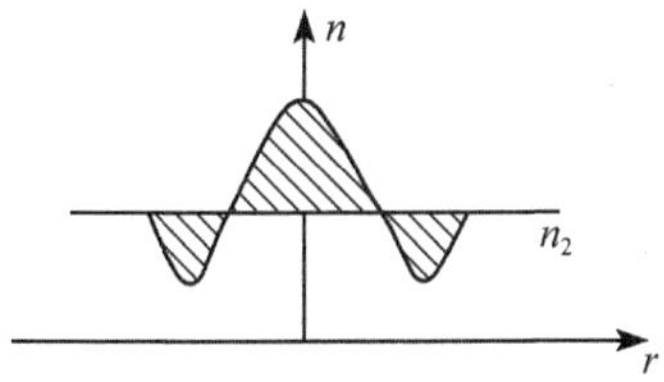

图4.4-18 W型光纤折射率分布

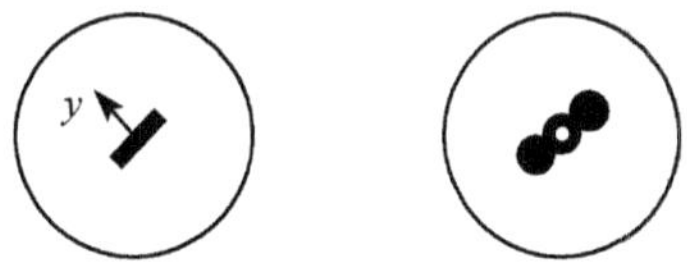

图4.4-19 绝对单模光纤结构

3. 特定波段光纤

1）红外光纤

空间科学和军事应用的要求，推动了红外光纤研制工作的进展。随着红外技术的发展，特别是随着光纤通信向长波长方向的开拓（从0.8μm→1.3μm→1.5μm→几微米甚至几十微米），红外光纤的研究得到了迅速发展。

红外光纤要解决的最主要问题是选择适合要求的红外材料，而其最主要的指标是红外吸收损耗和散射损耗。红外材料应满足如下要求：

（1）本征吸收应位于短波区，以对红外光透明；

（2）晶格吸收边（红外吸收）位于所需要工作的红外区之外；

（3）散射损耗要充分地小；

（4）使用的红外波长应充分接近材料色散为零的波长。

目前采用的红外透光材料有碱卤化合物、碱土氟化物、半导体和非晶态玻璃等。

2）紫外光纤

因为紫外光纤可用作水中传输紫外线介质，所以受到了人们的重视。

一般光纤的紫外光的透射能力较差，图4.4-20给出了四种标准光纤玻璃材料的紫外透光曲线。显然，在紫外波段的透过率均很低。与之相比，石英玻璃的紫外波段透过率要高些，但由于石英玻璃的折射率偏低，很难找到合适的玻璃材料作涂层。如果采用一种低折射率的聚合物作涂层，即可得到石英芯、塑料涂层的紫外光纤。

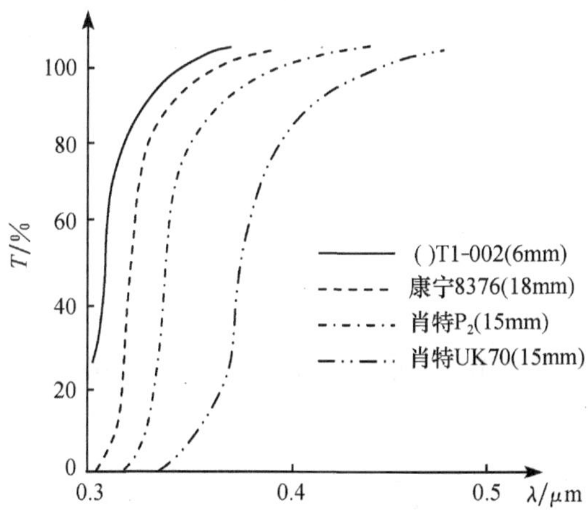

图4.4-20 四种光纤玻璃的紫外透光曲线

此外，蓝宝石晶体在紫外区也有良好的透过性能，折射率也较高。可以采用一种折射率较低的钠钙硅酸盐玻璃作涂层，制成紫外光纤。

4. 塑料光纤

塑料光纤是以光学塑料为材料制成的重要光纤。它具有许多优点：

(1) 重量轻。光学塑料的比重一般是 0.83～1.50g/cm^2，为玻璃比重的 1/2～1/3。这在导弹、人造卫星、航天等领域中有重要意义。

(2) 韧性好。例如，厚 3mm 的聚碳酸酯材料，一般子弹既打不透，也打不碎，抗冲击强度好。塑料光纤的柔软性好，直径 2mm 的塑料光纤仍可自由弯曲而不断裂。与此相比，玻璃光纤直径大于 50μm 就不能弯曲了。

(3) 对不可见光波的透过性能好。光学塑料在可见光和近红外波段的透过性能接近光学玻璃在这些波段的透过性能，在远红外和紫外波段，透过率可以大于 50%，优于光学玻璃。

(4) 成本低、工艺简便。

由于塑料光纤有上述优点，所以可在应用中弥补玻璃光纤之不足。例如，目前主要作短距离照明或者监控方面传光。在这方面，塑料光纤可与玻璃光纤竞争，甚至可以部分代替玻璃光纤。另外，由于塑料光纤的损耗已下降到 20dB/km，并且与发光二极管和接收器有良好的耦合效率，所以在 120m 以内作传输线使用，优于石英光纤。

塑料光纤的主要缺点是：

(1) 耐热性能差。一般只能在 −40～80℃ 的温度范围使用，当温度低于 −40℃ 时，将变硬、变脆；

(2) 抗化学腐蚀和表面磨损性能比玻璃差，表面易被划伤，影响光学质量；

(3) 易潮解。

5. 特种功能光纤

1) 发光纤维

光纤除了可以传输光信号外，还具有快速响应和增加空间分辨率的能力。用磷光体、塑料和玻璃等发光材料可以制成用于探测 X 射线、高能粒子的光纤。

由于发光体的辐射强度不大，所以一定要连接亮度放大器，然后再把输出光信号传递给探测器。

2) 耐辐射光纤

虽然光纤可以在比较恶劣的环境下工作，但一般的玻璃光纤不能在大剂量核辐射环境下工作，这是因为在核辐射中，玻璃会因染色而失去透光能力。这种染色是由于放射性辐射在玻璃中产生的局部自由电子引起离子还原，形成了新的色心。它们在可见光区产生新的吸收带，使玻璃染色变黑。在强辐射作用下，甚至会造成玻璃变质。

为了解决这个问题，可以采用耐辐射的玻璃材料。例如，用掺铈的玻璃材料制作耐辐射光纤，这种光纤在核辐射下仍能正常工作。

3) 能量传输光纤

光纤无论工作在什么样的波段，无论工作在什么样的环境，其主要作用是用来传输光信号，只要能够满足后续探测器的响应即可，对传输的能量没有更多要求。随着科学技术的发展，在有些应用场合希望利用光纤实现激光能量的远距离传输，能够满足这一使用要求的就是能量传输光纤。

能量传输光纤是光纤研究和应用的新课题，国内外正在研究之中。

思考题 4

4-1 光波在两介质交界面上反射时，反射率 R 由光波的哪些性质决定？与介质的性质有关吗？

4-2 在光学玻璃表面镀一层介质膜，若介质膜的折射率为 n_1，玻璃的折射率为 n_2，试问：(1)在什么条件下，反射率 R 与介质膜折射率无关；(2)在什么条件下，可以通过改变介质膜的折射率来控制反射率 R。

4-3 何为增透膜，增透膜折射率和基底材料折射率之间应满足什么关系？

4-4 何为高反膜，高反膜折射率和基底材料折射率之间应满足什么关系？

4-5 何为光的双折射？光在什么样的介质中传播会发生双折射现象？

4-6 大气衰减描述了激光通过大气前后光强的变化情况，它由哪几个物理过程决定，分别是什么？

4-7 何为大气窗口，试分析光谱位于大气窗口的激光辐射的大气衰减因素。

4-8 何为大气湍流效应？大气湍流对激光束的传播产生哪些影响？

4-9 什么是衰减长度？水中窗口在哪个光谱段？

4-10 水的前向散射和后向散射相比，哪个更强一些？

4-11 什么是光波导？光波导传输光的基本原理是什么？用射线法和模式理论分别说明光波导的传输特性。

4-12 光线在阶跃光纤中是如何传输的？在渐变型光纤中的传光原理与阶跃光纤相比，有什么特点？

4-13 什么叫子午光线？什么叫斜射光线？试述它们在光纤中的传输特性。

4-14 什么叫传输模、辐射模、消逝模？在光纤中形成传输模的条件是什么？

4-15 什么是单模光纤？什么是多模光纤？产生单模运转的条件是什么？

4-16 如果工作波长 $\lambda=0.9\mu m$，纤芯折射率 $n_1=1.5$，$\Delta=0.1\%$，试求单模工作时，阶跃光纤的纤芯半径 a 为多少？

4-17 已知阶跃光纤的 $NA=0.2$，$n_1=1.5$，$\lambda=0.8\mu m$，纤芯半径 $a=25\mu m$，求光纤中通过的模式数 M_{si} 为多少？

4-18 一光纤的纤芯折射率 $n_1=1.5$，包层折射率 $n_2=1.48$，空气折射率 $n=1$。计算该光纤的受光角 $2\varphi_0$，相应该光纤的数值孔径是多大？

4-19 影响光纤传输损耗的主要因素是什么？

4-20 什么是光纤色散？为什么要研究光纤的色散特性？模间色散与模内色散有什么不同？目前采用什么方法降低光纤色散？

4-21 什么是保偏光纤？光波在光纤中传输偏振态保持不变的原理是什么？

参考文献

玻恩 M，沃耳夫 E. 1988. 光学原理. 杨葭荪 等译. 北京：科学出版社

玻恩 M，沃耳夫 E. 2005. 光学原理. 第 7 版. 杨葭荪 等译. 北京：电子工业出版社

梁铨廷. 2008. 物理光学. 北京：电子工业出版社

刘敬海，徐荣甫. 2004. 激光器件与技术教程. 北京：北京理工大学出版社

石顺祥，过巳吉. 2000. 光电子技术及其应用. 成都：电子科技大学出版社

石顺祥 等. 2008. 物理光学与应用光学. 西安：西安电子科技大学出版社

石顺祥 等. 2009. 光纤技术及应用. 武汉：华中科技大学出版社

宋正方.1990.应用大气光学基础——光波在大气中的传输与遥感应用.北京:气象出版社
孙雨南 等.2006.光纤技术——理论基础与应用.北京:北京理工大学出版社
吴健,杨春平,刘建斌.2005.大气中的光传输理论.北京:北京邮电大学出版社
张伟刚.2008.光纤光学原理及应用.天津:南开大学出版社
赵达尊,张怀玉.1988.波动光学.北京:宇航出版社

第 5 章

常用光学元件

在光电子技术应用中，经常要用到各种各样的光学元件。在这里，仅介绍几种常用的重要元件：反射器、F-P 标准具、光栅、偏振器、波片、滤光器、光隔离器和光环流器，以及光纤耦合器等无源器件，并且只介绍它们的工作原理。

5.1 基本光学元器件

5.1.1 反射器

在光电子技术中，经常要利用一些反射器进行光学准直和改变激光束的传播方向，最常用的反射器是平面反射镜和反射棱镜。

1. 平面反射镜

光入射到任一个光学元件的表面上时，都会发生反射和折射。不同光学系统对反射率和透射率的要求不同。例如，一般的照相机物镜总是希望反射的光强越小越好，而对于激光器谐振腔中的全反射镜，则往往希望反射率越高越好。对于反射率的这种不同要求，多采用镀膜技术实现。目前，这种光学镀膜技术已经发展成为光学中的一门独立学科分支——薄膜光学。

镀膜技术就是用化学方法或真空溅射方法在光学元件表面上涂敷透明电介质(或金属)薄膜的技术。膜层的数目视需要而定，少则一层，多则一二十层。多层介质膜是利用薄膜中的多光束干涉效应实现所需要的反射率。通过改变介质材料和膜层数，可改变光学元件的反射和透射光强的比例。

第 4 章已经指出，在光学元件表面镀单层高折射率介质膜时，可以增大反射率，但是增大的数值有限，远远不能满足实际要求。如果在光学元件表面，交替地镀上高折射率介质膜和低折射率介质膜，就可以大大提高反射率，并可以根据实际的反射率要求，设计所镀介质的材料和层数。

如图 5.1-1 所示，在光学元件表面交替地镀上光学厚度均为 $\lambda/4$ 的高折射率(n_H)、低折射率(n_L)介质膜，若基片折射率为 n_G，则多层(一般为 $2m+1$ 层)介质膜的反射率为

$$R=\left(\frac{n_0-n_{2m+1}}{n_0+n_{2m+1}}\right)^2 \tag{5.1-1}$$

式中，n_{2m+1} 是等效折射率，且

$$n_{2m+1}=\left(\frac{n_H}{n_L}\right)^{2m}\frac{n_H^2}{n_G} \tag{5.1-2}$$

膜层较多(大于 10 层)时，$n_{2m+1}\gg n_0$。反射率可以近似表示为

$$R\approx 1-\frac{4n_0}{n_{2m+1}} \tag{5.1-3}$$

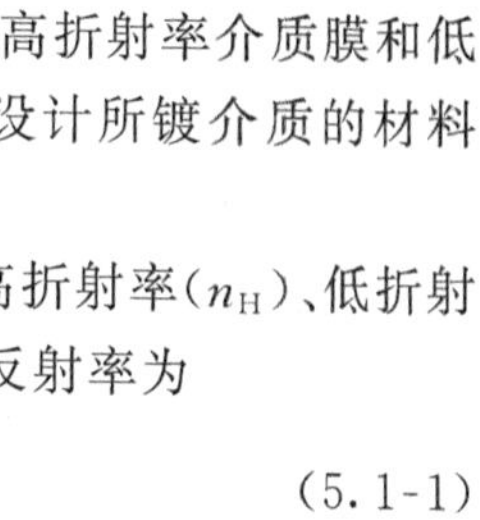

图 5.1-1 多层介质膜

例如，在光学玻璃上交替镀 19 层硫化锌和氟化镁，R 可达 99.99%。所镀介质膜层数越多，R 越大。一般来说，镀 15 层膜后，反

射率可超过 99.9%。从物理上来看，这种结构之所以使 R 增大，是由于在各界面上的反射波相位交替变化 180°，使得入射面上的各个反射波总是相干加强。

除了上述在光学元件表面交替镀 $\lambda/4$ 光学厚度的高、低折射率介质膜系外，还发展了一种非 $\lambda/4$ 膜系，每层膜的光学厚度都不是 $\lambda/4$，具体数值由计算确定。这种膜系的优点是只要较少膜层就可实现所需要的 R 值，其缺点是计算及制备工艺较复杂。

最后应当指出，由于 $\lambda/4$ 膜系是对某一特定光波长而言的(这个波长称为 $\lambda/4$ 膜系的中心波长 λ_0)，所以当入射光偏离这个中心波长时，其反射率必定下降。因此，每一个具体的 $\lambda/4$ 膜系只对一个波长范围的光波呈现高反射率，相应的范围称为该介质膜的带宽。图 5.1-2 是某多层介质膜的反射率曲线，相应的带宽约为 176nm。由此可见，在选用平面介质膜反射镜时，一应确定其中心波长，二应确定其反射率要求，三要确定其带宽。表 5.1-1 列出了经常采用的膜层材料：$n_H=2.3(ZnS)$，$n_L=1.38(MgF_2)$，$n_0=1.0$，$n_G=1.52$ 的多层膜的等效折射率、反射率和透射率值。

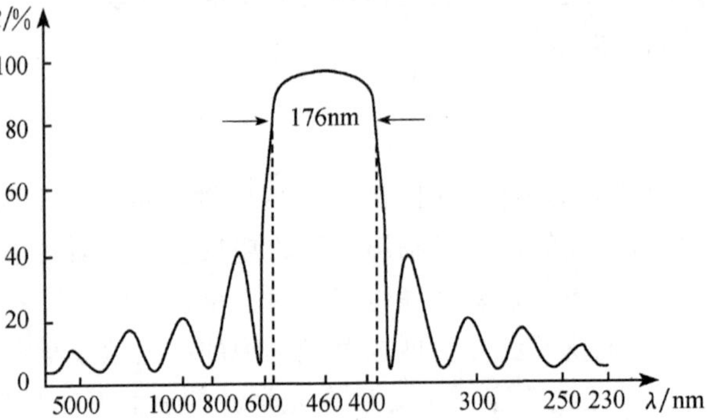

图 5.1-2　正入射时介质膜的反射率曲线

表 5.1-1　多层膜的反射率和折射率

膜　系	层　数	等效折射率	反射率/%	透射率/%
GA	0		4.3	95.7
GHA	1	3.48	30.6	69.4
GHLA	2	0.547	8.6	91.4
GHLHA	3	9.665	66.2	33.8
$G(HL)^2A$	4	0.197	45.2	54.8
$G(HL)^2HA$	5	26.84	86.1	13.9
$G(HL)^3A$	6	0.071	75.0	25.0
$G(HL)^3HA$	7	74.53	94.8	5.2
$G(HL)^4A$	8	0.026	90.0	10.0
$G(HL)^4HA$	9	207	98.0	2.0
$G(HL)^5HA$	11	575	99.30	0.70
$G(HL)^6HA$	13	1596	99.75	0.25
$G(HL)^7HA$	15	4434	99.91	0.09
$G(HL)^8HA$	17	1.23×10^5	99.97	0.03
$G(HL)^9HA$	19	3.42×10^5	99.99	0.01

2. 反射棱镜

平面反射镜是最简单、最普遍采用的反射器。但是，由于平面反射镜的反射光相对入射光有 2θ 的夹角，所以要想将平面反射镜进行精确地准直调正($\theta\sim0°$)，非常困难。在实际的光学系统中，还经常采用反射棱镜作为准直反射器。

1）等腰直角棱镜反射器

等腰直角棱镜是最常采用的反射棱镜，它可以用于一次反射和二次反射。图 5.1-3(a)是用于一次反射的等腰直角棱镜，斜边为反射面，它可以将光线方向转折 90°。图 5.1-3(b)是用于二次反射的等腰直角棱镜，只要光线平行于棱镜的法平面(垂直于直角棱线的平面)入射，反射光满足全反射条件，出射光线便一定平行于入射光线，只是(除了入射光线恰好入射到直角棱线上)反射光线相对入射光线有一个平移。由于调正很容易，失调角很小。所以，它在光电子技术应用中，特别是在准直应用中，被广泛采用。

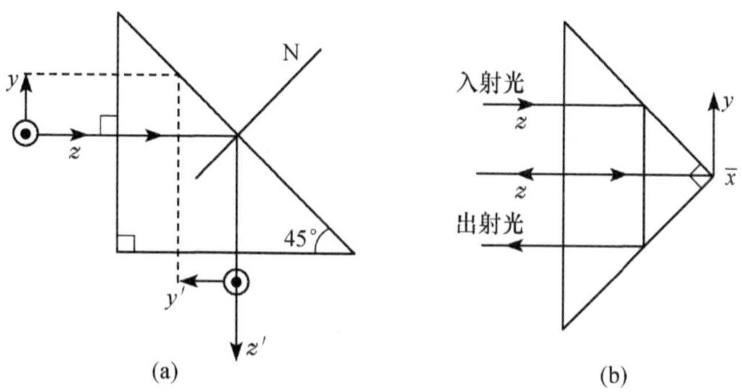

图 5.1-3　等腰直角棱镜

2）立方角锥棱镜

这里讨论的立方角锥棱镜，是由一个镀增透膜的斜面和三个镀有反射膜，且互相垂直的反射面构成的四面体。它相当于从一个立方体上切下来的一个角，如图 5.1-4(a)所示。

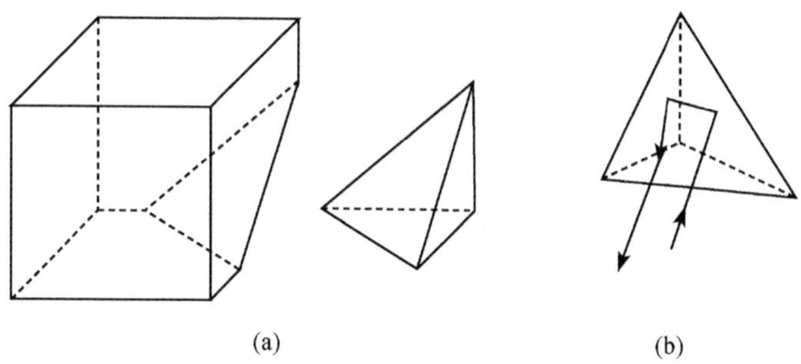

图 5.1-4　立方角锥棱镜

立方角锥棱镜的重要特性之一是，当光束从镀增透膜的斜面进入棱镜后，依次由三个反射面反射，然后仍由斜面射出，并且，出射光与入射光平行，但方向相反，如图 5.1-4(b)所示。除了入射光射在顶点上，出射点与入射点重合外，出射光都相对入射光有一个横向位移。对于这种角锥棱镜，绕以角顶为中心的任意方向转动时，均不影响出射光与入射光的平行性。因此，在光学系统中，利用角锥棱镜很容易定向，即使定向差达 20°，仍有光沿原方向返回，只是光强度弱了一些而已。此外，将几块角锥棱镜组合起来使用也很方便，例如，在激光测距系统中，常将若干块角锥棱镜组合起来制成合作目标。

在使用角锥棱镜作合作目标时，无论入射角多大，反射光总与入射光方向平行，但随着入射角的增大，有效反射面积将减小，这就限制了使用的视场。如图 5.1-5 所示，角锥棱镜的有效面积为底面△ABC 与底面像的投影△$A'B'C'$ 的重叠部分。所以，当光线正入射时，有效反射面积最大，如图 5.1-5(a)所示，其值为

$$S_0 = \frac{\sqrt{3}}{6}a^3 \tag{5.1-4}$$

式中，a 是三角形底边边长。当斜入射时，两三角形的中心将产生位移，如图 5.1-5(b)所示，有效反射面积减小。

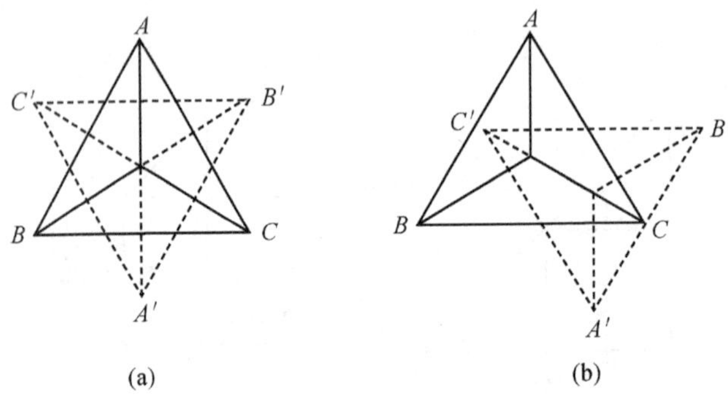

图 5.1-5　角锥棱镜的有效反射面积

在实际应用中，除上述实心的三面直角棱锥外，还经常采用与其起同样作用的角锥反射镜。它是由三个互成直角的平面反射镜组成。这种反射器的优点是平面反射镜易于加工，因此，成本低。但是调正这三个平面反射镜间的三个直角，非常困难。

5.1.2　法布里-珀罗标准具

法布里-珀罗(F-P)标准具是一种特殊的 F-P 干涉仪，它被广泛地用作为光学仪器的选频、分光器件。

1. F-P 标准具的结构

图 5.1-6 所示为 F-P 干涉仪的结构示意图，它是由两块互相平行的平面玻璃板或石英板 P_1、P_2 组成。在两板相对的面上，镀有金属薄膜或多层介质膜。为了获得尖锐的干涉条纹，两表面要严格平行，而且要求很高的平面度，一般要求达到 1/20～1/100 波长。为了避免没有镀膜表面的反射光干扰，其外表面通常磨成一个小楔角(几个弧分)。一般干涉仪中的两块玻璃板，一块固定不动，另一块可以平行移动，以改变两板的间距。如果两板间用一热膨胀系数小的材料(如空心圆柱形殷钢或熔石英)制成的间隔圈固定，则这干涉装置称为 F-P 标准具。

除了上述有固定间隔圈的 F-P 标准具结构外，目前还常采用单块平行板玻璃结构：将厚度为 d 的单块玻璃板，两面磨得严格平行，然后镀上高反射膜制作而成。也有 F-P 标准具的间隔器用压电陶瓷材料制作，当加上不同电压时，其间隔 d 可以受控微小变化。

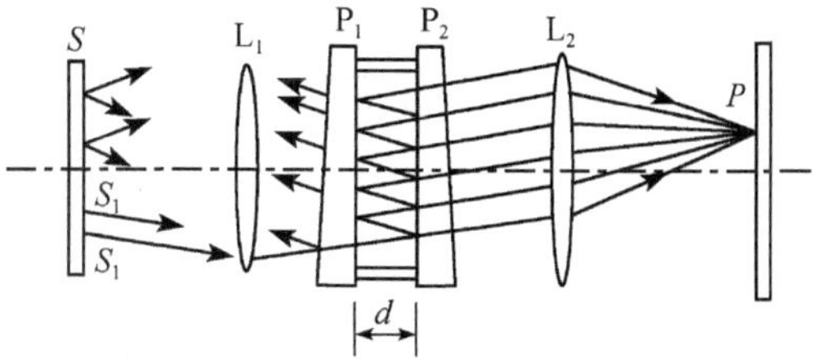

图 5.1-6　F-P 干涉仪结构示意图

2. F-P 标准具的透射特性

如图 5.1-6 所示，当用扩展光源照射 F-P 标准具时，在透镜 L_2 的焦平面上将形成一系列很窄的等倾干涉条纹。如果透镜光轴与标准具垂直，则在 L_2 焦平面上将形成一组极细的同心圆环。

根据平行板多光束干涉理论，F-P 标准具的光强透过率为

$$T=\frac{I_t}{I_i}=\frac{1}{1+F\sin^2\frac{\varphi}{2}} \tag{5.1-5}$$

式中，I_t、I_i 分别是出射和入射光强；$\varphi=4\pi nd\cos\theta/\lambda$ 是到达观察屏上两相邻出射光束间的相位差，其中 θ 是入射角，d 是标准具间隔，n 是折射率；$F=4R/(1-R)^2$，R 是平板表面的反射率。透过率 T 随频率 ν 的变化关系如图 5.1-7 所示曲线。图中 $\Delta\nu_q$ 是相邻透射峰的频率间隔，当光垂直入射时，其值为

$$\Delta\nu_q=\nu_{q+1}-\nu_q=\frac{c}{2nd} \tag{5.1-6}$$

式中，c 是真空中的光速。$\Delta\nu_{1/2}$ 是每个透射谱线的半功率点宽度(即透射谱线的频率宽度)，其值为

$$\Delta\nu_{1/2}=\frac{c}{2\pi nd}\frac{1-R}{\sqrt{R}} \tag{5.1-7}$$

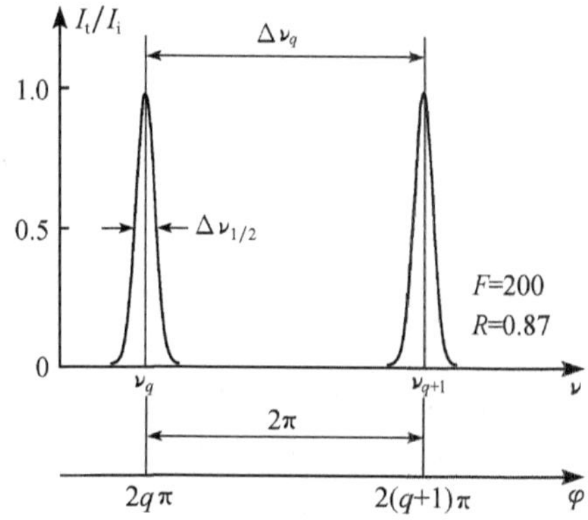

图 5.1-7　F-P 标准具的透射频谱

相应的波长半宽度为

$$\Delta\lambda_{1/2}=\frac{\lambda^2}{2\pi nd}\frac{1-R}{\sqrt{R}} \tag{5.1-8}$$

由此可见，F-P 标准具有选频或滤波作用。在第 3 章中讨论的选模技术，正是利用 F-P 标准具的这种特性实现纵模选择的。实际上，激光器的谐振腔，就是一种 F-P 标准具。

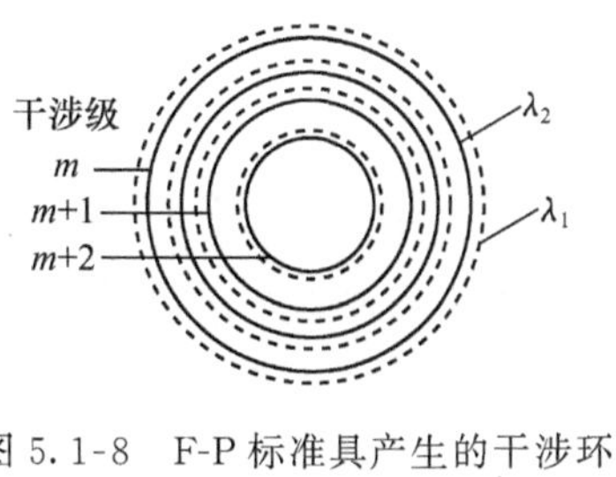

图 5.1-8　F-P 标准具产生的干涉环

3. F-P 标准具的分光特性

F-P 标准具的一个重要应用是研究光谱线的精细结构。当用含有两种波长 λ_1 和 λ_2 的一束光波照射 F-P 标准具时，将在屏上产生相应于 λ_1 和 λ_2 的两套干涉圆环条纹，其同级次条纹的角半径不同，如图 5.1-8 所示。若 $\lambda_2>\lambda_1$，则相应 λ_2 的干涉圆环在 λ_1 的干涉圆环之内(图中实线所

示)。显然,λ_2 与 λ_1 逐渐接近时,两组同级次条纹将靠近,以至于不能分辨;而 λ_2 的值逐渐远离 λ_1 时,其第 m 级条纹就将与 λ_1 的第 $m+1$ 级条纹靠近,甚至重叠。因此,作为一个分光器件来说,有三个反映分光性能的参量:角色散、分辨本领、自由光谱范围。

1) 角色散

分光器件的主要用途是将复色光分解成单色光,因此,使不同波长的光分开的程度是衡量器件性能的重要指标。这个性能,一般用角色散表示。角色散定义为单位波长间隔的光经分光器件后所分开的角度,用 $\mathrm{d}\theta/\mathrm{d}\lambda$ 表示。$\mathrm{d}\theta/\mathrm{d}\lambda$ 越大,不同波长的光分得越开。

根据 F-P 标准具的透射特性,可以求得角色散为

$$\left|\frac{\mathrm{d}\theta}{\mathrm{d}\lambda}\right| = \frac{\cot\theta}{\lambda} \tag{5.1-9}$$

θ 越小(即入射角或出射角越小),角色散越大。因此,干涉环中央区域的角色散最大,使得干涉环中心的光谱最纯。

2) 分辨本领

分辨本领是表征标准具能够分辨的最小波长差大小的参量。当入射的波长差小于最小波长差 $(\Delta\lambda)_m$ 时,相应这两个波长的干涉环不能分辨。这个 $(\Delta\lambda)_m$ 称为该标准具的分辨极限,而 $\lambda/(\Delta\lambda)_m$ 为标准具的分辨本领。

由 F-P 标准具的透过率关系可见,平板表面反射率越大,透过光的干涉亮圆环越细锐,因而恰能分辨开的两个相邻亮环的几何间隔就越小,亦即刚能分辨开的两个相邻波长差 $(\Delta\lambda)_m$ 越小,相应 F-P 标准具的分辨本领就越高。应当指出,标准具的不同级次干涉环的分辨本领是不一样的,级次高(靠中心处)比级次低(边缘处)的分辨本领要高些。

3) 自由光谱范围

通常将 λ_2 的第 m 级条纹与 λ_1 的第 $m+1$ 级条纹重叠时的波长差 $(\Delta\lambda)_f$ 称为自由光谱区范围,或标准具常数。例如,$d=5\mathrm{mm}$ 的 F-P 标准具,入射光波长 $\lambda=546.1\mathrm{nm}$ 时,$(\Delta\lambda)_f=0.03\mathrm{nm}$,这就意味着,只有波长在 546.1～546.13nm 光,通过这个标准具时,才不会产生不同级次干涉圆环的重叠现象。

5.1.3 光栅

在光电子技术中经常使用的另一种分光元件是光栅。其适应范围可由远红外直到真空紫外的全部波段。此外,光栅还可用作长度和角度的精密自动测量,以及用作调制元件等。

历史上,人们把由大量等宽、等间隔的狭缝所构成的光学元件称为衍射光栅。实际上,随着光栅理论和技术的发展,光栅的衍射单元已经不完全是通常意义下的狭缝了。光栅的广义定义应为,凡是能对入射光的振幅、相位产生周期性空间调制的光学元件,都可称之为光栅。

光栅根据其用于透射光波还是用于反射光波,分成两类:透射光栅和反射光栅。光栅按其对入射光的调制作用可分为振幅光栅和相位光栅。此外,还有一维、二维和三维光栅之分。

1. 光栅的分光性能

1) 光栅方程

由衍射理论可知,图 5.1-9 所示的透射光栅和反射光栅的衍射主极大值方向,由下式决定:

$$d(\sin\varphi + \sin\theta) = m\lambda \quad (m = 0, \pm 1, \pm 2, \cdots) \tag{5.1-10}$$

这就是平面衍射光栅的色散公式，一般称为光栅方程。式中，φ 是入射角（入射光与光栅平面法线的夹角），θ 是衍射角（第 m 级衍射光与光栅平面法线的夹角），角度的正负号规定为：衍射光和入射光在法线的同一侧时，衍射角与入射角同号，否则异号；d 是相邻两缝间的中心距离，一般称为光栅常数。

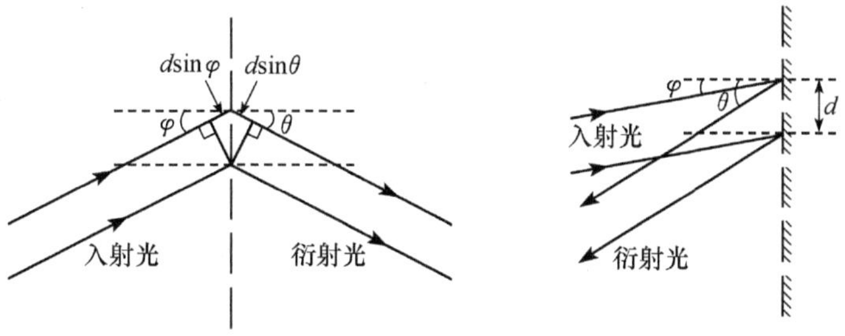

(a) 透射光栅　　(b) 反射光栅

图 5.1-9 光栅的衍射

当光波垂直入射时，光栅方程简化为

$$d\sin\theta = m\lambda \qquad (m = 0, \pm 1, \pm 2, \cdots) \tag{5.1-11}$$

如果射入光栅的是复色光，在入射角 φ 给定时，对于每个 m 级衍射光都有一系列按波长排列的光谱，该光谱称为第 m 级光谱。$m=0$ 时，$\sin\varphi=-\sin\theta$，即所有波长的光都混合在一起，形成白光（即入射的复色光），这就是零级光谱的特点。对于透射光栅，零级光谱的位置相应于入射光方向，而反射光栅的零级光谱，相应于反射光的方向。在零级光谱两边，有 $m>0$ 的正级光谱和 $m<0$ 的负级光谱。每块光栅在给定入射角 φ 时，其最大光谱级次为

$$|m_{\max}| < \frac{(1-\sin\varphi)d}{\lambda} \tag{5.1-12}$$

当 $\varphi\neq 0$ 时，正级光谱与负级光谱不等。

2）光栅的分光特性

光栅作为一个分光器件，其主要性能参量仍然是色散本领、分辨本领和自由光谱范围。

（1）光栅的色散本领

光栅的角色散为

$$\frac{\mathrm{d}\theta}{\mathrm{d}\lambda} = \frac{m}{d\cos\theta} \tag{5.1-13}$$

可见，光栅角色散与光谱衍射级次成正比，级次 m 越高，角色散越大。此外，角色散与光栅刻痕密度 $1/d$ 成正比。

（2）光栅的分辨本领

光栅的分辨本领为

$$A = \frac{\lambda}{(\Delta\lambda)_{\mathrm{m}}} = mN \tag{5.1-14}$$

式中，m 是干涉级次，N 是光栅总刻痕数。可见，光栅分辨本领只与 m、N 有关，与 d 无关。

（3）光栅的自由光谱范围

光栅的自由光谱范围由下式决定：

$$m[\lambda + (\Delta\lambda)_{\mathrm{f}}] = (m+1)\lambda \tag{5.1-15}$$

因此，$(\Delta\lambda)_{\mathrm{f}}=\lambda/m$。由于光栅使用的光谱级次 m 一般很小，所以它的自由光谱范围比较大，由

于自由光谱范围$(\Delta\lambda)_f$与光栅本身无关，只要是用同一级次的光谱，不论d为何值，其自由光谱范围均相同。

表征光栅特性主要有三个参数：光栅常数d、总刻痕数N和衍射级次m。其中d只与光栅的色散有关，N只与光栅的分辨本领有关，而m则与色散、分辨本领和自由光谱范围都有关系。

3）光栅与F-P标准具分光性能的比较

如前所述，光栅和F-P标准具都具有分光性能，都可作为分光器件，那么，它们之间有什么差别呢？

（1）色散本领

由光栅和F-P标准具色散公式可见，一般情况下，因$d\approx\lambda$，光栅级次不高，$\cos\theta_{栅}$比$\tan\theta_{FP}$大得多，所以F-P标准具的色散本领比光栅大得多。

（2）分辨本领

光栅和F-P标准具的分辨本领A均可表示为

$$A = mN \tag{5.1-16}$$

对于光栅，N是光栅刻痕数目；对于F-P标准具，N是表征透射谱线锐度的条纹精细度，也可理解为有效的光束数目（精细度是指相邻两条纹之间的间隔与一个条纹的宽度之比）。两者的分辨本领都很高，但起因不同：光栅的高分辨本领是由于刻痕总数多（可达几百～几千条/毫米），F-P标准具的分辨本领则依靠大的干涉级次。实际上，由于加工工艺的限制，光栅分辨本领A为$7\times10^4\sim1\times10^5$，而F-P标准具的$A$约为$10^6$。所以，F-P标准具可获得窄得多的谱线。

（3）自由光谱范围

自由光谱范围可以表示为

$$G = (\Delta\lambda)_f = \frac{\lambda}{m} \tag{5.1-17}$$

由于光栅是在低级次下运用的（一般$m=1,2,3$），故G很大，可达数百纳米。而F-P标准具均在高级次下使用，一般m为10^5量级，所以$G\sim10^{-3}$nm。故F-P标准具只能在很窄的光谱区内使用。

综上所述，光栅和F-P标准具是两种不同类型的分光元件，前者运用波段宽，但所得光谱线也宽，不能精细分析。后者虽只能用于极窄的波段范围，但所得谱线也窄，故可在小范围内做谱线精细分析。因此，两者各有独到之处，它们只能互相补充，不能彼此代替。

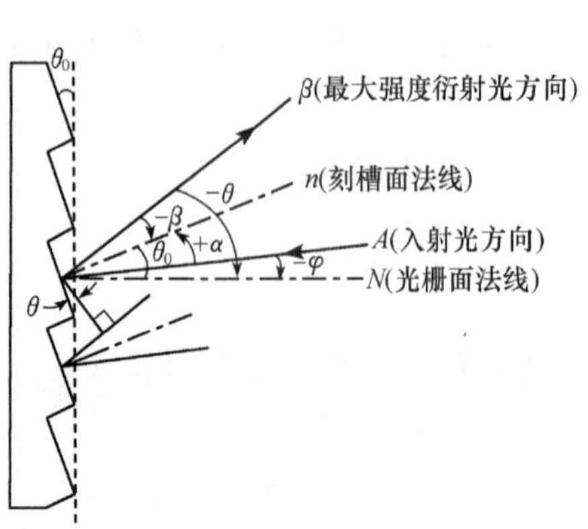

图5.1-10　闪耀光栅结构示意图

2. 闪耀光栅

上面讨论的光栅特性是对平面光栅而言。显然，为了提高其分辨本领和色散本领，应使用较高的光谱级次。但这样一来，因为光栅中占总能量绝大部分的低级次（特别是零级）得不到利用，这使得入射光强利用率很低。为了使光栅既能工作在高级次光谱上，又使衍射光能量能全部集中到该高级次光谱上，人们研制出一种新型光栅——闪耀光栅。

图5.1-10是一种反射式闪耀光栅的截面结构，其特点是将光栅刻成锯齿形，槽面与光栅平面间的夹

角为 θ_0。在这种情况下，衍射光能量大部分集中在槽面镜的反射方向：如果入射光沿 A 方向入射，则最大衍射光方向为沿 B 的反射方向；若入射光沿槽面法线方向入射，则最大衍射光方向是该入射光的反方向。显然，这些最大衍射光方向与光栅零级衍射方向（光栅面法线方向）分离，属高级次衍射方向，称为闪耀方向。因槽面法线方向与光栅面法线方向夹角为 θ_0，它决定了闪耀方向，称为闪耀角。

利用光栅方程和闪耀光栅的几何关系可以确定闪耀角 θ_0 的大小。若希望第 m 级干涉加强（即最大衍射方向恰为第 m 级干涉极大）时，θ_0 应满足关系

$$2d\sin\theta_0\cos\alpha = m\lambda_0 \tag{5.1-18}$$

式中，符号的意义如图 5.1-10 所示。若 m、λ 和入射角 φ 已知，即可求出闪耀角 θ_0。反过来，对于按此 φ_0 刻槽的光栅，可以保证入射角为 φ、波长为 λ 的光在第 m 级次衍射方向上加强。

由于闪耀光栅的作用是把光能量集中到与闪耀角相应的方向上，而且只对一定的波长 λ_0 有效，所以每一块闪耀光栅，只适用于一定的波长范围。这个波长范围由制造厂给出。

3. 其他类型的光栅

上面介绍的光栅都是利用机械手段制成的，其制作方法常用刻划法和复制法。随着相关专业技术的发展，光栅已不再局限于这种用机械手段制作的狭缝元件了，先后发展出了全息光栅和超声光栅等新型光栅。

1）全息光栅

全息光栅是用摄影的方法，把双光束干涉条纹用照相底片记录下来，构成光栅。因此，这种光栅价格最低廉。由于这种底片的透射函数可以用下面的正弦函数表示：

$$t(x) = t_0 + t_1\sin Kx \tag{5.1-19}$$

所以这种底片就是正弦型振幅光栅，它对入射光波的振幅按正弦规律进行调制。式中的 t_0、t_1 都是常数；$K=2\pi/d$，d 是光栅常数。

由波动光学理论可以证明，一束平行光垂直照射这种正弦光栅，将产生如图 5.1-11 所示的三束衍射平行光，其衍射角满足

$$d\sin\theta = m\lambda \quad (m = 0, \pm 1) \tag{5.1-20}$$

与狭缝光栅相比，正弦光栅只有 0，±1 级主极大。

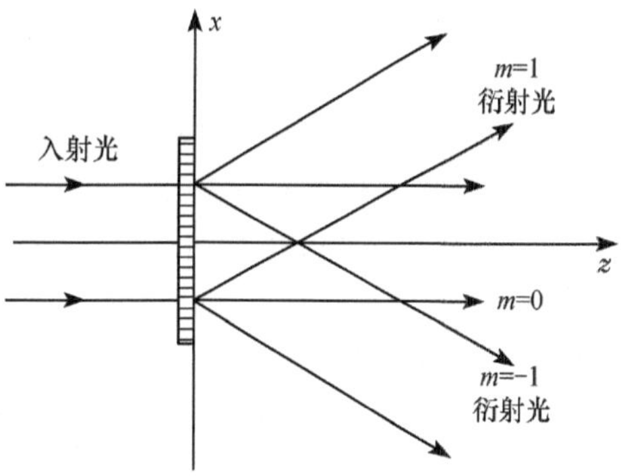

图 5.1-11　正弦振幅型光栅的衍射

如果照相底片的透射函数为

$$t(x) = e^{ib\sin Kx} \tag{5.1-21}$$

则它将按正弦规律对入射光的相位进行调制，这种底片就是正弦型相位光栅。式中的 b、K 都是常数；$K=2\pi/d$，d 是光栅常数。正弦型相位光栅对入射的平行光将产生多级衍射，各级衍射的主极大方向由下式决定：

$$d\sin\theta = m\lambda \quad (m = 0, \pm 1, \pm 2, \cdots) \tag{5.1-22}$$

式中，θ 是衍射角。

2）超声光栅

声波是一种弹性纵波，它在介质中传播时，使介质产生相应的弹性形变，引起介质密度呈疏密相间的周期性分布。由于弹光效应，又将导致介质折射率的周期性变化。所以，当超声波在介质中传播时，介质的折射率将按下面的规律变化：

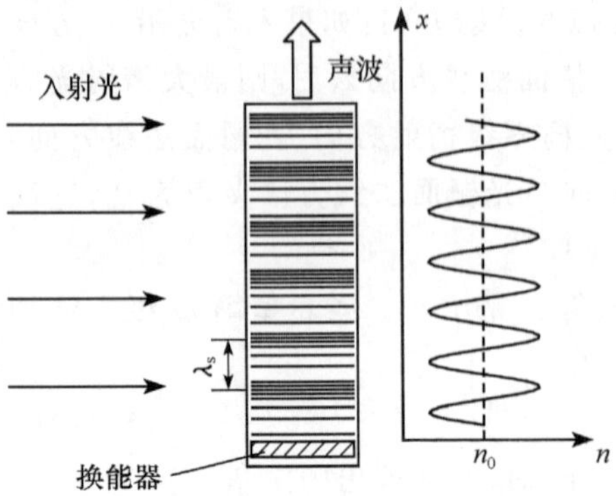

图 5.1-12 超声光栅示意图

$$n(x,t) = n_0 + \Delta n \sin(\Omega t - k_s x) \quad (5.1\text{-}23)$$

式中，n_0 是介质静止时的折射率，Δn 是超声波引起的折射率变化振幅，$k_s = 2\pi/\lambda_s$ 是超声波波数，Ω 是超声波角频率。介质折射率的这种周期性变化，使得它实际上成为一种正弦型相位光栅——超声光栅。这种超声光栅的光栅常数，就是超声波的波长 λ_s。并且，因为超声介质有一定厚度，所以这是一种空间体光栅。

超声光栅示意图如图 5.1-12 所示。有关超声光栅的衍射特性，可参看 3.1 节中的讨论。

5.1.4 偏振器

在光电子技术应用中，经常需要线偏振光工作，因此，必须有一些能够产生线偏振光的器件(起偏器)，或者检出所需要的线偏振光的器件(检偏器)，通称为偏振器。

在光电子技术中，对偏振器的主要技术要求是：①偏振器的偏振度要高；②偏振器在光路中的插入损耗要小；③能耐高激光功率，即损伤阈值要高。

常用的偏振器大体上分为两类，一类是利用各向异性介质的双折射特性，一类是利用光在介质表面反射的偏振特性。下面介绍几种常用的偏振器。

1. 偏振棱镜

由光在晶体中传播的特性可知，一块双折射晶体本身就是一个偏振器，从晶体中出射的两束光都是线偏振光。但是由于这两束光靠得很近，不便应用。实际应用的双折射偏振棱镜或者是把晶体制作成组合棱镜，增大两束偏振光分开的角度，以获得两束线偏振光；或者是利用两束线偏振光折射的差别，使其中一束光由偏振器反射(或散射)掉，而使另一束光顺利通过，从而获得一束线偏振光。

1) 沃拉斯顿(Wollaston)棱镜

图 5.1-13 是沃拉斯顿棱镜的示意图，它是由两个直角方解石棱镜沿着两直角棱镜斜面胶合而成的，棱镜 ABC 的光轴平行于直角边 AB，棱镜 ACD 的光轴垂直于图面。沃拉斯顿棱镜也可以用两个石英直角棱镜组成。

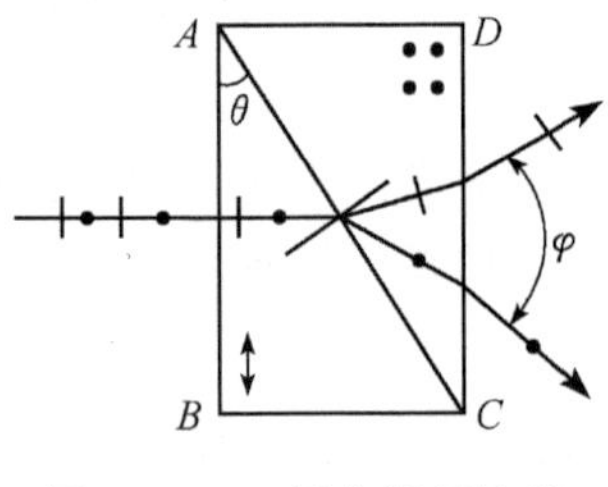

图 5.1-13 沃拉斯顿棱镜

一束自然光垂直入射到 AB 面上，由于双折射效应，在晶体内将产生 o 光和 e 光。在第一个棱镜中，o 光和 e 光不分离，但两者的传播速度不同：在方解石中 e 光的传播速度大于 o 光(或者说 $n_e < n_o$)。由于第二个棱镜 ACD 的光轴垂直于第一个棱镜的光轴，所以在第一个棱镜中光电场振动方向垂直于主截面的 o 光，对于第二个棱镜来说，是光电场振动方向平行于主截面的 e 光。于是，射向胶合面的 o 光，是由光密介质向光疏介质的折射，而 e 光则是由光疏介质向光密介质折射。前者在第二个棱镜内远离法线折射，后者则是靠近法线方向折射，结果使两光束分开。在第二个棱镜分离的这两束光，通过 CD 面时，还要产生一次从光密到光疏介质的远离法线的折射。最后由沃拉斯顿棱镜射出的光，是分别与第一个棱镜中 o 光和 e 光对应的两束线偏振光，它们之间的夹角 φ 取决于所用的材料及棱镜底角 θ。当 $\theta = 45°$时，对于方解石

制成的沃拉斯顿棱镜，两束出射偏振光的夹角约为20°40′。

2）格兰-汤普逊（Glan-Thompson）棱镜

图5.1-14是格兰-汤普逊棱镜的示意图。它是由两块光轴与入射面平行的方解石直角棱镜组成的，其间通过折射率介于方解石双折射率的树胶（如加拿大树胶）胶合。当自然光射到棱镜上时，将分解为o光和e光，它们并不分离，但折射率不同。在胶合面上，振动方向垂直于纸面的o光的入射角大于临界角，发生全反射，由侧面射出，而振动方向平行于纸面的e光，能够通过胶合面由第二块棱镜输出。

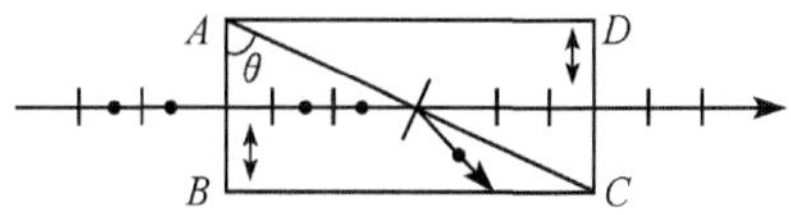

图5.1-14　格兰-汤普逊棱镜

3）格兰-傅科（Glan-Foucault）棱镜

格兰-傅科棱镜的结构如图5.1-15所示，它适用于激光高功率应用。与格兰-汤普逊棱镜的主要差别是，两直角棱镜间不用树胶胶合，而是几微米厚的空气隙。这种结构避免了胶合剂在强光或短波长光作用下的分解破坏问题，可使该棱镜在强光和紫外光条件下中工作。

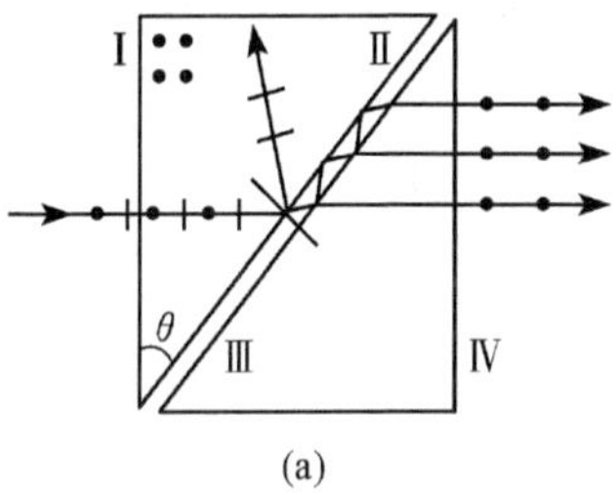

图5.1-15　格兰-傅科棱镜

图5.1-15(b)所示为格兰-傅科棱镜的改进型结构。它与图5.1-15(a)中的主要差别是：图5.1-15(a)中的棱镜光轴平行于端面，且垂直于纸面，而图5.1-15(b)中的光轴平行于端面，但在纸面内。这样的改进，使棱镜透过率大大提高。计算表明，采用方解石晶体制成的一般型格兰-傅科棱镜图5.1-15(a)在$\lambda=1.06\mu m$，$\theta=40.05°$时，透过率约为25.5%，而对于图5.1-15(b)，则达44%。

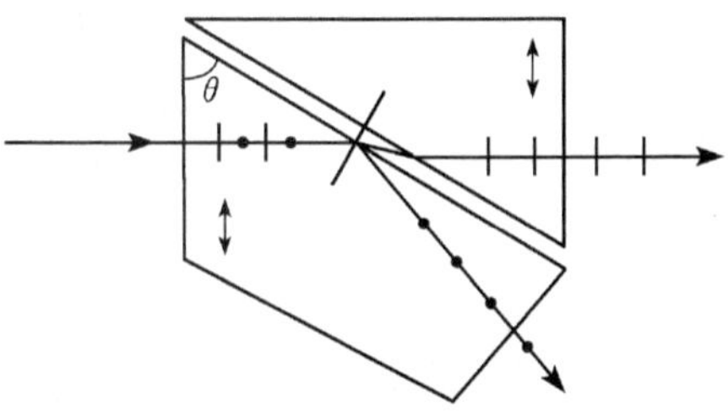

图5.1-16　格兰-傅科棱镜的改进示意图

对于图5.1-15所示的格兰-傅科棱镜内全反射的o光，如果棱镜侧面透过或吸收不好，将会有部分光线从侧面反射或透过空气隙，从而降低了偏振度。为此，在要求偏振度较高的使用场合，可以把棱镜制作成图5.1-16所示的改进型式。

2. 偏振片

制造偏振棱镜需要较大的单晶材料，不仅造价昂贵，也不容易得到。此外，偏振棱镜的使用，还受到有效孔径角的限制。因此，在更多的场合，都是采用偏振片产生偏振光。

1）散射型偏振片

这是双折射晶体以散射方式起偏的器件，其结构如图5.1-17所示，是由两片具有特定折射率的光学玻璃（ZK_2）夹着一层双折射性很强的硝酸钠晶体（$NaNO_3$）制成。ZK_2光学玻璃与晶体接触的一面制作成毛面，使得晶体表面起伏不平，致使入射光散射。

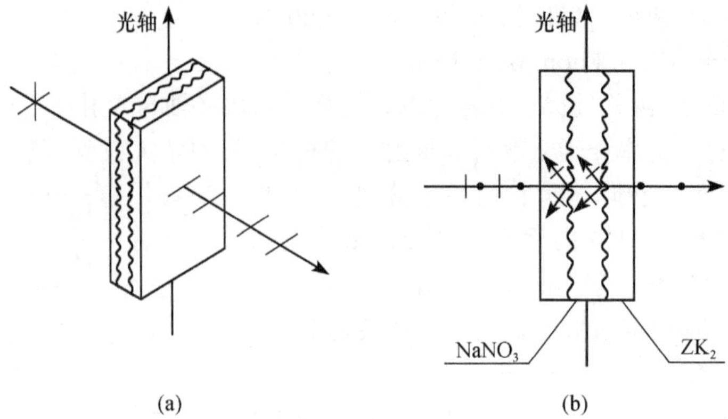

图 5.1-17 散射型偏振片

由于 $NaNO_3$ 晶体对于垂直光轴入射的黄绿光的主折射率 $n_o=1.5854$，$n_e=1.3369$，而 ZK_2 玻璃对这一波段光的折射率为 $n=1.5831$，与 n_o 非常接近，而与 n_e 差别很大，所以当光通过玻璃与晶体的毛糙界面时，o 光将无阻地通过，而 e 光受到界面的强烈散射或全反射，以致无法通过。

散射型偏振片本身是无色的，而且它对可见光范围内多种波长光的透过率几乎相同，又因它能做成较大的通光面积，所以，它特别适用于要真实地反映自然光中各种色光成分的彩色电视和彩色电影。

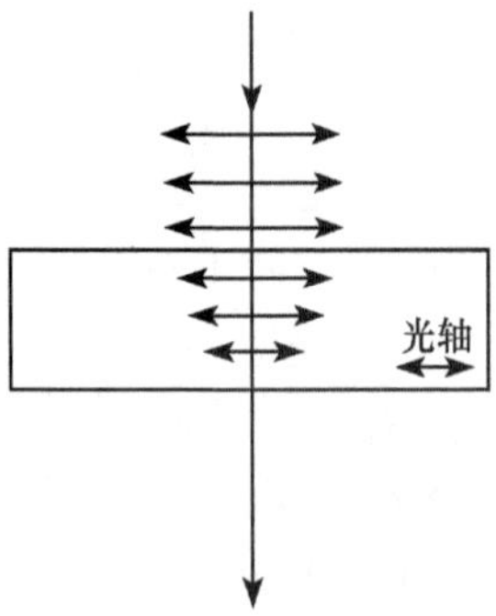

图 5.1-18 二向色型偏振片

2）二向色型偏振片

这是一种带有墨绿色的塑料偏振片。

二向色性是指，有些材料对某一振动方向的线偏振光几乎不吸收，而对与之垂直的振动方向的线偏振光吸收非常强烈。例如，有机晶体碘化硫酸奎宁就有强烈的二向色性，如图 5.1-18 所示。这种偏振片是用在含碘溶液中浸泽过的聚乙烯醇薄膜拉制而成，将这种薄膜片夹在两片透明塑料片或玻璃片之间，便可制成偏振片。它轻便、便宜，并且很容易获得大面积，有效孔径几乎是 180°。其缺点是有颜色、透过率低。它比较广泛地用在所有不需要特别完善的偏振片工作的情况中。

3）玻璃片堆偏振器

玻璃片堆是最简单的获取偏振光的偏振器。

自然光入射到介质界面上时，将产生反射和折射。当光以布儒斯特角入射时，反射光是振动方向与介质界面平行的线偏振光，透射光是部分偏振光。当光以布儒斯特角入射到图 5.1-19 所示的玻璃片堆上时，由于玻璃片表面的不断反射、透射，所产生的反射光和透射光都是较好的线偏振光。例如，在红外光区，若将六片氯化银片叠在一起，使自然光以 63°入射，所产生的透射光即为相当好的线偏振光。

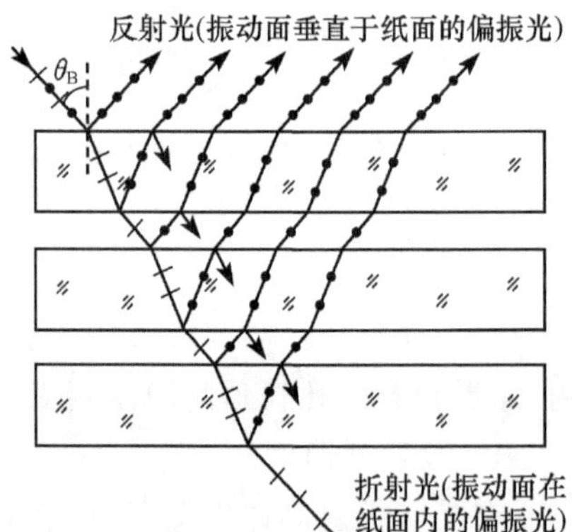

图 5.1-19 利用玻璃片堆产生线偏振光

4）介质膜偏振片

多层介质膜偏振片是目前工程上经常使用的一种

偏振器,它是平行平板玻璃上镀有多层介质膜的偏振片。工作通光方向与偏振片构成布儒斯特角 θ_B,如图 5.1-20 所示。如果是一块普通的平面玻璃,在这种通过的情况下,振动方向平行于入射面的电场分量全部透过玻璃,但振动方向垂直入射面的电场分量也有约 90%的透过率,因此,达不到起偏的目的。镀有多层介质膜后,平行偏振分量透过率达 95%以上,而垂直偏振分量的反射率高达 98%以上。这种偏振片的光透过率可达 47.5%,其插入损耗比格兰-傅科棱镜还要小。由于这种偏振片的结构简单,加工制作方便,成本低,损伤阈值高,安装精度要求不高,所以它在工程应用中,是一种性能优良的偏振器。

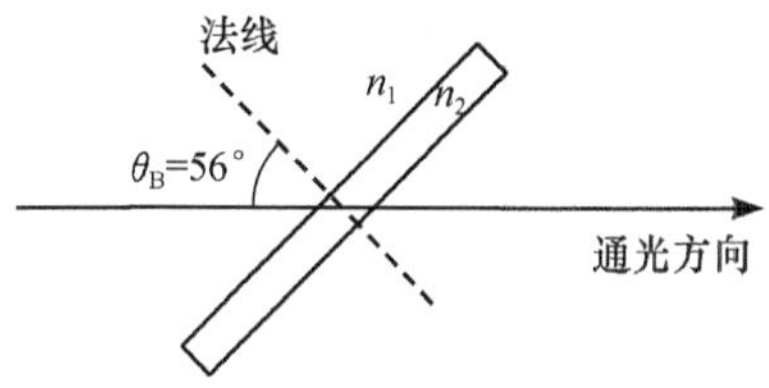

图 5.1-20 介质膜偏振器
(布儒斯特角通光)

5.1.5 波片

两个同频率、有固定相位差、相互垂直的振动,同时作用于一个质点上,所引起的合振动轨迹,在一般情况下呈椭圆形。在光学中,两个同频率、相互正交振动的光电场矢量的合成,在一般情况下,其末端轨迹也呈椭圆形,即为椭圆偏振光。在光电子技术应用中,经常运用、检测各种状态的椭圆偏振光,因此,就需要有产生、检测椭圆偏振光的偏振光器件。波片就是其中一种。

波片是各向异性透明材料按一定方式切割成的、具有一定厚度的平行平面板。所用的材料视通光面积的大小而异:小面积的用晶体(如云母、石英等)制成,大面积的可以采用玻璃或者由高分子薄膜拉制而成。下面介绍的波片,假定所用材料都是晶体。

在制作波片时,要考虑切割方式。切割方式是指晶体主轴或光轴与通光表面的关系。波片的切割应使得晶体的两个折射率不等的主轴与晶片通光表面平行。对于单轴晶体来说,晶片表面与光轴(z 轴)平行。对于双轴晶体,晶片表面可以与任一主轴平面平行。

根据光在晶体中传播规律的讨论已知,一束垂直入射的平面光波进入(单轴晶体制作的)波片后,传播方向不变,但是分解为两个正交偏振的 o 和 e 光,它们的折射率不同,分别为 n_o 和 n_e。厚度为 d 的波片对这两个偏振分量有不同的光学厚度 n_od 和 n_ed。因此,它们通过波片时有光程差 $(n_o-n_e)d$,相应的相位差为

$$\varphi = \frac{2\pi}{\lambda}(n_o - n_e)d \tag{5.1-24}$$

这个相位差通常称为波片的相位延迟。相位延迟不同,通过波片后的两个同频率、正交偏振光的合成光振动的偏振态不同,一般情况下为椭圆偏振光。其椭圆取向、形态与两个正交分量的振幅比和相位差有关。

在实际应用中,最常使用的是半波片($\lambda/2$ 波片)和四分之一波片($\lambda/4$ 波片)。

1. 半波片

半波片的相位延迟 $\varphi=(2m+1)\pi(m=0,\pm1,\pm2,\cdots)$,相应晶体的厚度为

$$d = \left|\frac{2m+1}{n_o - n_e}\right| \cdot \frac{\lambda}{2} \tag{5.1-25}$$

线偏振光通过半波片后,仍然为线偏振光,但其振动方向相对入射光的振动方向转了 2θ 角,这个 θ 角为入射光振动面与光在晶体内的主截面的夹角,如图 5.1-21 所示。若 $\theta=45°$,出射光

的振动面与入射光的振动面成 90°夹角，即相对入射光的振动方向旋转了 90°。

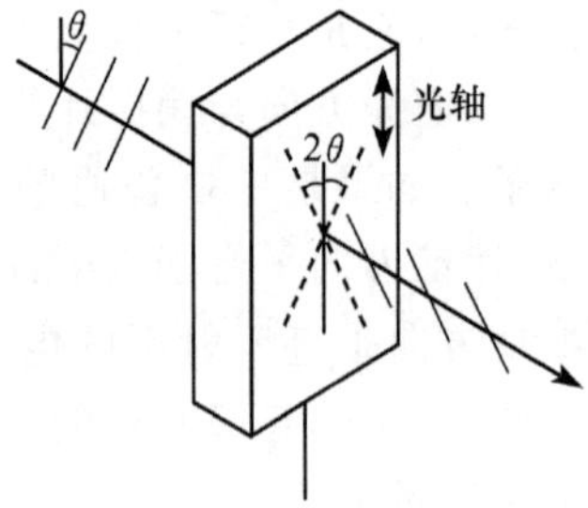

图 5.1-21　半波片

2. 四分之一波片

四分之一波片的相位延迟 $\varphi=(2m+1)\pi/2$，相应晶体的厚度为

$$d=\left|\frac{2m+1}{n_o-n_e}\right|\cdot\frac{\lambda}{4} \tag{5.1-26}$$

线偏振光入射到这种波片上时，出射光变为椭圆偏振光。当入射光的振动方向与光轴夹角为 45°时，出射光将为圆偏振光，如图 5.1-22 所示。

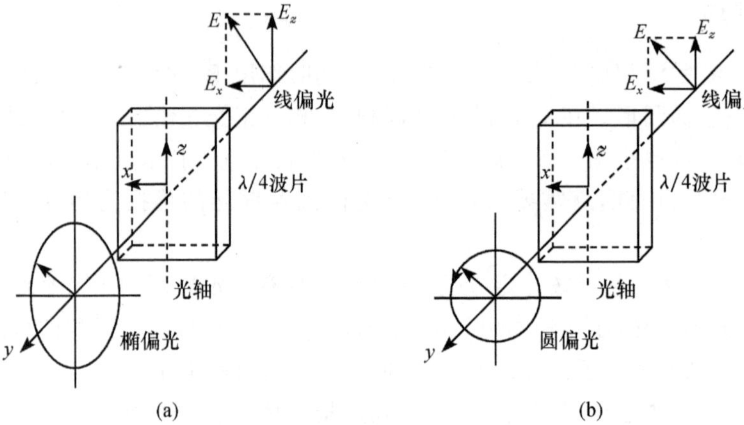

图 5.1-22　四分之一波片

使用波片时应注意两个问题：①任何波片都是对特定波长而言的。例如，对波长为 0.5μm 的半波片，对 0.6328μm 波长就不再是半波片了；对波长为 1.06μm 的四分之一波片，对于 0.53μm 波长恰好是半波片。所以，在使用波片前，一定要弄清它适用于哪个波长。②应当知道波片所允许的两个振动方向(即两个主轴方向)及其相应波速的快慢。这通常在制造波片时已经把它标在波片的边缘框架上了。通常把速度快的那个主轴方向称为快轴，与之垂直的方向称为慢轴。波片的相位延迟 φ 是沿着快轴方向振动的分量比沿慢轴方向振动分量超前的相位。

5.2　光隔离器及环流器

5.2.1　光隔离器

光隔离器是一种光路非可逆性器件，它的作用是允许光在一个方向上低耗通过，而对于反向传播的光呈现出高损耗，阻止通过。

光隔离器通常是利用磁光效应(法拉第效应)进行工作的。正如 3.1 节中指出的，在平行于光束的磁场作用下，光束的偏振面将发生旋转，旋转角度为

$$\varphi=V_dHd \tag{5.2-1}$$

并且,这个旋转的角度与磁场有关,与光的传播方向无关。于是,在图 5.2-1 所示的法拉第旋转隔离器中,由左边射入旋转器的光束,在起偏器 P 的作用下,是偏振面为 0°(由终端观察)的线偏振光,由于法拉第旋转器的作用,偏振面顺时针旋转 45°,无损耗地通过检偏器 A。而光从右边通过偏振器 A,是一束具有 45°偏振面的线偏振光。在穿过法拉第旋转器后,偏振面仍顺时针旋转 45°,到达左边偏振器 P 时,偏振面为 90°,不能通过该偏振器。这样就起到了只允许光束单向传输的作用。在隔离器中,所用的偏振器可以是 5.1 节中介绍任何一种偏振器。

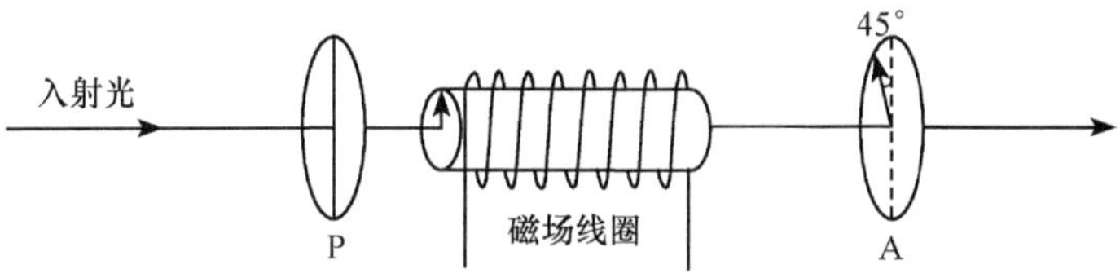

图 5.2-1　法拉第旋转隔离器

图 5.2-2 是一种防止两级放大器间耦合的光隔离器示意图。最佳工作条件是入射到旋转器上的光是线偏振光。如果入射光是圆偏振光或自然偏振光,则产生相当大的光损失。偏振棱镜 P_1 的作用是保证来自第一级放大器的光成为适当方向的线偏振光。若由左向右传播的光在 P_1 作用下是垂直偏振光,则通过法拉第旋转器后,因偏振面旋转了 45°,将无损耗地通过右边的偏振棱镜 P_2。任何由右向左传播的光,在 P_2 作用下为 45°的偏振光,在通过旋转器后,由于偏振面旋转 45°,变成水平偏振光,它将被左边的偏振器 P_1 反射出系统,因此,消除了两放大器之间的耦合。

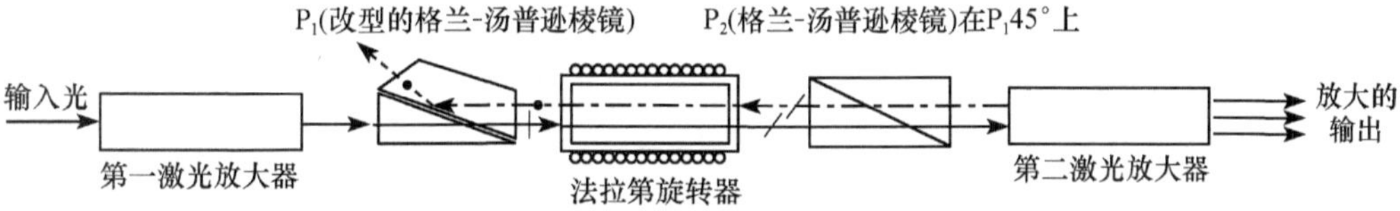

图 5.2-2　一种光隔离器应用示意图

5.2.2　环流器

我们知道,在微波传输系统中,可以用微波环流器将电路的某些部分与不需要的信息分离开来,它起着隔离和定向传输的作用。在光电子技术应用领域,也需要起类似作用的光环流器。

光环流器的工作如图 5.2-3 所示。其工作原理是:在 1 端射入环流器的输入信号(S_1)可以传到 2 端,在 3、4 端不出现;进入 2 端的信号(S_2)可以传到 3 端,而与 1、4 端隔离;类似地,入射 3 端的信号(S_3)只可传到 4 端,在 1、2 端不出现;而输入到 4 端的信号(S_4)将传到 1 端,与 2、3 端隔离。显然,通过环流器的光信号(S_1),在端 2 上如果出现反射,则这些反射信号不会回到入射端 1,只能通过 3 端传出系统。故在发射-接收系统中,可以利用环流器使高功率激光由 1 端传到 2 端,通过天线发射出去;而接收到的弱信号,由 3 端输入,传到 4 端,进入高灵敏度探测器。这样一来,就可以将系统的高功率发射端与低功率、高灵敏度探测端分开。

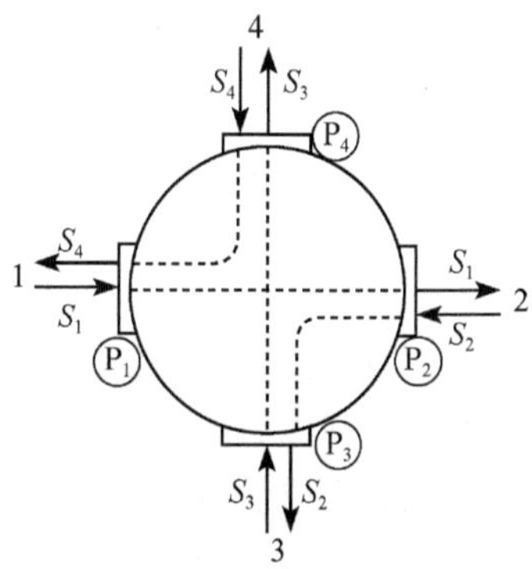

图 5.2-3　光环流器工作示意图

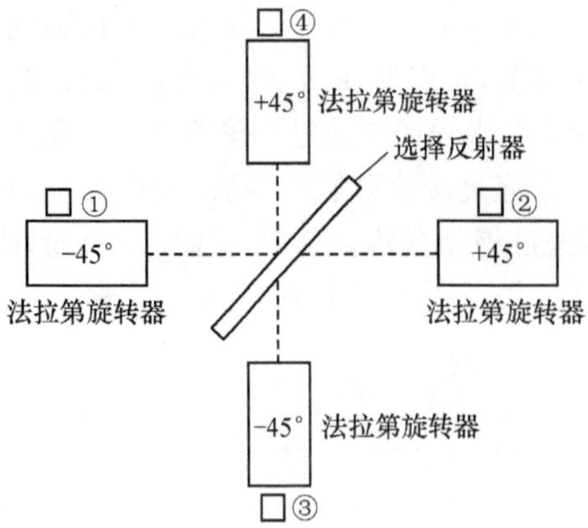

图 5.2-4 光环流器结构示意图

光环流器的一种实际结构如图 5.2-4 所示，它由四个法拉第旋转器件和一个选择反射器组成。选择反射器可以无耗地透过一种偏振分量的光辐射，而对与其正交的偏振分量产生全反射。这种元件可以是尼科耳棱镜或方解石棱镜，它们对两种正交偏振分量的光有不同的折射率。为了分析方便起见，假设它可以透过 0°偏振分量，反射 90°偏振分量。法拉第旋转器的设计是将线偏振光的偏振面旋转 ±45°。假设由 1 端输入的信号 S_1 的偏振为 +45°，它经过放在 1 臂中的法拉第旋转器后，偏振面旋转 −45°，变成 0°偏振，透过选择反射器并经 2 臂中的法拉第旋转器后，其偏振面旋转 +45°，又具有与 1 端入射信号相同的偏振态。其过程如图 5.2-5(a)所示，此时 3、4 端无信号输出。如果信号输入环流器的 2 端口，并且假设偏振面仍为 +45°，则如图 5.2-5(b)所示，2 臂中的旋转器将其偏振面旋转 +45°，变成 90°偏振，然后由选择反射器反射到 3 臂，通过 3 臂中的法拉第旋转器后偏振面旋转 −45°，仍变为偏振面为 +45°的输出光。类似地，输入到 3 端、偏振为 +45°的光束，将传输到 4 端，4 端射入的偏振为 +45°的信号，将传输到 1 端，而与其他端隔离。

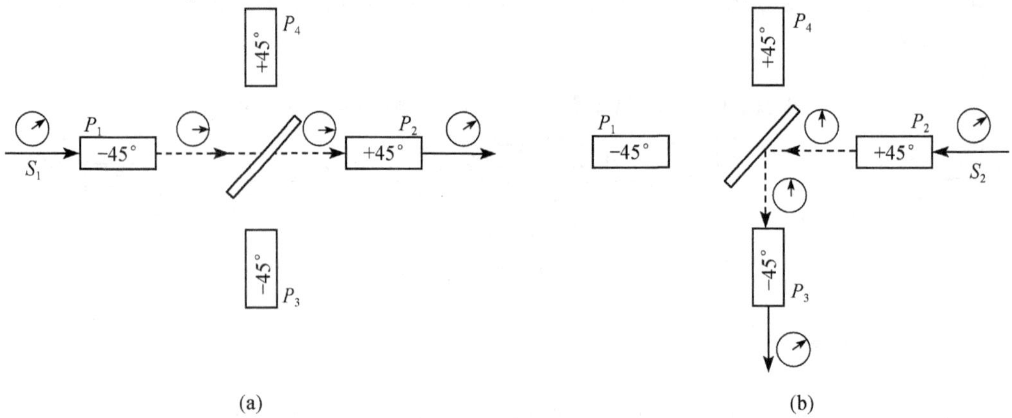

图 5.2-5 环流器工作过程示意图

判断光环流器性能优劣的参量有两个：一是输出、输入端的插入损耗，二是一端对其他端的隔离度。利用合适材料制成的实用环流器的插入损耗为 1dB 量级，相邻端的隔离度为 −40dB。

图 5.2-6 是作为激光振荡-放大器隔离的一种变形环流器。它由两个方解石棱镜反射器和一个旋转器组成。适当地选择激光振荡器输出光的偏振，使其可沿棱镜 a 的光路 1 传输，通过法拉第旋转器后，偏振面旋转 45°，再沿光路 2 通过棱镜 b，输入放大器。来自振荡器输出中的不需要的偏振光分量，将沿光路 A 由棱镜 a 折射出光学系统。任何由放大器表面反射回棱镜 b 上的光束，通过旋转器后，沿光路 3 射出光学系统，而放大器反射的不需要的偏振光分量由棱镜 b 沿 B 光路折射出系统。此外，如果经第一个棱镜 a 传到旋转器的光束中残存有不需要的偏振分量时，它们将沿光路 4 逸出系统，不能到达放大器。若将该结构与光环流器的结构示意图相比，该结构中的 1、2、3、4 相应于光环流器的四个端口。这种系统的基本性能和效率，

主要取决于法拉第旋转器使光辐射偏振面均匀旋转 45°的能力和棱镜进行偏振分离的能力。

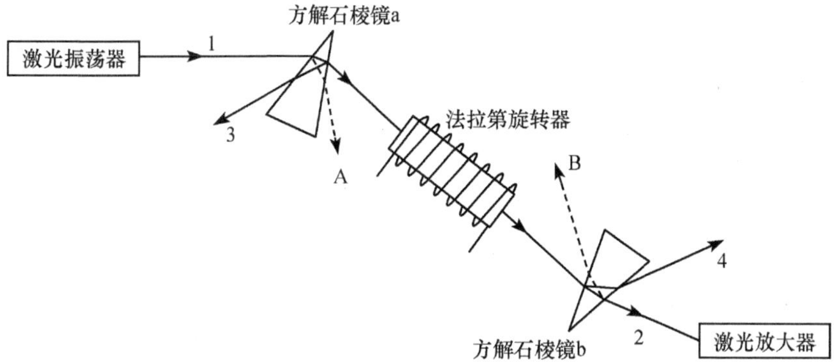

图 5.2-6　振荡器-放大器隔离环流器系统

5.3　光纤无源器件

光纤是提供光传播的一种重要通道，在实际应用中要与光源、光探测器耦合，要进行光纤之间的连接，还要根据不同的需要进行传播方向的功率分配、合成及聚焦控制。光纤无源器件是完成上述功能的重要器件。

5.3.1　自聚焦透镜

1. 透镜的作用

透镜是人们很熟悉的光学器件，它的主要作用是变换光束，图 5.3-1 示出了薄透镜的成像作用，其放大倍数为

$$M = \frac{h_2}{h_1} = \frac{b}{a} \tag{5.3-1}$$

式中，a 是物距，b 是像距，a 和 b 之间有如下关系：

$$\frac{1}{a} + \frac{1}{b} = \frac{1}{f} \tag{5.3-2}$$

当 $a \to \infty$ 时，$b \to f$，$M \to 0$。这表示平行于光轴的光线，在焦点 F 上聚焦。

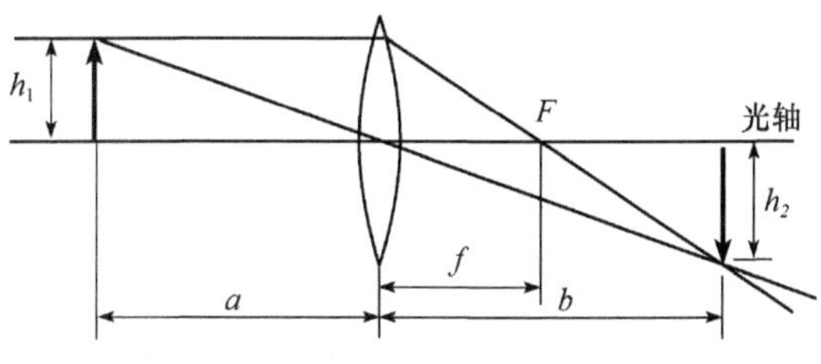

图 5.3-1　薄透镜的成像作用

透镜的种类虽然很多，但在光纤领域中应用最多的是自聚焦透镜。与普通球面透镜相比，自聚焦透镜有许多独特的优点：它的直径很小（如几十微米），且形状是两端面为平面的圆柱；可以通过改变材料组成和制作工艺，控制折射率分布，设计出低像差透镜；通过改变圆柱的长

度得到所需要的各种焦距和成像条件的透镜，在准直、光通信、医疗装置等许多方面有重要的应用。图 5.3-2 示出了一种折射率分布按抛物线型变化的自聚焦透镜。

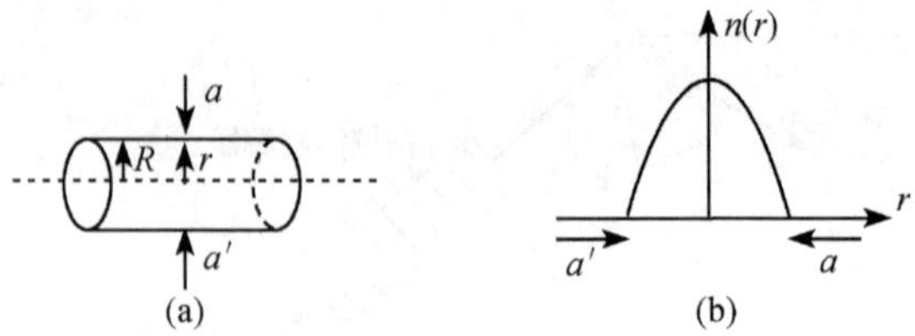

图 5.3-2 折射率分布按抛物线型变化的自聚焦透镜

2. 自聚焦透镜的特性

1）自聚焦透镜的折射率分布

对于图 5.3-2 所示的自聚焦透镜，为了实现成像，通过纤维棒的所有光线的光程必须相同，即满足如下要求：

$$\int_s n(r)\mathrm{d}s = 常数 \tag{5.3-3}$$

式中，s 为光线轨迹，$n(r)$是离光轴 r 距离的折射率。对于子午线，满足该要求的折射率精确分布是双曲正割函数形式

$$n(r) = n(0)\mathrm{sech}Ar \tag{5.3-4}$$

这种折射率分布可以使轴上一点发出的任意子午线均周期地聚焦在轴上的同一点。对于螺旋光线，其精确折射率分布为

$$n(r) = n(0)[1+(Ar)^2]^{-1/2} \tag{5.3-5}$$

显然，对于子午光线是理想的折射率分布，对于螺旋光线来说就不是理想的分布。所以，要建立完全理想的成像系统是不可能的。通常只考虑子午光线，只要不严格提出像差要求，满足表示式(5.3-6)的抛物线型分布的纤维，均可作为自聚焦透镜。

$$n(r) = n(0)\left(1-\frac{1}{2}A^2r^2\right) \tag{5.3-6}$$

2）自聚焦透镜中的光线轨迹

图 5.3-3 所示为近轴子午光线的在透镜中光线轨迹。当光线与透镜轴成 φ 角入射时，在透镜中的轨迹是初相位为零的正弦曲线，振幅为 $r=\tan\varphi/\sqrt{A}$，周期 Λ 为 $2\pi/\sqrt{A}$(图 5.3-3(a))。当光线平行于透镜轴入射时，在透镜中的轨迹是余弦曲线，振幅取决于入射位置(图 5.3-3(b))。

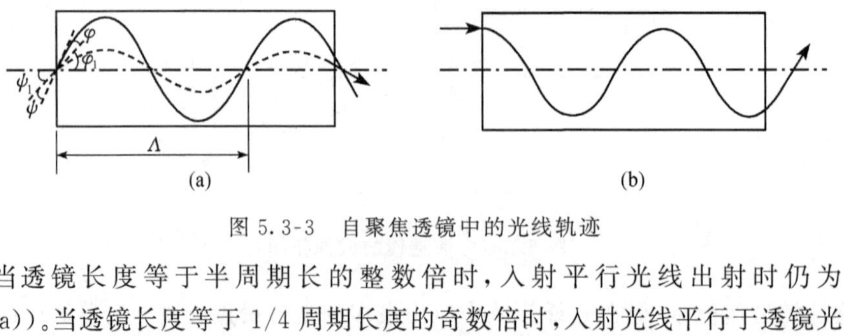

图 5.3-3 自聚焦透镜中的光线轨迹

显然，当透镜长度等于半周期长的整数倍时，入射平行光线出射时仍为平行光线(图 5.3-4(a))。当透镜长度等于 1/4 周期长度的奇数倍时，入射光线平行于透镜光轴，出射光线将在透镜出射端面的轴心处会聚；反之，若点光源置于它的前端面轴心处，其出射光线为平行光线(图 5.3-4(b))。

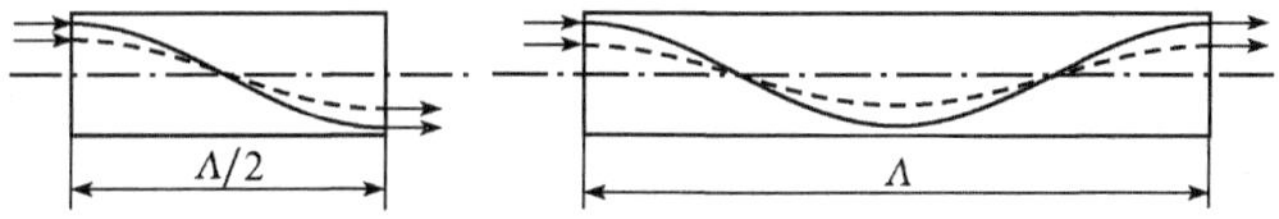

(a) 透镜长度等于其半周期长的整数倍

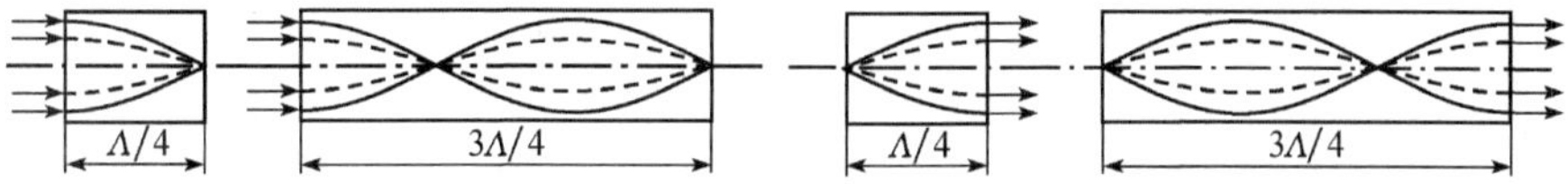

(b) 透镜长度等于1/4周期的奇数倍

图 5.3-4　自聚焦透镜的入射光线和出射光纤

3）成像特性

由上述光线在透镜中的轨迹分析可见，自聚焦透镜的作用与普通透镜一样，因此可用来成像和聚焦。

自聚焦透镜的成像原理如图 5.3-5 所示。目标 OM 为物，$O'M'$ 为其像。L_0 为物距，L 为像距，x_0 为物高，x 为像高，横向放大率为

$$M=\frac{x}{x_0}=\frac{-1}{n_0L_0\sqrt{A}\sin\sqrt{A}z-\cos\sqrt{A}z} \tag{5.3-7}$$

在成像公式中，正负号的规定与几何光学中普通球面透镜相同。

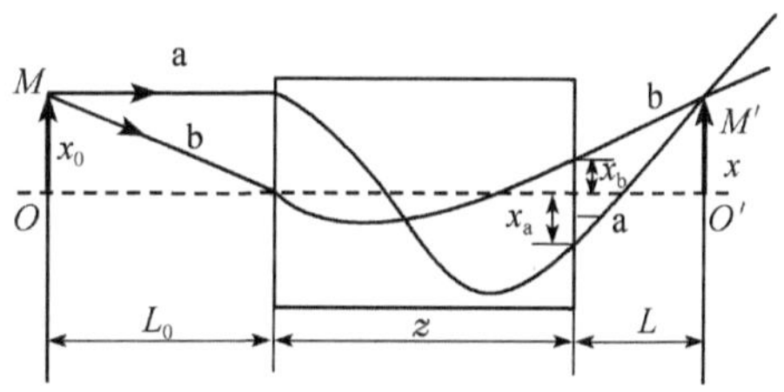

图 5.3-5　自聚焦透镜的成像原理

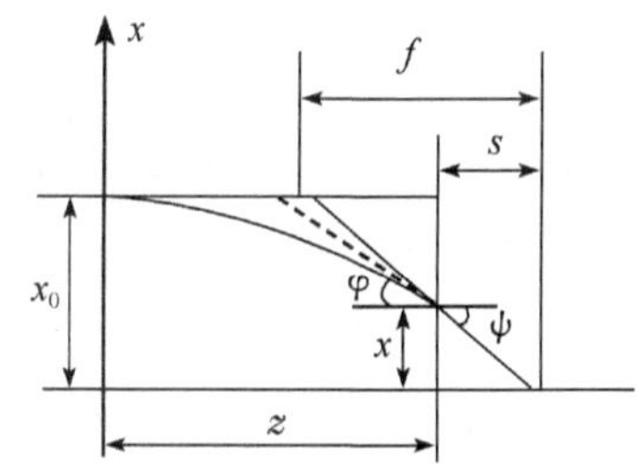

图 5.3-6　自聚焦透镜焦点位置的确定

自聚焦透镜的焦点是指，假设聚焦纤维长为 z，当光线平行其光轴入射时（入射位置 $x=x_0$，斜率为 0），经过透镜后，出射光线与轴相交于一点，此点即为焦点，焦点到主平面的距离即为焦距，如图 5.3-6 所示。

图 5.3-7 给出了几种典型的自聚焦透镜成像示例。相应于图 5.3-7(a)～(e)的透镜长度 z 分别小于 1/4、等于 1/4、1/2、3/4、1 个周期。成像分别是正立虚像、倒立实像、倒立放大率为 1 的虚像、正立实像和正立放大率为 1 的虚像。

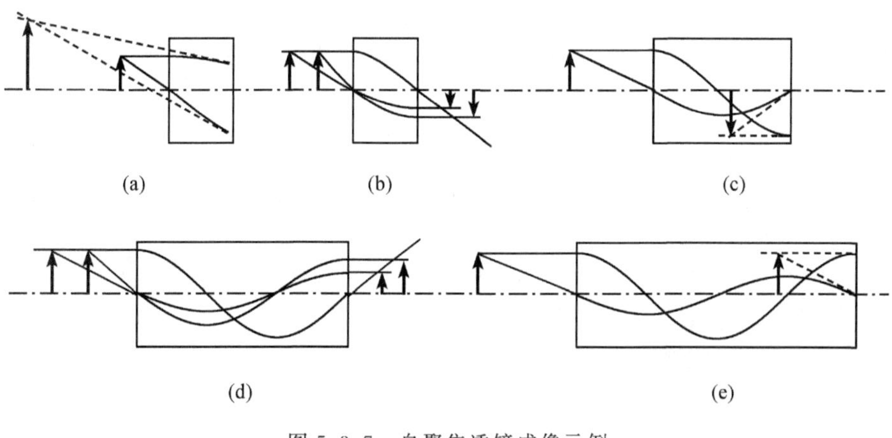

图 5.3-7　自聚焦透镜成像示例

5.3.2 光纤定向耦合器

在光纤应用中，经常要用到定向耦合器。例如，图 5.3-8 所示的光纤全双工网络中，允许在同一根光纤沿两个方向同时传输信息，每个终端上都带有一个定向耦合器，其作用是把发送机的信号耦合进光纤，同时把来自光纤的信号耦合进接收机。

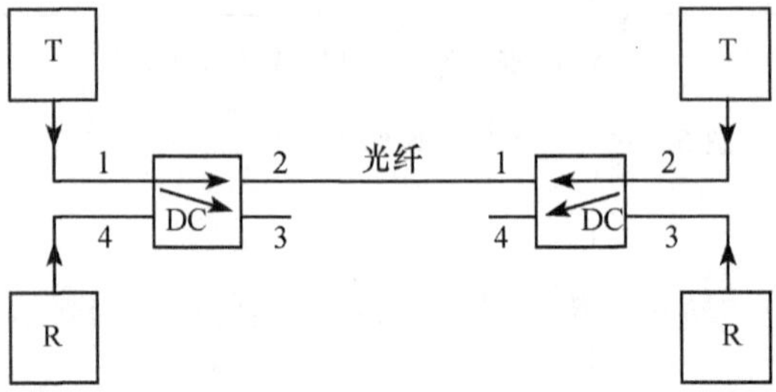

图 5.3-8 全双工通信系统

T-发射机；R-接收机；DC-定向耦合器

光纤定向耦合器是一种用于传送和分配光信号的无源器件。通常，光信号功率由耦合器的一个端口输入，然后按照一定的比例分配至几个指定端口输出，称之为“分路”；光信号功率由几个端口输入，经耦合器进入同一个端口输出，称之为“合路”。因此，光纤定向耦合器有时也被称为“分路器”或“合路器”。下面，介绍几种定向耦合器。

1. 部分反射式光纤定向耦合器

部分反射式光纤定向耦合器的分光是利用部分反射原理实现的。图 5.3-9 示出一种以自聚焦透镜和部分反射镜构成的耦合器，部分反射膜直接镀制在两透镜结合面上。当光波由端口 1 入射到部分反射膜上时，一部分光透射进入端口 4，另一部分光反射进入端口 3，两端口输出分配比取决于部分反射膜反射率的大小；同样，由端口 2 输入的功率也将按比例分配至端口 3 和端口 4 输出；而在端口 1 和端口 2 之间以及端口 3 和端口 4 之间光信号是相互隔离的。此外，由于光传播的可逆性，这种耦合器也可以反向使用，即由端口 3、4 输入，由端口 1、2 输出，其分路特性保持不变。

部分反射膜也可以镀制在直角棱镜斜面上，构成一种“T 型耦合器”，如图 5.3-10 所示。这种 T 型耦合器可以将一束光分成两束光，也可以将两束光合成为一束光。但是应注意，T

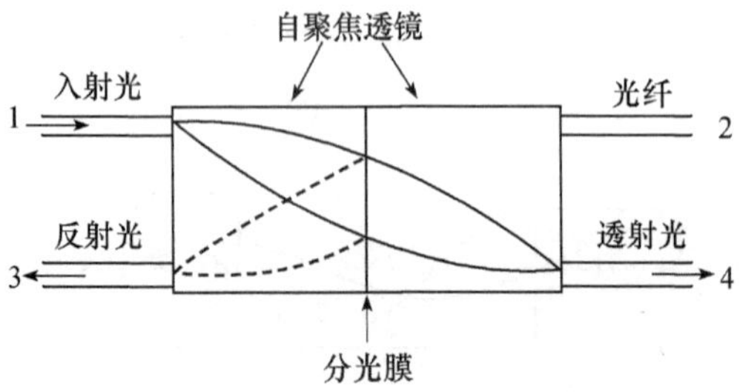

图 5.3-9 自聚焦透镜耦合器

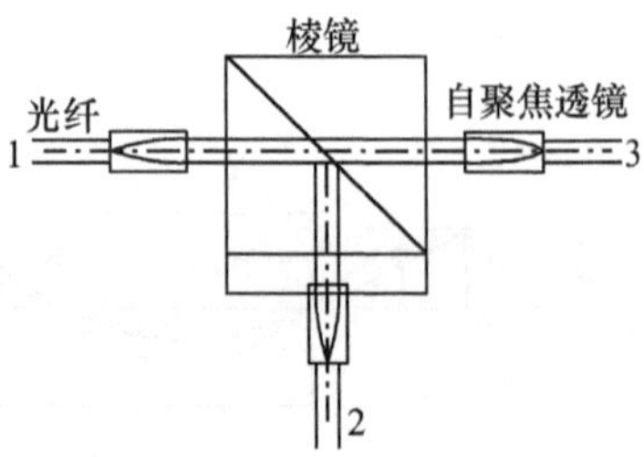

图 5.3-10 T 型耦合器

型耦合器作为合路器使用时,仍然存在着分路损耗。

2. 波前分割式光纤定向耦合器

波前分割式光纤定向耦合器是对输入光束进行空间分割,使其分成几束光束输出,以达到分光的目的。图 5.3-11 示出了一种自聚焦透镜空间分割耦合器,其输入透镜加工成劈形,由于构成 90°的两反射面的作用,它将一束光分割为四束光,然后利用另一个自聚焦透镜将其分别会聚于四根接收光纤之中。这种耦合器的最大优点是与光波长无关,具有极宽的带宽。

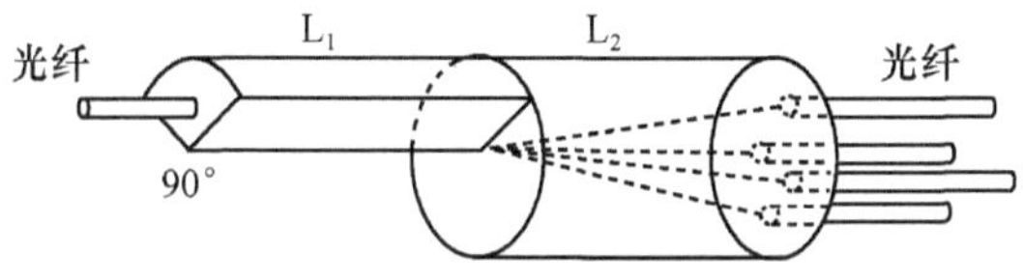

图 5.3-11 自聚焦透镜空间分割耦合器

3. 模场耦合式光纤定向耦合器

模场耦合式光纤定向耦合器是依据光纤中传输模式场分布相互耦合来实现光信号的分路与合路。根据光纤模式耦合理论,当两光纤相距足够近时,在一根光纤中传输的模场分布会扩展到另一根光纤,从而在其中激励起传导模,因此,使得导模场所携带功率由一根光纤耦合到另一根光纤之中传输。

图 5.3-12 示出一种 X 形拼接式耦合器,它是将光纤嵌入石英玻璃块上事先刻好的弧线内,并用环氧胶固定,然后进行磨削加工。使光纤的包层被磨掉一部分直至接近纤芯,再将两块这样的石英块经光学抛光处理之后拼在一起(中间加注折射率匹配液),这样即可构成 X 形耦合器。这时,由 1、2 端口输入的光功率将按比例耦合到 3、4 端口输出,反之亦然。输出分配比取决于两纤芯间距以及拼接长度。此外,还可通过精密微调两石英玻璃块的相对位置来改变耦合比。

另一种模场耦合式光纤定向耦合器是采用熔锥法制备的。它首先根据耦合器所要求的端口数目,按一定的耦合矩阵将光纤绞合在一起,形成耦合器的雏形;然后以火焰均匀加热耦合区,并同时拉伸光纤,使耦合区形成双锥形(图 5.3-13),在拉伸过程中从耦合器的一端输入光功率,在另一端进行动态监测,控制耦合区的长度和双锥体的腰径,使之达到预定要求。利用这种方法可以制备 2×2 的 X 形耦合器,也可以制备图 5.3-14 所示的多端口"星形耦合器"。其中,透射星形耦合器的输入与输出端口分居两侧,由任一个输入端口输入的光信号都将按比例地分配至每一个输出端口输出,输入端口之间以及输出端口之间相互隔离;反射星形耦合器

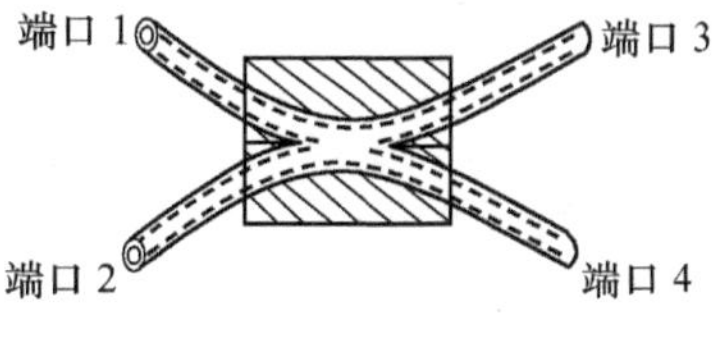

图 5.3-12 拼接式耦合器

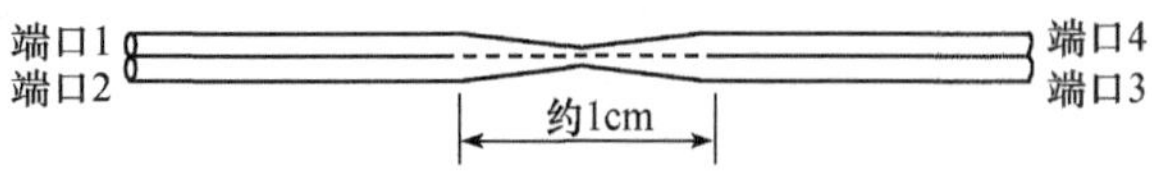

图 5.3-13 双锥形光纤耦合器

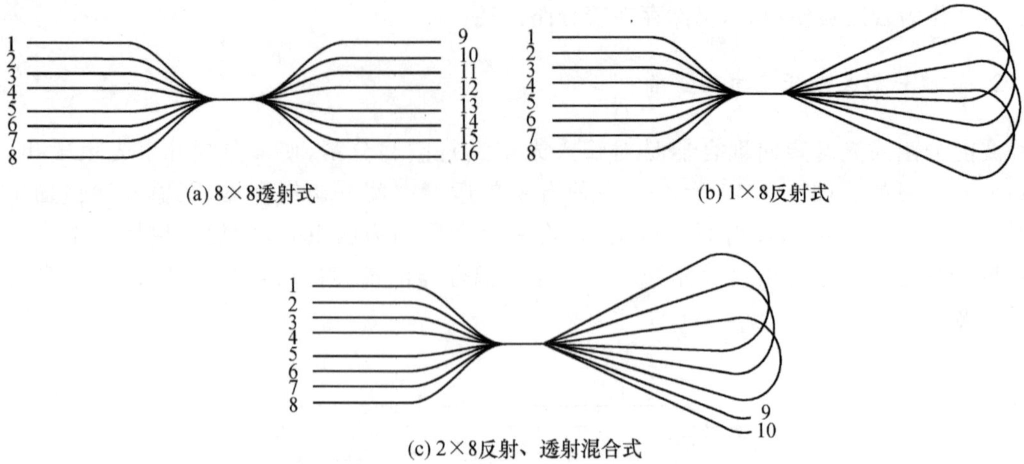

图 5.3-14　星形耦合器

的输入与输出端口则在同一侧，由任一个端口输入的光信号都将按比例地从每一个端口输出；混合星形耦合器兼具前两种耦合器的特点。模场耦合式光纤定向耦合器的耦合比一般与光信号波长有很大关系，但通过控制工艺参数，可以在 1.3～1.5μm 波长范围内都具有近似相等的耦合比，这种耦合器称为波长平坦耦合器。

4. 光纤偏振分光耦合器

图 5.3-15 示出了一种光纤偏振分光耦合器。在这种耦合器中，输入光纤及耦合区采用标准单模光纤，在距耦合区 20cm 处接保偏光纤。光纤中传输基模的两个相互正交偏振态 HE_{11}^x 和 HE_{11}^y，在通过耦合区时，将获得不同的附加相位 $\Delta\phi_x$ 和 $\Delta\phi_y$。于是，两输出光纤的偏振光功率可近似表示为

$$\left.\begin{aligned}P_{1x} &= P_1\cos^2(\Delta\phi_x/2)\\P_{1y} &= P_1\cos^2(\Delta\phi_y/2)\\P_{2x} &= P_2\sin^2(\Delta\phi_x/2)\\P_{2y} &= P_2\sin^2(\Delta\phi_y/2)\end{aligned}\right\}\tag{5.3-8}$$

因此，这种耦合器能将 x 方向偏振光完全耦合到一根光纤输出，而将 y 方向偏振光完全耦合到另一根光纤输出的条件是

$$\left.\begin{aligned}\Delta\phi_x &= m\pi\\|\Delta\phi_x-\Delta\phi_y| &= \pi\end{aligned}\right\}\tag{5.3-9}$$

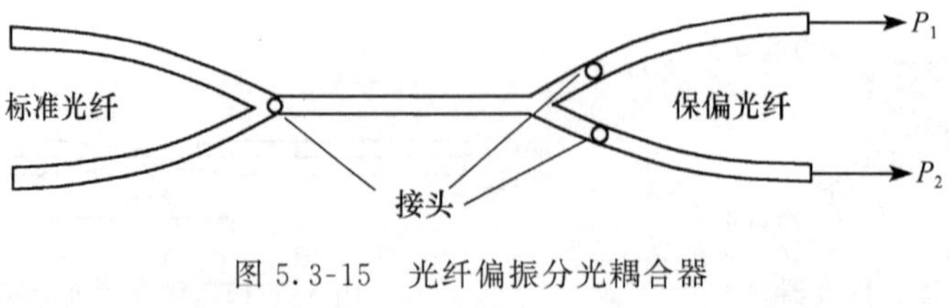

图 5.3-15　光纤偏振分光耦合器

表征光纤定向耦合器的性能指标是：插入损耗、附加损耗、分光比、方向性、均匀性、偏振相关损耗、隔离度等。

目前，光纤定向耦合器达到的主要技术指标为：信道平均附加损耗小于 0.5dB，熔锥型光纤耦合器的附加损耗已低于 0.05dB，方向性超过 60dB，在 −40～85℃ 的温度范围内，可保证稳定工作；信道隔离比大于 40dB；工作波长可分段覆盖 850～1550nm 波长范围。

5.3.3　光合波分波器

在光纤通信中，除了采用时分复用（TDM）技术和频分复用（FDM）技术外，还采用波分复用（WDM）技术，即在同一根光纤中传输几种不同波长、载运不同的独立信息的光。这种技术可以扩大传输容量，使光纤通信成为传输能力更强、更经济的通信系统。

光合波分波器是 WDM 所使用的一种光学器件，如图 5.3-16 所示。它可以把不同波长的多束光信号汇集到一根光纤中，也可以把由光纤传来的多波长信号分离开来。

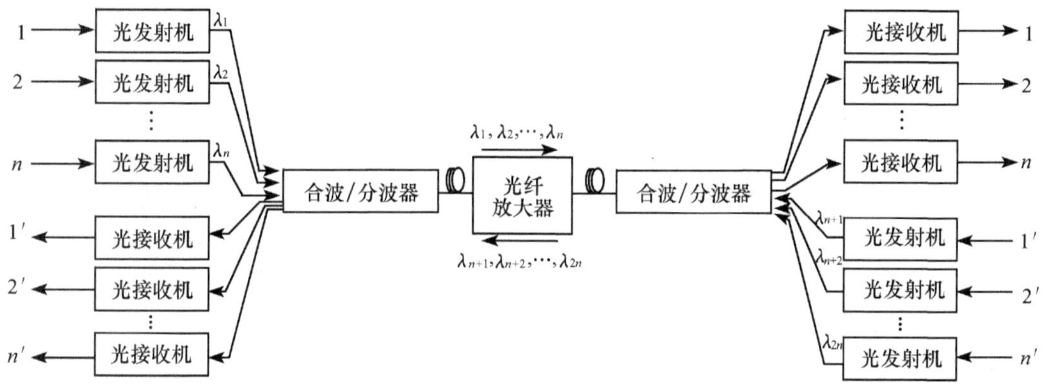

图 5.3-16　单纤双向传输系统

图 5.3-17 是棱镜型光合波分波器，它是利用棱镜的折射角随波长不同而变化的特性，实现光合波分波的。一束复色光入射棱镜时，由于棱镜材料折射率随光波长而异，不同波长的光具有不同的折射角，且经两次折射之后，不同波长的光信号就可以相互分离。这种器件结构简单，但棱镜材料贵，插入损耗大。

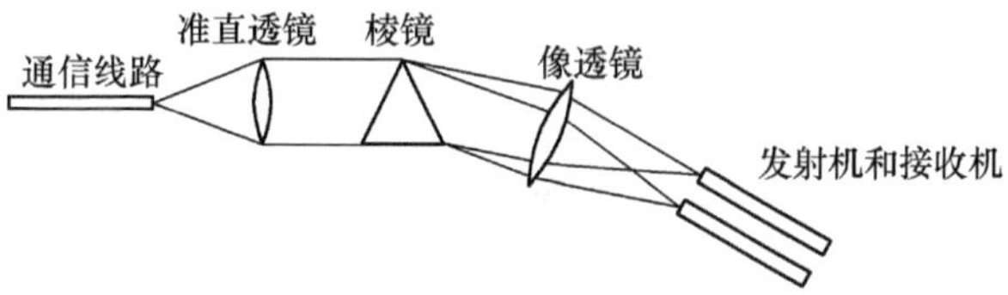

图 5.3-17　棱镜型光合波分波器

图 5.3-18 是干涉滤波型合波分波器。干涉滤波型波分复用器是利用多层光学薄膜干涉原理来分光的。图 5.3-18(a) 在两波复用时，损耗极低，而在三波以上复用时，结构复杂。图 5.3-18(b) 所示的合波分波器，可用于 8 波复用，损耗也很低，但波长不能微调。

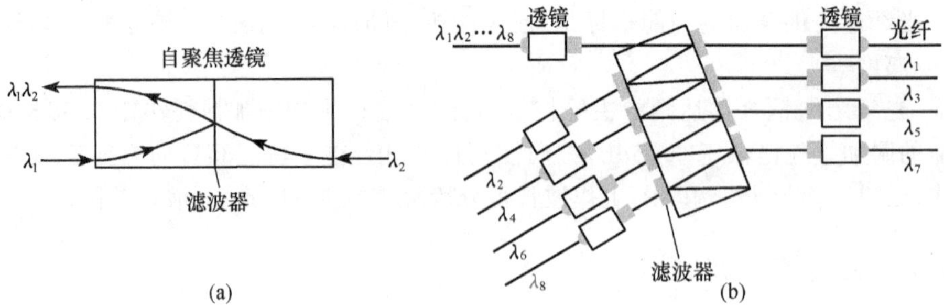

图 5.3-18 干涉滤波型合波分波器

图 5.3-19 是衍射光栅型合波分波器。这种衍射光栅型波分复用器是利用衍射光栅的色散作用实现分光的。当一束复色光入射衍射光栅时，由于不同的波长具有不同的衍射角，从而彼此相互分离。输入的多波长复合信号聚焦在衍射光栅上，光栅对不同波长光的衍射不一样，从而复合信号分解为不同波长的光。衍射光栅型合波分波器结构简单，复用数量大。

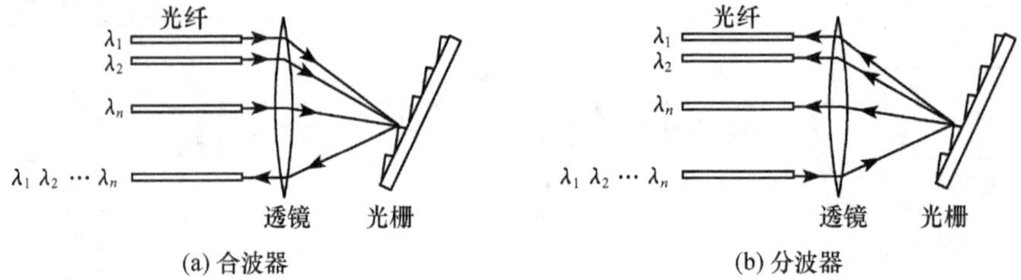

图 5.3-19 衍射光栅型合波分波器

棱镜型和衍射光栅型光合波分波器的结构特点相似，但由于棱镜材料贵，衍射光栅价廉，所以现在的系统多采用衍射光栅型合波分波器，并且出现了微型化结构的光纤光栅型和波导阵列型光合波分波器。

5.3.4 光衰减器

光衰减器是用于衰减一定量光功率的器件。在光接收装置中，以及在调整和校准系统时，经常使用衰减器。

衰减光功率的方法有：①吸收一部分光；②反射一部分光；③在空间遮挡一部分光；④用偏振片选择光的偏振面。由于方法①要吸收光功率，当入射功率很大时，器件有烧毁的危险；由于方法③是靠孔径有选择性的衰减特定模式，方法④是有选择性的衰减特定偏振方向的光，衰减量的大小在很大程度上依赖于入射光或入射条件，所以通常采用反射衰减法。对光波常用 Ni-Cr 等金属蒸镀膜进行反射衰减。这类材料的透过率（反射率）随波长变化很小，而透射的光通量（衰减量）与膜厚成正比，所以可采用改变膜厚度的方法，实现不同的衰减。

光衰减器的结构大体分为两类：可变衰减器和固定衰减器，分别如图 5.3-20(a)、(b)所示。可变衰减器又分为连续可变衰减器和分档可变衰减器。连续可变衰减器是由纵向排列起来的衰减片构成的，衰减片有两种，一种是金属薄膜的厚度连续变化的衰减片，另一种是衰减量跳变的衰减片。这种衰减器的衰减范围很宽。分档可变衰减器是通过调换一定衰减量的减光元件，以实现衰减量跳跃变化。固定衰减器只给出一定量的衰减。在图 5.3-20 的结构中，衰减片或金属薄膜倾斜放置以免反射光返回入射端。

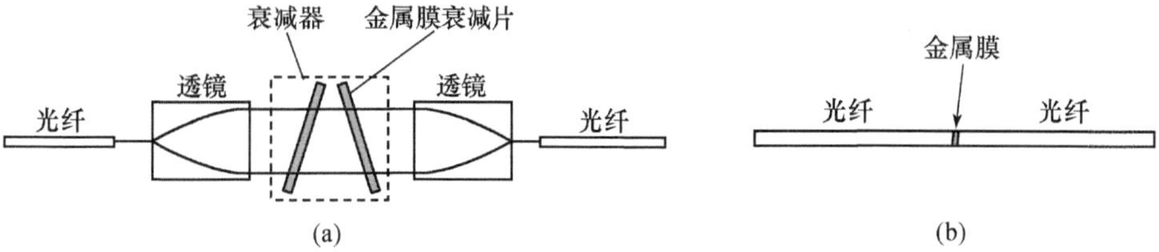

图 5.3-20　光衰减器示意图

5.3.5　光开关

光开关是插入光通路中，用来转换光路的一种器件。光开关大体上分为两类：一类是用机械方法驱动光纤和棱镜等光学组件来转换光路的；另一类是利用电光效应、声光效应实现光路转换的。前者的插入损耗小，串光量小，并已得到实际应用。后者的转换速度快，适合于集成化，并且因为没有机械动作部分而可靠性好，但一般来说，插入损耗较大，较复杂。

图 5.3-21 是机械式光开关系统示意图，机械式光开关分为镜可动型和光纤可动型两种。比较实用的镜可动型光开关是棱镜移动式，它通过棱镜或透镜的移动来达到转换目的，可以手动、电磁驱动或电动机驱动。机械式光开关的消光比一般高于 50dB，开关速度在毫秒量级。图 5.3-21(a)是由全反射棱镜和自聚焦透镜组成的一种转换开关，由于采用了自聚焦透镜，扩大了光束直径，从而降低了机械加工和调节精度要求。这种开关性能比较稳定，开关速度在毫秒量级。图 5.3-21(b)为一棱镜转动式 4×4 光开关阵列，其中 4 路作为输入端，另外 4 路作为输出端。开关阵列中的关键器件是 16 个五角棱镜，决定了开关内部 16 条光路，棱镜按 4×4 方阵排列。内部采用机电方式控制 16 个棱镜的用与不用，就可把输入光路中的一条与输出光路中的任一条接通。

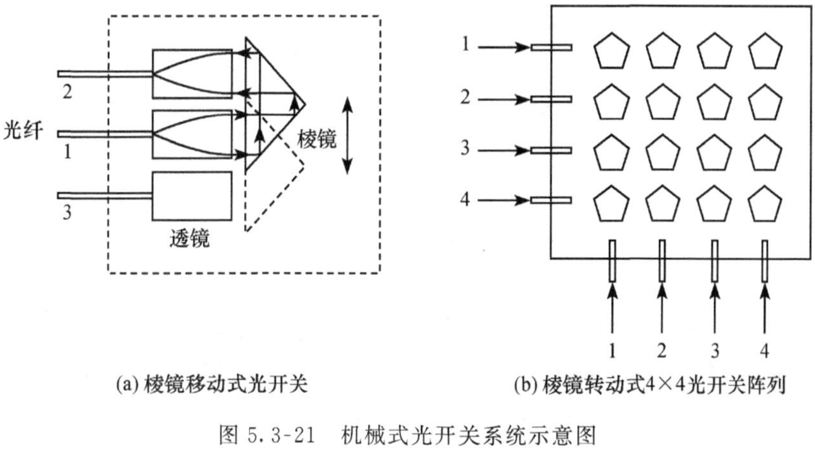

图 5.3-21　机械式光开关系统示意图

图 5.3-22 为基于液晶材料的 2×2 光开关结构。这种液晶开关是利用液晶的旋光性实现光开关的。液晶开关的最大优点是它的制造技术非常成熟，成本低，适合批量制作。由于液晶的双折射较大，只需要很短的长度就可以实现光开关，所以液晶开关的尺寸非常小，可以大规模集成。此外，液晶开关还具有低驱动电压，低功耗的特点。但液晶开关的速度不高，大致在几十微秒到毫秒的量级。

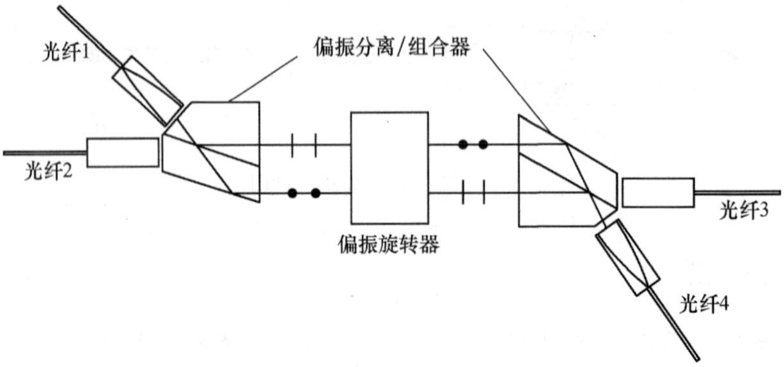

图 5.3-22 液晶 2×2 光开关示意图

如图 5.3-22 所示，一束非偏振光从光纤 1 输入，经过起偏器起偏，在偏振分束器上寻常光(o 光)被反射，非常光(e 光)被透射，构成了偏振面正交的两束输出平行光，垂直入射到液晶偏振旋转器上。若液晶材料上无外加电场，这两束平行光的偏振面分别被旋转 90°，并垂直入射到后面的偏振合波器，被合成为非偏振光从光纤 4 输出；若偏振旋转器有外加电场的作用，则这两束光的偏振面不发生变化，垂直入射到偏振合波器后，被组合成非偏振光从光纤 3 输出。这样，利用液晶材料的旋光特性就实现了 2×2 光开关的功能。

图 5.3-23 为一个 1×2 磁光开关的结构图，磁光开关是利用材料的法拉第磁致旋光特性实现光开关功能的。旋光物质一般采用钇铁石榴石(YIG)晶体材料，当光波通过旋光介质时，光波的偏振旋转方向与光的传播方向无关，只由外加磁场方向决定：对韦尔代常数 $V_d>0$ 的材料，若迎着光的传播方向观察，偏振面总是按逆时针方向旋转。

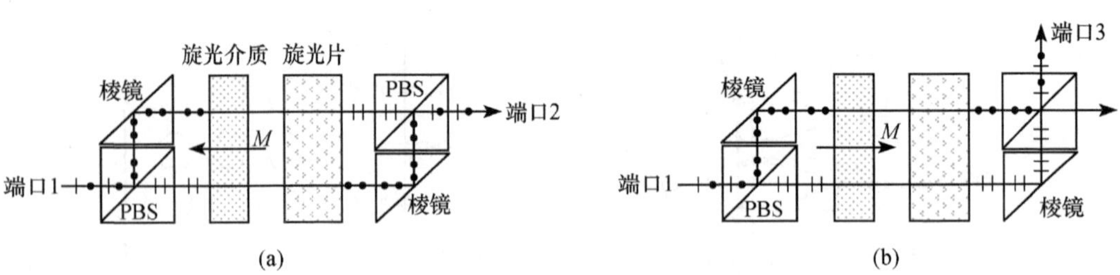

图 5.3-23 1×2 磁光开关示意图

从端口 1 入射的光波被第一个偏振分束器分成垂直偏振和水平偏振的两束光。当旋光介质上磁场方向如图 5.3-23(a)所示自右向左时，其偏振面将被顺时针方向旋转 45°(迎着光波的传播方向观察)，经过双折射波片时，偏振面再被顺时针旋转 45°，从而偏振面总体旋转 90°，于是，水平偏振光被旋转变成垂直偏振光，垂直偏振光被旋转变成水平偏振光，这两束光经过第二个偏振分束器合成后，从端口 2 出射。类似地分析，当旋光介质上的磁场方向如图 5.3-23(b)所示自左向右时，光束由端口 3 出射。通过改变旋光介质上的磁场方向，实现了 1×2 磁光开关。

思考题 5

5-1 照相机物镜上镀的是增透膜还是高反膜？为什么？

5-2 计算 19 层 $\lambda/4$ 膜系 $(HL)^9HA$ 的反射率(假设 $n_G=1.52$，$n_H=2.34$，$n_A=1.0$)。从光的传播特性说明，为什么其反射率较之光学玻璃、单层高反膜要大得多？

5-3 什么是 F-P 标准具？它的透射特性如何？由谐振腔的工作特性说明 F-P 标准具的选模特性。

5-4 何为光栅？光栅方程的意义是什么？有一块 600l/mm 的光栅，计算它将可见光范围(0.4～0.76μm)光波散开的角度。

5-5 比较光栅和 F-P 标准具的分光性能。

5-6 F-P 标准具干涉环中心的光谱为什么最纯？光栅的零级光谱为什么最不纯(是白光)？由此说明两者在分光应用时的差别。

5-7 一长为 1m 的 He-Ne 激光器，两反射镜的反射率 $R\approx0.99$，输出谱线中心波长 $\lambda=632.8$nm，试计算其输出谱线宽度 $\lambda_{1/2}$ 是多少？输出频率间隔 $\Delta\nu_q$ 是多少？该激光器将有多少个纵模工作？

5-8 如题 5-8 图所示，欲使线偏振光通过红宝石棒时在棒的端面没有反射损失，则棒端面对棒轴线倾角 α 应取何值？光束入射角 φ 应是多大？入射光的振动方向如何？(已知红宝石折射率 $n=1.76$)

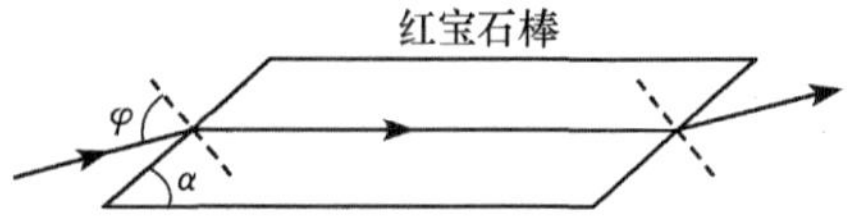

题 5-8 图

5-9 波片的工作原理是什么？结合图 3.2-5 所示的激光强度调制器的工作过程，说明 $\lambda/4$ 波片的作用。

5-10 结合格兰-傅科棱镜的工作原理，说明图 3.4-22 所示的腔外选单脉冲装置的输出光脉冲的偏振特性。

5-11 简要说明双折射滤光片的工作原理。

5-12 试述法拉第隔离器的工作原理，结合激光放大器的工作过程，说明它在激光器与放大器之间放置的重要作用。

5-13 试述光环流器的工作原理及其实际应用。

5-14 什么是自聚焦透镜？与普通透镜相比有哪些特殊用途？

5-15 光纤定向耦合器主要有几种？其主要性能指标是什么？

5-16 结合 WDM 技术，说明棱镜式光合波/分波器的工作原理，并说明光合波/分波器的重要作用。

5-17 光衰减器衰减光功率的方法有几种？都是哪些？

5-18 简述液晶光开关的工作原理。

参考文献

玻恩 M，沃耳夫 E. 1988. 光学原理. 杨葭荪 等译. 北京：科学出版社

玻恩 M，沃耳夫 E. 2005. 光学原理. 第 7 版. 杨葭荪 等译. 北京：电子工业出版社

胡玉禧. 2009. 应用光学. 合肥：中国科学技术大学出版社

梁铨廷. 2008. 物理光学. 第 3 版. 北京：电子工业出版社

石顺祥，过巳吉．2000．光电子技术及其应用．成都：电子科技大学出版社
石顺祥 等．2008．物理光学与应用光学．第 2 版．西安：西安电子科技大学出版社
萧泽新．2008．工程光学设计．北京：电子工业出版社
Bass Michael．2004．光纤通信：通信用器件和系统．胡志先，胡佳妮 等译．北京：人民邮电出版社
Palais J C．2007．光纤通信．王江平，刘杰，闻传花 译．北京：电子工业出版社

第 6 章 光电探测技术

在光电子技术中，无论是测试还是应用，总会遇到光信号的探测问题，即将光信号转变为可观测的信号，特别是转变为电信号。光电探测技术是光电子技术中的一个非常重要的技术。

本章主要介绍有关光电探测技术的一些基础知识和基本理论：光电探测的物理效应和光电转换定律、光电探测器的特性参数、常用的光电探测器和光电探测技术。

6.1 光电探测物理基础

6.1.1 光电探测的物理效应

要探知一个客观事物的存在及其特性，一般都是通过测量被探测者所引起的某种效应来完成的。对于光辐射（即光频电磁波）的探测也是如此。例如，生物的眼睛，就是通过光辐射对眼睛产生的生物视觉效应来得知光辐射的存在及其特性的；照相胶片则是通过光辐射对胶片产生的化学效应来记录光辐射的。从这个意义上来说，眼睛和胶片都称为光探测器。

在光电子技术领域，光探测器有它特有的含义：凡是能把光辐射量转换成另一种便于测量的物理量的器件，都称为光探测器。不过，从近代测量技术看，电量的测量不仅最方便，而且最精确，所以，大多数光探测器都是把光辐射量转换成电量来实现对光辐射的探测。有时，即便直接转换量不是电量（如温度、体积等），最终也往往是把非电量再转换为电量来实施测量。从这个意义上来说，凡是把光辐射量转换为电量（电流或电压）的光探测器，都称为光电探测器。自然，了解光辐射对光电探测器产生的物理效应，是了解光探测器工作原理的基础。

光电探测器的物理效应通常分为两大类：光子效应和光热效应。在每一类中又可分为若干细目，如表 6.1-1 所列。下面对已经获得广泛应用的一些物理效应作简要的介绍。

表 6.1-1

		效　应	相应的探测器
(a) 光子效应分类	外光电效应	1　光阴极发射光电子	真空光电管
		正电子亲合势光阴极	充气光电管
		负电子亲合势光阴极	
		2　光电子倍增	光电倍增管、像增强管
	内光电效应	1　光电导	光导管或光敏电阻
		2　光生伏特	
		PN 结和 PIN 结（零偏）	光电池
		PN 结和 PIN 结（反偏）	光电二极管
		雪崩	雪崩光电二极管
		肖特基势垒	肖特基势垒光电二极管
		异质结	
		3　光电磁	光电磁探测器
		4　光子牵引	光子牵引探测器

续表

	效　应	相应的探测器
(b) 光热效应分类	1　测辐射热计 负电阻温度系数 正电阻温度系数 超导 2　温差电 3　热释电	热敏电阻测辐射热计 金属测辐射热计 超导远红外探测器 热电偶、热电堆 热电探测器

1. 光子效应

光子效应是指单个光子对产生的光电子起直接作用的一类光电效应。探测器吸收光子后，将导致原子或分子内部电子状态的改变，并且光子能量的大小，将直接影响其电子状态改变的大小。因为光子能量为 $h\nu$，所以光子效应对光波频率表现出选择性。对于光子直接与电子相互作用的情况，其响应速度一般比较快。

光子效应分为外光电效应（即光电发射效应）和内光电效应，而内光电效应又分为光电导效应和光伏效应。

1) 光电发射效应

在光照下，物体向表面的外空间发射电子（即光电子）的现象，称为光电发射效应，能产生光电发射效应的物体，称为光电发射体。在光电管中，光电发射体为光阴极。

光电发射效应的能量关系由著名的爱因斯坦方程描述，即

$$E_K = h\nu - E_\varphi \tag{6.1-1}$$

式中，E_K 表示电子离开发射体表面时的动能，$h\nu$ 是光子能量，E_φ 是光电发射体的功函数。式(6.1-1)表明，如果发射体内电子所吸收的光子能量 $h\nu$ 大于发射体的功函数 E_φ，则电子就能从发射体表面逸出，并具有相应的动能。光电发射的条件为

$$\nu \geqslant \frac{E_\varphi}{h} = \nu_C \tag{6.1-2}$$

或用波长形式表示为

$$\lambda \leqslant \frac{hc}{E_\varphi} = \lambda_C \tag{6.1-3}$$

式中，等号表示电子刚好能逸出表面但速度为零，这时的 ν_C 和 λ_C 分别称为产生光电发射的入射光波的截止频率和截止波长。波长单位为 μm 或 nm 时，式(6.1-3)可表示为

$$\lambda_C(\mu m) = \frac{1.24}{E_\varphi(eV)} \tag{6.1-4a}$$

$$\lambda_C(nm) = \frac{1240}{E_\varphi(eV)} \tag{6.1-4b}$$

由式(6.1-4)可见，要使波长较长的光辐射产生光电发射效应，发射体的 E_φ 必须很小。

2) 内光电效应

当光照物体时，光电子不逸出体外的光电效应是内光电效应。

(1) 光电导效应

光电导效应是只发生在某些半导体材料中的效应。由半导体物理，在热平衡条件下，半导体材料的导带和价带中维持着一个热平衡的电子浓度 n 和空穴浓度 p，它们的平均寿命分别为 τ_n 和 τ_p，且满足

$$np = n_i^2 \tag{6.1-5}$$

式中，n_i 是相应温度下本征半导体的本征热生载流子浓度。

在外电场 E 的作用下，载流子产生漂移运动，漂移速度 v 和电场 E 之比，定义为载流子的迁移率 μ，且有

$$\mu_n = \frac{v_n}{E} = \frac{v_n L}{V}$$

$$\mu_p = \frac{v_p}{E} = \frac{v_p L}{V} \tag{6.1-6}$$

式中，V 是外电压，L 是电压方向上的半导体长度。半导体的电导率为

$$\sigma = en\mu_n + ep\mu_p \tag{6.1-7}$$

如果半导体的截面积是 A，则其电导（也称为热平衡暗电导）为

$$G_d = \sigma \frac{A}{L} \tag{6.1-8}$$

半导体的暗电阻为

$$R_d = \frac{L}{\sigma A} = \rho \frac{L}{A} \tag{6.1-9}$$

式中，ρ 是半导体的电阻率。

如果如图 6.1-1 所示，光波照射外加电压的半导体，则光波长 λ 满足

$$\lambda(\mu\text{m}) \leqslant \lambda_C = \frac{1.24}{E_g(\text{eV})}(\text{本征}) \tag{6.1-10a}$$

$$= \frac{1.24}{E_i(\text{eV})}(\text{杂质}) \tag{6.1-10b}$$

时，入射光子将在其中激发出新的载流子（电子和空穴）。上式中，E_g 是禁带宽度，E_i 为杂质能带宽度。于是，就使得半导体中的载流子浓度在原来热平衡值的基础上增加了一个量 Δn 和 Δp，称为光生载流子。相应地，Δn 和 Δp 将使半导体的电导增加了一个量 ΔG，称为光电导。对于本征和杂质半导体，分别称为本征和杂质光电导。

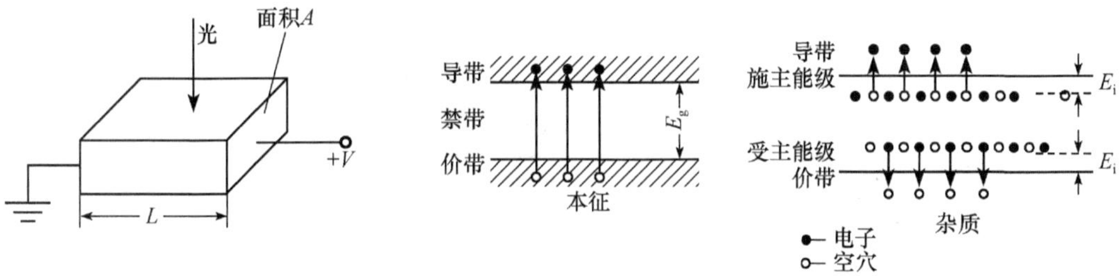

图 6.1-1　半导体光电导效应

(2) 光伏效应

上述光电导效应是半导体材料的体效应，而光伏效应则是半导体材料的结效应。

P 型半导体和 N 型半导体相接触时会形成 PN 结，在结区有一个由 N 侧指向 P 侧的内建电场，如图 6.1-2(a)所示。在热平衡状态下，多数载流子（N 侧的电子和 P 侧的空穴）的扩散作用与少数载流子（N 侧的空穴和 P 侧的电子）因内建电场引起的漂移作用相互抵消，没有净电流通过 PN 结，称为零偏状态。如果把 PN 结反向电压偏置（P 区接负，N 区接正），则有一很小的反向电流通过 PN 结，这个电流在反向击穿前几乎不变，称为反向饱和电流。PN 结的

伏安特性如图 6.1-2(b)所示，可表示为

$$i_d = i_s\left[\exp\left(\frac{eu}{KT}\right)-1\right] \tag{6.1-11}$$

式中，i_d 是暗(无光照)电流，i_s 是反向饱和电流，指数因子中的 e 是电子电荷量，u 是偏置电压(正向偏置为正，反向偏置为负)，K 是玻尔兹曼常量，T 为绝对温度。

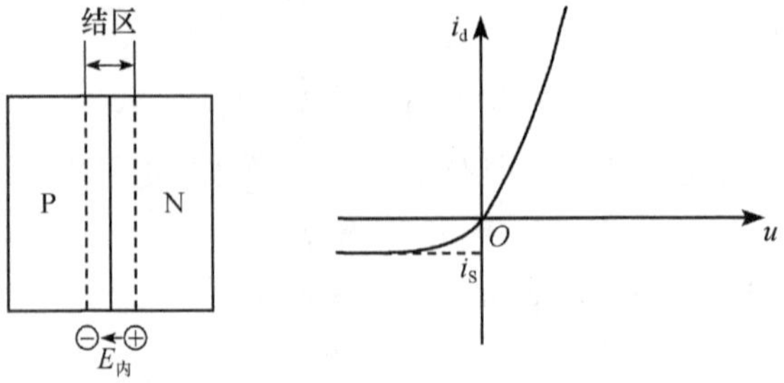

(a) (b)

图 6.1-2 PN 结及其伏安特性

在零偏条件下，如果用光照射 P 区或 N 区，只要照射光的波长满足 $\lambda<\lambda_C$，都会激发出光生电子-空穴对。例如，如图 6.1-3(a)所示光照射 P 区，由于 P 区的多数载流子是空穴，光照前的热平衡空穴浓度很大，光生空穴对 P 区空穴浓度的影响很小；相反，光生电子对 P 区的电子浓度影响很大，从 P 区表面(吸收光能多，光生电子多)向 P 区内部自然形成电子扩散趋势。如果 P 区厚度小于电子扩散长度，则大部分光生电子都能扩散进入 PN 结，而一旦进入 PN 结，就会被内建场拉向 N 区。于是，光生电子-空穴对就被内建场分离开来，空穴留在 P 区，电子通过扩散流向 N 区，在 P 区和 N 区间形成了正向开路电压 u_0，这就是光生伏特。如果将 PN 结短路，就有电流 i_0 通过，称为短路电流。

上述光照零偏 PN 结产生开路电压的效应，称为光生伏特效应(光伏效应)。光伏效应对 PN 结伏安特性的影响，如图 6.1-3(b)所示。

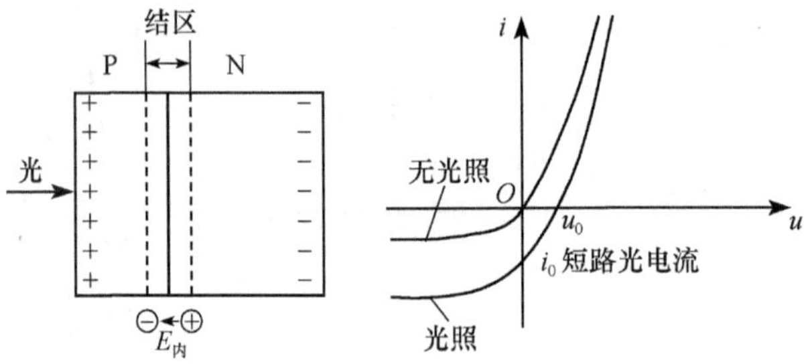

(a) (b)

图 6.1-3 光生伏特效应

2. 光热效应

光热效应和光子效应完全不同。探测元件吸收光辐射能量后，并不直接引起内电子状态的改变，而是把吸收的光能变为晶格的热运动能量，引起探测元件的电学性质或其他物理性质发生变化。所以，光热效应与单光子能量 $h\nu$ 的大小没有直接关系。原则上，光热效应对光波频率没有选择性。只是在红外波段上，材料吸收率较高，光热效应也就更强烈，所以广泛用于

红外光辐射的探测。因为温度升高是热积累的作用，所以光热效应的响应速度一般比较慢，而且容易受环境温度变化的影响。但有一种热释电效应，它比其他光热效应如熟知的温差电效应的响应速度要快得多，并已获得广泛的应用。下面介绍这种热释电效应。

热释电效应是通过所谓热电材料实现的。热电材料是一种绝缘电介质，它是结晶对称性很差的压电晶体，因而在常态下具有自发电极化（即固有电偶极矩），在垂直于电极化矢量 $\boldsymbol{P}_S$ 的材料表面上存在面束缚电荷，面电荷密度为 $\sigma_S=|\boldsymbol{P}_S|$。由于晶体内部自发电极化矢量排列混乱，因而总的 $\boldsymbol{P}_S$ 并不大。再加上材料表面附近分布的外部自由电荷的中和作用，通常觉察不出有面电荷存在。如果对热电体施加直流电场，自发极化矢量将趋于一致排列（形成单畴极化），总的 $\boldsymbol{P}_S$ 加大。当电场去掉后，如果总的 $\boldsymbol{P}_S$ 仍能保持下来，则将这种热电体称为热电-铁电体。它是实现热释电现象的理想材料。

那么，什么是热释电效应？如上所述，热释电体的 $|\boldsymbol{P}_S|$ 决定了面电荷密度 σ_S 的大小，当 $\boldsymbol{P}_S$ 发生变化时，面电荷值也跟着变化。经过单畴化的热电体，保持有较大的 $|\boldsymbol{P}_S|$，这个 $|\boldsymbol{P}_S|$ 值是温度的函数，如图 6.1-4 所示。温度升高，$|\boldsymbol{P}_S|$ 减小；升高到 T_C 值时，自发极化突然消失，T_C 称为居里温度。在 T_C 温度以下，才有热释电现象。当强度变化的光照射热电体时，热电体的温度发生变化，$|\boldsymbol{P}_S|$ 亦发生变化，而面电荷跟着发生变化。十分重要的是，热电体表面附近的自由电荷对面电荷的中和作用比较缓慢，一般在 1～1000s 量级。好的热电体，这个过程很慢。在来不及中和之前，热电体侧面就呈现出相应于温度变化的面电荷变化，这就是热释电现象。如果将热电体放进一个电容器极板之间，把一个电流表与电容器两端相接，就会有电流流过电流表，这个电流称为短路热释电电流。如果极板面积为 A，则电流为

$$i=A\frac{\mathrm{d}P_S}{\mathrm{d}t}=A\frac{\mathrm{d}P_S}{\mathrm{d}T}\frac{\mathrm{d}T}{\mathrm{d}t}=A\beta\frac{\mathrm{d}T}{\mathrm{d}t}\tag{6.1-12}$$

式中，$\beta=\frac{\mathrm{d}P_S}{\mathrm{d}T}$ 称为热释电系数。很显然，如果照射光是恒定的，则 T 为恒定值，P_S 亦为恒定值，电流为零。所以，热释电探测器是一种交流或瞬时响应的器件。

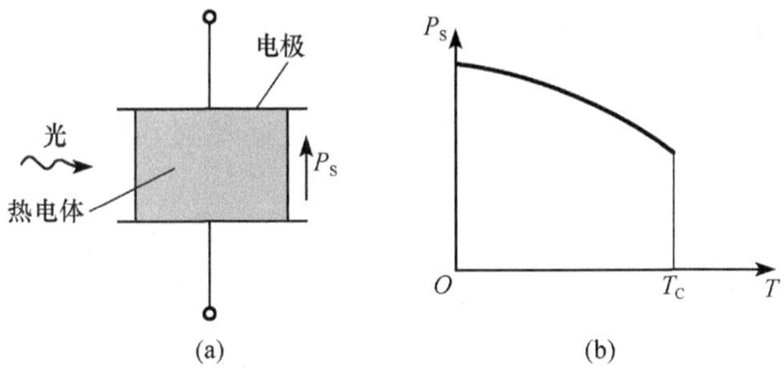

图 6.1-4　热释电效应

6.1.2　光电转换定律

对于一个光电探测器，入射的是光辐射量，输出的是光电流，将光辐射量转换为光电流的过程称为光电转换。若单色光子流功率为 $P(t)$，光子能量 $h\nu$ 是光能量 E 的基本单元，光电流是光生电荷 Q 的时变量，电子电荷 e 是光生电荷的基本单元，则有

$$P(t)=\frac{\mathrm{d}E}{\mathrm{d}t}=h\nu\frac{\mathrm{d}N_{光}}{\mathrm{d}t}\tag{6.1-13}$$

$$i(t)=\frac{\mathrm{d}Q}{\mathrm{d}t}=e\frac{\mathrm{d}N_{电}}{\mathrm{d}t} \tag{6.1-14}$$

式中，$N_{光}$ 和 $N_{电}$ 分别为光子数和电子数。式中所有变量都应理解为平均值。基本关系有

$$i(t)=DP(t) \tag{6.1-15}$$

式中，D 是一个比例系数，又称为探测器的光电转换因子。将式(6.1-13)和式(6.1-14)代入式(6.1-15)得

$$D=\frac{e}{h\nu}\eta \tag{6.1-16}$$

式中

$$\eta=\frac{\mathrm{d}N_{电}}{\mathrm{d}t}\bigg/\frac{\mathrm{d}N_{光}}{\mathrm{d}t} \tag{6.1-17}$$

称为探测器的量子效率，它表示探测器产生的光电子数与所吸收的光子数之比，表征是探测器物理性质的函数。再将式(6.1-16)代回式(6.1-15)，有

$$i(t)=\frac{e\eta}{h\nu}P(t) \tag{6.1-18}$$

这就是基本的光电转换定律。它说明下面两点。

(1) 光电探测器对入射光功率有响应，响应量是光电流。因此，一个光电探测器总可以看作是一个电流源。

(2) 因为光功率 P 正比于光电场的平方，故常常把光电探测器称为平方律探测器。可见，光电探测器是一个非线性器件。

6.1.3 光电探测器的特性参数和噪声

1. 光电探测器的特性参数

光电探测器和其他器件一样，有一套根据实际需要制定的特性参数。它们是在不断地总结各种光电探测器的共性基础上给以科学定义的，所以反映了各种探测器的共同因素。依据这一套参数，人们就可以评价探测器性能的优劣，比较不同探测器之间的差异，从而达到根据需要合理选择和正确使用光电探测器的目的。显然，正确理解各种性能参数的物理意义是十分重要的。

1) 积分灵敏度

灵敏度也常称为响应度，它是光电探测器光电转换特性、光电转换的光谱特性以及频率特性的量度。

如前所述，光电探测器本质是一个外电压偏置的电流输出器件，通过负载电阻又可变为电压输出器件。光照下，它有两个极端的输出状态——短路电流和开路电压：负载电阻为零时，输出电流为短路电流；负载电阻比探测器内阻大很多时，输出电压为开路电压。这个短路电流和开路电压，就是光电流和光电压，或信号电流和信号电压。

当偏置电压一定时，光电流 i(或光电压 u)与入射光功率 P 之间的关系 $i=f(P)$(或 $u=g(P)$)称为光电探测器的光电特性，相应的曲线称为光电特性曲线。灵敏度 R 定义为相应曲线的斜率，即电流灵敏度 R_i 和电压灵敏度 R_u 分别为

$$R_i=\frac{\mathrm{d}i}{\mathrm{d}P} \tag{6.1-19}$$

$$R_u = \frac{du}{dP} \tag{6.1-20}$$

i 和 u 分别为电流和电压的有效值。因为式中的光功率 P 一般是指分布在其一定光谱范围内的总功率，因此，这里的 R_i 和 R_u 分别称为积分电流灵敏度和积分电压灵敏度。

2）光谱灵敏度 R_λ

由于光电探测器的光谱选择性，不同波长的光功率谱密度 P_λ 在同样工作条件下所产生的光电流是波长的函数，记为 i_λ（或 u_λ），由此可定义光谱灵敏度为

$$R_\lambda = \frac{di_\lambda}{dP_\lambda} \tag{6.1-21}$$

如果 R_λ 是常数，则相应的探测器称为无选择性探测器（如光热探测器）。光子探测器是选择性探测器。通常给出的是相对光谱灵敏度 S_λ，它定义为

$$S_\lambda = \frac{R_\lambda}{R_{\lambda M}} \tag{6.1-22}$$

式中，$R_{\lambda M}$是指 R_λ 的最大值，相应的波长称为峰值波长。由 $S_\lambda = S(\lambda)$所绘制的曲线称为探测器的光谱灵敏度曲线。

如果入射光功率有一波长范围，引入相对光功率谱密度函数 f_λ，它定义为

$$f_\lambda = \frac{P_\lambda}{P_{\lambda M}} \tag{6.1-23}$$

将探测器的 S_λ 曲线和入射光的 f_λ 曲线绘在同一个图 6.1-5中，可以明显地看出光电探测器和入射光功率的光谱匹配是多么重要。

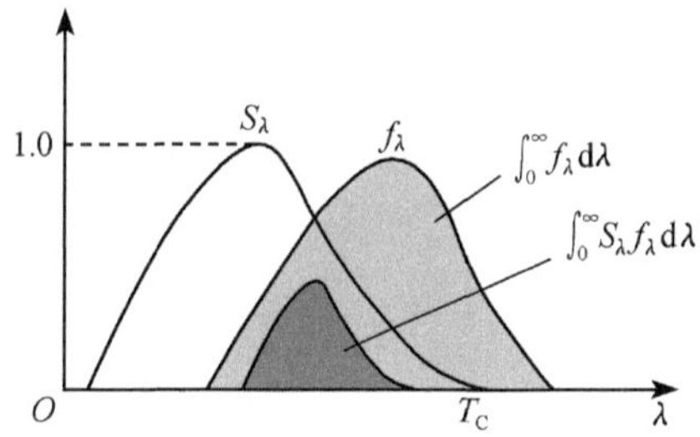

图 6.1-5　光谱匹配

3）频率灵敏度 R_F

如果入射光是强度调制信号光，在同样的工作条件下，光电流 i_F 将随着调制频率 f 的升高而下降，通常定义频率灵敏度 R_F 表征灵敏度随着调制频率的变化，即

$$R_F = \frac{i_F}{P} = \frac{R}{\sqrt{1+(2\pi f\tau)^2}} \tag{6.1-24}$$

式中，τ 是探测器响应时间或时间常数，它由材料、结构和外电路决定。由定义式可见，R_F 随调制频率 f 的升高而下降，一般规定，R_F 下降到 $R/\sqrt{2}=0.707R$ 时的频率 f_C 为探测器的截止响应频率或响应频率，由式（6.1-24）有

$$f_C = \frac{1}{2\pi\tau} \tag{6.1-25}$$

如果入射光是脉冲形式，则更常采用响应时间来量度。探测器对于光照的输出电流，需要经过一定时间才能上升到与辐照功率相应的稳定值 i；当辐照光突然除去后，输出电流也需经过一定时间才能下降到零。一般而言，上升和下降时间相等，时间常数值近似地由式（6.1-25）决定。

综上所述，光电流是探测器两端电压 V、光功率 P、光波长 λ 和光强度调制频率 f 的函数，即

$$i = F(V, P, \lambda, f) \tag{6.1-26}$$

以 V, P, λ 为参量，$i=F(f)$的关系称为光电频率特性，相应的曲线称为光电频率特性曲线；

$i=F(P)$及曲线称为光电特性；$i=F(\lambda)$及其曲线称为光谱特性；$i=F(V)$及其曲线称为伏安特性。

4）量子效率

如果说灵敏度R是从宏观角度描述了光电探测器的光电、光谱及频率特性，则量子效率是对同一个问题的微观-宏观描述。现在把量子效率和灵敏度联系起来，利用式(6.1-18)和式(6.1-19)，可得

$$\eta=\frac{h\nu}{e}R_{\mathrm{i}} \tag{6.1-27}$$

考虑到式(6.1-21)，又有光谱量子效率

$$\eta_{\lambda}=\frac{hc}{e\lambda}R_{\mathrm{i}\lambda} \tag{6.1-28}$$

式中，c是材料中的光速。可见，量子效率正比于灵敏度，反比于波长。

5）通量阈P_{th}和噪声等效功率NEP

在实际工作中，当$P=0$时，光电探测器的输出电流并不等于零，这个电流称为暗电流，记为$I_{\mathrm{n}}=\overline{(i_{\mathrm{n}}^{2})}^{1/2}$，它是瞬时噪声电流的有效值。显然，这时灵敏度已失去意义，必须定义一个新参量来描述光电探测器的这种特性。关于噪声I_{n}产生的原因将在后面介绍。

噪声的存在，限制了探测器探测微弱信号的能力。通常认为，如果信号光功率产生的信号光电流i_{s}等于噪声电流I_{n}，就认为刚刚能探测到光信号的存在。依照这一判据，利用式(6.1-19)，定义探测器的通量阈为

$$P_{\mathrm{th}}=\frac{I_{\mathrm{n}}}{R_{\mathrm{i}}} \tag{6.1-29}$$

例如，若$R_{\mathrm{i}}=10\mu\mathrm{A}/\mu\mathrm{W}$，$I_{\mathrm{n}}=0.01\mu\mathrm{A}$，则通量阈$P_{\mathrm{th}}=0.001\mu\mathrm{W}$，也就是说，小于$0.001\mu\mathrm{W}$的信号光功率不能被探测器探知。所以，通量阈是探测器所能探测的最小光信号功率。

实际上，除了采用通量阈的概念外，还有一种更通用的参量表述，这就是噪声等效功率NEP。NEP定义为单位信噪比时的信号光功率，即电流信噪比$\mathrm{SNR}=i_{\mathrm{s}}/I_{\mathrm{n}}=1$或电压信噪比$\mathrm{SNR}=u_{\mathrm{s}}/V_{\mathrm{n}}=1$时的信号光功率。按式(6.1-29)有

$$\mathrm{NEP}=P_{\mathrm{th}}=P_{\mathrm{s}}\,|_{(\mathrm{SNR})_{\mathrm{i}}=1}=P_{\mathrm{s}}\,|_{(\mathrm{SNR})_{\mathrm{u}}=1} \tag{6.1-30}$$

显然，NEP越小，表明探测器探测微弱信号的能力越强。所以，NEP是描述光电探测器探测能力的参数。

6）归一化探测度D^{*}

上面引入了NEP表征探测器探测微弱信号的能力，NEP越小，表明探测能力越强，这不符合人们“越大越好”的习惯。于是，可取NEP的倒数并定义为探测度D来表征探测器探测微弱信号的能力，即

$$D=\frac{1}{\mathrm{NEP}} \tag{6.1-31}$$

这样，D值大的探测器就表明探测能力强。

在实际使用中发现，“D值大的探测器其探测能力一定好”的结论并不充分，原因在于探测器光敏面积A和测量带宽Δf对D值影响很大。理论分析表明，D与$(A\Delta f)^{-1/2}$成正比，为消除这一影响，定义

$$D^{*}=\mathrm{D}\sqrt{A\Delta f}\quad(\mathrm{cm}\cdot\mathrm{Hz}^{1/2}/\mathrm{W}) \tag{6.1-32}$$

并称其为归一化探测度。这时就可以说，探测器的D^{*}大，其探测能力一定强。考虑到光谱响

应特性，一般给出 D^* 值时要注明响应波长 λ、光辐射调制频率 f 及测量带宽 Δf，即 $D^*(\lambda, f, \Delta f)$。

7）其他参数

光电探测器还有其他一些特性参数，例如，光敏面积、探测器电阻及电容等。特别是对于极限工作条件，在正常使用时都不允许超过这些指标，否则会影响探测器的正常工作，甚至使探测器损坏。通常规定了探测器的工作电压、电流、温度以及光照功率允许范围，使用时要特别注意。

2. 光电探测器噪声

任何一个探测器，都一定有噪声。也就是说，在它的输出端总是存在着一些毫无规律、事先无法预知的电压起伏。这种无规则起伏，在统计学中称为随机起伏，它是微观世界服从统计规律的反映。从这个意义上说，实现微弱光信号的探测问题，就是如何从噪声中提取信号的问题，这是当今信息探测理论研究的中心课题之一。

依据噪声产生的物理机制，光电探测器的噪声大致分为散粒噪声、产生-复合噪声、光子噪声、热噪声和 $1/f$ 噪声等。

1）散粒噪声

散粒噪声是指在无光照的条件下，由于热激发作用，随机产生电子所造成的起伏，起伏单元是电子电荷量 e。这种噪声存在于所有光电探测器中。理论计算给出的热激发散粒噪声电流的有效值为

$$I_n = \sqrt{2ei_d\Delta f} \tag{6.1-33}$$

相应的噪声电压为

$$V_n = \sqrt{2ei_dR^2\Delta f} \tag{6.1-34}$$

式中，i_d 是探测器的暗电流，Δf 是测量带宽，R 是探测器的电阻。如果探测器具有内增益 M，则上二式中还应乘以 M。光电管的暗电流散粒噪声就是式(6.1-33)和式(6.1-34)，光电倍增管的散粒噪声则需再乘以 M。式(6.1-33)和式(6.1-34)也适用于光伏探测器，但对雪崩光伏探测器则要乘以 M。

2）产生-复合噪声

对于光电导探测器，热激发载流子是电子-空穴对，其电子、空穴在运动过程中与光伏器件的不同点在于，存在着严重的复合过程，而且复合过程本身也是随机的。因此，不仅有载流子产生的起伏，而且还有载流子复合起伏，这样就使起伏加倍，虽然本质上也是散粒噪声，但为了强调产生和复合两个因素，称为产生-复合散粒噪声，简称为产生-复合噪声，记为 $I_{g\text{-}r}$ 或 $V_{g\text{-}r}$，即

$$I_{g\text{-}r} = \sqrt{4ei_dM^2\Delta f} \tag{6.1-35}$$

$$V_{g\text{-}r} = \sqrt{4ei_dM^2R^2\Delta f} \tag{6.1-36}$$

式中，M 是光电导探测器的内增益。

3）光子噪声

以上讨论的是热激发产生的散粒噪声。当用功率恒定的光照射探测器时，由于光功率实际上是光随机起伏的统计平均值，每一瞬时到达探测器的光子数是随机的，因此，光激发的载流子也一定是随机起伏的，也要产生起伏噪声，即散粒噪声。因为这里强调的是光子起伏，故

称为光子噪声。不管是信号光还是背景光,都伴随有光子噪声,而且光功率越大,光子噪声也越大。于是,只要把式(6.1-33)中的暗电流 i_d 用背景光和信号光产生的光电流 i_b 和 i_s 代替,就可以得到光子噪声的表达式,即光子散粒噪声电流为

$$I_{nb} = \sqrt{2ei_b\Delta f} \tag{6.1-37}$$

$$I_{ns} = \sqrt{2ei_s\Delta f} \tag{6.1-38}$$

式(6.1-37)和式(6.1-38)适用于光电发射和光伏情况,如果探测器有内增益,则应乘以 M。这时的产生-复合噪声为

$$I_{nbg-r} = \sqrt{4ei_bM^2\Delta f} \tag{6.1-39}$$

$$I_{nsg-r} = \sqrt{4ei_sM^2\Delta f} \tag{6.1-40}$$

考虑到 i_d、i_b、i_s 的共同作用,光电探测器总散粒噪声可统一表示为

$$I_n = [Se(i_d + i_b + i_s)M^2B]^{1/2} \tag{6.1-41}$$

式中,S=2(光电发射和光伏)、4(光电导),M=1(无内增益),B 是带宽。

4) 热噪声(Johnson 噪声)

由于光电探测器有一个等效电阻 R,电阻中自由电子的随机运动将引起电压起伏,这就是热噪声。理论推导给出有效热噪声电压和电流分别为

$$V_n = \sqrt{4KTR\Delta f} \tag{6.1-42}$$

$$I_n = \sqrt{4KT\Delta f/R} \tag{6.1-43}$$

5) $1/f$ 噪声

几乎所有的探测器中都存在这种 $1/f$ 噪声。它主要出现在大约 1kHz 以下的低频区域,而且与光辐射的调制频率 f 成反比,故称为低频噪声或 $1/f$ 噪声。实验发现,探测器表面的工艺状态(缺陷或不均匀等)对这种噪声的影响很大,所以有时也称为表面噪声或过剩噪声。$1/f$ 噪声的经验规律为

$$I_n = \sqrt{Ai^{\alpha}\Delta f/f^{\beta}} \tag{6.1-44}$$

式中,A 为与探测器有关的系数,i 为流过探测器的总直流电流,$\alpha\approx2$,$\beta\approx1$。于是,

$$I_n = \sqrt{Ai^2\Delta f/f} \tag{6.1-45}$$

一般说,只要限制低频端的调制频率不低于 1kHz,这种噪声就可以防止。

6.2 光电探测器件

下面,针对点探测应用介绍几种常用的光电探测器件,重点讨论光子效应光电探测器件。

6.2.1 光电倍增管

光电倍增管是依据光电发射效应工作的光电探测器件。

1. 光电倍增管的结构

光电倍增管的原理结构如图 6.2-1 所示,它与人们熟知的光电管相比,除了阴极 K、阳极 A 以及管壳外,多了若干中间电极。这些中间电极称为倍增极或打拿极,每相邻两个电极称为一级。V_i 为各级电压,一般为百伏量级,总电压约为千伏量级。这样,从阴极 K 经过打拿极

D_i 到阳极 A,各级之间形成逐级递增的加速电场。阴极在光照下发射光电子,光电子被极间电场加速聚焦,以足够高的速度轰击倍增极,产生二次电子发射,使电子数目增大若干倍。如此逐级倍增,使得电子数目大增,最后,被阳极收集形成阳极电流。当光信号变化时,阴极发射的光电子数目发生相应的变化。由于各倍增极的倍增因子基本上是常数,所以阳极电流亦随光信号变化,此即光电倍增管的工作原理。

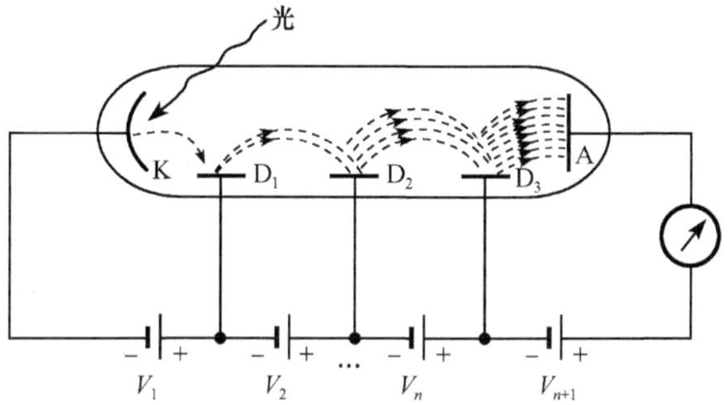

图 6.2-1　光电倍增管的原理结构图

2. 光电倍增管的性能

光电倍增管的性能主要由光阴极和倍增极以及极间电压决定。

目前采用的最好光阴极材料是负电子亲合势材料。例如,InAsP-Cs_2O 材料,在 1.06μm 波长时的量子效率达 0.8%,比经典光阴极材料 AgOCs 大 20 倍。某些金属、金属氧化物及半导体,如银、金、锑化铯、氧化铍以及 GaP-Cs、GaAs-Cs_2O 负电子亲合势材料等都可作为倍增极,光电倍增管就是利用各倍增极的二次电子发射效应获得很高的电流内增益的。二次电子发射特性利用二次发射系数 σ 描述,即

$$\sigma_i = \frac{N_{i+1}}{N_i} \tag{6.2-1}$$

式中,i 为倍增极级数,N 为发射的电子数,σ_i 表示第 i 级倍增极每一个入射电子所能产生的二次电子的倍数,即该级的电流增益。如果倍增极的总级数为 n,且各级性能相同,考虑到电子的传输损失,则光电倍增管的电流增益为

$$M = i_A / i_K = \eta(g\sigma)^n \tag{6.2-2}$$

式中,i_A 为阳极电流,i_K 为阴极电流,η 为第一倍增极对阴极发射电子的收集效率,g 为各倍增极之间的电子传递效率。良好的电子光学设计可使 η、g 值在 0.9 以上。

理论和实验表明,倍增极的电流增益 σ 主要取决于倍增极材料和极间电压,例如,锑化绝材料,$\sigma=0.2V^{0.7}$;银镁合金的 $\sigma\approx V/40$。这里 V 的单位为伏特,若取 $n=10$,则其光电倍增管的电流增益分别为 $M=\sigma^{10}=(0.2)^{10}V^7$ 和 $M=(V/40)^{10}$。可见,材料一定,总电流增益与极间电压的关系十分密切,工作电压的微小变化都将使 M 值有明显的波动,即将使光电倍增管的工作不稳定。但从另一方面看,也可利用调整外加工作电压的办法来调整总的电流增益,从而使光电倍增管工作在最佳工作状态。因此,要求光电倍增管电源必须是可调的电子稳压电源。这是使用光电倍增管的特点之一。

从上述讨论可知,n 和 σ 越大,M 值就越高。但过多的倍增级数将使光电倍增管的管长加长,体积加大,同时还将使电子渡越效应变得严重,从而影响光电倍增管的频率特性和噪声性

能。综合上述因素，一般选择较大的 σ 值和较少的级数 n。实验发现，随着工作电压增大，σ 趋于一最大饱和值，过此值后，电压 V 再增大，σ 反而变小。通常 σ 值为 3～6，n 取 9～14 级，M 为 10^5～10^7。负电子亲合势打拿极的 σ 值可高达 20～25，这可使级数 n 大大减少，又可得到良好的频率特性。

3. 光电倍增管的工作电路

光电倍增管的供电回路如图 6.2-2 所示，它适用于高速光脉冲或强度调制的激光信号探测，若光信号为平稳的连续光波，则图中的电容 C_1、C_2、C_3 可以不用。因为倍增作用，最后三级倍增极的电流较大。在脉冲信号情况下，将会突然使这几级极间电压下降，造成空间电荷堆积，反而使阳极电流下降。所以，在脉冲光信号的情况下，必须采用稳压电容 C_1、C_2、C_3 来防止这几级极间电压的突变。

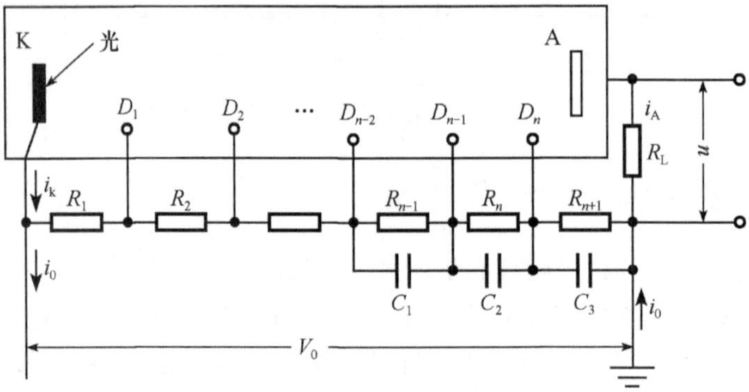

图 6.2-2 光电倍增管的供电回路

由于阴极到第一打拿极之间，电子的聚焦、收集的好坏对阳极电流的影响最大，故其极间电压 V_1 比其他倍增极的极间电压要取得高些，即分压电阻 R_1 要取得大些，中间各倍增极一般均匀分压。末级极间电压 V_{n+1} 一般取得低些，即 R_{n+1} 值取得小些（R_n 的量级为 100～500kΩ）。

根据使用需要，可选用正高压或负高压两种不同的供电方式。负高压供电方式是指电源正极接地，从而使阳极输出可以直接接入放大器输入端而无需隔直流电容，如图 6.2-2 所示。其优点是便于用直流法测量阳极输出电流，能响应变化非缓慢的光信号。缺点是地处于高电位，易受外界电磁干扰，噪声大，且使用中要注意安全。正高压供电方式是指电源负极接地，其阳极输出必须经过一个耐高压、低噪声的隔直流电容接入放大器输入端。由于阴极电位与地电位接近，因而暗电流小，噪声低，适用于低噪声要求严格的光脉冲信号探测。

光电倍增管的光电特性曲线在相当宽的范围内为直线，如图 6.2-3(a)所示。当光功率接近 20μW 时，特性曲线开始偏离直线，出现饱和效应。原因是最后几级打拿极的疲劳和电荷积累效应，使增益系数大大降低。光电倍增管的显著特点是适于微弱光信号探测。在使用时要切忌过度光照。另外，由于光电子从阴极到阳极要渡越较长的距离，所以在使用时应对光电倍增管进行良好的电磁屏蔽。

光电倍增管的伏安特性曲线与真空光电管的伏安特性曲线十分相似，如图 6.2-3(b)所示。

在一些弱光直流探测中，信号电流小到与暗电流可以相比拟的程度，这时在阳极输出电路中可以采用暗电流补偿的方法。图 6.2-4(a)是一种最简单的补偿电路。在检流计上并联可变电阻与电池串联的支路，调节可变电阻，产生一个反方向的电流，正好抵消暗电流，即所谓调零。

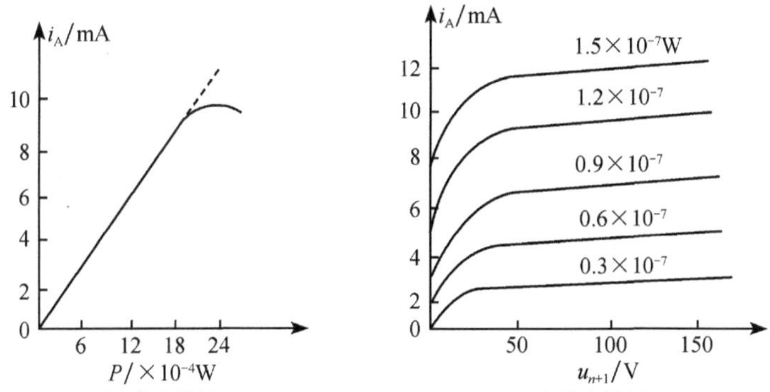

(a) 光电特性　　(b) 伏安特性

图 6.2-3　光电倍增管的工作特性

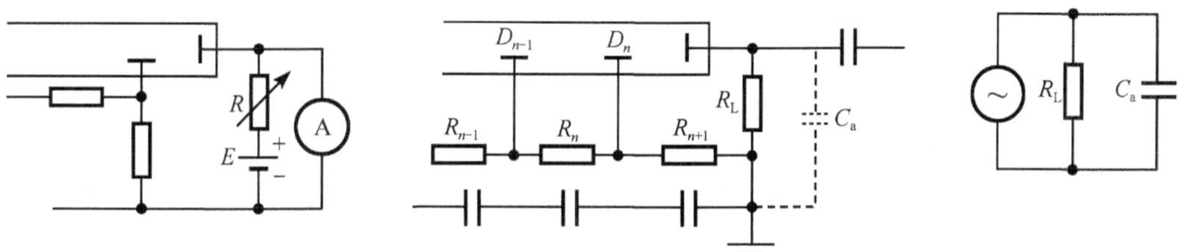

(a) 直流测量暗电流补偿电路　　(b) 交流测量输出电路及等效电路

图 6.2-4

对于交流信号和脉冲信号的测量，阳极对地间电容不能忽略，它已是输出电路的组成部分，其输出电路和等效电路如图 6.2-4(b)所示。图中 C_a 是阳极对其他所有电极间的电容、引线寄生电容和后继电子线路输入电容的组合。输出电路的时常数 $\tau_C = R_L C_a$。因此，光电倍增管的响应频率为

$$f = \frac{1}{2\pi R_L C_a} \tag{6.2-3}$$

可见，为获得足够宽的频率响应，必须降低负载电阻，并相应地提高管子的增益，保证有足够的信号输出幅度。

4. 光电倍增管的噪声特性

由于光电倍增管是一个非常灵敏的微弱信号探测器，所以它的噪声特性就显得非常重要。对电磁屏蔽良好的光电倍增管来说，其噪声主要来源是暗电流、光信号电流、背景光电流以及负载电阻的热噪声。如果光信号变化缓慢，还应考虑 $1/f$ 噪声。

光阴极的热电子发射所产生的暗电流 i_T 的大小由理查森(Richardson)方程决定

$$i_T = aAT^2 \exp\left(-\frac{E_\varphi}{KT}\right) \tag{6.2-4}$$

式中，a 是光阴极材料决定的比例系数，对纯金属，其值为 1.2×10^6 A/($m^2\cdot K^2$)；A、T、E_φ 分别为光阴极面积、温度和功函数。光电流为

$$i_k = \frac{e\eta}{h\nu}(P_s + P_b) \tag{6.2-5}$$

式中，η 为光阴极量子效率，P_s 和 P_b 为信号和背景光功率。所以由总电流

$$i_A = M(i_T + i_k) \tag{6.2-6}$$

决定的散粒噪声为

$$I_n = [2eM^2 F(i_T + i_k)\Delta f]^{1/2} \tag{6.2-7}$$

式中,F 表示倍增过程的噪声贡献,且

$$F = 1 + \frac{\sigma}{\sigma_1(\sigma - 1)} \tag{6.2-8}$$

σ_1 是第一打拿极的增益系数,σ 为其余极的增益系数。通常,$F \approx 1.2$。

另外,负载电阻 R_L 有热噪声

$$I_{nT} = (4KT\Delta f/R_L)^{1/2} \tag{6.2-9}$$

所以,光电倍增管的总噪声为

$$I_n = \left[2eM^2 F(i_T + i_k)\Delta f + \frac{4KT\Delta f}{R_L}\right]^{1/2} \tag{6.2-10}$$

6.2.2 光电导探测器

利用光电导效应工作的探测器称为光电导探测器。

光电导效应是半导体材料的一种体效应,无需形成 PN 结,故又常称为无结光电探测器。这种器件在光照下会改变自身的电阻率,光照越强,器件电阻越小,故又称为光敏电阻。本征型光敏电阻一般在室温下工作,适用于可见光和红外辐射探测;非本征型光敏电阻通常必须在低温条件下工作,常用于中、远红外辐射探测。由于光敏电阻没有极性,可把它当作阻值随光照强度变化的可变电阻来对待,因此,在电子线路、仪器仪表、光电控制、计量分析以及光电制导、激光外差探测等领域中获得十分广泛的应用。

1. 光敏电阻的光谱特性

常用的光敏电阻有 CdS、CdSe、PbS 以及 HgCdTe 等。其中,CdS 的工业应用最多,PbS 因其光谱响应在近红外区主要用于军事装备。图 6.2-5 给出了 CdS、CdSe 和 PbS 三种光敏电阻的光谱响应特性曲线。

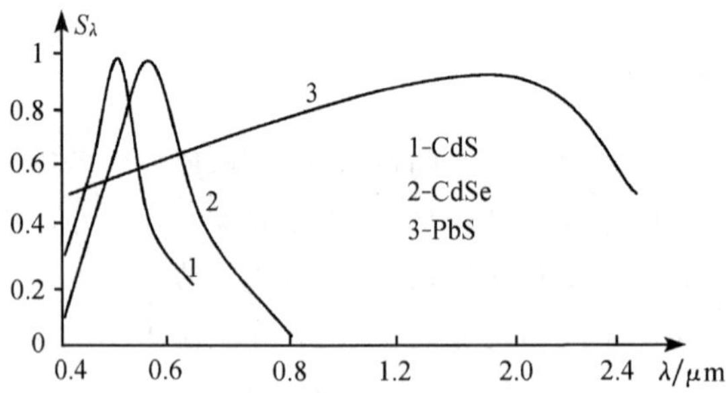

图 6.2-5 三种光敏电阻的光谱响应特性曲线

光敏电阻的光谱响应主要由材料和工艺过程决定。非本征材料的响应波长可以延伸到远红外波段,这是其他探测器难以与之相比的。利用半导体材料的掺杂及用两种半导体材料按一定比例混合并烧结形成固溶体的技术,可使光敏电阻的光谱响应范围、峰值响应波长获得一定程度的改善,从而满足某些特殊需要。

2. 光敏电阻的光电特性

在一定的偏压条件下，光敏电阻的光照特性呈非线性关系，回路电流为

$$i = ku^{\alpha}P^{r} \tag{6.2-11}$$

式中，u 是光敏电阻两端的电压，如图 6.2-6 所示；k、α、r 均为常数。k 与器件的材料、尺寸、形状以及载流子寿命有关，α 值一般为 1.0～1.2，r 值为 0.5～1.0。

在低偏压(几伏到几十伏)、弱光照(10^{-1}～10^{3}lx)条件下，通常取 $\alpha=1$，$r=1$。于是，式(6.2-11)变为

$$i = kuP \tag{6.2-12}$$

这样，无论是光电特性(i～P 关系)还是伏安特性(i～u 关系)，都认为是线性关系。图 6.2-7 给出了 CdS 的光电特性，可见其呈现明显的非线性。

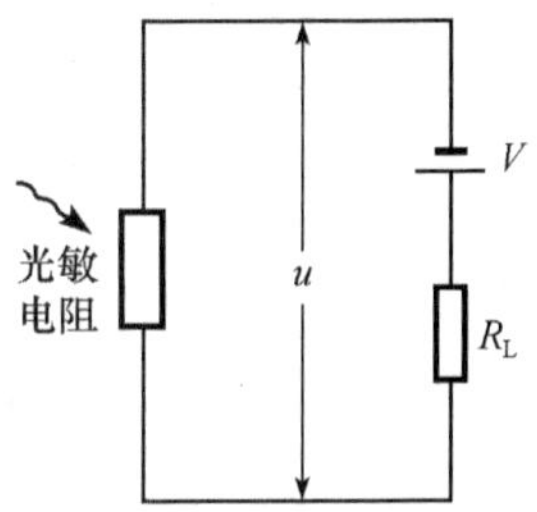

图 6.2-6　光敏电阻的偏置电路

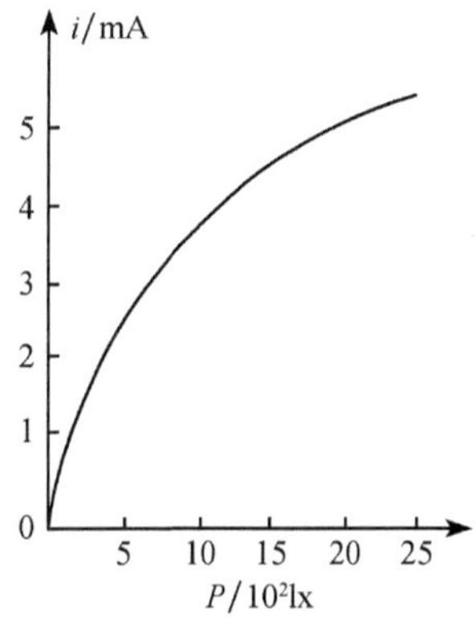

图 6.2-7　CdS 光照特性曲线

一般说，光敏电阻的暗电阻在 10MΩ 以上，光照后，电阻值显著降低，亮阻和暗阻之比为 10^{-2}～10^{-6}。这一比值越小，光敏电阻的灵敏度越高。

光敏电阻是一种具有电流内增益的探测器，可以证明，内增益为(以 N 型半导体为例)

$$M = \frac{\mu_n V\tau}{L^2} \tag{6.2-13}$$

式中，μ_n 为电子的迁移率，V 为外加偏压，τ 为电子的平均寿命，L 是半导体在外加电压方向上的长度。可见，为了得到较大的电流增益 M，总是设法减小极间距离 L。图 6.2-8给出了一种光电导探测器的结构示意：掺杂半导体薄膜淀积在绝缘基底上，在其面上蒸镀金或铜金属，形成梳状电极结构。这种结构使得间距很近(即 L 小，M 大)的电极之间，具有较大的光敏面面积，从而获得高灵敏度。为了防止潮湿对灵敏度的影响，整个管子采用密封结构。

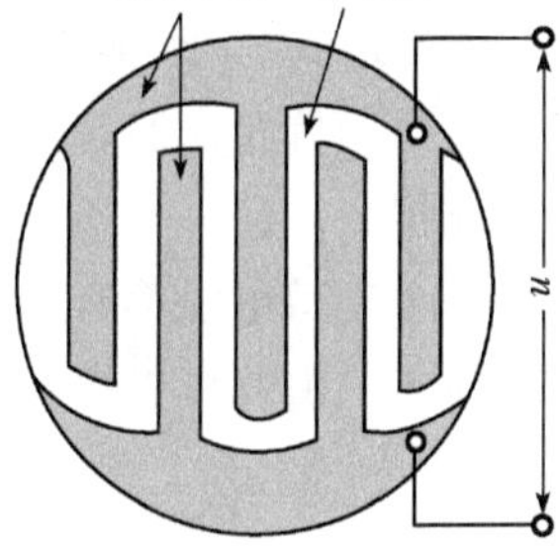

图 6.2-8　光电导探测器结构

3. 光敏电阻的伏安特性

图 6.2-9 是光敏电阻的等效电路。由图可知，光敏电阻两端电压 u 为

$$u = V - iR_L = iR_g \tag{6.2-14}$$

由负载电阻 R_L 决定的负载线为图 6.2-10 上的 NT 直线，R_g 为 P_0 光照时的亮电阻。当光照发生变化时，R_g 变化为 $R_g+\Delta R_g$，相应的电流变化为

$$\Delta i = -\frac{V\Delta R_g}{(R_L+R_g)^2} \tag{6.2-15}$$

式中，负号表示光照增大时，R_g 减小（$\Delta R_g<0$），相应的 Δi 增大。进一步，电流的变化，又将引起电压 u 的变化，且有

$$\Delta u = -\Delta i R_L = \frac{V\Delta R_g R_L}{(R_g+R_L)^2} \tag{6.2-16}$$

可见，输出电压 Δu 随负载电阻非线性变化，Δu 最大的条件为

$$R_L = R_g \tag{6.2-17}$$

R_g 是工作点 Q 处（图 6.2-10）的亮电阻。这种状态称为匹配工作状态。

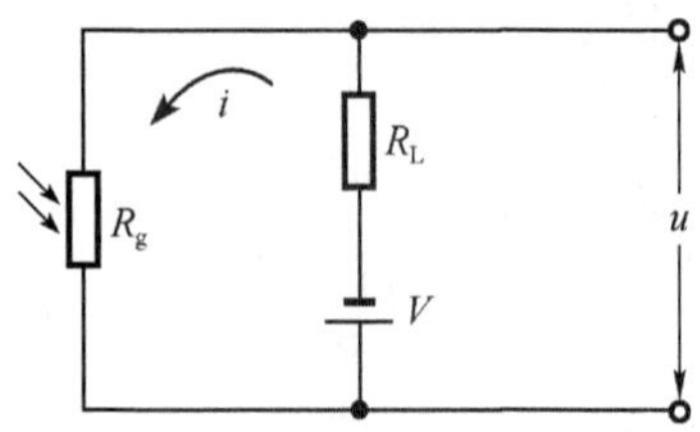

图 6.2-9　光敏电阻等效电路

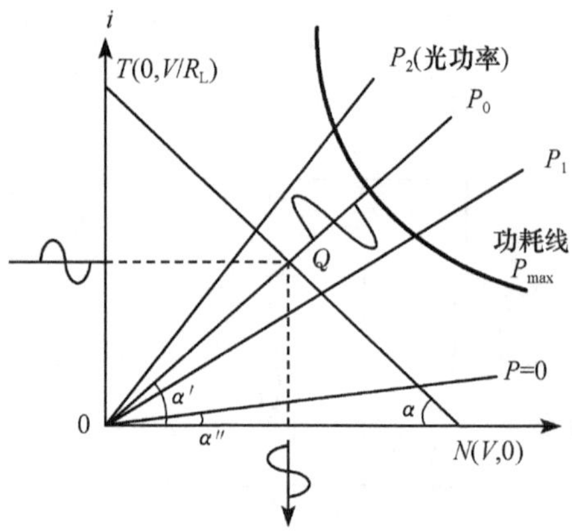

图 6.2-10　伏安特性

显然，当入射光功率在较大的动态范围内变化时，要始终保持匹配状态工作是困难的。这是光敏电阻工作的不利因素之一。另外，图 6.2-9 中忽略了极间电容，这在入射光功率变化频率较高时，是不允许的。由式(6.2-13)可见，为得到较大的电流增益 M，总设法减小极间距离 L，但这又将使极间电容增大，导致器件的响应频率减小。这也是光敏电阻的一个不利因素。例如，CdS 光敏电阻的响应时间约为几十毫秒到几秒，CdSe 光敏电阻的响应时间为 $10^{-2}\sim10^{-3}$ s，PbS 光敏电阻的响应时间约为 10^{-4} s。实际应用表明，提高使用光照度，降低外加电压，或者适当加上偏置光照，使光敏电阻不从完全暗状态开始受光照，都可以使其时间响应特性得到一定改善。

每一个光敏电阻都有额定的最大耗散功率 P_{max}，工作时如果超过这一数值，光敏电阻将会很快被损坏。由此可以得出偏置电压必须满足条件

$$V < \left(\frac{P_{max}}{R_g}\right)^{1/2}(R_L+R_g) \tag{6.2-18}$$

式中，P_{max} 由图 6.2-10 所示的功耗线给出。

4. 光敏电阻的温度特性

光敏电阻的光学和电学性能受温度影响较大，其关系也较为复杂。随着温度的升高，有的亮阻增加，有的却变小。为描述其温度特性，可定义

$$T_C = \frac{R_2 - R_1}{R_1(T_2 - T_1)} \times 100\% \tag{6.2-19}$$

为光敏电阻的温度系数，式中 R_1 和 R_2 分别为某光照下，相应于温度 T_1 和 T_2 时的亮阻值，显然，T_C 值越小越好。不同材料的光敏电阻，其温度系数有正也有负。而且一般讲，在弱光照和强光照时温度系数都较大，中等光照时则较小。例如，CdS 光敏电阻的温度系数在 10lx 照度时约为零；照度高于 10lx 时，温度系数为正；低于 10lx 时，温度系数为负。此外，即使同种材料制作的光敏电阻，T_C 值也有较大差别。

另外，当环境温度在 0～+60℃的范围内，光敏电阻的响应速度几乎不变；而在低温环境下，光敏电阻的响应速度变慢。例如，在－30℃时，其响应时间约为+20℃时的 2 倍。

光敏电阻允许的功耗，也随着环境温度的升高而降低。

光敏电阻的噪声来源主要有三个，即产生-复合噪声、热噪声和 $1/f$ 噪声。

5. 几种典型的光敏电阻

1）CdS 和 CdSe 探测器

这是两种造价低的可见光辐射探测器。它们的主要特点是高可靠性和长寿命，因而广泛用于自动化技术和摄影机中。这两种器件的光电导增益比较高（10^3～10^4），但响应时间比较长（约为 50ms）。

2）PbS 探测器

这是一种性能优良的近红外（1～3.4μm）辐射探测器，它可在室温下工作，广泛用于遥感技术和武器红外制导技术。

3）InSb 探测器

这也是一种良好的近红外（峰值波长约为 6μm）辐射探测器。虽然也能在室温下工作，但噪声较大。在 77K 时，噪声性能大大改善。这种探测器的响应时间短（大约几十纳秒）。因而适用于快速红外信号探测。

4）HgCdTe 探测器

HgCdTe 探测器是一种目前性能最优、最有前途的化合物本征型光电导探测器，它是由 HgTe 和 CdTe 两种材料混合制备的固溶体。响应波长为 8～14μm，工作温度为 77K。广泛用于 10.6μm 的 CO_2 激光探测。

5）PbTe 探测器

PbTe 探测器在常温下，对 4μm 以内的红外光灵敏；冷却到 90K 时，可在 5μm 范围内使用。响应时间为 10^{-4}～10^{-5}s。

表 6.2-1 列出了几种典型光敏电阻的特性。

表 6.2-1 几种典型光敏电阻的特性

种 类	灵敏度/(A/lm)	响应时间/μs	光谱响应范围/μm
Cds	0.1(单晶) 50.0(多晶)	10^3～10^8	0.3～0.8(常温)
CdSe	50	500～10^8	0.5～0.8(常温)
PbS	在约 10^{-12}W 时，$S=N$[①]	100	1～3(常温)
PbSe	在约 10^{-11}W 时，$S=N$	100	1～5(常温)，≈7(90K)
PbTe	在约 10^{-12}W 时，$S=N$	10	≈4(常温)，≈5(90K)
InSb	在约 10^{-11}W 时，$S=N$	0.4	5～7(常温，77K)

续表

种　类	灵敏度/(A/lm)	响应时间/μs	光谱响应范围/μm
Ge:Hg	—	30～1000	≈14(27K)
Ge:Au	在约 10^{-13}W 时，$S=N$	10	≈10(77K)
HgCdTe	—	<1	8～14(77K)
PbSbTe	—	15×10^{-3}	11～20(77K)
Ge	在约 10^{-13}W 时，$S=N$	10	—

注：① $S=N$ 表示电阻器外接负载中产生的信号等于内部噪声。

6.2.3　光伏探测器

利用PN结的光伏效应制成的光电探测器称为光伏探测器。与光电导探测器不同，光伏探测器的内电流增益等于1。它有两种工作模式，其典型器件是光电池和光电二极管。

1. 两种工作模式

光伏探测器实际就是图6.2-11(a)所示的PN结光电探测器，它等效于一个普通二极管和一个恒流源(光电流源)的并联，如图6.2-11(b)所示。通常，根据其外偏压回路的不同，它有两种不同的工作方式：图6.2-11(c)所示的零偏压方式，称为光伏工作模式；图6.2-11(d)所示的反偏压方式，外加偏压P端为负、N端为正，称为光导工作模式。

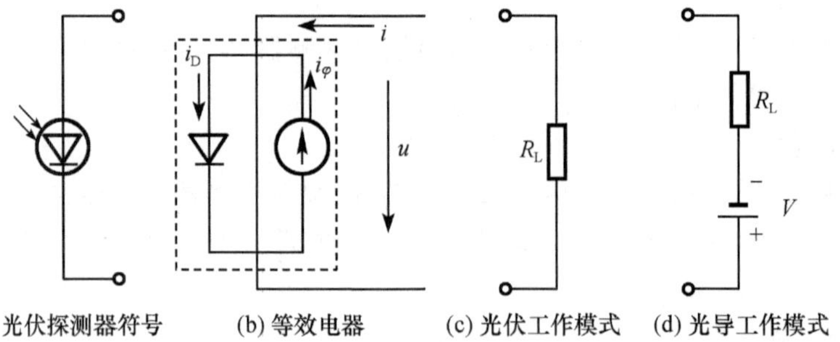

图6.2-11　光伏探测器及其工作模式

普通二极管的伏安特性为

$$i_D = i_s\left[\exp\left(\frac{eu}{KT}\right)-1\right] \tag{6.2-20}$$

因此，光伏探测器的总电流为

$$i = i_s\left[\exp\left(\frac{eu}{KT}\right)-1\right]-i_\varphi \tag{6.2-21}$$

式中，e 是电子电荷，u 是探测器两端电压，K 是玻尔兹曼常量，T 是热力学温度，i_φ 是光电流。

光伏探测器的伏安特性曲线($i\sim u$ 曲线)如图6.2-12所示。由图可见，第一象限是正偏压状态，i_D 很大，光电流 i_φ 起不了重要作用，在这一区域工作没有意义；第三象限是反偏压状态，$i_D=i_s$ 是普通二极管中的反向饱和电流，现在称为暗电流(对应于光功率 $P=0$)，数值很小，这时的光电流(等于 $i-i_s$)是通过探测器的主要电流，可以实现光电探测。由于这种工作情况下的外回路特性与光电导探测器十分相似，所以将其称为光导工作模式，相应的探测器称为光电二极管；在第四象限中，外偏压为零时，流过探测器的电流为光电流，可以实现光电探测。这时探测器因光生伏特效应的输出是通过负载电阻 R_L 上的电压或流过 R_L 上的电流来体现的，因此，称为光伏工作模式，相应的探测器称为光电池。

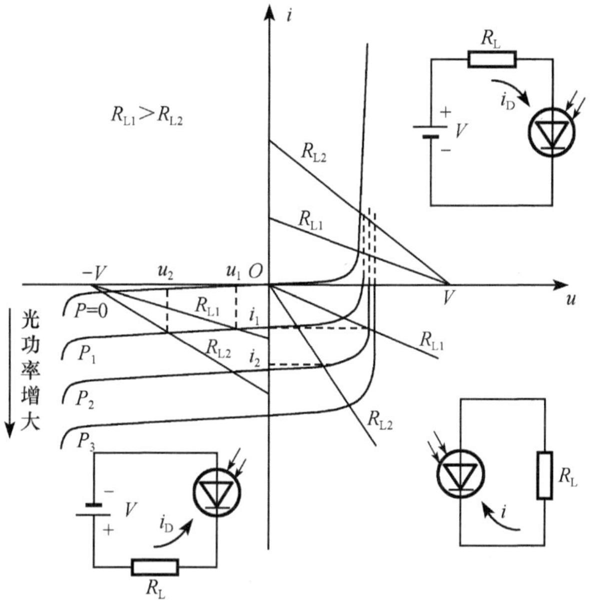

图 6.2-12 光伏探测器的伏安特性曲线

2. 光电池

光电池又称为光伏电池。由于光电池常用于把太阳能直接变换成电能,因此又称为太阳能电池。光电池的种类很多,如硒光电池、氧化亚铜光电池、硫化镉光电池、砷化镓光电池、硅光池等。光电池的用途可分为两类:一类是当作光电探测器使用,第二类是用作电源。作为光电探测器件,光电池广泛用于红外辐射探测、光电读出、光电耦合、激光准直、光电开关等。对于这类应用要求,光电池的照度特性应当线性度好;作为电源,光电池广泛用作太阳能电池、人造卫星、野外灯塔、无人气象站、微波站等设备的电源。此类应用主要要求价廉、输出功率大。

1) 光电池的光电探测特性

光电池的等效电路如图 6.2-13 所示。其中,i_φ 为光电流,i_D 为二极管电流,R_{sh} 为等效泄漏电阻,C_j 为结电容,R_s 为引出电极-管芯接触电阻,R_L 为负载电阻。一般情况下,R_{sh} 很大,可不计其影响,则有

$$i_\varphi - i_D - i = 0$$

如果短接 R_L,忽略 R_s 的影响,二极管上的电压 $u_1=0$,则由式(6.2-20)可得 $i_D=0$,流过光电池的短路电流 i_{sc} 就是光电流 i_φ,即

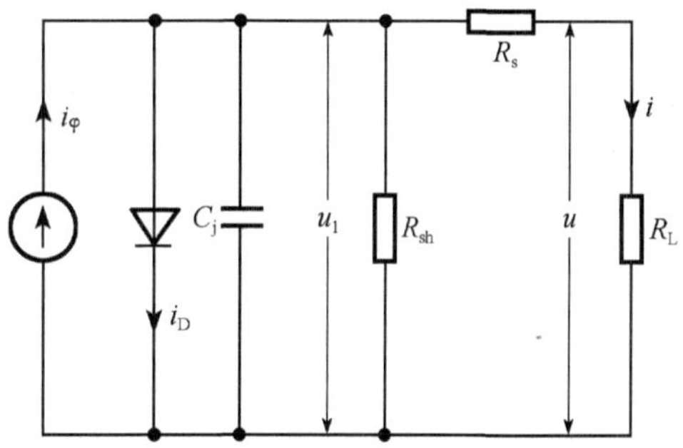

图 6.2-13 光电池的等效电路

$$i_{sc} = i_\varphi \tag{6.2-22}$$

因此,光电池在短路工作状态下,短路电流与入射的光功率成正比。所以,在这种状态下工作的光电池可用作光电探测器。

由图 6.2-12 所示的光电池伏安特性曲线(第四象限)可以看出,在一定光照下,当负载电

阻 R_L 由无穷大(开路)变到零(短路)时,输出电压将从开路电压(u_{oc})变到零,而输出电流将从零增大到短路电流 i_{sc}。在短路和开路两种工作状态,光电池均无电功率输出。只有当负载电阻为某一值 R_m 时,才得到最大的电输出功率 P_m。R_m 称为特定照射光功率条件下的最佳负载电阻。在实际应用中,估算 R_m 的简易公式为

$$R_m = 0.7\frac{u_{oc}}{i_\varphi} \tag{6.2-23}$$

式中,光电流 i_φ 由式(6.1-18)确定,开路电压 u_{oc}可由式(6.2-21)确定。按等效电路图 6.2-13 可知,当负载电阻 $R_L\to\infty$时,图中 $i=0$,光电池输出电压 u_1 即为开路电压 u_{oc},因此,在忽略 R_{sh}影响下,按式(6.2-21)有

$$u_{oc} = \frac{KT}{e}\ln\left(\frac{i_\varphi}{i_s}+1\right) \tag{6.2-24}$$

联系式(6.1-18)、式(6.2-23)和式(6.2-24)可见,光电池的最佳负载电阻 R_m 是入射光功率的函数,随入射光功率的增大而减小。

应当指出,一般产品手册中所给出的开路电压值是指特定光照度下的值,而在实际应用中,常需要知道实际使用光照度下的开路电压值,设前者为 u_{oc},后者为 u'_{oc},则按式(6.2-24)关系可得

$$u'_{oc}= u_{oc} + \frac{KT}{e}\ln\left(\frac{P'}{P}\right) \tag{6.2-25}$$

式中,P 为手册中给定的光功率,P'为实际照射的光功率。在室温(300K)下,$KT/e\approx 2.6\times 10^{-2}$V,于是有

$$u'_{oc}= u_{oc} + 2.6\times10^{-2}\ln\left(\frac{P'}{P}\right) \tag{6.2-26}$$

2) 太阳能电池应用

上面已经提到,当把光电池作为太阳能电池使用时,要求有最大电功率输出,所以最重要的问题是选择最佳负载电阻 R_m。另外,由于单片光电池的输出电压很低,输出电流很小,必须要把很多单片光电池组装成光电池组才能作为电源使用。又因为在一定光照下,单片光电池的开路电压是定值,与光电池的面积大小无关,而光电流的大小则与光电池面积成正比,所以,可串联光电池以提高输出电压,可并联光电池以增大输出电流。图 6.2-14 是太阳能电池的两种典型的组装方法,其中图 6.2-14(a)是分组串联后再并联;图 6.2-14(b)是分组并联后再串

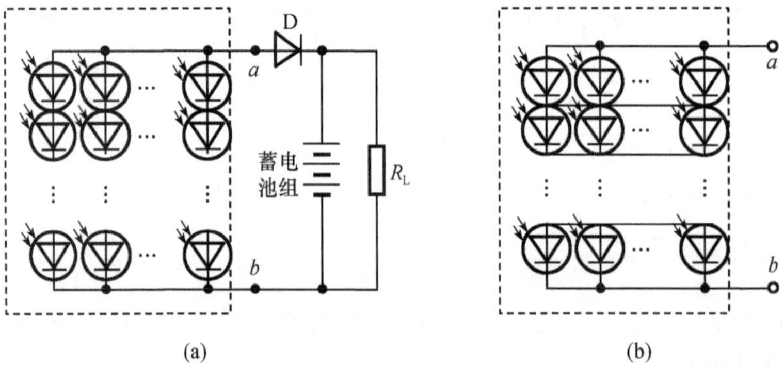

图 6.2-14 太阳能电池的两种组装方法

联。图 6.2-14(b)这种组装方法的优点是不会因一片电池损坏就使某一分组电池不能工作。图 6.2-14 中的二极管起保护作用，防止因光辐射功率减弱造成光电池组输出电压降低，反而会使蓄电池对光电池反放电。

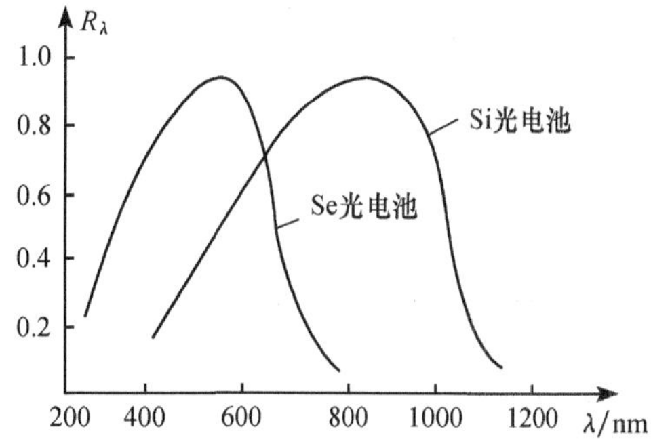

图 6.2-15　Se、Si 光电池的光谱特性

3）光电池的光谱、频率特性

光电池的光谱响应特性主要由材料决定。图 6.2-15是两种常用光电池的光谱特性曲线：Se 光电池在可见光谱范围内有较高的灵敏度，峰值响应波长在 540nm 附近，特别适宜可见光测量应用；Si 光电池的光谱响应范围宽得多，为 400～1100nm，峰值响应波长在 850nm 附近，在可见光和近红外波段均有广泛应用。

光电池的频率特性一般说来不太好，其原因之一是光敏面积做得较大，因而极间电容较大；另一个原因是光电池工作在第四象限，有较小的正偏压存在，内阻很低，而且随着入射光功率变化。当光功率很小时，内阻变大，频率特性变坏。这是在实际使用中应当注意的一个问题。在照度较强和负载电阻较小的情况下，Si 光电池的截止频率最高可达 10～30kHz。

另外，在强光照射或聚光照射下，必须要考虑光电池的工作温度及散热措施。如果光电池结温太高，例如，Se 光电池的结温超过 50℃、Si 光电池的结温超过 200℃，就会破坏它们的晶体结构，造成损坏。因此，通常 Si 光电池使用的温度不允许超过 125℃。

3. 光电二极管

以光导模式工作的结型光伏探测器称为光电二极管，它在快速、微弱光信号探测中有着非常重要的应用。现在使用较多、性能优良的器件有：Si 光电二极管、PIN Si 光电二极管、雪崩光电二极管(APD)、肖特基(Schottky)势垒光电二极管、HgCdTe 光电二极管、光子牵引探测器(属非势垒光伏效应探测器)以及光电三极管等。

1）光电二极管

（1）光电二极管的伏安特性

如前所述，光电二极管在反向偏压下工作，$i_D = i_s$，i_s 和光电流 i_φ 都是反向电流。为了符合人们的观察习惯，通常将图 6.2-12 中的 i 和 u 倒转，使其第三象限的伏安特性曲线变到第一象限中，如图 6.2-16(a)所示。在该图中，弯曲点 M' 所对应的电压值 V'' 称为曲膝电压。为分析方便起见，常将伏安特性曲线进行线性化处理，得到图 6.2-16(b)给出的形式。

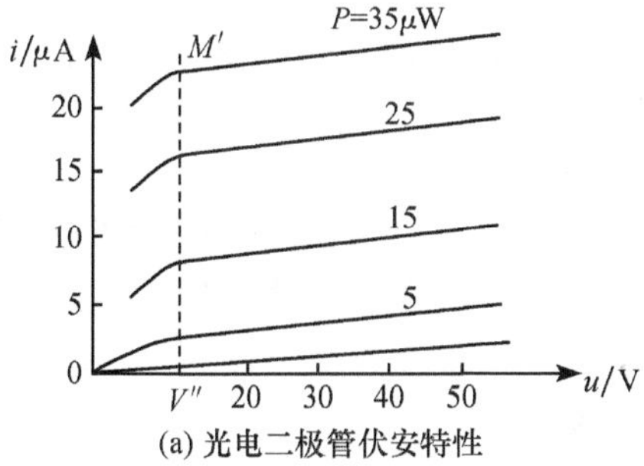

(a) 光电二极管伏安特性

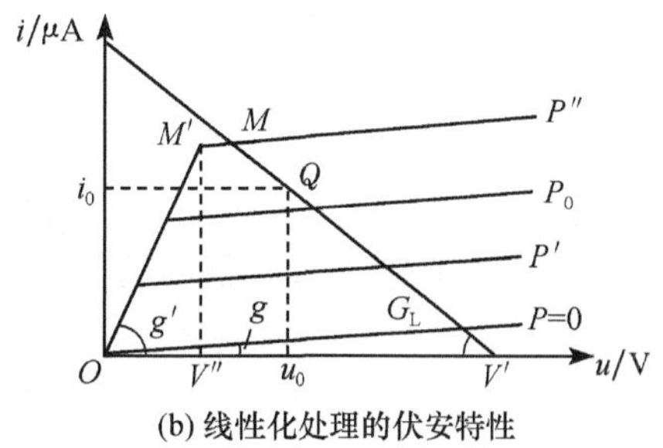

(b) 线性化处理的伏安特性

图 6.2-16

(2) 光电二极管的光信号探测

① 慢变化光功率探测

相应于图 6.2-17 所示的慢变化光功率探测电路，重要的是设计直流负载线，确定电路的最佳负载电阻。

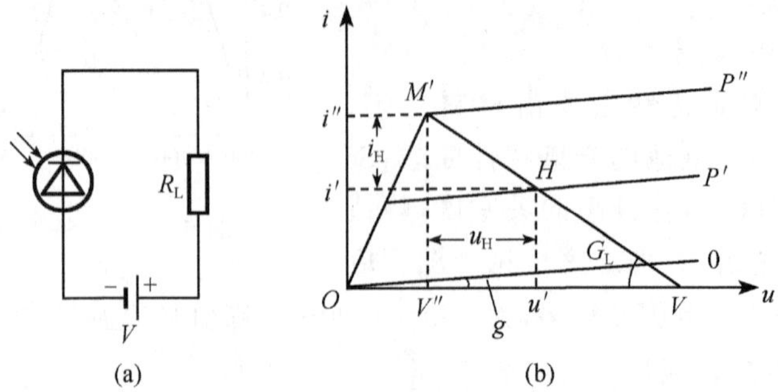

图 6.2-17 慢变化光照的伏安特性

当光信号功率由 P' 慢慢变化到 P'' 时，其输出光电流应与入射光功率呈线性关系变化。为此，直流负载线必须通过伏安特性曲线 M' 点的右方。如果要求输出电压最大，则负载线必须如图 6.2-17(b)所示通过 M' 点，这时的输出电压为

$$u_{\max} = \frac{R_i(P'' - P')}{g + \dfrac{g'}{\dfrac{(g'-g)V}{R_i P''} - 1}} \tag{6.2-27}$$

与此相应的 G_L 为

$$G_L = \frac{R_i P''}{V\left(1 - \dfrac{g}{g'}\right) - \dfrac{R_i P''}{g'}} \tag{6.2-28}$$

式中，R_i 为光电二极管的电流灵敏度，g 是光电二极管的内电导，其值等于管子内阻的倒数，g' 是光电二极管的临界电导，G_L 是负载电阻 R_L 的倒数。

如果要求输出电流最大，则由图 6.2-17 可知，在给定 V 值后，通过 u 轴上的 V 点且垂直于 u 轴的负载线，即 $G_L=\infty$ 或 $R_L=0$ 的负载线，具有最大的电流输出，显然有

$$i_{\max} = R_i(P'' - P') \tag{6.2-29}$$

② 交变光信号探测

当光电二极管对交变光信号探测时，其电路和伏安特性如图 6.2-18 所示。假定光信号功率为正弦脉动，即 $P=P_0+P_m\sin(\omega t)$，所关心的问题是：相应于给定的入射光功率，最佳功率输出的条件；给定反偏压 V 时的最佳功率输出的条件。

由图 6.2-18(b)可见，在入射光功率 P''、P_0 和 P' 已知的情况下，为使光电二极管得到充分利用，交流负载线(斜率为 G_P+G_L)应通过 M' 点。图中，阴影△QNT 的面积表示 G_P 和 G_L 并联时所获得的总功率值。显然，为了获得更大的功率，希望 G_P+G_L 值小，V 值高。但是，欲希望由 G_L 上输出大的功率，又要求 G_L 比 G_P 大，会使得 G_P+G_L 值变大，而与上面的要求相矛盾。因此，G_L 和 G_P 都存在最佳值问题。理论上给出最大输出功率的条件是

$$\begin{cases} G_L = G_P + g \\ G_P = \dfrac{R_i(P'' + P_0) + 2gV''}{2(V - V'')} \\ \text{在允许范围内尽量增大 } V \text{ 值} \end{cases} \tag{6.2-30}$$

当给定反偏压 V 时，最大输出功率的条件是

$$\begin{cases} G_L = 2(G_P + g) \\ G_P \text{ 取值大些} \end{cases} \tag{6.2-31}$$

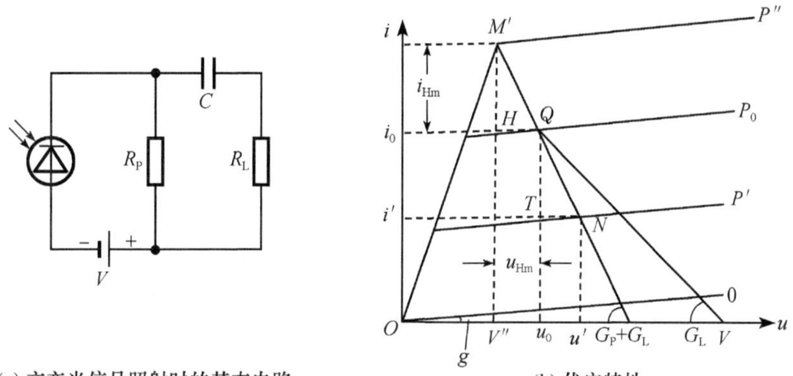

(a) 交变光信号照射时的基本电路　　(b) 伏安特性

图 6.2-18

(3) 光电二极管的频率特性

光电二极管的高频等效电路如图 6.2-19(a)所示：R_d 是光电二极管的内阻，亦称暗电阻；光电二极管等效为一个高内阻的电流源 i_φ；R_s 是体电阻和电极接触电阻，一般很小。在工程计算中，高频等效电路可简化如图 6.2-19(b)所示，其高频截止频率 f_C 为

$$f_C = \frac{1}{2\pi R_L C_j} \tag{6.2-32}$$

相应的电路时常数 τ_C 为

$$\tau_C = 2.2 R_L C_j = \frac{0.35}{f_C} \tag{6.2-33}$$

例如，Si 光电二极管的结电容 $C_j = 30\text{pF}$，$R_L = 50\Omega$，则 $f_C = 100\text{MHz}$，$\tau_C = 3.5\text{ns}$。

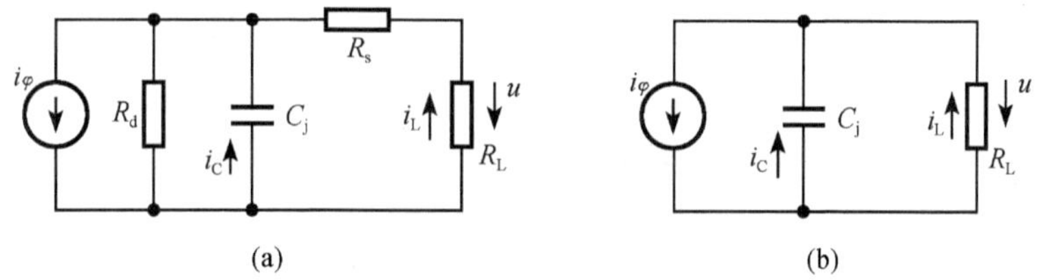

图 6.2-19　光电二极管的高频等效电路

事实上，光电二极管的频率响应不仅决定于上述的电路时间常数，还与光生载流子在耗尽层附近的扩散时间和光生载流子在耗尽层内的漂移时间有关，对于 Si 光电二极管，前者具有 10^{-9}s 量级，后者有 10^{-11}s 量级。因此，在制造工艺上要尽量减小这个时间，一般把光敏面做得很薄。

(4) 光电二极管的噪声特性

由于光电二极管常用于微弱信号的探测，因此，了解它的噪声性能是十分必要的。图 6.2-20是光电二极管的噪声等效电路。对于高频应用，有两个主要的噪声源：散粒噪声 $\overline{i_{ns}^2}$ 和电阻热噪声 $\overline{i_{nT}^2}$，所以，输出噪声电流有效值为

$$I_n = (\overline{i_{ns}^2} + \overline{i_{nT}^2})^{1/2} = \left[2e(i_s + i_b + i_d)\Delta f + \frac{4KT\Delta f}{R_L}\right]^{1/2} \quad (6.2\text{-}34)$$

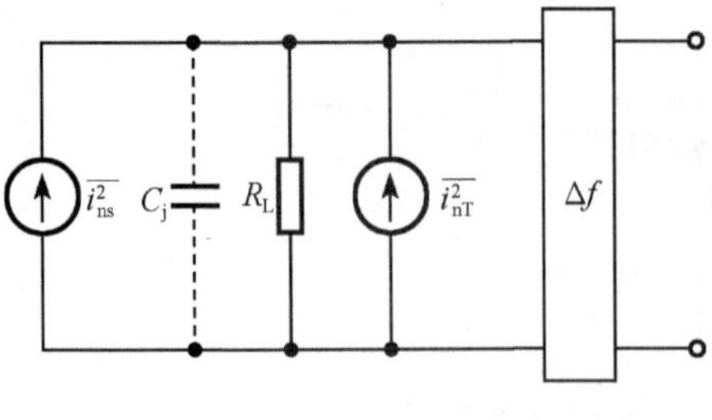

图 6.2-20 光电二极管的噪声等效电路

相应的噪声电压为

$$V_n = I_n R_L = [2e(i_s + i_b + i_d)R_L^2\Delta f + 4KTR_L\Delta f]^{1/2} \quad (6.2\text{-}35)$$

式中，i_s、i_b、i_d 分别是信号光电流、背景光电流和反向饱和暗电流的平均值。由上两式可见，从材料及制造工艺上尽量减小 i_d，合理地选取负载电阻 R_L 是减小噪声的有效途径。

制造光电二极管的材料几乎全部选用硅或锗的单晶材料。由于硅器件较之锗器件暗电流小得多，频率特性好，因此，硅光电二极管得到了广泛的应用。

(5) 硅光电二极管的结构

硅光电二极管的两种典型结构如图 6.2-21 所示。其中，图 6.2-21(a)是采用 N 型单晶硅和磷的扩散工艺，称为 P^+N 结构，示为 2CU 型；图 6.2-21(b)是采用 P 型单晶硅和磷的扩散工艺，称为 N^+P 结构，示为 2DU 型。光敏芯区外侧的 N^+ 环区，称为保护环，其目的是切断表面层的漏电流，使暗电流明显减小。有环极的光电二极管有三根引出线，通常把 N 侧电极称为前极，P 侧称为后极。环极接偏置电源的正极，如果不想用环极，把它断开，空着即可。

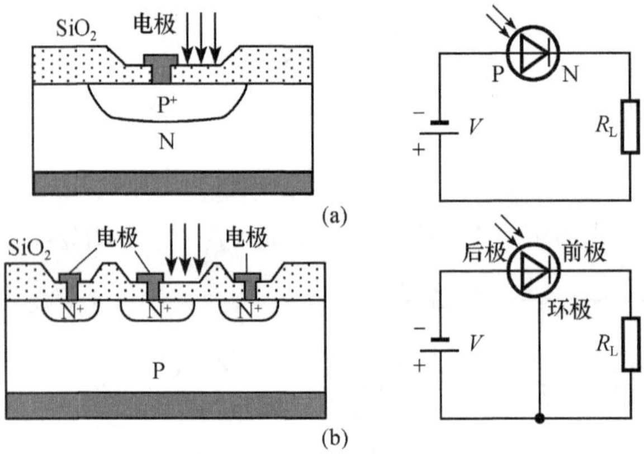

图 6.2-21 硅光电二极管的两种典型结构

硅光电二极管常采用的封装形式是金属外壳加入射窗口，入射窗口又有透镜和平面镜之分。凸镜有聚光作用，利于提高灵敏度，而且由于聚焦位置与入射光方向有关，因此，还能减小杂散背景光的干扰。其缺点是灵敏度随方向而变，因此，给对准和可靠性带来了问题。采用平面镜窗口的硅光电二极管虽然没有尖锐的对准问题，但易受杂散光干扰的影响。硅光电二极管的外形及灵敏度的方向性如图 6.2-22 所示。

(6) 硅光电二极管的光谱响应

硅光电二极管具有一定的光谱响应范围，图 6.2-23 给出了它的光谱响应曲线，常温下，峰值波长约为 0.9μm，长波限约为 1.1μm，短波限约为 0.4μm。在峰值波长为 0.9μm 处，量子效率 $\eta_\lambda > 50\%$，电流灵敏度 $R_i > 0.4\mu A/\mu W$。

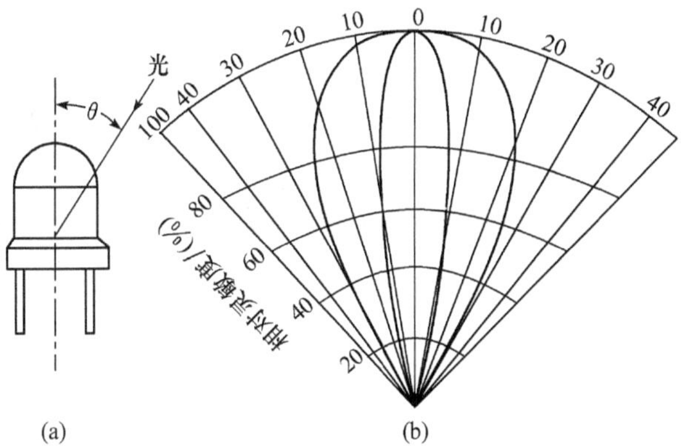

图 6.2-22　硅光电二极管的外形及灵敏度方向性

2）PIN 硅光电二极管

上述讨论已知，载流子在耗尽层附近的扩散时间和电路时间常数为同数量级，它们决定了光电二极管的响应速度。为改善其频率特性，就应设法减小载流子扩散时间和结电容。因此，人们提出了一种在 P 区和 N 区之间间隔一本征层（I 层）的 PIN 硅光电二极管，其结构如图 6.2-24 所示。

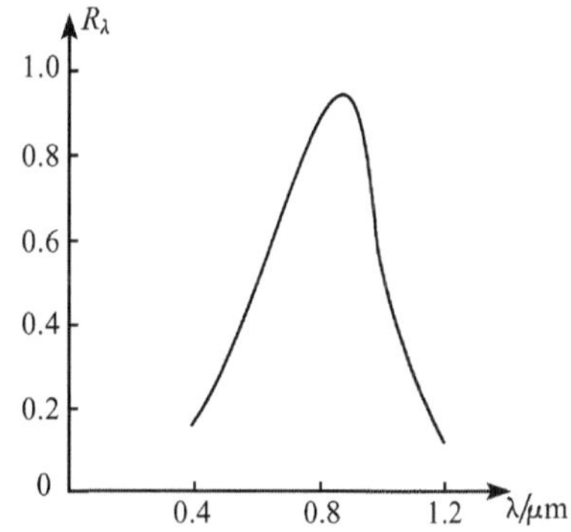

图 6.2-23　Si 光电二极管的光谱响应

由于本征材料的电阻率很高，故外加反偏压主要集中在这一层，形成高电场区。在这里产生的光生电子-空穴对将立即被电场分离，并快速漂移运动。本征层的引入明显地增大了 P^+ 区的耗尽厚度，有利于缩短载流子的扩散过程，也明显地减小了结电容，改善了光电二极管的频率特性；并且耗尽层的加宽，还有利于对长波区光辐射的吸收，提供了较大的灵敏体积，有利于量子效率的改善。

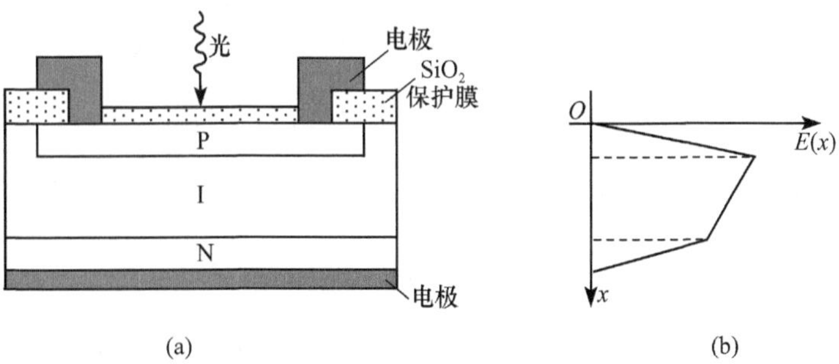

图 6.2-24　PIN 硅光电二极管管芯结构和电场分布

性能良好的 PIN 硅光电二极管，其扩散漂移时间一般在 10^{-10}s 量级，相当于 GHz 频率响应，因此，在实际应用中，决定光电二极管频率响应的主要因素是电路的时常数 τ_C。PIN 结构的结电容 C_j 一般可控制在 10pF 量级，适当地加大反偏压，C_j 还可以减小一些。故合理地选择负载电阻 R_L，是实际应用中的重要问题。

由于 PIN 硅光电二极管的上述优点，它在光通信、光雷达以及其他快速光自动控制领域得到了非常广泛的应用。

3）雪崩光电二极管（APD）

雪崩光电二极管是利用二极管在高的反向偏压下发生雪崩倍增效应而制成的光电探测器。这种器件有电流内增益，一般的硅或锗雪崩光电二极管电流内增益可达 $10^2 \sim 10^3$，因此灵敏度很高，且响应速度快，在超高频的调制光照射下仍有很显著的增益。

器件光电流增益的大小用倍增因子 M 表征。实验表明，M 随反向偏压 V 的变化可用下面的经验公式近似表示：

$$M = \frac{1}{1-(V/V_B)^n} \tag{6.2-36}$$

式中，V 为外加反向偏压，V_B 为击穿电压，n 是与半导体材料有关的常数，对 N^+P 结，$n \approx 2$，对 P^+N 结，$n \approx 4$。

表 6.2-2 给出了几种硅雪崩光电二极管的主要特性参数。

表 6.2-2 硅雪崩光电二极管性

类　型	N-I-P	N-I-P	N-I-P
光谱响应范围/μm	0.5～1.1	0.5～1.1	0.5～1.1
光敏面积/mm^2	1.9×10^{-1}	6.15×10^{-2}	7.85×10^{-3}
雪崩倍增因子 M	150	150	150
工作偏压/V	160～220	160～210	60～90
暗电流/nA	30	30	2
电流响应度/(A/W)	18	18	24
响应时间/ns	0.5	0.5	0.5
噪声等效功率/$(W/Hz^{1/2})$	10^{-13}	10^{-13}	6×10^{-14}
D^*/$(cm \cdot Hz^{1/2}/W)$	3.4×10^{11}	1.9×10^{11}	4.4×10^{11}

雪崩光电二极管的噪声主要是散粒噪声和热噪声，噪声电流有效值为

$$I_n = \left[2e(i_s + i_b + i_d)M^2 F\Delta f + \frac{4KT\Delta f}{R_L}\right]^{1/2} \tag{6.2-37}$$

式中，F 是附加噪声因子，与光电倍增管中的附加噪声因子意义相同，由下式表示：

$$F = M\left[1 - \left(1 - \frac{1}{r}\right)\left(\frac{M-1}{M}\right)^2\right] \tag{6.2-38}$$

r 是电子和空穴电离概率之比，对 Si 材料，$r \approx 50$；对 Ge 材料，$r \approx 1$。这说明硅比锗材料的噪声性能要好。

雪崩光电二极管在光纤通信、激光测距以及光纤传感技术中有广泛的应用。这是因为，对高速光信号来说，使用 PIN 光电二极管时，为保证好的频率特性，通常都把负载电阻取得很小，例如，匹配高速示波器时，一般要求 $R_L = 50\Omega$。这样小的 R_L，输出的信号电压必然很小，因此，它对前置放大器的要求很高。由于雪崩光电二极管具有内增益，大大降低了对前置放大器的要求。

4）肖特基势垒光电二极管

这是一种由金属和半导体接触所制成的光电二极管，也称为金属半导体光电二极管。当金属和 N 型半导体接触时，由于金属的费米能级比半导体的费米能级低，N 型半导体内的电子便向金属内移动，结果金属一侧带负电，半导体一侧带正电，形成内电场。由于内电场的存在，将阻止 N 型半导体中的电子继续移向金属，直至建立起稳定的内部电场。又由于金属内

部自由电子的浓度很大,约为 $10^{22}cm^{-3}$,可以认为负电荷集中在金属接触表面,而半导体的掺杂浓度一般比较低,约为 $10^{18}cm^{-3}$,于是,半导体一侧失去电子的正电中心分布在离接触面较厚的区域,为 $10^{-5}\sim10^{-4}cm$。在这一区域,电子大部分已迁移到金属那边,成为电子已耗尽的高阻区,称为耗尽层。因为耗尽层的内电场将阻挡电子迁移到金属,因此又称为阻挡层。阻挡层内的正电荷与金属接触面上的负电荷形成电偶极层,即形成接触势垒,称为肖特基势垒。利用肖特基势垒制成的光电二极管就称为肖特基光电二极管。关于金属和P型半导体接触后的物理过程与上述类似,只是阻挡层内带负电。

肖特基光电二极管同样要求反偏压工作。光从金属一侧入射,为使透光性能好,金属是用真空镀膜技术制成的金属膜,而且做得很薄,大约只有几纳米。若在金属膜上覆盖一层透明的ZnS,则既可防止光反射,又能提高响应灵敏度。

由于近紫外和蓝光容易穿透薄金属,所以肖特基势垒光电二极管在 $0.4\sim0.6\mu m$ 范围比较一般硅光电二极管有更高的灵敏度,且响应时间短(约为 0.1ns),这是它的主要优点。此外,它的光敏面可以做得较大,且均匀性好,动态范围大,很适于做成四象限光电二极管,用于激光准直和跟踪应用。

6.2.4 特种光电探测器

1. 位置敏感探测器(PSD)

PSD是一种具有特殊结构的大光敏面光电二极管,可对入射到光敏面上的光点位置敏感,且可进行多个光点测量,又称为PN结光电传感器。

1) 横向结构式PSD

图6.2-25(a)是一维PSD的原理图,在高阻半导体硅的两面形成均匀的电阻层:P型和N型半导体层,并在电阻层的两端制作电极引出电信号。图6.2-25(a)中光点位置 C 决定了均匀扩散层(P-Si)中 AC 段和 BC 段电阻的比例。当有光照射、无偏压时,面电极 A、B 与衬底电极 D 相当于短路,可检出短路电流。设 AC 段电阻值为 R_1,BC 段电阻值为 R_2,R 为 R_1 和 R_2 的并联值,光电流 i_0 经 R_1 和 R_2 由 A、B 流出,其值分别为 $i_1=i_0R/R_1$,$i_2=i_0R/R_2$。假若PSD光敏面的表面电阻层理想均匀,则其阻值与长度成正比,有

$$\left.\begin{aligned}\frac{i_1}{i_0}&=\frac{R}{R_1}=\frac{L-x}{L}\\\frac{i_2}{i_0}&=\frac{R}{R_2}=\frac{x}{L}\end{aligned}\right\}\tag{6.2-39}$$

$$i_1-i_2=i_0\left(1-2\frac{x}{L}\right)\tag{6.2-40}$$

$$x=\frac{L}{2}\left(1-\frac{i_1-i_2}{i_1+i_2}\right)\tag{6.2-41}$$

一般以 AB 的中点为坐标原点,则

$$x'=\frac{L}{2}\,\frac{i_1-i_2}{i_1+i_2}\tag{6.2-42}$$

该式说明,i_1-i_2 与 i_1+i_2 的比值与光点位置成线性关系,与光强无关。由于这个表征位置的测量比值只取决于器件的结构及

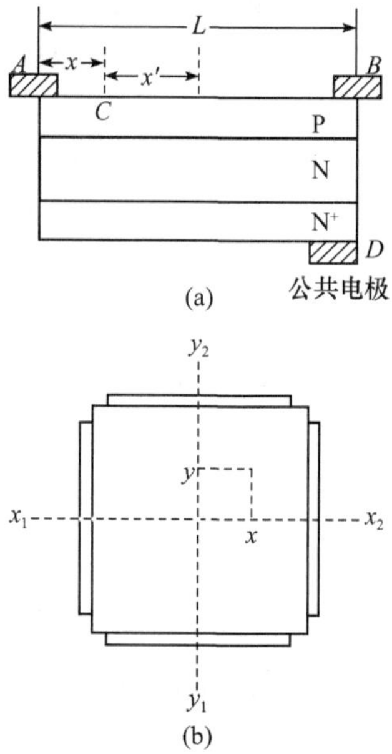

图6.2-25 横向结构式PSD

入射光点的位置，从而抑制了光点强度变化对检测结果的影响。式(6.2-42)可表示为

$$x' = k\frac{i_1 - i_2}{i_1 + i_2} \tag{6.2-43}$$

对于图 6.2-25(b)所示的二维 PSD，有四个电极，一对为 x 方向，另一对为 y 方向，光敏面的几何中心设在坐标原点。当光点入射到任意位置时，在 x 和 y 方向各有一个唯一的信号与其对应，光点坐标为

$$\left.\begin{aligned} x &= k\frac{i_1 - i_2}{i_1 + i_2} \\ y &= k'\frac{i_3 - i_4}{i_3 + i_4} \end{aligned}\right\} \tag{6.2-44}$$

式中，k 和 k' 为常数。二维 PSD 的典型电路框图如图 6.2-26 所示。

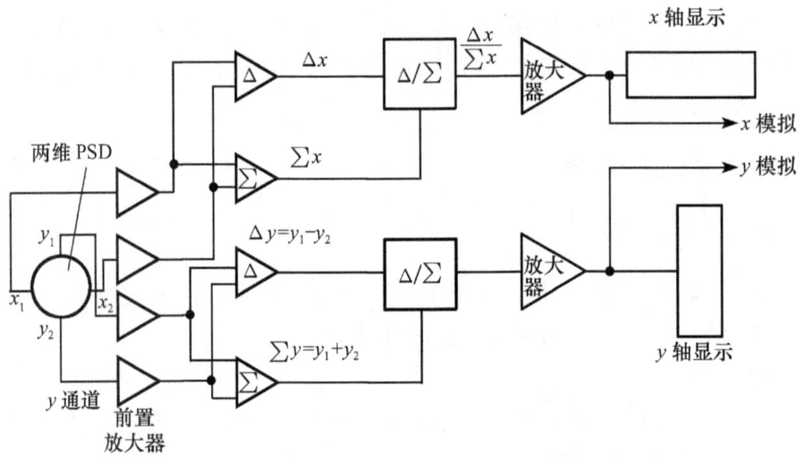

图 6.2-26　二维 PSD 的典型电路框图

2）四象限光电二极管

为了激光准直和跟踪的需要，人们把四个性能完全相同的光电二极管按照四个象限排列，构成四象限光电二极管，如图 6.2-27 所示。象限之间的间隔称为死区，工艺上要求做得很窄。光照时，每一个象限都输出一个相应于光照面积的电压：u_1、u_2、u_3、u_4，把这四个电压按一定规则组合在一起，就可给出光斑在四象限光电二极管上的位置信息，从而确定光束方位。电压的组合如下：

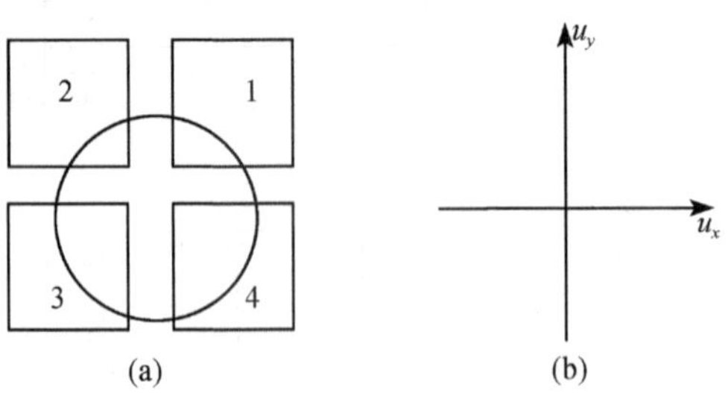

图 6.2-27　四象限光电二极管

$$\left.\begin{aligned} u_x &= \frac{(u_1 + u_4) - (u_2 + u_3)}{u_1 + u_2 + u_3 + u_4} \\ u_y &= \frac{(u_1 + u_2) - (u_3 + u_4)}{u_1 + u_2 + u_3 + u_4} \end{aligned}\right\} \tag{6.2-45}$$

把 u_x 和 u_y 作为误差信号再去控制光束方向或光电二极管方向，就可完成准直和跟踪任务。

2. HgCdTe 光探测器

碲镉汞($Hg_{1-x}Cd_xTe$)材料随 x 含量组分的不同，可以做成分别在 1～3μm、3～5μm 和 8～

14μm 这三个大气窗口的红外探测器。当 $x=0.2$ 时，响应波长为 8～14μm，且它有光导型、光伏型和光电磁型三种类型。其中，光伏型一般在 77K 下工作，峰值响应为 10.6μm，是目前探测 CO_2 激光波长微弱光辐射最好的探测器。

3. 光电三极管

光电三极管具有内增益，但获取增益的途径不是前面提到的雪崩效应，而是利用一般晶体管的电流放大原理。光电三极管的结构、等效电路、连接方式如图 6.2-28 所示，图中 B、E、C 分别表示光电三极管的基极、发射极和集电极，β 表示晶体管的电流放大倍数。

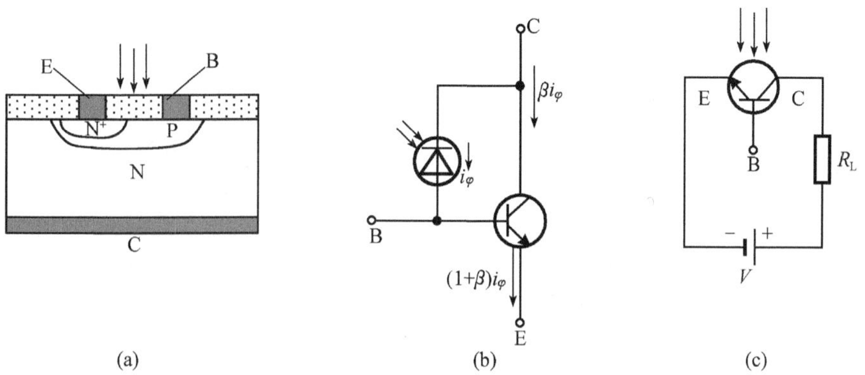

图 6.2-28　光电三极管工作原理图

光电三极管的工作原理如下：由图 6.2-28(c)，基区和集电区处于反向偏压状态，内电场从集电区指向基区。光照基区产生光生电子-空穴对。光生电子在内场作用下漂移到集电区，空穴留在基区，使基区电位升高，这相当于 EB 结上加了一个正偏压。根据晶体管原理，基极电位升高，发射极便有大量电子经基极流向集电极，最后形成光电流。光照越强，形成的光电流越大。上述作用可用等效电路图 6.2-28(b)表示，光电三极管等效于一个光电二极管与一般晶体管基极、集电极并联。

4. 光子牵引探测器

光子牵引探测器是一种非势垒光伏效应探测器。它和 HgCdTe 光电二极管一样，适用于 10.6μm 的激光波长探测。但是 HgCdTe 光电二极管只能在微弱光信号下使用，而光子牵引探测器则适用于强光探测。因此，它广泛用于 TEA CO_2 脉冲激光器输出的直接探测。

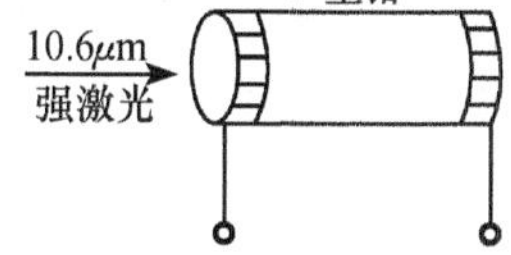

图 6.2-29　光子牵引探测器

现在研究最多的是 P 型锗光子牵引探测器，其结构如图 6.2-29 所示。当 10.6μm 的激光脉冲照射探测器时，光子与空穴相互作用，空穴获得了能量和动量，并沿着光的传播方向运动，好像被光子牵着前进，因而称为光子牵引探测器。由于光子的牵引作用，在激光脉冲前进的同时，锗棒进光端空穴数目减少，出光端空穴数目增多。这样就在锗棒两端产生了电位差，称为光子牵引电压。光子牵引电压正比于入射光功率。当入射光方向相反时，光子牵引电压也反号。

光子牵引探测器的优点是响应快，损伤阈值高，室温工作，不需要电源；缺点是灵敏度低，典型的单位带宽等效噪声功率为 10^{-3}W，所以这种探测器只在强光照射下才有响应。

5. 热释电探测器

首先要指出，热释电探测器是基于光热效应工作的热电探测器。因为它在激光能量测量和激光外差探测以及涉及强光的测量中有重要应用价值，所以在这里加以介绍。热释电器件的工作原理是热释电效应，其结构如图 6.2-30 所示。在垂直于晶体极化强度 P_S 的两个端面镀上电极，并将受光照射表面黑化，然后焊上引出线即成。其电极有两种形式：一种是边电极，如图 6.2-30(a)所示，另一种是面电极，如图 6.2-30(b)所示。对于高介电常量和介质损耗大的热释电材料，或用于高频的热释电探测器，采用边电极；而一般低介电常量和低介质损耗的材料，则常用面电极。

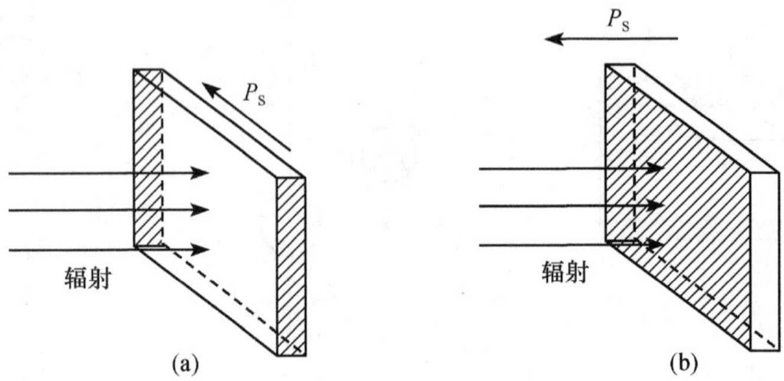

图 6.2-30 热释电探测器

热释电探测器比其他热电器件具有响应度高、响应速度快的优点。虽然它对某些波长的响应度还赶不上光电导和光伏探测器，但是它的光谱响应宽，不需制冷，不需偏压，可广泛使用在各种辐射计、光谱仪、激光能量测量和热成像等方面。

热释电材料有硫酸三甘肽(TGS)、铌酸锶钡(SBN)、钽酸锂(LT)、钛酸铅陶瓷(PT)、钛酸锆酸铅陶瓷(PZT)等。其中以 TGS 探测器的性能最为优异。但由于 TGS 的居里温度低(322K)，所以制作高能量探测器，PZT(居里温度 638K)比 TGS 适用。

6. 红外焦平面阵列

随着军事和遥感遥测科学的发展，对于由大量红外探测器构成的高密度焦平面阵列的要求日益迫切。目前，正在发展的红外焦平面阵列主要集中在 1～3μm 的短波、3～5μm 的中波和 8～14μm 的长波红外探测窗口上。

对于短波红外焦平面阵列，主要有 InGaAs 和 HgCdTe 阵列，目前的阵列规模已达到 2048×2048 元，并正在研制 4096×4096 元的特大型阵列。对于中波红外焦平面阵列，主要有 PtSi、InSb 和 HgCdTe 三种阵列，其阵列规模已达到 2048×2048 元。对于长波长红外焦平面阵列，因其对接近景物温度的目标最为敏感，一直是红外焦平面阵列研究的主要方向之一，主要有 HgCdTe、GaAlAs/GaAs 多量子阱阵列、SiGe 异质结构阵列和非致冷红外焦平面阵列。实际上，早在 1971 年人们就已提出将探测器与信号处理及读出电路集成在同一芯片上的大面积长波长红外焦平面阵列的概念，但直到 80 年代中后期，由于分子束外延(MBE)和金属有机化学气相沉积(MOCVD)等工艺技术的发展，才得以成功地生长出能制作长波长红外探测器所必须的异质结 Ge_xSi_{1-x}/Si 或 P^+-Ge_xSi_{1-x}/Si 伪合金，以及 Ge_xSi_{1-x}应变层超晶格，GaAs/Al_xGa_{1-x}As、InGaAs 和 InAsSb 超晶格。近几年来，GaAlAs/GaAs 多量子阱阵列和非制冷工作的红外焦平面阵列技术发展极快，阵列规模已达到了 640×480 元。

6.3　光电探测技术

由上面的讨论可知，光电探测器的基本功能就是把入射到探测器上的光功率转换为相应的光电流，根据光电流即可确定所探测的光信号。在实际应用中，通常采用两种探测方式：直接探测方式和外差探测方式。下面分别进行简单介绍。

6.3.1　直接探测技术

根据光电转换定律

$$i(t)=\frac{e\eta}{h\nu}P(t) \tag{6.3-1}$$

可知，只要待传递的信息表现为光功率的变化，就可以直接利用光电探测器的光电转换功能，实现信息的解调。这种直接利用光电探测器实现探测的方式称为直接探测，其探测系统的框图如图 6.3-1 所示。因为探测器输出的光电流相应于光功率的包络变化，所以直接探测方式也常常称为包络探测。在这里，着重讨论直接探测系统的噪声特性。

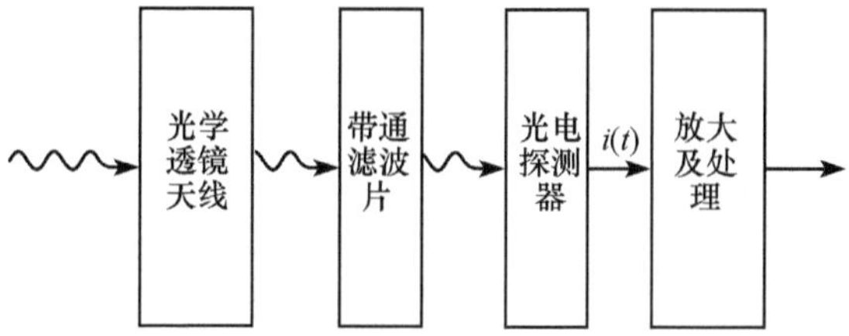

图 6.3-1　直接探测系统框图

1. 光电探测器的信噪比特性

假设输入光电探测器的信号光功率为 s_i，噪声功率为 n_i，光电探测器的输出电功率为 s_o，输出噪声功率为 n_o，则总的输入功率为 s_i+n_i，总的输出电功率为 s_o+n_o，根据光电探测器的平方律特性，探测器的输出电功率与入射光功率的平方成正比，有

$$s_o+n_o=k(s_i+n_i)^2 \tag{6.3-2}$$

考虑到信号和噪声的独立性，应有

$$s_o=ks_i^2$$

$$n_o=k(2s_in_i+n_i^2)$$

所以输出信噪比为

$$(\mathrm{SNR})_o=\frac{s_o}{n_o}=\left(\frac{s_i}{n_i}\right)^2\Big/\left(1+2\frac{s_i}{n_i}\right) \tag{6.3-3}$$

由式(6.3-3)可见，若 $s_i/n_i\ll1$，则有 $s_o/n_o\approx(s_i/n_i)^2$，即输出信噪比近似等于输入信噪比的平方。这表明，直接探测方式不适于输入信噪比小于 1 或者微弱光信号的探测；如果 $s_i/n_i\gg1$，则 $s_o/n_o\approx\frac{1}{2}(s_i/n_i)$，这时输出信噪比等于输入信噪比的一半，光电转换后的信噪比损失不大，在实际应用中完全可以接受。所以，直接探测方式最适宜于强光信号探测。因为它的实现比较简单，可靠性又好，所以获得广泛地应用。

在直接探测方式中，如果光信号功率比较小，则光电探测器的电信号输出也相应地较小，为了便于信号处理，必须加前置放大器。但是，前置放大器的加入，不仅放大有用信号，对输入噪声也同样放大，而且放大器本身还要引入新的噪声，因此，会对探测系统的灵敏度、探测系统的输出信噪比产生影响。为了保持探测系统的一定输出信噪比要求，合理地设计前置放大器非常重要。在光电探测技术中，为了充分利用光电探测器的灵敏度，在设计放大器时，总是首先满足噪声指标要求，然后再考虑增益、带宽等技术指标。为此，了解放大器的噪声特性十分必要。

2. 放大器的噪声特性

放大器的噪声包括组成放大器的有源器件和无源器件的噪声。在分析问题时，可以把这些噪声综合为电压和电流噪声，并把它们从放大器中分离出来，作为放大器自身的噪声输入。这样，一个有噪声的放大器就可以等效为输入端加有输入噪声源的理想放大器，如图 6.3-2 所示。图 6.3-2(a)表示光电探测器作为放大器的信号源，u_s 为信号电压，R_s 为信号源内阻，V_{ns}为信号源的噪声电压。图 6.3-2(b)为放大器的噪声等效电路，R_i 表示放大器的输入电阻(这里忽略了输入电容对噪声的影响)，V_{na}表示放大器内部的等效噪声电压，它是输入端串联电阻为零时的噪声电压，I_{na}为输入端并联电阻为无穷大时的噪声电流，Δf 为放大器带宽，u_{so}和 V_{no}分别为放大器输出信号电压和输出噪声电压，K_P 是放大器的功率放大系数。

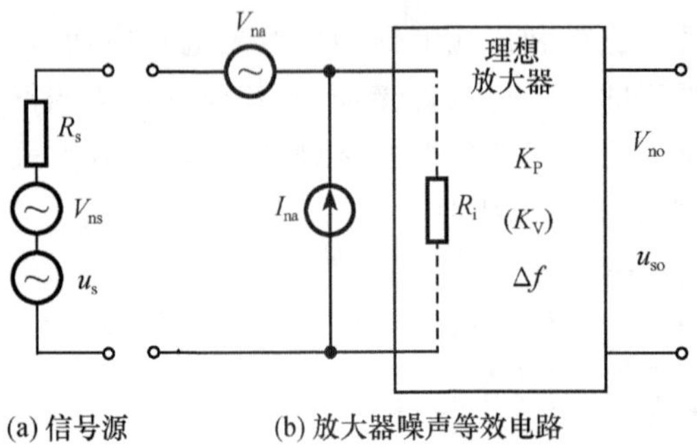

图 6.3-2

可以证明，放大器的输出信噪比为

$$\frac{s_o}{n_o}=\frac{s_i}{n_i}\bigg/\left(1+\frac{V_{na}^2}{V_{ns}^2}+\frac{I_{na}^2R_s^2}{V_{ns}^2}\right) \tag{6.3-4}$$

式中，(s_i/n_i)是放大器的输入信噪比。式(6.3-4)表明，由于放大器噪声的存在，放大器的输入信噪比受到损失。输出信噪比变坏的程度用输入信噪比与输出信噪比之比来衡量，并定义为放大器的噪声系数，用 NF 表示，且有

$$\mathrm{NF}=\frac{s_i/n_i}{s_o/n_o}=1+\frac{V_{na}^2+I_{na}^2R_s^2}{V_{ns}^2} \tag{6.3-5}$$

可见，NF 值越大，放大器性能越差。理想放大器的 NF=1。工程上，常用对数关系表示放大器的噪声系数，定义为

$$\mathrm{NF}=10\lg\left(1+\frac{V_{na}^2+I_{na}^2R_s^2}{V_{ns}^2}\right)\mathrm{dB} \tag{6.3-6}$$

显然，理想放大器的 NF=0dB。如果 $V_{na}^2+I_{na}^2R_s^2=V_{ns}^2$，即有一半噪声是信号源(光电探测器)产生的，NF=3dB。因此，当 NF<3dB 时，若再继续设法减小放大器的噪声，将收益不大，这时不应再对放大器提高要求，而应在减小光电探测器的噪声上面下工夫。

在实际应用中，常需要采用多级放大器。此时，除前置放大器有噪声贡献外，后面各放大级也会有噪声贡献。如果第一级噪声系数为 NF_1，第二级噪声系数为 NF_2，……，则可以证明，n 级放大器总的噪声系数为

$$\mathrm{NF}=\mathrm{NF}_1+\frac{\mathrm{NF}_2-1}{K_{P_1}}+\frac{\mathrm{NF}_3-1}{K_{P_1}K_{P_2}}+\cdots+\frac{\mathrm{NF}_n-1}{K_{P_1}K_{P_2}\cdots K_{P_{n-1}}} \tag{6.3-7}$$

式中，K_{P_1}，K_{P_2}，…，$K_{P_{n-1}}$ 分别为各级放大器的功率放大系数。

如果采用的探测器是光电倍增管或雪崩光电二极管，因其具有较高的内增益，探测器本身就可以看作为第一级放大器，式中的 $K_{P_1}=M^2$。因此，只要 $M^2 \gg NF_2-1$，$M^2K_{P_2} \gg NF_3-1$，…，就有

$$NF \approx NF_1 \tag{6.3-8}$$

这说明，整个探测系统的噪声系数就等于光电倍增管或雪崩光电二极管的噪声系数。所以，选用低噪声的光电倍增管或雪崩光电二极管是降低探测系统输出噪声、提高系统探测能力的关键。在这种情况下，对放大器提出过高要求，不仅收益不大，而且造成浪费。

如果采用的探测器是光电二极管，由于光电二极管的噪声很小，而且没有内增益作用，因此，不能把它视为一级放大器。这时，式(6.3-7)中的 NF_1 和 K_{P_1} 分别为前置放大级的噪声系数和功率放大系数。由于带宽 Δf 的要求，K_{P_1} 通常只能做到 10 倍量级，因此，第一级放大器的 NF_1 和第二级的 $(NF_2-1)/K_{P_1}$ 是系统噪声系数的主要来源，特别是前置级，它是决定整个探测系统噪声性能的关键。所以，为了降低系统的噪声系数，前置级的晶体管只能选用低噪声的管子，例如，场效应低噪声管等。

除上述考虑外，无论哪种情况，对探测器和放大器进行良好的电磁屏蔽都是十分重要的。

本节之初已经指出，直接探测方式不适于输入信噪比 $s_i/n_i<1$ 的光信号探测，输入信噪比小于 1，表明信号淹没在噪声之中。这种情况下的光信号探测一般称为微弱光信号探测。当然，由于信号所占的频带比较集中，而噪声所占的频带比较宽，所以通过压缩系统的噪声带宽可使信噪比有所改善，但这并不能解决光信号淹没在噪声之中的探测问题。如果微弱的光信号是周期性的，则因为淹没在噪声中的光信号经过光电探测器转换之后，变成淹没在噪声中的电信号，可以采用电子学中微弱信号探测技术的锁定放大法和取样积分法，使输出信噪比获得明显改善，从而可解决周期性微弱信号的直接探测。关于电信号的处理在这里就不介绍了。

6.3.2　光外差探测技术

激光的高度相干性、单色性和方向性，使得光频波段的外差探测成为现实。光外差探测系统框图如图 6.3-3 所示。由图可见，光外差探测系统与直接探测系统相比，多了一个本振激光器，即照射到光电探测器上除了信号光外，还有本振激光，现在的光电探测器起着光混频器的作用，光外差探测系统对信号光和本振光的差频分量响应，输出一个中频光电流。由于信号光和本振光在光电探测器上干涉，因此，外差探测又常称为相干探测。相对而言，直接探测也称为非相干探测。

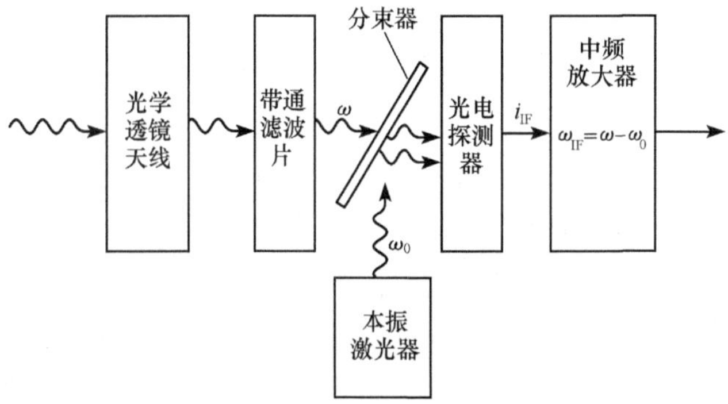

图 6.3-3　光外差探测系统框图

1. 光外差探测系统

在说明光外差探测的基本原理和特性之前，首先介绍一个图 6.3-4 所示的光外差多普勒测速的实验系统。

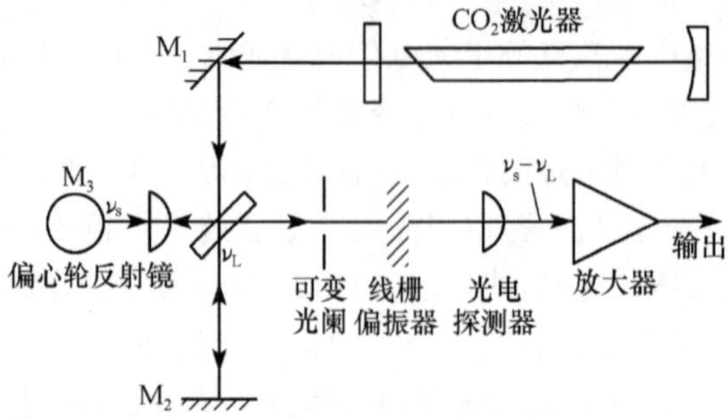

图 6.3-4　光外差多普勒测速装置

从稳频 CO_2 激光器输出的一束激光($\lambda=10.6\mu m$)，光频率用 ν_L 表示，经分光器分为两束：一束经固定反射镜 M_2 反射后，再经分光器射向光电探测器，其频率仍为 ν_L，并称为本地振荡光；另一束经偏心轮反射镜 M_3 反射，由于多普勒效应，其频率变为 ν_s，称为信号光，它也经分光器射向光电探测器。在两束光射向光电探测器的路径上，设置可变光阑和线栅偏振器。前者的作用是限制两束光射向光电探测器的空间方向；后者的作用是使两束光以相同的偏振方向落在光电探测器上。这样，就可保证两束光沿同一方向、同偏振垂直入射到光电探测器的光敏面上。由于这两束光满足相干条件，在光敏面上发生干涉(光混频)，光电探测器只响应其输出差频($\nu_s-\nu_L$)分量光电流，亦称为中频($f_{IF}=\nu_s-\nu_L$)光电流，再经放大和信号处理，因为 ν_L 为已知频率，从而可算出 ν_s 值，并进一步可确定出偏心轮上反射镜的运动速度。

2. 光外差工作原理及基本特性

1) 光外差工作原理

假定同方向、同偏振的信号光束和本地振荡光束的电场分别为

$$e_s(t)=E_s\cos(\omega_s t+\varphi_s) \tag{6.3-9}$$

$$e_L(t)=E_L\cos(\omega_L t+\varphi_L) \tag{6.3-10}$$

因为光电探测器的平方律特性，其输出光电流为

$$i\propto\overline{[e_s(t)+e_L(t)]^2} \tag{6.3-11}$$

式中，方括号上的横线表示在几个光频周期内的时间平均。这是因为光电探测器的响应时间有限，光电转换过程实际上是一个时间平均过程。将式(6.3-9)和式(6.3-10)代入式(6.3-11)，可以得到

$$\begin{aligned}i\propto&\overline{E_s^2\cos^2(\omega_s t+\varphi_s)}+\overline{E_L^2\cos^2(\omega_L t+\varphi_L)}\\&+\overline{E_sE_L\cos[(\omega_s-\omega_L)t+(\varphi_s-\varphi_L)]}\\&+\overline{E_sE_L\cos[(\omega_s+\omega_L)t+(\varphi_s+\varphi_L)]}\end{aligned} \tag{6.3-12}$$

式中的四项相应于四个频率成分：前两项为直流项；第四项为和频项，其 $\omega_s+\omega_L$ 太高，光电探测器根本不响应；第三项为差频项 $\omega_{IF}=\omega_s-\omega_L$，相对来说是个慢变化的功率分量，只要 $f_{IF}=\omega_{IF}/2\pi$ 小于光电探测器的截止响应频率 f_C，光电探测器就有相应 f_{IF} 的光电流输出。经过简

单的数学运算，式(6.3-12)变为

$$i \propto \frac{E_s^2}{2} + \frac{E_L^2}{2} + E_s E_L \cos[\omega_{IF} t + (\varphi_s - \varphi_L)] \tag{6.3-13}$$

这个光电流经过有限带宽的中频(f_{IF})放大器，滤去直流项，最后只剩下中频交流分量

$$i \propto E_s E_L \cos[\omega_{IF} t + (\varphi_s - \varphi_L)] \tag{6.3-14}$$

这个结果表明，光频外差探测实际是一种全息探测技术。在直接探测中，只响应光功率的时变信息；而在光频外差探测中，光频电场的振幅 E_s、频率 ω_s、相位 φ_s 所携带的信息均可探测出来。也就是说，一个振幅调制、频率调制以及相位调制的光束所携带的信息，通过光频外差探测方式均可实现解调，这是直接探测方式所不能比拟的。当然，实现光外差探测要比直接探测困难和复杂得多。

若 $\omega_s = \omega_L$，即信号光频率和本振光频率相等，则式(6.3-14)变为

$$i \propto E_s E_L \cos(\varphi_s - \varphi_L) \tag{6.3-15}$$

这是光频外差探测的一种特殊形式，称为零拍探测，也有着广泛的应用。

下面，从式(6.3-14)出发说明光外差探测的几个优良性能。

2) 光外差探测的特性

(1) 高的转换增益

设光电探测器的负载电阻为 R_L，光外差探测器的中频输出电功率为

$$P_{IF} = i_{IF}^2 R_L \propto \overline{E_s^2 E_L^2 \cos^2[\omega_{IF} t + (\varphi_s - \varphi_L)] R_L} \propto 2 P_s P_L R_L \tag{6.3-16}$$

式中，横线表示对中频周期求平均，并已利用 $P_s = E_s^2/2$，$P_L = E_L^2/2$ 及余弦函数平方项的时间平均值为 1/2 的关系。

在直接探测中，对同样的光信号和负载电阻，探测器的输出功率为

$$P_{os} = i_s^2 R_L \propto P_s^2 R_L \tag{6.3-17}$$

将两种探测方式所给的输出功率进行比较，并定义

$$G = P_{IF}/P_{os} = 2P_L/P_s \tag{6.3-18}$$

为光频外差的转换增益，因为通常 $P_L \gg P_s$，所以 $G \gg 1$。表 6.3-1 给出了 $P_L = 0.5\text{mW}$，不同 P_s 值下 G 的数值。从表 6.3-1 中列举的数值可以看出，在强光信号下，光外差探测没有多少好处，在弱光信号下，外差探测表现出十分高的转换增益。例如，在 $P_s = 10^{-10} \sim 10^{-11}\text{W}$ 量级时，$G = 10^7 \sim 10^8$。也就是说，外差探测的灵敏度比直接探测提高了 $10^7 \sim 10^8$ 量级，所以，光频外差探测方式具有天然的探测微弱光信号的能力。从物理过程的观点看，直接探测是光功率包络变化的检波过程，而光频外差探测的光电转换过程不是检波过程，它是一种“转换”过程，即把以 ν_s 为载频的光频信息转换到以 f_{IF} 为载频的中频电流上，而这一“转换”起源于本地振荡光对光电探测器的非线性作用。

表 6.3-1　转换增益 G 的数值($P_L = 0.5\text{mW}$)

P_s/W	10^{-3}	10^{-4}	10^{-5}	10^{-6}	10^{-7}	10^{-8}	10^{-9}	10^{-10}	10^{-11}
G	1	10	10^2	10^3	10^4	10^5	10^6	10^7	10^8

(2) 良好的滤波性能

在直接探测方式中，为了抑制杂散背景光的干扰，通常在探测器前面放置窄带滤光片。目前带宽为 1nm 的滤光片已经是十分优良的滤光片，可是相应的频带宽度(以 $\lambda = 10.6\mu\text{m}$ 估计)

$$\Delta f_{滤} = \frac{c}{\lambda^2} = 3 \times 10^9 \text{Hz}$$

仍是一个十分宽的频带。而在外差探测中，只有那些在中频($f_{IF}=\nu_s-\nu_L$)频带内的杂散光才能进入系统，其他杂散光所形成的噪声均被中频放大器滤除。因此，在光外差探测中，不加滤光片也比加滤光片的直接探测系统有窄的接收带宽。例如，以 10.6μm 的光外差测速为例，当运动目标沿光束方向的速度 $v=10\text{m/s}$ 时，信号回波的多普勒频率为 $\nu_s=\nu_L\left(1\pm\frac{2v}{c}\right)$，相应的 $f_{IF}=|\nu_s-\nu_L|=2\times10^6\text{Hz}$，可得 $\Delta f_{滤}/\Delta f_{IF}=1.5\times10^3$。因此，光外差探测对背景光有良好的滤波性能。

(3) 有良好的空间和偏振鉴别能力

由光外差的基本关系式(6.3-14)可以看出，为了使光电探测器输出的中频电流最大，要求信号光束和本振光束的波前在整个探测器光敏面上必须保持相同的相位关系。这是因为光波波长比光电探测器光混频面积小得多，所以光电探测器输出的中频光电流等于混频面上每一微分面元所产生的中频微分电流之和。显然，只有当这些中频微分电流保持相同的相位关系时，总的中频电流才能达到最大。光频外差探测的这种要求，只有满足下列条件才有可能：

① 信号光和本振光必须具有相同的模式结构，这意味着所采用激光器应该单频基模运转。

② 信号光和本振光的波矢方向必须尽可能的保持一致，这意味着两束光必须保持空间上的角准直。可以证明，若信号光束和本振光束不平行，则允许它们之间最大的夹角(或称为最大允许的偏差角)为

$$\theta_M = \frac{\lambda_L}{D} \tag{6.3-19}$$

式中，D 是光电探测器的混频孔径，λ_L 是本振光波长。

③ 信号光束和本振光束在光混频面上必须互相重合，为提供最大的信噪比，它们的光斑直径最好相等。

④ 在角准直，即传播方向一致的情况下，两光束的波前还必须曲率匹配，即或者都是平面，或者有相同曲率的曲面。

⑤ 在上述条件都得到满足时，有效的光混频还要求两光波必须同偏振，这是因为在光混频面上它们是矢量相加。

实验证明，上述要求对于较长波长的中红外波段，如 10.6μm 的 CO_2 激光来说是可以满足的(在这个波段上，已有光电探测器可供使用，如光伏 HgCdTe 探测器等)。例如，对上述较难满足的条件②来说，如果取 $D=1\text{cm}$，对 $\lambda=10.6\mu\text{m}$ 的 CO_2 激光，有

$$\theta_M = \frac{\lambda_L}{D} = 1.06\text{mrad}$$

这是可以实现的；而对于 $\lambda=1.06\mu\text{m}$ 的 YAG 激光，则 $\theta_M=0.106\text{mrad}$，那就难以满足了。由此可见，光外差对光波的角准直要求是很严格的。但也正是因为这一高要求，才使它具有良好的空间鉴别能力，有利于抑制有害的背景杂散光。

另外要指出，如果两束进行光外差的光束相互平行，但它们不垂直光敏面，则可以证明，它们与光敏面法线间最大允许的夹角 ϕ_M 为

$$\phi_M = \frac{\lambda_{IF}}{D} \tag{6.3-20}$$

式中，$\lambda_{IF}=c/f_{IF}$。因为 λ_{IF} 一般很大，所以很容易满足要求。因此，在实现光外差探测中，最重要的是把本振光和信号光调平行。

综上所述，光外差探测技术在光雷达、光通信等诸多领域内有着十分诱人的应用需求，但其苛刻的要求又使得它的应用遇到了困难，特别是在远距离、不均匀信道中传输的应用中，由于信号光与本振光的不相干性，这种外差探测难以实现。为此，人们长期进行了自适应光学、非线性光学相位共轭技术等方面的研究，并取得了许多进展。

3. 光外差探测的信噪比

假定入射到光电探测器上的信号光中的信号和噪声分别为 s_i 和 n_i，本振光中的本振和噪声分别为 s_L 和 n_L，光电探测器输出为 s_o+n_o，s_o 为信号，n_o 为噪声，则按探测器的平方律特性有

$$s_o+n_o \propto (s_i+n_i+s_L+n_L)^2$$

展开上式并略去 n_L^2、$n_L n_i$、n_i^2、$s_i n_L$ 以及 $s_i n_i$ 各项，中频放大器又滤掉 s_L^2 和 s_i^2 直流项，最后有

$$s_o+n_o \propto 2(s_i s_L+s_L n_L+s_L n_i) \tag{6.3-21}$$

由此可得输出信噪比为

$$\frac{s_o}{n_o}=\frac{s_i}{n_L+n_i} \tag{6.3-22}$$

这表明，如果本振光中含有噪声，输出信噪比就要降低。因此，制作出高质量的本振激光器对体现出光外差的优越性很重要。从转换增益考虑，希望本振光要强，但强的本振光又会增大 n_L，使信噪比降低。另外，过强的本振光还会使光电探测器受到损坏。一般讲，转换增益的要求是对本振光功率提出最低要求，而探测器的损坏阈值的信噪比要求限制了本振光功率的上限。

如果具体考虑光外差探测功率的信噪比，则式(6.3-22)中的 s_i、n_L、n_i 分别为外差探测中频输出功率 P_{IF}、本振激光引起的散粒噪声功率 P_{nL} 和信号光引起的散粒噪声功率 P_{ni}。实际上，因有 $P_{nL}\gg P_{ni}$，可求得

$$\left(\frac{s_o}{n_o}\right)_{IF}=\frac{s_i}{n_L+n_i}=\frac{P_{IF}}{P_{nL}}=\frac{\eta P_s}{h\nu\Delta f_{IF}} \tag{6.3-23}$$

式中，η 是量子效率，ν 是信号光频率，h 是普朗克常量，Δf_{IF} 是中频测量带宽。根据 NEP 的定义，可由式(6.3-23)给出外差探测的极限灵敏度为

$$(\text{NEP})_{IF}=\frac{h\nu\Delta f_{IF}}{\eta} \tag{6.3-24}$$

实际上，制作一台无噪声本振激光器是不可能的，制作一台低噪声本振激光器也是十分困难的。为了减小本振噪声的影响，人们进行了许多技术研究，例如可以采用如图 6.3-5 所示的光学平衡混频器方案。

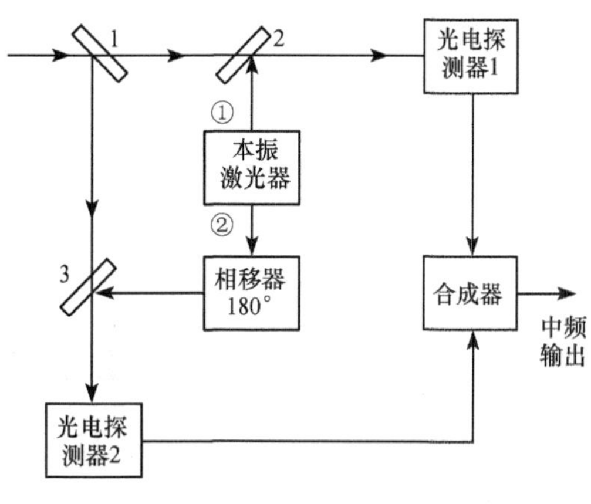

图 6.3-5　光学平衡混频器

入射光信号经分束器 1 分成两路，一路经分束器 2 与本振参考光①一并投射到探测器 1 上，另一路经分束器 3 与经 2π 相移的本振参考

光②一起投射到探测器 2 上。两个探测器的输出信号(相位相反)一同进入合成器再输出中频信号。合成后的中频输出信号加噪声为

$$s_o + n_o \propto \frac{1}{2}[(s_i + n_i + s_L + n_L)^2 - K(s_i + n_i - s_L - n_L)^2]$$

式中,K 是两个探测器的匹配因子,展开上式并考虑到 $s_L \gg n_L$,有

$$s_o + n_o \propto \frac{1}{2}[2s_L(s_i + n_i)(1 + K) + (1 - K)2s_L n_L]$$

当两个探测器性能相近时,$K\approx1$,则上式变为

$$s_o + n_o \propto s_L\left[s_i + n_i + \frac{1-K}{2}n_L\right] \tag{6.3-25}$$

由此可得

$$\frac{s_o}{n_o} = \frac{s_i}{n_i + n_L\left(\frac{1-K}{2}\right)} \tag{6.3-26}$$

显然,当选用两个匹配很好的探测器时,本振噪声的影响就可大大减小,从而使输出信噪比接近理想情况。

4. 典型光电探测系统介绍

【例 6-1】 双频激光干涉仪

图 6.3-6 是 HP 公司制造的双频激光干涉仪的示意图。双频(塞曼)激光器输出两种频率为 ν_1 和 ν_2 的左、右旋圆偏振光,一部分投射在光电接收器 3 上,在其负载上给出 ν_1 和 ν_2 分量的差频信号 $\nu_1-\nu_2$;另一部分投射在分光镜 5 上,它将频率为 ν_1 的光束射向与被检零件相连的反射器 7,反射回来的光束由于多普勒频移,其频率变为 $\nu_1\pm\Delta\nu$($\pm$ 视反射器 7 的移动方向而定)。此光束与频率为 ν_2 的光束在光电探测器 4 中混合,产生频率为 $\nu_1-\nu_2\pm\Delta\nu$ 的电信号。两个光电探测器的输出信号最后送入计算装置 6 中。若零件不动,则 $\Delta\nu=0$,计算装置给出零读数。根据零件移动的方向,多普勒频移引起正的或负的读数,读数表示以激光波长为单位所测量的零件位移。计算装置将此读数换算成公制的长度单位,显示在显示器上。

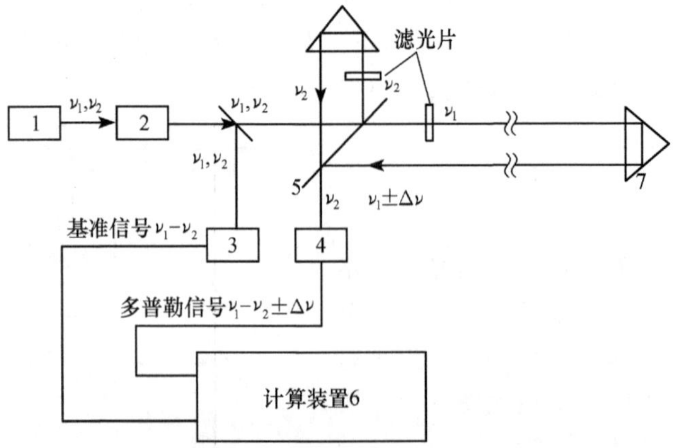

图 6.3-6 HP5525A 型双频激光干涉仪框图

【例 6-2】 10.6μm 相干单脉冲跟踪雷达

图 6.3-7 的是美国麻省理工学院研制的 CO_2 激光相干单脉冲跟踪雷达系统框图。激光

发射机包括单频主振荡器和放大器。主振荡器产生一个频率稳定的 10.6μm 激光，该光经 100W 激光放大器放大后，用斩波圆盘调制成脉冲激光，再经过多级放大器放大到 1kW 的峰值功率，通过光学系统和望远镜，射向目标，并通过伺服系统控制微调反射镜使雷达视轴获得修正。发射和接收共用一个光学系统。调制圆盘又用作双工器，可将回波光束反射到探测器。

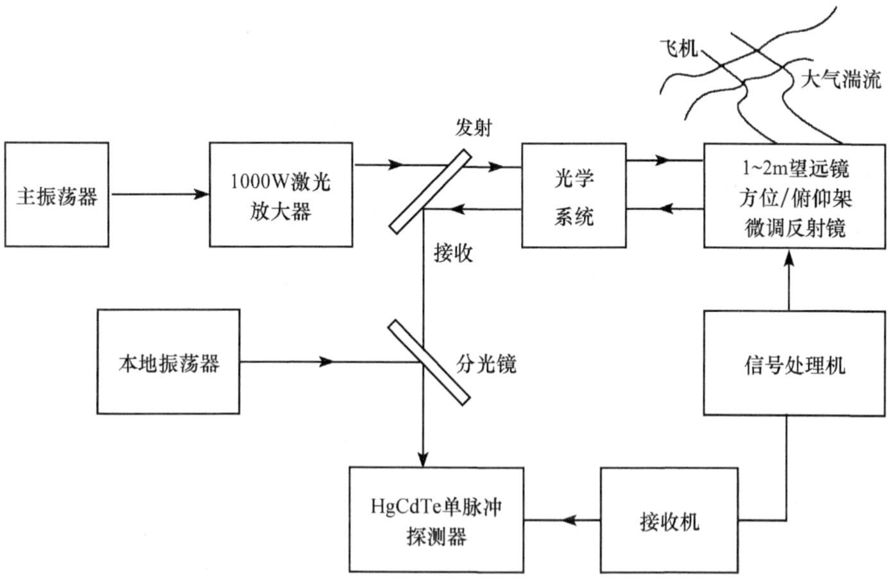

图 6.3-7　相干单脉冲跟踪雷达系统框图

激光接收机中包含一个四象限探测器和一个本地振荡器。激光探测器是一个 2×2 四象限 HgCdTe 探测器阵列，探测器工作在 77K，每单位带宽的最小探测信号功率小于 1×10^{-10} W/Hz。设本地振荡的频率为 ν_{L0}，主振荡器频率为 ν_{m0}，回波信号光频率为 ν_s，则回波信号光束与本地振荡器光束在分光镜上汇集并聚集在探测器上，探测器是一个混频器，产生频率为 $\nu_s-\nu_{L0}$ 的中频信号，因为信号频率 ν_s 与主振频率 ν_{m0} 和运动目标所造成的多普勒频移 ν_D 有关系：$\nu_s=\nu_{m0}\pm\nu_D$，所以中频信号 $f_{IF}=\nu_s-\nu_{L0}=\nu_{m0}-(\nu_{L0}\pm\nu_D)$。又因 $\nu_{m0}-\nu_{L0}$ 是一个固定频率，所以混频后的中频信号频率直接与 ν_D 有关。这样，通过 f_{IF} 就可以获得目标运动的信息。

该系统采用 1.2m 直径的方位-俯仰望远镜，用来发射和接收 10.6μm 的激光束。这个望远镜产生一个半功率点发散角为 10μrad 的衍射光束。

为了精确瞄准和校正主支架，在俯仰轴上装了一个伺服控制微调反射镜。与此相对应，系统也有两套跟踪环路：第一个是闭环，它围绕着微调反射镜（扫描器），第二个围绕望远镜主支架。前者使微调反射镜在小视场内跟踪目标，校正望远镜支架位置。两种跟踪环路相结合，将允许大的角度变化。

思考题 6

6-1　光电探测器的物理效应有哪两大类型？它们的基本特征是什么？

6-2　光电探测器有哪些主要的特性参数？它们的意义是什么？

6-3　光电探测器的噪声有哪些？产生噪声的原因是什么？它们的计算公式是怎样的？

6-4　光电探测器有哪几种类型？它们是根据什么物理效应制成的？试举例说明之。

6-5 光伏探测器的伏安特性曲线是怎样的？在实际应用中有哪两种工作模式？相应的器件叫什么？它们的用途如何？

6-6 光电池两端的开路电压是如何确定的？光电池输出功率最大时的负载电阻怎样确定？

6-7 属于光导模式工作的光电探测器有哪些？它们的基本特点是什么？

6-8 肖特基光电二极管、位置敏感探测器(PSD)、四象限探测器、光子牵引探测器的工作原理和基本特点是什么？

6-9 热释电探测器的工作原理和基本特点是什么？

6-10 光电探测的方式有哪些？它们的基本工作原理是什么？

6-11 试从信噪比分析出发，说明合理设计前置放大器的重要性？

6-12 光外差探测的基本特点是什么？

6-13 从分析信噪比出发，说明为什么减小本振噪声可以提高系统输出信噪比，并举例说明如何减小本振噪声？

参考文献

安毓英，曾晓东. 2004. 光电探测原理. 西安：西安电子科技大学出版社
陈正杰 等. 1998. 光电倍增管. 北京：原子能出版社
郭培源. 2006. 光电检测技术与应用. 北京：北京航空航天大学出版社
雷玉堂. 2009. 光电检测技术. 第2版. 北京：中国计量出版社
雷玉堂 等. 1997. 光电检测技术. 北京：中国计量出版社
李景镇 等. 1986. 光学手册. 西安：陕西科学技术出版社
潘天明. 1985. 半导体光电器件及应用. 北京：冶金工业出版社
石顺祥，过巳吉. 2000. 光电子技术及其应用. 成都：电子科技大学出版社

第 7 章
光电子技术应用

光电子技术应用涉及的范围极其广泛，包括天文、地理、物理、化学、计量、生物、医学、工业、农业、军事等各个领域。目前，光电子技术已高度发展，其应用已进入到家庭。本章仅介绍光电子技术在精密测量、全息术、光信息处理、光通信、激光探测、光纤传感、激光加工等方面的应用。

7.1 精密测量应用

因为科学技术、国防建设和国民经济建设的需要，各种重要的设备正朝向超大型化、微型化、精密化和自动化方向发展。因此，精密测量就越来越重要。在精密测量中，由于激光亮度高、时间和空间相干性优异，激光精密测量相对其他常规测量方法具有如下优点：

(1) 激光精密测量属于非接触测量，可以进行遥测，能方便地对高温以及人体不宜接近的有害场所目标进行检测；

(2) 测量速度快，可以进行在线实时测量和控制；

(3) 测量精度高，激光测长、测速、测振等技术的精度均超过其他常规方法的测量精度；

(4) 可同时进行多维测量，满足二维或三维场的测量要求，并具有良好的方向灵敏度；

(5) 测量不受电磁干扰，可测小目标、弱信号。

激光在精密测量方面的应用十分广泛，发展速度很快。

7.1.1 干涉测长

干涉测长是指利用激光的良好相干性，通过光的干涉现象进行的长度测量。图 7.1-1 所示为一种典型激光干涉测长仪的原理图，其核心部分实际上是一个迈克耳孙干涉仪，测长原理如下。

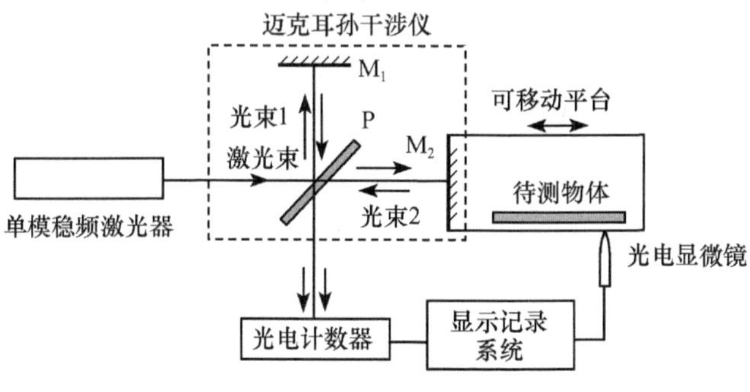

图 7.1-1 激光干涉测长仪原理图

由 He-Ne 激光器发出的激光束经半反射镜 P 分为两束，一束经固定反射镜 M_1 反射，另一束经可动反射镜 M_2 反射，两束反射光经 P 后会合，产生干涉。光束 1 的光程不变，而光束 2 的光程随着 M_2 的移动发生变化。当两束光的光程差为激光半波长的偶数倍时，它们干涉相长，在计数器的接收屏上形成亮条纹；当两束光的光程差为激光半波长的奇数倍时，它们干涉相消，在接收屏上形成暗条纹。因此，M_2 沿光束 2 的传播方向每移动半个波长的长度，干涉条纹产生一个亮、暗的周期变化。于是，利用光电检测器将这个光强的周期变化转换为电信号的变化，并进行计数，就可以得到被测长度（M_2 的移动距离）

$$L = N\frac{\lambda}{2} \tag{7.1-1}$$

式中，N 为 M_2 移动过程中干涉条纹变化的周期数。

为了提高测长精度，使用的激光器必须采用稳频措施。上述测长仪的激光频率只有一个，称为单频激光干涉仪。它的优点是精度高，目前的 1m 单频激光测长仪，在 1m 量程内的误差只有 0.2μm，其缺点是对环境条件要求高。

随着激光干涉仪的发展，人们研制出了许多新型激光干涉测长仪，例如，采用双频率激光器的双频激光干涉系统，除了具有较高的测量精度外，对环境条件的要求很低，这就给现场使用提供了方便和可能。

7.1.2 激光测径

利用激光可以无接触地精密测量管材或线材的直径。

1. 激光扫描法测外径

激光扫描法测外径是生产线上实时测量各种管材、棒材和线材外径最常用的方法。图 7.1-2 示出了其工作原理图。He-Ne 激光束入射置于透镜 L_1 焦点的反射镜 M 上，反射镜 M 由电机驱动转动，或由音频驱动振动。于是，由 M 反射、经 L_1 准直的激光束将匀速平行地扫描被测零件，该光通过 L_2 在光电管面上被接收并变换为光电流。光束被零件遮挡的时间正比于该零件的尺寸（直径）。这种测量技术的关键在于：①聚焦后的激光光斑应小于被测零件直径；②光路元件应保证在测量区内光束平行；③反射镜的运动要保证匀速。如果要测量光纤等一类透明物体的直径，还要解决由于透光而引起的信号波形下凹的问题。

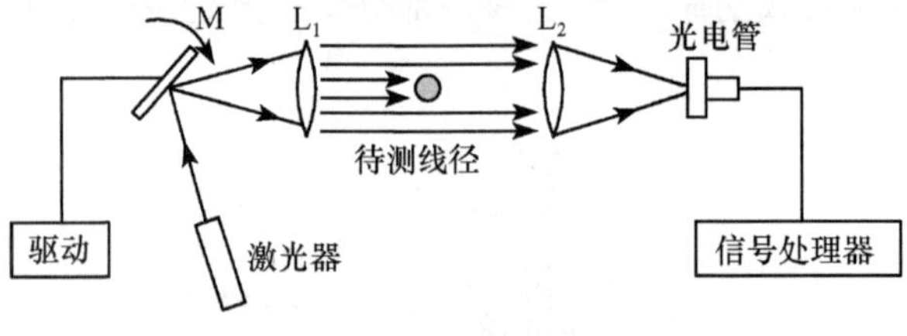

图 7.1-2 激光扫描法测外径

用这种方法测量电缆、电线的外径范围在 30mm 以下，精度为 0.01～0.02mm。

2. 衍射法测量外径

衍射测量法适合于测量 0.2mm 以下的非透明细丝直径，测量原理如图 7.1-3 所示。一束激光垂直地投射细丝上，在细丝后面的屏上会出现明暗相间的衍射条纹。假定相邻两条纹的间距为 S，激光波长为 λ，根据单缝衍射和巴俾涅原理，在 L 足够大（$L \gg d$）时，可由下式求得细丝直径：

$$d = \frac{\lambda L}{S} \tag{7.1-2}$$

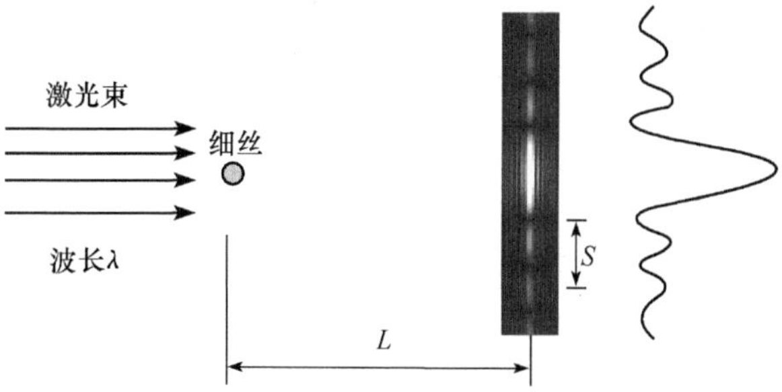

图 7.1-3 衍射法测量外径

于是，从衍射图样上测量出条纹间距 S，即可知道细丝直径。衍射法测量外径的精度为 0.1μm。

7.1.3 激光测速

激光测速是利用激光的多普勒效应测量固体的运动速度和流体的流动速度。例如，飞行器喷射气流的速度、水流的速度、铝和钢的液压速度等。

1. 光学多普勒测速原理

根据光学多普勒效应，当光源和接收器之间存在相对运动时，接收器接收到的光波频率 ν 不等于光源与接收器相对静止时的频率 ν_0，其间满足如下关系：

$$\nu = \nu_0\left(1 + \frac{\boldsymbol{v} \cdot \boldsymbol{e}}{c/n}\right) \tag{7.1-3}$$

式中，$\boldsymbol{v}$ 是光源与接收器之间的相对运动速度，$\boldsymbol{e}$ 是它们连线上的单位矢量，c 是真空中光的速度，n 是介质折射率。通常称该两频率之差($\nu-\nu_0$)为多普勒频移 ν_D。显然，多普勒频移直接与光源和接收器之间的相对运动速度有关，只要测出了多普勒频移 ν_D，就可以计算得到运动速度的大小，这就是光学多普勒测速的基本原理。

在激光出现以前，由于普通单色光源的单色性很差，以至于在低速情况下，其多普勒频移 ν_D 远小于普通单色光源的频谱宽度，无法利用光学多普勒效应测量低速运动物体的速度，只能测量运动速度较高的发光天体的运动速度。激光的出现，由于激光良好的单色性，使利用光学多普勒效应测量普通物体的低运动速度成为可能。

2. 激光多普勒测速装置

激光多普勒测速的具体方法多种多样，下面仅介绍两种常用的差频法测速装置的工作原理。

1) 参考光束型测速装置

这种类型的测速装置选择直接入射探测器的光束为参考光束，通过测量运动物体散射光和参考光的多普勒频移进行测速。如图 7.1-4(a)所示，激光束入射到分束器 M_1 后被分成两束：一束是透过 M_1 直接到达会聚透镜 L_1 的强光束，它经 L_1 会聚后照射到散射微粒 Q 上，产生散射光，这束光称为照明光束；另一束光是从 M_1、M_2 反射后又经过中性密度滤光器 M_3 衰减的直接入射探测器的弱光束，该光束是为检测散射光的多普勒频移提供比较标准的，所以又称为参考光束。设参考光的频率为 ν_i，发生多普勒频移的散射光的频率为 ν_s，这两束光在光电倍增管上叠加，输出的光电流为

$$i = I_0 + I_M\cos[2\pi\nu_D t + (\varphi_s - \varphi_i)] \tag{7.1-4}$$

式中，φ_i 和 φ_s 分别为参考光和散射光的初相位，I_0 是光电流的直流分量，I_M 是反映多普勒频移的光电流交流分量的最大值，$\nu_D=\nu_s-\nu_i$ 是多普勒频移。

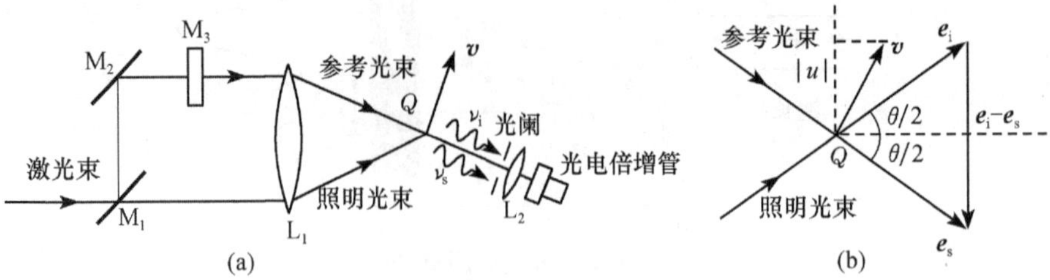

图 7.1-4　参考光束型测速原理图

通过分析，可以求得被测速度 $\boldsymbol{v}$ 在垂直于参考光和照明光交角平分线方向上的投影（图 7.1-4(b)）为

$$u=\frac{\lambda_i\nu_D}{2n\sin\dfrac{\theta}{2}} \tag{7.1-5}$$

式中，λ_i 是光在真空中的波长，θ 是入射光与散射光方向间的夹角。因为 n、λ_i 和 θ 都是已知量，ν_D 可以通过测量光电倍增管输出的光电流的频率来确定，所以可由式(7.1-5)确定速率 u。

2）双散射光束型装置

双散射光束型的测速是通过检测在同一点的两束散射光的多普勒频差，确定被测点处流体的流速。图 7.1-5 是一种干涉条纹型双散射光测速装置，该装置是在同一方向上检测两束成一定夹角的入射光束在交点处的两束相重合的散射光。如图 7.1-5 所示，入射激光束通过 M_1、M_2 组成的分束系统和透镜 L_1 后，形成两束相互交叉的入射光束，交叉点即为测量点 Q，两束光被 Q 点处的流体微粒散射，其散射光经透镜 L_2 会聚在光电倍增管的光电阴极上。由于微粒运动速度 $\boldsymbol{v}$ 和两束入射光的夹角不同，所以它们在同一方向上的散射光多普勒频移也不同，故光电倍增管接收到的是两个不同频率散射光的合成光。

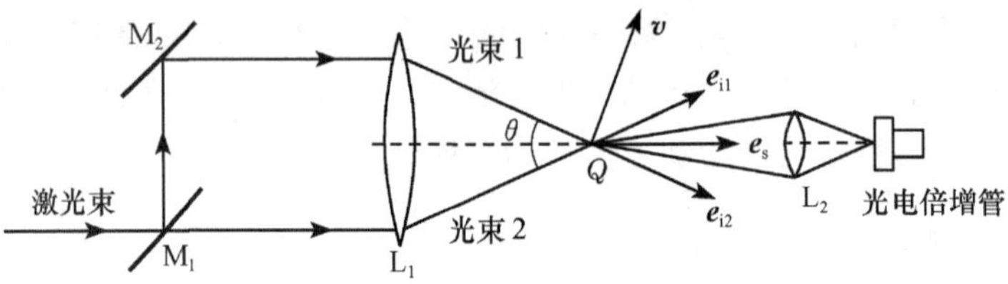

图 7.1-5　双散射光束型测速装置

理论分析可得，被测速度 $\boldsymbol{v}$ 在垂直于两束入射光夹角平分线方向上的分量为

$$u=\frac{\lambda_i\nu_{Ds}}{2n\sin\dfrac{\theta}{2}} \tag{7.1-6}$$

式中，ν_{Ds} 是多普勒频差，它即是光电倍增管输出光电流的差拍频率。通过测量多普勒频差 ν_{Ds}，即可确定速率 u。

最后要指出，激光测速仪与其他测速仪相比，优点首先在于其不与被测物体接触或不影响被测物体的运动，这样既可测出物体的真实速度，又对被测物体没有任何损伤；其次，激光测速精确，而且是绝对测量，原则上不必校准；最后，激光测速具有很高的空间分辨率，测量区域很小，几乎可以进行“逐点”测量，因此，可以测量流速场的速度分布和速度梯度。

7.1.4　转动测量

转动的精密测量在许多领域都是极其重要的，例如，在飞机、导弹、空间飞行器和轮船导航系统中非常重要的部件——陀螺，就是进行转动精密测量的部件。在各种应用中，对转动测量的精度有不同的要求，例如，飞机导航系统要求转动测量的精度为 0.01～0.001°/h，而在测量地球的经度、纬度中，就需要更高的精度（约 7.5×10^{-11} rad/s）。

传统的转动测量装置是机械惯性陀螺。1960 年激光诞生后，重新燃起了人们利用萨奈克（Sagnac）效应进行转动精密测量的兴趣，并研制成功了激光陀螺和光纤陀螺。这种陀螺相对机械惯性陀螺具有启动时间短、没有机械转动部件、结构简单、寿命长、可靠性以及灵敏度高等优点，其动态范围非常宽，可敏感高达 200°/s 和低达 0.01～0.002°/h 的旋转速率，并已在飞机、导弹、轮船等导航系统中得到了应用。

1. *萨奈克效应*

1911 年萨奈克做了一个利用环形干涉仪测量转速的实验，如图 7.1-6 所示。光束由 A 点入射，被分光镜分成两束，反射光沿圆形路径逆时针传播，透射光被反射镜 M 和分光镜反射后，沿圆形路径顺时针传播。经过一周后，这两束光又在分光镜处会合。当干涉仪不动时，两束光传播一周的时间，不管是顺时针还是逆时针传播，皆为

$$t=\frac{2\pi R}{c} \tag{7.1-7}$$

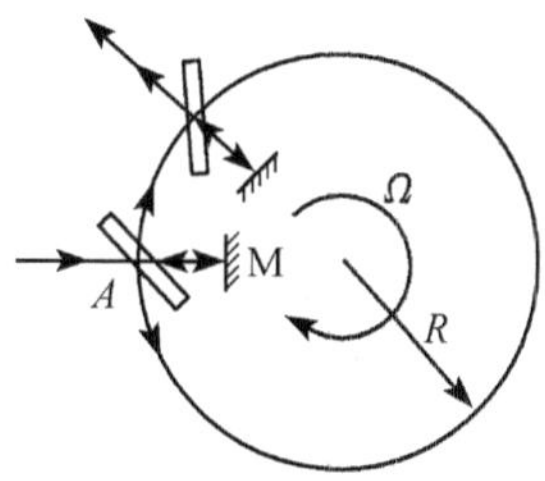

图 7.1-6　萨奈克干涉仪原理

如果干涉仪以角速度 Ω 顺时针转动，对于随同干涉仪一起转动的观察者来说，两束光传播一周的时间就不相同了：顺时针传播光的时间 t_1 变长，逆时针传播光的时间 t_2 变短，有

$$t_1=\frac{2\pi R}{c-\Omega R} \tag{7.1-8}$$

$$t_2=\frac{2\pi R}{c+\Omega R} \tag{7.1-9}$$

两者之差为

$$\Delta t=t_1-t_2=\frac{4\Omega A}{c^2} \tag{7.1-10}$$

式中，$A=\pi R^2$ 是环形回路所围的面积。实际上，该式不仅适用于圆形干涉仪，而且适用于任意形状的平面环形干涉仪。于是，这两束光在分光镜处再次会合时将有一个与转动角速度 Ω 有关的光程差 ΔL，且

$$\Delta L=c\Delta t=\frac{4\Omega A}{c} \tag{7.1-11}$$

因此，两束光会合后输出的光强，将随 ΔL 的变化而发生亮暗的周期性变化。一旦测出了干涉光强的周期性变化特性，便可确定转动速度。这就是利用萨奈克效应测量转动速度的基本原理。

实际上，这种干涉仪的灵敏度极低，除非转速和环路面积非常大，才能得到可检测的光程差，否则，将因 ΔL 远远小于一个波长，实际检测并不可能。例如，1925 年，迈克耳孙等利用萨奈克干涉仪测量地球的自转时，用了 600m×600m 的巨型环路，才产生 1/4 干涉条纹的移动效应，因此，这种干涉仪没有实用意义。

2. 激光陀螺

1960 年激光出现，使得人们利用环形激光器作为闭合回路，不必测量旋转回路的光程差，而只要测出反向传播的两束光的谐振频率之差，就可以确定旋转速度。所以环形激光器和萨奈克效应的结合，导致激光陀螺的问世。

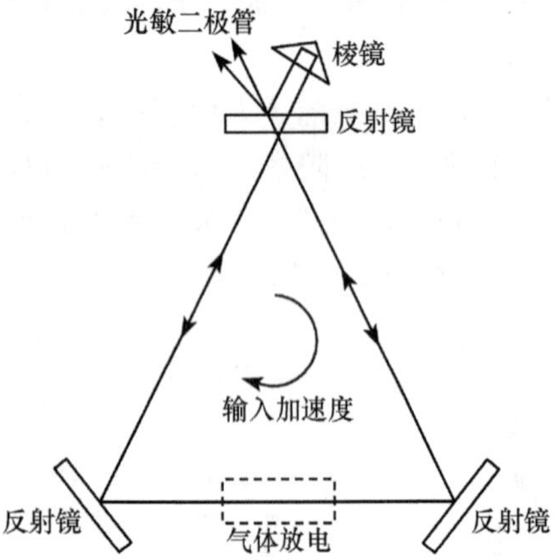

图 7.1-7　激光陀螺结构示意图

图 7.1-7 是一种由三角形环形激光器构成的激光陀螺结构示意图。设环路静止时的振荡频率为 ν_0，环路旋转时顺时针和逆时针方向传播的两束光的振荡频率为 ν_1 和 ν_2，L 为静止时光束的光程长度，则根据激光原理，激光产生时，腔长必须为半个波长的整数倍，应有

$$\nu_0 = q\frac{c}{2L} \tag{7.1-12}$$

$$\nu_1 = q\frac{c}{2L_1} \tag{7.1-13}$$

$$\nu_2 = q\frac{c}{2L_2} \tag{7.1-14}$$

式中，$L_1 = ct_1$，$L_2 = ct_2$。所以，两束光频率差 $\Delta\nu$ 与旋转角速度 Ω 有如下关系：

$$\Delta\nu = \nu_2 - \nu_1 = \frac{q}{2}\frac{\Delta t}{t_1 t_2} \approx \frac{4A\Omega}{L\lambda} \tag{7.1-15}$$

一旦利用图示装置测量出顺时针方向和逆时针方向传播的两光束间的频差 $\Delta\nu$，即可由式(7.1-15)确定出转速 Ω。对于 1m^2 的环形激光器，由地球自转速度产生的频差为 $\Delta\nu = 42\text{Hz}$。

利用激光陀螺测量角速度所遇到的问题是，当转速特别低时，会产生闭锁现象：旋转速率小到某一数值时，两反向光束频差为零。这个临界转速称为锁定速度，其数值与激光的特性，特别是激光介质的特性有关。对于面积为 0.1m^2，波长为 632.8nm 的 He-Ne 激光器，锁定频率约为 100Hz，相应的锁定转速是 100°/h。解决锁定问题的办法是向环形激光器注入偏置频率信号，使仪器产生比锁定转速高得多的偏置转速，测量时只需从输出频差中减去偏置频率即可。

3. 光纤陀螺

为了提高激光陀螺的灵敏度，1970 年以后，人们开始研究光纤激光陀螺。光纤激光陀螺是用绕成很多圈的光纤环构成无源腔激光陀螺，也称为光纤陀螺，如图 7.1-8 所示。激光器产生的入射光由分束器分为两束，分别进入光纤的两端。经过光纤后，又在分束器上会合，一起入射到探测器，并产生干涉。陀螺静止时，干涉光强不变；陀螺转动时，由于萨奈克效应，干涉光强变化，探测器输出的电流为

$$i = I_0(1 \pm \cos\Delta\varphi) \tag{7.1-16}$$

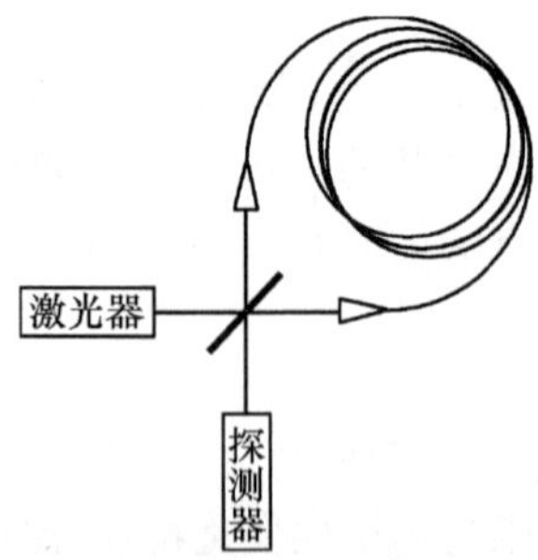

图 7.1-8　光纤激光器陀螺示意图

式中，$\Delta\varphi$ 为旋转产生的萨奈克相移，它通常很小。例如，当光回路的面积为 100cm^2，圈数为 100，转速为 1rad/s 时，$\Delta\varphi = 1.3\text{rad}$。因此，为了能检测地球的自转速度，需要测量 10^{-5}rad 的相位变化，而在典型的导航应用中，则需要测量出的 10^{-7}rad 的相

位变化。

为了提高光纤陀螺低速测量的灵敏度，可以采用稳定预置 $\pi/2$ 的非互易相移等方法。

目前研究的实际应用光纤陀螺主要是全光纤陀螺和集成光学光纤陀螺。光纤陀螺发展至今，与之相关的基本理论问题已较好地解决，主要的问题是如何构成低成本、小尺寸、性能尽可能接近理论极限的光纤陀螺。

7.2　激光全息及光信息处理

激光全息和光信息处理都是伴随激光的诞生而蓬勃发展起来的近代光学领域。在这里，仅从光电子技术应用角度，简单介绍它们的基本原理和相关应用。

7.2.1　激光全息

全息照相原理首先是由英国人伽博(Gabor)于 1948 年提出来的，23 年之后，由于他的发明及以后他在全息照相技术发展中的贡献而荣获诺贝尔物理学奖。

尽管全息照相的原理提出很早，但由于缺乏强相干光源，直到 1960 年激光问世后，才得以迅速发展，并取得了非凡的成就。现在，全息照相技术已在全息显示、全息存储以及全息干涉计量等领域获得了广泛应用，并成为光信息处理的基础。

1. 全息照相原理

人的眼睛能够看到周围自然界的活灵活现各种物体，是物体所发出(或反射或散射)的光波携带有物体的信息，传播到人的眼睛，在视网膜上成像所致。入射人眼的光波波长、振幅和相位，决定了所看到物体的特征(颜色、亮度和形状)。实际上，由于任何感光材料所响应的都是光的强度，所以普通照相所记录的只是物体的光强信息，丢失了物体纵深方向的信息，只能得到一些二维图像。

与普通的透镜二维成像不同，全息照相过程是一个两步成像过程，即记录和再现：记录是通过引入一束称为参考光的光波，利用干涉原理把物体的相位信息转换为光强信息进行记录，再现则是利用光的衍射效应再现物体光波的信息。

1) 干涉记录过程

如图 7.2-1(a)所示，激光器发出的激光光波分为两束，一束照明物体，从物体上反射或散射的光波(携带物体的信息)照射到感光底片上，称为物光波；另一束直射到感光底片上，称为参考光波。物光和参考光在感光底片上叠加干涉，所产生的干涉图样包含了物光波的振幅和相位信息。这张具有干涉图样的底片经过适当的曝光与冲洗，就是一张全息照片(全息图)。这个过程就是全息记录过程。显然，直接观察全息照片，所看到的并不是物体的图像，而似乎是杂乱分布的明暗相间的条纹。

2) 衍射再现过程

衍射再现过程是通过全息图对再现参考光波的衍射，再现物体图像的过程。如图 7.2-1(b)所示，当用一束相干光波(通常称为再现参考光)照射全息图时，由于全息图的衍射作用将会产生衍射光波，在这些衍射光波中包含着原来记录的物光波信息。当观察者如图 7.2-1(b)所示，迎着物光波的方向观察时，所看到的是物体的再现虚像，同时，在全息图的另一侧还以对称方式存在着一个实像。在观察物体的再现虚像时，就如同通过窗户观看窗外的景色那样，可

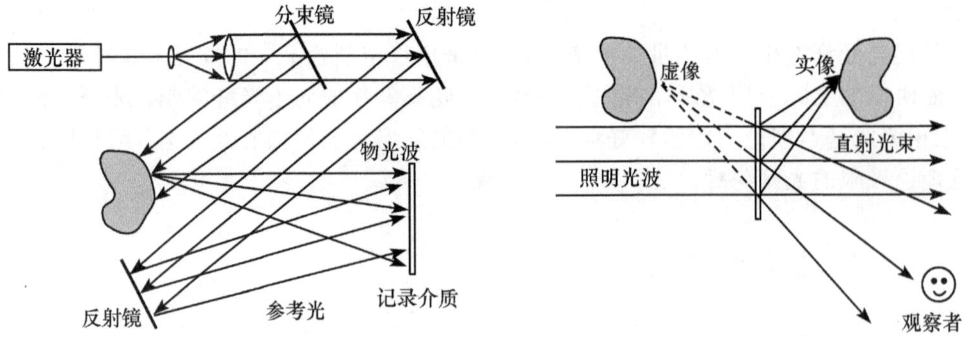

(a) 全息图的记录　　(b) 全息图的再现

图 7.2-1　全息图的记录与再现

以从不同方位观察到物体的不同部位，所看到的情景是立体的。特别是当全息图撕碎时，取其中任一小片，仍能再现出所记录的全部景物，这实际上就是全息图记录着物体的全部信息（振幅和相位）的最好证明。

2. 几种常见全息图

1）平面全息图

作为全息记录的感光材料很多，最常用的是卤化银涂敷的超微粒干板，称为全息干板。如果全息干板上的感光材料层很薄，小于或相当于全息图上的干涉条纹间距时，所记录的全息图称为平面全息图。

对于平面全息图，可以用振幅透射系数表示其特性。透射系数一般是复函数，用下式表示：

$$t(x,y)=t_0(x,y)e^{i\varphi(x,y)} \tag{7.2-1}$$

式中，$t_0(x,y)$是振幅透射因子，$\varphi(x,y)$表示相位延迟，它们都包含了物体的振幅和相位信息。

如果全息图中引入的相位延迟 $\varphi(x,y)$是常数，则再现时，仅仅振幅被调制，这种全息图称为振幅全息图或吸收全息图。对于卤化银全息干板记录的全息图，仅经过显影、定影处理得到的都是振幅型全息图。

如果全息图中引入的振幅透射因子 $t_0(x,y)$是常数，则再现光通过全息图时，受到均匀吸收，仅仅相位被调制，这种全息图称为相位全息图。制作相位全息图的最简单办法是将振幅型全息图进行漂白，使它由原来黑白条纹变为几乎完全透明。但漂白以后，记录介质的厚度随曝光量变化，由此得到的是浮雕型相位全息图。制作相位全息图的另一种方法是利用氧化剂将金属银氧化为透明的卤化银，其折射率与明胶不同，记录介质的折射率随曝光量变化，这样可以得到折射率型相位全息图。实验表明，这种全息图在相干光波的照射下，也能够再现原来物体的实像和虚像，像的质量与振幅全息图相同，而且得到的像较亮，即衍射效率较高。

2）白光再现的全息图

上面介绍的全息照相过程都是利用相干光记录，相干光再现。现在介绍一种利用相干光记录，利用白光（太阳光、电灯等）进行再现的全息图，称为白光再现全息图。

在全息图记录过程中，如果感光介质的厚度比干涉条纹间距大得多（例如，条纹间距为2～3μm，典型的感光材料厚度为5～20μm），则感光材料中形成的全息图是体全息图，再现时就必须考虑感光材料的体积效应。

体全息图和平面全息图的主要差别是再现过程中对再现照明光波的波长和方向的选择性。对于平面全息图，在再现过程中用任意波长的单色光从任意角度进行照射，都可以得到再现像，尽管波长和角度变化会产生像差，但一般总能同时给出几个再现像。而对于体全息图，在再现过程中，其入射光的波长和入射角度必须满足一定的条件(称为布拉格条件)，即对某一波长的光只有从一个适当的方向照射体全息图时，才能产生一个再现像。所以说体全息图再现具有波长选择性，这种波长选择性就是白光再现像的原理基础。

3）彩虹全息图

彩虹全息图是可以用白光再现的全息图，顾名思义，再现时随着观看的角度不同，会呈现出彩虹般各种各样的色彩。

彩虹全息图的记录有二步彩虹和一步彩虹之分。二步彩虹全息图的记录和再现光路如图7.2-2所示。记录过程分为两步；首先，对要记录的物体拍摄第一幅全息图 H_1，如图7.2-2(a)所示；然后，用记录参考光的共轭光波 R_1^* 照明全息图 H_1，再现出物体的赝视像，它的凹凸性与记录的物体相反；进一步，在 H_1 的后面放置一个水平狭缝 S，以再现的赝视像光波作为物光波，以会聚光 R_2 作为参考光，获取第二幅全息图 H_2，如图7.2-2(b)所示。再现时，如图7.2-2(c)所示，用与 R_2 共轭的发散光波 R_2^* 照明第二幅全息图 H_2，在全息图的左方空间将再现出正视虚像，由于正视虚像的凹凸性与赝视像相反，所以其再现像与原物体完全一致；在全息图的右方空间将同时再现狭缝像。当观察者的眼睛瞳孔与狭缝重合时，就可以观察到再现像的整个视场。当再现照明光 R_2^* 为单色光时，再现像为单色像；如果 R_2^* 为白光，则由于全息图衍射色散效应，狭缝像和物体再现像因波长不同其空间位置不同，眼瞳位于不同颜色的狭缝像处，也就观察到不同颜色的物体再现像，人眼同时接收几种不同颜色光波时，观察到物体的再现像就呈现彩虹色彩。在图7.2-2(c)中给出了相应于红、绿、蓝三种颜色的狭缝像位置和相应的再现像位置示意图。

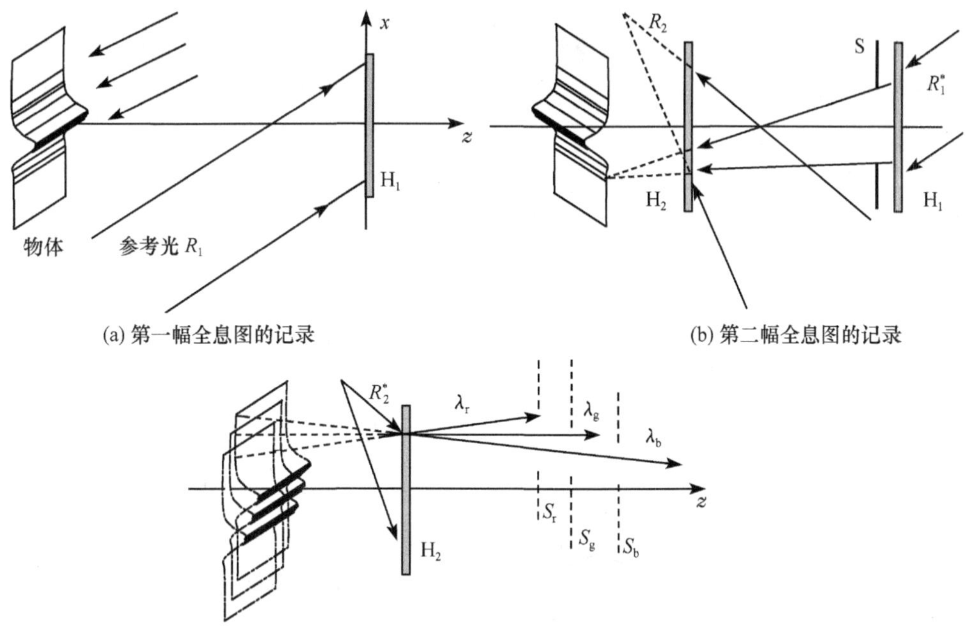

(a) 第一幅全息图的记录　(b) 第二幅全息图的记录

(c) 白光再现彩虹像

图7.2-2　二步彩虹全息图的记录和再现

由以上讨论可见，彩虹全息图的重要特征是在观察者与物体的再现像之间产生一个狭缝像，因此，可以利用透镜的成像性质一步记录彩虹全息图。常用的一步彩虹全息图的记录光路如图 7.2-3 所示。在图 7.2-3(a)所示的记录光路中，水平狭缝 S 位于物体和透镜之间且在透镜的前焦点内，它通过透镜成虚像 S_i；在图 7.2-3(b)所示的记录光路中，水平狭缝 S 也位于物体和透镜之间，但在透镜的前焦点外，故经透镜后成实像。在这两种记录光路中，物的成像光波同时也是狭缝的成像光波，因此在记录平面上，参考光对物光波调制的同时，也实现了对狭缝光波的调制，实现了物光波信息和狭缝信息的记录。

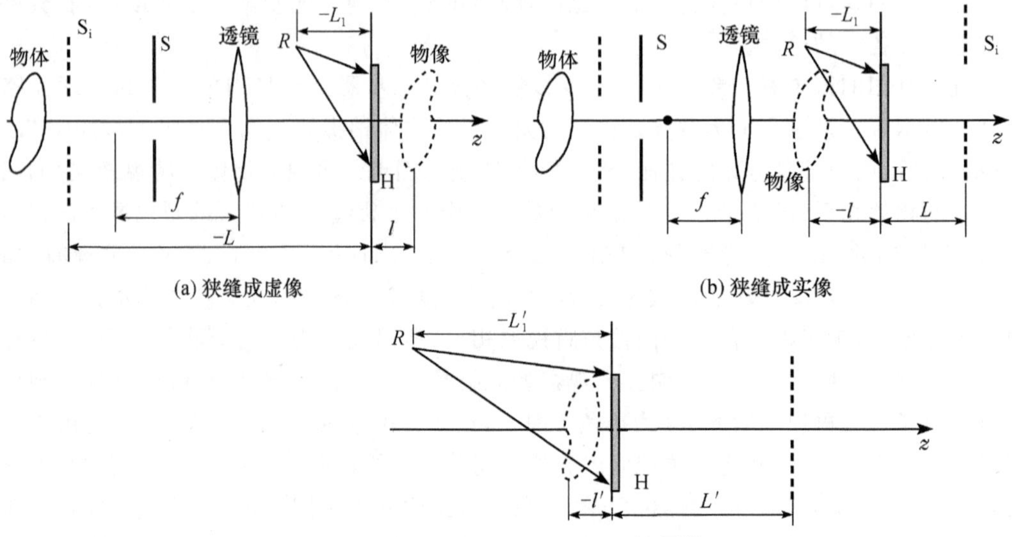

(a) 狭缝成虚像　　(b) 狭缝成实像

(c) 再现

图 7.2-3　一步彩虹全息图的记录和再现

由于彩虹全息图可以使人们在普通光源下看到五彩缤纷、立体感很强的再现像，所以被广泛用作图像展示和艺术表现手段。随着压模全息技术的出现，彩虹压模全息作为防伪标志，在货币、证券等领域获得了广泛应用。

4）彩色全息图

彩色全息摄影是用三原色（红、绿、蓝）照射被摄物体，其记录与再现原理如图 7.2-4 所示。目前，彩色全息照相所用的激光器为

He-Ne 激光　　$\lambda_1 = 632.8\text{nm}$（红色）

Ar^+ 激光　　$\lambda_2 = 514.5\text{nm}$（绿色）

Ar^+ 激光　　$\lambda_2 = 488\text{nm}$（蓝色）

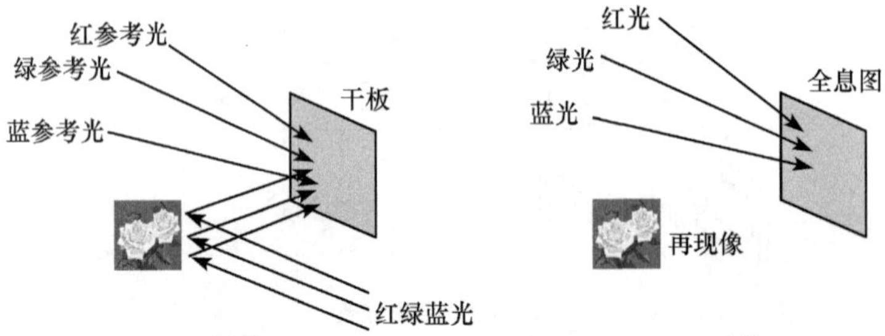

(a) 记录　　(b) 再现

图 7.2-4　三原色彩色全息图的记录和再现

这种全息照相的方式初看起来似乎很好进行，实际上存在若干问题。例如，用红光记录下来的全息图成分，不仅能得到只用红光再现的现像，而且用蓝光和绿光也可得到再现像，且由于光波长不同，所产生的再现像的大小也不同。这样，对于红光记录的像，由于同时存在其他波长激光所再现出来的重像，使得再现像中，不同大小和不同颜色的像互相重叠，使像质变坏。

为了提高彩色全息图的成像质量，在实际工作中可采用多种不同的方法消除上述重像问题，图 7.2-5 示出了其中一种。这种方法的基本思想是设法在全息图的记录面上，分别在三分之一的面积上记录下红、绿、蓝三种颜色的全息图，再将由这些全息图产生的再现像重合，获得一个完整的再现像。具体做法是将三种颜色混合的激光作为物光，在干板面上放置条纹状或栅格状的红、绿、蓝三色滤光片，将干板上每三分之一的面积作为一整体，分别进行全息图的记录；再现时，也分别用红、绿、蓝三种颜色的光照射由红、绿、蓝光分别形成的全息图。这种彩色全息照相方式的优点是图像重叠产生的噪声小。但是，由于对各种颜色全息图的专有面积各为三分之一，再现像的分辨率有所降低。

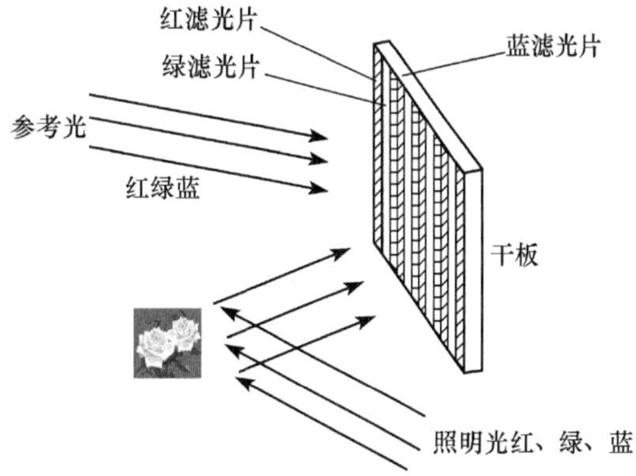

图 7.2-5　采用三原色滤光片产生空间分割的彩色全息图

5）计算全息图

迄今为止，讨论的全息图都是利用干涉效应记录的，即借助于参考光，利用光的干涉原理，将物体的复振幅（振幅和相位）信息记录下来。假如物体在物理上并不存在，而只知道物光波的复振幅的数学表达式，则普通的光学全息记录方法就行不通了。这时，可以利用计算机制作全息图，利用光学手段再现出物像，这就是计算全息图的概念。随着计算机技术的发展，人们已可以制作出许多复杂物体的计算全息图，并在空间滤波、三维显示、全息计量、光学信息存储、激光扫描等方面获得了广泛应用。

计算全息图的制作不同于普通光学全息方法，不需要在记录时引入参考光，而是通过计算机对需要记录的物光波函数进行抽样、编码，并控制绘图仪或打印机绘制成的。

（1）抽样

对需要记录的光波复振幅分布按照抽样定理抽样，求出各抽样单元的振幅和相位值。

（2）编码

对于已经计算出来的各抽样单元的振幅和相位值通过计算机进行编码，将离散形式的空间复值函数用实的非负函数表示。图 7.2-6(a)示出的是一种典型的勒曼（Lohmann）迂回相位编码原理，在每个抽样单元中有一个矩形通光孔径，令其宽度恒定，使其面积正比于该抽样单元的振幅值，通光孔径中心相对于该单元中心的位置 Δ 正比于抽样单元的相位值。

（3）绘图或显示

经编码后的振幅和相位信息，由计算机控制绘图仪或显示器，就可以制作原图，光学缩版后，就得到所需尺寸的二元计算全息图。图 7.2-6(b)就是勒曼迂回相位编码形成的全息图的一部分，每一个单元都有一个通光孔，在全息透明胶片上，相应图中的透光孔是透明的。

计算全息图的再现方法与普通光学全息图相似，只是观察范围应限于某个特定的衍射级，因为只有在这个衍射级方向上，全息图才能再现出所期望的物光波。

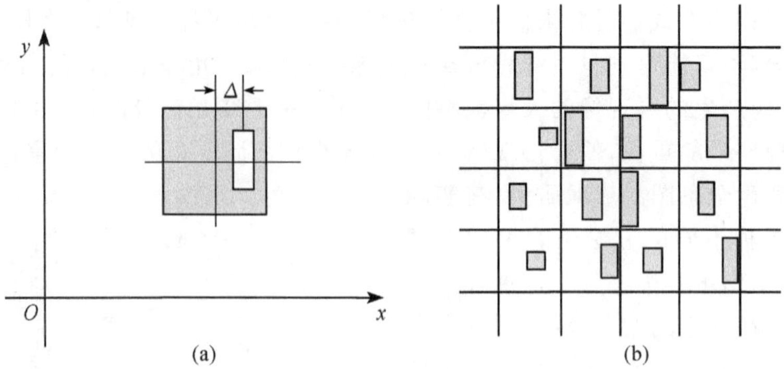

图 7.2-6 迂回相位编码计算全息图原理

如果把计算全息记录过程的编码看成是将物光波的空间振幅、相位调制转换为空间脉冲的面积、位置调制，则再现过程可以看作是一个解码过程，即将空间脉冲面积、位置调制的信息，分别还原为物光波的振幅和相位分布。由此可以看出，把通信系统中脉冲调制技术移植到光学中来是很有意义的。

上述二元计算全息图的通过率只有 0 或 1 两个值，制作简单，噪声较小，抗外界干扰能力强；对于照相底片的非线性效应不敏感；可多次复制而不失真。因此，应用较广泛。

3. 全息技术应用举例

1）全息干涉计量技术

全息干涉计量技术是把全息技术和干涉计量技术结合在一起的技术，所以也称为三维干涉测量技术。光学干涉计量是进行高精度测量的一种主要手段，但是一般只能用于测量形状比较简单，而且经过光学抛光的表面。而全息干涉计量则可将这种经典的干涉计量扩展到具有任意形状的三维漫反射表面的物体。由于它是利用空间波前再现的原理，因此是无接触的三维观测。与经典的干涉仪相比，全息干涉分析仪具有加工精度低、装调较为方便的特点。现在全息干涉计量已广泛应用于无损检测、微应力应变测量、形状和等高线的检测、振动分析、高速光学等各种领域。

经常采用的全息干涉计量方法有单次曝光法、二次曝光法和时间平均值法。

（1）单次曝光法

单次曝光法可以实时地研究物体的状态变化过程。其计量的原理如图 7.2-7 所示，先记录一张物体形变前的全息图，然后将显影、定影后的全息图放回原来记录时的位置，如果保持原记录光路中该物体的位置不变，并利用原来的参考光作再现光，则在原物体所在位置处将出现一个虚像。这时，若同时照明物体，并保持物体的原状态不变，则再现虚像与物体完全重合，再现光波与物光波叠加不产生干涉条纹。当物体由于外界原因如加载、加热等使之产生微位移或形变，则再现光波和物光波之间因位移或形变引起相位差，二光波叠加将产生干涉条纹。那么就可以根据干涉条纹的分布情况，推知物体位移或形变的大小。如果物体的状态是逐渐变化的，则干涉条纹也是逐渐变化，故物体状态的变化过程可以通过干涉条纹的变化“实时”地加以研究。因此，单次曝光法也称为实时法。

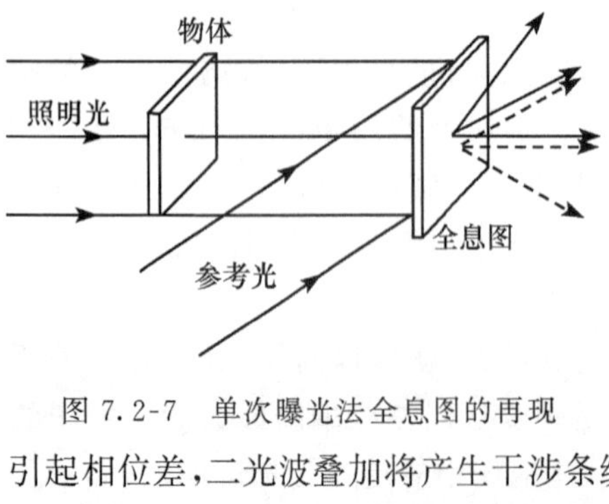

图 7.2-7 单次曝光法全息图的再现

(2) 二次曝光法

二次曝光法是在同一张全息干板上先让来自变形前物体的物光与参考光干涉,曝光一次,然后再让来自变形后物体的物光与同一参考光干涉,第二次曝光,于是记录了两套全息图。经显影、定影处理后再现这张全息图时,将同时得到两个分别对应物体形变前后的再现像(图7.2-8)。由于变形前后物体的状态不同,再现出的这两个物光波的相位分布不同,它们之间将产生干涉条纹,因此,通过对这些干涉条纹的分析,研究物体状态的变化。

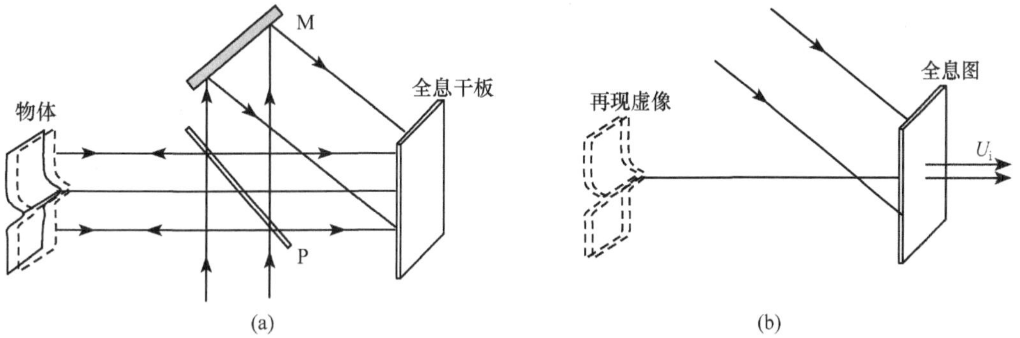

图7.2-8　二次曝光法全息图的记录和再现

二次曝光法可以克服单次曝光法要求全息图精确复位的困难,但是它不能对物体的状态变化进行实时研究。如果采用脉冲激光器作为光源,二次曝光法非常适合对瞬态现象(如冲击、流场等)的记录和观测。图7.2-9给出了通过二次曝光全息图所看见的飞行子弹对空气的扰动。子弹进入气室前,作第一次曝光,子弹通过气室时,作第二次曝光。由于子弹冲击波的作用,引起气室空气密度的变化,导致记录激光通过气室时的光程发生了变化。图示全息图再现像上产生的干涉条纹清晰地反映出了这种变化。

(3) 时间平均值法

全息干涉法可以对物体的振动状态进行分析,在记录振动物体全息图时,假定曝光时间比一个振动周期长得多,则整个连续曝光过程可以看成是多次短暂曝光的叠加,每一次短暂曝光记录的是物体在振动过程中处于不同位置时所发出的物光波。平均曝光光强是整个曝光期间内变化光强分布的时间平均值。通过全息图的再现像可以看到干涉条纹,由干涉条纹的形状和强度分布可以确定物体振动的模式及物体表面各点的振幅。图7.2-10给出了由时间平均

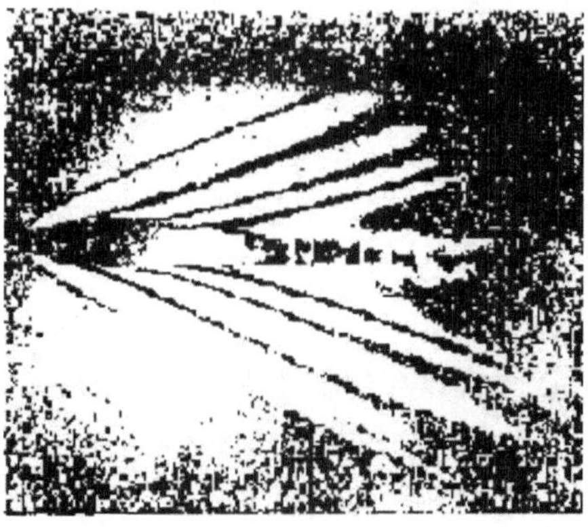

图7.2-9　通过二次曝光全息图看见的飞行子弹对空气的扰动照片

图7.2-10　用时间平均值全息图产生的振动小提琴表面图像(800Hz)

值法获得全息图所产生的振动小提琴表面图像的照片。

2）全息显微术

由全息照相的理论可以证明，当再现照明光波长比记录全息图时的光波长大得多时，可以提高再现像的放大倍率。于是设想，如能用 X 射线（$\lambda \sim 0.1\text{nm}$）记录全息图，用可见光（$\lambda \sim 500\text{nm}$）进行再现，则无需特殊的光学系统，就可以得到 5000 倍的放大倍率。当然，X 射线显微镜的实现还取决于 X 射线激光器的开发和利用。

普通显微镜为了获得高的横向放大率，必须以有限的焦深为代价。而全息术的三维成像本领，为实现超焦深显微技术奠定了基础。例如，观察游动的生物或运动的微粒场，若采用普通显微镜，因其焦深小，跟踪运动物体调焦几乎不可能；而若如图 7.2-11(a)所示，利用脉冲激光照明记录三维物场的全息图，相当于使运动物体在时间上被“冻结”，然后利用连续激光照明全息图（图 7.2-11(b)），使三维体积内的信息再现出来，就可以在静止状态下逐次进行观测研究。

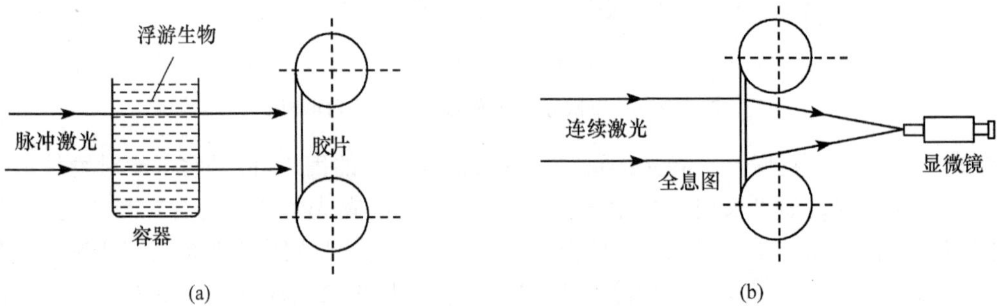

图 7.2-11　全息超景深显微术

3）全息信息存储

信息存储指的是利用某种方法将信息记录下来，以便保存、提取。信息是多种多样的，如文字、图表、影片、地图等。印刷和照相是人们早已熟悉并广泛采用的信息存储方式；电子计算机的存储方式则是将信息以数字的形式存储在电路、磁性材料上；光盘存储器亦已广泛应用。而全息信息存储则是 20 世纪 60 年代随着激光全息发展出现的一种大容量、高存储密度的存储方式。

在信息存储中，存储密度是一个主要的技术指标。存储密度是指在单位面积（或单位体积）的存储介质中，能存储信息单元的多少。全息干板用作普通照相时，存储密度为 $10^5\,\text{bit/mm}^2$ 数量级，用作平面全息图存储信息时，存储密度可提高一个数量级，而用作体全息图存储信息时，其存储密度可达 $10^9\,\text{bit/mm}^3$。为了了解全息存储大容量的概念，这里给出一个具体的例子：一块 240mm×120mm 的全息干板，可以存入 28800 页书，一般期刊、书籍以每本 300 页计，一块全息干板就可存入 96 本；一个大型图书馆藏书按 100 万册计，有 10000 块全息干板即可全部放入，而这些全息干板只需 2 个书柜即可容纳。

图 7.2-12 是一种全息激光存储器的结构示意图。该存储器主要由激光器、光偏转器、信息模板、全息膜片、光电检测器及光学系统组成。其中信息模板有 M^2 个孔，每个孔可以通光或遮光：通光时它表示二进制“1”，遮光时它表示二进制“0”，每个孔代表一个信息单元。待存入的一组信息首先要显示在信息模板上，以备储存在全息膜片上，全息膜片上的不同位置可以形成不同信息的全息图，一块全息膜片上可以记录 N^2 个全息图。信息存储时，激光束射入两

个正交放置的光偏转器1(电光或声光偏转器)后，经分束器分为两束光：一束光a经透镜组2射到信息模板3上，由信息模板的信息调制后，形成物光a'照射到全息膜片4上的某个位置(x_1, y_1)；另一束光b经光学系统形成参考光b'，也照射到全息膜片的同一位置(x_1, y_1)上，在(x_1, y_1)处形成了存储信息的全息图。当要存入下一组信息时，仍先将其记录在信息模板上，然后利用光偏转器改变光束的方向，使物光和参考光都照射到全息膜片的另一位置(x_2, y_2)，在(x_2, y_2)处形成这一组信息的全息图。透镜组的设计应保证当物光取各个不同方向时，主光线均通过信息模板的中心，光束能照亮整个信息模板。如果信息模板有$M^2=100^2=10^4$个孔，即一次存入10^4个信息单元，又设全息膜片能形成$N^2=128^2=1.6\times10^4$个全息图，则共能存入1.6×10^8个信息单元，这个数值即是存储器的信息量。当要读出信息时，可使参考光单独照射全息膜片的某个全息图，就会在光电检测器处得到M^2个信息的像，从而输出相应的电信号。光电检测器和信息模板是一一对应的，信息模板有多少个孔，光电检测器就有同样多个光电单元。若由光偏转器变更参考光的方向，使参考光射到全息膜片的另一全息图上，就可读出另一组信息。

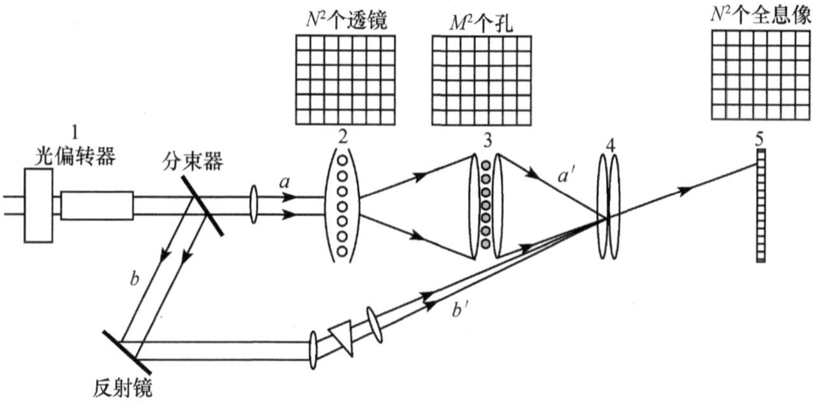

图7.2-12　激光全息存储器示意图

7.2.2　光学信息处理

光学信息处理是近代光学的重要分支，它是伴随着激光器的诞生而逐渐发展起来的。光学信息处理的输入信息可以直接是图像之类的光信息，也可以是由电信号或声信号转换成的光信号。与数字图像处理(计算机图像处理)相比，光学信息处理系统的信息处理容量大，运算速度快(基本上按光速进行)，尤其是它是并行处理，特别适合于对图像的快速和实时处理。

1. 光学信息处理系统

1) 透镜的傅里叶变换功能

如图7.2-13所示，一束平行光照射透过率为$f(x_1, y_1)$放在透镜L前方距离为d的平面P_1上的膜片，在透镜L后方焦平面P_2上产生振幅分布为$u(x_2, y_2)$的光场。假设透镜L满足如下三个条件：

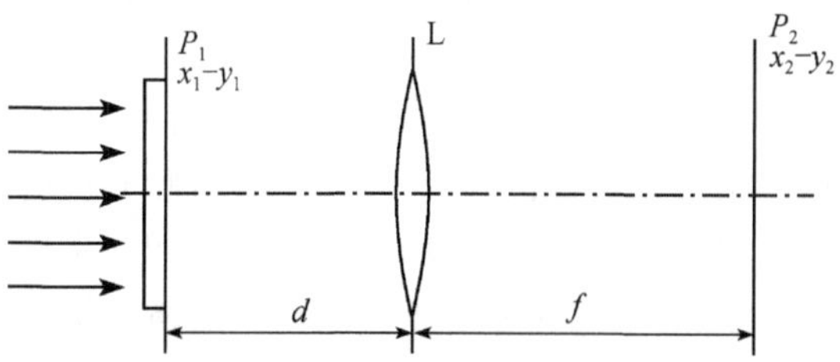

图7.2-13　透镜的一般变换示意图

(1) 入射的平行光线无论入射方向如何，均在同一焦平面上成像；

(2) 平行光束的各光线虽然通过透镜上的不同点，但处在同一波面上的各点到焦点的光程相等；

(3) 透镜是大孔径的薄透镜，只接收近轴光线，各种像差均可忽略不计。

则由光的衍射理论，P_2 面上的光场复振幅分布为

$$u(x_2,y_2)=C\iint f(x_1,y_1)\exp\left(-\mathrm{i}k\frac{x_1x_2+y_1y_2}{f}\right)\mathrm{d}x_1\mathrm{d}y_1\exp\left[\mathrm{i}k\left(1-\frac{d}{f}\right)\frac{x_2^2+y_2^2}{2f}\right] \tag{7.2-2}$$

式中，k 是光波数，f 是透镜焦距。在讨论光场分布时，因为 C 是与 (x_2,y_2) 无关的常数，可以忽略不去考虑。

如果输入信号面 P_1 和输出信号面 P_2 分别为透镜的前后焦平面，并定义归一化坐标

$$p=\frac{k}{f}x_2=2\pi\frac{x_2}{\lambda f}=2\pi f_x \tag{7.2-3}$$

$$q=\frac{k}{f}y_2=2\pi\frac{y_2}{\lambda f}=2\pi f_y \tag{7.2-4}$$

则 P_2 面上的光振幅分布为

$$F(p,q)=\iint f(x,y)\mathrm{e}^{-\mathrm{i}(px+qy)}\mathrm{d}x\mathrm{d}y \tag{7.2-5}$$

根据二维傅里叶变换理论，$F(p,q)$ 恰是 $f(x,y)$ 的傅里叶变换。

由此可见，如果 P_1、P_2 面分别为透镜的前后焦平面，输出平面 P_2 上的信号是输入平面 P_1 上信号的傅里叶变换，故称输出平面 P_2 为傅里叶变换平面。当用探测器(其响应与光强成正比)接收输出信号时，得到的信号是相应 P_1 面信号傅里叶变换的二维光强分布。如果 P_1 面不是透镜的前焦平面，虽然输出信号不是输入信号的严格傅里叶变换，但因探测器是对光强响应，相位因子 $\exp\left[\mathrm{i}k\left(1-\frac{d}{f}\right)\frac{x_2^2+y_2^2}{2f}\right]$ 不起作用，所以 P_2 面上探测的信号仍然相应于 P_1 面信号傅里叶变换的二维光强分布，其相位信息丢失。

2) 空间频谱分析

首先，将上面 $F(p,q)$ 的傅里叶变换式与人们熟知的时域傅里叶变换式进行比较可以看出，式中的 f_x、f_y 与时域中的频率相对应，它们像时域频率反映信号相位的时间变化率一样，反映了信号(或透光率)相位的空间变化率，因此，称它们为空间频率，对应的 p、q 称为空间圆频率。进一步分析可知，信号的空间频率特性和时间频率特性相类似：在时间域中，对一脉冲信号进行傅里叶变换时，脉冲越窄，所包含的频谱成分越高；在空间域中，对一空间信号进行傅里叶变换时，信号的空间变化越剧烈(陡峭)，空间频率也越高。

有了上述空间频率的概念，如果将光的衍射现象与透镜的傅里叶变换作用结合起来，就可以进行信号的(空间)频谱分析。

现在假设输入信号是通过矩形衍射光栅的平行光，根据光的衍射理论，将出现不同级次的衍射主极大，该衍射光经透镜的傅里叶变换后，在透镜的焦平面上的不同位置成像。如果用空间频率的概念来理解，就是说通过周期一定的矩形衍射光栅的输入信号，包含不同的空间频率成分，低的空间频率分量出现在离透镜光轴较近的位置，而高的空间频率分量出现在离光轴较远的位置。如图 7.2-14 所示，越高级次的光栅衍射主极大出现在离透镜光轴越远的位置，说明高衍射级次对应衍射光栅的高频成分。于是，在傅里叶变换面(透镜的后焦平面)上探测或

记录的光强分布，反映了信号的不同空间频率分量的光强，亦即为输入信号的二维(空间频率)功率谱。因此，透镜的后焦平面 P_2 也常称为光(空间)谱面或(空间)频率面。

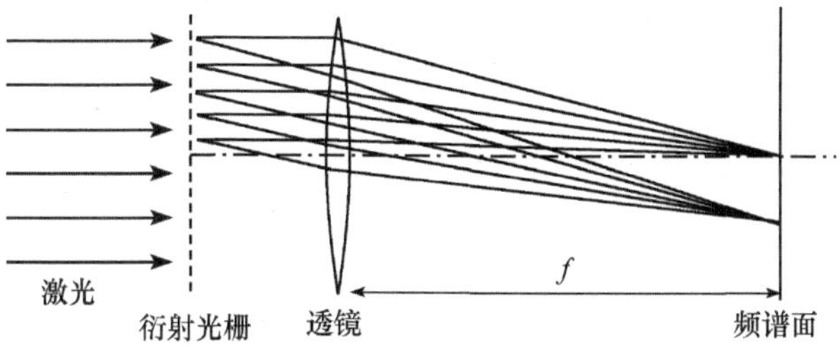

图 7.2-14　傅里叶变换与空间频率关系

为了给出物体空间频率的直观概念，如图 7.2-15 所示，用平面激光波照射位于透镜前焦平面的细丝网格(如金属筛)，则在透镜后焦平面将出现该网格的傅里叶谱——二维空间中一系列分立的亮斑；如果改用平面激光波照射一系列狭缝(或前述透射光栅)，则其频谱为沿坐标轴的分立亮斑。

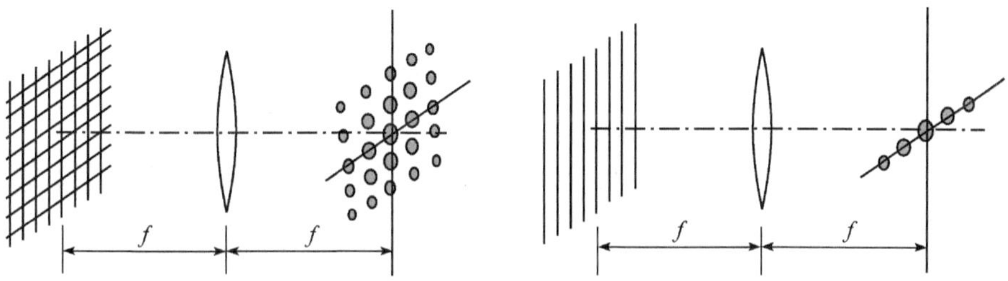

图 7.2-15　网格和狭缝的傅里叶谱

显然，在光学傅里叶频谱分析中，只要在频谱面上放一漫反射屏，就可以用肉眼观察到信号谱的分布图样。因此，它比电学傅里叶频谱分析更直观、形象。实际上，当眯起眼睛看远处光点时，就会看到左右水平散开(垂直于睫毛方向)的光芒，那实际就是被自己睫毛衍射的光。在这里，眼球是傅里叶变换系统，而视网膜即是频谱面。

3) 相干光学信息处理系统

如图 7.2-16 所示，如果两个透镜 L_1、L_2 的焦平面分别是 P_1、P_2、P_3，并且在 P_1 面上的光振幅分布为 $f(x_1, y_2)$，则由透镜的傅里叶变换作用，在 P_2、P_3 面上的信号为

$$f_2(x_2, y_2) = \iint f_1(x_1, y_1) e^{-ik\frac{x_1x_2+y_1y_2}{f}} dx_1 dy_1 = FT[f_1(x_1, y_1)] \tag{7.2-6}$$

$$f_3(x_3, y_3) = FT\{f_2(x_2, y_2)\} = FT\{FT[f_1(x_1, y_1)]\} = f_1(-x_1, -y_1) \tag{7.2-7}$$

式中，FT{}表示傅里叶变换。由此可见，P_1 面上的信号，通过透镜 L_1 的傅里叶变换，在 P_2 面上得到其频谱，该频谱分布再一次通过透镜 L_2 的傅里叶变换，在 P_3 面上成像，此像实际上是 P_1 面上信号的再生。从数学上看，如果如图 7.2-16 所示选取 P_3 面的坐标，则后一个傅里叶变换实际是前一个傅里叶变换的逆变换。由于 P_3 面和 P_1 面的坐标轴反向，所以 P_3 面上的再生像是 P_1 面信号的倒立像。

显然，在这个透镜系统中，L_1 起了频谱分析的作用，L_2 则起了频谱综合的作用。

由上述分析可见，上面的光学系统可以对输入信号进行傅里叶变换，并可以对其频谱进行傅里叶逆变换。如果人为地改变频谱面 P_2 上的频谱分布函数，就可能输出不同的光信号。

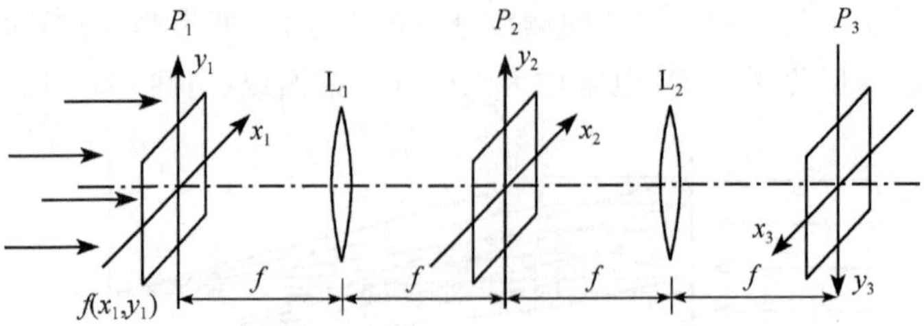

图 7.2-16 相干光学信息处理系统

正是根据这样一种思想，可以实现对光学信息进行处理或变换。

20 世纪 60 年代由于激光器的诞生和全息术的重大进展，相干光信息处理得到了蓬勃发展。70 年代以来，为了克服相干噪声，非相干光处理和白光处理技术研究十分活跃。随着计算机技术的发展，将电子计算机和光学模拟处理结合起来构成的光电混合处理系统，越来越受到人们的重视。下面，简要介绍光学信息处理技术中的空间滤波，相关、卷积运算以及图像识别等应用。

2. 空间滤波

如同时域信号的滤波一样，空域信号也可以进行滤波。这只要对 P_2 面的傅里叶谱进行适当的取舍，就可以得到所希望的图像。

例如，气体激光器的输出光是高度相干的光束，当它通过理想透镜时，将在透镜的焦平面上聚焦成很小的光斑。但是如果透镜存在缺陷，就会产生一些散射光，这些散射光和被散射光干涉，就会产生一些不需要的环形花样，影响系统工作性能。为了将其去除，可以采用图 7.2-17 所示的装置，在透镜的频谱面处放置一直径比聚焦光斑大几倍的小孔，以保证主光束完全通过。由于上述干涉环的空间频率通常较高，在频谱面上离光轴较远，所以被小孔挡住，不能通过。于是在经过综合透镜的作用后，又成为质量很好的高斯光束，所损失的只是散射光能量。在这里，小孔起到了低通滤波器的作用。

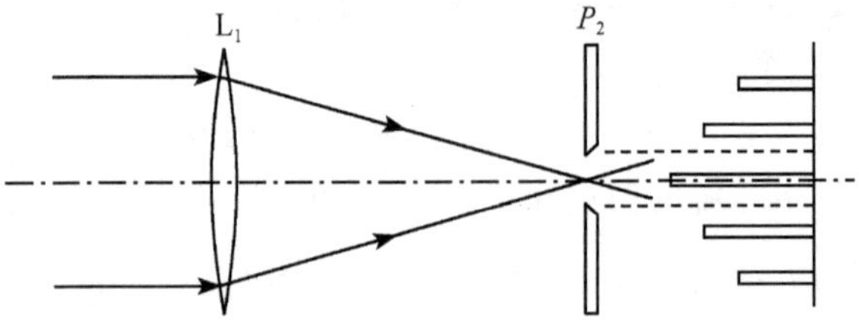

图 7.2-17 低通滤波器

与此相反，如果在频谱面上放置一膜片，该膜片的中心部分不透光，则可将低频分量（主光束）滤掉，只允许高频分量通过。于是，在经过综合透镜后，就只呈现出小缺陷的像。利用这种方法可以锐化照片，或帮助研究一些细节。该膜片是一高通滤波器。

图 7.2-18 是一个带通滤波的实例。图 7.2-18(a)是一张人面部照片，照片可见到等间距的竖向线条。图 7.2-18(b)是人面部照片的频谱，其中水平方向的一排亮点是由照片上那些竖向线条产生的。若如图 7.2-18(c)所示，用水平条形方向滤波器挡掉这些亮点，则输出图像中就不再看到这些水平线的痕迹(图 7.2-18(d))。

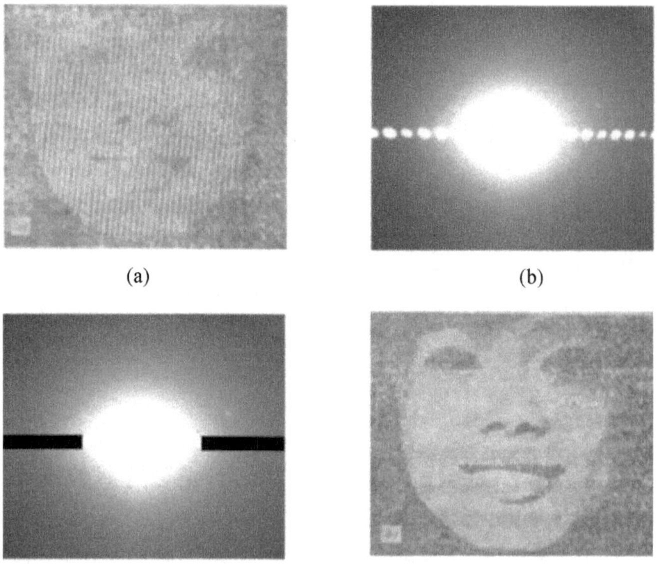

(a)　(b)

(c)　(d)

图 7.2-18　照片的信息处理

3. 相关识别

1）匹配滤波

如图 7.2-19 所示，在 P_1 面上放置透光率为 $f(x,y)$ 的软片，在 P_2 面上得到其傅里叶谱 $F(p,q)$，表示式为

$$F(p,q) = A(p,q)e^{-i\varphi(p,q)} \tag{7.2-8}$$

式中，$A(p,q)$ 和 $\varphi(p,q)$ 皆为实数。如果在 P_2 面上放置一空间滤波器，该滤波器的透过率分布为

$$F^*(p,q) = A(p,q)e^{i\varphi(p,q)} \tag{7.2-9}$$

则输入到透镜 L_2 的振幅谱等于输入信号的功率谱 $A^2(p,q)$，而相位谱为零。这就是匹配滤波的概念，所使用的空间滤波器称为匹配滤波器。

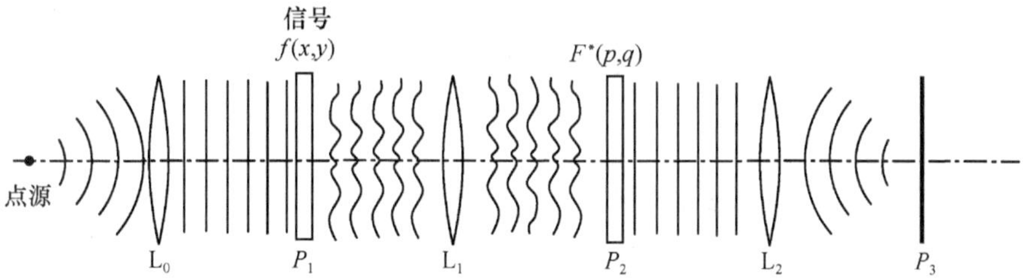

图 7.2-19　光学匹配滤波示意图

这种既能修饰振幅谱，又能改变相位谱(使相位反演)的匹配滤波器，一般采用全息照相的方法制作。如图 7.2-20 所示，用一平面参考光 R 照射有物体频谱 $F(p,q)$ 的 P_2 面上的全息干板，曝光并处理后，其透过率 $T(p,q)$ 正比于其上光强分布，即

$$T(p,q) \propto |R + F(p,q)|^2 = |R|^2 + |F(p,q)|^2 + RF^*(p,q) + R^*F(p,q) \tag{7.2-10}$$

在该全息图中，包含了 $F^*(p,q)$ 成分，因此，可以用作匹配滤波器。

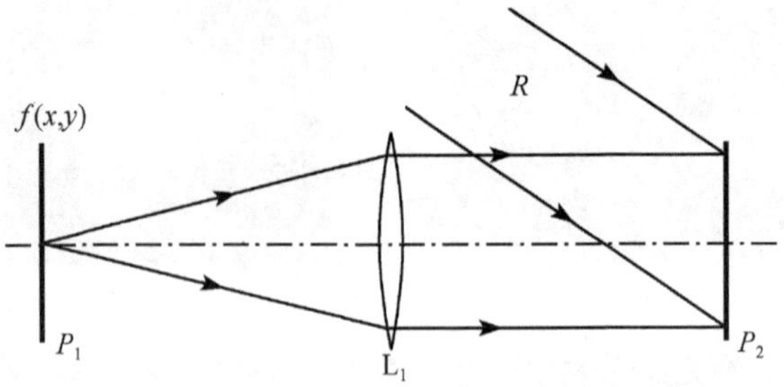

图 7.2-20 匹配滤波器的制作

2）相关和卷积

若将上面的匹配滤波器放在图 7.2-19 中的 P_2 面上，则透过谱函数为

$$F(p,q)\cdot T(p,q)\propto F\mid R\mid^2+F\mid F\mid^2+R\mid F\mid^2+R^*F\cdot F \tag{7.2-11}$$

经过透镜 L_2 综合后，在 P_3 面上相应于式(7.2-11)右边第三项，即由 R 方向所确定的位置上，给出 $f(x,y)$ 的自相关

$$r_{ff}=f(x,y)\otimes f(x,y) \tag{7.2-12}$$

相应于式(7.2-11)右边第四项，即由 R^* 方向所确定的位置上，给出 $f(x,y)$ 的自卷积

$$\rho_{ff}=f(x,y)*f(x,y) \tag{7.2-13}$$

若制作滤波器的系统中，输入的信号不是 $f(x,y)$，而是另一个函数 $h(x,y)$，则如图 7.2-21 所示，在 P_3 面上可以同时实现互相关和互卷积

$$r_{hf}=h(x,y)\otimes f(x,y) \tag{7.2-14}$$

$$\rho_{hf}=h(x,y)*f(x,y) \tag{7.2-15}$$

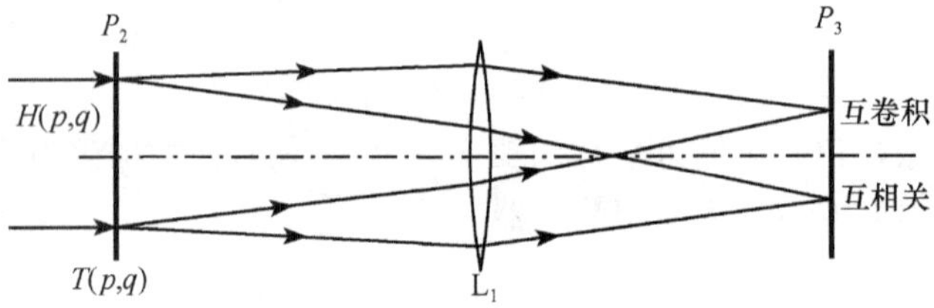

图 7.2-21 互相关和互卷积运算

3）相关识别

利用上述相关系统可以实现图像识别。图像识别是指检测和判断图像中是否包含某一特定信息。例如，从大量的指纹档案中，查出罪犯的指纹；在病理照片中，识别出癌变细胞；在侦察所得照片中，检出特定目标；检测文字或对文字分类等。利用光学信息处理技术进行图像识别具有模拟性和空间性的特点。一种典型的 $4f$ 光学信息处理系统如图 7.2-22(a)所示。

现在假设要从图 7.2-22(b)所示的透明胶片中找出字母 A 所在的位置，只要先将同字体的 A 利用图 7.2-20 所示的系统制作一个全息匹配滤波器，然后将其放在系统的 P_2 面上，而将透明胶片放在输入面 P_1 上。在入射平面激光波的照射下，将在 P_3 面内与原胶片中 A 所对应的位置上，出现自相关亮点。由自相关亮点的位置，可以确定胶片中 A 的位置，由自相关亮点的数目，可以确定胶片中 A 的多少，由此起到了识别的作用。当然，与所识别的字母形状相

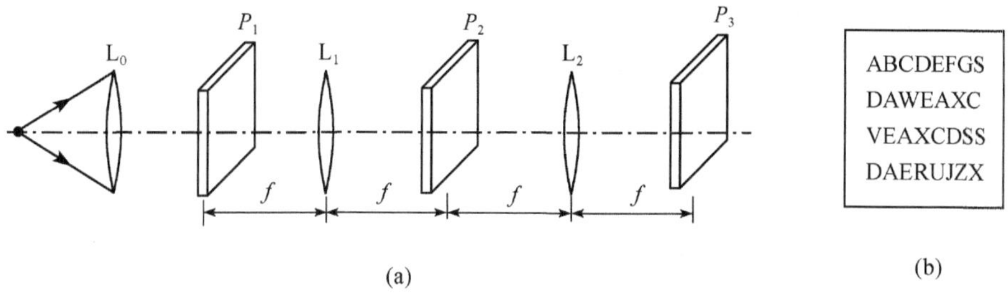

图 7.2-22　相关识别示意图

近的字母也会有一定程度的互相关亮点出现。这可以根据实验情况,规定一个适当的阈值,以减少误检和漏检。

7.3　激光通信

激光通信是光电子技术应用的一个重要领域,它包括光纤通信、激光大气传输通信、卫星激光通信和水下激光通信等多种方式。其中,光纤多路通信是激光通信最广泛的应用。

7.3.1　光纤通信

光纤通信是以光纤为通信信道的激光通信。1970 年,由于衰减系数为 20dB/km 的光纤的研制成功,室温下连续半导体激光器的运转,激励了世界各国对光纤通信的研究,正式揭开了光纤通信的序幕。因此,人们通常将 1970 年称为光纤通信元年。

光纤通信的出现和发展,在通信史上具有深远的意义,被认为是通信史上一次根本性的变革,在正在到来的信息化社会,光纤通信将占主宰地位,大量的信息交换将由光纤通信网络承担。这是因为,与其他通信方式相比,光纤通信有如下优点:

(1) 通信容量大,特别适合高速率的数字通信。光纤通信的信息载体是光波,所使用的光波频率可达 2×10^5GHz,而对于从长波起直到包括毫米波的电磁波通信方式,可利用的电磁波频谱仅为 3×10^2GHz,可见,光纤通信的可利用频谱较其他通信方式宽 660 多倍。另外,光纤通信的信道频带宽度,对于多模光纤大于 1GHz·km,单模光纤大于 100GHz·km,并可望达到 1000GHz·km。因此,光纤通信可利用的频带比其他任何一种通信方式的可利用频带宽得多,其通信容量特别大,特别适合于高速率数字通信。

(2) 传输损耗低,中继距离长。同轴电缆通信系统的中继距离约为 1.6km,微波通信系统的中继距离约为 50km,而光纤通信系统的中继距离在 200km 以上。

(3) 中继站无需幅度均衡措施,电路简单。由于电缆系统的损耗与频率有关,因此,中继站必须对信号进行复杂的频率均衡处理,而在光纤频带内,对每一个频率分量的损耗几乎都相等,无需幅度均衡措施,电路相对简单。

(4) 光纤通信系统可以在恶劣环境下工作,不受电磁、静电及人为干扰,多根光纤组成的光缆,相邻光纤之间几乎没有串音,通信质量有保证。

(5) 窃听困难,保密性好。

自 20 世纪 80 年代以来,光纤通信系统在很多应用领域几乎替代了同轴电缆、微波等传统通信方式。从技术角度讲,光纤通信经历了以下四代发展过程:

短波长光纤通信系统被认为是第一代光纤通信;

长波长 1.3μm 的多模和单模光纤通信系统，构成了光纤通信的第二代；
长波长 1.55μm 的单模光纤通信系统是光纤通信的第三代；
第四代是相干光纤通信或外差光纤通信。

1. 光纤通信系统

图 7.3-1 是光纤通信系统的示意图。由图可见，光纤通信系统主要由光源、探测器、耦合器、光纤、连接器和其他电信号处理系统组成。

图 7.3-1　光纤通信系统的示意图

目前，用于光纤通信系统的主要光源是半导体发光二极管(LED)和半导体激光器(LD)。铝镓砷(AlGaAs)LED 和 LD 是短波长(0.8～0.9μm)光源，铟镓砷磷/磷化铟(InGaAsP/InP)LED 和 LD 是长波长(1.2～1.6μm)光源。LED 是非相干光源，其输出功率较小，调制速率不太高，但调制线性好，驱动电路简单，可靠性高，价格便宜，主要用在短距离、小容量光纤通信系统中；LD 是相干光源，输出功率较大，单色性、方向性好，调制速率高，主要用在长距离、大容量光纤通信系统中。

在光纤通信系统中，要求探测器有较高的灵敏度、较快的响应速度和较低的噪声。最常用的是硅光电二极管，有非雪崩型和雪崩型两种形式，即非雪崩型的 PIN 光电二极管和雪崩型的 APD 光电二极管。

光纤通信的信道是光纤，光纤通信对光纤的要求是低损耗和低色散。目前光纤通信系统主要工作在 1.55μm，相应的光纤衰减系数为 0.18～0.25dB/km，如果采用氟化物玻璃光纤，则工作波长可到 2.5μm 附近，相应的光纤衰减系数可进一步降低到 0.01dB/km，十分有吸引力。

光纤通信系统按照调制和解调的方式不同，有两种组成方案：直接检测接收光纤通信系统和外差检测接收光纤通信系统。

1）直接检测接收光纤通信系统

直接检测接收光纤通信系统的组成如图 7.3-2 所示。该系统在发信端和收信端均由电端机和光端机组成。电端机就是通常电通信中使用的载波机、电视图像收发信设备、计算机等终端设备。发信光端机主要部分是激光器的驱动电路，收信光端机的主要部分是光电检测器及其放大电路。

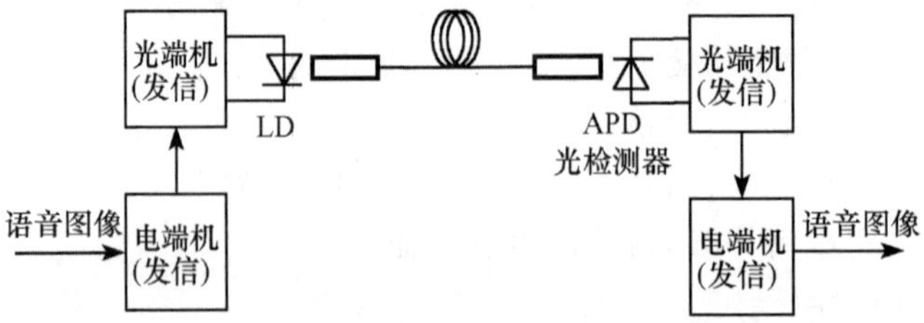

图 7.3-2　直接检测接收光纤通信系统的示意图

来自发信电端机的电信号，对激光载波进行强度调制，使之转换成载有信息的光信号，经过光纤传输到收信端，通过光电检测器进行包络检测，所得到的电信号再由收信电端机做进一步处理，即可得到用户所需信息。

由于这种直接检测接收光纤通信系统的调制-解调技术、系统结构相对简单，相对造价不高，是一种实用化光纤通信系统。

2）外差检测接收（相干）光纤通信系统

由于激光器是相干性很好的光源，原则上可以在光纤通信中移植无线通信系统中广泛使用的外差接收和中频放大技术，建立外差接收光纤通信系统。从 20 世纪 70 年代起，人们就开展了这种相干光纤通信的研究，并建立了大量实验形的相干光纤通信系统。

外差检测接收光纤通信系统的基本组成框图如图 7.3-3 所示。该系统的光发送机由激光器和调制器组成，接收系统由偏振控制器、合成器、本振激光器、光电检测器、放大器、解调器、自动频率控制装置以及判决电路等组成。在发信端，由电端机送来的基带信号，在调制器中对激光载波进行调制，使之成为携带信息的相干光信号，经单模光纤传输到收信端，与本振激光器的相干光混合，送到光电检测器上产生中频信号，经过中频放大器选出，并放大到一定的电平，再经过解调等一系列信息处理，就可得到原基带信号，从而得到用户所需之信息，达到通信的目的。

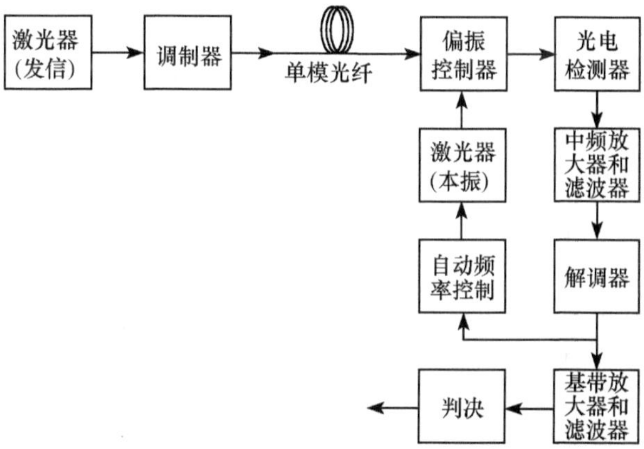

图 7.3-3　外差检测接收光纤通信系统结构框图

相干光通信系统相对应直接检测接收光纤通信系统的主要优点是提高了信噪比，即提高了光接收机的检测灵敏度。因此，结合低损耗的光纤传输线，可使中继距离延长到数百千米，而直接检测接收系统，中继距离不足 100km。另外，在外差接收系统中，由于只需要改变本振激光波长，即可实现多路载波光纤通信，大大增加了通信容量，而无需改变光接收结构。

应当指出的是，实现外差检测接收的基本技术要求是光应具有非常好的相干性，单模光纤应具有稳定的偏振特性等能力。但是，由于半导体激光器制造技术尚不能达到满足相干检测的要求，且制造长距离保持偏振稳定的偏振单模光纤技术仍是技术难度很大的课题，所以，相干光纤通信目前尚未进入实用化阶段。

2. 光纤通信中继器

像电缆通信和微波通信一样，要进行数千千米甚至上万千米的长途光纤通信，在目前的技术条件下，必须采用中继传输。

光纤通信系统中的中继器可分为直接中继器和间接中继器两种，图 7.3-4 是两种中继器的示意图。直接中继器就是光放大器，它直接将光信号进行放大，以补偿光纤传输引起的损耗，它也称为光-光中继器；间接中继器是将光信号先解调成电信号，经放大或再生后，再调制到光源上去，也称为光-电-光中继器。

(a) 直接中继器

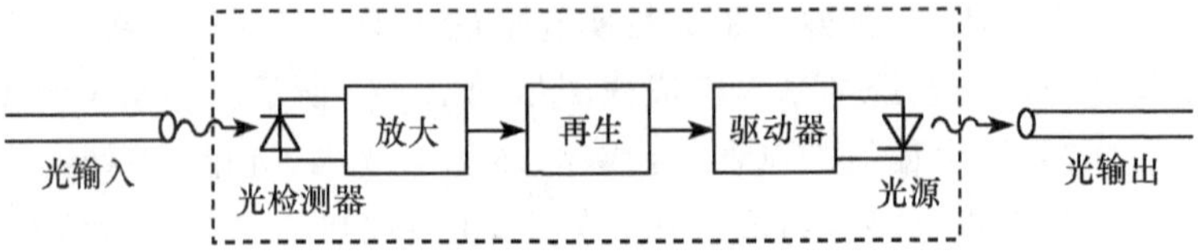

(b) 间接中继器

图 7.3-4 两种中继器组成示意图

间接中继器可以将传输的数字信号再生，因此，可称为“再生中继器”，它的电路比较复杂。在直接中继方式中，如果激光放大器采用光纤技术实现，则称为光纤放大器，其主要缺点是不能对数字脉冲信号进行整形(再生)，在中继传输过程中，脉冲的失真将要沿途积累。如果将激光放大式中继器和再生中继器配合使用，就可以克服上述缺点。实验研究表明，二者配合使用，有可能将传输的光数字脉冲信号获得的再生中继距离，延长到 10000km 以上。显然，这对越洋海底光缆通信系统和陆地长距离光纤通信系统，是非常有吸引力的中继方式。

3. 光纤通信的复用技术

为了获得特大的通信容量，充分利用光纤的带宽资源，在光纤通信中采用了光波分复用、光空间复用、光时分复用等技术。

1) 光波分复用

光波分复用(WDM)技术是在一根光纤中同时传输多个波长光信号的技术。其基本原理是在发送端把不同波长的光信号组合起来(称为复用)，并耦合到同一根光纤中传输，在接收端则把组合波长的光信号分开(称为解复用)，恢复出原信号后送入不同终端。

早期的波分复用通常是指 1310nm 和 1550nm 两个波长的复用系统，由于没有合适的光放大器，这种波分复用技术只能在一些短距离的应用中提供 2 倍(2×2.5Gbit/s)的传输容量。随着工作于 1550nm 窗口的掺铒光纤放大器的实用化，在 1550nm 波长区段的波分复用系统可同时使用 8 个、16 个或更多个波长，在一对光纤或单根光纤上构成光通信系统，其中波长间隔为 1.6nm、0.8nm 或更低，对应约 200GHz、100GHz 或更窄的带宽。为区别于前面的两波长复用系统，把同一窗口(主要是 1550nm)中信道间隔较小的波分复用称为密集波分复用(DWDM)。目前波分复用系统所使用的波段波长在 1520～1565nm，称为 C 波段；而正在研究和开发的波段还有 L 波段(1570～1620nm)和 S 波段(1400nm)。一般波分复用系统所采用的信道波长为等间隔，且波长间隔取 $k\times 0.8$nm(k 为正整数)。波分复用系统结构示意图如图 7.3-5 所示。

2) 光空间复用

这是利用不同的空间位置传送不同光信号的技术，其中最主要的是许多根光纤组成一根

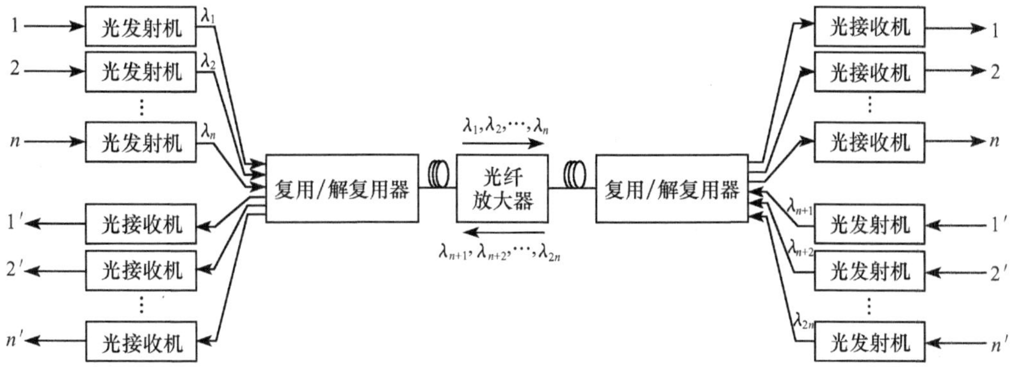

图 7.3-5　单纤双向传输波分复用示意图

光缆的空间复用。几个独立的、完全相同的光纤通信系统，使用完全独立的中继器。每个系统用一根光纤，能得到较长的中继距离，并使中继器的结构简单。与波分复用相比，由于空间复用不需要滤光器，损耗小，更为经济。

与多管同轴电缆空间复用相比，由于光纤通信传输信息密度特别高，复用的数目也可以很多，所以光空间复用的优点特别突出。例如，数十根光纤组成的光缆，直径也只有几毫米，所以传送的信息量十分可观。

3）光时分复用

这是利用不同的时间间隔传送不同光脉冲信号的复用方式。图 7.3-6 是一种光时分复用方式的原理图。其中偏光棱镜用作为光复用开关，而偏振光开关实际上是一个光调制器，在激励电压峰值时，可使输入线偏振光的偏振方向旋转 90°，在激励电压为零值时，输入线偏振光的偏振方向不变。

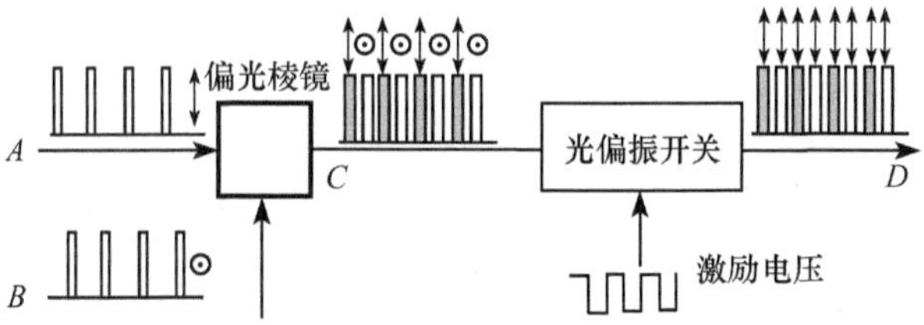

图 7.3-6　光时分复用原理图

在发送端，从不同方向送到偏光棱镜的两组光信号 A 和 B，其偏振方向正交，时间上两组脉冲正好错开。它们通过偏光棱镜后，变成一列偏振方向正交相间的光脉冲列 C，再经过偏振光开关后，就可以得到偏振方向完全相同的光脉冲列，实现了光时分复用。

在接收端，将上面得到的时分复用光脉冲列进行分路，也采用图 7.3-6 所示的结构，只是信号传输方向相反。接收到的时分复用光脉冲列从 D 端输入，经过与前述相反的过程，在 A、B 端得到两路光脉冲(信号)。

对于上述几种不同的光复用方式，有些是可以同时采用的。例如，光波分复用和空间复用，光波分复用和时分复用以及光波分复用、时分复用和空间复用等。目前，这些光复用方式均广泛应用在各种光纤通信系统中。

4. 光纤通信网络

上面介绍的光纤通信系统都属于点对点的链路通信系统。由于光纤通信具有传输损耗低、通信容量大、数据传输率高、不受电磁干扰等一系列优点，特别适合于数字通信网络系统。

1）光纤通信局域网

局域网(LAN)是一种多终端数据通信网系统，网中所连接的设备有计算机、终端存储设备、打印机/绘图仪、传真机、电话机和监控仪等，不仅可以互相通信，资源共享，而且可以访问远距离的主机或其他网络。由于光纤通信具有传输高速率数据信息的能力和一系列优点，可以认为光纤是局域网中的理想传输介质。

为了充分发挥光纤通信在局域网中的应用潜力，就需要研究和设计适合于光纤通信局域网的最佳拓扑结构，使之尽可能地少用光纤链路，最大限度地利用光纤通信的宽带特性，并使传输的信息经由最合理的路径，以降低建造光纤网络的费用并提高网络的可靠性。适用于光纤通信局域网络的拓扑结构，主要有图 7.3-7 所示的 T 形网络拓扑结构、环形网络拓扑结构和星形网络拓扑结构。

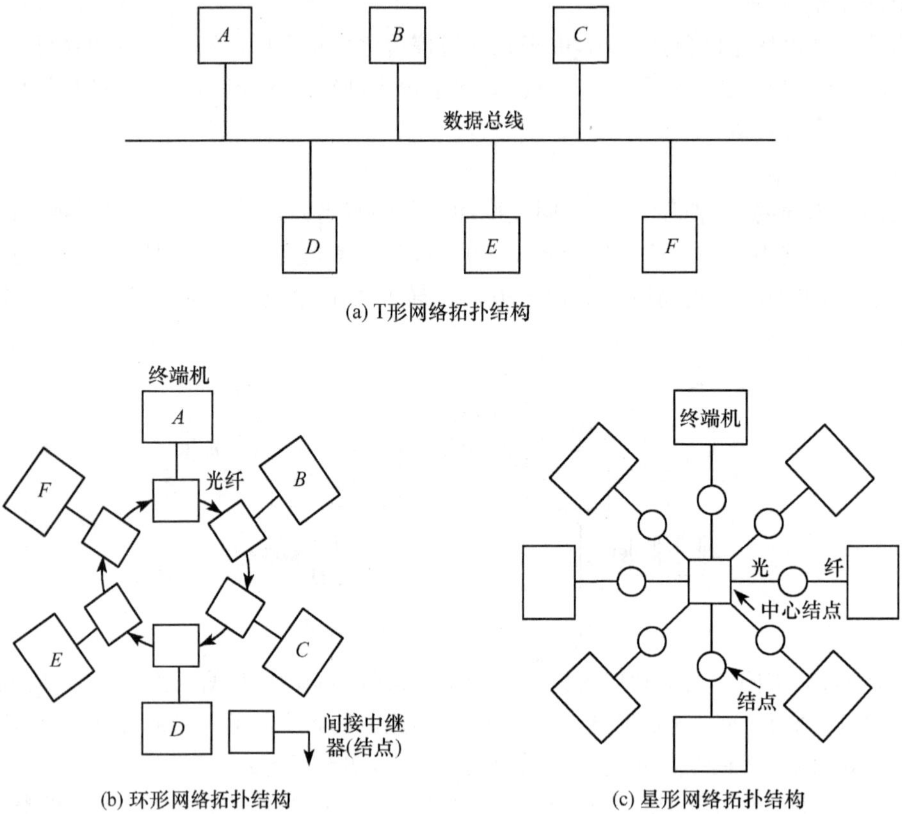

(a) T形网络拓扑结构

(b) 环形网络拓扑结构

(c) 星形网络拓扑结构

图 7.3-7 网络拓扑结构

2）综合服务数字网

与局域网不同，适应于更大范围或全国范围公用的数字通信网，称为综合服务数字网(ISDN)系统，它是一种将计算机与数字通信相结合的全国综合服务的通信网络。目前，全国公用数字通信网络均是采用光纤传输数字信息的通信网，称为 FB-ISDN(光纤-综合服务数字网)。

自 20 世纪 70 年代末光纤通信进入实用化以来，经历了高速发展阶段。由于光纤通信的发展潜力很大，有待开发的新技术领域十分广阔，市场需求十分广大，所以至今光纤通信的发展势头有增无减。光纤通信的发展趋势可以概括为:传输速率的高速化和中继距离的超长化;新一代的传输体制——同步传输网(SDH)等。

7.3.2　激光大气通信

大气通信是以大气空间作为通信信道的激光通信。这种通信方法不需要铺设线路,发送的光信号直接经过大气空间传输到接收端,因此,简单经济。激光大气通信具有与无线电微波通信相同的优点,而且因为激光的方向性好,能量集中,保密性更好。

大气传输激光光通信的主要缺点是受气候的影响严重,遇到特大的雨、雷和雾时,光信号会受到严重的衰减,甚至会使通信中断。例如,特大的大雾对光的衰减是 200dB/km,这相当于每千米把发射的光功率衰减到万亿亿分之一($1/10^{20}$),因此,即使发射的光功率为 1MW,经过一千米的大雾后,光功率就衰减到 0.001pW。另外,由于气温变化和大气湍流会使空气折射率发生变动而引起光束抖动,以及任何意外的空间拦截物,如鸟类、飞机的挡光都可以使光通信中断。正是因为如此,大气传输光通信的使用的范围有限。但是,它不需要铺设线路、方向性好、保密性强等优点,使得它在近距离的机动、保密专线通信,以及在不易铺设线路的点间通信中,仍有一定的实用价值。

考虑到大气衰减效应,对于用于激光大气通信的激光波长必须进行合理的选择。由图 4.2-2 给出的红外波段大气传输的透过率特性可见,在某些波长上有强烈的吸收,透过率很小,而有的波长透过率较大。通常,将透过率较大的波段称为“大气窗口”,大气传输激光通信可以选择在这些“大气窗口”上进行。由于 YAG 激光的波长为 1.06μm,CO_2 激光的波长为 10.6μm,二者均处于大气窗口,所以,大气传输激光通信采用 YAG 激光器和 CO_2 激光器作为光源。

图 7.3-8 是一个 CO_2 外差激光大气传输通信的发射机和接收机的原理图。这个系统用光学调频的方法,传输 8Mb/s 的信息。

CO_2 外差激光通信系统的工作过程如下:待传送的视频信号经驱动电路放大,加到 CO_2 激光器腔内的(电光)调制器上,使输出激光频率随视频电压变化。这束携带信息的调频光通过选择性反射镜,大部分由发射天线系统发射出去。在接收端,接收天线将接收到的光信号投射到混频锗片上,与接收机的本地振荡 CO_2 激光一起照射到碲镉汞(HgCdTe)探测器上。探测器输出差频电信号,经中放后送到鉴频器,即可还原出原始的视频信息。

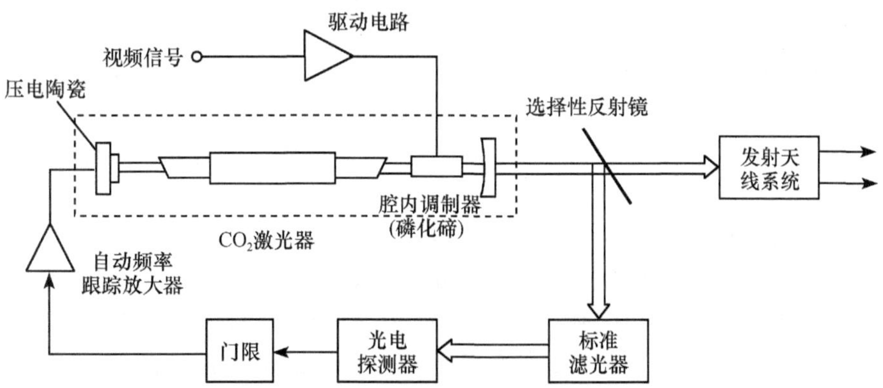

(a) 发射系统

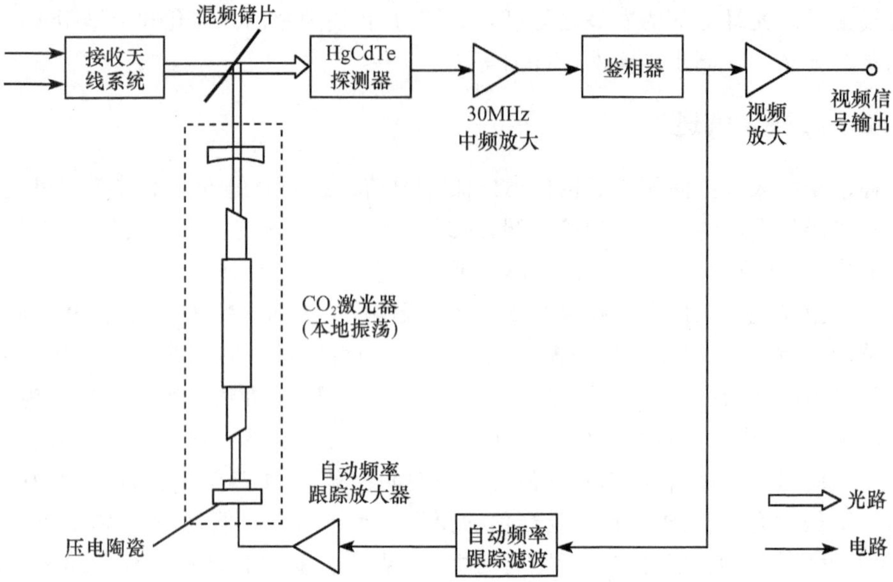

(b) 接收系统

图 7.3-8 CO_2 外差激光通信系统原理图

由于这个通信系统属于相干接收,必须保证激光输出的稳定性。为此,激光器采用了稳频措施:从 CO_2 激光器输出的一部分激光被选择性反射镜反射,投射到一个标准滤光器上,当激光器输出的频率偏离滤光器的中心频率时,激光器输出功率下降,光电探测器将这个光信号的变化,转变为电信号的变化,若该电信号超过某一门限之后,由自动频率跟踪放大器放大,去推动压电陶瓷,控制陶瓷的伸缩以调节谐振腔的长度,使激光器频率恢复到标准的数值。在这个通信系统中,探测元件是 HgCdTe 光电二极管,它需要在液氮温度下工作,具有极高的灵敏度,带宽在 100MHz 的情况下,也能探测出低到数皮瓦量级的光信号。

7.3.3 激光卫星通信

卫星通信是 20 世纪 60 年代发展起来的一种重要的通信方式。目前世界上已建立起许多卫星(微波)通信系统,但随着通信容量的迅速增长,这些卫星通信系统已不能满足要求。这是因为:①卫星越来越笨重。为增加卫星通信容量,通常采用的方法是提高卫星的有效辐射功率,这就大大地增加了卫星的体积和重量。例如,从 1965 年到 1971 年的七年内,卫星容量从 240 路电话增加到 6000 路,卫星重量竟从 39kg 猛增到 1112kg,体积也增大了三四十倍,卫星天线从 1 个增加到 6 个,即容量越大,通信卫星必然越庞大复杂。②卫星通信微波频段拥挤。由于卫星通信业务的迅速增长,通信卫星就越来越多,而适合作通信卫星的轨道只有几十条,通信卫星的数量就受到限制,所以微波频段在空间也出现拥挤。③微波卫星通信不能适应卫星中继的需要。为了利用微波实现卫星和地球对面通信,电波必须经地面站—卫星—地面站—卫星—地面站上下几次跳跃转接,这就造成了过大的时延。所以,未来的卫星通信必须如图 7.3-9 所示的中继方式。这样的中继方式,要求一个卫星可以作为多个地面站的中继站,还可以作为地面站和飞船之间、地面站和低轨卫星之间的中继站。这就要求卫星能在各种频段上工作,通信容量更大,天线增益更高,收发设备更加复杂,卫星的体积更加庞大。显然,利用微波实现这种中继布局是十分困难的。

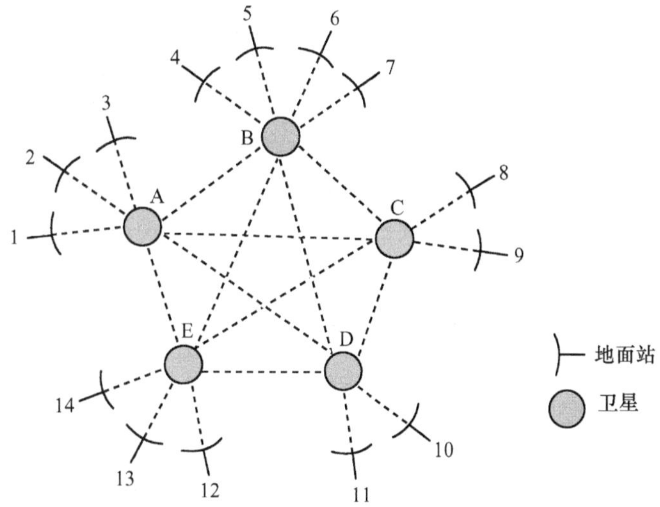

图 7.3-9　卫星中继布局

卫星通信遇到的上述困难,如果用卫星激光通信就可以得到圆满解决。首先,卫星的体积和重量可以大大减少。因为利用微波进行通信时,即使采用庞大的天线,发散角仍有几度,而利用激光时,发散角可以做到零点几个毫弧度,如果以相同的功率发射,采用激光时接收到的能量比采用微波时要大一百万倍,也就是说,发射 1W 的激光功率相当于微波的 1×10^6 W 的发射功率。同时,激光通信的天线直径在几十厘米以下,而功能相同的卫星地面站的微波天线,直径需要有十几米至几十米,重量达几十吨至上百吨。所以用激光代替微波进行卫星通信时,可以减小卫星的体积和重量。其次,由于激光的频谱很宽,可以使通信容量成万倍地增加,解决了频段拥挤的问题。最后,如果采用卫星激光通信,图 7.3-9 所示的中继布局就可以实现:由于激光的发散角小,天线增益高,在接近于真空的空间里传输不受衰减,所以通信距离很远;采用激光通信可以使用小功率发射,天线尺寸较小,整个通信设备就可以做得较小,在卫星上容易放置。此外,激光通信不受电磁信号干扰,性能稳定。

综上所述,20 世纪 60 年代发展起来的卫星通信,已经成为人们的一种重要的实际通信方式,而目前人们对卫星通信系统日益增长的实际需求,使得激光空间通信成为非常有发展前途的通信手段。

图 7.3-10 所示为卫星激光通信的示意图。低轨道卫星把收集到的大量数据发回地面的过程如下:当低轨道卫星和地球控制站位于地球对面时,不能直接把数据发到地面控制站,必须经过同步卫星的转接,总共需要图示的三条中继线路,即先用激光将信息由低轨道卫星送至同步卫星 1#,再由同步卫星 1# 送至同步卫星 2#,最后由同步卫星 2# 送至地面控制站。同步卫星 2# 至地面控制站可用激光也可用微波或毫米波传送。

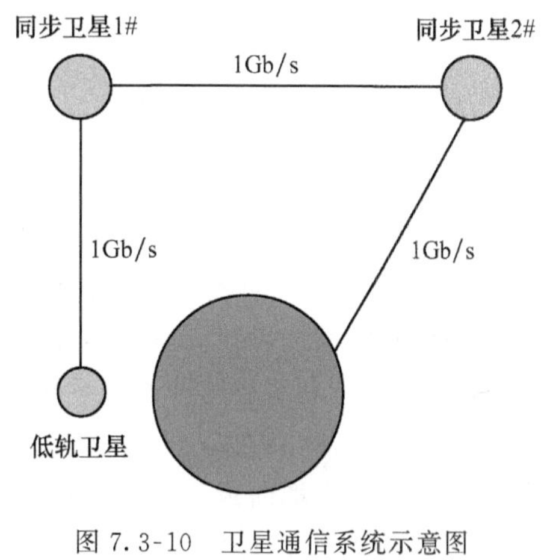

图 7.3-10　卫星通信系统示意图

一种卫星空间激光通信系统的框图如图 7.3-11 所示。由信号处理装置送来的 1Gb/s 的数据信号,通过调制器对激光载波进行电光调制,变为携带信息的光信号，经由 20cm 直径望远镜发射出去，这个激光信号由装在同步卫星上的 60cm 卡塞格林(Cassegrain)望远镜接收，经光电倍增管还原为 1Gb/s 的数据信号，再由信号处理装置进行处理。为了适应光电倍增管的高灵敏度探测，YAG 激光器输出 1.06μm 波长的激光经倍频变为工作波长为 0.53μm 的绿光。使相距数万公里的收发望远镜对准是一个很重要的技术，为此，在接收端的探测器、信标和电子线路应与发射端的探测器和电子线路配合动作，以便收发望远镜自动搜索、跟踪和对准。

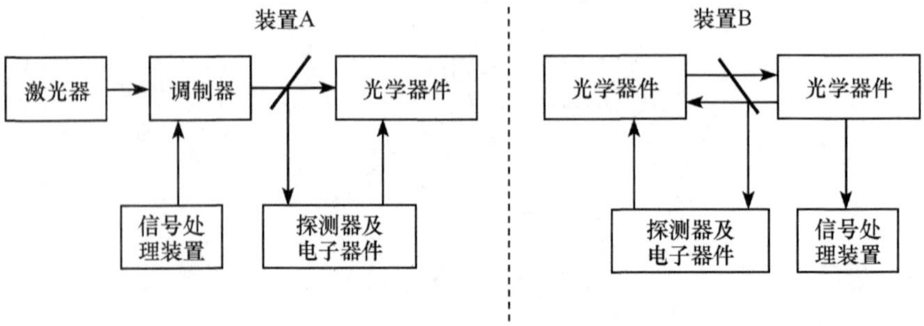

图 7.3-11　空间激光通信系统框图

卫星激光空间通信除了有上述优点外，还可以解决地球与离开和返回的宇宙飞船的通信联系问题。宇宙飞行中，必须应使地面能够控制宇宙飞船的飞行，保持通信联络。但是当宇宙飞船离开和返回地面时，都会穿过厚厚的大气层。由于宇宙飞船的飞行速度非常高，在通过稠密的大气层时，将发生剧烈摩擦，结果使宇宙飞船壳体呈现出炽热状态，这就使得冲击波波面和宇宙飞船壳体之间的气体被离化，将在宇宙飞船的周围形成一个高温等离子区，这个高温等离子区把宇宙飞船包围起来，使得地面向宇航员发出的无线电波或宇航员向地面发出的无线电波，不是被反射就是被吸收，致使宇宙飞船与地面上的通信无法进行。而宇宙飞船进入大气层又是非常关键的时刻，宇宙飞船与地面中断了通信联络，这不仅对宇航员本身是危险的，而且会给科学考察带来很大损失。例如，1964 年美国利用“观察宇宙飞船”测定火星大气层大气组成和密度时，正是由于上述原因无法获得火星大气组成和密度的数据。而如果利用大功率激光通信，就可以解决这个问题。当然，为了减少激光透过大气层的厚度，降低损耗，可将地面控制站安装在高山上。

展望未来的宇宙通信，由于宇宙空间能充分发挥激光的特点，大容量的激光卫星通信有着更美好的前景。

7.3.4　激光水下通信

在水中可以传播的波中，纵波(声波)的衰减最小，而横波(电磁波)的衰减一般都很严重，以致在陆地上广泛使用的无线电波和微波在水下几乎不能使用。因此，早期的潜艇通信方式是，潜艇定期浮到天线露出水面的深度，快速收发报，进行无线电通信。采用这样的通信方式，即使通信时间很短，潜艇也很容易被雷达探测到。虽然长波(极低频率)具有较强的穿透海水能力，核潜艇已利用了这种通信系统，通信深度可达 200m，但长波通信需要功率极大的发射机和巨大的天线，这种设备不能装在潜艇中，所以长波通信只能由地面单方向进行，在潜艇上只能接收。如果向地面报告情况还需要浮出水面，仍然容易被敌方发现。

相对微波而言，光波在水中的衰减要小一些，特别是激光的出现，使得在水下有限距离内，激光测距、准直、照明、摄影、电视等技术成为可能。通常，一束单色平行光束在水中的传输规律用下式表示：

$$P = P_0 e^{-\alpha L} \tag{7.3-1}$$

式中，P_0 和 P 分别为传输距离等于零和 L 时的激光功率(W)，α 是包括吸收和散射在内的衰减系数(m^{-1})。习惯上还常用衰减长度 L_0 表征水下衰减的大小，其定义为激光束的功率衰减到初始值 1/e 所传输的距离。显然，衰减越大，衰减长度就越短。第 4 章中的图 4.3-1 和图 4.3-2 分别示出了蒸馏水的光谱吸收特性和不同海域中衰减长度随波长变化的情况。由图可见，衰减系数 α 与激光波长有密切关系，紫外和红外波段的衰减很大，在水下无法使用。在整个可见光波段，蓝绿光波段的衰减最小，通常称为“水下窗口”，可利用蓝绿光进行水下通信。利用蓝绿进行激光水下通信后，潜艇就不必浮出水面，而且这种通信具有抗干扰能力强、保密性好、建造费用较低等优点。

现在，世界发达国家竞相对水下激光通信进行研究。例如，1978 年美国开始执行一项战略激光通信计划，其方案是陆基微波加天基激光，即微波载着信息由地面出发，传输到同步卫星上，转变为蓝绿光信息，再传给潜艇，从而指挥全球各大洋中的战术、战略潜艇。该方案示意如图 7.3-12 所示。80 年代初，进行了蓝绿光穿过 2800m 厚的云层，射入海洋的实验，80 年代末至今，又多次进行了高空机载蓝绿光对潜通信试验。

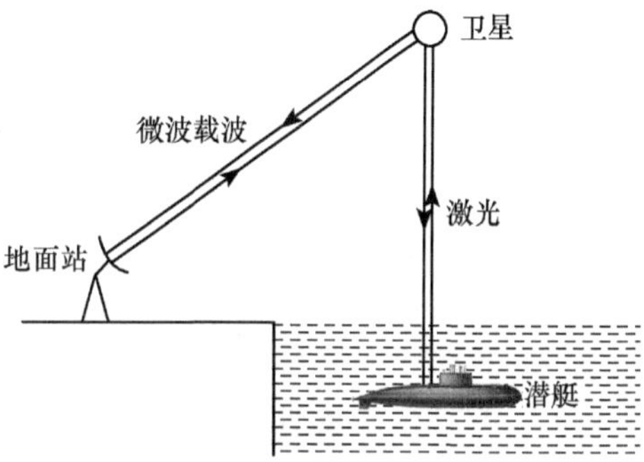

图 7.3-12　微波加激光水下通信示意图

7.4　光纤传感

7.4.1　光纤传感技术

传感器是能够感受规定的被测量，并按一定的规律将其转换成可用输出信号的器件或装置。它主要由敏感元件和转换元件组成。

传感器可以认为是人的五官功能的延续。

光纤传感器是利用光纤作为敏感元件或传输介质的传感器。在光纤通信发展过程中，人们发现，通信质量对外界环境因素十分敏感，例如，温度、压力、电场、磁场等环境条件的变化，都将引起光波参量(强度、相位、频率、偏振态等)的变化。这一现象启发人们提出了光纤传感的概念：如果能测出光纤中传输光波参量的变化，就可以知道导致这些光波参量变化的温度、压力、电场、磁场等物理量的大小。特别是光纤本身有许多固有的优点：可实现长距离低损耗光传输、易弯曲、体积小、重量轻、成本低、防水、防火、耐腐蚀、抗电磁干扰等，这些优点促使人们在各个领域内对光纤传感器进行深入研究，使光线传感技术获得了飞速发展。

按照光纤在传感器中所起的作用，光纤传感器一般可分为两大类。

(1) 功能型光纤传感器。利用光纤本身的特征，把光纤直接作为敏感元件，既感知信息，又传输信息。功能型光纤传感器又称为传感型光纤传感器，或全光纤传感器，如图 7.4-1(a)所示。

(2) 非功能型光纤传感器。利用其他敏感元件感知待测量的变化，光纤仅作为光的传输介质，传输来自远处或难以接近场合的光信号。有时也称为传光型光纤传感器，或混合型传感

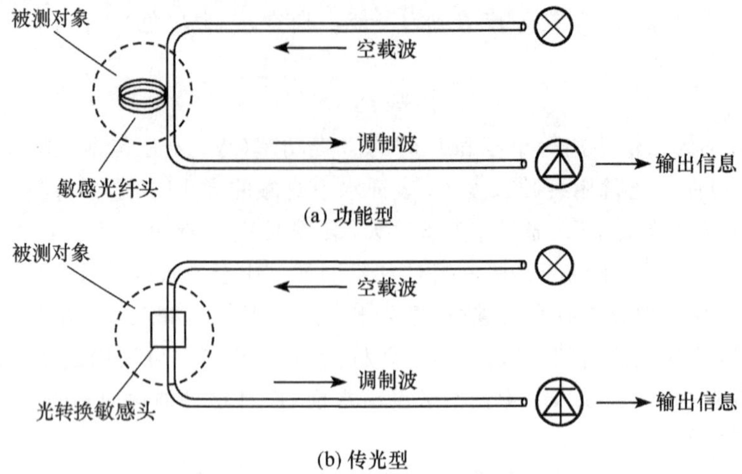

图 7.4-1 光纤传感器的基本形式

器，如图 7.4-1(b)所示。

通常对传感器有如下要求：

(1) 在转换功能上要求工作范围宽、线性好、信噪比高、重复性好、蠕变小等；

(2) 检测信号容易处理、容易传输、抗干扰性好；

(3) 与被测对象所处环境相容、对待测量扰动小；

(4) 体积小、重量轻、廉价、可靠性高等。

光纤传感器能较好地满足这些要求，并且在多样性、环境适应性以及可靠性等方面更具特色。

光纤传感器自 20 世纪 70 年代末发展以来，已取得了飞速进步，大量光纤传感器达到了商业化水平，并广泛应用到工业、军事等领域。表 7.4-1 列出了一些主要工业应用领域需求的传感器种类。表 7.4-2 列出了一些光纤传感器的应用以及目前所能达到(或理论预测)的技术水平。

表 7.4-1 一些主要工业应用领域及所用传感器

应用领域	传感器种类	应用领域	传感器种类
自动化生产线	位置、厚度、限制开关、速度、损坏检测	供热、空调	温度、压力、流量
过程控制	温度、压力、流量、化学分析	器械	温度、压力
汽车	温度、压力、扭矩、气体检测、加速度	石油化工	可燃及有毒气体、液位、渗漏检测
机械工具	位移、工具损伤检测	地球物理	张力、磁场
航空	温度、压力、位移、旋转、张力、液位	公共事业	温度、位移、电磁场

表 7.4-2 一些光纤传感器的应用及技术水平

检测量	工作原理	技术水平
转动(光纤陀螺)	相位干涉型	理论灵敏度 10^{-6}°/h 实用光纤的计算灵敏度 3×10^{-4}°/h
温度	传光型	双金属片：35～50℃，精度±0.1℃ 半导体：50～250℃，精度±0.5℃ 荧光：−50～250℃，精度±0.1℃
	光谱型	蓝宝石：500～2000℃，精度±0.1%
	相位干涉型	灵敏度 100～300rad/(℃·m)

续表

检测量	工作原理	技术水平
位移	光强调制型	最小可测位移 0.08nm，动态范围 110dB
加速度	传光型	2.5×10^{-5}g(重力加速度)
	相位干涉型	$<1\times10^{-6}$g，理论极限 $2\times10^{-8}\sim10^{-10}$g
压力	传光型	0～1000Pa，精度 0.1%～1%
	相位干涉型	−25dB/μPa
电流、磁场	光强调制型	5～200mA
	偏振调制型	100～15000A，精度 1%
	相位干涉型	5×10^{-12}Oe/m(1Oe=79.5775A/m)

7.4.2　几种典型光纤传感器

下面介绍几种典型光纤传感器的基本工作原理。

1. 光纤温度传感器

1）功能型光纤温度传感器

图 7.4-2 给出了几种功能型光纤温度传感器的原理示意图。它们共同的特点是在环境温度变化时，光纤参量发生变化，从而导致所传输光的特性发生变化，通过对其传输光波特性变化的测量，可确定环境温度的数值。

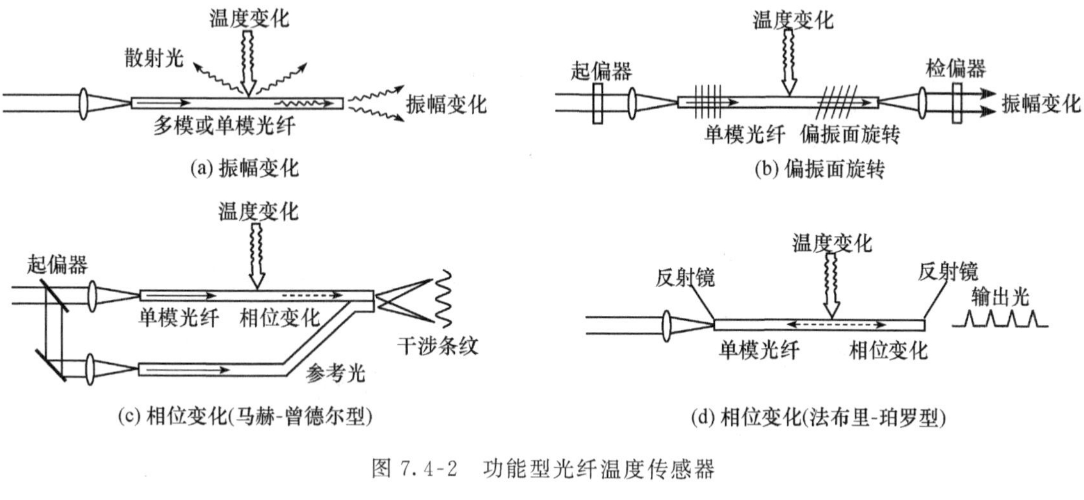

图 7.4-2　功能型光纤温度传感器

图 7.4-2(a)是一种利用光的振幅变化测量温度的光纤传感器，其结构简单。由于环境温度的变化，引起光纤芯径、折射率发生变化，导致了传输光路的不均匀性，使得传输光产生散射，从而使输出光的振幅发生变化。于是，根据输出光强的变化，即可测量环境温度的变化。这种形式的光纤温度传感器的灵敏度较低。

图 7.4-2(b)是利用传输光偏振面的旋转，测量环境温度的。根据单模光纤传输光特性的理论可知，压力、温度等周围环境的微小变化，都可能使传输光的偏振面发生旋转，而光偏振面的旋转，很容易通过光检偏器转换为输出光振幅的变化。于是，图示之结构，通过测量输出光强的变化，判断偏振面的旋转，从而测量环境温度的变化。这种光纤温度传感器的缺点，恰与图 7.4-2(a)所示的光纤温度传感器相反，其灵敏度过高，以至不能抗御干扰。

图 7.4-2(c)和(d)是利用传输光的相位变化测量环境温度的。尽管其结构复杂,但却是很有希望的功能型光纤温度传感器。其工作原理是:环境温度的变化会引起单模光纤长度、折射率和芯径的变化,从而使传输光通过该光纤时的相位发生变化。于是,对于图 7.4-2(c)所示的马赫-曾德尔干涉仪结构,由于发生相位变化的"信号光"与在不受温度变化影响的光纤内传输的"参考光"之间所形成的干涉条纹要产生移动,对这个干涉条纹的移动进行测量,即可确定环境温度的变化。对于图 7.4-2(d)所示的法布里-珀罗型干涉仪结构,由于传输光相位移的变化,输出光强发生变化,当相位移满足谐振条件时,输出光强呈现峰值。由此可以根据输出光强的大小,确定环境温度的变化。理论分析表明,图 7.4-2(c)所示的光纤温度传感器,若敏感部分为 1m 长的石英单模光纤,则温度只需变化 5.9×10^{-2}℃,即可使干涉条纹移动一条,可见其灵敏度是很高的。当然这种传感器因外界干扰也会产生偏振面的旋转,会影响其稳定性。因此,必须采用偏振面不随外界干扰而变化的保偏光纤。

功能型光纤温度传感器所存在的问题是,在测量时易受外界干扰。

2) 传光型光纤温度传感器

传光型光纤温度传感器的基本性能取决于所采用的温度敏感元件。图 7.4-3(a)是一种半导体吸收型光纤温度传感器的示意图,它是利用半导体材料的吸收特性进行传感的。

由半导体物理可知,许多半导体材料在比它的红限波长 λ_g(即禁带宽度对应的波长)长的一段光波长范围内有递减的吸收特性(图 7.4-3(b)示出的是透过率特性曲线),超过这一范围几乎不产生吸收,这一波段范围称为半导体材料的吸收端。例如,GaAs、CdTe 材料的吸收端在 0.9μm 附近。这种材料的禁带宽度随温度的升高,几乎成线性地变窄,相应的红限波长 λ_g 也几乎成线性地变长,从而使其光吸收端线性地向长波方向平移。显然,当辐射光谱与 λ_g 一致的光源发出的光通过半导体时,其透射光强随温度的升高而线性地减小。据此,可由光吸收量的变化(或透射光强的变化)来测量温度。实际结构是将面积为 $1mm^2$、厚度为 0.2～0.5mm 的半导体薄片,夹在两根光纤之间,外面包上不锈钢管,这种传感器在温度为 0～80℃时,可获得近似为对数式的线性关系。

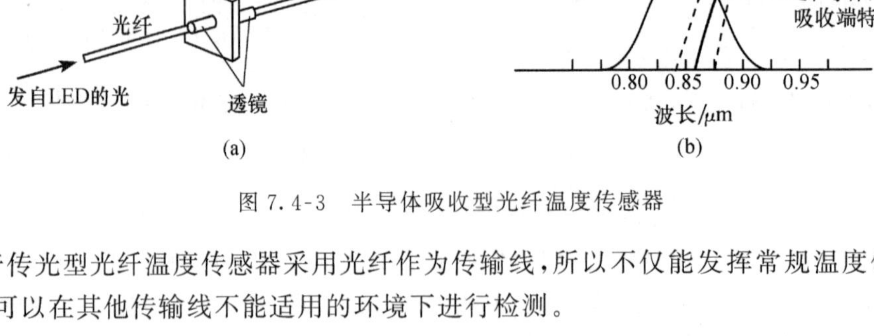

图 7.4-3 半导体吸收型光纤温度传感器

由于传光型光纤温度传感器采用光纤作为传输线,所以不仅能发挥常规温度传感器的特点,而且可以在其他传输线不能适用的环境下进行检测。

2. 光纤压力传感器

光纤压力传感器的应用范围很广,不同的应用其要求不同。在此,仅介绍应用于音响测量的声压传感器。

1) 功能型光纤音响传感器

对于功能型光纤音响传感器,根据光纤本身作敏感元件的方式不同,通常分为利用光的相位变化和利用光的传输损耗变化两种光纤音响传感器。其中,利用光的相位变化的传感器更加引人注目。

(1) 利用相位变化的光纤音响传感器

以前,人们为了观察水下超声波,曾进行过用光学方法检测媒质折射率随声压变化的尝试,但因其灵敏度低、要求有很高的声压。为此,人们设计出了利用相位变化的光纤音响传感器,它的基本思想是利用光纤增加超声波和光的作用距离,以提高灵敏度;并限定光的传输路径,以提高稳定性。

① 双光纤干涉仪型音响传感器

图7.4-4是利用干涉仪原理,由两根单模光纤构成的音响传感器示意图。激光器输出的光束分成两路,一路进入敏感臂光纤,一路进入参考臂光纤。为增加光与声波的相互作用距离,敏感臂光纤传感头被绕成线圈状。敏感臂光纤受到声波场的作用,其长度、芯径、折射率发生变化,使得其中传输光的相位随之发生变化,该"信号光"与另一路参考臂传出的"参考光"相互干涉,通过光检测器后转变为电信号。由于"信号光"的相位变化与声压成正比,在相位变化较小的情况下,其输出电信号与声压成正比。因此,可以通过检测输出电压信号,测定出声压的大小。

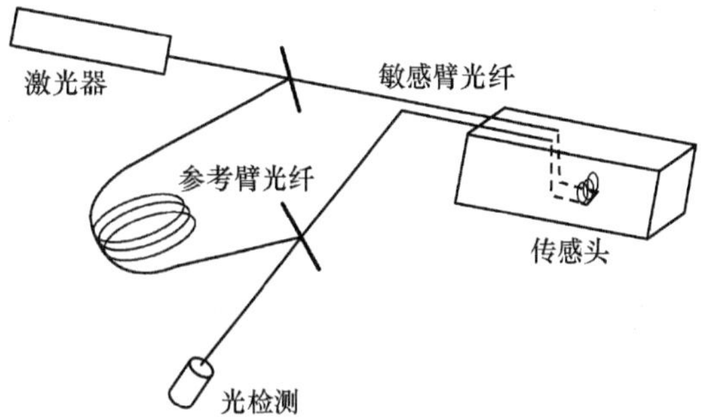

图7.4-4　双光纤干涉仪型音响传感器

利用相位信息的传感器,其最大特点是信噪比(S/N)高,这意味着可检测声压的最小极限很低,即很弱的声压也能检测出来。例如,当采用与声波作用长度为1m的光纤,输入光功率为1mW,则检测器带宽为1kHz时的最小检测极限,与人耳在1kHz时的可听极限20μPa相当。这种传感器的缺点是抗温度变化的能力极差(μPa压力引起的相位变化仅与10^{-6}℃温度变化引起的相位变化相当)。不过,由于温度变化的周期长,所以在测量高频超声波时不成问题,而要用于低频测量,还得进一步改进。

② 单根双模光纤音响传感器

这种传感器是利用在光纤中传播的各种不同模式在声压作用下产生不同的相位变化的原理制作成的。假设在光纤中传播着两个适当的模式,在外部声压的作用下所产生的相位变化分别是$\Delta\varphi_1$和$\Delta\varphi_2$,则它们在光纤的输出端干涉后观察到的相位差为$\Delta\varphi_2-\Delta\varphi_1$。在光纤中所选用模式的原则是:要求$\Delta\varphi_2-\Delta\varphi_1$大;这些模式在光纤中容易被激励;各模式在干涉面上的强度应保证其干涉结果容易被观察。通常所采用的模式组是HE_{11}与HE_{12}或HE_{11}与TM_{01}。这种传感器的灵敏度比双光纤方式低,为双光纤的1/50,但光路简单。

(2) 利用传输损耗变化的音响传感器

由光纤传输理论已知,在光纤中传输的光,其能量损耗随着外部压力变化,主要原因是,外部压力会使光纤变形,会使传输的导模耦合到辐射模中去,从而产生光能损失。在利用传输损耗变化制作的音响传感器中,为了能灵敏地检测出压力的变化,可以制作成图7.4-5所示的微弯器,其微弯周期应保证光纤中传输的导模与辐射模的耦合最大。图7.4-6给出了这种传感器的两种工作方式:亮场检测图7.4-6(a)与暗场检测图7.4-6(b)。亮、暗是指背景光强的强弱不同,前者是利用光纤中传输光的光强调制,而后者是利用由于微弯作用泄漏到包层中的光强调制。显然,暗场检测的调制深度大,灵敏度高。

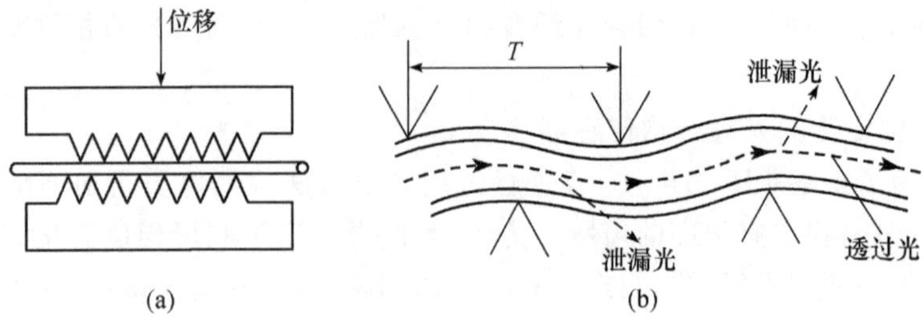

图 7.4-5 光纤微弯器

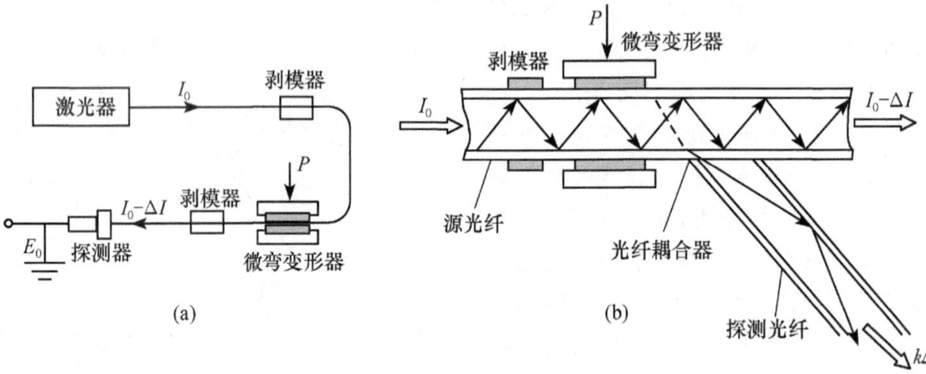

图 7.4-6 微弯式光纤音响传感器

上述微弯式传感器的缺点是，必须使微弯器与压力膜相接触，这就限制了它的动态响应。它的优点是提供了一套紧密的测量系统，不必考虑工作环境污染问题，因而适合于恶劣条件下使用。

2）传光型光纤音响传感器

图 7.4-7 是一种非常简单的压力敏感膜光纤音响传感器，压力的变化将改变敏感膜相对光纤探头的距离，从而实现输出光强调制。通过光电探测器得到输出电信号相对压力的响应曲线，如图 7.4-7(b)所示。这种反射式光纤音响传感器的优点是非接触及动态范围大（两根光纤探头），频率响应由压力膜的惯性效应限制。

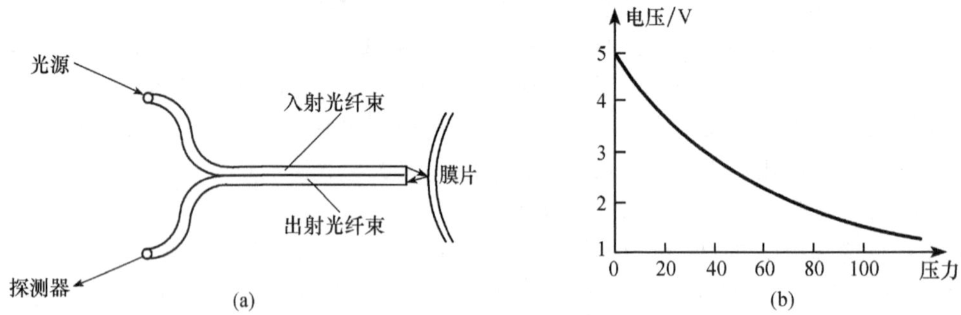

图 7.4-7 膜调制光纤音响传感器

为了解决这种传感器的漂移问题，图 7.4-8 给出了一种位移补偿式光纤音响传感器的结构示意图。通过光纤耦合器为测量臂提供一个参考臂，参考臂由透镜准直系统构成，透镜的准直作用使反射回来的光强与薄膜的测量位置无关。为了使光纤中反射回来的测量光脉冲和参考光脉冲分开，只要在任一臂中适当加长光纤长度作为延迟线即可。这种结构的一个实际例子是：使用直径 200μm 的多模光纤（NA＝0.45），延迟线为长度 10m 的塑料包层光纤，发光管调制频率为 2MHz，用钢压力膜作测量膜，当探测器信噪比为 80dB 时，系统分辨率为 80nm，光源波动超过 50%时，系统仍能稳定工作。

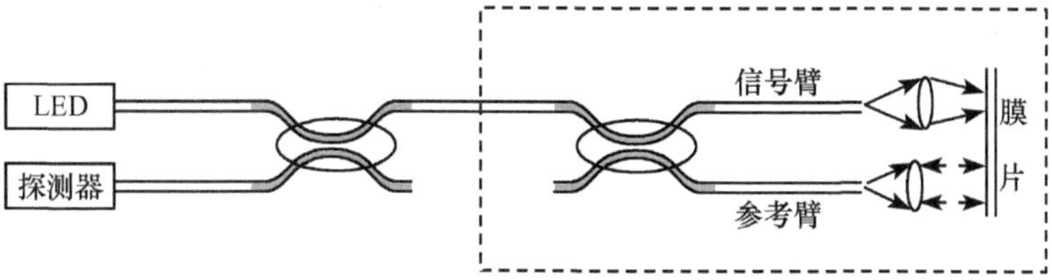

图 7.4-8　位移补偿式光纤音响传感器

3. 光纤流量流速传感器

流量是一个典型过程控制参数。由于光纤传感器具有承受强电噪声、在易爆和高温等恶劣环境条件工作的能力，它很快进入这一检测领域。

1）压差流量传感器

这是一种利用光纤压力传感器实现流量检测的传感器。由流体力学可知，减小流体流过的横截面积，将对流体产生流阻，当流体通过时，会产生压力差。压力差的变化正比于流量的大小，这就是压差流量传感的基本原理。

图 7.4-9 所示是一种利用反射式光纤压力传感器的压差流量检测仪示意图。流阻前的压力为 P_1，流阻后的压力为 P_2，且 $P_1>P_2$。显然，只要测得压力差 $\Delta P=P_1-P_2$，也就测得了流量。这种传感器特别适用于低黏度的液体和气体流量检测。

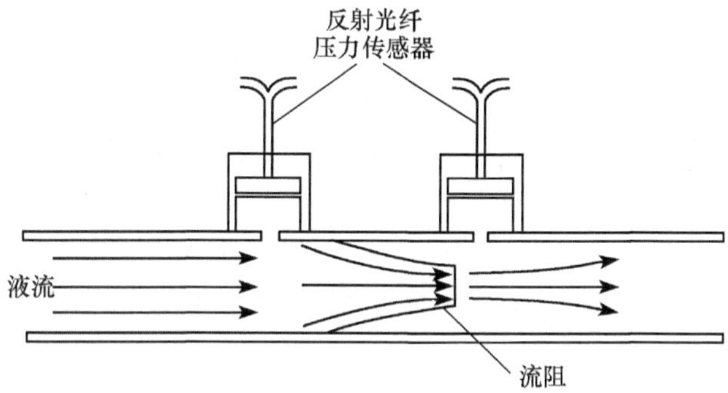

图 7.4-9　压差流量传感器

2）光纤激光多普勒速度计

光纤激光多普勒速度计的典型应用是光纤血压计。图 7.4-10 示出了光纤血压计的原理结构。

由于光学多普勒效应，红血球作为运动体散射回光纤中光的多普勒频移为

$$\nu_D=\frac{v\nu_0}{c}(\cos\theta_1-\cos\theta_2) \tag{7.4-1}$$

式中，ν_0 是激光器发出的激光频率，v 是红血球速度，θ_1 是入射激光束与红血球运动方向的夹角，θ_2 是散射回光纤的激光与红血球运动方向的夹角。而从光纤端面反射回来的激光频率仍为 ν_0，故将 ν_0 与 $\nu_0+\nu_D$ 两束光会合进行外差检测，测出 ν_D 即可求出血流速度。

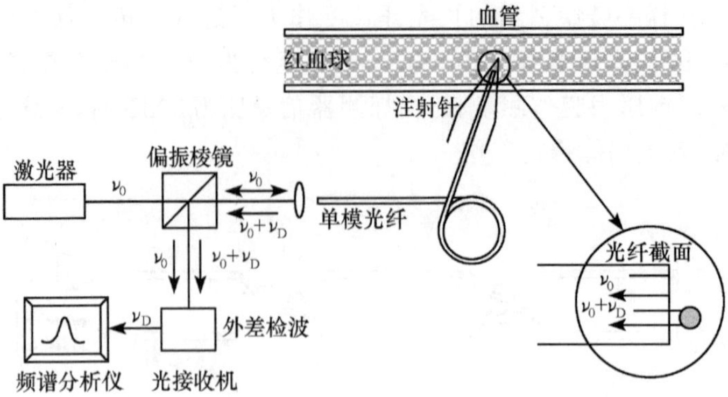

图 7.4-10　光纤血流计原理图

由于光纤探头从探针中心插入血管，针的形状十分重要，它将直接影响血流的速度分布，所以必须特别制作。这种系统已在 4～1000cm/s 的速度范围得到成功应用，速度测量精度达到±5%，空间分辨率为 100μm，时间分辨率为 8ms。

4. 光纤电磁参量传感器

在电站和一些使用高压电源的地方，电流(磁场)、电压(电场)的监测是极为重要的。在传统的高压电气系统测量中，由于高压绝缘问题而需要付出高昂的代价。激光出现以后，人们曾致力于“激光电流互感器”的研究，绝缘问题虽不再存在，但体积庞大的光学系统使这种互感器难于实用化。光纤传感器很好地解决了这个问题，受到广泛重视。

1) 光纤电压(电场)传感器

(1) 马赫-曾德尔干涉仪型光纤电压(电场)传感器

图 7.4-11 所示是一种马赫-曾德尔干涉仪型光纤电压(电场)传感器结构示意图。将聚偏二氟乙烯(PVF_2)压电材料覆在一根光纤上，作为干涉仪测量臂敏感电压或电场的变化。PVF_2 材料在聚合物中具有最优的分子定向和最大的压电效应，在电场作用下产生明显的延伸现象，从而使光纤产生应变，造成传输光的相位变化。在被覆厚度为 25μm 时，相位变化的响应曲线如图 7.4-12 所示，有良好的线性度。研究表明，涂层厚度在 200μm 以内时，灵敏度随厚度增加，当厚度超过 200μm 时，随厚度增加，灵敏度反而要降低。PVF_2 材料重量轻，可以直接被覆在光纤上，使传感元件在结构上形成了一个整体，其相移能力比普通压电陶瓷的大 10 倍以上。

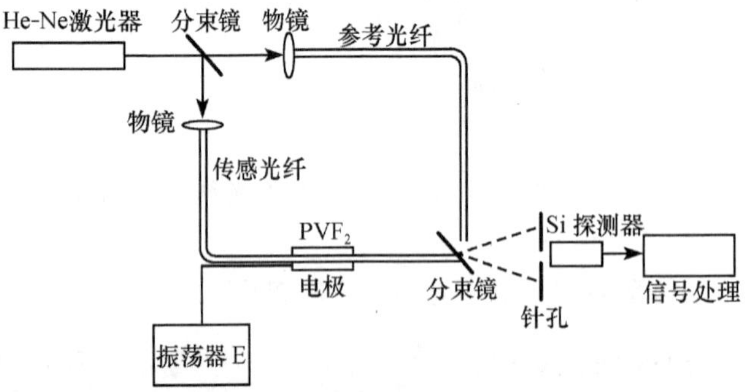

图 7.4-11　马赫-曾德尔干涉仪原理图

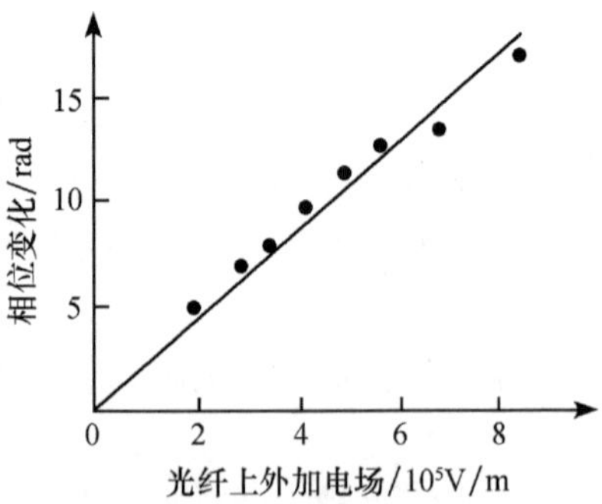

图 7.4-12　PVF_2 被覆光纤的响应曲线

(2) 电光效应光纤电压传感器

这种传感器是利用晶体的电光效应测量电压的。图 7.4-13 所示为这种传感器的工作原理。图中，起偏器 P_1、$LiNbO_3$ 晶体和检偏器 P_2 构成了电光强度调制器，随着被测电压的变化，输出光强发生变化。输出光强与入射光强之比满足下面关系：

$$\frac{I_o}{I_i}=\sin^2\left(\frac{\pi V}{2V_{\lambda/2}}\right) \tag{7.4-2}$$

式中，V 是待测电压，$V_{\lambda/2}$ 是 $LiNbO_3$ 晶体的半波电压。于是通过光电探测器 D 测量出输出光强，即可得到电压数值。为了使仪器结构紧凑、实用化，制成了图 7.4-14 所示的光纤电压表，整机用光纤连接。在电光晶体两侧蒸镀上起偏器 P_1 和检偏器 P_2，光纤前面用自聚焦透镜与光源、探测器以及电光晶体相连接。使用时，只要将待测电压与两电极连接，即可读出电压数值。该仪器已对 275kV 架空输电线下方的静电感应电压进行了满意测量。这种光纤电压表还可用于地毯静电电压的测量。

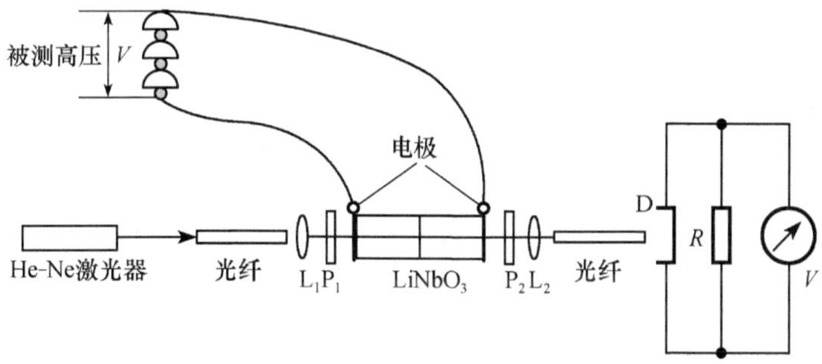

图 7.4-13　光纤电压表工作原理

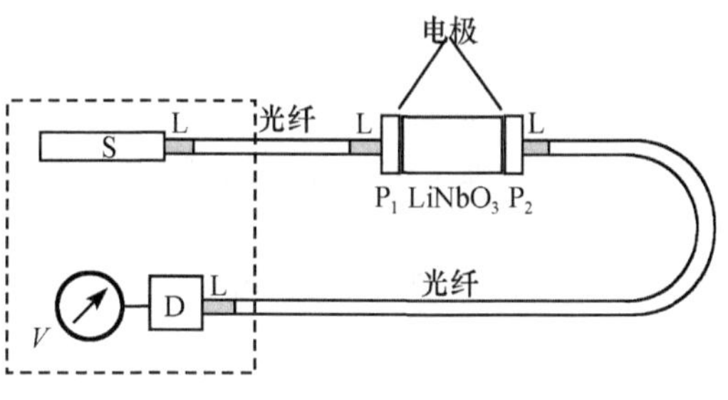

图 7.4-14　光纤电压表结构

2）光纤电流传感器

图 7.4-15 是一个典型的利用法拉第效应测量高压传输线电流的光纤传感器。其中，高折射率油盒用以消除光纤中的包层模，单模光纤缠绕在高压电流导线上。若导线中通过的电流为 I，则导线周围产生的磁场为 H，且有

$$H=\frac{I}{2\pi R} \tag{7.4-3}$$

式中，R 为光纤线圈的半径。这个磁场将对光纤作用，通过法拉第效应使光纤中线偏振光偏振面旋转 θ 角，即

$$\theta=\frac{V_d l}{2\pi R}I \tag{7.4-4}$$

式中，V_d 为维尔德常数。可见，θ 角与待测电流呈线性关系，只要测量出 θ 角，即可计算出电流 I 的大小。但实际上，直接测量 θ 角是很困难的，可以如图 7.4-15 所示，利用沃拉斯顿棱镜将

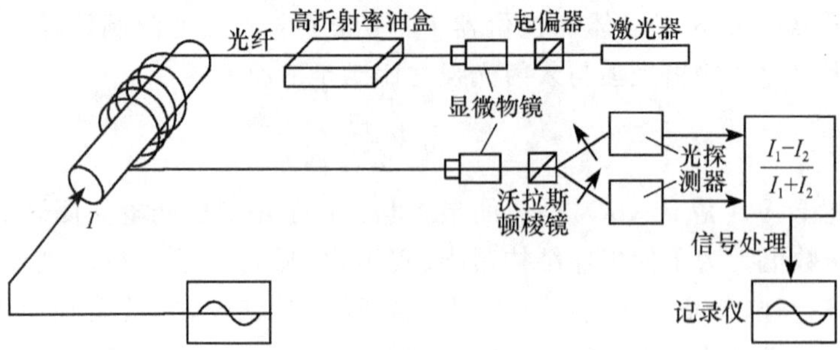

图 7.4-15 光纤电流传感装置

出射光分成振动方向相互垂直的两束偏振光，通过信号处理系统，输出电压为

$$V = \frac{I_1 - I_2}{I_1 + I_2} = \sin 2\theta \approx 2\theta \tag{7.4-5}$$

于是，待测电流为

$$I = V\left(\frac{2\pi R}{V_d l}\right) \tag{7.4-6}$$

可见，只要测出 V，也就得到了待测电流 I。因为单模光纤的维尔德系数 V_d 很小，所以这种传感器适宜于高压、大电流的测量，测量范围为 0～1000A。

7.5 光信息存储技术

光信息存储的种类很多，信息存储和读出的方式也各不相同。与传统信息存储比较，具有共同的特点，就是存储密度高。这里仅以光盘存储技术为例，介绍光信息存储的相关技术。

7.5.1 光盘存储技术

光盘存储技术是 20 世纪 70 年代发展起来的光学信息存储新技术，不仅存储密度高，而且具有低信息位价格、与计算机等设备联机使用能力、高信息输入速率、快随机存取信息能力及长存档寿命等优点。

光盘是一种存储介质。光盘有三种类型：①信息由专业厂记录后复印的电视唱片；②可随录随放，但不能擦除信息后重录的 DRAW(direct read after write)光盘；③可擦除信息、随录随放的光盘。

光盘使用的基片材料有铝、玻璃和塑料。最常使用的是聚碳酸酯，这种工程塑料具有硬度高、折射率高且稳定等特点。

光盘先后发展有激光唱盘 CD(compact digital audio disc)、激光视盘 VCD(video CD)和数字视频光盘 DVD(digital video disc)。其存储原理类似，这里以激光唱盘为例介绍光盘存储的基本原理和方法。

1. 光盘的结构

CD 唱盘的直径为 120mm 或 80mm，厚度为 1.2mm。外观银光闪闪，小巧美观，其基本结构如图 7.5-1 所示。CD 唱盘的基底材料是高度透明的聚碳酸酯，在其上印压有信号面。信号面由内向外螺旋状分布的间距为 1.6μm 的约 2 万条信道所组成，信道为一系列凹坑和平台，每个凹坑宽 0.5～0.6μm，深 0.11～0.12μm，凹坑和平台的最小长度为 0.9μm，最大长度为 3.3μm，每一次由平台至凹坑或凹坑至平台的转换都代表“1”，而两个“1”之间都是“0”。由这些"1"和"0"组成的数字信号称为信道位流。在信号面上蒸镀了一层铝膜,用来反射激光束。在激光投射面有一层折射率为1.5的聚碳酸酯保护层,这层透明保护层也被用作重放光学系统的一部分,以便使激光束聚焦到凹坑上。在保护层外还涂有一层特殊的保护漆,上面印有曲名等。CD唱盘虽然直径很小而且是单面放音,但由于信息存储密度高,放音时间长达74min。同时,由于采用激光拾音,不存在机械磨损,故其寿命是永久的。

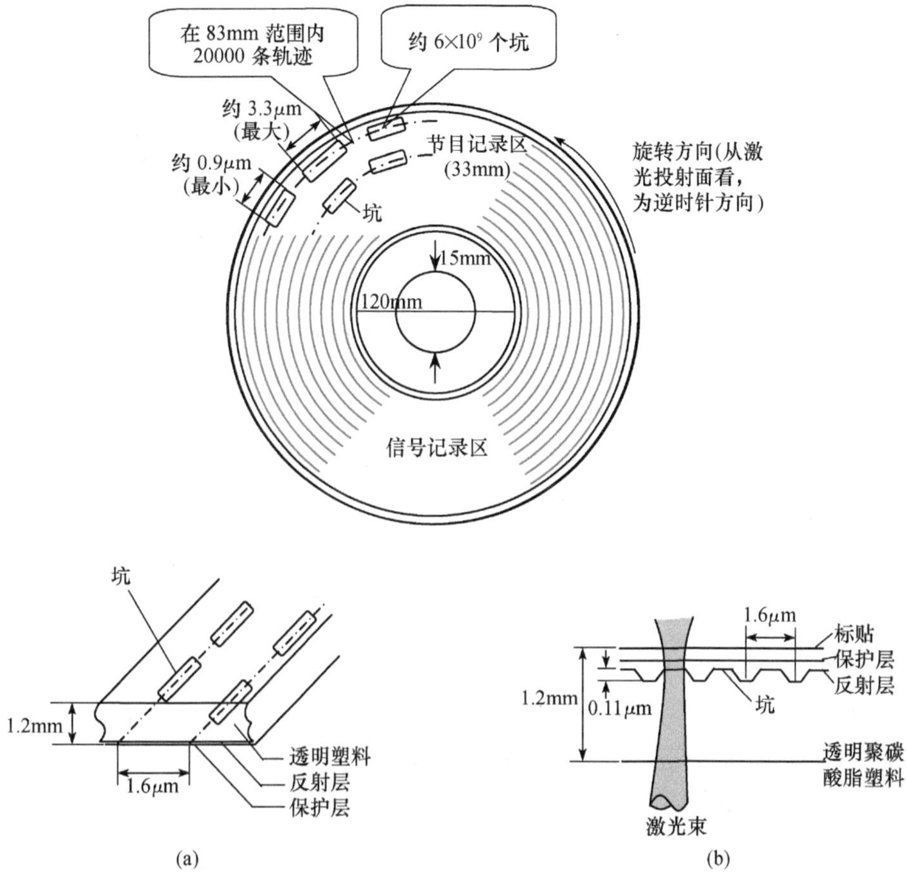

图7.5-1 CD唱盘结构

2. 激光唱盘的制作

1)原版制作

作为制作CD唱盘原版基础的原盘,采用精细研磨过的玻璃板,其表面平整度和光洁度要严格控制。玻璃板表面均匀涂布一层厚约为0.1μm的感光物质——光效抗蚀膜(也称为光刻胶)。

图7.5-2示出了原版制作装置。其中刻录常用Ar^+激光器($\lambda=0.4579\mu m$)和He-Cd激光器($\lambda=0.4316\mu m$),之所以采用这种短波长激光器是因为:①用比较小的功率就能使光刻胶感光;②波长短,容易获得小的聚焦光点,即容易形成小的信号坑。

在制作原版时,音频信号经过PCM编码、纠错编码和调制,形成帧结构信道位流,通过光调制器(电光调制器或声光调制器)控制激光束的通、断,在通的状态下,激光束经聚焦后投射到原盘上,并使原盘表面上的光刻胶感光,从而记录下数字信号。

为了保持聚焦透镜和旋转原盘之间的距离恒定,从而使得玻璃原盘上的光点大小一致,该装置中采用了聚焦伺服系统,调整透镜上下移动。

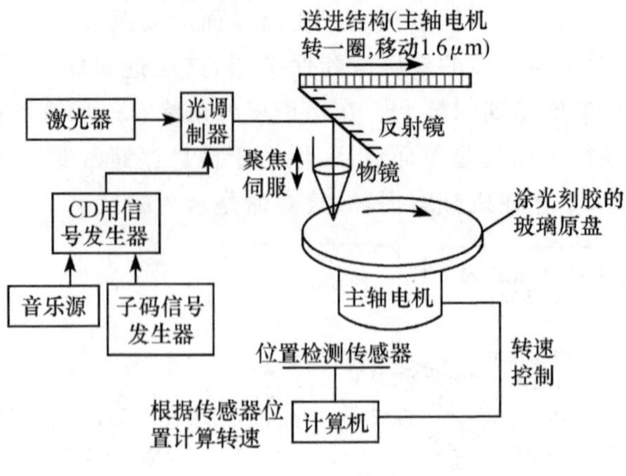

图 7.5-2 CD 唱盘原版制作装置

1.6μm 的轨迹节距可以通过每转动一圈,水平移动一次光束的方法控制达到。然后,检出光束离开主轴电机中心轴的位置,根据唱盘直径改变电机转速。这些控制都是由具有高精度的位置传感器、精密机构和计算机完成的。

2) CD 唱盘的制作过程

经过上述激光刻录的 CD 原版经显影处理后,只有光照过的地方被溶解了(正性光刻胶)。之后,就以这种光刻原版为基础,进行电镀,经过电铸工序后,制成了金属原版。以后的过程和模拟唱片的制作工序大体相同。由这种金属原版制作出多片母板,再由模板制造许多片压模。有了压模以后,就可以在唱盘生产车间压制 CD 唱盘了。现在常用的方法有压铸(压缩成型)法、注射成型法和光聚合法,以及由这些方法相结合形成的种种方法。在实际生产中,要根据使用材料的不同,以及不同的生产条件,选择最合适的方法。

这样一来,就制成了在一面上印有信号坑的塑料唱盘。然后在坑面上再蒸镀一层金属铝膜,并用透明的硬树脂形成保护层,再经冲压中心孔和外形处理后,就完成了 CD 唱盘的制作。最后,在保护膜上面印刷上标记,经检验后就可以出厂了。整个制作过程,如图 7.5-3 所示。

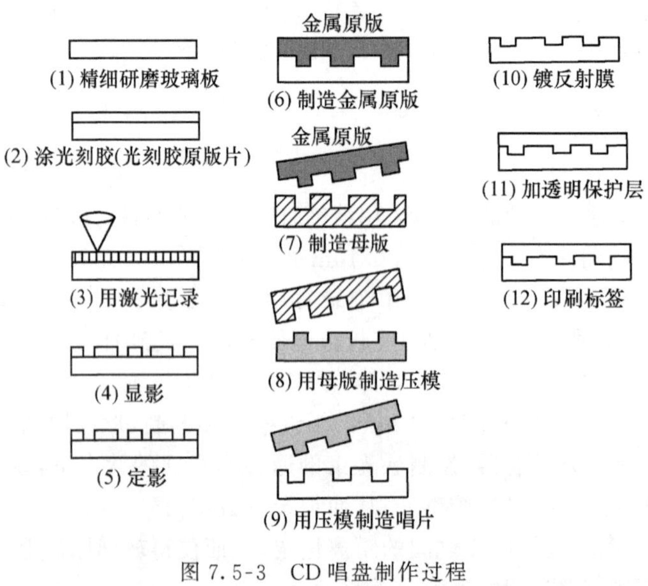

图 7.5-3 CD 唱盘制作过程

7.5.2　激光唱机

1. 激光唱机概述

激光唱机属于数字音响，1982 年开始商品化，早已进入家庭。

采用数字音响技术的激光唱机，其性能明显优于采用模拟音响技术的传统电唱机，表 7.5-1 给出了它们的性能比较。

表 7.5-1　激光唱机和电唱机的性能比较

性能指标	激光唱机	电唱机
有效频率范围	5Hz～20kHz(±5dB)	30Hz～20kHz(±2dB)
低通范围	90dB 以上	65dB
信噪比	90dB 以上	69dB
声道分离度	90dB 以上	25～30dB
失真度	0.03%以下	2%
抖晃	无	0.03%
操作性	可采用微电脑控制	唱头需要调整
播放时间	直径 120mm 可播放 74min	直径 300mm 仅可播放 20～25min
寿命	非接触，寿命长	唱针和唱片容易磨损，寿命短
外形	不怕创伤和尘埃	怕创伤和尘埃，会引起噪声
其他	可抗振	容易谐振

2. 激光唱机组成

激光唱机的组成框图如图 7.5-4 所示，主要包括激光拾音器，机械传动装置及伺服控制机构，解码、纠码及 D/A 转换电路，微电脑、操作键盘和石英晶体振荡器。

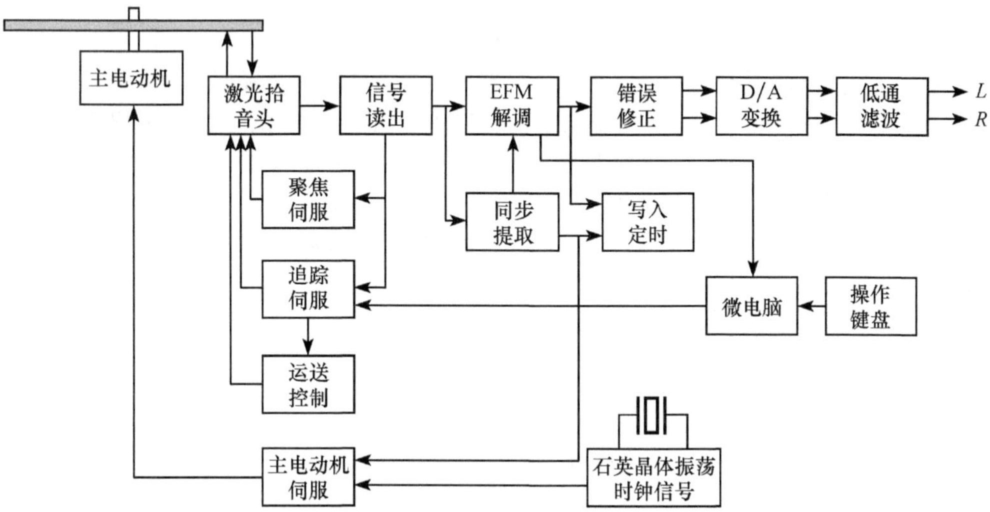

图 7.5-4　激光唱机框图

1）激光拾音器

激光拾音器的作用是拾取信号，其光学系统工作原理如图 7.5-5 所示。

由激光二极管发出的波长为 0.78μm 的线偏振光，被瞄准透镜整形成平行光，经分束器和 $\lambda/4$ 波片后，变为圆偏振光，借助于聚焦透镜投射到 CD 唱盘的信号面上。激光束被 CD 唱盘信号面反射，经透镜、λ/4 波片，变为振动方向与入射光成 90°的线偏振光，再次经分束器时，被折射到临界角棱镜上，经光电探测器转换为电信号。

激光束在 CD 唱盘信号面上拾音重放原理如图 7.5-6 所示。当激光束照到信号面的平台处时，将全部反射并导入光电探测器，输出较强的信号，其电平为“1”；当激光束照到信号面的凹坑处时，则几乎所有的光都被散射掉，输出信号电平为“0”。于是，CD 唱盘信号面上表示声音信息及控制输出信息的平台和凹坑，就被激光拾音器拾取，并转换为电信号。

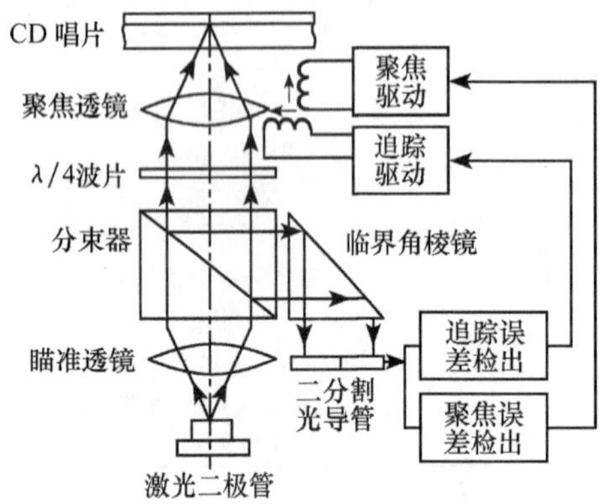

图 7.5-5　激光拾音器原理

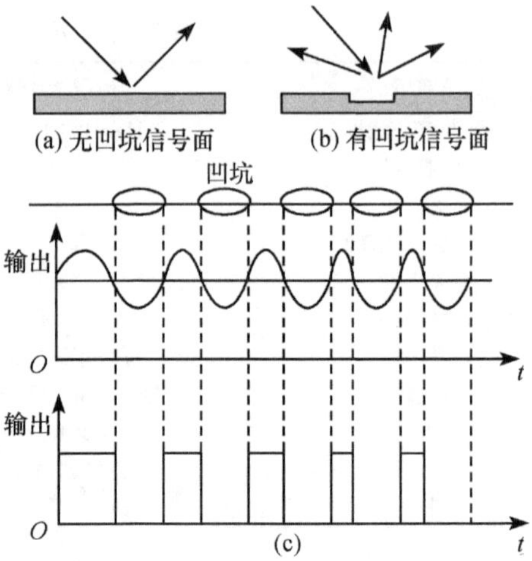

图 7.5-6　激光唱机重放原理图

2）机械传动装置及伺服控制机构

机械传动装置及伺服控制机构的作用是保证激光唱盘以恒定的线速度通过激光拾音器，以便激光拾音器能在相同的时间内正确地获得相同数量的信息，并且要保证激光拾音器能准确聚焦于 CD 唱盘的音迹凹凸坑，行走在 CD 唱盘音迹中。图 7.5-7 所示为跟踪伺服系统示意图。

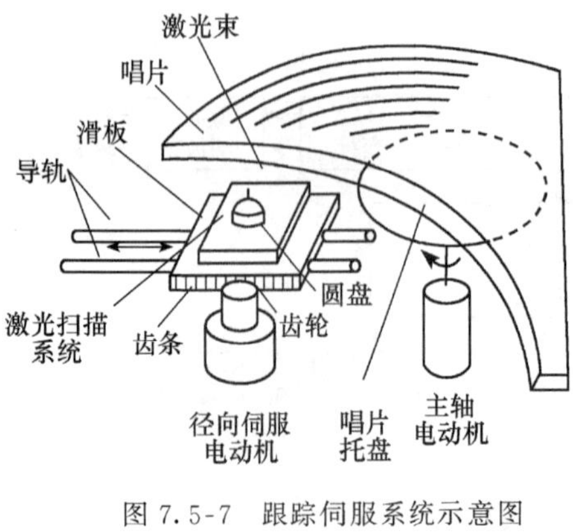

图 7.5-7　跟踪伺服系统示意图

3）解码、纠码及 D/A 转换电路

该部分电路对激光拾音器拾取的电信号进行解调，并经纠错电路后，由 D/A 转换成模拟音频信号，供功率放大器放大后，推动扬声系统发声。

4）微电脑、操作键盘和石英晶体振荡器

这部分电路是为使用者能方便灵活地播放 CD 唱盘而设计的。通过该部分操作，可以顺序、重复和有选择地聆听曲目，也可以实现停止、记忆或快进等功能，它取决于操作键盘的人工指令。另外，还可实现同步控制。

7.6　激光雷达和制导

像无线电通信转向激光通信一样，激光出现以后，人们把雷达和制导发展的目光也转向了激光波段。经过多年努力，已在激光跟踪雷达、激光制导雷达、激光多普勒测速雷达等方面取得了可喜的成果。激光雷达的使用有多种形式：地面固定式、车载、舰载、机载和航天器载等，已在国民经济和国防建设许多领域中获得了广泛的应用。

7.6.1　激光雷达

1. 激光测距

在激光技术应用中，激光测距是使用最早，也是最成熟的一种技术。激光测距机与微波测距机的工作原理相同，但由于激光的特点，激光测距较之微波测距有许多优点：由于激光波段较微波波段高几个数量级，测距精度非常高，其脉冲测距机的测距精度很容易达到米级，甚至厘米级；由于激光束的发散角非常小，一般在毫弧度量级，甚至可达微弧度，这样一来，不仅可以提高作用距离，而且可以有效地排除地物或海浪的杂波干扰和多路径向回波干扰。激光测距机与微波测距机类似，有脉冲激光测距机和相位激光测距机。

1）脉冲激光测距机

脉冲激光测距机是利用回波脉冲相对于发射脉冲的延迟时间来确定目标距离的。设被测目标距离为 R，从激光发射到回波到达接收机的时间为 t，则目标距离可表示为

$$R = \frac{1}{2}ct \tag{7.6-1}$$

式中，c 为大气中的光速。于是，激光测距的问题变成了时间测量的问题。

一个典型的脉冲激光测距机的结构框图如图 7.6-1 所示。它由三部分组成：①光发射机，包括光源、光学发射系统，其作用是产生并发射强激光脉冲；②光接收机，包括光学接收系统、光电转换器和放大器，其作用是接收回波，并将其转换为电信号送往测量系统；③测量系统，通常是计数器和显示装置，其作用是测量发射激光脉冲与接收回波脉冲之间的时间间隔。

目前广泛应用于军事上的脉冲激光测距机，采用 YAG 激光器和 CO_2 激光器，其测量精度小于 1m。使用 CO_2 激光器的脉冲激光测距机，具有在战场环境下穿透烟雾的能力。

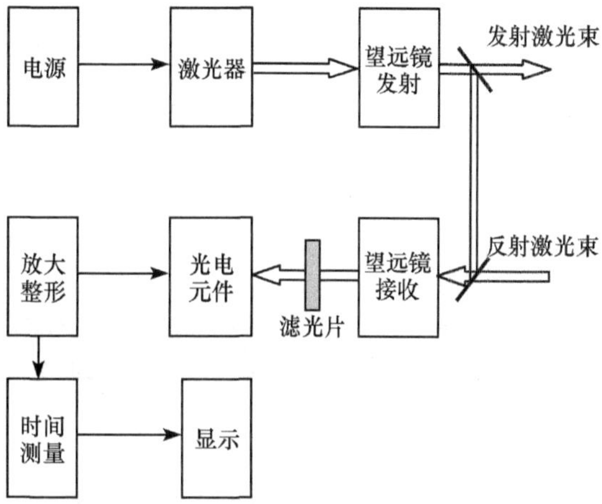

图 7.6-1　脉冲激光测距机框图

2）相位激光测距机

在脉冲测距机中，为了提高测距精度，相应地要提高时间测量精度。例如，为了使测量精度 $\Delta R < 1\text{cm}$，相应的时间测量精度应为 $\Delta t < 2\Delta R/c = 6.66 \times 10^{-11}\text{s}$。显然，这是十分困难的，对于这种高精度要求的距离测量，可以采用相位激光测距法。

相位激光测距是通过测定连续调制激光在待测距离 R 上往返的相位差 φ，间接测量时间的。由于光传播过程中相位不断变化，每传播一个波长 λ，相位就变化 2π，所以距离 R、光波往返相位差 φ 和光波波长 λ 之间的关系为

$$R = \frac{\lambda}{2} \cdot \frac{\varphi}{2\pi} \tag{7.6-2}$$

因此，测定了相位差 φ，也就得到了距离 R。显然，相位激光测距的精度，决定于相位差的测量精度。

2. 激光雷达

激光雷达不仅要测出目标的距离，还要测出目标的方位、运动速度和加速度等，以便对目标进行定位和跟踪。与无线电雷达相比，激光雷达的主要优点是：抗干扰性能强、保密性好、装置轻便、消耗功率小、作用距离大、测量精度高等。图 7.6-2 为激光雷达的结构框图，与激光测距机相比，主要是多了瞄准和跟踪系统。

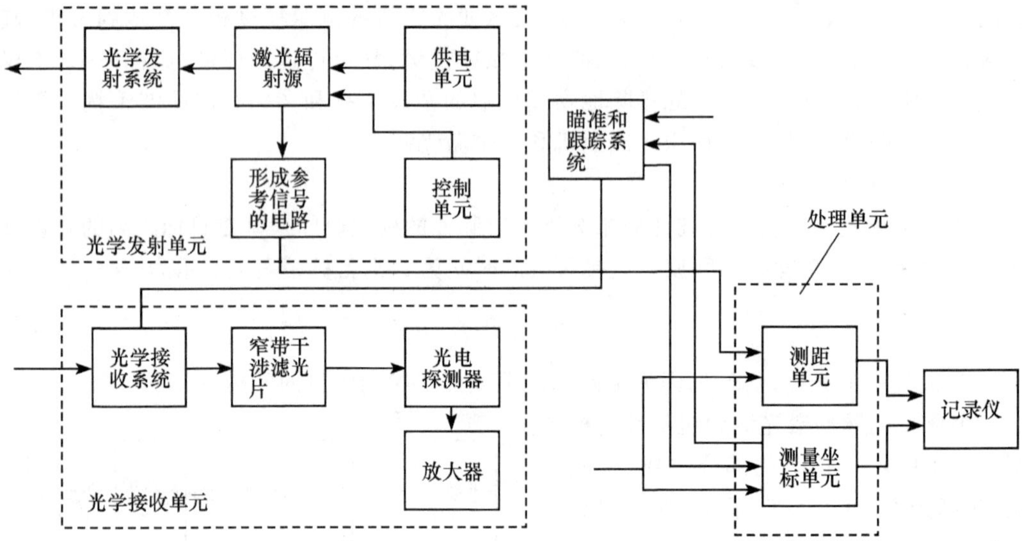

图 7.6-2　激光雷达系统结构框图

常见的激光雷达有以下几种。

1）激光测高计

它是从高空测量地面或海面的一种激光雷达系统，作用距离不是很远，但测量精度很高，多采用相位测距法。现在常用它测量地面详情、海浪高度、校正无线电测高计、绘制地图及进行地形航空测量等。

2）探测人造地球卫星的激光雷达

这是目前观察卫星距离的最精确手段，迄今使用的激光卫星测距系统，均采用红宝石激光器、倍频 YAG 激光器和锁模 YAG 激光器，其精度可达几厘米。

激光人造卫星测距的主要目的是根据精确测距数据，得出卫星的精确轨道，并根据轨道的微小变化研究地球动力学中的问题，例如，地球引力场、地极移动、板块运动等。这在天文学、地球物理、大地测量、地震预报和国防上均有重要意义。

3）激光气象雷达

由于激光波长远小于微波波长，所以，它比微波雷达能探测到更多、更详细、更精确的气象现象。激光气象雷达的探测范围可从数十米的低空到数十千米的高空，能测出云层的存在、方位、距离、底部和顶部的高度，从而获得横截面结构图；能发现极薄的不可见卷云和对飞机飞行危险很大的晴空湍流；还能观测上层大气中的流星尘埃及气溶胶情况，对气象预报、航空都有重要意义。

4）拉曼激光雷达

随着工业的飞速发展，空气污染已到了对人类及其生存环境严重危害的程度，保持空气的纯洁已是环境保护的迫切任务。空气污染有固体污染(灰尘、煤烟)、液体污染(气溶胶)和气体污染。有些气体具有很强的毒性,它们在空气中的浓度虽然很小,却会引起严重的损害,特别是 CO、NO、SO_2、臭氧(O_3)、烃、卤化氢和金属蒸气(铅、汞)等。利用拉曼散射效应为基础的拉曼激光雷达和激光光谱气体分析的方法,可以检测大气组分,从而对空气污染进行有效测定。

5) 激光雷达和微波雷达综合系统

激光自动搜索雷达对目标既能测距,又能测角和精密跟踪。由于激光脉冲窄,所以测距精度和分辨率比微波雷达高。由于激光光束窄,所以测角精度高,抗干扰能力强。但是对于激光雷达的这些优点,从另一方面来看,又是它的缺点,即光束搜索、捕获目标困难。此外,光的传输受大气影响严重,甚至在晴朗的天气,大气仍对光波产生很大的衰减,这就大大地限制了激光雷达的作用距离和全天候工作。如果将激光雷达和微波雷达组成一个综合系统,就可以既有微波雷达的搜索能力和穿透恶劣天气的能力,又有激光雷达的高精度性能。因此,目前人们研究的一个重点课题,就是这种激光雷达和微波雷达综合系统的应用。

7.6.2　激光制导

作为激光制导的应用,激光制导炸弹最早使用在越南战场上。军事专家指出,利用激光制导炸弹攻击目标,与炮击和轰炸相比,效费比大大提高。

激光制导分为激光驾束制导和激光寻的制导。激光驾束制导的工作原理是:以瞄准线为坐标基线,将激光束在垂直平面内进行空间位置编码发射,制导导弹上的寻的器接收激光信息并译码测出导弹偏离瞄准线的方向及大小,形成控制信号,控制导弹沿瞄准线飞行,正直击中目标。激光寻的制导是由弹外或弹上的激光束照射在目标上,弹上的激光寻的器利用目标的漫反射激光,实现对目标的跟踪和对导弹的控制,使导弹飞向目标的一种控制方法。按照激光源的位置不同,激光寻的制导有主动和半主动之分。迄今为止,只有照射激光束在弹外的半主动寻的制导系统得到了应用。自 1960 年以来,发展起来的激光半主动制导武器主要有三类:激光半主动制导航空炸弹、导弹和炮弹。

1. 激光目标指示器

激光目标指示器是半主动制导中的关键技术。其作用就如同给篮球运动员设置篮筐一样,目标指示器就是在形态复杂的地物中划出一个“篮筐”,以便使导弹或炸弹有一个落点。由于这个“篮筐”是由激光造出来的,所以经常被通俗地称为“光篮”。激光脉冲在目标指示器内编码,而在激光寻的器内解码,在多目标的情况下,按照各自编码,导弹只攻击与其对应编码的指示器所指目标。

2. 激光寻的器

激光寻的器则是接收目标漫反射的激光,进行解码后确定导弹相对待攻击目标的方位,给出控制信号,控制导弹飞向目标的仪器。

7.7　激光在工业加工中的应用

由于激光具有方向性好、输出功率大等特点,经过聚焦后可以得到很高的能量密度,所以激光可以应用于工业加工,并且在与其他学科的相互渗透中,形成了一门集光、机、电、计算机、材料、物理和化学于一体的综合性高技术。

从作用机理来看，激光加工大体可分为激光热效应加工和光化学反应加工两大类。激光热效应加工系统指用高功率密度激光束照射到金属和非金属材料上，使其产生基于快速热效应的各种加工过程，如打孔、切割、焊接、去重、表面热处理等。光化学反应加工主要是指高功率密度激光诱发或控制物质的化学反应完成的加工过程，如微电子技术中的光化学气相沉积、激光刻蚀、退火、掺杂和氧化，以及某些非金属材料的切割、打孔、标记等。在这里，我们主要介绍激光热效应加工的一些应用。

1. 激光打孔

随着科学技术的发展，传统的加工方法已不能满足某些工艺的要求。例如，在高温熔点金属钼板上加工微米量级的孔径；在硬质碳化钨上加工几十微米的小孔；在红、蓝宝石上加工几百微米的深孔等。而激光可以通过透镜聚焦，得到直径为微米量级、功率密度为 $10^5\sim10^{15}\,W/cm^2$ 的光束，几乎可以对任何材料进行打孔，并且打孔的时间短，仅需 1/1000s 即可完成，因而对材料的热影响区域小，材料变形小。激光打孔的主要问题是：重复稳定性差，如果参数选择不当，孔径误差就会很大，精度也较差。

激光打孔的机理是激光经过聚焦后，作为高强度热源对材料进行加热使其液化，进而汽化。当聚焦的激光脉冲照射到材料表面上时，经 $10^{-10}\sim10^{-8}\,s$ 即可使其液化，继而形成金属蒸气。由于金属蒸气对激光的吸收比固态金属强得多，其后的光几乎完全被吸收，剧烈地加热材料，在相变区底部形成了强烈的喷射中心，金属蒸气以较高的压力，并携带着液相材料一起喷射出来。开始喷射时的立体角较大，然后逐渐收拢，熔融区的横向尺寸由开始的喇叭口收敛到一定值后，就稳定不变。随着激光脉冲消失，打孔过程即告结束，剩余的液相材料重新凝聚在孔壁上，形成再铸造层。一般来说，再铸造层取决于材料性质和激光脉冲的尾缘形状。尾缘越陡峭，再铸造层越薄。图 7.7-1 所示为激光打孔成型过程的示意图。

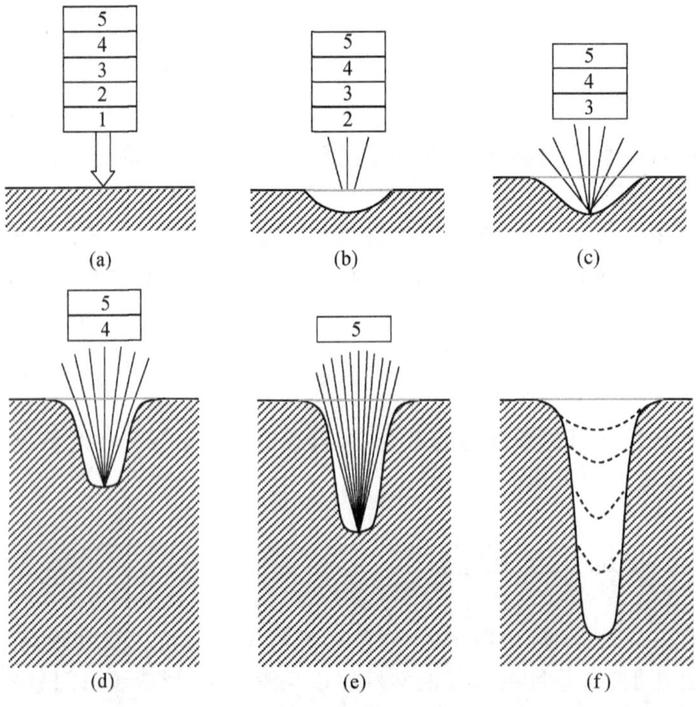

图 7.7-1 激光打孔成型过程的示意图

图 7.7-2 是一种激光打孔机的光学系统装置简图。聚焦系统由一块镀金的平面反射镜和一块锗透镜组成。水平射来的 CO_2 激光束偏转 90°成为垂直方向的光束,经透镜(焦距 $f=20\sim30$mm)后,聚焦在工作件上进行打孔,该装置的瞄准系统是由一个可移动的 45°直角棱镜和显微镜所组成。当把直角棱镜移入聚焦光路中时,即可通过显微镜观察工件的位置,进行适当的调整,使工件欲打孔的位置正好处在激光束的焦点上,然后移去直角棱镜,即可进行打孔。

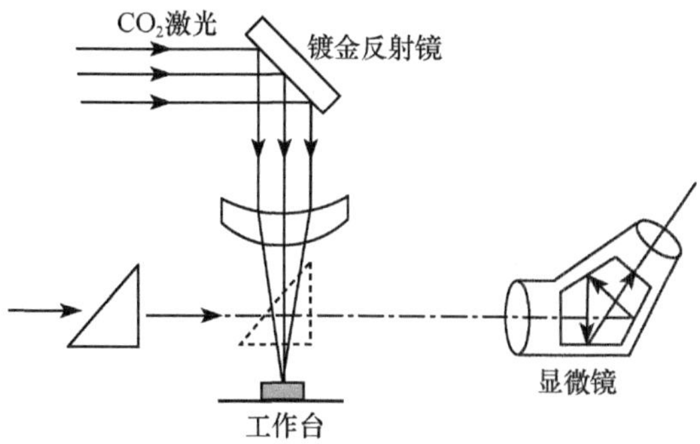

图 7.7-2 激光打孔机光学系统装置简图

激光打孔技术指标是孔的深度、孔的准直度以及孔的大小和几何形状(圆度和锥度)。

1) 孔的深度

孔的深度主要取决于激光脉冲的能量和脉宽、激光模式及透镜焦距:①孔深正比于脉冲能量,与脉冲宽度也密切相关,通常激光打孔脉宽为 0.2~1.2ms。脉宽过大,热传导损失加大,有效打孔能量减小,材料的汽化减弱,导致孔径、孔深减小;脉宽过小,则材料来不及破坏,激光照射即告结束,甚至打不出孔来。一般来说,打小而深的孔,宜选用较长的脉宽,打大而浅的孔,宜选用较短的脉宽。②孔深与聚焦透镜的焦距 f 相关。一般说,当激光能量不变时,短焦距透镜适宜于打小而深的孔。此外,激光束聚焦的好坏(调焦)对孔深影响极大,调焦很差时,可能根本打不出孔。③孔深与激光模式密切相关,在其他条件相同的情况下,基横模激光打出的孔要比多横模激光打出的孔深得多。

2) 孔的准直度

孔的准直度是指所打孔的轴线与工件表面垂直的程度。为使孔轴线垂直于工件表面,除了应保证工件表面与锗透镜焦平面平行外,还要求激光束垂直地通过锗透镜的中心点,这就需要细致耐心地进行聚焦系统的调整。

3) 孔的几何形状

孔的几何形状从上向下看是指孔的圆度,从侧面看是指孔的锥度。一般讲只有在基横模激光的作用下,才可能得到圆的孔。锥度亦是如此,用基横模激光打出的孔锥度小,深度深。

目前用于激光打孔的激光器有 CO_2 激光器、钕玻璃激光器、YAG 激光器和红宝石激光器。相比较而言,CO_2 激光器比固体激光器的结构简单、效率高、成本低,而且激光的方向性好,因而可打出较高质量的孔。

2. 激光切割

利用聚焦激光束具有极高的功率密度这一特点,除可以用来进行打孔外,还可用来切割各种高硬度、高熔点的金属或非金属材料。

激光切割技术的主要特点是:切缝窄,例如,激光切割塑料的切缝宽度可以小于 0.025mm;切割速度高;热影响范围小(0.1~0.15mm);工件变形小;能切割易碎的脆性材料和极软、极硬的材料,包括淬火钢;易于计算机控制,并可多工位操作等。激光切割技术是激光加工中发展最为成熟、应用最广的一种新技术,已成功地应用于切割钢板、钛板、石英、陶瓷、塑料以及布匹、纸张等许多材料。

由于被切割材料的性质不同，切割机理可以分为两类：切割金属和某些材料时，激光使其升温，产生汽化或熔化；切割脆硬材料时，激光使切割的材料局部受热，产生热应力裂缝使之分开。对于前者，根据使用的激光功率密度和熔化物清除方式，又可分为汽化切割、熔化切割和反应熔化切割。

1）汽化切割

这种切割使用的激光功率密度很高（10^8 W/cm^2），激光照射到工件表面上时，除一部分被反射外，其余部分被吸收、转变为热能，使表面迅速达到沸腾温度，材料被汽化，导致吸收率急剧增大，喷出的蒸气带走了大部分熔融材料（可达 60%），使材料汽化成切口。这种汽化切割主要采用脉冲激光，切割不熔化的材料如木材、塑料及陶瓷等。

2）熔化切割

这种切割所用的激光功率也很大，但其熔化物不是靠汽化过程清除，而是用另外的辅助气体吹除，其切割边呈现波浪形花纹。这种切割所用功率不到汽化切割的 1/10，主要用于不能与氧气发生放热反应的材料，如铝等，所使用的气体是惰性气体或不活泼气体。

3）反应熔化切割

这种切割是利用激光束将材料加热到燃点，使之在通入的氧气中发生热反应，所放出的热量为下一层提供能量。因此，所需要的激光能量只是汽化切割的 1/20。切割时，通入的氧气流对切口起着冲刷作用，能将燃烧生成的熔融氧化物吹净，并对达不到燃烧温度的部分起冷却作用，降低热影响区的温度。这种方法主要用于钢和钛的切割，是应用最广的方法。图 7.7-3 是一个典型的气体喷吹切割系统。

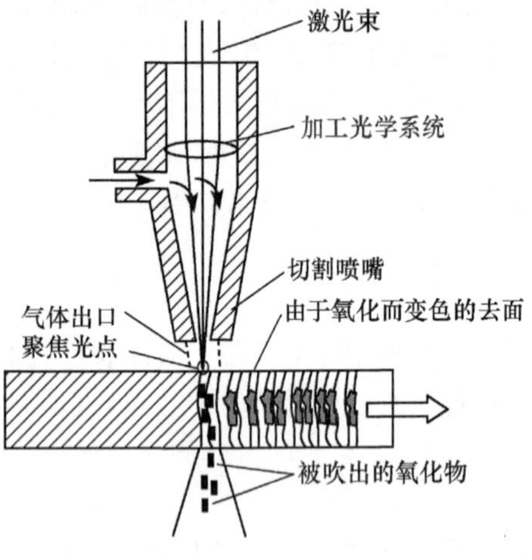

图 7.7-3　喷气切割的透镜和喷嘴

激光切割至今一直使用 CO_2 激光器，其波长为 10.6μm。由于金属对 10.6μm 波长的激光反射率很高，所以人们总希望使用波长较短的激光。YAG 激光的波长较短，为 1.06μm，但其应用受到激光器的功率限制。目前发展起来的 CO 激光，其波长为 5μm，且功率已达数千瓦的水平，因此，这是一种十分引人注目的激光切割激光源。据报道，在切割低碳钢板时，3kW 的 CO_2 激光可切割厚度为 20mm，而相同功率的 CO 激光切割厚度可达 70mm，在切割 30mm 厚的低碳钢板时，3kW 的 CO 激光与 5kW 的 CO_2 激光等效；在切割不锈钢板时，3kW 的 CO_2 激光切割厚度不到 20mm，而 CO 激光可达 40mm；在切割 10～30mm 厚的不锈钢板时，3kW 的 CO 激光的切割速度比 5kW 的 CO_2 激光还高。此外，1980 年后期提出的红外-紫外双波长激光切割方案，也具有令人鼓舞的应用前景。图 7.7-4 给出了一种利用 KrF 准分子激光器和 CO 激光器联合作用的双波长激光切割装置示意图。图 7.7-5 示出了它与 CO 激光切割不锈钢的性能比较，可见其切割效果十分明显。

3. 激光焊接

激光焊接是利用激光束将被焊接材料加热至熔化温度，使两块材料的边缘熔化，在冷却时它们便凝结在一起。与激光切割、打孔不同，激光焊接不需要将材料汽化，而是将材料熔化。

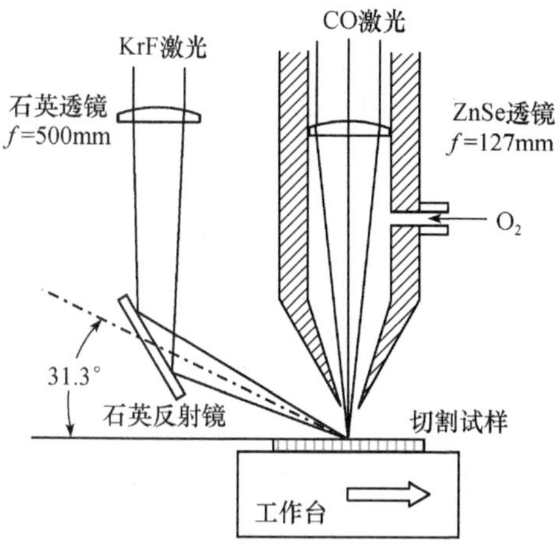

图 7.7-4　双波长激光切割系统示意图

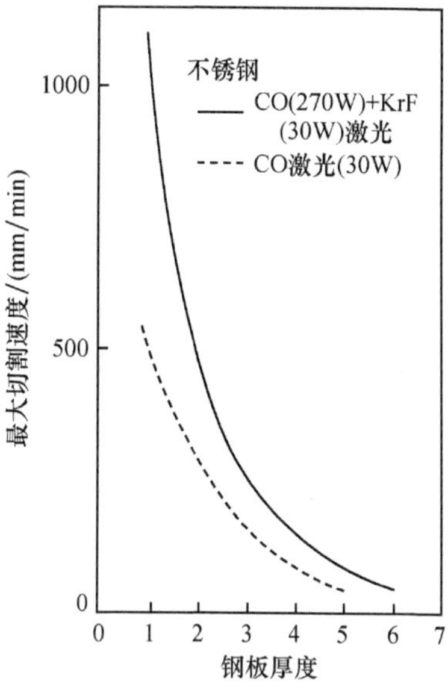

图 7.7-5　CO 与 CO-KrF 激光切割不锈钢的性能比较

因此，激光焊接时，要严格控制激光的能量输出，使焊接件升温在熔化温度和蒸发温度之间，只有这样才能达到高质量的焊接结果。

与其他焊接技术相比，激光焊接的特点是：

（1）激光焊接速度快、深度大、热影响区域小，变形小。

（2）激光可以在空气、真空或惰性气体中进行焊接，也可以在电磁场中进行焊接，还可以通过玻璃或其他透明物体进行焊接，如通过灯泡、电子管的玻璃壳对其内部的金属件进行焊接。

（3）激光可以将不同性质的两种材料焊接在一起。例如，可以高质量地焊接性质差别很大的铜和钽，可以对熔点在 2000℃以上的钒土陶瓷和蓝宝石进行焊接。

（4）激光可以对微型电子元件进行高精度、高质量微型焊接，焊点直径和厚度为微米量级。

（5）可通过棱镜、光纤将激光引到难以接近的部位进行非接触、远距离焊接。

（6）激光焊接时，可使焊缝金属得到净化。

激光焊接可以分为脉冲微型焊接和连续激光焊接。从焊接机理上看，有传热熔化焊接和深穿熔化焊接。当激光照射到材料表面上时，材料吸收光能并转化为热能，使材料加热熔化，同时，热能以传导方式继续向材料深处传递，直至焊件接触面互熔并焊接在一起为止，这就是传热熔化焊接。当激光功率密度较大时，可使材料迅速加热熔化，以至部分汽化，并在焊接处产生蒸气压，在蒸气压作用下熔化金属被挤到光束周围，使照射处出现凹坑（匙孔）；当激光继续照射时，凹坑加深；停止激光照射时，凹坑周围熔化的金属重新流回凹坑，凝固后将工件焊接在一起。这就是深穿熔化焊接。这两种焊接机理与激光的功率密度、作用时间、材料性质、焊接方式等因素有关：当功率密度较低，作用时间较长而焊件较薄时，可认为是传热熔化焊接，反之则为深穿熔化焊接。

图 7.7-6 是不同功率密度激光焊接熔化过程演变情况示意图。图 7.7-6(a)为典型的传热熔化焊接，功率密度为 $10^5 \sim 10^6\,W/cm^2$，脉宽为 $10^{-3} \sim 10^{-2}\,s$，能量密度不大，不足以产生蒸

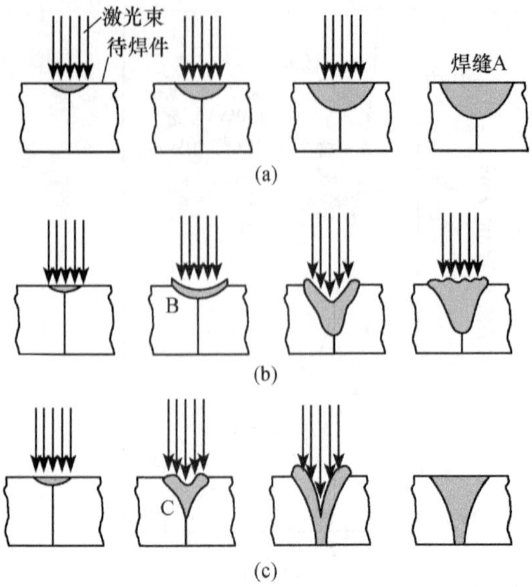

图 7.7-6　焊接熔化过程演变示意图

发，焊缝呈椭圆形（焊缝 A），一般的激光焊接均属于这一类。图 7.7-6(b)的功率密度大一些，为$5\times10^5\sim5\times10^6$ W/cm^2，熔化区出现蒸气，在蒸气压力作用下，熔化区表面下凹（焊缝 B），但表面张力可阻止熔融金属溅射，停止焊接后，未凝固金属又流回凹坑，焊缝剖面呈高斯曲线形状，熔深比较深。图 7.7-6(c)为功率密度增至$10^6\sim10^7$ W/cm^2 时，熔化区出现细小深孔（匙孔）（焊缝 C），孔中的金属有一部分蒸发掉了，另一部分被排挤到光束周围，凝固后便形成深宽比更大（可达 12∶1）的有下陷的圆锥形焊点，这就是深穿熔化焊接。

激光深穿熔化焊接时，因为作用点处的金属气化形成了匙孔，匙孔内形成的高压金属蒸气温度很高，在向孔外喷射后，使得孔表面气体离化，形成等离子体。等离子体形成后，反过来又屏蔽后续的激光束，使激光束功率密度降低，这对深宽比大的焊缝影响很大，严重时，不能产生深穿熔化焊接。因而在深穿熔化焊接中，抑制或吹开等离子体是一个重要问题。所采用的办法通常是侧向或与激光同向辅助吹气，而吹气的另一个作用是防止焊缝氧化。图 7.7-7 是一种与激光同轴吹气的深穿熔化焊接装置图。

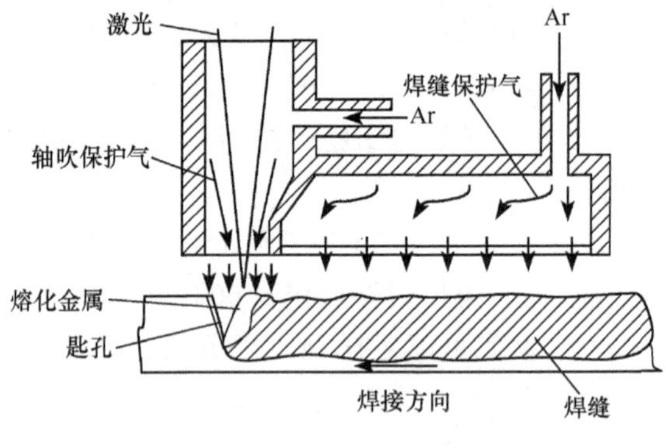

图 7.7-7　轴吹深穿熔化焊接装置

在激光焊接中要考虑的又一个重要问题是，必须提供足够的功率使材料熔化，但又不能使它气化。所以对于铂和钽这类熔点和沸点很接近的材料，就不易使用激光焊接，必须十分小心地控制激光束功率才能焊接好这些金属。而对金、铜和镍这样的金属，由于它们的熔点和沸点相差较远，焊接就比较容易。此外，由于大多数金属的吸收率随温度上升而提高，在进行焊接时，对激光的吸收就是一种不稳定的状态，为避免汽化，光束功率和照射时间必须严格控制。

4. 激光切除

激光切除就是利用高功率密度的激光，把材料加热到沸点以上使之汽化，将其完全去掉。激光切除的实例很多，这里只介绍两种：激光微调电阻和陀螺转子精细平衡调整。

1）激光微调电阻

在现代微电子技术中，一般采用两种电阻膜：厚度为几十纳米至几微米的薄膜和厚度为几微米至几十微米的厚膜。前者常用钽或镍铬合金通过真空蒸镀获得，后者则主要用钯、钌、氧化铊等由浆料印刷法制备。无论是薄膜电阻还是厚膜电阻，微调前的实际电阻值常与其标称值之间有一偏差，且往往可达 5%～35%，而电路实际要求其偏差应不大于 1%或更小，因此，需要对电阻值进行调整。

传统的微调电阻的方法是,对厚膜电阻采用机械磨蚀法;对薄膜电阻采用电火花烧蚀法。这两种方法的精度和效率都很低,不能满足迅速发展的微电子技术要求。相比之下,激光微调电阻有如下优点:

(1) 能够进行动态微调,且调整精度高,通常的激光微调机精度值是0.05%,有的可达0.02%,甚至更小。

(2) 激光微调是一种非接触烧蚀工艺,适于对硬脆材料进行微调,对工件污染小,可减少调后漂移。

(3) 微调速度快、效率高,便于实现自动化及进行大规模生产。

激光微调的实质是打孔,但其打的孔浅,一般在几十纳米到几十微米之间,并且是连续不断地打一系列的孔,使其搭接起来成为一条线,从而减小了电阻膜的导电截面,使阻值增加,达到微调的目的。激光微调形式通常有直线型、Z型、S型、L型和双线型五种,如图7.7-8所示。前三种类型的微调量改变很快,工作效率高,但精度不高,可用于大批量生产、中等精度要求的产品;后两种类型适合于高精度微调。

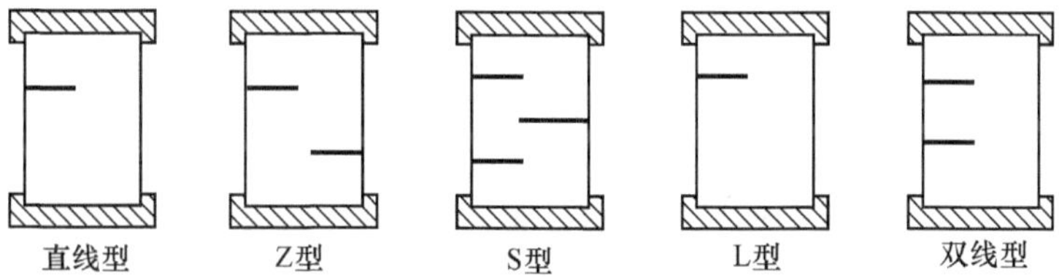

图7.7-8　微调电阻形式

通常,用于厚膜电阻微调的激光峰值功率为10kW,用于表面电阻微调的激光峰值功率约为1kW,激光重复工作频率为1～5kHz,扫描速度为30～100mm/s。

2) 陀螺转子平衡去重

飞机、舰艇、导弹、火箭以及各种航天飞行器都广泛地应用陀螺仪表,陀螺转子是陀螺仪表的核心元件,陀螺转子动平衡精度的好坏,直接影响陀螺仪的精度和使用寿命。因此,陀螺转子的精细平衡非常重要。

以往的所有动平衡机都是动不平衡量的检测仪器,只能测出偏重量的大小和位置,而不能对其不平衡量进行动态平衡。为此,要平衡好一个陀螺转子,要多次重复地装卡、测量、去重工序,直至合格为止,需要花费几个小时。而采用激光对陀螺转子进行平衡去重,不但实现了陀螺平衡去重自动化,而且提高了平衡精度和效率,平衡好一个陀螺转子只需10～30min。此外,由于激光调平衡不存在机械接触,因而不存在机械应力,所以工件的热影响和机械变形都很小。这种激光动平衡机,对于尺寸小、重量轻的薄壁陀螺转子的加工更为重要。

5. 激光热处理

激光热处理是20世纪70年代大功率激光器出现以后才发展起来的一种新技术。它是通过一定功率密度的激光束,扫描并加热金属表面,使其达到或超过相变温度,经熔化并掺入某种合金元素,然后以极快的速度冷却,使金属表面强化、硬化或合金化,从而到达到改善和提高金属表面机械性能的目的。

激光热处理法与高温炉处理、化学处理以及感应加热处理相比,有许多独特的优点,如快速、不需要淬火介质、硬化均匀、变形小、硬度高和硬化深度可精确控制，而且可以通过光学扫描系统和借助增加光吸收的涂敷物质(如炭黑)实现任何形状的表面处理。

目前已研究的激光热处理技术有：激光表面相变硬化处理，它与常规表面硬化处理相似，其硬化层小于1mm；激光表面熔化凝固处理，硬化层一般为1～3mm，这种方法多用于铸铁材料处理；激光表面合金化处理，硬化层深度在1.5mm以内；激光表面上光，它是利用激光加热金属表面，获得非晶态处理，冷却速度高达10^8℃/s以上，硬化层深度为1～10μm；激光涂敷，它是利用激光使金属表面在熔化的情况下，涂敷所需要的材料，其层厚一般为0.4～4mm。

世界各国都很重视激光热处理研究，并已用于生产实际。例如，美国通用汽车公司在1976年就已建立了激光热处理车间，利用激光热处理机对转向机壳体内孔进行硬化处理；1978年又建立了EMD柴油机汽缸套激光热处理流水线，规定必须经过激光淬火方可出厂。我国在1976年以后，也已开始了对激光热处理技术的研究，并已用于生产实际。

参考文献

厄尔夫 R K 等. 1982. 全息摄影无损检测. 王致新 译. 北京：机械工业出版社
冯其波. 2008. 光学测量技术与应用. 北京：清华大学出版社
雷仕湛. 1992. 激光技术手册. 北京：科学出版社
廖延彪 等. 2008. 光纤传感技术与应用. 北京：清华大学出版社
秦积荣. 1985-1989(3册). 光电检测原理及应用. 北京：国防工业出版社
石顺祥，过巳吉. 2000. 光电子技术及其应用. 成都：电子科技大学出版社
王喜成. 1997. 音响技术. 西安：西安电子科技大学出版社
闫毓禾. 1994. 高功率激光加工及其应用. 天津：天津科学技术出版社
于美文. 1995. 光全息学及其应用. 北京：北京理工大学出版社
余拱信. 1992. 激光全息技术及其工业应用. 北京：航空工业出版社
张桂才. 2008. 光纤陀螺原理与技术. 北京：国防工业出版社
张国顺 等. 1988. 光纤传感技术. 北京：水利电力出版社
Goodman J W. 2006. 傅里叶光学导论. 第3版. 秦克诚 等译. 北京：电子工业出版社
Palais J C. 2007. 光纤通信. 王江平，刘杰，闻传花 译. 北京：电子工业出版社